외래 침입종 생태학

INVASION ECOLOGY

Julie L. Lockwood
Martha F. Hoopes
Michael P. Marchetti

문형태 · 유영한 공역

WILEY

홍릉과학출판사

INVASION ECOLOGY 2/E

by Julie L. Lockwood, Martha F. Hoopes, Michael P. Marchetti

PREFACE

침입종 생태학의 광범위한 배경을 감안하면 그것의 관찰, 예, 그리고 연구의 외연을 정하는 것은 우리의 경험에 비추어 볼 때 매우 어려운데, 그 이유는 이 분야의 연구가 매년 증가하고 있기 때문이다. 새로운 통찰력이 나옴에 따라 관련성이 변할뿐 아니라 분야 자체도 다양한 학문 영역의 세심한 이해가 필요하다. 침입종 생태학은 그 특성 상 통합적이며, 침입종 생태학에 종사하는 사람들은 적어도 경제학, 진화학, 개체군 유전학, 생물지리학, 그리고 생태학에 대한 기초적인 이해가 요구되고 있다. 게다가, 생물학적 침입을 연구하고 있는 사람들은 이들 기초 분야들을 이해해야할 뿐만 아니라 비 토착성 종의 흐름과 영향을 조절하기 위한 방법을 찾기 위해 이들 기초 분야들을 서로 연결시켜 이해해야 한다. 이것은 터무니없이 엄청난 요구이다. 우리는 이 책의 집필 초기에 하나의 단행본 속에 침입종의 모든 면들과 예를 포함할 수 없다는 것을 알았다. 상이한 학문 분야들이 침입종의 연구에 통합되어야 할 뿐만 아니라 생태학자들은 그들의 연구 배경에 뚜렷한 동기를 가지고 있어야 한다. 우리는 궁극적으로 응용생태학자들 입장에서 침입 과정의 개관을 제시하기로 결정하였다. 따라서 우리는 각 침입 단계 (예를 들어, 운반, 정착, 확산, 영향력)와 연관된 두드러진 연구 결과들을 강조하고 싶고, 그러면서도 이들 결과들이 어떻게 비 토착성 종의 이입을 방지하기 위한 그리고 생태적 손상을 야기하는 비 토착성 종을 조절하기 위한 사회의 노력을 지원하는 지를 분명하게 고려하려고 한다. 우리는 또한 연구 결과가 이 책에 포함되지 않은 많은 훌륭한 침입종 생태학자들 (일부 우리 저자들의 친구들을 포함하여)에게 정중한 사과를 드린다.

이 책은 학부의 4학년 과정과 대학원 과정에서 사용하려고 계획 되었다. 우리는 학생들과 강사들이 성장과정에 있는 침입종 생태학의 입문서로 이 책의 유용성을 발견하기를 기대하는 차원에서 의도적으로 생물학적 침입의 매우 광범위한 내용을 개관하였다. 우리는 현재 진행되고 있는 논쟁의 역사적인 배경과 복잡성을 전달하면서 이해하기 쉽고 흥미를 가질 수 있도록 이 책의 각 장을 구성하려고 노력하였으며, 각 장의 말미에는 그 장을 이해하는데 도움이 될 것으로 생각되는 읽을거리들을 제공하였다. 우리는 학생들이 적어도 기초생태학 과정을 수강한 것으로 가정하고, 미분 방정식을 무리 없이 이해할 수 있을 것으로 가정하였다. 각 장에 포함되어 있는 상자들은 그 장의 필수적인 내용이기 때문에 우리는 학생들과 강사들이 그 내용들을 반드시 읽기를 강력하게 권고한다. 포괄적인 교과서를 만들려는 우리의 목표 때문에 독자들은 이 책에서 충분한 양의 새로운 내용을 발견하지는 못할 것이다. 대신에 우리는 독자들이 일부 통찰력이 있는 구성과 흥미 있는 병치를 발견하기를 희망한다.

이 책의 최종판은 저자들로서는 3년의 꾸준한 작업의 가치를 반영하는 것이다. 정직하게 말해서 우리는 작업의 대부분을 철저히 즐겼으며, 크게 재미없는 부분들은 적어도 우리의 "작업" 모임을 통해 참아줄 수 있을 정도로 만들었다. 이들 작업 모임들은 항상 이틀 동안 지속되었는데, 많은 쿠키들과 좋은 와인 혹은 맥주가 준비되었고, 많은 유머와 웃음이 가득하였다. 이 책이 만들어지는 동한 저자들 사이의 우정이 싹트게 되었고, 주제들을 탐구하는 동안 저자로써 우리가 얻은 통찰력은 더할 나위 없는 가치이었다. 그러나 우리는 이 책을 구입하는 사람들이 지불한 돈의 가치를 이 책에서 발견하게 되기를 진심으로 희망한다.

만약 우리가 이 책을 통해 어떤 성공을 달성하였다면, 그것은 우리가 가족들, 배우자들, 동료들 그리고 친구들로부터 받은 도움 때문일 것이다. 특히 우리는 이 책의 각 장을 읽고 비평해 준 동료들인 Kama Almasi, Tim Blackburn, Cini Brown, Phillip Cassey, Jeff Corbin, Curt Daehler, Susan Harrison, David Holway, Ruth Hufbauer, Theo Light, Kelly Lyons, PeterMoyle, Kristina Schierenbeck, Katriona Shea, Dov Sax, Dan Simberloff, 그리고 Betsy Von Holle에게 감사를 드리고 싶다. 우리 저자들은 또한 자신들의 원본 그림과 사진들을 사용하도록 허락해 준 Towns Peterson, Dave Rizzo, 그리고 Marcel Holyoak에게 감사를 드린다. 우리는 각자가 소속한 대학의 학과에도 깊은 감사를 드린다. 각 학과에서는 우리들이 집필하는 동안의 산만함을 참아주었을 뿐만 아니라 우리가 작업하고, 웃고, 쿠키를 먹고, 맥주를 마시는데 필요한 장소, 그리고 이 책의 최종판을 만드는데 필요한 엄청난 종이를 제공하였다. 우리는 또한 우리의 바쁜 일정과 혼란스러운 머릿속을 참아준 학생들에게 고마움을 전하고 싶다. 우리는 이 책의 출판을 건의하기 위해 저자 중 하나인 Julie와 처음으로 접촉한 Blackwell 출판사의 원래의 편집자인 Sarah Shannon, 그곳의 현재 편집자들인 Hannah Berry, Rosie Hayden, Ward Cooper, 식자를 담당한 John Normansell, 그리고 Blackwell의 출판 직원들에게 특별한 감사를 드린다. 마지막으로, 우리는 Tanya, Eve 그리고 Tabby에게 이 책을 헌정하며, 그들의 인내, 친절 그리고 사랑에 감사한다. 이 3사람의 전폭적인 지원이 없었다면 우리는 결코 이 책을 출판하지 못하였을 것이다.

Julie Lockwood - New Jersey
Martha Hoopes - Massachusetts
Michael Marchetti - California

CONTENTS

CONTENTS

CONTENTS

CONTENTS

CHAPTER 11

침입종의 적응

CHAPTER 12

종 침입의 예측, 위해성 평가 그리고 관리

CHAPTER

1

침입종 생태학의 소개

개관

생물학적 침입과 연관된 문제들에 대한 일반 대중 그리고 학술적인 인식은 지난 10년에 걸쳐 지수함수적으로 증가하였다. 이러한 증가의 이유로는 3가지를 들 수 있는데, 첫째, 일부 비 토착성 종의 부정적인 영향이 너무 커져서 무시할 수 없게 되었다는 점이다. 따라서 토착종과 인류의 경제에 대한 생물학적 침입종들의 영향을 최소화하기 위한 노력으로 비 토착성 종에 대한 연구 및 관리에 참여하는 과학자들의 수가 증가하고 있다. 둘째, 자신들의 토착 분포 범위에서 벗어나 새로운 지소들로 이동하는 종의 수 그 자체가 증가하고 있다는 점이다. 따라서 비 토착성 종들에 의해 야기되는 문제들이 노골적으로 분명해졌을 뿐만 아니라 전반적으로 문제의 수도 증가하고 있는 것으로 나타나고 있다. 셋째, 생태학 분야에서 기초연구를 할 경우에도 침입종의 수가 너무 많아 그 과정에서 침입종들을 만나게 되고, 따라서 그들을 결국 연구에 포함시켜야 한다. 침입종들은 몇 가지 새로운 관점을 제공하며, 호기심이 많은 과학자들이 이러한 새로운 관점들을 탐구하기 위한 기회를 무시하기가 너무 어렵게 되었다.

이 책은 생물학적 침입에 관한 연구의 개관을 제공하려는 다소 고상한 목표를 가지고 있다. 이 책에서 우리는 비 토착성 종들이 운반되는 "이유와 방법들"로부터 일부 침입종들이 겪고 있는 침입 후의 적응적 변화에 이르는 모든 것을 다루고 있다. 이 주제들 내에 비 토착성 종에 대하여 현재까지 발표된 대부분의 연구에 의해 밝혀진 많은 주제들이 포함되어 있다. 우리는 이러한 연구 문헌들을 이해하기 위한 구조적 틀을 제공하고, 연구에서 밝혀진 주요 내용들을 비 토착성 종의 흐름을 유발시키는 사회의 노력과 관련시키며, 피해를 유발시키는 비 토착성 종들의 영향을 감소시킨다. 따라서 우리는 Charles Elton이 자신의 고전적인 연구 "동물과 식물에 의한 침입종 생태학" (Box 1.1)에서 한 것과 똑같이 침입종 생태학의 주제들에 명확하게 적용된 방법을 따르고 있다. 본 1장에서 우리는 비 토착성 종이 무엇을 의미하는지를 좀더 정확하게 정의하고, 책 전체에서 사용되는 일반적인 전문용어를 정하며, 그리고 "침입 과정"이 무엇을 의미하는지를 자세히 제시하고 있다. 여러분이 이 책을 읽으면서 알게 될 것이지만, 이들 문제들과 관련하여 우리가 내린 결정들은 독자인 여러분들이 어떻게 이 책을 가장 잘 이용하여야 하는지가 핵심이다.

1.1 침입종이란 무엇이며, 우리는 왜 그들을 염려해야 하는가?

종 분화가 일어나는 주요 방법들 중 하나는 **지리적인 격리**를 통한 것이다(즉, 분단분포 종 분화, Mayr 1963). 해양, 산맥, 대륙빙하, 그리고 강 골짜기와 같은 물리적 특성들은 동일 종 개체군들 사이에 개체들의 이동을 제한하는 경계를 나타낸다. 시간이 지나면서 이들 분리된 개체군들은 유전적 부동과 자연선택을 통해 분기되고, 각 개체군은 결국 독특한 종을 형성하게 된다. 기후 그리고 지질학적 사건들은 때로 이들 장벽들을 제거하고, 이들 종을 대표하는 개체들을 비교적 먼 거리를 넘어 분산하게 만든다. 이들 사건들이 일어나면 오랫동안 분리되어 있던 종들이 서로 섞이고, 일부는 결국 그들의 분포 범위를 확장시킨다. 예를 들어, 파나마 지협이 바다로부터 융기되어 북미와 남미를 연결시킨 때인 마이오세 동안에 북미의 포유동물들이 남쪽으로 이동하는 경향이 있었고, 반면에 남미 열대우림에 분포하던 조류와 식물들은 북쪽으로 이동하는 경향이 있었다(즉, 아메리카 생물 대교환, Great American Interchange, Marshall et al. 1982). 이와 같은 비교적 신속한 종 그룹의 확장은 특별한 주목을 받을 가치가 있는 충분히 이색적인 사건이며, 고생물학자들 그리고 생태학자들은 이들 종들에게 포괄적인 이름, 예를 들어, 이주자, 방랑자, 정착자 등의 이름을 부여하고 있다(Table 1.1 참조).

인류가 대륙을 횡단하여 분산할 수 있는 능력을 가지게 됨에 따라 사람들은 종 이동의 지리적 경계를 파괴하는데 도움을 주었다. 사람들에 의해 길들여진 동물과 식물은 정착자들이 새로운 영토로 이동함에 따라 다른 상품들과 함께 정기적으로 이동되었다 (Crosby 1986). 길들여지지 않은 종 개체들이 사람들의 옷에 붙어서, 선박이나 마차에서 생장하면서, 그리고 길들여진 동물들의 몸 속 혹은 몸에 붙어서 이동하였다는 것은 거의 확실하다. 아메리카 생물 대교환(Great American Interchange)에서 자신들의 지리적 분포 범위를 확장시킨 포유동물, 조류, 그리고 식물 그룹들처럼, 이들 종들은 이전에는 그들이 도달하지 못하였던 지소들을 만나게 되고, 이들 중 일부는 이러한 새로운 환경에 성공적으로 정착하였다. 그러나 현재에는 이들 성공적인 정착자들은 사람의 도움으로 이러한 새로운 분포를 하게 된 것이다. 생태학자들이 사람이 중재한 종의 멸종과 자연적인 멸종 사이를 구분하는 것과 같은 방법으로 그들은 또한 자연적 그리고 인간이 중재된 신속한 분포범위 확장 사이를 구분하고 있다. 이 책의 내용은 전적으로 인간의 활동에 의해 그들의 원 서식처를 벗어나 새로운 비 토착성 지소들로 이동한 종들에만 집중하고 있다.

Table 1.1 영어권에서 비 토착성 종들에게 보편적으로 사용되는 용어

	토착성 *Native*	비토착성 *Non-native*	운반된 *Transported*	정착된 *Established*	확산 *Spread*	영향력 *Impact*	침입성 *Invasive*
Adventive(외래종)	*	*		*	*		
Alien(외국종)		*	*	*	*	*	*
Casual(우연종)		*	*				
Colonizing(이입종)		*	*	*	*		
Cryptogenic(원인 불명)		*	*	*			
Escaped(도망친)	*	*	*	*	*		
Established(정착된)		*		*	*		
Exotic(외래종)		*	*	*	*	*	*
Foreign(외국종)		*	*	*			
Immigrant(이입종)		*	*	*	*		
Imported(수입종)		*	*	*	*		
Introduced(도입종)	*	*	*	*	*		
Invasive(침입성)	*	*	*	*	*	*	*
Naturalized(귀화종)		*	*	*	*		*
Non-indigenous (비 토착성)		*	*	*	*	*	*
Noxious(유해종)	*	*				*	*
Nuisance(성가신 종)	*	*				*	*
Pest(해충)	*	*				*	*
Ruderal(마을식물)	*	*		*	*		*
Tramp(방랑자)		*	*	*	*		
Transformer (변환시키는 종)		*				*	*
Transient(나그네종)		*	*				
Translocated(전위된 종)	*	*	*	*			
Transplanted(이식된 종)	*	*	*	*			
Transported(운반된 종)	*	*	*	*			
Waif(방랑자)		*	*	*			
Weed(잡초)	*	*	*	*	*	*	*

주 이 목록은 저자들이 침입종 생태학 문헌들을 읽고 자료를 수집하여 편집한 것이다. 학자들에 따라서는 용어들을 다르게 목록화 할 수 있다. 용어 사용에서 이러한 불일치는 종합과 관리를 위한 문제들을 야기한다. 세로 열은 용어가 적용되는 종 그리고 침입 단계의 유형을 나타낸다. Fig. 1.2 참조.

사람에 의해 도움을 받은 분포 범위 확장이 지구의 고기후에서 변화 후에 나타나는 분포 범위 확장과 충분히 다른지에 관하여 과학계 내에 논의가 진행되고 있다 (예를 들어, Vermeij 2005). 우리는 제 2장에서 이러한 내용들을 제시하였다. 여기에서는 자연적인 분포 범위 확장과 비교하여 사람들은 종이 새로운 지역에 침입하는 율을 엄청나게 증가시키고, 침입의 지리적인 패턴을 충분히 변화시켰다고만 말해두자. 그러나 순수하게 실용적인 관점에서 인간의 도움을 받는 그리고 자연적인 침입들에 차이가 있는지의 여부는 논의의 여지가 있는 의문점이다. 그렇다고 이것은 고생물학적 기록에서 침입 패턴을 조사하여 배울 것이 거의 없다는 말은 아니다. 역사의 교훈을 무시하는 것은 결코 현명한 일은 아니다. 그러나 비 토착성 종들이 심각한 생태적 그리고 경제적 문제들을 야기한다는 많은 증거들이 있다 (Mooney et al. 2005). 침입종들은 토착종들을 잡아먹고, 그들과 경쟁하며, 근연관계에 있는 토착종과 잡종을 형성하여 토착종에 손상을 주고 있다. 침입은 토착종의 소실을 유발할 수 있고, 물 여과, 토양 안정화, 그리고 해충 방제와 같은 생태계 서비스의 소실을 유발할 수 있다. 좀더 직접적으로 표현하면 대부분의 농업 해충들은 비 토착성 종들이며, 인간의 많은 질병들은 비 토착성 종들로 분류될 수 있다 (Pimentel 1997). 침입성 종들은 수로를 막히게 하고, 항해를 방해하며, 주택을 파괴하고, 가축을 죽이고, 어업에 피해를 준다 (Mooney et al. 2005). 현재 진행되고 있는 침입을 우리가 역사적으로 독특한 것으로 생각하는지의 여부와는 별도로 침입은 우리의 관심을 필요로 하고 있다.

이 책을 집필하게 된 동기는 생명체의 생태적 사실로써 침입종에 대하여 좀더 관심을 갖는 것과 더불어, 이와 같은 실용적인 근거에서 시작되었다. 이러한 접근방법은 Charles Elton의 독창성이 풍부한 연구를 직접 따르고 있는데 (Box 1.1), 그는 생물학적 침입종들을 생태계를 변화시키는 핵심요인들로 간주한 최초의 사람들 중 하나이며, 그리고 그들의 가치, 즉 그것들을 제거하는 가치에 대한 분명한 태도를 견지하고 있었다. Baker와 Stebbins (1965)에 의해 편집된 침입에 관한 또 하나의 창시적인 연구는 좀더 중립적인 자세를 견지하고 있다.

Box 1.1 알려지지 않은 이야기

Charles Elton (1900-1991)은 1967년 Oxford 대학교에서 은퇴하기 약 10년 전인 1958년에 "동물과 식물에 의한 침입종 생태학"이란 생물학적 침입에 관한 기초적인 책을 출판하였다. 이 권위 있는 책은 BBC 방송국에서 "균형과 장벽"이라는 제목 하에 Elton에 의해 연속된 3번의 강의로 방송되었다. 이 책에서 Elton은 그 당시에는 대개 곤충학과 식물병리학 영역에 국한되어 있던 비 토착성 종들의 영향과 확산에 관한 비교적 잘 알려지지 않은 문헌들을 요약하였다 (Southwood & Clarke 1999). 아마 강의의 처음 의도는 다수의 비 학술적인 청중들을 대상으로 하는 것이었기 때문에 "동물과 식물에 의한 침입종 생태학"은 사람들이 재미있게 읽을 수 있었다. Elton은 과학적인 어려운 내용을 매력적이고 가끔은 재치있는 집필 스타일로 바꾸는 거의 불가능에 가까운 일을 수행하였다. Dan Simberloff가 2000년에 출판한 증쇄판의 서언에서 말한 것처럼, "Elton은 굴을 '일종의 고착생활을 하는 양'으로 기술할 수 있는 사람이며, '살아 있는 붉은 사슴을 데리고 다시 뉴질랜드로 들어오려는 사람은 아마 없을 것이다'라고 제안하여 검역 방법의 출현을 묘사한 것은 단지 인식되지 않은 문제를 지적하는 과학자 그 이상이다."

"동물과 식물에 의한 침입종 생태학"을 읽고 사람들이 주로 느끼는 감정은 Elton이 그 분야에서 발생하는 거의 모든 논쟁들을 예지하고 있다는 것이며, 실제로 이 책에서 우리가 다룰 주제들은 거의 다 Elton에 의해 원래 논의되었던 것들이다. 사실 침입종을 연구하는 생태학자들은 Elton이 거의 반세기 이전에 알았던 패턴들에 단순히 순서와 기작들을 부여하고 있다고 주장할 수 있다. 물론 군집과 개체군 이론들 대부분에 대해서도 그러한 주장을 할 수 있다. Elton은 또한 "동물생태학" (1927), "들쥐, 생쥐, 그리고 나그네쥐 개체군 동태에서 문제점들" (1942), 그리고 "동물군집의 패턴" (1966)을 집필하였다. 이들 책 속에서 그는 개체군 순환, 먹이사슬, 개체수 피라미드, 그리고 군집의 구조를 위한 기초적인 내용을 제시하였다. 이들 책 중 첫 번째는 Elton이 20대 후반이었을 때 85일 만에 완성되었다 (Southwood & Clarke 1999). 우리들 중 누가 자신의 전문직에서 이처럼 신속한 생산적인 사람이 있을 수 있는가!

또한 오늘날 생태학자들의 위치를 예감하여 (특히 우리의 연구가 생물학적 침입과 관련된) Elton은 그의 연구가 가지고 있는 사회-정치적인 관계를 파악하고, 자신의 연구 주제들을 기본적인 사회적 문제들을 해결하는 쪽으로 나아가게 하였다. 그는 2차 세계대전 동안에 Oxford에 동물개체군 사무소(Bureau of Animal Populations)를 창설하였는데, 부분적으로는 개체수가 너무 많아진 설치류 개체군들로부터 저장된 곡식의 손실을 줄이기 위한 것이었다 (Southwood & Clarke 1999). 그는 자연보존 위원회 (Nature Conservancy)의 창설을 도왔고, 위원회에 참여하는 것을 극히 싫어함에도 불구하고 1957년까지 그것의 과학분야 자문위원으로 활동하였다 (Nicholson 1987, Southwood & Clarke 1999). Elton은 포유동물의 개체군 순환, 흑사병과 같은 인간의 건강 관련 사이에 중요한 연관관계를 확인하였고, 들쥐와 생쥐의 개체군 순환과 기생자들을 연구하면서 수 년을 보냈는데, 이것은 학문 분야 사이의 협동의 예로 볼 수 있다. 따라서 그의 가장 지속적인 기여는 생태학이 생물학과는 별개의 학문 영역이고, 생태학자들은 사회가 직면하고 있는 문제들을 처리하는데 큰 역할을 해야 한다는 인식이라고 할 수 있다. 이러한 의미에서, 그리고 몇 가지 다른 측면에서 여러분이 읽고 있는 이 책은 Charles Elton의 정신이 주입되어 있다.

1.2 침입종 생태학의 간단한 역사

Mark Davis가 침입종 생태학의 역사에 관한 최근의 연구에서 지적한 바와 같이, 이 주제는 "과학사를 전공하는 대학원생들에게 매력적인 논문 주제가 될 것이다" (Davis 2005). 지난 10년 동안에 걸친 이 분야의 신속한 발전은 적어도 1958년에 Elton의 책의 출판까지 거슬러 올라가는 비 토착성 종에 대한 과학적인 관심의 다소 긴 역사를 계속 이어받고 있다. 이밖에 수 십년에 걸쳐 침입종 생태학 분야의 연구에 참여한 과학자들의 목록은 Mayer, Wilson, 그리고 Rachael Carson과 같은 생태학적으로 유명한 이름을 포함하여 많은 사람들이 실려 있는 명부이다. 현대의 다른 과학 분야 (혹은 여러분의 판단에 따라 하위 학문분야)와 마찬가지로 침입종 생태학은 농학, 임학, 곤충학, 동물학, 식물학, 그리고 병리학을 포함하는 훨씬 오래된 다양한 연구 분야들을 싹트게 하였다. 이들 각각의 학문 영역 내에서 비 토착성 종의 영향을 해결하려는 학자들이 있었다. 임학자들은 자연적 그리고 관리된 삼림지역을 절멸시킨 비 토착성 종에 관심을 가지고 있고, 농학자들 (예를 들어, 식물 병리학자들)은 농작물 생산량을 감소시키는 비 토착성 종에, 동물학자들은 가축을 죽이거나 가축에 질병을 유발시키는 비 토착성 종에, 식물학자들은 토착 식물군집들을 변형시키는 비 토착성 종에 관심을 가졌다. 일부 과학자들은 자신들의 나라에서 비 토착성 종의 수가 현저히 증가하고 있는 것을 발견하고, 그들의 존재, 때로는 토착종들과 그들의 상호작용을 보고하였다. 이와 같은 단편적인 역사 때문에 비 토착성 종에 대한 관심은 특정한 국가 혹은 지역과 연관되어 있지 않다. 유럽, 북미, 남아프리카, 그리고 호주 생물학자들과 자연자원 관리자들 사이에 1950년대와 1960년대에 걸쳐 비 토착성 종에 대한 풍부한 그리고 동시 다발적인 연구들이 진행되었다 (Davis 2005). 수 십년에 걸쳐 영어가 과학계의 언어로 성장하였기 때문에 영어로 출판되지 않았던 초기 연구의 대부분은 현대 생물학자들에 의해 인지되지 못하였다 (Davis 2005).

침입종 생태학에 대한 관심의 증가는 현대 출판물에서 침입성 종과 관련된 문헌의 수가 증가하고 있다는 점에서 입증되고 있다. 침입종 생태학 분야에 대한 관심이 시간에 따라 어떻게 변하였는지를 신속하게 살펴보기 위해 우리는 1975년에서 2004년 사이에 SCI (Science Citation Index®)에 발표된 논문들 중 키워드에 "invas*" 그리고 ecolog*를 포함하고 있는 문헌들을 조사하였다. 그 결과가 Fig. 1.1에 나와 있다. 1975년부터 1985년 까지는 키워드에 "침입종 생태학"의 변이형을 사용한 논문은 없었다. 이것은 1980년대 중반 이전에는 "침입종"이란 용어를 일관성 없이 사용하였다는 것을 분명히 반영하고 있다. 그러나 이것은 또한 이 시기 동안에 이 분야의 관심이 다소 분산되어 있었음을 나타내는 것이기도 하다

(Davis 2005). 1990년 이후 이러한 논문들이 지수 함수적으로 증가하였다. 실제로 Fig. 1.1은 지수함수 곡선에 거의 완전하게 부합되며 ($R^2=0.9545$), 따라서 저자들 모두가 지금까지 얻은 실험 자료 중 통계적으로 가장 부합하는 결과를 얻었다.

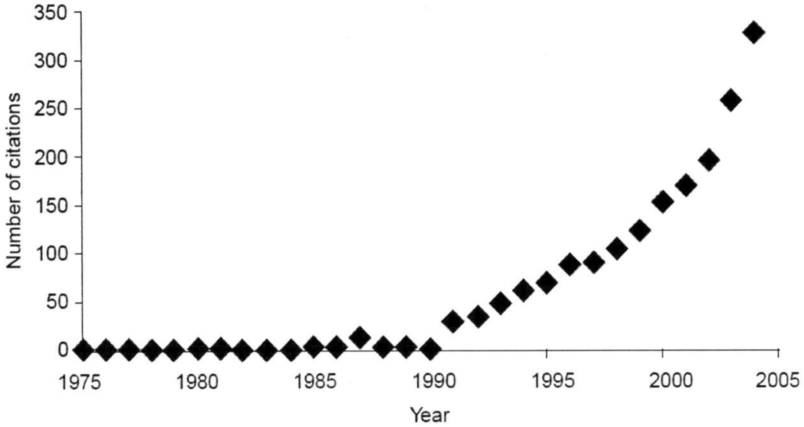

Fig. 1.1 1975년에서 2005년 사이에 "invas*" 그리고 "ecolog*"를 포함하고 있는 SCI (Science Citation Index)의 조사에서 나온 인용 논문의 수.

Fig. 1.1에서는 1980년대 중반 경에 환경문제에 대한 과학 위원회 (SCOPE)의 출판물들과 일치하는 뚜렷한 증가현상을 보여주고 있다. 1969년에 국제 과학위원회에 의해 창설된 이 위원회는 다양한 환경 문제들에 대한 종합 그리고 종설을 개발하려고 하는 환경 학자들의 집합체이다. SCOPE는 1982년에서 1989년 사이에 전 세계로부터 많은 생태학자들을 불러 모아 침입종들이 발생시키는 문제들을 규명하기 위해 협력하게 하였다 (Mooney 2005). 생물학적 침입을 지구 수준의 변화에 중요한 구성원이라고 생각하는 갓 학위를 받은 박사들이 배출되었을 뿐만 아니라 침입종에 대한 책과 학술논문들이 발표되었다 (Vitousek et al. 1996). 아마 틀림없이 SCOPE에서 출판된 책들은 침입종에 대한 연구를 확고한 연구 분야로 구체화 시킨 신호가 되었다. 이들 책에서 사용한 언어는 Elton의 견해와 똑같이 침입의 관점을 하나의 보존 문제로 향하게 하는 계기가 되었으며, 이러한 용어 사용은 계속되어 오늘날의 문헌에 반영되게 되었다. 우리 저자들은 자신들을 이들 SCOPE의 학문적인 "초보자들"로 생각하며, 이 책을 집필해야 할 필요성이 이들 초기의 SCOPE 출판물들에 의해 나온 침입종에 관한 연구를 확장시키는데 있다고 주장한다.

1.3 침입종 생태학에서 사용되는 복잡한 용어

여러 가지 면에서, 침입종 생태학 분야의 기본적인 성장은 이 분야의 연구자로써 하나의 기쁨인데, 침입종 생태학이 본질적으로 학제 간 과학이며, 응용문제들에 전적으로 초점을 두고 있기 때문이다. 반면에 비 토착성 종에 대한 연구를 하고 있는 초기 과학자들은 자신들의 학문영역에 독특한 전문용어를 개발하였다. 이들 과학자들이 서로 의견을 나누기 시작하였을 때, 이들은 사용하는 용어들을 서로 이해할 수 없었다. 침입종에 대한 관심이 증가하면서 일관성 없는 전문용어 확립이 실제 문제로 대두되었다. 겉으로는 용어 사용에 대한 논의의 대부분이 의미론적인 문제이다. 그러나 상이한 연구 분야에서 여러 가지 용어들을 사용하는 방법에는 중요한 차이점들이 있으며, 이들 차이점들은 연구결과를 대조하고 종합하려 할 때 (Richardson et al. 2000b), 혹은 침입종을 관리하기 위한 권고를 하려 할 때 (Shrader-Frechette 2001) 혼란이 야기될 수 있다. 독자들이 우리가 사용하는 다양한 용어에 대한 한계를 분명히 파악할 수 있고, 우리가 사용하는 용어의 틀 내에서 그들 각각의 연구 분야에서 사용하는 용어의 전통적인 의미를 찾을 수 있도록 하기 위해 우리는 여기에서 이들 용어를 자세히 살펴볼 것이다.

Table 1.1은 침입종 생태학에 관한 영어 문헌에 나와 있는, 그리고 Colautti와 MacIssac (2004)에 따른 용어들의 목록이다. 이들 용어들의 일부는 동일한 개념을 설명하기 위해 교대로 사용된다. 예를 들어, "비 토착성, non-indigenous," "외래종, exotic," 그리고 "외국종, alien"은 특정한 지소에 토착성이 아닌 종을 의미할 때 흔히 사용된다. 다른 경우에는 하나의 용어가 약간씩 다른 다양한 것들을 나타내기 위해 사용되어 진다. 예를 들어, Richardson 등 (2000b)은 "귀화된 종, naturalized"이란 용어가 사용되는 4가지의 독특한 경우를 식별하였다. 이 4가지는 (i) 사람에 의한 경작 범위 밖에서 생식하는 비 토착성 종, (ii) 자연적 혹은 반 자연적 환경에서 생식하는 비 토착성 종의 집단, (iii) 그들의 토착 분포범위 밖에서 발견되지만 성공적으로 생식하거나 그렇지 못한 종들, (iv) 그들의 지리적인 분포 범위를 확장시킨 비 토착성 종들이다. "귀화된 종"이란 용어에 대한 일관된 의미가 없는 것은 특정한 특성을 보여주는 종들을 모아 목록으로 정리하려 할 때 실질적인 문제가 나타나며 (즉, 정착되었지만 그것의 분포 범위를 확장시키지 않는 종 대 정착되어 분포 범위를 확장시키는 종), 따라서 이 특성을 기초로 한 계속된 분석이 필요하다 (Richardson et al. 2000b; Daehler 2001).

용어와 관련된 또 하나의 문제는 Table 1.1에 나와 있는 단어의 일부가 군국주의적 그리고 경멸적인 인간 중심적 개념들을 떠올리게 한다는 점이다. 예를 들어, 표준 동의어 사전에서는 "침입, invasion"에 관한 다음과 같은 동의어들이 수록되어 있는데, 공격, attack, 습격, assault, 침략, incursion, 급습, raid, 약탈, foray, 그리고 불법, offense 등이다. 물론 과학자들에 의해 선택된 단어들이 직업의 내, 외에서 동일한 뜻을 갖는다고 가정하는 것은 현명하지 못하다 (Daehler 2001). 그럼에도 불구하고 "침입, invasion"과 같은 용어의 함축된 의미는 이 분야를 비판을 받도록 하고 있다 (Simberloff 2003a; Brown & Sax 2004). 광범위한 학술적인 그리고 일반 문헌에서 침입이란 용어에 대한 매우 열성적인 설명들을 쉽게 찾을 수 있다. 그러나 우리는 과학적인 적용 그리고 사회적인 함축성 모두의 사려깊은 논의를 위해 Simberloff (2003a), Brown과 Sax (2004), Slobodkin (2001), 그리고 Cassey 등 (2005)을 추천하고 싶다. 많은 생태학자들은 non-indigenous 그리고 non-native와 같은 중립적인 용어를 채택함으로써 용어에 대한 비판에 반응하고 있다. 우리는 이 책에서 인간의 활동을 통해 자신들의 정상적인 지리적 분포 범위를 벗어나서 이동된 종을 기술하기 위해 토착 생태계에 대한 이들의 궁극적인 영향과 무관하게 이 방법을 사용한다. 일부 비 토착성 종들이 심각한 생태적 그리고 경제적 손상을 야기한다는 사실을 피하기는 어렵다 (Simberloff 2003a; Cassey et al. 2005). 따라서 그러한 종들을 독특한 용어로 분류하는 것은 도움이 된다. 따라서 우리는 명백한 생태적 그리고 경제적인 영향을 갖는 종을 기술하기 위해 "침입성, invasive"이란 용어를 사용한다. 우리가 이러한 용어를 변화시키는 특별한 경우로는 소통을 쉽게 하기 위한 것이다. 여러분은 "비 토착성" 혹은 "침입성"라는 단어를 이해하지 못한 상태에서 한 문장에서 이것을 여러 번 쓸 수 있다.

다른 사람들은 "침입성"란 단어를 개체수가 풍부해지고 그들의 지리적인 분포 범위를 확장시킨 비 토착성 종을 기술할 때만 사용되어야 한다고 주장하고 있다 (Richardson et al. 2000b; Daehler 2001; Colautti & MacIsaac 2004). 이러한 사용법은 침입종의 "영향"에 관한 주관적이고 때로 애매한 생각과는 대조적으로 용어를 더 쉽게 인식할 수 있는 생물학적 현상, 지리적 분포 범위 확장과 연결시킨다. Mark Davis와 그의 동료들은, 생물학적 침입은 천이와 같은 정상적인 정착과정의 연장이며, 따라서 사용된 용어는 이러한 사실을 반영해야 한다고 주장하고 있다 (Davis & Thompson 2000; Davis et al. 2001). 우리는 제 10장에서 침입종의 영향을 정의하는 문제를 논의하고 있다. 그러나 이 책에서 우선적으로 인식해야 할 것은 "침입, invasion"이 일련의 단계들의 진정한 최종 산물이라는 점인데, 이 일련의 단계에서 각 단계는 종이 다음 단계로 이동하는 통로에 장벽으로 작용한다. 생물학적 침입을 이분법적인 분류 (즉, 침입성 혹은 침입성이 아닌) 대신에 하나의 과정으로 명백하게 인식함으로써 이야기를 시작한다. 침입 과정의 어디에서 그리고 언제 일반 생태학적 원리들이 역할을 하게 되고, 사회가 어떻게 가장 효율적으로 침입종들을 관리할 것인지가 분명해 진다.

정의에 관한 마지막 언급은, 종 개체들의 이동이 인간의 활동을 통해 이동되는 공간적인 규모와 관련되어 있다는 것이다. 비 토착성 종을 한 대륙으로부터 이동되어 다른 대륙으로 이입된 종들로 분류하는 것이 편리하다. 이러한 정의는 해양의 섬들과 같은 비교적 분리된 다양한 생물지리적 지역들을 포함하도록 확장되어질 수 있다. 그러나 시간이 지남에 따라 많은 종들은 인간의 활동을 통해 자신들의 토착 분포범위의 한계를 넘어 확장되지만 그들의 토착 대륙 혹은 섬을 결코 떠나지는 않는다. 이러한 "토착지에서 자라고 있는" 비 토착성 종들은 (Cox 1999) 그들이 들어오는 생태계에 충분한 피해를 야기할 수 있지만 (예를 들어, Sierras의 고산 호소에 있는 무지개 송어; Moyle 2002) 이들이 여전히 지역적인 종 풀에 "토착성 종"이란 의미에서, 이들을 "침입성"으로 분류하는 것은 내키지 않는 면들이 있다.

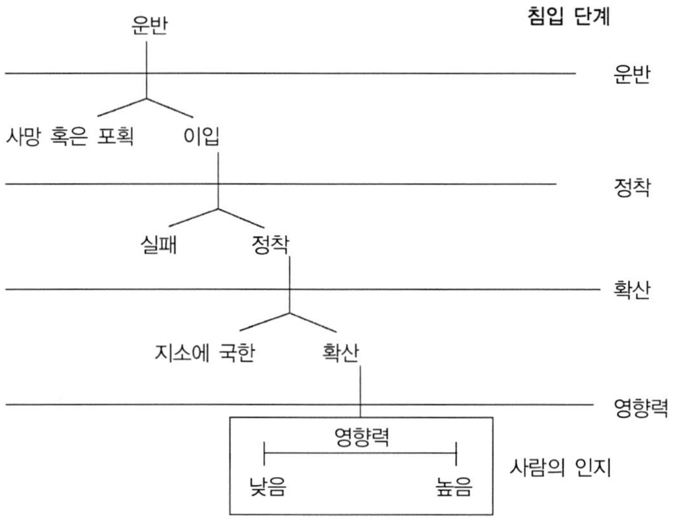

Fig. 1.2 침입종이 침입 과정의 각 단계들을 통과하는 것을 묘사하는 침입 과정 모델.

"비 토착성 종"에 관한 우리의 정의는 비록 이 종이 그들의 토착 대륙 내에 존재할 경우에도 인간의 활동을 통해 그들의 토착 서식처 분포 범위의 외부로 분명하게 이입된 종이 포함된다 (예를 들어, 북미 내로 이입된 집 피리새). 이들 토착 지역에서 자란 비 토착성 종의 일부 부분집합이 생태적 그리고 경제적 피해를 야기하며, 따라서 우리는 이들을 "침입성"으로 분류한다 (Chapters 9 & 10). 우리는 토착지를 벗어나 더 멀리 이입된 종들과 비교할 때 이들 종들의 확장 이면에 있는 생태적 패턴과 기작들에 차이점을 발견하지 못하였다. 실제로 그들의 토착 지역에서 자란 종들 중 비 토착성 종으로 간주될 수 있는 몇 종은 그들의 토착 대륙 혹은 섬의 외부로 이입된 개체군들을 가진다.

1.4 침입 과정

우리는 Fig. 1.2에서, 비 토착성 종들이 생태적 혹은 경제적 피해를 줄 수 있기 전에 적어도 3단계를 통과해야 한다는 것을 쉽게 알 수 있다 (Fig. 1.2, Box 1.2). 비 토착성 종들은 그들의 토착 분포 범위에서 선발되어 새로운 지역으로 이동되고, 그리고 야생으로 방출된 개체들로부터 시작된다 (Fig. 1.2에서 운반). 이들 개체들은 그 다음 새로운 비 토착성 분포 범위 내에서 자체 지속되는 개체군을 확립해야 하며, 그렇지 않으면 개체군은 소멸된다 (Fig. 1.2에서 정착). 정착된 비 토착성 개체군은 그 다음 수도가 증가하고 자신의 지리적 분포 범위를 확장시킬 수 있는데, 그렇지 않으면 이 종은 개체수가 적은 상태로 지소적 분포를 하는 상태로 남아있게 된다 (Fig. 1.2에서 확산).

일반적으로 비 토착성 개체군이 확장되고 수도가 증가할 때만 그 종은 생태적 혹은 경제적 피해를 야기할 것이며, 따라서 "침입성"이란 이름을 얻는다. 침입 과정의 단계들을 인정하는 것은 사람들의 활동이 침입단계 전이를 촉진 혹은 저해한다는 것을 분명히 인식하게 만든다 (예를 들어, Kolar & Lodge 2001).

이러한 이유 때문에 우리는 이 책의 나머지 부분을 위한 기본적인 틀로 이 단순한 모델을 채택한다. 비록 Fig. 1.2에서, 각 단계들을 분명히 설명할 수 없지만 (후에 알게 될 것임), 이들 단계들은 어느 한 종이 침입종으로 되는 경로 상에서 생물학적으로 확인할 수 있는 단계들을 나타낸다. 이들 각 단계들 사이를 통과하기 위해서는 몇 가지 생태학적 장벽들을 극복하는 것이 필요하다. Williamson (1996)은 생물학적 침입을 일련의 장벽들로 설명한 최초의 생태학자들 중 하나이다. 그가 파악한 것 중 중요한 것은 대부분의 종들이 침입 단계에 있는 이러한 장벽들 모두를 성공적으로 통과하기 어렵다는 점이다. Williamson과 그의 동료들은 이러한 현상의 몇 가지 예들을 대조해 보고, 종의 5~20% 사이, 즉, 평균 10%가 하나의 침입단계를 성공적으로 통과한다는 것을 알았다. Williamson (1996)은 이러한 패턴을 10% 법칙 (Tens Rule)이라고 불렀는데, 이것은 두 가지의 통찰력을 제시하고 있다. 첫째, 침입 단계들 사이의 장벽들은 통과하기가 만만치 않으며, 따라서 왜 어떤 종들은 이들 장벽들을 성공적으로 통과하고 다른 종들은 그렇지 못하는지에 관하여 우리가 알아야 할 것들이 많이 있다는 것이다. 둘째, 침입 과정에 존재하는 중첩된 장벽들은 토착 분포범위 외부로 이입된 모든 종들 중 극히 일부만이 결국 생태적 혹은 경제적 손해를 야기할 것이라는 점이다. 따라서 생태학자들이 밝혀내야 할 임무는 모든 비 토착성 종들 중에서 피해를 야기할 소수의 비 토착성 종들을 찾아내기 위한 조사 방법을 찾아내는 것이다. 앞으로 알게 되겠지만 이들 두 가지 통찰력은 침입종 생태학 연구의 보상이 될 수 있고, 동시에 침입종 연구를 좌절시키는 것이 될 수 있다.

이들 통찰력 이외에, 침입 과정을 일련의 단계들로 보는 견해는 몇 가지 중요한 장점들을 가지고 있다. 첫 번째는 하나의 종을 침입성 혹은 침입성이 아닌 것으로 분류하는 것은 잘못이라는 것이다. 특정한 종의 개체들은 새로운 환경으로 운반되어 방출되며, 만약 이들 비 토착성 개체군이 지속되기 위해서는 이들 개체들이 생존하고 생식해야 한다 (제 2장과 3장). 한 종의 개체들이 다양한 장소에 운반되는 경우, 이들 초기 개체군들의 일부가 정착하고 널리 확산되어 토착 생물상에 영향을 줄 가능성이 있으며 (즉, 침입종이 된다), 반면에 다른 개체군들은 그렇지 못하다. 따라서 한 종이 어느 장소에서는 "침입성"으로 간주되고, 다른 장소에서는 그렇지 않은 것으로 간주될 수 있다. 물론 한 종의 개체들은 이 종의 모든 비 토착성 개체군들이 평균적으로 침입성이 되도록 허용하는 일단의 공통 속성들을 공유한다. 그러나 종에서 개체군으로 초점을 전환시키면, 침입의 이해를 위한 새로운 창들이 열리게 된다 (Colautti & MacIsaac 2004; Lockwood et al. 2005).

둘째, Fig. 1.2의 침입과정 모델을 사용하는 것은 "종 속성들 혹은 군집 성질들이 침입종의 성공을 결정하는가?"와 같은 단순화 된 이분법적 의문들로부터 우리를 벗어나게 한다. 우리가 앞으로 살펴볼 것처럼 이러한 의문을 해결하는 것은 간단하지 않다. 비 토착성 개체군들은 그들이 앞으로도 지속될 것인지를 결정하는 많은 외적인 힘에 직면하게 된다 (제 4, 5, 6장). 이들 힘들은 두 종 (혹은 더 많은 종)의 개체들 사이의 경쟁, 포식, 기생, 그리고 다른 상호작용들이 포함된다. 여기에는 또한 홍수, 결빙, 그리고 산불과 같은 확률론적인 물리적 힘들도 포함되어 있다. 비 토착성 개체군들이 어떻게 이들 힘에 반응하는지는 그들의 생활사에 따라 다르다. 일단의 외적인 힘들은 다른 외적인 힘들의 효과를 변형시키며, 종 자신들도 외적인 힘들의 크기와 범위를 변형시킬 수 있다. 이러한 상호작용 때문에, 이분법의 어느 한 쪽에 초점을 맞추어 무엇이 비 토착성 개체군의 성공과 실패를 결정하는지를 파악하는 것을 거의 불가능하게 만든다. 더구나 군집, 환경, 그리고 종의 성질들은, 비록 상이한 형태를 취할 수 있고, 아마 그들의 중요성도 다를 수 있지만, 모든 침입 단계에서 흔히 비 토착성 개체군들의 성공적인 전이에 역할을 수행한다 (Kolar & Lodge 2001; Cassey et al. 2004b). 침입 단계들 전체에서 간단한 이분법적 의문에 대답하려고 할 때, 다양한 생태학적 기작들의 중요성의 증가 또는 감소는 문제 해결에 더 많은 혼란을 야기한다 (Lockwood et al. 2005).

셋째, 침입과정 모델은 인간의 활동이 비 토착성 개체군들의 운명과 상호작용하는 부분을 더 분명히 알게 한다. 우리가 제시한 정의에 의하면, 인간은 고의적으로 혹은 무심코 개체들을 그들의 자연적 분포범위 한계를 벗어나도록 운반시킨 다음 그들을 야생으로 방출하여 침입과정이 시작되게 한다 (제 2, 3, 4장). 침입과정의 이러한 측면은 이 단계에 관한 지식이 증가하였음에도 불구하고 침입경로의 나머지로부터 흔히 분리되었었다 (Puth & Post 2005). 인간은 또한 비 토착성 개체군이 정착하려고 시도하는 생태계에 영향을 주어 침입과정에 개입한다 (예를 들어, 교란 유발. 제 5장). 비록 이것은 비 토착성 개체군이 확산하기 위해 (제 7. 8장), 혹은 어떤 유형의 피해를 유발하기 위해 (제 9, 10장) 필요한 것은 아니지만, 인간은 무역 혹은 여행을 통해 정착한 비 토착성 개체군의 지리적 분포범위 확장을 용이하게 할 수 있다. 마지막으로, 인간의 활동은 직접적인 박멸 기법을 통해, 혹은 비 토착성 개체들의 운반을 느리게 하는 사회-정치적 활동을 통해 침입 단계들 사이의 장벽을 강화시키는데 기여할 수 있다 (제 12장).

이 책의 주요 체계로 침입과정 모델을 사용하는 문제에서 하나의 단점은, 촉진 그리고 경쟁과 같은 중요한 생태학적 과정들을 이 책의 여러 개의 장들에 걸쳐 설명한고 있다는 것이다. 침입과정 전체를 통해 경쟁과 같은 하나의 생태학적 힘에 집중하여 그것의 전체적인 영향을 고려함으로써 얻어지는 통찰력들이 있지만 (Shea & Chesson 2002), 그러나 궁극적으로, 우리는 어느 한 단계에서 몇 가지의 힘이 어떻게 상호작용할지를 살펴보기 위해 침입과정 모델을 따르지 않을 수 없다는 것을 알았다. 침입종의 성공에서 단일 힘의 역할을 연구한 많은 논문들이 있으며, 우리는 독자들이 두 방법들로부터 도움을 얻기를 바라는 마음으로 이들 논문들을 참고문헌에 포함시켰다.

1.5 이 책의 이용 방법

Fig. 1.1에 제시되어 있는 것처럼, 생물학적 침입에 관하여 우리가 이해하고 있는 내용들을 요약하기가 점점 어려워지고 있다. 2005년 중반에 논문의 핵심용어에 "침입종 생태학"이란 용어가 포함되어 있는 SCI 논문이 이미 257편이 발표되었다. 따라서 이 책을 집필하는 과정에서, 우리는 독자들에게 오늘날 침입종 생태학 내에서 논의되고 있는 다양한 주제들의 개관을 분명하게 제공하려고 노력하였으며, 이 주제들을 논리적 그리고 견문을 넓히는 유익한 방법으로 제시하려고 노력하였다. 이러한 우리들의 노력이 관심있는 과학자들에게 학문과 침입종 생태학 내에서 논의된 다양한 개념들의 상호관계에 일종의 로드맵을 제공하기를 희망한다. 이러한 노력에 덧붙여 각 장의 말미에 우리는 함께 읽을 지침서로 사용하기 위한 일단의 논문들을 제시하고 있다. 이들 "지침서 논문, 이 단원과 관련된 논문"는 우리가 제시한 문제를 더 깊이 탐구한 논문들이거나, 혹은 특정한 주제와 관련된 문헌들의 중요한 종합서들이다. 우리는 대학원 혹은 학부 강의에서 이 책을 이용하여 강의하는 강사들은 학생들에게 부과하는 독서 숙제에 이들 논문들을 포함시킬 것을 권하고 있다. 이들 제시된 지침서 논문들은 우리가 각 장에서 제시한 주제들의 논의를 좀더 활기차게 만들 것이다. 우리는 또한 우리가 제시한 주제에 대한 연구를 진행시키려고 하는 독자들을 위해 일단의 문헌들

을 제공하고 있다. 이들 "더 읽을 거리"는 침입이란 주제의 다양한 측면을 파악하기 위한 기초를 다진 책과 논문들이다. 이들 문헌들은 대학원 교육의 일부로 침입종 생태학을 추구하는데 흥미가 있는 사람들은 "반드시 읽어야 할" 것들이다. 우리가 목록에 포함시킨 문헌에 대하여 동의하지 않는 사람들도 있을 것이다. 그러나 적어도 이 목록에 포함된 문헌들은 이 분야에 처음 들어온 학생들에게는 적절한 출발점을 제공하고 있다.

우리는 우리가 제시하는 자료의 폭과 관련되어 일부 독자들이 불만을 가질 수 있는 몇 가지 중요한 결정을 하였다. 침입종 생태학은 생물학적 방제, 농업생태학, 잡초과학, 유행병학, 생태적 경제학과 환경법 등과 같은 다양한 하위 학문분야들과 경계를 이루고 있다. 우리는 여기에서 이들 특정한 주제들을 깊이 있게 다루지 않지만 관심 있는 독자들을 위해 방법을 제시하고 있다. 생물학적 방제 부분을 광범위하게 다루지 않기로 한 우리의 결정은 많은 비판을 받을 가능성이 있다. 우리는 생물학적 방제의 몇 가지 예를 자세히 제시하고 있지만, 그러나 생물학적 방제를 실시하는 사람들의 전통과 경험은 다소 특이하여, 좀더 광범위하게 정의된 생태학자들의 전통 그리고 경험과 다르다는 것이 분명해졌기 때문에 우리는 단순히 이 책의 제한된 지면 내에서 이 분야의 역사를 다룰 수 없었다. 침입, 생물학적 방제, 그리고 그 자체로써 관심을 받을만한 보존 생물학 사이를 통합하여 탐구해야 할 많은 것들이 있다.

마지막으로, 우리가 제시한 틀에서 두 가지의 주제를 끌어내어 그들을 단계에 걸친 (cross-stage) 종합으로 제시하는 결정을 하였다. 이것은 비 토착성 종의 진화 (제 11장) 그리고 관리 (제 12장)에 관한 것인데, 이 두 가지는 모두 힘든 결정이었다. 이들 주제들은 우리가 이 책의 구조로 사용하는 각각의 침입단계들로 쉽게 혼합될 수 있었다. 궁극적으로 우리는 이들 주제들을 종합적인 총괄 장으로 제시함으로써 얻어질 것이 더 많이 있다고 느꼈다. 그 이유는 구성상의 구조에서 유지하기 어려운 각각의 주제들 내에 중요한 연결고리들이 있기 때문이다.

우리는 이 책에서 너무 많은 새로운 분야를 포함시키지 않도록 노력하였다. 그러나 대신에 침입종 생태학의 범위에서 폭과 깊이 사이의 균형을 찾으려고 하였다. 우리가 만약 새로운 분야를 포함시켰다면, 그것은 한 분야에서 엄청나게 다양한 연구결과들의 일관성 있는 양상을 제공하기 위해 필요했기 때문이다. 우리는 또한 다양한 분류군들 그리고 지정학적 경계를 넘는 다양한 예들을 포함시키려고 노력하였다. 그러나 대부분의 독자들은 다음과 같은 쏠림 현상을 쉽게 감지하게 될 것이다. (i) 우리 저자들은 어류, 조류, 그리고 식물에 관한 연구를 주로 하였으며, (ii) 우리는 북미에 살고 있고, 그리고 (iii) 우리 각자는 California에서 살았고 그곳에서 연구하였다. 이러한 쏠림 현상은 집필과정에서 아마 피할 수 없었으며, 우리는 이 책의 2판 출간이 보장되는 경우에 전 세계에 있는 우리의 동료들부터의 조언을 받기를 간절히 희망한다.

Box 1.2 해군에서

Guam은 Micronesia 군도에서 가장 큰 섬이며 (54,000 ha), 많은 다른 섬들처럼 토착성 고유종인 조류, 파충류 그리고 포유동물로 구성된 환상적인 생물조합을 가지고 있다. 이들 종의 대부분은 현재 멸종된 것으로 간주되며, 나머지는 멸종 위협에 처해 있다. 비록 폴리네시아 사람들이 섬에 정착한 것이, 2차 세계대전 이후에 엄청난 서식처 전환과 살충제 사용이 한 것처럼, 종의 소실에 기여하였지만 이러한 멸종 드라마의 주요 피의자는 침입성 갈색나무뱀 (*Boiga irregularis*)이다. Guam에서 갈색나무뱀에 관한 다음의 설명은 Fritts와 Rodda (1998)의 훌륭한 요약에 주로 기초하고 있다.

Guam의 현 시대는 미 해군이 2차 세계대전 동안에 일본의 계획된 침공을 막기 위한 수송장소로 이 섬을 이용하면서 시작되었다. Guam의 인구는 1944년에서 1945년 사이에 10배 이상 성장하였다. 1945년 2차 세계대전이 끝나면서 이러한 대규모 해군 기지는 그 지역에서 버려진 전쟁 물자들을 수집하여 보관하는데 유용한 장소가 되었다. 특히, 미국 해군은 New Guinea로부터 차량, 비행기 그리고 기타 군수 물자들을 수송하였는데, 이들 품목들은 New Guinea에서 사용되지 않은채 상당 기간 동안 방치되어 있었다. 갈색 나무뱀은 New Guinea 그리고 오스트랄라시아(오스트레일리아 · 뉴질랜드 및 그 부근의 여러 섬의 총칭) 기타 지역의 토착종이다. 이 뱀은 일반적으로 야행성이며, 낮 동안에는 좋은 은신처를 제공하는 틈이나 구멍 속에서 쉬고 있다. 이 뱀은 보통 비행기의 바퀴가 들어있는 공간 (wheel-wells), 자동차의 후드 아래, 그리고 화물 상자들 속에서 발견된다. 이러한 이유 때문에 대부분의 생물학자들은 이 갈색나무뱀들이 전쟁이 끝난 후인 1945~1950년 동안에 해군의 잉여 장비들 속에 무임승차하여 New Guinea로부터 Guam으로 수송되었을 것으로 생각하고 있다.

갈색 나무뱀은 Guam의 남부 도시인 Apra Harbor를 따라 처음 발견되었다. 그 다음 이 종은 다소 서서히 확산되어 1970년에는 섬 전체를 점유하게 되었다. Guam은 토착성 뱀이 없었고, 따라서 갈색나무뱀의 수를 조절할 수 있는 토착성 포식자들이 없었다. 대신에 토착성 척추동물들은 모두 일반 포식자인 나무 뱀에 의해 포식되기 쉬운 몸집이 작은 종들이었다. 토착 동물들은 진화과정에서 이러한 포식자들을 경험하지 못하였기 때문에 쉽게 갈색나무뱀의 표적이 되었다. 대부분의 토착성 삼림 동물종들의 감소가 즉각적으로 그리고 극적으로 일어났다. Guam의 야생동물 자원 조사국 (Division of Aquatic and Wildlife Resources)은 1970년대에 토착성 조류와 박쥐의 조사를 그만두었는데, 이 섬에서 이들 종의 개체들을 더 이상 볼 수 없었기 때문이다. 가장 오래 지속된 3종의 토착성 조류와 포유동물들은 과일 박쥐(Mariana fruit bat, *Pteropus mariannus mariannus*), 흰눈썹뜸부기류 (Guam rail, *Rallus owstoni*), 그리고 작은 칼새 (island swiftlet, *Aerodramus vanikorensis bartschi*)이었다. 과일 박쥐와 흰눈썹뜸부기는 비교적 수명이 긴 종들로, 그 이유는 단순히 일부 개체들이 포식을 피하여 살아남아 그들의 평균수명을 살았기 때문이다. 그러나 어떤 종도 나무뱀의 존재 하에서 생식에 성공하지 못하였다. 작은 칼새는 오늘날까지 지속되고 있지만 Guam의 한 동굴에만 국한되어 있다. 이 작은 칼새는 둥지를 동굴의 벽에 만드는데, 둥지가 동굴 벽에 달라붙도록 하기 위해 자신의 침과 진흙을 사용한다. 이러한 특이한 습성에도 불구하고 작은 칼새는 여전히 나무 뱀에 포식되기 쉬운데, 나무 뱀이 완전히 어두운 상태에서 쉽게 피식자를 잡을 수 있고, 대부분의 물체 표면을 기어오를 수 있기 때문이다. 작은 칼새가 지속되고 있는 한 동굴은 동굴 벽의 소재가 뱀이 자신을 지탱할 수 없게 되어 있다는 점에서 특이하다. 이러한 특성은 작은 칼새가 둥지를 만드는 것을 방해하지 않지만 나무 뱀이 둥지에 접근하는 것을 방해한다.

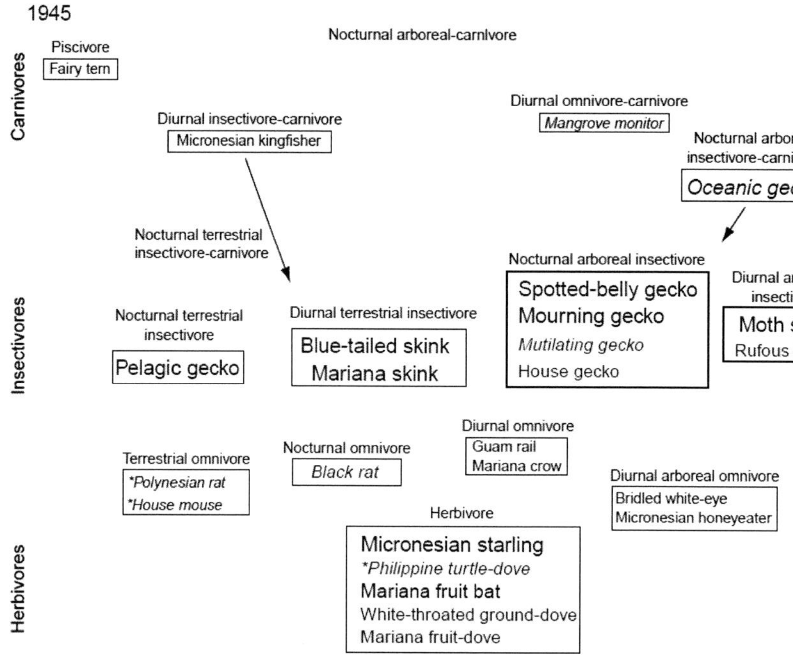

Fig. 1.3 1945년 이전에 Guam의 일반적인 척추동물의 먹이그물. 이탤릭체로 표기된 종은 이입종들이며, 별표가 있는 것은 과거의 이입종을 나타낸다. 글자의 크기는 증가 크기의 순서를 사용한 상대 수도(생물량)를 나타낸다. 상자들은 포함된 분류군들을 위한 우세한 영양단계적 역할로 표기되었다. 화살표는 알려진 영양단계 경로를 표시한다.

Guam에서는 많은 다른 토착성 삼림 동물들의 소실이 일어났다. 그 결과 Guam 삼림(우세한 토착 서식처)의 먹이그물이 시간이 지나면서 극적으로 변화되었다 (Figs 1.3, 1.4, 1.5). 가장 두드러진 변화는 대부분의 구성원이 토착성 생물이던 먹이 그물이 (그림에서 인쇄체) 구성원 대부분이 비 토착성 생물인 먹이그물로 (그림에서 이탤릭체) 재구성 된 것이다. 갈색나무뱀 이외에 도마뱀 (curious skink, *Carlia fusca*), 쥐 (Polynesian rat, *Rattus exulans*), 생쥐 (house mouse, *Mus domesticus*), 호도애 (Phillipine turtle-dove, *Streptopelia bitorquaata*) 그리고 도마뱀붙이 (mutilating gecko, *Gehyra mutilata*) 등이 모두 성공적으로 정착하였다. Guam의 삼림에는 3종의 토착성 도마뱀이 생존하고 있는데, blue-tailed skink (*Emoia caeruleocauda*), morning gecko (*Lepidodactylus lugubris*) 그리고 house gecko (*Hemidactylus frenatus*)이다.

이들 도마뱀류는 모두 크기가 작고 주행성이다. 토착 먹이그물의 파괴로 갈색나무뱀이 먹이 자원의 부족으로 고통을 받을 것으로 가정할 수 있지만 3종의 토착 도마뱀, 그리고 비 토착성 동물들이 나무 뱀의 포식 압력에도 불구하고 개체군을 유지하고 있기 때문에 나무 뱀이 생존하고 있다. 침입성 피식자들 그리고 토착성 도마뱀류의 이용 가능한 먹이원이 나무 뱀 밀도를 유지시키고,

민감한 토착종들에 대한 포식 압력을 높게 유지시킨다. 그 결과 토착종들은 나무 뱀에게 상응하는 부정적인 영향을 주지 않고 신속하게 멸종되었다. 나무 뱀은 남아 있는 토착성 도마뱀류의 주행성 습성에도 적응하는 것으로 보인다. 생물학자들은 나무 뱀의 활동 패턴이 유일한 야행성이던 것이 낮 동안에 활동을 포함하는 행동 패턴으로 전환하고 있다고 보고하고 있다. Guam에서 먹이그물 복잡성의 감소는 토착 동물들의 소실을 넘어서는 영향력을 가지고 있다. 곤충을 잡아먹는 포유동물과 조류의 소실은 아마 농작물과 농업 생산량에 피해를 주는 곤충의 수도를 증가시킬 수 있다.

새로 이입된 비 토착성 종은 토착종들의 소실에 의해 남아 있는 많은 "점유되지 않은 생태적 지위"가 주어져 Guam에 침입하여 쉽게 성공할 수 있을 것이다. 그러나 새로 도착한 이러한 비 토착성 종들은 생존하기 위해 보편적 포식자들과 진화적인 경험을 가져야 한다. 나무 뱀의 침입 이후에 Guam은 나무 뱀이 없는 근처의 섬들에 비해 거미줄을 만드는 거미의 밀도가 훨씬 높은 것으로 보인다. 새들이 거미줄을 손상시키는 것을 피하기 위해 자신들이 만드는 그물에 눈에 잘 띄는 실을 배치하는 거미들은 아직도 토착 조류가 분포하고 있는 근처의 섬에 비해 Guam에서는 이러한 일을 별로 하지 않아도 된다. 또한 식물에 대한 토착 조류와 포유류의 화분매개 및 종자 분산 서비스들도 소실되었다. 이와 유사하게, 우리는 대부분의 초식성 조류 그리고 포유동물이 없는 Guam에서 토착식물 (그리고 침입종)의 과일을 먹거나 초식을 하는 것이 감소되리라는 것을 기대할 수 있을 것이다. 갈색나무뱀 침입의 이러한 간접적인 영향은 아직도 철저한 자료 입증과 연구가 필요하다.

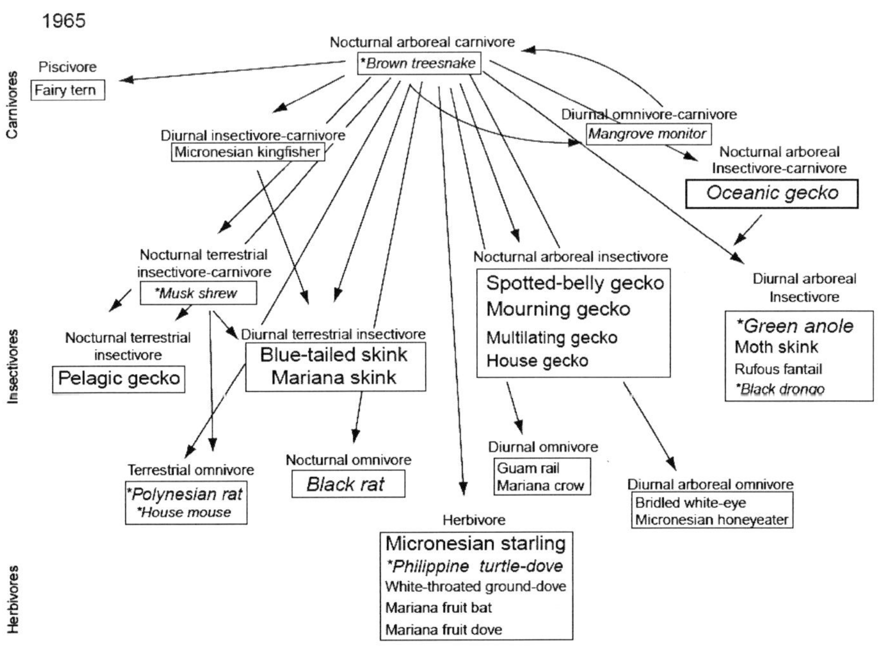

Fig. 1.4 갈색나무뱀이 이입된 후인 1965년에 Guam의 일반적인 척추동물의 먹이그물. 많은 수의 분류군들이 나무 뱀에 의해 포식되었음을 주목하라. 이탤릭체로 표기된 종은 이입종들이며, 별표가 있는 것은 과거의 이입종을 나타낸다. 글자의 크기는 증가 크기의 순서를 사용한 상대 수도(생물량)를 나타낸다. 상자들은 포함된 분류군들을 위한 우세한 영양단계적 역할로 표기되었다. 화살표는 알려진 영양단계 경로를 표시한다.

현재 Guam으로부터 갈색나무뱀을 방제하거나 혹은 절멸시키기 위한 엄청난 노력이 이루어지고 있다. 생쥐 시체에 아스피린을 넣어 뱀을 죽이는 것을 포함하여 이들 노력 중에는 성공적인 것도 있지만, 그러나 이러한 방법들은 토착 먹이그물을 복원시키지는 못하고 있다. 또한 이들 노력들은 다른 민감한 섬들로 갈색나무뱀의 확산을 조절하는데 도움을 주지 못하고 있다. Guam으로부터 떠나는 배와 비행기들은 갈색나무뱀이 다른 민감한 입국 관리 사무소가 있는 항구와 공항에 이입되는 것을 막기 위해 주의 깊은 검색이 필요하다. 비록 갈색나무뱀이 다른 지역에서 이러한 피해를 야기하지 않더라도 우리는 대부분 이 포식자들에 대한 경험이 없는 토착종들이 풍부한 다른 섬들 (예를 들어, Hawaii, Caroline Islands)에 이 종이 정착하는 것에 특히 조심하여야 한다.

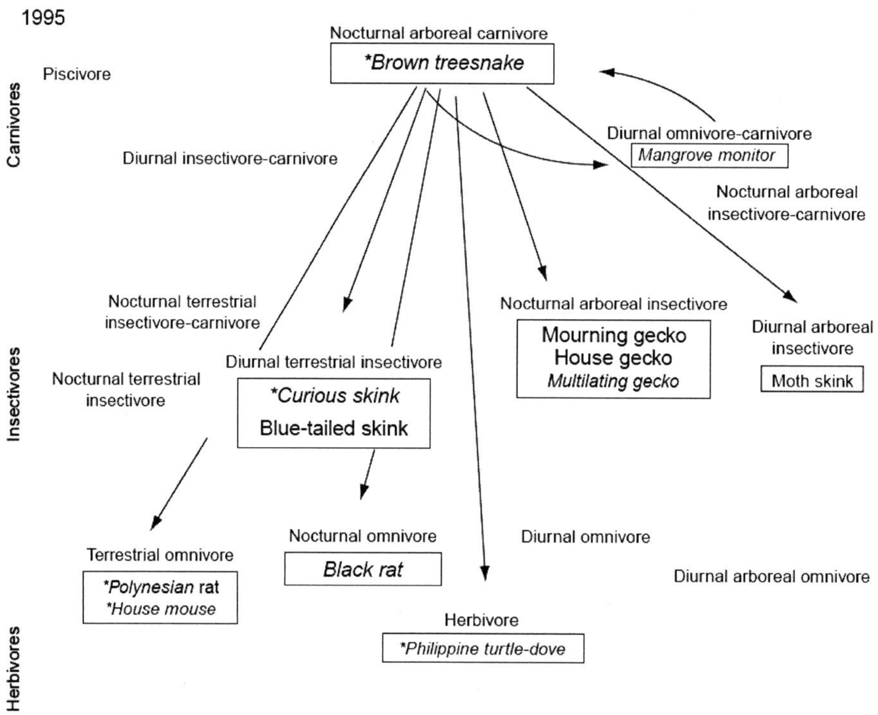

Fig. 1.5 1995년에 Guam 북부에서 일반적인 척추동물의 먹이그물. 남아 있는 분류군들 사이에 생물량 그리고 영양단계의 기능적 역할 모두 큰 감소가 있음을 주목하라. 이탤릭체로 표기된 종은 이입종들이며, 별표가 있는 것은 과거의 이입종을 나타낸다. 글자의 크기는 증가 크기의 순서를 사용한 상대 수도(생물량)를 나타낸다. 상자들은 포함된 분류군들을 위한 우세한 영양단계적 역할로 표기되었다. 화살표는 알려진 영양단계 경로를 표시한다. Fritts & Rodda (1998).

더 읽을 거리

Brown, J. H., and D. F. Sax. 2004. An essay on some topics concerning invasive species. Austral Ecology 29: 530 – 536.

Cassey, P., T. M. Blackburn, R. P. Duncan, and S. L. Chown. 2005. Concerning invasive species: reply to Brown and Sax. Austral Ecology 30: 475 – 480.

Crosby, A. 1993. Ecological Imperialsim: The Biological Expansion of Europe, 900 – 1900. Cambridge University Press, Cambridge, UK.

Richardson,D. M., P. Pysek, M.Rejmanek, M. G. Barbour, F.D. Panetta, and C. J. West. 2000. Naturalization and invasion of alien plants: concepts and definitions.Diversity and Distributions 6: 93 – 107.

Shrader-Frechette, K. 2001. Non-indigenous species and ecological explanation. Biology and Philosophy 16: 507 – 519.

이 단원과 관련된 논문

Colautti, R. I., and H. J. MacIsaac. 2004. A neutral terminology to define "invasive" species. Diversity and Distributions 10: 135 – 141.

Davis, M. A., K. Thompson, and J. P. Grime. 2001. Charles S. Elton and the dissociation of invasion ecology from the rest of ecology. Diversity and Distributions 7: 97 – 102.

Shea, K., and P. Chesson. 2002. Community ecology theory as a framework for biological invasions. Trends in Ecology and Evolution 17: 170 – 176.

Simberloff, D. 2003. Confronting introduced species: a form of xenophobia? Biological Invasions5: 179 – 192.

CHAPTER

2

운반 매체와 운반 경로

개관

모든 침입은 한 종의 개체들이 토착 분포 범위에서 포획되어 새로운 장소로 운반되고, 이중 방출된 일단의 개체들 (때로는 한 개체의 생물)로 시작된다. 이러한 생물을 이동시키는 매체는 비 토착성 번식체를 새로운 지소로 이동시키는 수송기관이고, 수송 경로는 이동하는 비 토착생물의 원 서식처와 이들이 방출되는 지소 사이의 루트이다. 사람이 중재한 수송 매체를 통해 전 세계 이곳저곳으로 이동되는 종들의 수에 관한 이용 가능한 몇 건의 추정치로부터 우리는 그 수가 엄청나다는 것을 알고 있다. 제 2 장에서는 침입 과정에서 일어나는 이들 초기 사건들의 특성을 살펴보도록 한다. 우리는 먼저 자연적인 침입과 사람이 도움을 주는 침입 사이의 유사성의 문제를 살펴본다. 그 다음 고의적으로 수송된 종과 비 고의적으로 수송된 종들 사이의 초기 구분을 가능하게 하는 수송 매체들의 유형을 기술한다. 우리는 또한 수송 경로들의 동태를 살펴보는데, 이것은 종 수송의 중심점-확산(hub-and-spoke) 모델과 같은 창발적인 패턴을 강조한다. 이들 매체들과 운반경로의 이해는 이어지는 침입종 생태학 연구의 모든 단계에 중요하다.

2.1 운반 매체와 운반 경로 사이의 차이는 무엇인가?

침입 단계와 관련된 용어는 여전히 진화되고 있다. 그러나 우리는 이 책에서 Mack (2004)가 사용한 용어를 사용하고 있다. 우리는 운반 매체를 종들이 운반 경로를 따라 이동되는 방법으로 정의하고 있다. 그리고 운반 경로를 비 토착성 종의 공급지역과 그 종이 방출되는 지소 사이의 루트로 정의한다. 차이점을 이해하기 위해 1800년대 후반에 Europe, West Africa, 그리고 Caribbean 사이의 3국간 무역 항로를 생각해 보자 (Fig. 2.1). 이 경로는 부분적으로는 무역선들이 항해하는데 무역풍을 이용할 수 있기 때문이었는데, 이 경로 자체는 걸프 해류, 카나리아 해류, 그리고 남적도 해류에 의해 형성되었다 (Mack 2004). 이 3국간 무역 루트는 3 지역들 사이에 다양한 식물, 동물, 곤충, 그리고 질병들을 포함하여 매우 다양한 상품들을 이동시켰다 (Crosby 1986). 이 경우 수송 매체들은 범선들 그 자체이었으며, 수송 경로는 이들 범선들이 횡단한 루트이다. 수송 매체로써 범선들은 이들 3 지역을 벗어난 많은 경로들을 통해 비 토착성 종들을 운반하였다. 이러한 이유 때문에 침입 매체들은 아래에서 우리가 하는 것처럼 보통 광범위한 그룹으로 분류된다. 이 3국간의 무역은 범선들 이외에도 이후 50년 이내에 증기선 그리고 비행기들에 의해 이루어졌다. 따라서 운반 경로는 상업적 무역 패턴의 변화 혹은 수송 매체들의 기술적인 혁신에 따라 시간이 지나면서 그들의 중요성에 증감이 있을 수 있다. 운반의 두 가지 측면들, 즉 무역 패턴의 변화와 운반

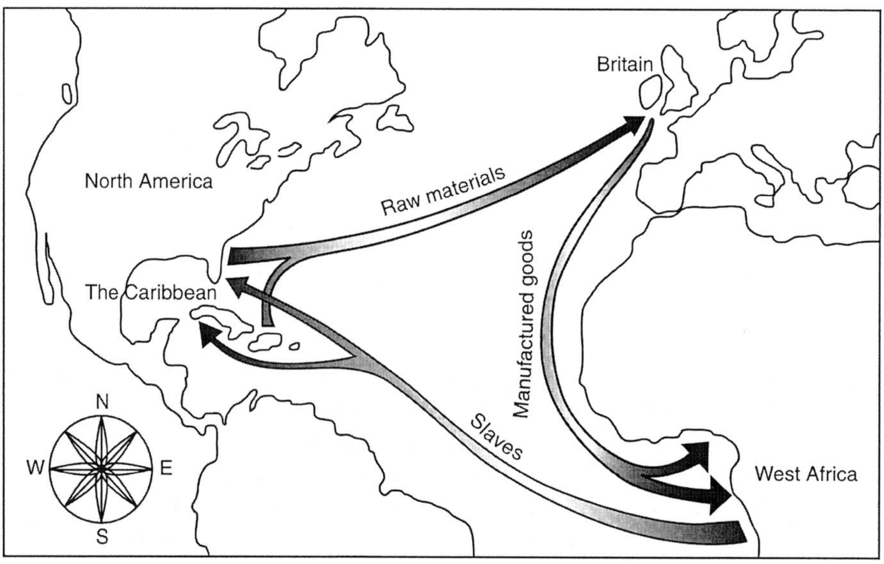

Fig. 2.1 Europe, West Africa, 그리고 Caribbean 사이의 3각 무역 경로. 이들 경로들은 비 토착성 종들을 포함하여 매우 다양한 상품들을 운반하였다.

매체들의 기술혁신이 서로 밀접하게 연관되어 있지만 이 둘을 서로 분리함으로써 우리는 각각의 경로가 이어지는 침입 패턴에 미치는 영향을 탐색할 수 있다.

2.2 사람이 중재하는 운반은 자연적인 이주와 다른가?

운반 매체와 운반 경로를 논의하기 전에, 사람이 중재하는 운반 매체들이 자연적인 매체들과 어떻게 다른지를 생각할 기회를 가져보자. 종의 소멸과 마찬가지로 종의 침입은 자연적인 현상이다. 지구의 역사를 통해 종들은 끊임없이 그들의 분포 범위를 확장시킬 수 있는 기회를 가졌으며, 때로 이러한 기회가 비교적 짧은 기간에 걸쳐 일어났다 (Vermeij 2005). 오늘 날에도 우리는 종들이 항풍 혹은 해류를 통해 외관상 매우 먼 거리를 이동할 수 있다는 것을 알고 있다 (Bush 1991; Mack & Lonsdale 2001; Mack 2004). 침입과 관련된 주요 의문은 사람이 중재하는 운반이 자연적인 이주 현상과 정량적으로 다른지의 여부이다.

해양성 섬에 종이 도달하는 율은 이러한 의문을 해결하는데 도움이 된다. 이러한 고립된 지소들에서 우리는 토착성 종 풍부도를 설명하는데 필요한 침입의 역사적인 율을 계산할 수 있으며, 이 율을 현재 알려진 이입율과 비교할 수 있다. 예를 들어, 국가 연구 위원회 (National Research Council, NRC 2002)은 Carlquist (1974) 그리고 Fosberg (1948)의 정보를 기초로 Hawaii의 토착 식물상이 매 100,000년 마다 1종의 자연적인 분산율을 통해 형성될 수 있었다고 계산하였다. 그러므로 1,094 종으로 되어 있는 Hawaii의 전체 토착 식물상은 약 280번의 성공적인 자연 이주 사건들, 그리고 그 이후의 적응 방산으로부터 기원할 수 있었다 (Wagner et al. 1990). Hawaii에 식물 종의 첨가율은 폴리네시아 사람들의 이주 이후에 매 50년 마다 1종의 새로운 식물종이 이입되는 것으로 가속화 되었고, 유럽인들의 이주 후에는 매 22년마다 1종의 새로유 식물종이 이입되는 율로 가속화되었다. 최종 결과는 Hawaii 군도에 자연적으로 분산되어 그곳에서 진화한 식물 종 수에 비해 그곳에 이입되어 지속되고 있는 식물종의 수가 거의 2배에 달한다 (Sax et al. 2002).

Hawaii에서 이러한 식물 침입율의 증가는 이들 종을 운반하는 매체들의 변화에 의해 추진되었다. 유사 이전에는 식물들은 주로 바람에 의한 분산을 통해 혹은 해류에 떠밀려 Hawaii에 도달하였다. 폴리네시아 사람들이 이주한 이후에는 식물들은 보트를 통해 섬에 도달하기 시작하였다. 이들 보트들은 폴리네시아 사람들이 점유하고 있던 다른 태평양 군도로부터 오기도 하였다. 보트의 이동에는 노젓기가 필요하기 때문에 비교적 소수의 폴리네시아인 혹은 보트가 이러한 방법으로 이동하였다. 오늘날 식물들은 하루에도 여러 번 섬을 방문하는 배와 비행기를 통해 Hawaii에 도달한다. 이들 좀더 최근의 운반매체들은 전 세계로부터 오지만, 일본, 다른 태평양 군도, 그리고 북미로부터 가장 빈번하게 오고 있다.

Gough Island에서 비상하는 곤충을 살펴보면 유사한 패턴을 볼 수 있는데, 이 섬은 대서양 남부의 매우 외진 곳에 위치하고 있다 (Gaston et al. 2003). Gough Island는 1675년에 포경선이 이곳에 상륙하기 이전에 사람들이 점유하였다는 증거는 없다. 포경선이 최초로 이곳에 상륙한 이후에 Gough Island는 정기적으로 바다표범을 사냥하는 장소가 되었다. 남아프리카는 1956년에 이 섬에 현재에도 작동하고 있는 상설 기상대를 설치하였다. 1600년대 후반 이후 이 섬에 이입된 매우 완전한 곤충 목록을 사용하여 Gaston 등 (2003)은 비상하는 곤충들이 사람이 중재하는 매체를 통해 1,000년 당 218종의 율로 이 섬에 이입된 것으로 계산하였다. 대조적으로 이 연구자들은 매 95,000년 마다 1번의 성공적인 이주가 토착 곤충상을 설명하기에 충분하다고 계산하였다. 토착 곤충을 위한 운반 매체는 아마 편서풍이었을 것이다. 이입된 곤충을 위한 중요한 매체는 바다표범을 잡는 사람들과 과학자들 그리고 그들이 사용하는 기구들을 수송하기 위해 섬을 방문하는 배들이었다. Gough Island은 결코 운반의 중심축은 아니다. 그러나 이 만큼의 적은 수의 사람들의 이동에서도 섬으로의 이주율은 계산된 역사적인 이주율보다 2-3배 증가시켰다 (Gaston et al. 2003).

비 토착성 종들이 그들의 목적지에 도달하는 경로와 운반매체들 모두는 자연적인 이주 과정에 비해 훨씬 다양하고 동적인 것으로 보인다. 심각한 파괴 사건 (예를 들어, 화산 폭발) 후에 그 지역의 재정착에 생태학자들이 은밀히 관여한 몇 가지 경우에서, 이주하는 종들은 일반적으로 모두 근처에 있는 섬 혹은 본토에 있는 공급개체군으로부터 오며, 항풍과 해류, 종 자체의 생활사 특성들, 그리고 회복되는 식생의 천이 동태 등을 기초로 예측될 수 있다 (Thorton 1996). 대조적으로, 현대의 운반 경로의 지리적인 규모는 훨씬 커서 지구의 한쪽 편에 있는 종이 반대편에 정착할 수 있게 한다. 이와 같이 사람에 의한 운반 경로는 자연적인 운반 경로에 비해 사람의 욕망과 경제의 변동에 따라 종 존재의 흥망성쇠가 훨씬 빠를 수 있다 (Mack 2004). 이밖에, 사람이 중재하는 운반 매체는 지구를 이동하는 이들 종들이 한 장소로부터 다른 장소로 이동하는데 몇 개월 혹은 몇 년이 소요되는 대신에 불과 몇 시간 내에 이동하도록 허용한다. 사람의 운반 매체를 통해 지구 전체를 이주하는 종집단은 자연적으로 먼 거리를 분산하는 종집단에 비해 생태학적으로 더 변화가 많다. 예를 들어, 자연적인 매체를 통해 뉴질랜드로 운반되는 식물의 경우 이들이 물에 뜨고, 염수를 견디고, 그리고 장기간의 불리한 조건을 겪은 후에도 생존 능력이 남아있어야 한다. 그러나 비행기를 통하여 뉴질랜드에 이입된 식물은 이러한 특성을 가질 필요가 없다.

요약하면, 사람이 중재한 운반은 자연적인 이주 과정보다 더 빠르고, 더 동적이며, 그리고 흔히 더 광범위한 지리적인 규모를 포함하는 것으로 생각할 수 있다. 사람이 중재한 침입이 자연적인 이주 사건들과 근본적으로 다르다는 데 모든 생태학자들이 동의하는 것은 아니다 (Brown & Sax 2004; Vermeij 2005; Cassey et al. 2005). 비록 자연적인 이주 과정들 그리고 고생물학적 생물 교체에 관한 연구로부터 우리가 배워야 할 점들이 많다고 생각하지만, 사람이 중재하는 종의 운반율, 운반 규모, 그리고 운반기작들은 자연적인 이주 사건들과 현저히 다르다. 우리가 자연적인 이주 사건과 사람이 중재한 이주 사건 사이의 차이를 무시할 경우에도, 사람에 의해 이입된 종과 연관된 대규모의 부정적인 영향 때문에 우리는 여전히 사람에 의해 중재된 운반 패턴에 관심을 가질 수 있다 (제 9장과 10장).

2.3 운반 매체들

2.3.1 기본적인 이분법

비 토착성 생물들의 운반 매체를 분류하기 위한 많은 가능한 방법들이 있는데, 이들은 분류학적인, 운반 계획에 의한, 혹은 지정학적 경계에 의한 방법들이다. 우리는 여기에서 기본적으로 의도적인 이입과 비의도적인 이입으로 나누는 이분법적인 방법을 선택하였는데, 그 이유는 이것이 모든 분류방법에 포함되어 있기 때문이다. 의도적인 운반은 특수한 목적을 위해 생물들이 새로운 지역으로 이동되는 것을 의미한다. 이와 같은 의도적인 종의 이동에는 장식용 식물, 농작물, 애완동물, 생물학적 방제 등과 같은 다양한 매체들이 포함된다. 의도적인 이입은 사람들의 욕구를 반영하기 때문에 우리는 일반적으로 언제 그리고 어디에서 그러한 이입이 일어났는지에 대한 기록을 가지고 있다. 이와는 대조적으로 비의도적인 운반은 다른 상품이나 혹은 서비스를 의도적으로 수송할 때 2차적으로 발생하는 결과로 비 토착성 종이 이들 상품들과 함께 이동되는 것을 의미한다. 우리는 일반적으로 비의도적인 이입에 관한 자세한 자료들을 많이 가지고 있지는 않다.

2.3.2 의도적인 운반

비 토착성 종의 의도적인 운반은 아마 이해하기가 가장 쉽다. 사람에 의해 생물들이 국제적으로 이동되는 것은 고대 이후부터 진행되고 있다. 예를 들어, 서력기원 전 8500년의 오래 전부터 식물들이 이동되어 재배되고 있다 (Reichard & White 2001). 예를 들어, 중국은 고대 무역 루트를 따라 식물과 동물들이 수송되고 이입되었다는 오래된 역사적인 기록을 가지고 있다 (Yan et al. 2001). 기원전 4세기에 Shu-Yuan Du 무역 루트가 인도와 중국을 연결하고 있었으며, 타마린드 (열대산 콩과의 상록수, *Tamarindus indica*)가 중국에 이입되어 재배되었다는 기록이 있다 (Yan et al. 2001). 생물이 의도적으로 이동되는 데에는 많은 이유들이 있다. 따라서 이러한 이유들을 광범위한 분류군으로 구분하는 것이 도움이 되는데, 이를 통해 우리는 이러한 이유들을 일반화 시킬 수 있다.

2.3.3 식량과 사냥감

가장 초기에 일어난 종의 이동은 관리된 경작지와 농업의 시작과 더불어 발생하였다. 고기와 낙농제품뿐만 아니라 사람들이 소비하는 과일, 채소 그리고 양념류의 대부분은 다른 지역으로부터 의도적으로 이입된 분류군에서 비롯된다(Reichard & White 2001). 이러한 운반 목록에 포함되는 것은 가축, 양, 닭, 밀, 토마토, 옥수수, 감자, 벌, 어류, 조개류, 황소개구리, 그리고 기타 수 백 종의 생물이 포함되어 있다. 이들 분류군의 대부분은 사람들을 통해 다른 지역으로 계속 전파되고 있다. 예를 들어, 토마토는 그들 자체만으로는 침입성 종이 되지 않는 것으로 보인다. 그럼에도 불구하고 이들 종의 일부는 농장, 목장, 혹은 양식장에서 벗어나 자유생활을 하는 비 토착성 개체군들을 형성한다.

예를 들어, 아메리카에 처음 정착한 유럽인들은 낯선 열악한 새로운 환경에서 즉각적인 생존에 필요하다고 생각되는 농작물, 약용식물, 식용식물, 그리고 가축화된 동물들을 함께 이주시켰고 (Mack 2003), 자신들의 정착지에 있는 우리에서 이들 생물이 빠져 나갔을 때 그들의 운명에 대해서는 크게 고려하지 않았다. 그들이 이주시킨 이들 종의 일부는 비교적 신속하게 인접한 정착 환경 밖에서 정착되었다. 북미의 매사추세츠 주, 플리머스 만에 초기 정착자인 William Wood는 1634년에 이미 적어도 이입된 2종의 식물, 즉 애기수영 (*Rumex acetosella*)과 서양톱풀 (*Achillea millefolium*)이 경작지를 빠져나가 주변 숲에서 생장하였다고 기록한 바 있다 (Mack 2003).

이와 유사하게, 19세기 초반에 망종화 (St John's Wort, *Hypericum perforatum*)가 약용 목적으로 미국의 뉴잉글랜드와 대서양에 면한 주들에 이입되어, 신속하게 목야지와 들판의 주요 유해식물이 되었다 (Mack 2003). 현재 망종화는 미국 서부의 몇 개의 주에서 유해한 야초로 등록되어 있으며, 전 세계적으로 심각한 유해식물로 간주되고 있다. 이러한 유형의 생물이동에는 가축의 먹이가 되는 식물과 동물도 포함되어 있는데, 농장에서 기르는 동물에게 먹이를 제공하기 위해 의도적으로 운반된 생물들이다. 예를 들어, 칡 (*Pueraria montana* var. *lobata*)은 1876년에 열린 필라델피아 100주년 박람회 때에 미국에 이입되었는데, 그곳에서 가축의 사료작물 그리고 장식용 식물로 장려되었다 (Miller & Edwards 1983). 개인들과 주 관리들은 이 칡을 미국 남동부의 많은 지역에 걸쳐 심었다. 칡은 결국 1953년에 허용되는 식피 작물의 목록에서 빠지게 되었고, 1970년에 미국 농무성에 의해 유해식물로 인정되었다 (Miller & Edwards 1983).

사람들의 식량과 관련되어 운반된 생물들은 식물과 동물에 국한되지 않았다. 양어산업과 해산식품 사업체들은 의도적으로 살아있는 동물을 수입하여 판매를 위해 이들을 번식시켰다. 이들 종의 일부가 시설의 우리를 빠져나왔고, 혹은 시설 소유자들에 의해 우리 밖으로 방출되었다. 예를 들어, 빨간 늪지대 가재 (red swamp crayfish, *Procambarus clarki*)는 1932년에 샌디에이고에 있는 개구리 사육자에 의해 자신이 기르는 개구리 먹이로 이용하기 위해 캘리포니아에 최초로 이입되었으며, 후에 주 전역으로 확산되었다 (Riegel 1959). 이중 몇 마리의 가재가 이들 초기의 우리를 빠져나왔고, 이 종은 현재 미국 서부와 하와이에서 대단히 수가 많아지고 널리 분포하고 있다. 이와 유사하게 Siguan (2004)은 양식과 연관된 64종류의 해양 식물이 그들의 토착 분포범위 밖으로 이입되었다고 보고하고 있다. Cowie와 Robinson (2004)은 민물달팽이를 식량으로 이용할 목적으로 태평양 군도와 미국에 의도적으로 이입시킨 후에 이들 지역의 전역에서 비 토착성 개체군을 형성하고 있는 민물달팽이의 몇 가지 예를 설명하고 있다.

희귀종 혹은 고가의 식량 품목들의 지소 개체군을 확립하려는 유혹은 여전히 매우 강력하다. 참게 (Chinese mitten crabs, *Eriocheir sinensis*)는 아시아인들이 좋아하는 식품인데, 참게를 값싸고 쉽게 이용 가능할 수 있는 공급을 원하는 지소 시민들에 의해 샌프란시스코만에 의도적으로 이입되었다는 증거가 있다 (Weigle et al. 2005). Cowie와 Robinson (2004)은 식용달팽이를 개인의 짐 혹은 옷의 안감 속에 넣어 운반하여 식용으로 사용된 유럽산 달팽이 (Helicidae)의 운반을 기술한 바 있다. 이들 달팽이 밀수꾼들은 몰래 들여온 이 개체들을 자신의 뒷마당 혹은 빈 공터에 방류하여 개체군이 증가하도록 한 다음 수확하여 소비하거나 판매할 의도를 가지고 있었다. Mack (2004)는 뒷마당에 허브 정원을 만드는 추세의 재 유행을 한탄하였는데, 그 이유는 이들 허브 정원에 필요한 종자의 신흥 거래(무역)는 생태적 그리고 경제적 손해를 야기하는 것으로 알려진 종의 판매가 포함되기 때문이다.

의도적인 운반과 밀접하게 관련된 또 하나의 항목은 사냥종들이다. 이들은 낚시 혹은 사냥이란 오락적인 기회를 제공하려는 유일한 목적으로 이입된 종들이다. 역사적으로 이러한 유형의 이입은 야생생물을 증가시키는 것, 즉 한 지역에 존재하고 있는 자연 동물상을 향상시키는 것으로 생각되었다. 예를 들어, 미국 서부의 유럽인들은 잉어과에 속하는 토착성의 "맛없는" 물고기인 황어를 낚시하는 것을 원하지 않았다. 대신에 그들은 미국 동부에서 그들에게 더 친숙한 종인 송어 (brook trout, *Salvelinus fontinalis*), 배스 (black basses, *Micropterus* spp.), 그리고 메기 (*Ictalurus* spp.)와 같은 낚시 어종을 원하였다 (Moyle 2002). 이러한 유형의 동물 이동에서 가장 좋은 예로는 아마 무지개송어 (*Oncorhynchus mykiss*)인데, 현재 이 종은 실질적으로 세계 공통의 낚시 어종이 되었다. 연어과에 속하는 이 종은 미국 서부의 개울과 강에 토착종이다. 1996년 경에 이 종은 주로 낚시만을 위해 지구상의 모든 대륙에 있는 100여 국가 그리고 해양 섬들로 수송되었다 (Lever 1996).

낚시용 어종의 수입과 더불어 이들 물고기를 잡는데 사용되는 미끼어종의 수입이 이루어졌다. 많은 담수어 그리고 무척추동물들이 스포츠 낚시를 위한 미끼로 사용하기 위해 새로운 지역으로 운반되었고, 스포츠 낚시가 있는 날 혹은 스포츠 낚시 계절이 끝나면 남은 살아있는 미기들을 그 지역에 방류되었다. Fuller (2004)는 북미 수중생태계로 이입된 생물의 요약에서 rudd (황어 비슷한 물고기, *Scardinius erythrophthalmus*), red shiner (*Cyprinella lutrensis*), golden shiner (*Notemigonus chrysoleucas*), 그리고 황어 (fathead minnow, *Pimephales promelas*)와 같은 종이 모두 미국에서 매우 광대한 분포를 하고 있음을 보여주고 있는데, 그 이유는 이들 어종이 미끼어종으로 사용되었기 때문이다. Fuller (2004)는 또한 미국 동부지역에 토착성인 도롱뇽 (Plethodontidae)이 서부에 위치하고 있는 주에서 미끼로 사용되었을 것이라고 보고하였다. 소위 "미끼 양동이"로 불리는 이러한 운반은 매우 흔하고, 넓은 지리적 지역에 걸쳐 종의 확산이 신속하게 진행되게 할 수 있다.

사냥의 기회를 증진시키기 위해 조류와 포유동물을 수입하여 방출하는 유사한 패턴이 존재한다. 예를 들어, 청둥오리 (*Anas platyrhynchos*)는 쉽게 이용할 수 있는 사냥동물 개체군을 확립하기 위한 목적으로 북미의 본토로부터 하와이, 뉴질랜드, 호주, 그리고 타히티와 같이 멀리 떨어져 있는 장소들로 운반되어 방출되었다 (Long 1981). 메추라기와 꿩을 포함하여 많은 종들이 사냥종으로 방출하기 위해 배에 선적되어 해양을 건너 운반되었다 (Lockwood 1999). 다양한 사슴 (Cervidae) 종들이 수입되는 경우도 마찬가지이다 (Lever 1985). 이들 개체군들 중 일부는 정착에 실패하였는데, 이들을 운반하여 방출하는데 책임이 있는 사람들이 이들 개체군들을 포기하였기 때문이다. 다른 개체군들은 심한 사냥에 직면해서도 지속되었는데, 단지 관심이 있는 개인 그리고 정부 관리들에 의해 반복적으로 이들이 방출되기 때문이다 (Pimm 1991). 그러나 다른 종들은 사냥이 이루어지고 있음에도 불구하고 자체적으로 지속되는 개체군을 확립하도록 관리되었다 (Long 1981).

2.3.4 환경의 질 향상

많은 종들은 자연환경의 질을 증진시키기 위해 의도적으로 이동되었다. 우리는 환경의 질을 증진시킨다는 것을 일부 사람들을 심미적 혹은 문화적으로 만족시켜주는 종들을 지소환경에 방류하려는 노력으로 정의한다. 이러한 매체 목록은 매우 광범위하며, 장식용 식물과 원예용 식물, 애완동물의 수입 혹은 번식, 그리고 이들을 사회에 순응시키는 활동이 포함된다 (Box 2.1 참조).

Box 2.1 로빈 새야 날아라.

옥스퍼드 영어사전에 따르면, "새로운 환경에 순응하다"를 새로운 기후 혹은 환경에 익숙하게 되는 것을 의미한다. 그러면 생물들을 새로운 환경에 순응시키는 사회는 이들 종들을 자신들의 거주지 근처에 살도록 하기 위해 종들을 자신들이 살고 있는 지역에 이입시키려고 노력하는 개인들의 집단이다. 이러한 사회는 20세기 초에 정점에 도달하였는데, 아마 부분적으로는 불과 수 십 년 전에 출판된 다윈의 "종의 기원" 때문이다. 만약 종들이 변화할 수 있는 대상이라면, 이들 종들을 자신들의 알려진 지리적 분포 범위 밖으로 이동시켜 이동된 지소의 조건에 적응시킬 수 있다는 것이다. 그 시기에 반응과 적응의 속도는 현재보다 훨씬 뚜렷하지 않았으며, 세상은 사람들에게 더 많은 위협을 주는 더 무서운 곳이었다. 생존의 한계를 검증하기 위해 생물을 이입시키는 것은 모험적인 것이었으며, 세상을 더 안락하게 하기 위해 생물을 이입시키는 것은 일반적인 상식으로 보였다. 아라비아의 낙타가 영국 런던에서 생존할 수 있는지를 시험하는 것은 지구상에서 대부분의 동물들의 지리적 분포 한계를 연구하던 그 당시에는 평범한 의문사항이 아니었다. 사실 현재 이루어지고 있는 종의 이입에서도 이입된 낙타가 런던과 같은 기후에서 자유롭게 방랑하는 개체군을 형성할 수 있는지를 물어보는 것은 하찮은 일이 아닐 수 있다고 주장하고 있다.

이러한 유형의 의문들 때문에, 가끔은 부유한 사람들도 있었지만, 보통의 시민들이 순응에 집착하는 집단을 형성하게 만들었다. 잘 규명된 최초의 순응 사회는 1854년에 프랑스 파리에서 형성되었는데, Lever (1992)에 따르면 이 사회의 임무는 프랑스 경제와 식량 공급의 더 큰 이익을 위해 "유용성이 있거나 장식용인 동물의 이입, 순응, 그리고 가축화"를 하는 것이었다. 이러한 사실로부터, 종을 순화시키려는 동기는 위에서 설명한 순전히 사색적인 동기를 넘어서 그 기원이 실용적인 목적이었다는 것이 분명하다. 예를 들어, Lever (1992)는 순응사회의 초대 회장이었던 Geoffroy Saint-Hilaire의 "우리는 호주에 양을 기부하였다. 왜 식용에 가장 적합하고 생산적인 생물인 캥거루와 교환하지 않았는가?" 라는 말을 인용하였다. 순응사회의 업무는 사람들에 의한 평판이 매우 좋아 10년이 채 되지 않아 거의 40개에 달하는 지역 순응사회들이 형성되었고, 일부 프랑스 식민지들 (예를 들어, Algeria, Reunion, Martinique)도 자신들의 순화 사회를 형성하였다. 프랑스를 능가하지는 않았지만 영국은 1861년에 런던에 영국의 순화 협회 (Acclimatization Society of the United Kingdom)를 창설하였다.

프랑스에서처럼 영국순화협회는 신속하게 성장하여 몇 개의 지역 그룹을 포괄하게 되었고, 중요한 것은 영국의 많은 식민지들이 그들 자신의 협회들을 창설하였다. 비록 이들 협회들은 때로 식물과 동물을 이입시켰지만, 이들은 주로 척추동물을 이입시켰다. 영국 협회는 1865년에 런던의 조류 학회와 합병되었을 때 주로 조류를 순화하는 협회로 되었다. 이들 초기에 만들어진 순화 협회들은 비교적 신속하게 사라졌다. 예를 들어, 영국순화협회는 1868년 경에 없어졌다 (Lever 1992). 협회들은 순화를 위한 그들의 접근 방법이 "비 과학적"이라는 비평을 받았는데, 이것은 그 당시에는 어떤 종에 속하는 몇 개체들이 방류되었고, 혹은 이 개체들이 어디에 방류되었는지에 대한 보관된 좋은 기록이 없다는 것을 의미한다. 이밖에 다양한 지역적인 조직들의 노력이 동시성이 없어 특정한 방출 노력이 성공했는지 실패했는지 헷갈리게 하였다.

이러한 상황은 대부분의 학술적인 생물학자들이 이들 협회에 노골적인 냉대를 보이는 미온적인 상태로 만들었다 (Lever 1992). 또한 종을 방류한 몇 가지 성공적인 예가 경제적 그리고 생태학적 문제들을 야기하는 것이 분명해진 이래 많은 종을 방류하는데 대한 지식에 의문을 가진 사람들도 있었다. 그럼에도 불구하고 분리 신설된 협회들은 그들의 추정상의 "모체" 협회의 몰락 이후에서 오랫동안 지속되었는데, 여기에는 호주, 알제리아, 뉴질랜드, 하와이, 그리고 미국에 있는 매우 활동적인 그룹이 포함되어 있다 (Lever 1992). 예를 들어, 하와이의 조류 순화협회인 HuiManu는 1930년에 형성되었으며, 1968년까지 하와이 군도에 비 토착성 조류를 방류하는 일을 지속하였다.

순화 협회들은 비록 수명이 짧았지만 심각한 생물학적 유산을 남겼다. 각 그룹은 그들 회원들의 관심에 따라 약간씩 다른 목표를 가지고 있었으며, 이러한 관심은 각 나라 혹은 섬에서 발견되는 비 토착성 종의 현재의 목록에 반영되고 있다. 예를 들어, 뉴질랜드는 대부분 영국의 생물학적 복사판이 되었는데, 그 이유는 뉴질랜드의 순화 협회 회원들이 섬의 기후가 쾌적하지만 "하천은 물고기가 거의 없고 shy song birds와 소수의 사냥감 조류를 보유하고 있어", 따라서 "그들은 뉴질랜드를 육상의 천국으로 만들기 위해 영국으로부터 식물과 동물들을 이입시키길 원한 것으로 보인다" (Thomson 1922).

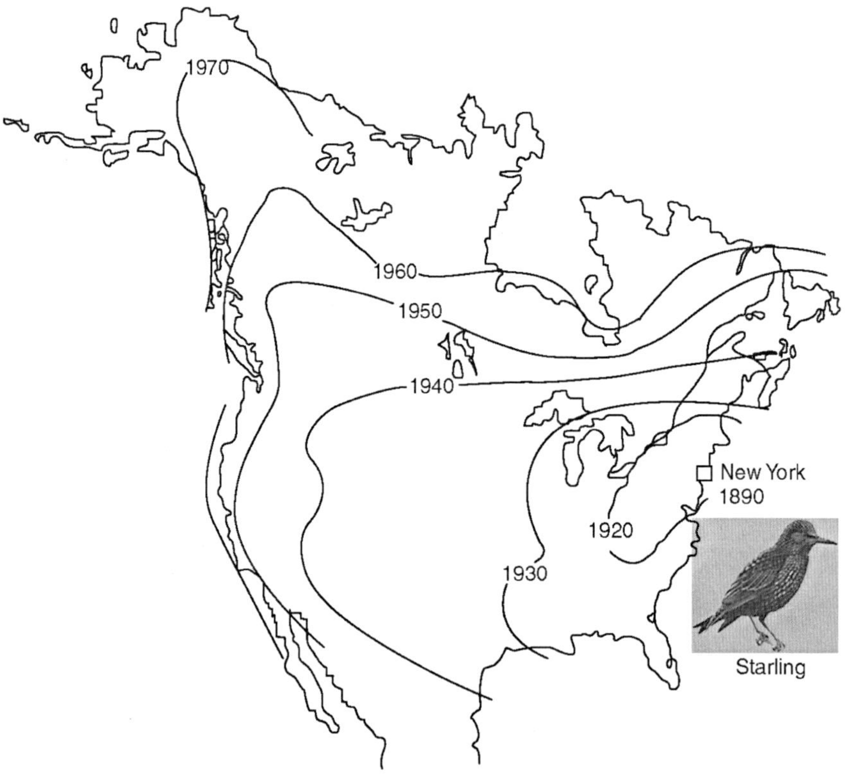

Fig. 2.2 유럽의 찌르레기가 1890년 뉴욕, 센트럴 파크에 의도적으로 방류된 후 북미를 가로질러 서쪽으로 시간에 따른 분포 범위의 확장.

이와 유사하게 북미 그리고 주변 섬들(즉, the Caribbean)은 현재 유럽의 찌르레기를 보유하고 있는데, 그 이유는 셰익스피어의 광팬이며 토착 뉴욕 시민이였던 Eugene Schieffelin이 셰익스피어에 의해 언급된 모든 조류를 센트럴 파크로 이입시키기를 원했기 때문이다 (Fig. 2.2). 종을 이입시키기 위한 실용적인 동기는 비록 순화 협회들과 비교할 때 매우 길들여진 것이지만 생물학적 방제를 주창하는 사람들 중에서 오늘날에도 지속되고 있다 (Box 4.2 참조). 물론 심미적으로 즐거움을 주는 종들에 둘러싸이기를 바라는 사람들의 욕망은 가까운 정원용 물품 시장에 있는 다양한 화훼식물들 그리고 조경식물들에서 여전히 나타나고 있다. 그러나 현재에도 남아있는 극소수의 순화 협회들은 그들의 목표를 심하게 멸종 위기에 속한 토착종의 사육 그리고 재 이입 쪽으로 전환하였다 (예를 들어, 뉴질랜드).

이들 매체를 통해 운반된 종 수와 개체수는 엄청나다. 예를 들어, Radonski 등 (1984)은 1,500종에 이르는 담수 어류가 1980년대 초반에 수족관 거래를 위해 정기적으로 미국에 이입된 것으로 추정하였다. Fuller 등 (1999)은 이러한 숫자가 오늘날 미국으로 이동되는 수를 크게 과소평가하는 것이 아닌가 의심하고 있다. Siguan (2004)은 하나의 상업적인 수족관 회사가 판매를 위해 102종의 해초를 제공하고 있으며, 여기에는 가장 피해를 주는 침입종으로 알려진 (예를 들어, *Caulerpa taxifolia* 그리고 *Sargassum muticum*) 종들이 포함되어 있다고 보고하였다. Mack (2004)은 뉴질랜드에서 25,000종의 피자식물 분류군이 구매를 위해 이용 가능하다는 것을 보여주는 유사한 조사 결과를 보고하였으며, 이 중에는 유해한 것으로 알려진 많은 종들이 포함되어 있다. Kraus (2004)는 비 토착성 파충류, 양서류, 그리고 조류를 전 세계에서 이입하고 방류하는 가장 큰 지속적인 매체는 애완동물 거래라는 것을 보여주고 있다. 미국에서 목본식물의 경우 200종이나 되는 원예종들이 그들이 재배되고 있던 지역 밖에서 들여와 정착한 것이다 (Reichard & White 2001). 이러한 문제는 미국에만 국한된 것이 아니며, 호주에서도 이입된 목본성 그리고 초본성 종의 57%와 65% 사이가 원예 목적을 위해 이입된 것으로 추정되고 있다 (Reichard & White 2001).

2.3.5 생물학적 방제

의도적으로 이입된 생물 그룹 중 흔히 간과되고 있는 것들은 생물학적 방제를 위해 이입된 종들이다. 생물학적 방제는 원하지 않는 해로운 종의 “천적”을 이입시키는 것으로, 이 천적이 해로운 종의 개체군을 해가 되지 않는 수준으로 감소시키는데 기여할 것이라는 기대 때문이다 (Hoddle 2004). 해로운 종은 역사적으로는 농업 혹은 사람의 건강에 해가되는 것으로 여겨진 토착종이 포함되지만 현재는 일반적으로 경제적 혹은 환경 피해를 유발시키는 비 토착성 종에 국한시키고 있다 (제 12장 참조). 생물학적 방제 생물에는 곤충 포식자들,

기생자들, 혹은 해로운 종을 공격하여 그것의 생존 혹은 생식력을 감소시키는 질병 등이 포함될 수 있다. 곤충 그리고 병원성 생물의 생물학적 방제용 생물의 이입은 오늘날 하나의 활발한 과학 분야가 되었다. 그러나 과거에는 생물학적 방제용 생물들은 흔히 척추동물들이었다. 예를 들어, western mosquito fish (모기고기, *Gambusia affinis*)는 미국 서부의 대부분의 지역 그리고 전 세계에서 모기를 방제하기 위해 사용되었다 (Lever 1996). 원예 작물들을 곤충의 피해로부터 보호하기 위해 곤충을 잡아먹는 조류들이 많은 해양성 섬에 이입되었다. 사탕수수 농장에서는 쥐 개체군을 감소시키려는 목적으로 작은 인디안 몽구스 (*Herpestes javanicus*)가 몇 개의 섬에 이입되어 방류되었다 (Simberloff et al. 2000).

2.3.6 보존 그리고 과학적 추구

상황에 따라서는, 종의 미래를 보존하고 보호하려는 특별한 목적을 위해 생물들이 새로운 지역으로 운반된다. 이러한 유형의 운반에는 위기에 처한 생물의 즉각적인 보호를 위해 새로운 자연 환경에 이주시킨 멸종 위기종 뿐만 아니라 식물원 혹은 수목원에 들여온 많은 식물들, 동물원 혹은 야생동물 보호구역에 들여온 동물들이 포함된다. 예를 들어, Devil's Hole pupfish (*Cyprinodon diabolis*) 개체군은 1983년에 Amargosa Pupfish Station에 이입되었는데 (Sigler & Sigler 1987), 그 이유는 이 물고기의 유일한 자연 개체군이 지하수 주입에 의해 위협을 받고 있기 때문이다 (Soltz & Naiman 1978).

이러한 보존 목적을 위한 운반이 침입을 야기하지 않을 것이라고는 하나 확신할 수는 없다. 과학적인 연구 목적으로 이입된 종들이 침입성이 되기도 하기 때문이다. 예를 들어, Cowie와 Robinson (2004)은 Cerion 달팽이의 껍질 모양을 조절하는 기작을 연구하기 위해 바하마, 푸에르토 리코, 그리고 쿠바에 토착성인 Cerion 달팽이 10종류를 플로리다 키스로 들여온 이야기를 설명한 바 있다. 이들 중 적어도 한 종이 플로리다에서 자체 유지되는 개체군을 형성하였다. 이러한 부류에 속하는 것 중 특히 파괴적인 이입은 해양성 조류인 *Caulerpa taxifolia*가 모나코의 해양 박물관 밖으로 방출된 것이다 (Meinesz 1999). 이 내한성 녹조류는 열대 해양에 토착종이며, 박물관의 수조에서 재배되고 있었고, 열대어를 전시할 때 장식용으로 사용되었다. 이 종은 1984년에 박물관 외부의 지중해에서 자라고 있는 것이 처음 발견되었다. 그 이후 이 종은 해저를 가로질러 꾸준히 확산되어 현재는 수 천 ha를 덮게 되어 토착성 해양 종들에 피해를 주고 있다 (Meinesz 1999). 좀더 최근에는 지중해 밖에 있는 항구에서도 이 종이 출현하였는데, 아마도 이전에 침입한 항구에 정박했던 배의 낚시 도구 혹은 닻에 붙어 수송되었을 것이다. *Caulerpa*는 수족관 산업에서 여전히 사용되고 있으며, 개인 수족관들의 쓰레기 해양 투기 그리고 청소 과정에서 정기적으로 토착 분포 범위 밖으로 운반되고 있다.

녹조류인 *Caulerpa taxifolia*

2.3.7 비의도적 수송

일부 종들은 다른 상품을 이동시키는 과정의 부산물로 비의도적으로 운반된다. 이러한 종들은 다른 비 토착성 종에 붙어서 혹은 체내에 숨어 편승자로 운반될 수 있으며, 혹은 화물상자 속이나 포장재 속에 숨어 운반되어질 수 있다. 이러한 특성 때문에 비의도적인 이입은 그들의 전체적인 중요성 면에서 평가하기가 어렵지만, 최근에 나온 증거들에 의하면 이들이 매우 만연되어 있음을 보여주고 있다 (Carlton 2000). 아마 가장 잘 알려진 비의도적인 이입의 예는 선박의 바닥짐을 통한 종의 이동이다. 해양을 운항하는 선박들은 배를 안정시키기고 배가 잘 나가도록 하기 위해 적재하고 있는 화물짐의 균형을 맞추어야 한다. 초기의 화물선들은 잡석, 자갈, 돌, 그리고 흙과 같은 고체로 된 바닥짐을 사용하였다 (Mack 2004). 이 바닥짐은 출발하는 항구에서 무차별적으로 수집하여 배가 도착한 항구에서 역시 무분별하게 바닥짐을 내린다. 여러분이 상상할 수 있는 것처럼 바닥짐을 적재하는 인부들의 눈에 띄지 않을 만큼 충분히 작은 생물들이 이 물질들 속에 들어 있고, 이 생물들이 바닥짐과 함께 배에 선적되고 목적지 항구에 도착한 후 배 밖으로 버려지게 되어 보통 소형선박 수리소 근처에 이들 바닥짐들이 쌓이게 된다. 고체의 바닥짐 속에 숨어서 운반되는 종들에는 곤충, 식물, 지렁이 그리고 많은 다른 소형 생물들이 포함되어 있다.

Mack (2004)는 Rhoades와 Klein (1993)의 결과를 인용하여 미국 펜실바니아 주에서 기록된 81종의 비 토착성 식물은 필라델피아 시의 항구 주변에 있는 버려진 바닥짐 더미에서만 발견되었다고 보고하였다. 이들 식물들의 대부분은 지중해, 아프리카, 그리고 남미가 원산지이며, 1800년대 중반에서 후반에 식물상 목록에 최초로 기록되었다. Vazquez와

Simberloff (2001)는 이와 동일한 시기 (1800년대 중반)에 미국에 이입된 대부분의 곤충들은 바닥짐으로 사용된 토양을 통해 운반되었다고 지적하고 있다.

Carlton과 공동연구자들 (Box 4.1 참조)의 연구를 통해 선박 평형수를 통한 비 토착성 종들의 운반의 중요성이 널리 인식되었다. 자유무역이 증가하고 해양을 항해하는 선박의 크기와 속도가 향상됨에 따라 비 토착성 해양 침입종들의 공급을 제공하는 이들 매체의 중요성이 증가하였다 (Carlton 2000). Carlton (1999)은 배의 평형수를 통해 하루에 10,000종 이상이 운반될 수 있다고 추정하였다. 만약 이 추정치가 어느 정도 정확하다면, 평형수는 오늘날 진행되고 있는 가장 중요한 침입 매체로써, 그 규모는 식물과 애완동물의 의도적인 수입과 필적할만 하다.

비 토착성 종의 또 하나의 중요한 공급원은 상품 내에 포함되어 있는 "오염물질(균)"의 운반이다. 이들 오염물질 균들은 사람들이 탐지하기가 어려운 비 토착성 종 개체들이며, 제품 속에 편승하여 비 토착성 장소로 이동된다. 일반적인 편승 종에는 진드기 (ticks, mites), 벼룩, 혹은 집에서 기르는 동물 혹은 가축에 의해 운반되는 기타 기생자 (Vazquez & Simberloff 2001), 화훼종의 화분 내에서 자라는 작은 식물들, 그리고 곡물 종자에 섞여서 들어오는 비 토착성 종들의 종자들이 포함된다 (Mack 2004). Hodkinson과 Thompson (1997)은 영국 Sheffield에 있는 7개의 식물 종묘원에서 수행된 화훼식물 그리고 다년생 식물들의 연구에서, 조사된 모든 화분의 51%가 화분 당 1~2개의 비의도적인 식물들이 포함되어 있다는 것을 밝혔다.

호주에서는 1980년의 가뭄 기간 동안에 엄청난 양의 건초가 가축의 먹이로 사용하기 위해 수입되었다. Thomas 등 (1984)은 수입된 건초의 각 묶음에는 평균 거의 70,000개의 종자가 들어 있었고, 건초 묶음 38개의 조사에서 105종의 비 토착성 편승종이 들어 있음을 밝혔다. 말의 배설물도 말이 지나는 길을 따라 생존능력이 있는 종자를 공급하는 중요한 공급원이 될 수 있다는 것도 밝혀졌다 (Campbell & Gibson 2001).

다른 경우에서는, 종들이 배 혹은 비행기의 은신처 내에서 (예를 들어, 갈색나무뱀, Box 1.2), 포장재 속에 숨어서, 배의 측면에 붙어서 (Box 3.1 참조), 혹은 사람들이 이용하기 위한 물을 통해 운반되어 진다 (Vazquez & Simberloff 2001; Fofonoff et al. 2004). 상업적인 굴 양식을 위해 살아있는 굴 집단을 이동시키는 것은 흔히 조류를 포함하여 많은 부수적인 해양생물들이 굴 집단 사이에 섞여 이동된다 (Carlton 2001; Wasson et al. 2001). Hendrix와 Bohlen (2002)은 빙하기 후에 지렁이가 없던 미국 북부와 캐나다의 토양에 45종의 비 토착성 지렁이가 토양 산물과 함께 이입되었다고 보고하였다. 이와 유사하게 하구에 서식하는 작은 어류인 문절망둑 (Shimofuri goby, *Tridentiger bifasciatus*)이 1980년대 중반에 샌프란시스코 만 하구로 방류되었고, 그 다음 캘리포니아 주 물 프로젝트를 통한 물 수출에 의해 산맥을 가로질러 남쪽으로 500 km 이상 떨어진 로스앤젤레스 분지로 운반되었다 (Matern 2001).

지금까지 알려진 것 중 토착 생태계에 가장 파괴적인 영향을 준 것은 비 토착성 식물 곰팡이의 침입을 통한 것이다 (Palm 2004). 곰팡이는 주로 화훼식물, 목재 생산품, 그리고 번식하지 않는 식물 물질(즉, 과일, 채소, 절화, 말린 초본식물)과 연관되어 운반된다 (Palm 2004). 이들 편승자들은 탐지하거나 조절하기가 매우 어렵다 (자세한 예는 Box 2.2 참조).

2.4 어떤 매체들을 통해 어떤 종들이 운반되는가?

비록 매우 다양한 운반 매체들로 인해 운반 과정이 무작위적이라는 생각을 들게 하지만, 운반되는 종 그룹과 운반 매체들 사이에 뚜렷한 연관이 있다. 만약 우리가 바이러스, 박테리아, 원생동물 그리고 곰팡이와 같은 평가하기가 어려운 분류군들을 의도적으로 무시한다면 일반적으로 운반된 몇 개의 분류군의 자료들을 찾을 수 있고 (Table 2.1), 각 종 그룹의 일반적인 운반 매체들을 조사할 수 있다. 자료들의 특이성 때문에 조사가 이루어지고 있는 분류군을 위한 지리적인 분포범위를 제한하는 것이 필요하다. 그러나 비교를 위해 우리는 많은 상이한 지리적 그리고 지정학적 규모에서 나온 자료를 포함시키고 있다.

Box 2.2 천국의 문을 두드리기

삼림 병원성 생물 (예를 들어, 곰팡이, 박테리아, 바이러스)은 식물 종 구성과 삼림 구조를 결정하는데 큰 역할을 하고 있다 (Holdenrieder et al. 2004). 따라서 병원성 생물이 토착 서식처가 아닌 숲에 이입될 때 숲에 상당한 변화를 야기할 수 있다. 잘 알려진 예로는 북미에서 밤나무 동고병 곰팡이 (Box 9.2 참조), 호주에서 유카리나무 잎마름병 (Weste &Marks 1987), 그리고 유럽에서 오리나무 잎마름병 (제 12장 참조, Brasier 2001) 등이 포함된다. 이들 많은 경우에서 우리는 침입의 최종 결과만을 볼 수 있고 (예를 들어, 우점 수종의 변화), 혹은 침입이 너무 광범위하기 때문에 비 토착성 병원성생물이 분포하는 가장자리 근처에서만 개체군의 계속된 확산을 통제할 수 밖에 없다. 이러한 침입은 식물, 곤충, 그리고 척추동물에게 파상적인 영향을 주어 군집 그리고 생태계에 영구적인 변화를 초래할 수 있다. 만약 침입하는 병원성 생물의 개체군의 크기가 작고 비교적 분포가 제한되어 있을 때인 침입 초기에 이들을 감지할 수 있다면 이들을 방제 혹은 박멸하는 것이 훨씬 효율적이다. 침입 생물을 즉각적으로 방제하는데 실패하였을 경우에도 침입을 초기에 감지하는 것은 비 토착성 병원성 생물의 그 다음 진행되는 운반과 확산에 관하여 더 많은 것을 알 수 있다. 그러한 정보는 효율적이고 효과적인 검역 법률 그리고 조기경보 체제를 개발하는 것 뿐만 아니라 이들을 모니터링하고 방제하는 방법에도 유용하다.

새로 발생한 삼림 질병의 최근의 예로는 참나무 역병(sudden oak death)이 있는데, 이것은 캘리포니아와 오리건의 해안 삼림 내에서 12개 과에 속하는 적어도 23종의 식물을 감염시켰다 (Meentemeyer et al. 2004). 이 경우 병원성 생물은 *Phytophthora ramorum*인데, 최근에야 발견되었고, 유럽의 철쭉속의 식물 (*Rhododendron* spp.)과 가막살나무속 (*Viburnum* spp.) 식물에서 처음으로 분리되었다 (Rizzo & Garbelotto 2003). 이 병원성 생물은 두 가지 유형의 질병을 야기하는데, 이중 하나는 치명적인 경향이 있다. 이 치명적인 질병은 주요 가지와 줄기에 침입하여 tanoak (*Lithocarpus densiflora*), coast live oak (*Quercus agrifolia*), 그리고 캘리포니아 black oak (*Quercus kellogii*)을 포함하여 몇 종의 나무를 말라죽게 한다. 이들 나무들의 손실은 북미의 서부 해안을 따라 발달되어 있는 삼림 군집들의 미래에 광범위한 영향을 준다 (Rizzo & Garbelotto 2003). 이 질병은 감염된 나무들이 신속하게 죽는 것으로 나타나기 때문에 참나무 역병이란 이름을 갖게 되었는데, 때로는 감염된 나무가 몇 주일 내에 죽는 경우도 있다 (Rizzo & Garbelotto 2003). 그러나 모든 나무들이 이와 같이 신속하게 죽는 것은 아니다. 사실 *P. ramorum*의 확산을 이해하는데 더 중요한 것은 치사형을 보이지 않는 종이다. 치사성 질병으로 발달하는 나무들은 보통 포자낭과 후막포자가 생산되어 *P. ramorum*의 번식체가 분산되기 훨씬 전에 죽는다. 반면에 잎과 가지에 비 토착성 병원성 생물의 감염에 약간의 저항성을 갖는 종은 *P. ramorum*가 분산되기 위한 번식체를 생산하기에 충분한 기간 동안 지속된다.

특히, 캘리포니아 월계수 (*Umbellularia californica*)는 이 질병을 위한 주요 저장고 일 수 있는데, 그 이유는 이 식물이 결코 치사 효과를 보이지 않지만 삼림생태계에 *P. ramorum*를 유지시키는 역할을 하기 때문이다. 월계수 근처에서 자라고 있는 참나무는 감염되기가 더 쉽고, 병원성 생물을 죽이기가 더 쉽다는 증거들이 있다. *P. ramorum*의 포자들은 바람 그리고 잠재적으로 튀는 빗물을 통해 자연적으로 분산된다 (Meentemeyer et al. 2004). 따라서 적절한 시기의 폭풍우는 이 종의 지리적인 분포 범위 확산에 매우 중요할 수 있다. 이것은 또한 감염된 나무들의 공간적 분포와도 맞는데, 그 이유는 삼림 내에서 감염의 군생 패턴이 분명하기 때문이다. 포자들은 또한 식물 쓰레기의 분산을 통해 혹은 사슴의 발굽 혹은 등산객들의 신발을 포함하여 대형 포유동물의 발굽에 묻은 흙을 통해 먼 거리로 확산된다는 증거도 있다. 이러한 분산 기작들은 *P. ramorum*의 확산이 경관생태학과 메타개체군 이론의 원리를 이용하여 유용하게 모델화 할 수 있음을 제시하고 있다. 그러나 이 병원성 생물의 지구수준의 운반을 위해서는 사람들의 활동이 필요하다. 철쭉, 가막살나무, 그리고 동백나무와 같은 관상식물들은 정기적으로 잎에 비 치사성 감염을 보이고 있다. 식물 양묘장 내의 따뜻하고 습한 조건들은 이 병원성 생물의 포자 생산에 유리하고, 식물들이 물리적으로 서로 근접해 있어 양묘장에 있는 대부분의 식물에게 신속한 감염이 일어나게 한다. 만약 감염된 개체들이 감염된 지역의 외부로 팔려나가면 이들은 이 질병을 현재의 분포범위 밖으로 이입시킨다. 비록 *P. ramorum*의 토착지가 어디인지 아직 분명하지 않지만, 이러한 경로는 아마도 *P. ramorum*이 최초로 캘리포니아에 이입된 것과 같은 방법일 것이다. 연구자들은 유전적 분석을 통해 *P. ramorum*의 유럽 개체군이 캘리포니아 개체군의 공급원이 아니라는 것을 확인하였다 (Rizzo & Garbelotto 2003). 이러한 결과는 *P. ramorum*의 토착지가 유럽과 북미 외부의 어떤 지역이며, 각 대륙에 별개의 원인으로 이입되었다는, 혹은 이 종이 두 개의 *Phytophthora* 종 사이에 최근에 형성된 잡종에 기인한다는 의심을 갖게 만들었다 (잡종화의 예는 11장을 참조).

어느 경우든, 관상식물 산업을 통한 *P. ramorum*의 장거리 분산 가능성은 이들의 부가적인 확산을 통제하는 핵심이다. California 식량농업국은 California 양묘장들이 북미의 다른 지역으로 *P. ramorum*를 이입시키는 매체로 작용한다는 가능성을 인정하고, 현재 감염의 중심지를 대표하는 12개 카운티에 있는 양묘장의 검역법을 제정하였다 (Stokstad 2004). 그럼에도 불구하고 2004년에 관리들은 Los Angeles 외부에서 전국적인 분포를 하는 감염된 동백나무의 6개 변종을 양묘장에서 발견하였다. 이 양묘장의 주변에 있는 몇 개의 양묘장들은 그 양묘장으로부터 감염이 되었다는 증거가 곧 나타났고 (Stokstad 2004), 그리고 감염된 식물들이 미국 동부로 선적된 것이 확인되었다. 이러한 감염된 식물의 선적은 우려되는 일인데, 그 이유는 실험실 검사에서 동부 낙엽수림을 구성하는 두 종 (red oaks, *Quercus rubra*, 그리고 pin oaks, *Quercus palustris*)의 토착 우점 참나무들이 *P. ramorum*에 민감하다는 것이 밝혀졌기 때문이다 (Rizzo & Garbelotto 2003). 미국 농무성은 즉각적으로 감염된 식물이 어디에서 선적되었는지를 추적하였고, 그 다음 감염된 식물들이 소비자들에게 팔리지 않았다는 것을 확인하는데 일부 성공하였다. 그러나 논문이 작성되는 시기에는 *P. ramorum*이 동부 삼림으로 이입되었는지의 여부가 알려지지 않았다. 미국의 몇 개의 주에서는 캘리포니아에 있는 재배자들로 부터 관상용 식물의 수입을 금하는 예방책을 취했다 (Stokstad 2004). 참나무 역병의 경우는 비 토착성 생물의 분산, 특히 그들의 지리적인 분포 범위 확장이 사람의 활동에 의해 도움을 받을 때 나타나는 복잡성을 보여주고 있다. 자연적 그리고 인위적인 활동에 기인한 분산 기작들이 어떻게 작동하는지를 이해하는 것은 해로운 비 토착성 종들이 토착 생태계를 빈사상태로 만들기 전에 이들을 방제하는데 중요하다.

우리는 특정한 종들의 운반 매체에서 일부 뚜렷한 패턴을 볼 수 있다. 예를 들어, 보존 그리고 생물학적 방제는 Table 2.1에 있는 어느 분류군에도 일반적인 운반 방법이 아니다. 이것은 보존 목적을 위한 생물들의 이동은 생물다양성과 보존생물학을 위한 관심의 증대로 인해 야기된 비교적 최근의 현상임을 감안하면 이해가 된다. 종 보존을 위한 생물의 이동은 비 토착종의 주요 공급원은 되지 않을 것이다. 반면에 생물학적 방제를 위한 종의 이동은 여러 번 시도되었지만 이러한 이입의 방식을 세한할 수 있는 특징한 실패 경우들이 있었다 (제 9장 참조). 이러한 패턴은 만약 우리가 육상 무척추동물의 자료를 포함시키면 거의 확실히 변화될 것이다. 그 이유는 무척추동물들이 오늘날 생물학적 방제 목적으로 새로운 지역으로 일반적으로 이동되기 때문이며, 이들이 이입된 다음 확장되어 토착 숙주들을 이용하는 많은 예들이 있다.

Table 2.1 그룹 당 이동된 전체 수 중에서 특정한 매체에 의해 운반된 비 토착성 생물의 %. 이동된 실제 생물의 수는 () 속에 표기되어 있다.

이동 방식	지구의 해양 어종	미국의 수중 무척추동물	미국 담수어	미국 양서류	미국 파충류	지구상 조류	호주 조류	Cali. 담수어	Cali. 외래식물
식량과 오락	17(9)	11(8)	42(205)	14(8)	13(8)	25(103)	22(20)	60(49)	13(?)
환경의 질 증진	0(0)	20(14)	20(99)	39(22)	69(44)	13(53)	17(15)	7(5)	40(?)
생물학적 방제	0(0)	0(0)	3(14)	11(6)	0(0)	4(18)	6(5)	3(2)	-
보존과 과학	0(0)	0(0)	4(21)	0(0)	0(0)	3(12)	2(2)	3(2)	-
비의도적	73(41)	41(29)	25(132)	11(6)	0(0)	28(117)	22(20)	18(13)	5(?)
알려지지 않음	11(6)	27(19)	3(15)	25(14)	19(12)	27(113)	31(28)	0(0)	42(?)
합계	56	70	486	56	64	416	90	71	1152

Table 2.1에서 중요한 운반 매체 그룹은 생활공간 환경의 질 증대를 위한 것이다. 사람들은 이사할 때 자신들의 집을 살기 좋은 곳으로 만들기 위해 의도적으로 생물종을 함께 가지고 간다. 이러한 유형의 계획적인 이입은 대부분 그들에게 도움이 되는 종들을 유지시키려는 사람들의 관심과 관련이 있다 (McNeely 2001). 사실, 일부 과학자들은 세계화의 열광적인 속도가 토지 그리고 토지에서 진행되고 있는 생태적인 과정에서 사람들을 더욱 멀어지게 하여, 사람들이 자신들에게 친숙한 생물종들을 자신들의 곁에 두려는 욕망이 과거 어느 때보다도 증대되었기 때문이라고 주장하기까지 한다 (Staples 2001). 이러한 심리적인 추론은 증명이 어려운 반면, 종 이입의 추세는 시간이 지나면서 꾸준히 증가하고 있다는 것은 분명하고 (제 3장 참조), 이들 종의 대부분은 사람의 관상 욕구를 충족시키기 위해 일부러 운반되고 있다는 것도 분명한 사실이다. 이러한 패턴의 예외적인 경우가 캘리포니아의 담수 어류, 그리고 세계의 해양 어류에서 나타나고 있다. 여기에서는 환경의 질 증진을 위해 이동되는 종들의 수는 식량과 오락, 그리고 편승 (해양 어류)과 관련된 이유로 이동되는 것과 비교할 때 비교적 적다. 이것은 또한 미국의 담수 어류에서도 그 정도가 더 적다는 것이 사실이다. 어류 종의 의도적인 이입은 흔히 실용적인 목적을 가지는 것으로 보인다.

Table 2.1에서 볼 수 있는 주목할 만한 결과는 해양 어류의 성공적인 이입이 없다는 것이다. 왜 해양 어류들은 비 토착성 종의 운반에서 배제되는가? 전 세계에서 거의 25,000어종 중에서 14,000종 이상이 해양 어종인데, 그럼에도 불구하고 세계에서 가장 좋은 어류 데이터베이스 중 하나에 의하면 (www.fishbase.org) 불과 56종의 해양 어종이 새로운 지역으로 성공적으로 이입되었다는 것을 발견할 수 있었다. 이와 같이 해양 어류의 이입이 적은 것은 상이한 많은 요인들 때문일 수 있다. 가장 단순한 첫 번째 요인은 해양 어종들이 다른 생물들처럼 자주 운송될 수 있지만 해양 시스템을 위한 분류학적 목록 작성이 완전하지 않기 때문에 새롭게 발견된 해양 어종이 비 토착성인지 아니면 이전에 기재되지 않은 토착성 어종인지를 말하기가 어렵다는 것이다 (Carlton & Geller 1993). 두 번째, 예를 들어, 어류는 일반적으로 플랑크톤(부유) 생물들 보다 낮은 밀도로 존재하여, 따라서 평형수 내에 포함되어 비의도적으로 이동되어질 수 있는 기회가 숫자상으로 적다 (Carlton & Geller 1993; Smith et al. 1999). 세 번째, 많은 해양 어종은 매우 넓은 토착 분포범위를 가진다. 따라서 하나의 해양 어종이 자신의 토착 지역을 벗어나 또 하나의 새로운 비 토착성 지소로 이동하기 위해서는 운반 매체가 이 개체들을 매우 먼 거리를 건너 이동시켜야 한다. 그러나 이러한 역할을 할 수 있는 매체들이 거의 없다. 실제로 해양 어종 침입자로 기록된 모든 어종의 55%가 수에즈 운하의 개통을 통해 그들의 비 토착지에서의 분포가 이루어졌으며, 그 결과 홍해로부터 지중해로 어종의 이동이 이루어졌다. 연어 양식산업의 성장은 미래에 많은 해양 어종 침입자들을 기르는데 기여할 수 있을 것이다 (Naylor et al. 2001).

2.5 운반 경로들의 동태

비 토착성 생물의 운반 경로들은 이들의 공급처와 이들을 받아들이는 지소 사이의 루트이다. 운반 경로를 연구하는 생태학자들은 이들 경로들의 강도에 초점을 두는 경향이 있는데, 경로의 강도란 그것을 따라 운반된 종의 수, 그리고 이들 종들이 수용지소에 방출된 다음 이들의 생존능력으로 정의된다 (Mack 2004). 경로가 더 강하면, 제 4장에서 자세히 설명된 다양한 이유로, 비 토착성 개체군들의 정착을 유도할 가능성이 더 높다. 이 경로들은 우리가 이어지는 장들에서 살펴 볼 패턴들을 준비하기 때문에, 여기에서 우리는 이들 경로들의 공간적 그리고 시간적 동태를 예증하려고 한다.

비 토착성 종들이 이동하는 공간적 규모는 대륙 간 무역, 교통수단의 기술 개발에 따른다. Mack (2004)는 초기의 범선들은 유리한 바람 패턴을 갖는 해양 루트를 운항하는데 국한되었음을 상기시켰다. 정교한 항해 시스템과 증기기관을 장착한 배의 출현으로 항해 경로의 수가 엄청나게 증가하였다. 기술 분야에서 이러한 변화는 큰 배가 정박하기에 충분한 깊이를 갖는 항구를 갖는 거의 모든 도시들을 서로 연결시켰다. 이밖에 이 배들이 해양의 광활한 공간을 횡단할 수 있는 속도는 운반된 비 토착성 개체들이 바람을 타고 항해하는 범선에 의해 운반되었을 때보다 더 좋은 건강상태로 목적지에 도달할 수 있음을 의미한다.

비행기를 이용한 승객과 화물의 수송 증가는 연결 경로의 수 그리고 수송되는 개체들의 생존능력을 한층 더 증가시켰다. 비행기 공항들은 항구처럼 해안에 위치한 도시들에 국한되지 않아, 따라서 비 토착성 종들이 직접 대륙의 내륙에 침입하게 허용하였다. 비행기를 이용한 수송은 또한 섬 상태의 고립된 경제를 변혁시키는데 기여하였데, 갓 공수된 생산품과 그들과 연관된 편승자들을 매일 배달되게 허용하였다.

뉴질랜드에 지중해의 과실파리 (*Ceratitis capitata*)가 이입된 것은 비행기 승객이 가져온 과일에 들어 있던 유충으로부터 기원하였다고 가정된다. 이 승객은 오클랜드 공항에서 자신의 목적지 도시 사이의 길가에 차창을 통해 이 과일을 버렸다. 이 과실파리의 대발생을 막기 위한 비용은 $5,000,000 이상이 소요되었고, 수출 중단으로 인한 비용은 $10,000,000 이상이었다.

항구도시들 사이의 공간적인 연결은 또한 지정학적인 사건들을 따른다. 예를 들어, 폴리네시아인들은 세계의 새로운 지역을 탐험하고 정착하는 초기 사회의 하나이었다. 그들은 자신들이 정착하는 섬에 일단의 종들을 함께 가져갔는데, 그 종들 중 일부는 오늘날에도 그 섬에 잔존하고 있다 (Crosby 1986). 그러나 폴리네시아인의 확장 규모는 유럽인들의 확장 기간에 의해 위축되었다 (Crosby 1986). 1880년대 중반에 영국과 세계의 다른 지역들 사이의 연결은 특히 인상적이다 (Fig. 2.3). Fig. 2.3을 자세히 살펴보면 다수의 정착된 비 토착성 종들의 지소를 가로지르는 많은 패턴들을 볼 수 있는데, 이것은 제 3장에서 자세히 설명되어 있다. 전쟁 중 그리고 전쟁 직후에 국가들 사이의 신속한 관계 변화의 이해를 통해 비슷한 통찰력을 얻을 수 있다 (Cowie & Robinson 2004; Mack 2004, 제 3장 참조).

Fig. 2.3 1899년 당시 영국의 증기선 루트와 대규모 석탄 적치장. 지구수준의 무역과 비행기에 의한 수송이 발달하기 전에 확립된 세계 전역에 걸친 지소들 사이의 연결 수를 주목하라.

운반 경로들이 제공하는 것을 이해하는 능력은 침입종들이 다음에 올만한 곳을 예측하는데 사용될 수 있다 (제 12장 참조). 예를 들어, 미국의 5대호로 이입종이 운반되는 패턴의 분석은 비 토착성 단각류, 동물 플랑크톤, 홍합, 그리고 어류들이 주로 5대호와 북유럽과 서유럽 사이의 주요 항로를 따라 운반되었음을 보여주고 있다 (MacIsaac et al. 2002). 이밖에 비 토착성 종들이 심하게 침입한 지역 혹은 항구들은 그 다음 근처에 위치한 "주변" 지소들로 비 토착성 종들을 운반하기 위한 허브(중심지역)로 작용할 수 있다 (Carlton 1987, Fig. 2.4). 예를 들어, Lavoie 등 (1999)은 평형수를 통한 비 토착성 종의 연안 내 운반에 관한 연구에서 수많은 살아있는 생물들 (이편모조류, 규조류 그리고 요각류가 우점하는)이 허브 도시들 근처에 위치한 항구들로 방출된 것을 알았다. 거대한 국제적인 항구와 연결되어 있지 않은 만에 대한 최근의 조사에서는 적당한 노력만으로 56종의 외래종을 확인하였는데 (Wasson et al. 2001), 비의도적인 이입의 효과가 그 종이 방출된 바로 이웃 지소에만 국한되는 것이 아님을 제시하는 것이다. 유사한 방법으로, 도시 근처 지역들은 흔히 도시의 중심부로부터 비의도적으로 이입되어 거기에 정착한 비 토착성 식물과 동물 종들의 수와 상관이 있다 (Reichard & White 2001). 운반 경로들의 특성들 중 더 주목할 만한 측면들 중의

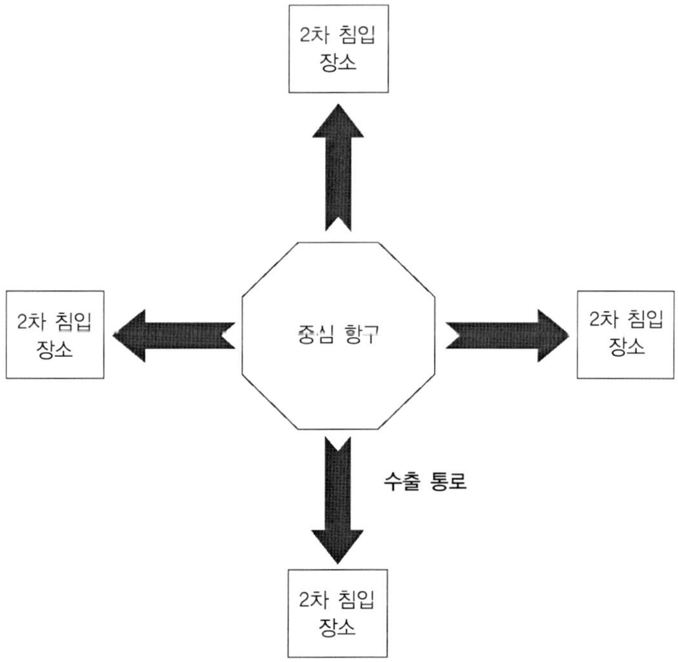

Fig. 2.4 일부 항구들이 많은 비 토착성 종들을 축적시킬 수 있고 주변 지역에 있는 소규모 항구들로 번식체의 중요한 공급원으로 작용한다는 것을 보여주는 수레바퀴의 중심과 살 모식도. 이들 소규모 항구들은 큰 배들을 수용할 수 없기 때문에 이 종들을 정상적인 방법으로 수용하지 않을 것이다.

하나는 그들이 비 토착성 종들의 오직 한 방향 공급원으로 작용하는 경향이 있다는 것이다. 우리는 제 3장에서 비 토착성 종들의 운반에서 이러한 불균형을 자세히 설명하고 있다.

2.6 요약

비 토착성 종들의 방출을 야기하는 운반 매체들과 운반 경로들에 관하여 우리가 검토한 내용은 여러분의 머리를 혼란스럽게 만들었을 수 있다. 엄청나게 다양한 운반 매체들이 있고, 지구상에서 종들의 분포에 미치는 그들의 영향력의 크기는 아직 알려져 있지 않다. 일시적인 효과만을 대상으로 한 연구에 의존하지 않고 종들이 비 토착성이 되는 다양한 방법들에 관한 심층적인 검토를 제공하기란 매우 어렵다. 우리는 사회, 기술, 그리고 침입종들의 상호작용에 관심을 가진 학생들이 아래에 제시되어 있는 문헌들을 읽고, 조만간 그들 자신들의 연구 과제들을 수행하기를 권장한다.

비록 이것은 침입 과정에서 기초적인 단계이지만 이들 매체들과 경로들 중 광범위하게 연구된 것들은 별로 없다. 특히, 우리는 솔직히 전 세계에서 얼마나 많은 종들이 주어진 날, 달, 혹은 해에 운반되고 있는지도 알지 못하고 있다. 우리는 또한 이들 종들의 공급지와 목적지도 알지 못하고 있다. 혹은 운반 경로가 최근에 급격하게 변화되었는지의 여부도 알지 못하고 있다. 이것은 매우 한심스러운 일인데, 그 이유는, 여러분도 곧 알겠지만, 운반 단계 동안에 나타나는 요인들에 의해 영향을 받는 침입 과정의 많은 양상들이 있기 때문이다. 실제로, 이 책의 끝부분에서 여러분은 사회가 침입종들의 흐름을 유발시키는 중요한 방법들 중 하나가 정기적으로 비 토착성 종을 운반하는 목표 경로들이라는 것을 발견하게 될 것이다.

더 읽을 거리

Ruiz, G.M. and J.T. Carlton. 2004. Invasive species: vectors and management strategies. Island Press, Washington, DC.

Crosby, A. 1986. Ecological imperialism: the biological expansion of Europe, 900 - 1900. Cambridge University Press, Cambridge.

이 단원과 관련된 논문

Carlton, J.T. 1987. Patterns of transoceanic marine biological invasions in the Pacific Ocean. Bulletin of Marine Science 41: 452 - 465.

Mack, R. and W.M. Lonsdale. 2001. Humans as global plant dispersers: getting more than we bargained for. BioScience 51: 95 - 101.

Reichard, S.H. and P. White. 2001. Horticulture as a pathway of invasive plant introductions in the United States. BioScience 51: 103 - 113.

Vermeij, G.J. 1991. When biotas meet: understanding biotic interchange. Science 253: 1099 - 1104.

CHAPTER

3

침입종 수의 경향

개관

제 2장에서 우리는 비 토착성 종들의 일반적인 이동 방법들을 살펴보았고, 이들 방법들이 분류군 그리고 지소 특이적일 수 있다는 것을 알았다. 3장에서 우리는 이러한 경향들이 비 토착성 종들이 탐지되는 율, 그리고 흔히 나타나는 비 토착성 종 수의 공간적 불연속성에 미치는 영향을 살펴볼 것이다. 우리는 얼마나 많은 종이, 그리고 어떤 종이 운반되고 도착지에서 방출되는지를 알지 못하기 때문에 이 3장은 성공적으로 정착한 비 토착성 종들의 상대적인 수의 패턴에 크게 의존하고 있다.

지난 몇 십년에 걸쳐 상품과 사람들의 이동이 증가함에 따라 많은 지소에서 기록된 비 토착성 종들의 수도 증가하였다. 이것은 이들 상품과 사람들의 이동의 부산물 혹은 의도적인 이입의 결과이다. 비 토착성 종들의 기원에 관한 시간적 경향성은 이제야 규명되기 시작하고 있다. 그러나 이러한 연구들의 결과는 운반 매체의 중요성의 변화와, 이입된 비 토착성 종의 종류들 사이에 복잡한 상호작용이 있음을 보여주고 있다. 종-누적 함수와 같은 일반적인 생태학적 도구와 원리들을 이용하여 우리는 어느 지소에서 시간이 지남에 따라 얼마나 많은 비 토착성 종들이 채집될 것인가에 대한 예측을 할 수 있다. 이러한 도구들은 지소들이 비 토착성 종들을 축적시키는 속도에 관한 최초의 근사치를 제공할 수 있다. 그러나 앞으로 차차 알게 되겠지만, 이 부분에 관한 더 많은 조사가 필요하다. 지리적인 지소들 전역에서 비 토착성 종의 수와 기원은 뚜렷한 차이가 있다. 이입된 종 수의 공간적인 경향성은 이러한 공간적 변이의 대부분을 설명하고 있다.

3.1 시간에 따른 침입율

침입종들이 흔히 상당한 생태적 그리고 경제적인 문제들을 야기함에도 불구하고 (제 9장과 10장), 우리는 이입된 비 토착성 종의 전체적인 수에서 시간적 패턴들을 점검한 양질의 연구결과들을 별로 가지고 있지 않다 (Cohen & Carlton 1998). 이것은 종 이입의 시기 혹은 이입의 결과에 대한 자료들이 별로 없기 때문이다 (Pysek et al. 2003). 그러나 이러한 제약에도 불구하고 침입율과 관련된 두 가지 일반적인 패턴들을 식별하기 위한 충분한 분석 결과들이 있다. 첫째, 어느 한 지소에서 기록된 비 토착성 종의 수는 시간이 지남에 따라 증가하는 경향이 있다. 둘째, 이러한 증가는 때로 종들이 어떻게 그리고 왜 운반되는지에 관한 특이한 시간적 경향성에 의해 비롯된다. 비 토착성 종의 수에서 시간적 경향성의 연구 중 가장 널리 인용되고 있는 것은 Cohen과 Carlton (1998)의 연구이다. 이 연구를 수행한 사람들은 기존에 발표된 보고서와 그들 자신들의 채집을 통해 샌프란시스코 만 하구 내에서 발견되는 수중 생물들 (식물, 원생생물, 무척추동물, 그리고 척추동물)에 관한 정보를 모아 정리하였다. 그들의 연구 결과에 의하면 거의 250종의 비 토착성 종들이 하구에서 기록되었다 (Fig. 3.1A). Cohen과 Carlton은 그 다음 그들이 최초로 관찰, 채집, 혹은 심은 날짜를 부여할 수 있는 종들만이 포함되도록 목록을 조금씩 줄여나갔다. 그 결과 1850년에서 1995년의 기간에 걸쳐 누적적인 침입 곡선을 만들기 위해 시간 순서대로 배열할 수 있는 대략 150종이 남았다 (Fig. 3.1B).

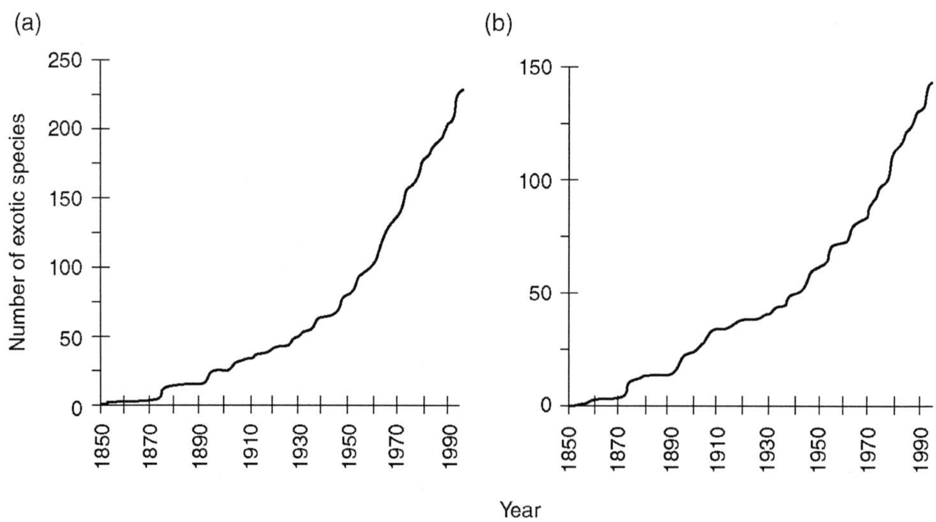

Fig. 3.1 샌프란시스코 만 하구 내에 정착한 비 토착성 종의 누적 종 수. 원래의 침입종 수와 (A) 수정된 침입종 수가 (B) 시간에 따라 증가한다.

샌프란시스코 만 하구에서 침입종들의 누적 곡선은 비 직선적으로 증가하는데, 비 토착성 종들의 도착과 정착률이 가속화되고 있음을 분명히 알 수 있다. Cohen과 Carlton에 의한 145년의 기록에서 모든 비 토착성 종의 약 절반이 마지막 35년 동안에 하구에 도착하였다. 비 토착성 종의 침입율은 1851년에서 1960년 사이에는 매 55주마다 평균 하나의 새로운 종이 이입되었는데, 1961년에서 1995년 사이에는 매 14주마다 평균 하나의 새로운 종이 이입되는 것으로 증가하였다. Cohen과 Carlton (1998)의 연구에 포함된 많은 종들이 부수적으로 이입된 것이기 때문에, 이 결과는 이러한 유형의 운반 매체들이 포함되지 않을 가능성이 있다. 따라서 우리는 고의적으로 이입되는 종들의 침입율이 가속화되고 있다는 것을 볼 수 없을 수 있다. 이것은 때로 이들 종들이 발생시키는 악영향에 대한 인식 증가의 반응으로 사회가 최근에 그리고 효율적으로 의도적으로 이입되는 종 수를 감소시킨 것으로 생각될 수 있다. 이러한 가정에 관한 이용 가능한 증거는 현재로서는 애매하다.

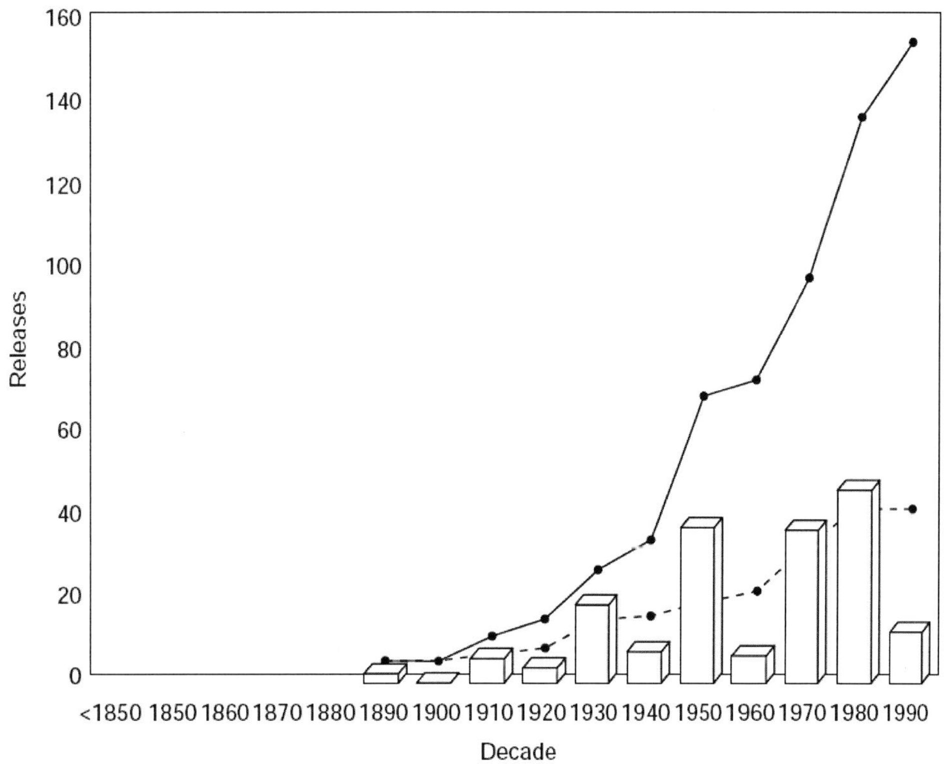

Fig. 3.2 미국 플로리다에서 10년 단위로 방출된 생물학적 방제 매체들의 수 (막대그림)를 나타낸 그림. 위쪽에 있는 선은 방출된 누적 종수이고, 아래쪽의 선은 실제로 정착한 방출된 종의 누적 수이다. 방출되어 정착한 누적 종수는 포화되었고, 반면에 누적적인 방출 선은 포화되지 않았음을 주목하기 바란다. 또한 Fig. 3.1에서처럼 누적 집계만이 가속화 되고 있음을 주목하기 바란다. Frank & McCoy (1993).

문헌상으로 보면 의도적인 이입율에 관한 일부 한정된 실험 자료들이 있다. Frank와 McCoy (1993)는 1850년대와 1990년대 사이에 플로리다에서 방출된 곤충 생물학적 방제 매체들의 기록을 수집하였고, 누적적인 침입율이 가속화되고 있음을 알았다 (Fig. 3.2). 그러나 Frank와 McCoy (1993)가 누적적인 해충 종 도착을 조사하였을 때 (방제를 위해 들여온 생물학적 매체 종들) 이입률이 거의 직선적이었으며 (Fig. 3.3), 이것은 시간에 따른 도착 속도가 상당히 일정하다는 것을 제시하는 것이다. Moulton 등 (2001)은 하와이 제도의 비 토착성 조류에 관한 비슷한 분석을 수행한 바 있다.

하와이에 이입된 비 토착성 조류는 흔히 그리고 때에 따라서는 전적으로 의도적으로 수입되어 방류되었다. Moulton과 동료들은 6개의 주요 하와이 제도에 이입된 모든 조류들의 이입된 날짜를 부여하였으며, 누적 침입율이 가속화되고 있음을 알았다 (Fig. 3.4).
이들 두 자료에서 주목할 만한 것은 1990년 후에 발생된 기록된 비 토착성 종수가 감소한다는 것이다 (Fig. 3.3 및 3.4). 따라서 이들 두 지소에서 의도적으로 이입된 종 수의 감소를 예상할 수 있을 것이다. 그러나 이러한 감소는 더 많은 비 토착성 종들이 기록되는 전체적인 경향성에서 단지 일시적인 현상에 지나지 않는다. 이것이 지속적인 현상인지, 그리고 이것이 설명된 다음 패턴에 의존적인지는 앞으로 밝혀져야 할 것이다.

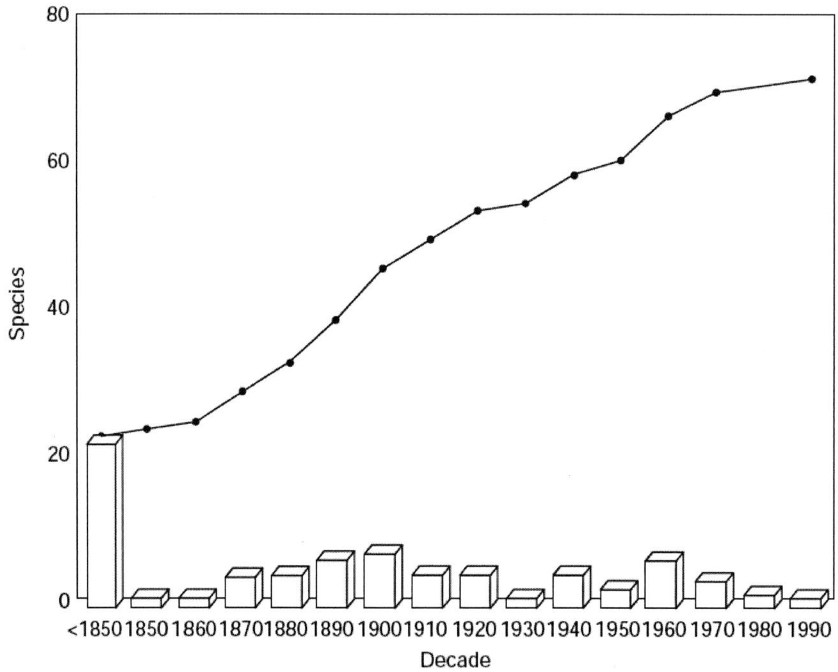

Fig. 3.3 10년 마다 플로리다에 도착한 비 토착성 곤충의 종 수 (막대그림) 그리고 시간에 따른 누적 종 수 (선) (Frank & McCoy 1998). 비록 가속화된 율 대신에 한결같은 율을 보이지만 종이 도착하는 (그들의 궁극적인 운명과는 관계없이) 누적률 (선)이 증가하고 있음을 주목하라.

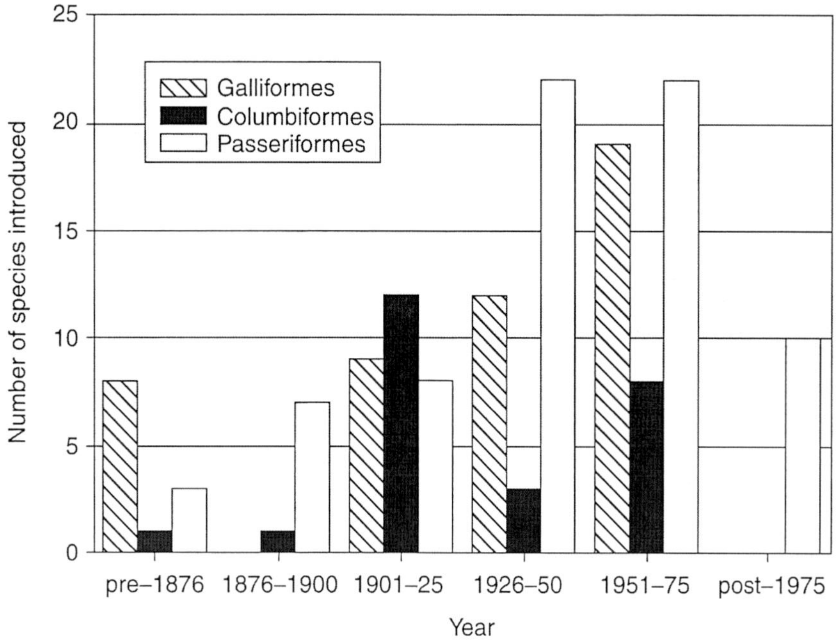

Fig. 3.4 10년 마다 하와이에 이입된 조류의 수. 이 그림에서 시간에 따라 상이한 조류의 과들이 어떻게 이입되었다 떠나는지를 주목하라. 각 과들은 아마 이입된 수에서 구부러진 분포를 보이고 있다.

Moulton 등 (2001)이 자신들의 자료를 제시한 방법은 우리가 제시한 두 번째 일반적인 패턴의 인식을 암시하는데, 종들이 방출되는 방법과 이유에서 색다른 시간적 경향들이 연합하여 관찰된 침입율을 형성한다는 것이다. Moulton과 그의 동료들은 3개의 조류 과들로부터 이입된 새의 수는 시간에 따라 변하는 것으로 간주하였다 (Fig. 3.4). 수렵조류(Galliforms)는 1901년부터 1960년대 초까지 하와이에 꾸준히 이입되었는데, 그 후에는 이입이 0으로 감소하였다. 비둘기류 (Columbiforms)의 경우 1920년대에 이입이 정점에 이르렀는데, 1960년대 이후에는 이 과의 두 종만이 이입되었다. 참새 목 (Passerines, 횃대에 앉는 새)은 그 다음 이입되었는데, 1950년과 1980년 사이에 뚜렷한 이입의 정점이 나타나고 있다. 1980년 이후에는 섬에서 새로운 참새목이 하나만 기록되었다. 그림에는 나와 있지 않지만 앵무새 목 (Psittacines)은 최근에 섬에 이입이 급증하였으며, 이러한 증가 경향성은 앞으로도 계속될 것이다.

하와이의 비 토착성 조류는 다음과 같은 다양한 이유를 통해 이입되었는데, 주로 (i) 사냥을 목적으로, (ii) 인간사회의 활발한 순화의 노력으로, 혹은 (iii) 애완용에서 탈출하여 이입되었다. 이러한 이입 방법들은 조류의 특정한 과들 그리고 역사의 특정한 시기와 밀접한 연관이 있다. 따라서 조류의 과들 사이에서 이입의 증가와 감소는 수렵 조류를 방류하고, 심미적으로 즐거움을 주는 새들을 수입하는 혹은 애완동물로 새들을 기르는 인간의 관심의 증감을 반영한다. 1960년대 이후 하와이에서 비 토착성 조류의 주 공급원은 애완조류들이다.

시간에 따른 이러한 침입 패턴에서 사람들의 관심의 효과는 체코 공화국 내에서 기록된 비 토착성 식물 사이에서도 볼 수 있다 (Pysek et al. 2003). Pysek와 그의 동료들은 1500년 이후에 들여온 1,000종 이상의 식물의 이입 스케쥴을 만들기 위해 매우 상세히 보고된 체코의 식물상을 이용하였다. Pysek와 그의 동료들은 기록된 비 토착성 식물 종의 누적 수에서 꾸준한 증가를 보고하였지만 (Fig. 3.5), 그 식물이 기원한 대륙을 조사해 보면 이러한 증가가 변화된다 (Fig. 3.6). 유럽에 토착성인 식물들은 아메리카, 아시아, 그리고 호주로부터 온 식물들보다 일찍 체코 공화국에 도착하였다. 아메리카 종들은 호주로부터 온 종들보다 일찍 이입되었다. 연구자들은 또한 이입의 시기와 각 종의 특성들 사이에 중요한 상호작용을 보고하였다 (Pysek et al. 2003). 의도적으로 이입된 종들은 비의도적으로 이입된 종들보다 일반적으로 일찍 이입되었다. 의도적으로 이입된 그러한 종들 중에서, 이용할 목적으로 재배된 분류군들은 장식용으로 재배된 식물들보다 일찍 이입되었다. 마지막으로 생육계절 중 일찍 개화하는 종 그리고 좀더 일반화된 생활사를 갖는 종들은 개화 시기가 늦고 좀더 특이한 생활사를 갖는 종들에 비해 일찍 이입되었다. 우연히 이입된 종들과 비교할 때 이 후자의 패턴은 아마 보통 장식용으로 이입된 식물들과 함께 들어온 상이한 부수종에서 비롯되었을 수 있다.

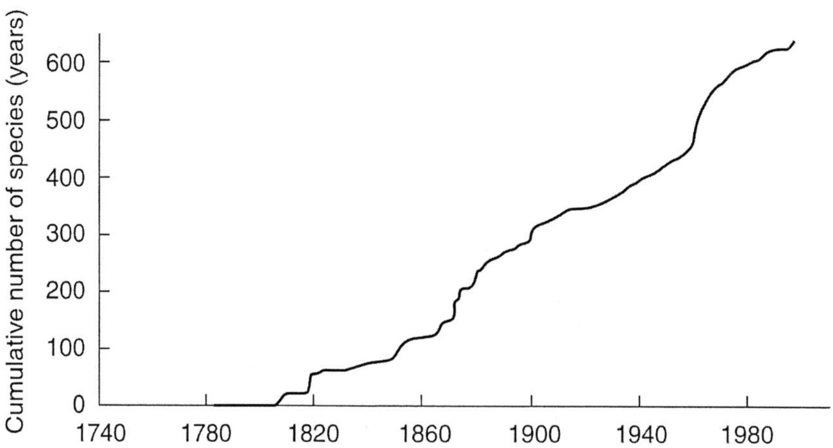

Fig. 3.5 체코 공화국에서 발견된 정착한 비 토착성 식물의 누적 종수. 한 장소에서 비 토착성 종이 축적되는 율의 곡선은 직선이 아니며, 20세기의 후반부에서 가속화됨을 보여주고 있다.

시간에 따라 운반 매체들이 변화한 복잡한 방법을 생각하면 침입이 가속화되는 율이 항상 분명하지 않다는 것은 놀랄 일이 아니다. 하나의 좋은 예는 하와이, Oahu의 진주만에서 기록된 비 토착성 해양 종 수의 시간적 경향성이다. Coles 등 (1999)은 그들 자신이 직접 수행한 표본 채집, 역사적으로 발간된 보고서, 그리고 박물관 기록을 이용하여 진주만에서 시간에 따라 발견되는 비 토착성 저서 무척추동물과 어류에 관한 정보를 수집하였다. 그들은 진주만에서 95종의 비 토착성 종을 발견하였고, 각각의 종에 처음 수집된 날짜를 부여할 수 있었다.

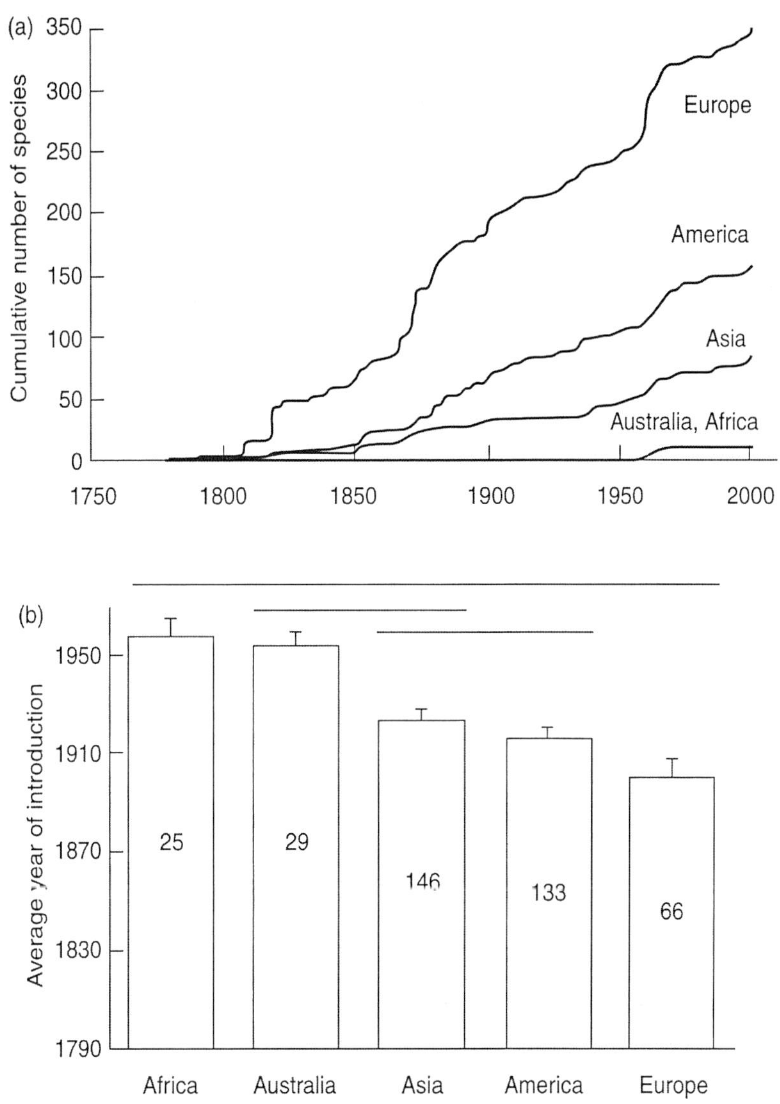

Fig. 3.6 시간이 지남에 따라 체코 공화국에 축적되고 있는 정착된 비 토착성 식물의 수를 그 종이 기원한 대륙으로 구분하여 표시하였다 (a). 막대 그림 (b)는 이입의 평균 년 수를 표준오차와 함께 나타낸 것으로 종이 기원하는 대륙으로 구분되어 있다. 하와이에 이입된 조류의 유형이 시간에 따라 변하는 것처럼 체코 공화국에 이입된 식물들의 기원도 그렇다. 막대그림 (b)에서 수평선들은 유의하게 차이가 없는 그룹들을 보여주고 있다.

Coles와 동료들은 그 다음 10년 동안에 새롭게 동정된 분류군의 전체 수에 대한 새로운 비 토착성 분류군 수의 비를 도시하였다 (Fig. 3.7). 표본의 수집 노력이 증가되면 발견된 비 토착성 종 수가 증가하여야 하고, 따라서 이들 표본 추출이 이루어지는 동안에 원 자료의 수는 위쪽으로 기운다. 그러나 이들 새롭게 발견된 비 토착성 종들이 토착종들을 포함하여 발견되는 새로운 종들로 그려지면 이 효과는 감소되어야 한다 (표본 수집 노력의 영향에 관한 좀더 자세한 논의는 아래를 참고하시오).

Coles 등 (1999)의 결과는 진주만에서 발견된 비 토착성 종의 수가 비록 가속화 되지는 않지만 시간이 지남에 따라 증가하고 있음을 보여주고 있다. 대신에 비 토착성 종의 이입에서 명백한 다수의 최고점들이 있으며, 특히 관심이 있는 것은 1910년대의 최고점 그리고 두 번째는 1940년대의 최고점이다 (Fig. 3.7). 이들 두 개의 최고점들은 여러분이 세계의 역사를 함께 고려하면 논리적으로 이해가 된다. 지난 120년에 걸쳐 진주만의 주된 이용은 미국 소유의 해군 선박의 선착장 그리고 유지를 위한 것이었다. 진주만은 대형 해군 선박들이 들어올 수 있도록 1911년에 처음으로 준설되었으며, 그 이후 진주만은 미국이 1차 세계대전에 참여하는 동안 (1917~1918) 과도하게 이용되었다. 비 토착성 종의 첫 번째 유입은 이 10년 동안에 일어났으며, 아마도 진주만의 변화된 물리적 성질에 대한 반응 (즉, 조수의 영

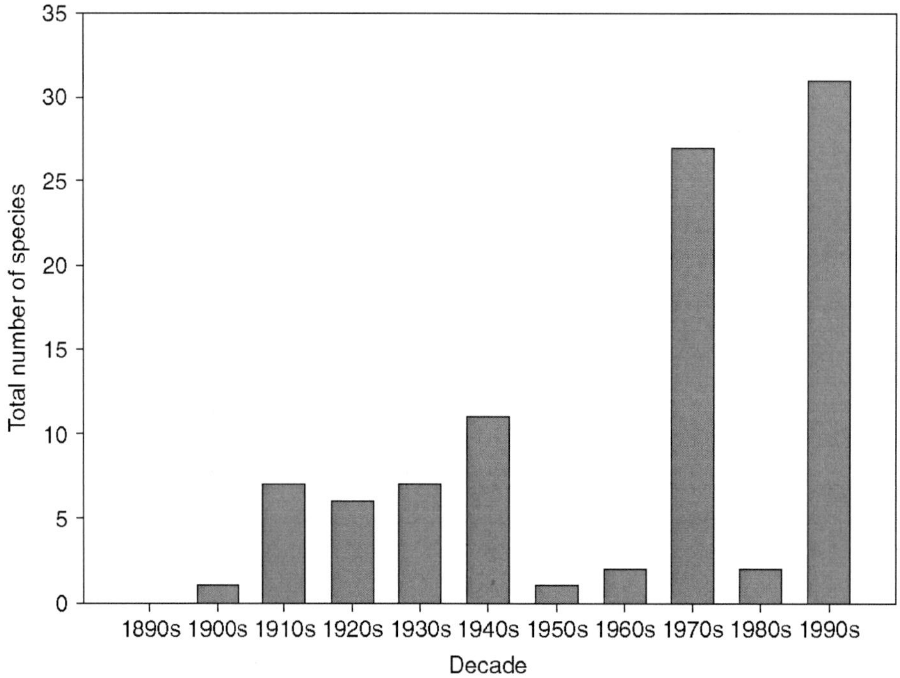

Fig. 3.7 Coles 등 (1999)에 의한 하와이의 진주만에 비 토착성 종의 최초 보고. 비록 비 토착성 종의 수가 일반적으로 증가하고 있지만 진주만에서 발견된 비 토착성 종에서 분명한 최고점이 있다. 하나는 1차 세계대전 경이고, 다른 하나는 2차 세계대전 경이며, 두 개는 좀더 최근의 것이다.

향이 커지고 수심이 깊어진 것), 그리고 일시적으로 정박하는 군함으로부터 항구에 방출되는 종의 수가 증가한데서 비롯된 것 같다. 진주만은 또한 미국이 2차 세계대전에 참여하는 동안에 (1941~1945년) 중요한 역할을 수행하였는데, 연합군을 위한 모든 태평양 군사행동의 본부 역할을 하였으며, 따라서 태평양 전역으로부터 매년 수 천척의 배들이 입항하였다. 이러한 선박 왕래의 증가는 의심의 여지없이 항구에 방출되는 비 토착성 종의 수를 증가시켰다. 1차 세계대전과 2차 세계대전 사이에 꾸준한 자연적인 침입률이 있어 새로 기재된 모든 종의 약 5~10%가 비 토착성 종이 차지하는 결과를 초래하였다. 그러나 이 침입율은 전쟁기간 동안에 극적으로 증가하였는데, 새로 기재되는 종의 30~40%를 비 토착성 종이 차지하였다. 비 토착성 종 수의 증가 속도가 가속화되지 않을 경우에도 운반 경로가 확립된 후에 침입율이 항상 증가할 것으로 예측할 수 있는가? Levine과 D'Antonio (2003)는 이 물음에 해답을 얻기 위한 시도를 하였으며, 그 과정에서 교역 수준의 증가와 더불어 이입된 종 수를 예측하는 과정을 개발하였다. 이 물음에 대한 해답은 모든 새로운 컨테이너 선박이 완전히 새로운 종들을 이입시키지 않는다는 사실에 의해 복잡해졌다. 각각의 선박은 공여 지역으로부터 이전의 선박들이 이미 무작위로 이입시킨 종들을 이입시킨다. Levine과 D'Antonio는 이러한 무작위 이입 과정이 생태학자들이 일련의 표본 지소들로부터 종 풍부도를 측정할 때 직면하는 딜레마와 유사하다고 주장하고 있다. 이미 샘플된 면적에 첨가되는 각각의 새로운 지소는 이전의 표본지소에 존재하는 일부 종들을 포함하고 여기에 새로운 종을 첨가시킬 가능성을 가지고 있다. 따라서 누적적인 종 풍부도 측정은 비 직선적인 방법으로 샘플된 지소들의 수와 비례한다. 만약 수송 매체들이 같은 방법으로 행동한다면 우리는 위에서 보여준 비 토착성 종의 가속화되는 탐지율이 결국 수평상태가 되는 것으로 예측해야 한다.

생태학자들은 표본추출의 강도가 종 풍부도와 관련되어 있는 많은 종-누적 함수들을 제안하였다. 이들 함수들을 사용하여 우리는 소규모의 샘플들 속에 들어 있는 종 수로부터 대규모 샘플들 속에 들어 있는 종 수를 추정할 수 있다. Levine과 D'Antonio는 일정한 지리적 경로를 횡단하는 운반 매체들을 통해 이입된 새로운 종 수를 설명하기 위해 로그-로그, 로그-직선, 그리고 Michaelis - Menten 모델들을 사용하고 있다 (즉, 운반 매체는 하나의 공여 지역 내에서 무작위 추출한 샘플들을 다른 공여 지역 내에서 추출된 샘플들과 교환하지 않는다.). 그들은 미국 내에서 발견된 정착한 비 토착성 곤충, 식물 병원체, 그리고 연체동물의 수에 관한 역사적인 정보를 경험적인 자료로써 이용하였다. 이 정보는 1800년 이후로부터 계산된 미국 내로 수입된 상품의 통계치와 짝을 이루었다. Levine과 D'Antonio는 수입된 상품의 수를 1999년 미국 달러로 환산하였으며, 그 다음 1990년 까지 10년 당 수입 (미국의 달러 가치로)의 누적 수를 계산하였다. 달리 말하면 그들은 종-누적 곡선에서 일반적으로 사용되는 시간의 측정 대신으로 경제적 측정치 (증가되는 수입 무역 금액)를 사용하였다.

그들은 3가지 모든 종-축적 모델들이 수입의 횟수와 시간에 따라 미국에서 기록된 비 토착성 종 수 사이에 관찰된 관계와 합리적으로 잘 부합되는 것을 알았다 (Fig. 3.8). 비록 로그-로그 모델은 종 축적 관계에서 수평을 이룬다는 비평을 받은 침입종의 수에 상한 경계를 가정하지 않지만, Michaelis - Menton 모델은 3개의 모델 중 관찰된 자료와 가장 잘 부합하였다 (Williamson et al. 2001). 모든 종에서 Fig. 3.8에 나와 있는 관계는 선박 당 새로운 비 토착성 종을 수송하고 방출시키는 확률이 수입이 증가함에 따라 감소한다는 가설을 지지한다. 그들이 외래종의 수에서 더 이상의 증가를 예측하기 위해 자신들의 모델들을 사용할 때, 그들의 결과는 2020년경에 미국은 적어도 각각 3종, 5종, 그리고 115종의 새로운 연

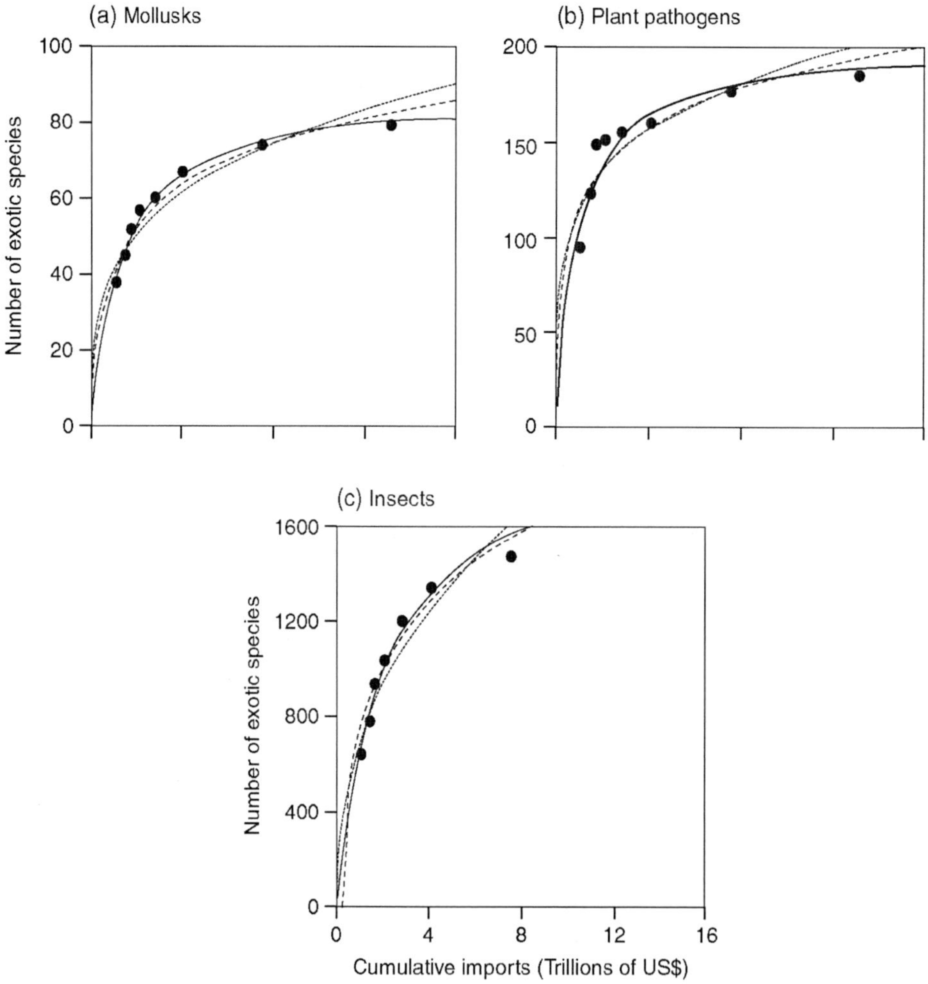

Fig. 3.8 1920년 이후 미국의 수입과 비 토착성인 연체동물, 식물성 병원체, 그리고 곤충의 축적 사이의 관계. 각 그림 내의 선들은 상이한 종-축적 모델들의 접합도를 나타낸다 (점선은 로그-로그 종-면적, 짧은 점선은 로그-직선 종-면적, 실선은 Michaelis-Menten 모델). 각 관계는 시간이 지남에 따라 수평상태가 시작되는데, 이것은 비 토착성 종의 이입률이 결국 수평이 된다는 것을 나타낸다.

체동물, 식물 병원체, 그리고 곤충의 이입을 보게 될 것으로 예측된다고 보고하였는데(좀더 보수적인 Michaelis-Menton 모델을 기초로), 이것은 미국이 아직은 비 토착성 종 이입의 상한에 이르지 않았다는 것을 나타내는 것이다.

이러한 결과들은 분명히 해야 할 몇 가지 중요한 가정들을 가지고 있는데, (i) 무역의 양은 수송 매체가 더 많은 수의 개체들 (즉, 번식체들, 제 4장 참조)을 이입시키는 것처럼 증가하지 않는다. (ii) 거래되는 상품의 유형은 시간에 따라 변하지 않는다. 이것은 부산물의 형태로 이동된 일단의 종을 변화시킬 수 있기 때문이다. (iii) 역사적인 자료 수집이 이루어지는 동안에 그 지역에서 수행되던 검역과 법규는 앞으로도 변하지 않고 계속된다. Pysek 등 (2003), Moulton 등 (2001), Coles 등 (1999), 그리고 다른 연구자들의 연구에서는 이러한 가정들이 흔히 지켜지지 않고 있는데, 특히 (i)과 (ii)가 그렇다. 이들 가정이 지켜지지 않을 때 우리는 기록된 비 토착성 종의 수가 계속 증가할 것으로, 그리고 잠재적으로 극적인 방법으로 증가할 것으로 예상해야 한다. 왜냐하면 우리는 근본적으로 표본추출 과정을 또 다른 곡선의 처음부터 다시 시작해야 하기 때문이다 (즉, Fig. 3.8에서 원점). 사실, 종-축적 함수의 사용은 한 지소가 받을 수 있는 비 토착성 종의 수에 상한이 있음을 가정하고 있다. 만약 수용 지소로의 운반 경로들과 운반 매체들이 가정 (ii)를 심하게 위반할 정도로 충분히 동적이라면 이것은 맞지 않을 수 있다.

전체적으로 위에서 제시된 증거는, 한 장소에서 기록된 비 토착성 종 수의 시간상 패턴이 운반 매체들에 의해 크게 영향을 받는다는 것을 보여주고 있다. 우리는 운반 매체들이 활동적이거나 혹은 최근에 확립되었을 때 많은 수의 비 토착성 종이 기록되고, 운반 매체들이 활동적이지 않거나 혹은 시간에 따라 일정한 경로를 항해할 때 그 수가 낮을 것으로 예상할 수 있어야 한다. 비 토착성 종의 도착이 가속화되는 율은 무역에서 전체적인 변화 때문에 중요성이 빠른 증가를 보인 운반 경로를 통해 외래종을 받는 지소에 국한되어질 수 있다. 중요성이 증가된 이들 지소들은 또한 시간이 지남에 따라 운반 매체들의 다양한 교환이 일어났을 수 있다. 그러한 지소들은 새로 형성된 무역 루트 혹은 선적을 위한 기항지, 항공로, 화물철도 등을 따라 발견되기 쉽다 (Box 3.1). 그러나 이것은 모든 수용지소에 해당되는 것은 아니다. 운반 매체 왕래가 많지만 단기간 지속되는 장소들, 시간이 지남에 따라 변하지 않는 운반 매체들을 수용하는 장소, 혹은 무역의 중요성에서 급증을 경험하지 못한 장소들은 더 복잡해진 패턴들을 분명히 보일 것이다.

앞에서 언급된 연구자들 중 몇 사람은 자신들의 분석에서 표본추출 노력의 효과를 제거하기 위해 노력을 하였다. 표본 추출 노력이 더 많으면 더 많은 종이 기록될 것이며, 이들 연구자들은 역사적인 자료와 박물관 기록에 의존하였기 때문에 표본추출 노력이 시간이 지남에 따라 일정하지 않았을 것이라고 가정하는 것이 안전하다. 만약 표본 추출 노력의 차이가 시간에 따라 무작위로 흩어져 있어, 표본추출 노력이 후기에 비해 초기에 비교적 더 많이 소요되었을 거라고 예측할 이유가 없다면, 이것은 문제가 되지 않는다 (예를 들어, 조류 혹은 생물방제 곤충과 같이 의도적으로 이입된 종 중에서). 그러나 우리가 침입 문제를 더 많이 알게 됨에 따라 비 토착성 종을 파악하고 그것의 존재를 기록하려는 더 많은 노력이 있었다고 믿을 충분한 이유가 있다. 더 많은 생태학자들이 비 토착성 종을 조사하면 더 많은 종이 발견된다. 이러한 효과는 그 자체로 비 토착성 종의 탐지를 가속화 시킬 것이고, 따라서 역사적인 자료를 조사할 때에는 분명히 이것을 고려할 필요가 있다 (Costello & Solow 2003).

Box 3.1 Come sail away

지역의 비 토착성 종 목록은 무역과 실지답사의 역사를 강하게 반영하고 있다. 이러한 힘들이 어떻게 오늘날 세계에서 종의 분포를 구체화 시켰는지를 마음속에 그려보는 것은 어려운 일이 아니다. 현재 우리들 대부분은 선박과 비행기를 통해 대륙들 사이의 다채로운 연결에 정통한 많은 여행자들을 쉽게 볼 수 있다. 그러나 우리는 수 세기 전에 세계의 여행이 어떠했을 지를 상상하는 것은 쉽지 않다. 따라서 나무로 된 범선을 통해 물품을 거래하는 것이 어떻게 종들을 그들의 토착 범위 밖으로 이동시키는데 기여하였는지를 이해하기는 쉽지 않다. 이러한 배들은 정기적으로 항로의 도중에 있는 항구에 정박하면서 매우 긴 항해를 하였는데, 때로는 수 개월에 이르는 긴 기간을 머물렀으며, 따라서 꽤 많은 비 토착성 종의 운반에 책임이 있었다. 그러나 항해는 거친 여행이었음에 틀림없다. 현재 비행기로 10시간이 소요되는 여행이 1700년대에는 몇 개월이 소요되었으며, 여행을 마치는데 1년 이상이 소요되었을 수 있다. 이러한 긴 항해 동안에 얼마나 많은 종들이 생존할 수 있었을까? 그러한 선박에는 어떤 종류의 종들이 주로 편승하였을까? 현재의 식물상과 동물상의 얼마나 많은 부분이 상인 (박물학자)이 목록을 만들기 전에 이동된 종들로 구성되었는가?

해양 무척추동물에서 이러한 질문에 답을 하기 위해 Carlton과 Hodder (1995)는 1500년대 범선의 복제품이 북미 태평양 연안을 따라 800 km를 항해하는 동안 배의 용골, 선체, 키를 장착하는 고물의 기둥, 흘수선 (선박과 수면이 만나는 선)에 부착하는 종들을 채집하였다 (Fig. 3.9). 이 배의 이름은 Golden Hinde II이었으며, 원래의 Golden Hinde를 재현하기 위해 1973년에 진수되었다. Golden Hinde는 돛대가 3개인 소형 영국 상선인데, Francis Drake 경이 1577년에 세계 일주를 한 배로 가장 잘 알려져 있다. 따라서 비록 소형이고 태평양과 남 대서양을 항해하기가 아마 위험했겠지만 이러한 유형의 배는 믿을 수 없을 만큼 매우 긴 항해를 할 수 있었으며, 따라서 다양한 해양 종들을 한 항구에서 다른 항구로 쉽게 운반할 수 있었다. 그러한 종들을 배에 싣고 이들을 다른 항구에 떨어트릴 가능성은 이들 배들이 항로상에 있는 다양한 항구에서 오래 머물러 있었기 때문에 촉진되었다.

Golden Hinde II는 바다에서 항해할 때는 평균 속도 4노트로 이동하였으며, 3개의 항구 사이를 이동하는데 1~3일을 소비하고, 각 항구 내의 부둣가에서 30일을 보냈다 (Fig. 3.9). 적어도 모든 일반적인 해양성 부착종 (즉, 배의 목재 위나 속에서 자라는 종)을 대표하는 소수의 개체들이 보호된 항구들 사이의 외양 항해에서 생존하였다. 이밖에 배에 부착되는 대부분의 종들은 항해 도중에 비교적 안정된 수도를 가진다. 따라서 목재로 된 범선들은 구성비가 변화하지 않는 해양 무척추돌물들을 그들이 기항하는 모든 항구에 운반할 가능성이 높다. Golden Hinde II에서 발견되는 종들도 배가 항구에 정박하고 있을 때 하구 퇴적물 (즉, 진흙과 모래)로부터 배에 부착된 몇 종의 저서 생물들을 포함하고 있다. 이 종들은 그들 자신의 힘으로는 항구 사이를 이동할 기회가 사실상 없다. 대신에 Carlton과 Hodder (1995)의 연구는 이 생물들이 비록 평형수 혹은 배의 바닥짐에서는 발견되지 않을 지라도 배를 통해 지역 사이를 정기적으로 이동했음을 제시하고 있다. 이러한 발견을 통해 Carlton과 Hodder는 생물이 부착해 있는 배가 천천히 이동하며 지구상 그리고 대륙 가장자리를 따라 해양 그리고 하구 생물들의 분포를 현저히 변화시킨다고 주장하였다. 이들 배들이 운행되던 시기를 고려하면 (1500년대에서 1700년대), 그들은 현재 우리가 토착종이라고 생각하는 많은 해양성 그리고 하구성 종들이 사실 누군가 그 지역의 종 목록을 작성하기 전에 그곳에 이입된 비 토착성 종일 수 있다고 주장하였다. 그러한 종들은 보통 숨겨진 침입종들로 불린다 (Carlton 1996a).

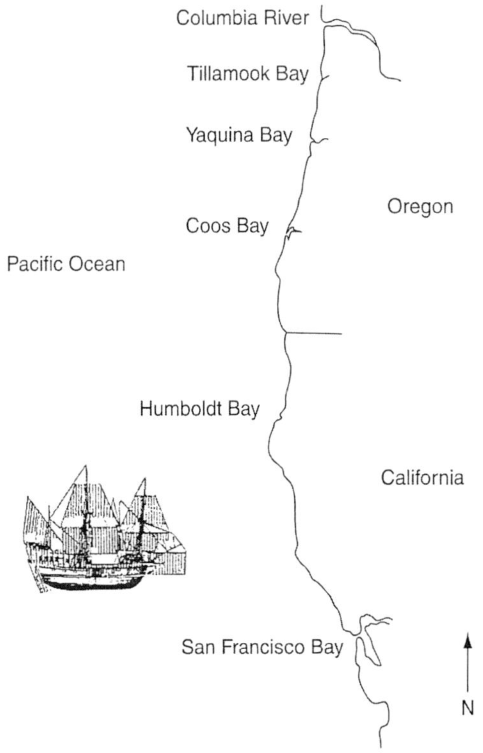

Fig. 3.9 1995년 수행된 연구에서 오리건과 캘리포니아에서 Golden Hinde II의 항해 중 기항지.

CHAPTER 3

3.2 침입종 수의 지리적 패턴

생태학자들이 외래종의 침입을 주의 깊게 관찰하기 시작한 이후 첫 번째로 한 일 중의 하나는 지소에 따른 비 토착성 종 수를 비교한 것이었다. 당연히 그들은 지소들 사이에 침입성 종 수의 차이를 발견하였다 (Box 3.2). 이러한 결과가 "침입성 invasibility"이란 용어를 탄생시켰다. 다른 지소에 비해 비 토착성 종을 비교적 더 많이 보유하고 있는 지소는 "비 토착성 종들의 침입이 더 가능하다 혹은 더 높은 침입성을 갖는다"라고 말한다. 여기에서 우리가 보여줄 것처럼 이 용어는 지소들 사이에 비 토착성 종 수에서 차이를 유발시킬 수 있는 몇 가지 기작들을 포함하며, 따라서 흔히 혼동된다(Lonsdale 1999).

Box 3.2 모든 사람들은 세상을 지배하기를 원한다.

호주의 비 토착성 종 목록을 간단히 살펴보면 비 토착성 종의 흐름과 관련된 뚜렷한 지정학적 패턴을 바로 구분할 수 있다. 예를 들어, 호주의 비 토착성 조류의 대부분은 (Table 3.1) 구북아구(Paleartic)로부터 기원하였는데, 구북아구에는 유럽 전체, 아시아의 대부분, 그리고 북아프리카의 일부가 포함되어 있다. 그 다음으로 가장 보편적인 공여 생태지역들은 Indo-Malaysian 그리고 Austro-Pacific이다. 아마 우리는 후자의 두 지역이 호주에 근접하고 있다는 것을 주목하여 호주의 비 토착성 조류들의 기원 장소로 이해할 수 있다 (호주는 Austro-Pacific 생태지역 내에 위치한다). 사람들은 이들 지역의 이곳저곳으로 이동하는 경향이 있어 아마 그 과정에서 많은 종들을 이동시켰을 것이다. 그러나 구북아구 생태지역으로부터 조류의 유입은 호주가 영국의 식민지였다는 사실에 더 많은 원인이 있다. 호주의 초기 거주자들은 그들이 알고 있던 조류들을 수입하

Table 3.1 다양한 장소로부터 호주에 이입된 비 토착성 조류. 각각의 생태지리적 공급지역으로부터 온 조류의 수가 아래에 제시되어 있으며, 각 생태지역으로부터 이입된 전체 이입에 대한 %는 ( )에 제시되어 있다.

원 공급지역	종수 (%)
Afro-tropical	4 (4)
Austro-Pacific	22 (20)
Indo-Malayan	17 (15)
Nearctic(신북구)	7 (6)
Neotropical(신열대구)	4 (4)
Palearctic(구북아구)	46 (41)
Total	90

출처 Cassey 2001

여 방류하기 쉬웠으며, 이들 거주자들은 영국의 조류를 알고 있었다 (Box 2.1 참조). 이러한 패턴은 세계 전역에서 반복되었는데, 식민지들이 현재 보유하고 있는 대다수의 비 토착성 종들을 "본국"이 식민지 혹은 보호령에 공급하고 있다 (Table 3.2). 이러한 패턴을 보고 Alfred Crosby (1986)는 "생태적 제국주의"란 용어를 만들었다. 그는 향수병 (즉, "여러분"이 종을 이입시키는 것은 "여러분"의 존재에 대한 원주민의 저항을 극복하는데 도움이 된다) 이외에 본국으로부터 식민지로 그러한 종들의 수입을 좀더 불행한 동기 탓으로 돌렸지만, 식민지와 그들의 본국 사이에 대부분 양방향 무역이 있었는데 왜 역 패턴이 일어나지 않았는지는 분명치 않다. 그러한 종류의 거래는 주요 이유 중의 첫 번째이었다.

비 토착성 종이 기원한 장소를 자세히 살펴보면 일반적으로 인식되는 것보다 훨씬 복잡한 패턴을 분명히 볼 수 있다. 예를 들어, 어떤 국가 혹은 섬의 경우 비 토착성 분류군 그룹들은 그들이 기원한 장소의 것과 다른 경향이 있다. Table 3.2에 나와 있는 미국에 이입된 비 토착성 수중 무척추동물, 담수어류, 양서류, 그리고 파충류의 대부분은 북미에서 기원하였으며, 반면에 비 토착성 수중식물의 대부분은 아시아에서 기원하였다. 더구나 운반 매체 혹은 경로의 변화는 비 토착성 생물 유입의 지리적 패턴 혹은 분류학적 구성을 변화시킬 수 있다. 예를 들어, Jeschke와 Strayer (2005)의 연구에서는 유럽으로부터 북미로 종의 이입률은 19세기에 최고를 보였지만, 북미로부터 유럽으로 종의 이입률은 여전히 증가하고 있음을 보여주고 있다. 앞으로 몇 년 후에, 북미는 유럽이 북미에 기여한 것보다 많지는 않지만 거의 같은 수의 비 토착성 종을 유럽에 기여할 것이다.

Table 3.2 다양한 생물지리적 지역으로부터 미국, 캘리포니아, 그리고 태평양 섬들로 이입된 비 토착성 종의 %. 실제 수는 ( ) 속에 표시되었다.

	미국					캘리포니아	태평양 섬
기원장소	수중 무척추동물*	담수어류*	양서류*	파충류*	수중식물*	담수어류†	육상달팽이‡
북미	29(20)	66(330)	71(25)	62(33)	9(14)	85(60)	22(18)§
남미	4(3)	13(66)	6(2)	17(9)	12(20)	0(0)	0(0)§
유럽	18(12)	4(20)	0(0)	0(0)	15(24)	3(2)	15(12)
아시아	18(12)	10(51)	9(3)	17(9)	48(78)	8(6)	22(18)ll
아프리카	4(3)	6(31)	6(2)	2(1)	8(12)	4(3)	12(10)
호주	0(0)	0.4(2)	0(0)	0(0)	4(6)	0(0)	0(0)ll
대서양	7(5)	0(0)	0(0)	0(0)	4(7)	0(0)	0(0)
태평양	6(4)	0.6(3)	0(0)	0(0)	0(0)	0(0)	10(8)
미지	13(9)	0(0)	9(3)	2(1)	0(0)	0(0)	20(16)
합계	68	503	35	53	161	71	82

주 *, Benson 1999. †, Moyle 2002. ‡, Cowie 2001. §, data for North and South America combined in original source. ll, data for Asia and Australia combined in original source.

Charles Elton은 지소 사이에 비 토착성 종 수를 비교한 최초의 생태학자 중 하나이다 (Elton 1958). Elton은 섬들 그리고 크기가 비슷한 본토 사이의 비 토착성 종 수의 차이를 주목하였다. Lonsdale (1999), Sol (2000), Blackburn & Duncan (2001b), Cassey (2003) 등은 Elton의 이러한 생각을 뒷받침하는 정량적인 자료를 제공하였다. Elton은 또한 온대 생태계들은 열대 생태계들에 비해 더 많은 비 토착성 종을 갖는 경향이 있음을 주목하였다. Sax (2001)는 이 후자의 관찰을 지지하는 가장 최근의 자료를 제공하였는데, 그는 비 토착성 종

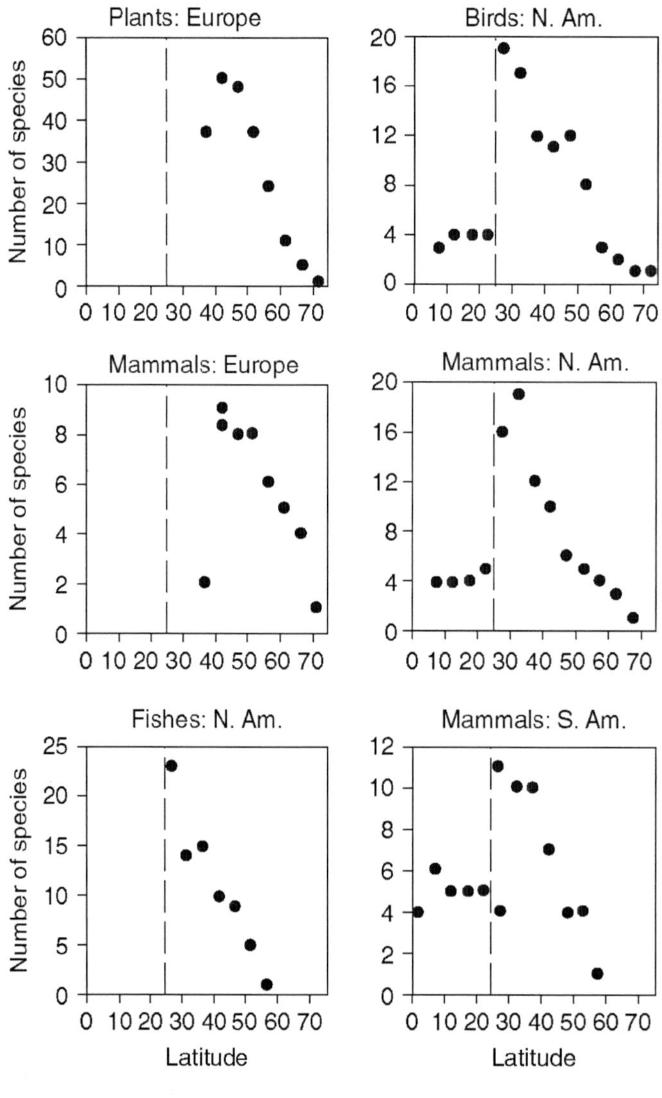

Fig. 3.10 아메리카와 유럽 대륙에서 위도 5° 밴드에서 비 토착성 종의 종 풍부도. 점선은 북회귀선 혹은 남회귀선을 나타내는데, 열대와 온대 위도를 나누는 선이다. 온대 지역과 비교할 때 열대 지역 내에서 정착한 비 토착성 종 수가 급격히 하락하는 것을 주목하라.

의 지리적 범위를 위해 발표된 위도상 범위 (위도 1°까지 정밀하게)를 조사하였다. 그런 다음 그는 위도가 5° 증가할 때 존재하는 비 토착성 종의 수를 그림으로 작성하였다 (Fig. 3.10). Sax의 결과는 남, 북위 23.5°에서 정착한 비 토착성 종에서 꽤 뚜렷한 단절이 있음을 보여주고 있다 (북회귀선과 남회귀선).

자주 인용되고 있는 또 하나의 지리적 패턴은 구대륙과 신대륙에서 발견되는 비 토착성 종 수의 차이이다 (di Castri 1989). di Castri는 지중해 유역의 식물상을 캘리포니아의 식물상과 비교하였는데, 캘리포니아도 지중해성 기후환경이다. di Castri의 계산에 따르면 지중해 유역은 전체 20,000종 중에서 단지 400종의 "중요한" 비 토착성 종을 가지고 있다. 이와는 대조적으로 캘리포니아는 전체 약 5200종 중 1,000종 이상의 비 토착성 종을 가지고 있다. 따라서 캘리포니아에서 비 토착성 종의 비율은 지중해 유역에서 발견되는 종 보다 약 10배 정도 더 높다. di Castri가 이용한 종 수는 현재는 구식이지만, 패턴은 여전히 유지되고 있다. 이러한 결과와 유사하게 Lindroth (1957)는 비록 적어도 1492년 이후 유럽과 북미 사이에 활발한 양방향 무역이 있어 왔지만 유럽으로부터 북미로 이동한 종이 그 역방향 보다 10배나 더 많은 것으로 추정하였다.

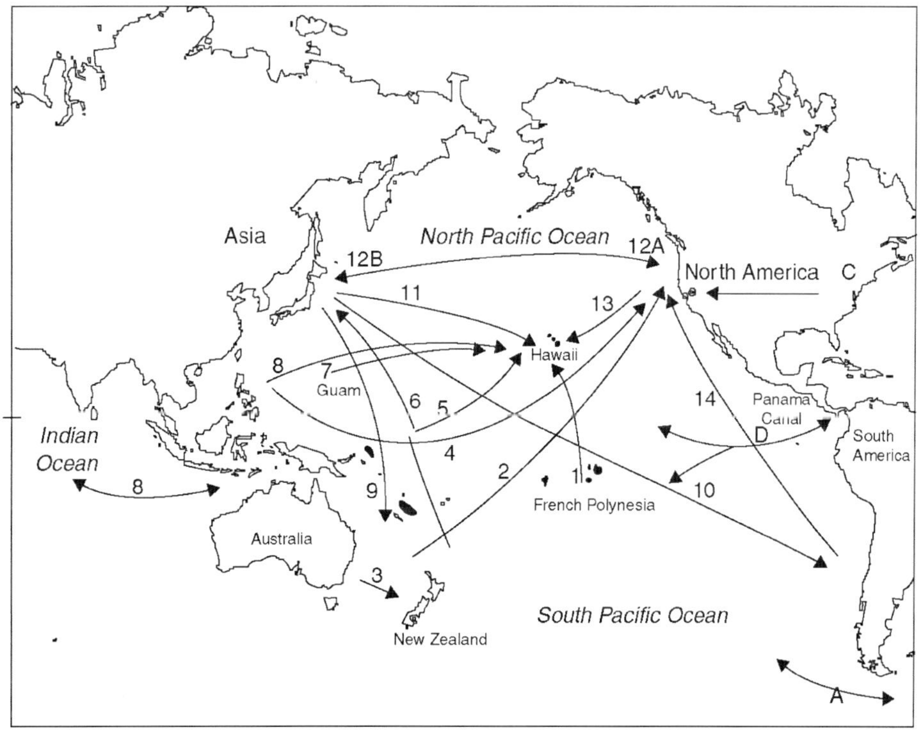

Fig. 3.11 각 항구에서 발견되는 비 토착성 종의 기원을 기초로 작성한 태평양을 가로지르는 운반 경로의 지도. 하와이는 수출 경로를 가지고 있지 않고 (모든 화살표들이 한쪽에만 있음), 단지 일부만이 양방향 교환 (화살표들이 선의 양쪽 끝에 있다)임을 주목하라.

비 토착성 종을 찾아 보고하는 노력이 증가함에 따라 정상적인 무역을 통해 연결되어 있는 두 지소 사이에 종이 한 방향으로 이동한다는 더 많은 예들을 볼 수 있다. 예를 들어, 북미 5대호에서 기록된 비 토착성 종의 70%가 Ponto-Caspian Sea의 토착종들이다. 그러나 5대호에 있는 종 중 Ponto-Caspian Sea에서 기록된 종은 비교적 소수이다 (Ricciardi et al. 2000). 이와 유사하게 Carlton (1987)은 하와이 제도에 이입되는 비 토착성 해양종의 이입경로 6개를 기록하였는데, 이중 4개의 경로는 서 태평양으로부터 하와이로 거의 30종을 이입시켰다. 그러나 하와이는 수출 루트를 가지고 있지 않다. 즉, 하와이 제도에 토착종인 것으로 믿어지는 어떠한 해양 분류군도 하와이 외부에서는 기록되지 않았다. 사실 Carlton (Fig. 3.11)에 의해 보고된 모든 14개의 해양종 운반 경로들 중 오직 한 종만이 상당한 양방향성을 보이고 있다. 북미의 태평양 연안 그리고 아시아의 태평양 연안은 종이 정기적으로 교환되는 것으로 보인다.

이러한 패턴들을 관찰한 후 생태학자들의 자연적인 반응은 "왜" 이러한 패턴이 있는지를 묻는 것이다. 구세계 (유럽, 아시아, 아프리카)의 종들이 도대체 왜 신세계(남, 북아메리카)의 침입종이 되었는가? 섬에는 왜 비 토착성 종들이 많은 경향이 있고, 다른 지역으로 이동되는 종은 적은 경향이 있는가? 이러한 질문에 대한 현재의 해답은 다양한 기작들에 초점을 맞추고 있는데, 이러한 기작들은 거의 대부분 정착 단계에 작용하는 과정들이다. 잠재적인 해답들은 두 지역 사이에 인간의 간섭 정도의 차이 (제 5장), 자연적인 교란의 빈도 차이 (제 5장), 토착종의 수의 차이, 그리고 번식체 압력의 차이 (제 4장)가 포함되어 있다.

Sax (2001)는 열대지방에서 비 토착성 종의 풍부도가 낮은 가능한 두 가지 이유를 제시하였는데, (i) 이입 시도 횟수가 적었고, 혹은 (ii) 그 당시의 생태적 힘이 비 토착성 종들의 이입을 배척하였을 것이다. 그는 첫 번째 이유의 경우 이용 가능한 증거가 없기 때문에 주장을 바로 취소하였다. 예를 들어, 멕시코와 같은 열대지역은 오랫동안 유럽인이 점유한 역사를 가지고 있으며, 따라서 아마도 유럽으로부터 이입된 많은 종을 보유하고 있었을 것이다 (미국에서처럼). 그러나 멕시코는 더 북쪽에 위치한 장소들과 비교할 때 비 토착성 종의 수가 비교적 적었다. Sax는 두 번째 이유의 가능성에 관해서는 어정쩡한 태도를 유지하였으며, 미래의 연구를 통해 이 문제가 해결되어야 한다는 태도를 보였다. 이러한 패턴에 관한 3번째의 가능한 이유는 열대지방에서 역사적으로 표본추출 노력이 부족했던 것과 연관이 있는데, 이것은 우리가 열대지역에서 비 토착성 종을 더 많이 조사하면 더 많은 비 토착성 종들을 발견할 수 있을 것임을 제시하는 것이다.

di Castri (1989)는 구세계에서 인류 정착의 오랜 역사를 주목하면서 구세계와 신세계의 침입성 사이의 차이를 설명하였다. 구세계에서 인류와의 이러한 긴 연관, 그리고 구세계의 동적인 물리적 성질이 이들 종들이 잦은 교란 사건에 노출되도록 하였다. 이러한 조건에서 생존할 수 없었던 종들은 오래 전에 소멸되었고, 자신들의 능력으로 혹은 고대 인류의 운반 도움으로 구세계를 횡단하는 길을 찾을 수 있었던 종들은 생존하였다. di Castri (1989)는 이러한 관찰로부터 도출해낸 자신의 결론을 다음과 같이 표현하였다:

> 약간 풍자적인 방법으로 표현하면, 인류의 다양한 영향뿐만이 아니라 이미 침입종들을 가지고 있었고 여전히 높은 공간적 그리고 시간적 변이성을 겪고 있다는 사실이 구세계의 종들로 하여금 인간에 의해 의도적으로 혹은 우연히 운반되어 새로운 지역에 정착하려 할 때 "침입종 운명"을 계속 지니도록 만들었다.

본질적으로 di Castri는 현대의 구세계 종들은 이미 성공적으로 인간의 "호된 시련"을 통과하였다고 주장하고 있다. 따라서 남아있는 종들은 신세계의 좀더 최근에 교란된 서식처에서 생존하기에 필요한 모든 속성들을 가지고 있다. 현대의 신세계 종들에게는 같은 것이 적용될 수 없다. 아마 신세계의 "온실에서 자란 것처럼 저항성이 없는 화초" 중에서 그들이 만약 토착 환경 밖으로 운반되어 방출되었을 때 잘 정착할 수 있는 종이 매우 적을 것이다. 우리는 제 5장에서 종의 정착단계에서 교란이 하는 역할을 좀더 철저히 살펴볼 것이다. 현재는 이러한 패턴들을 관찰하고, 운반 패턴들이 이들 패턴의 형성에 크게 기여하였다는 것을 인식하는 것만으로 충분하다.

Castri, Sax 그리고 다른 연구자들의 결론은, 명시되었거나 혹은 명시되지 않았던 간에, 비교되는 두 지역들이 각 지역에 운반된 비 토착성 종의 수와 각 섬에 방출된 비 토착성 종 수가 같다는 가정에 기초를 두고 있다 (Lonsdale 1999). 제 2장 그리고 위에서 알 수 있었던 것처럼 이것은 매우 가능성이 적은 시나리오이다. 운반 매체들은 특정한 분류군들을 특정한 장소에 운반한다. 한 지역이 자신의 비 토착성 종을 받는 장소 (즉, 공여 지역)가 변할 수 있는 것처럼 운반되어 방출된 분류군들도 시간에 따라 변할 수 있다.

지역들 사이에 침입성의 차이가 있음을 보여주기 위해 역사적인 정보를 이용하는 연구들은 이들 운반 과정에서의 뜻밖의 행동과 어려움을 필연적으로 포함하여야 하며, 이들 연구들은 이러한 점을 염두에 두고 설명되어야 한다 (Blackburn & Duncan 2001a). 문제는 이들 뜻밖의 행동을 생태학자들이 오랫동안 보지 못하였으며, 따라서 생태학자들은 이들을 무시하는 경향이 있었다. 이를 무시하지 않은 연구자들은 방출된 비 토착성 종의 전체적인 수가 침입성에서 패턴을 결정하는데 다른 잠재적인 설명들과 똑같이 중요한 역할을 한다는 것을 일상적으로 발견한다.

3.2.1 공식화 된 수송 패턴

Lonsdale (1999)은 E = I × S라는 간단한 모델을 통해 운반 패턴에서 제기된 문제들을 간단하게 정의하였는데, E는 외래종(비 토착종)의 수로, 이입된 종의 수 (I)와 그들의 새로운 분포범위에서 비 토착종의 생존율 (혹은 정착율)을 (S) 곱한 것이다. Lonsdale은 I와 S를 구성부분들로 더 세분하였는데, I의 경우, I = Ia + Ii로 세분하였으며, 여기에서 Ia는 우연히 이입된 종의 수이고 (부산물로 방출된 종), Ii는 의도적으로 방출된 종수이다. S의 경우, S = SvShScSm로 세분되는데, S-변수들은 경쟁(Sv), 초식과 병원성생물(Sh), 우연한 사건 (Sc), 그리고 악적응 (Sm, 예를 들어, 육상 종이 수중 환경에 방출되는 것)의 후에 종 생존률(정착)이다. 한 지역이 다른 지역보다 침입성이 더 높다는 것을 생태학자들이 주목하였을 때 (즉, E가 모든 지역에서 다르다), Lonsdale은 생태학자들이 분명히 S에 초점을 맞추고 있다고 주장하였다. 그의 식이 분명하게 보여주는 것은 이러한 차이를 유발시키는 원인을 이해하기 위해서는 우리가 I와 S를 함께 알아야 한다는 것이다. 더구나 외래종의 수 (E)에 대한 생존률 (S)의 진정한 영향을 이해하기 위해서 우리는 이입 (I)의 수를 조절해야 한다.

지역들 간에 정착된 비 토착성 종 수의 광범위한 비교에서 (E), Lonsdale은 본토에 비해 섬에서 E의 값이 더 높다는 것, 그리고 구세계에 비해 신세계의 E의 값이 더 높다는 것과 같은 침입성에서 지리적인 패턴을 지지한다는 것을 알았다. 그러나 그는 I (이입된 종의 수)는 그의 비교에서 E의 변이의 56% 만큼을 설명할 수 있었다고 주장하였다. 게다가 그의 비교 결과는 토착종의 풍부도가 더 적은 비 토착성 종과 연관되어 있다는 생각을 거의 지지하지 않는 것으로 나왔다. 사실 그는 이와는 반대의 패턴을 발견하였다 (Fig. 3.12; Box 6.2 참조). Blackburn과 Duncan (2001b)은 본토와 섬 사이에 볼 수 있는 E의 차이에 대한 I의 중요성에 관한 직접적인 평가를 하기 위해 전 세계의 여러 지소들에서 고의적으로 방출된 조류의 정보를 이용하고 있다. Blackburn과 Duncan은 389종의 조류에 관한 정보를 정리하였다. 이들 중 몇 종은 한 지소 이상의 지소에 이입되었으며, 따라서 그들이 조사한 정보에는 1,466번의 이입 사건들이 포함되어 있다. 이전에 수행된 연구를 기초로, 연구자들은 이들 이입 사건들의 결과들 (즉, 성공적인 정착 혹은 실패한 정착)이 서로 상관을 갖는 것으로 생각하였다. 예를 들어, 두 지소에 같은 종이 이입된 결과는 아마 두 장소에서 종들의 정착에 관련이 있는 동일한 일단의 생활사 특성들을 가지고 있기 때문에 상호 연관되어 있을 것이다. 만약 이들 생활사 특성들이 종의 정착 기회를 증가시킨다면, 그러면 두 장소에서 "성공적인 정착"으로 분류될 가능성이 더 높다. 또한 연구자들은 이전에 섬들이 본토에 비해 더 많은 조류 이입을 받아들인다는 것을 보여주었다. 이러한 효과들을 통계학적으로 조절한 후에 Blackburn과 Duncan은 정착한 비 토착성 조류 종의 수와 섬/본토 상태 사이에 어떠한 관계도 발견하지 못하였다. 그들은 "종이 적은 섬들은 침입하기가 쉽다는 전통적인 인식은 아마도 이들 지소들로 조류 이입의 전체 수가 더 많음을 반영한다."고 결론지었다. 이러한 결과는 이어지는 분석들 (Sol 2000, Cassey 2003)에 의해 뒷받침되고 있다.

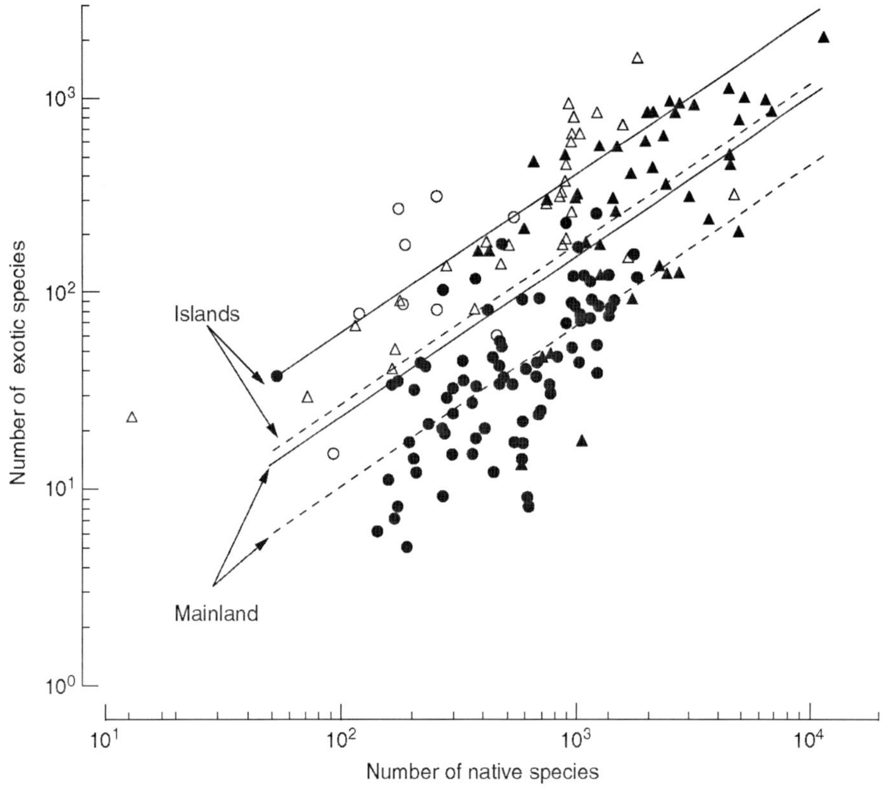

Fig. 3.12 섬 보호지(○), 섬 비보호지 (△), 본토 보호지(•), 그리고 본토 비보호지 (▲) 전역에서 비 토착성 종수와 토착성 종 수 사이의 관계. 비 토착성 종과 토착성 종 풍부도가 고려되는 지소들 혹은 지역의 보호 상태와는 무관하게 양의 상관이 있음을 주목하라. 또한 전체적으로 섬들이 본토 지소들에 비해 더 많은 비 토착성 종을 보유하고 있음을 주목하라.

3.3 요약

어느 한 장소에서 기록된 비 토착성 종 수는 적어도 시간이 지남에 따라 꾸준히 증가하는 것으로 보인다. 그리고 일부 경우에서 이입률은 시간에 따라 가속화되고 있다. 이러한 단순한 결과는 운반 매체들, 운반 매체들이 이입시키는 비 토착성 종, 그리고 표본 추출 노력들 사이에 있는 복잡한 관계를 드러나지 않게 한다. 교역의 증가 (혹은 감소)에 따른 운반 매체들의 변화, 특정한 상품에 대한 상업적 관심의 변화, 그리고 전쟁들은 이미 심하게 침입되어 있는 지역으로 새로운 비 토착성 종들을 끊임없이 이입 시키는데 기여하고 있다. 여러 가지 면에서 이러한 과정은 표본 추출의 강도와 관련된 일반적인 생태학적 문제들과 유사하다. 따라서 미래에 이입률을 예측할 수 있는 수학적인 함수의 사용에 적합할 수 있다.

지리적인 장소들 전역에서 발견되는 비 토착성 종 수를 비교하면, 흔히 지소 사이에 큰 차이를 볼 수 있다. 이러한 패턴의 인식은 어떤 종들이 다양한 서식처에 침입하는 것이 용이한 지에 대한 많은 이론들의 기초가 되었다. 어느 주어진 장소에서 정착된 비 토착성 종의 비율은 흔히 그 지소의 침입성으로 언급된다. 예를 들어, 섬들은 본토에 비해 더 침입 가능한 곳으로 생각되어진다. 그 이유는 본토에 비해 섬에서 비교적 더 많은 비 토착성 종들이 발견되기 때문이다. 그러나 그러한 패턴들은 정착단계와 관련된 기작들 (예를 들어, 교란, 경쟁 등)을 인용하지 않고 지역 전역에 이입된 종수의 차이에 의해 적절히 설명되어질 수 있다. 이것은 오래 지속되는 침입성에 관한 많은 이론들을 되돌아볼 필요가 있고, 운반의 역할을 분명하게 고려할 필요가 있음을 제시하는 것이다.

더 읽을 거리

Carlton, J. T. 1987. Patterns of transoceanic marine biological invasions in the Pacific Ocean. Bulletin of Marine Science 41: 452 - 465.

di Castri, F. 1989. History of biological invasions with special emphasis on the Old World. Pages 1 - 30 in J. A. Drake, H. A.Mooney, F. diCastri, R. H.Groves, F. J.Kruger, M.Rejmanek, and M. Williamson, editors. Biological invasions: a global perspective. John Wiley & Sons, New York.

Costello, C. J. and A. R. Solow. 2003. On the pattern of discovery of introduced species. Proceedings of the National Academy of Sciences of the United States of America 100: 3321 - 3323.

이 단원과 관련된 논문

Blackburn, T. M. and R. P. Duncan. 2001b. Establishment patterns of exotic birds are constrained by non-random patterns in introduction. Journal of Biogeography 28: 927 - 939.

Cohen, A. N. and J. T. Carlton. 1998. Accelerating invasion rate in a highly invaded estuary. Science 279: 555 - 558.

Lonsdale,W. M. 1999. Global patterns of plant invasions and the concept of invasibility. Ecology 80: 1522 - 1536.

Ricciardi, A. and H. J.Maclsaac. 2000. Recent mass invasion of the North American Great Lakes by Ponto-Caspian species. Trends in Ecology and Evolution 15: 62 - 65.

CHAPTER

4

번식체

개관

이 장에서는 비 토착종의 운반과 방출 과정의 주변 상황들이 어떻게 정착에 영향을 주는지를 살펴보고 있다. 비 토착성 환경에 방출된 일단의 개체들을 번식체라고 부른다. 더 많은 개체들이 방출되면 개체들이 방출된 장소들이 더 많고, 방출된 개체들이 더 건강하면 초기의 개체군이 정착할 가능성이 더 높다. 우리는 이러한 사실의 이면에 있는 개념들을 살펴보고, 정착 성공에서 번식체 압력의 중요성을 보여주는 실험적 그리고 역사적 연구들을 열거하였다. 우리는 또한 방출되는 종의 생활사가 정착에 필요한 번식체 크기에 크게 영향을 준다는 것을 보여주고 있다. 또한 토착 군집의 상태가 비 토착성 개체군이 정착하는데 필요한 번식체 크기를 결정하는데 역할을 한다. 마지막으로 우리는 번식체 압력이 이들 다양한 과정들의 상대적인 중요성에 대하여 혼란을 유발시키는 다른 정착 기작들 (예를 들어, 교란, 생활사)과 어떻게 상호작용을 하는지를 설명하고 있다.

4.1 번식체란 무엇인가?

이 장 전체에서 비 토착성 환경으로 방출된 개체들의 집단을 번식체로 간주한다. 번식체의 크기가 더 클수록 더 많은 개체들이 방출되며, 더 많은 방출 사건들이 있으면 번식체의 수는 더 많다. 번식체가 더 건강할수록 방출된 개체들의 생리적 상태가 더 좋다. 이들 3가지 요소들이 함께 번식체 압력을 설명한다. 아래의 설명을 통해 알게 되겠지만 높은 번식체 압력은 정착의 확률을 증가시킨다. 이 장은 종의 토착 분포범위에서의 (혹은 개체들이 운반 매체들 내에 편승한 장소, 제 2장 참조) 조건들과 비 토착성 분포 범위에서의 조건들 사이의 중요한 연관을 제공하고 있다. 이러한 관계를 분명히 하기 위해 우리는 이들 개체들이 기원하는 장소를 공급지역으로, 그리고 방출되는 장소를 수용지역으로 언급할 것이다 (예를 들어, Ruiz et al. 2000). 모든 것을 종합하면 번식체들은 공급지역으로부터 유래하며, 수용지역 내에 방출된다. 그리고 이들 번식체 개체들이 개체군으로 정착하거나 혹은 정착에 실패하는 것은 이들 수용지역 내부에서 일어난다.

번식체를 설명하는 부분에서 식물생태학자들과 동물생태학자들 사이에 용어의 의미에 관한 약간의 불일치가 있음을 주목하여야 한다. 흔히 식물생태학자들이 증가된 번식체 크기를 이야기 할 때 그들은 분산하는 번식체 그 자체의 물리적(신체적)인 크기 (예를 들어, 종자의 크기)를 의미한다. 식물에서는 번식체의 물리적 크기의 증가가 흔히 번식체의 건강이 양호함을 나타낸다. 그러나 단순성을 위하여 우리는 이 책 전역에서 위의 문장에서 제시된 정의를 사용할 것이다.

4.2 공급지역과 번식체 상태

가장 기본적인 수준에서, 번식체들은 그들의 기본적인 생리적 요구조건이 충족되지 않는 수용지역에서는 생존할 수 없다. 예를 들어, 염분도가 낮은 해수가 필요한 갑각류와 연체동물들이 원양으로 방출되면 생존할 수 없으며, 그리고 열대의 현화식물들이 사막 모래 속에 묻힌 후에는 생존 가능성이 없다. 이러한 예들은 너무 분명하여 고려할 가치가 없다. 그러나 방출된 개체들의 생리적 요구조건들과 비 토착성 환경 사이의 잘못된 연결은 의심의 여지가 없이 많은 초기의 개체군들이 왜 정착하지 못하는지의 주된 이유이다. 이 시나리오는 특히 다른 활동의 부산물로 운반된 종들과 연관되어 있는 것으로 보인다.

공급지역도 직접 혹은 간접적으로 그들이 번식체로 공급하는 개체들의 생리적 상태에 영향을 줄 수 있다. 개체들의 상태는 그들의 지리적인 분포범위 전역에서 충분히 다를 수 있다. 따라서 최소한의 (번식체) 자원을 가진 공급지역으로부터 번식체들을 싣는 운반 매체들은 건강이 빈약한 개체들을 실을 것이다. 좀더 일반적으로, 공급지역은 단순히 수용지역과의 근접성에 의해 번식체들의 상태에 영향을 줄 것이다. 운반 매체 내에 태워진 대부분의 개체들은 운반 도중에 이상적인 것과는 거리가 먼 생활 조건을 경험한다 (Box 4.1). 이동시간이 길면 길수록 운반되는 개체들이 죽거나 혹은 건강상태가 악화된 상태로 될 가능성이 더 높다. 건강하지 못한 개체들은 일반적으로 생존 가능한 개체군으로 정착할 기회가 더 적다.

번식체들이 수집된 장소는 번식체 크기에 크게 영향을 줄 수 있다. 하나의 간단한 예로, 많은 종의 경우 밀도는 보통 종의 토착 분포범위의 가장자리에 비해 중앙부에서 높다 (Brown 1995a). 제공된 개체들은 운반 매체들에 무작위로 탑재되며, 종의 토착 분포범위 중심에서 기원한 운반 매체들은 종의 분포범위의 가장지리에서 기원한 운반 매체들에 비해 수용지역에 더 많은 번식체들을 이동시킬 것이다. 좀더 일반적으로 종의 토착 분포 범위 (그리고 비 토착 범위) 전역에서 밀도의 차이를 유발시키는 요소는 운반 매체들 사이에 번식체 크기에서 차이를 유발시킬 수 있다. 아래의 설명에서 보게 될 것처럼 번식체 크기는 정착 성공의 강력한 예보자가 될 수 있다. 따라서 운반된 종들의 밀도를 증가시키는 공급지역에서의 변화는 또한 이 종이 수용지역 내에서 성공적으로 정착할 기회를 증가시킬 수 있다.

번식체 압력에 대한 공급지역의 영향은 갑작스러운 수송 매체의 전환이 과거에는 수용지역에서 전혀 볼 수 없었던 비 토착성 종이 정착하도록 허용할 수 있음을 제시하고 있다. 그러한 예기치 못한 "갑작스런" 침입의 우세를 통해 Jim Carlton은 다음과 같은 의문을 갖게 되었다. "만약 주어진 시간 기간 (예를 들어, 100년) 동안에 경로가 그대로 존재하고 있다면, 왜 101년째인 그 경로의 미지막에 새롭게 나타난 종은 어떻게 된 것인가? 왜 배의 선체에 의해 운반될 수 있는 배에 부착하는 토착성 멍게 (ascidian, *Ascidiella aspersa*)는 1780년대에는 그렇지 않았는데 1980년대에는 New England에 성공적으로 정착하는가?" (Carlton 1996b). 이러한 이유에 대한 설명의 일부는 최근에 운반 매체 혹은 운반경로가 아마 알아차릴 수 없을 정도로 미세하게 변했기 때문일 수 있다. 변화된 운반 매체는 이전의 운반 매체보다 더 크고, 더 건강하거나 혹은 더 잘 적응된 번식체를 수용지역에 이입시킬 수 있었다. 운반경로의 변화는 하나의 공급지역에서 또 하나의 공급지역으로 지리적인 전환이 포함될 수 있었다. 이러한 변화의 최종 결과는 정착이 훨씬 잘 일어날 수 있는 번식체들이 이입된다는 것이다.

Box 4.1 살아있는 상태로 견디기

바닥짐은 상선의 탱크에 싣는 주변에 있는 물질이다 (Wonham et al. 2001). 바닥짐은 상품의 수송에 중요한데, 그 이유는 바닥짐이 배의 안정성에서 불균형을 보정하는데 사용되고 (Tamburri et al. 2002), 동시에 배의 항해 효율과 안전성을 증가시키기 때문이다 (Wiley & Claudi 1999). 이밖에 바닥짐은 화물을 적게 적재한 배의 조종을 향상시킬 수 있는데, 바람의 효과를 감소시키고, 적절한 흘수와 적절한 프로펠러의 기능을 위해 선체의 충분한 부분이 물에 잠기도록 해준다 (Wiley & Claudi 1999).

현재 대형 선박의 경우에는 바닥짐으로 주로 물을 사용한다. 물을 사용하기 이전에 배들은 암석, 토양, 모래, 납광석, 혹은 기타 손으로 배의 바닥에 실을 수 있는 저렴하고 쉽게 이용 가능한 물질을 사용하였으며, 목적지에 도착하면 이들 바닥짐을 그 지역에 버린다 (Wiley & Claudi 1999). 이 과정은 엄청난 양의 수작업이 필요할 뿐만 아니라 세계 전역으로 많은 절지동물, 연체동물, 그리고 식물을 운반하여 방출시킨다 (Carlton 2001). 물은 바닥짐 물질로 선적되고 하역하는 과정이 용이하다는 장점이 있지만 이것도 편승하는 생물들을 운반할 수 있다. 일반적인 시나리오에서, 물은 출발하는 항구에서 바닥짐 탱크에 펌프로 퍼 붓고 도착한 항구에서 이 물을 버린다. 세계 전역에 걸쳐 원양을 오가는 45,000척 이상의 상업적 화물선들이 있으며 (Carlton 2001), 이 화물선들은 세계 상품의 약 80%를 수송하고 있다 (Tamburri et al. 2002). 이들 선박들의 평형수는 부유성 플랑크톤 (박테리아, 비루스, 그리고 많은 해양 생물의 분산단계에 있는 유생), 유영동물(자유롭게 유영하는 생물들), 고착성 혹은 부착된 생물들, 그리고 저서생물들과 같은 넓은 범위의 생물들을 포함할 수 있다. Carlton (2001)은 세계 전역에서 매일 7,000종 이상의 상이한 해양생물들이 운반되고 방출되는 것으로 추정하였다. 미국에서만 시간 당 2백만 갤런 이상의 평형수가 해안 생태계에 방출되고 있다 (Carlton 2001). 이들 방출되는 물에 들어 있는 잠재적인 번식체의 수는 엄청나다. Wonham 등 (2001)은 생물들이 평형수를 통해 성공적으로 이입되기 위해서는 일련의 여과 과정을 통과해야 한다고 주장하고 있다. 생물들은 (i) 선박의 평형수 탱크에 선적될 때 살아있는 상태이어야 하며, (ii) 항해하는 동안 평형수 탱크에서 생존해 있어야 하며, 그리고 (iii) 수용 항구에서 방출될 때 생존해 있어야 한다. 이들 단계에서 생물이 사망하는 원인들에는 평형수 탱크에 평형수를 넣는 과정과 평형수를 방출하는 과정에서 수반될 수 있는 물리적인 손상, 탱크 내의 물리적 조건의 변화 (예를 들어, 햇빛이 없고, 수온의 변화 등), 탱크에 있는 포식자들에 의한 포식, 그리고 이용 가능한 먹이 자원이 없어 굶어 죽는 것 등이 포함된다.

이러한 사망 원인들은 수용 항구에서 방출되는 살아있는 개체들의 수를 현저히 감소시킬 수 있으며 (즉, 번식체 크기를 감소시킴), 그리고 방출된 생존자들의 건강상태가 빈약할 수 있다. 그럼에도 불구하고 평형수를 통해 이입된 비 토착성 해양생물의 절대적인 수는 많은 개체들이 항해 도중에 생존한다는 것을 제시하는 것이다. 이러한 주어진 배경에서, 가장 적절한 질문들은 어떤 종들이 바닥짐을 통한 운반에서 생존하며, 왜, 그리고 어떻게 생존생물의 수를 감소시킬 것인가?이다. 최근의 규정들은 운반되는 생물들의 사망률을 증가시키기 위해 평형수는 원양에서 교환할 것을 요구하고 있으며(제 12장 참조), 그리고 이러한 원양에서의 교환이 유용한지의 여부를 알아보는 것은 흥미있는 일일 것이다.

이들 질문에 답변하기 위해 Wonham 등 (2001)은 이스라엘의 Hadera에서 출발하여 대서양을 건너 미국의 Baltimore 사이를 항해하는 배의 평형수 탱크를 표본추출 하였다. 이 선박은 항해 경로 상의 원양에서 평형수 교환을 완전하게 마쳤다 (탱크를 완전히 비운 다음 다시 채웠다). Wonham과 동료들은 탱크 내에 있는 물이 얼마나 완전하게 해양수로 교체되었는지를 판단하기 위해, 그리고 교환 후 탱크의 물에 들어 있는 종의 실체와 다양성에 어떤 일이 발생하였는지를 판단하기 위해 교환이 이루어지기 전과 후에 탱크의 물을 채집하였다. 그들은 Hadera에서 평형수를 넣은 후 바닥짐 탱크에서 최소 50종류의 분류군을 발견하였다. 그러나 이들 분류군의 절반 이상이 Baltimore에서 평형수를 뺄 때 평형수에서 채집한 샘플에는 존재하지 않았다. Hadera에서 배에 최초로 실린 생물 개체들의 전체 수의 매우 적은 %만이 Baltimore에 도착하였을 때 생존하였다 (Fig. 4.1). 그리고 Baltimore 항구에 방출된 개체들 중 어느 것도 그곳의 낮은 염도 조건에서 살 수 없었다. 관찰된 높은 사망률의 일부 원인은 평형수 교체 때문이었다. 그러나 부유생물의 밀도와 다양성은 평형수 교체 후에 증가하였으며, 일부 연안 생물들은 교체 후 평형수에서 잘 생존하였다. 이밖에 일부 종들은 다른 종들보다 항해 도중에 사망률에 더 민감하였다. 예를 들어, 요각류는 복족류 유생, 이매패류 유생, 그리고 생활사 중 극히 일부만을 부유생물 (즉, 정기성 혹은 일시성 부유생물, 일시성 플랑크톤)로 살아가는 경향이 있는 기타 분류군 유생들보다 사망률이 현저히 높은 것으로 나타났다. 이것은 일시성 플랑크톤이 그들의 유생 단계에서 먹이 저장을 유지하기 때문일 수 있으며, 이러한 비축된 먹이가 평형수 탱크에서 장기간의 낮은 피식자 존재 상황에서 완충역할을 하기 때문이다.

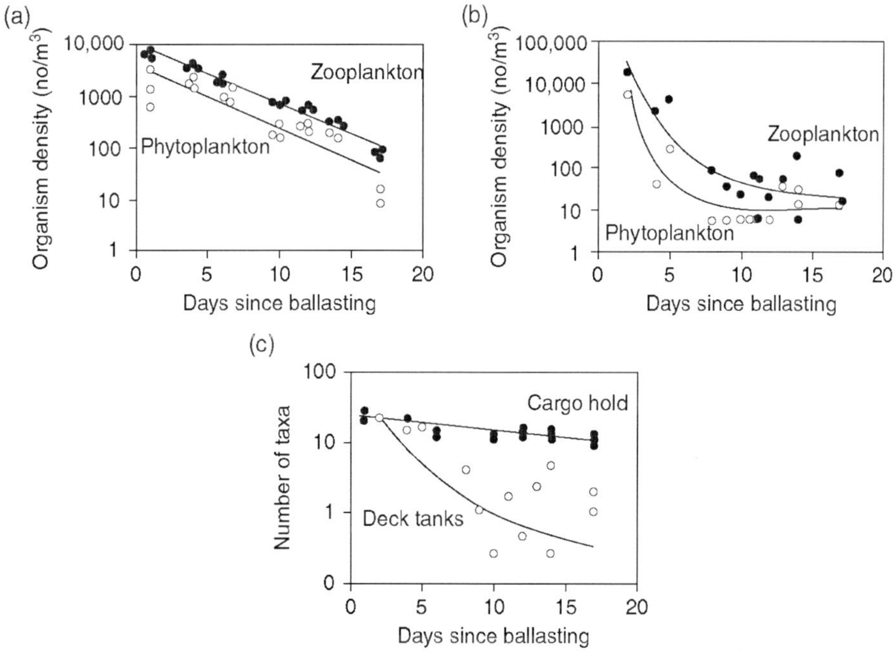

Fig. 4.1 원양을 항해하는 선박의 (a) 짐칸, 그리고 (b) 갑판 탱크에서 평형수의 부유생물 밀도와 다양성이 항해 중에 시간이 지남에 따라 감소하였다. (c)는 화물칸과 갑판 탱크에서 전체 분류군의 풍부도와 관련되어 있다.

전체적으로 보아, 이러한 결과들은 평형수 탱크 내부의 조건들이 수용 항구에서 방출되어질 종의 유형 그리고 방출된 종의 개체수에 강한 영향력을 가지고 있음을 제시하는 것이다. 그러나 방출된 개체들의 수가 많을 경우에도 이들 생물들은 건강상태가 좋지 않을 수 있다. 따라서 항해 도중에 생물이 경험하는 조건들이 아마 정착 성공에 대한 대형 번식체 크기의 긍정적인 영향력을 약해지게 한다. Wonham 등 (2001)의 연구결과에서 평형수 이외에 이입 매체들을 통한 운반 정도는 알려져 있지 않지만 분명히 연구할 가치를 가지고 있다.

4.3 번식체 크기와 수

4.3.1 개념적 기초

4.3.1.1 번식체의 수

개체군 생물학의 중심 개념 중의 하나는 개체군 내에 더 많은 개체들이 존재하면 그 개체군이 소멸될 가능성이 낮다는 것이다. 가장 기본적인 수준에서 이것은 숫자 맞히기 도박이다. 더 많은 개체들이 존재하면 개체군은 생존 혹은 출생률 하락을 더 잘 완화시킬 수 있다. 생명유지에 필요한 생존 혹은 출생률에서 이러한 갑작스런 하락을 유발할 수 있는 외적인 사건들에는 일시적인 한파, 열파, 홍수, 그리고 기타 확률론적인 기상 사건들 (즉, 환경적 추계학)이 포함된다. 출생률과 사망률도 하나의 성이 다른 성에 비해 과잉일 때, 혹은 단순히 죽거나 혹은 생식하는 개체들의 불연속적인 수를 가지는 효과를 통해 하락할 수 있다(개체군 통계학적 추계학). 이러한 주제의 논의에 수반되는 복잡한 수학적인 모델링에도 불구하고, 기본적인 관찰은 개체군의 크기가 클수록 출생률 혹은 생존률에서 때때로 발생하는 무작위적인 하락이 발생하면 그 개체군이 더 오래 지속될 것이다. 개체군의 크기가 작을수록 이러한 사건들이 개체군을 멸종으로 내몰 가능성이 더 높다. 침입종 생태학과 관련해서, 이것은 더 많은 개체들이 방출되면 (즉, 번식체 크기가 더 클수록) 초기 개체군은 피할 수 없는 추계학적 쇼크에서 생존 가능성이 더 높을 것임을 제시하는 것이다. 만약 소수의 개체들만이 방출되면 한 번의 작은 사건으로 그들 모두를 죽일 수 있으며, 혹은 그 개체군을 단순히 우연한 개체군 통계학적 과정들에 의해 서서히 멸종 되게 할 수 있다.

한 종의 멸종과는 달리 (즉, 마지막 남아있는 개체군의 소실), 비 토착성 개체군의 멸종은 영구적이지 않을 수 있다. 자연 상태에서 이웃하고 있는 개체군으로부터 온 개체들은 메타개체군 생물학에서 주장하는 것처럼 그 장소에 재정착할 수 있다 (McCullough 1996). 침입의 관점에서, 초기의 비 토착성 개체군의 멸종은 원 번식체를 운반한 동일한 매체를 통해, 혹은 때로는 다른 매체를 통해 새로 도착하는 번식체들의 유입으로 상황이 역전될 수 있다.

번식체 방출의 공간적 분포는 또한 정착의 확률에 영향을 준다. 환경 조건들은, 만약 길가의 한 장소에 방출된 번식체는 길 아래의 불과 수 백 미터 떨어진 장소에 방출된 것보다 매우 상이한 환경 조건들을 경험할 수 있는 공간적 구조를 가지고 있다. 번식체들이 방출되는 장소들이 공간적으로 확산되어 있으면 비 토착성 개체들이 적어도 그중 한 장소에서 번창할 수 있는 기회를 제공한다 (Lockwood et al. 2005).

4.3.1.2 번식체의 행동

비교적 많은 수의 개체들은 또한 행동 혹은 기타 집단 동태와 관련된 장점을 가진다. 몇몇 종들은 서로간의 상호작용을 통해 최대 생식성공과 낮은 사망률을 달성한다. 예를 들어, 해조들은 매우 큰 집단에서 둥지를 만드는데, 그곳에서 둥지를 만들 공간과 재료를 확보하기 위해 서로 싸운다. 이러한 혼잡을 견디는 것이 가지고 있는 한 가지 장점은 포식자들이 어느 한 개체를 잡아먹을 확률을 감소시키는 것이다. 대형 집단 내에서 둥지를 만드는 것은 새들이 떼를 지어 날거나 혹은 물고기가 떼를 지어 유영하는 것과 똑같이, (i) 소수의 피식자 중 한 개체가 되는 대신에 많은 잠재적 피식자 중 하나가 됨으로, (ii) 잠재적 피식자들의 흩어지지 않는 집단적 이동을 통해 포식자를 혼란스럽게 만들어, 그리고 (iii) 포식자들을 감지하도록 조정된 많은 눈, 귀, 그리고 화학탐지기를 가지고 있어 포식자가 피식자를 잡기 전에 도피 행동을 취할 수 있게 함으로써 집단의 모든 구성원이 개체의 포식 확률을 감소시키는데 기여한다.

개체군의 낮은 밀도에 수반되는 개체군 성장률의 감소는 Allee의 이름을 따서 Alee 효과로 불린다. Allee는 척추동물의 행동적 상호작용이 개체군 동태를 이해하기 위한 중요한 구성원이라는 것을 주장한 최초의 행동 생태학자이다 (Allee 1931). Alee 효과는 동물행동 분야 이외에서 일반화 되었으며, 이러한 예들을 식물 중에서도 볼 수 있다 (Courchamp et al. 1999; Dennis 2002). Alee 효과의 예들은 낮은 밀도에서 짝짓기 상대를 찾기에 실패, 협동하는 사냥꾼들이 없어 채식 효율의 감소, 그리고 근처에 소수의 동일한 종이 있을 때 수분 매개자들이 먹이를 찾기에 매력적인 장소가 되지 못하여 발생하는 수분 매개자의 유인 실패가 포함되어 있다. 최소의 생식률과 생존률을 달성하기 위해 개체들의 집단이 필요한 비 토착성 종들은 그들이 매우 적은 수로 방출되었을 때 심각한 불리한 상황에 직면하게 될 수 있다. 이러한 작은 초기 개체군들은 자체 지속하는 개체군을 정착시키는데 필요한 충분한 정의 개체군 생장을 실현하지 못할 것이다. 개체군의 크기 혹은 개체수를 증가시키는 것은 Allee 효과를 극복하는데 기여할 수 있다.

4.3.2 실험적 증거

번식체 크기와 수가 정착 성공에 중요하다는 점을 고려할 때, 우리는 이러한 기대를 뒷받침하기 위한 많은 실험적 정보가 있을 것으로 가정할 수 있다. 그러나 이 분야는 여러가지 이유 때문에 침입종 생태학에서 가장 정보가 부족한 부분 중 하나이다. 침입 역사를 파악하기 위한 번식체 압력의 조사에서 주요 문제점은 의도적인 이입의 경우에도 방출된 개체의 수 혹은 방출 사건들의 횟수에 대한 믿을만한 정보를 찾기가 어렵다는데 있다. 번식체 압력에 관한 믿을만한 정보를 가지고 있는 소수의 경우들은 사냥감으로 활용하기 위한 척추동물의 의도적인 방출, 혹은 생물 방제를 위한 의도적인 방출로부터 온 것이다 (Box 4.2). 아래에서 3가지 예가 제시되어 있다.

1975년에 Beirne은 Canada 내에서 곤충 생물학적 방제를 확립하기 위한 이전의 노력들에 대한 종설을 출판하였다. 그의 이러한 시도는 생물학적 방제를 위해 방출된 곤충들이 왜 영구적인 개체군을 형성하는데 실패하는지에 관한 다양한 설명들을 포괄적으로 검증하기 위한 첫 번째 시도 중 하나라는 점에서 혁명적이었다. 그의 추산에 따르면 1880년에서 1970년대 사이에 Canada에서 발생한 생물 방제용 이입의 90% 이상이 실패하였다. Beirne (1975)은 분석할 수 있었던 전체 208종 중에서 그가 성공적인 정착 혹은 실패한 정착을 확실하게 결정할 수 있었던 159종으로 축소시켰다. 이중 115종이 정착에 실패하였고 44종이 성공하였다. Beirne (1975)가 분석한 모든 방출 사건에서 방출된 개체들의 수를 합쳤을 때 방출된 개체들의 중앙값은 5,000이었다. 성공적으로 정착한 44종의 중앙값은 31,200으로, 그것의 절대 크기에서 놀랄만한 수이다. 전체 개체들이 5,000개체 이하로 방출된 종 중에서 9% (98종 중 9종)가 정착하였다. 이와는 대조적으로 5,000에서 31,200개체가 방출된 종의 경우 39% (33종 중 13종)가 정착하였으며, 전체 개체수가 31,200개체 이상 방출된 종은 78% (28종 중 22종)가 정착에 성공하였다.

Box 4.2 재회

포식자, 기생자, 포식기생자, 그리고 병원성 생물과 같은 천적에 의한 식물과 동물 개체군의 조절은 일반적이고 자연적인 현상이다. 침입성 종들은 흔히 그들의 원 서식처 범위에서보다 이입된 지역의 서식처 범위에서 더 확산되고 개체수가 풍부하다. 개체수에서 이러한 비대칭은 침입종들이 비 토착성 서식 범위에서 그들의 천적으로부터 벗어난 결과라는 증거들이 있다 (Box 6.1 참조). 침입종과 그것의 천적이 다시 만나면 침입종이 계속 경제적 혹은 생태적 피해를 입히지 않을 수준으로 침입종 개체군의 크기를 감소시킬 수 있다. 이러한 생각은 생물학적 방제의 기본적인 개념이다 (Hajek 2004).

생물학적 방제란 용어는 자연적인 현상, 연구의 한 분야, 혹은 응용 해충 관리기법을 의미할 수 있다 (van den Bosch et al. 1982). 가장 포괄적인 의미에서 생물학적 방제의 정의는 "다른 생물의 밀도를 기생자, 포식자, 그리고 병원성 생물이 없을 때 보다 더 낮은 상태로 유지시키는 기생자, 포식자, 그리고 병원성 생물의 행동"이다 (Bosch et al. 1982). 종래의 생물학적 방제는 해충의 토착 서식범위에 있는 천적의 이입을 통해 비 토착성 해충을 조절하는 것이었다. 보존 생물학적 방제는 해충을 받아들인 장소에 토착인 천적의 보존과 증강을 통해 비 토착성 해충을 조절하는 것이다. 두 가지 유형의 생물학적 방제 사이의 중요한 차이는 종래의 생물학적 방제는 두 번째 비 토착종을 고의적으로 이입시키는 것이며, 반면에 보존 생물학적 방제는 비 토착성 해충의 조절을 그곳에 있는 토착종에 의존하는 것이다.

종래의 생물학적 방제를 이용하는 생태학자들은 19세기에 생물학적 방제를 과학계의 주류로 발진시킨 초기의 성공을 포함하여 침입종들을 방제한 주요 성공 사례들을 가지고 있다 (van den Bosch et al. 1982). 1868년에 개각충 (*Icerya purchasi*)이 캘리포니아, Menlo Park에 있는 아카시아의 화훼 재배지 내에서 발견되었다. 1876년에 이 개각충은 400 마일 남쪽에 위치한 로스앤젤레스 지역으로 우연히 이동되었는데, 아마 시장으로 나갈 감염된 레몬의 선적을 통해 이동되었을 것이다. 이 개각충은 신속하게 확산되어 로스앤젤레스 분지에서 신흥 밀감산업에 심각한 해충이 되었다. 그 지역에 있는 곤충학자들은 연합하여 이 개각충이 Austral-Asian 지역의 토착종임을 정확히 밝혀내었고, 그 다음 호주에서 이 개각충을 공격하는 것으로 관찰된 두 종류의 곤충 (기생파리인 *Cryptochetum iceryae*, 그리고 포식성 딱정벌레인 *Rodolia cardinalis* 혹은 무당벌레)의 방출을 성공적으로 이행하였다. 생물학적 방제 요원으로 이입시킨 두 종은 캘리포니아에 방출된 후 정착하였으며, 그들이 처음 방출된 지소로부터 신속하게 확산되었다. 무당벌레는 거의 즉시 개각충을 공격하는 것으로 나타났다. 최종 결과는 캘리포니아에서 개각충에 의한 감염을 극적으로 감소시켰으며, 생물학적 방제 요원을 방출시킨 이후 개각충은 대개 그곳에서 만연되지 않는 수준에 머물렀다. 그럼에도 불구하고 감귤 교역과 화훼 생산물을 통해 개각충은 전 세계의 다른 장소로 확산되었으며, 그곳에서 흔히 토착 수종과 감귤 작물에 피해를 유발시키고 있다. 개각충의 생물학적 방제 요원으로 무당벌레의 이입은 개각충이 침입한 많은 장소에서 성공적이었지만 이 비 토착성 포식자의 확산을 유도하기도 하였다. 포식자의 확산이 왜 현명하지 않을 수 있는지에는 이유들이 있다.

생물학적 방제의 성공에도 불구하고 토착종에 대한 비 표적효과 때문에 종래의 생물학적 방제 요원들의 사용에 대한 논쟁이 발생하였다 (예를 들어, Louda & O'Brien 2002). 침입종을 조절하기 위해 비 토착성 종을 이용하는 것은 이미 존재하고 있는 종을 조절하기 위해 잠재적으로 더 해로운 침입종을 이입시키는 함정이 있다 (Simberloff & Stiling 1996; Mack et al. 2000). 생물학적 방제가 오히려 해가 된 가장 불명예스러운 몇 가지 예로는 서인도제도에서 쥐를 조절하기 위한 몽구스 (*Herpestes auropunctatus*)의 이입 (Simberloff & Stiling 1996), 호주와 하와이에서 사탕수수에 피해를 주는 딱정벌레를 조절하기 위한 두꺼비 (cane toad, *Bufo marinus*)의 이입 (Boland 2004), 그리고 전 세계의 열대 섬에서 대형 아프리카 달팽이 (*Achatina fulica*)를 조절하기 위한 붉은 늑대 달팽이 (*E. rosea*)의 이입 (Hadfield et al. 1993)이 있다. 이들 각각의 경우에서 이입된 방제생물은 토착종에게 매우 강한 영향을 주었고. 따라서 이들 방제생물들을 조절하는 방법이 필요하게 되었다. 몽구스는 토착 조류 종들을 공격하였지만 쥐의 밀도 조절에는 효과가 거의 없었다. 사탕수수 두꺼비는 피부를 통해 독물질을 분비하는 야행성 잡식동물이며, 먹이사슬의 위와 아래 모두에 효과가 있었다. 이 큰 두꺼비는 먹이를 가리지 않는 일반 포식자로 벌린 입에 맞는 크기이면 무엇이든지 이것의 피식자가 되었다. 최근의 연구에 의하면 이 종은 호주에 고유종인 지면에 둥지를 만드는 새인 무지개 벌잡이 새의 알과 갓 부화한 새끼를 포식하는 것으로 알려지고 있다 (Boland 2004). 갓 부화한 새끼들이 있는 둥지를 우선적인 목표로 할 뿐만 아니라 두꺼비는 낮 동안의 은신처로 새의 둥지를 점거하여 성조의 생존뿐만 아니라 생식을 감소시킨다 (Boland 2004). 지면에 둥지를 만드는 다른 새들에 대한 두꺼비의 영향은 연구되지 않았지만, 이 두꺼비는 다른 토착성 조류 종에 유사한 영향을 줄 수 있다. 사실 두꺼비의 영향이 별로 없는 소수의 지역 중 하나는 사탕수수 딱정벌레의 조절이 이루어지고 있는 지역이다. 거대한 아프리카 달팽이를 조절하기 위해 이입된 붉은 늑대 달팽이는 거대한 아프리카 달팽이에는 매우 효과가 적었지만, 토착성 육상 달팽이 종들에게 엄청난 영향을 주었다 (Civeyrel & Simberloff 1996). 우리는 제 9장에서 이러한 효과를 좀더 자세히 설명하려 한다. 이러한 실수에도 불구하고 생물학적 방제는 여전히 비 토착성 종의 확산을 감소시키는데 중요한 도구로 간주되고 있는데, 특히 심한 영향력을 가진 종들에게 그렇다 (Carruthers & Onsager 1993). 실제로, 생물학적 방제에 관한 관심의 증가는 대부분 비 토착성 종의 유입 증가와 그들이 때때로 보이는 유해한 영향에서 비롯된다 (Hoddle 2004).

Beirne는 그의 결과가 번식체 압력, 번식체 크기와 번식체 수의 두 가지 독립적인 측정을 구분하지 못하였음을 인식하고, 자신의 자료를 1958년 까지 삼림 환경으로 방출된 곤충에 관한 정보의 부분집합 구성 부분으로 나누었다. 매 사건 당 평균 800개체 이상이 방출된 생물학적 방제용 곤충 종의 60%가 성공적으로 정착하였지만 800개체 이하로 방출된 종의 경우 15%만이 정착하였다. 번식체 수의 영향과 관련하여 20회 이상(별개의 방출 사건들) 방출된 종의 70%가 정착하였고, 10회 이하로 방출된 종의 경우 10%만이 정착하였다.

Beirne (1975)의 결과는 번식체 압력과 정착 사이에 분명한 관계를 제시하고 있다. 전체적으로 더 많은 개체들이 방출되면 초기 개체군이 성장하여 자체 지속가능하게 되는 확률이 더 높아진다. 번식체 크기와 수 모두에서 주목할만한 영향이 있으며, 따라서 한번 방출될 때 더 많은 개체, 혹은 더 많은 방출 사건들이 정착 확률을 증가시켰다. Beirne (1975)은 침입종의 정착 성공에 대한 번식체 압력의 역할을 조사하기 위해 과거의 기록을 사용하는 문제에 대한 중요한 단서 하나를 지적하였다. 그는 생물학적 방제를 위한 방출의 초기 성공 혹은 실패는 그들 자신의 피드백을 유발할 수 있음을 주목하였다. 이전에 방출되어 분명히 성공적이었던 종들은 관리자들에 의한 동일종의 추가 방출 그리고 여분의 방출이 촉진될 수 있다. 이전에 방출되어 분명히 실패했던 종은 더 이상의 추가 방출을 없게 할 수 있다. 이러한 효과는 성공적인 종의 경우 방출된 개체들의 전체 수, 방출 사건 당 방출된 개체의 수, 그리고 방출 사건의 횟수가 쉽게 증가될 수 있으며, 반면에 실패한 종의 경우에는 이러한 것들을 감소시킨다.

번식체 압력과 정착 사이의 정의 관계를 보여주는 또 하나의 예는 뉴질랜드 조류에서 볼 수 있다. 1990년대 중반에 뉴질랜드에 방출된 조류의 정착 성공에 미치는 번식체 압력의 효과에 관한 3편의 논문이 발표되었다 (Veltman et al. 1996; Duncan 1997; Green 1997). 이 3편의 연구는 모두 동일한 핵심 자료들을 이용하였다. 1922년에 Thomson은 뉴질랜드에 식물과 동물의 정착을 위한 시도의 기록을 발표하였다 (Thomson 1922). 이 보고서에 포함되어 있는 것은 방출된 133종의 조류 중 절반 이상의 번식체 크기와 수에 대한 정보이다. 비록 세계 전역에 걸쳐 다른 조류 방출 프로그램을 위한 유사한 정보가 있지만 (Long 1981), 뉴질랜드는 1900년대 초에 취미로 조류를 순화시키는 서너 개의 순화 협회들이 섬으로 수입된 조류의 기록을 보유하고 있었기 때문에 매우 완전한 기록을 가지고 있다 (Box 2.1 참조).

CHAPTER 4

각 연구자는 그들의 개별적인 목적에 기초하여 포함시킬 종 그리고 방출 사건들을 결정하였다. 그들의 분석에 포함된 것은 몸의 크기, 한배의 크기, 토착 서식범위의 크기, 먹이의 폭, 혹은 이주 능력과 같은 정착 성공에 영향을 주는 것으로 가정된 번식체 압력 이외의 변수들이다. 각 연구는 동일한 광의의 결론에 도달하였는데, 번식체 압력의 증가는 정착 성공의 확률을 증가시켰다는 것이었다 (Fig. 4.2). Green (1997)은 방출 사건 전체에서 방출된 모든 개체들을 기록하였으며, 그가 분석한 47종 중에서 10개체 이하로 방출된 종의 6%만이 성공적으로 정착된 것을 알았다. 이와는 대조적으로 11~100 개체가 방출된 종의 36%가 정착하였으며, 100개체 이상이 방출된 종의 83%가 정착하였다. Duncan (1997) 그리고 Veltman 등 (1996)은 이러한 번식체 압력의 측정치를 번식체 크기와 수로 구분하였다. 이들은 모두 번식체의 크기와 수를 증가시키면 정착 성공의 확률에 독자적인 정의 효과를 보이는 것을 알았다. 더구나 정착 성공의 잠재적인 설명 모델에 다른 변수들 (예를 들어, 몸의 크기, 먹이의 폭, 서식범위 크기)과 같이 번식체 압력의 효과를 포함시킬 때 번식체 압력 측정치만이 유지되었다. 이것은 번식체 압력이 정착 확률에 가장 중요한 영향을 준다는 것을 나타내며, 따라서 번식체 압력과 관련된 정보가 그들이 고려한 다른 어느 변수들보다 정착 성공을 예측하는 더 많은 잠재력을 가지고 있다.

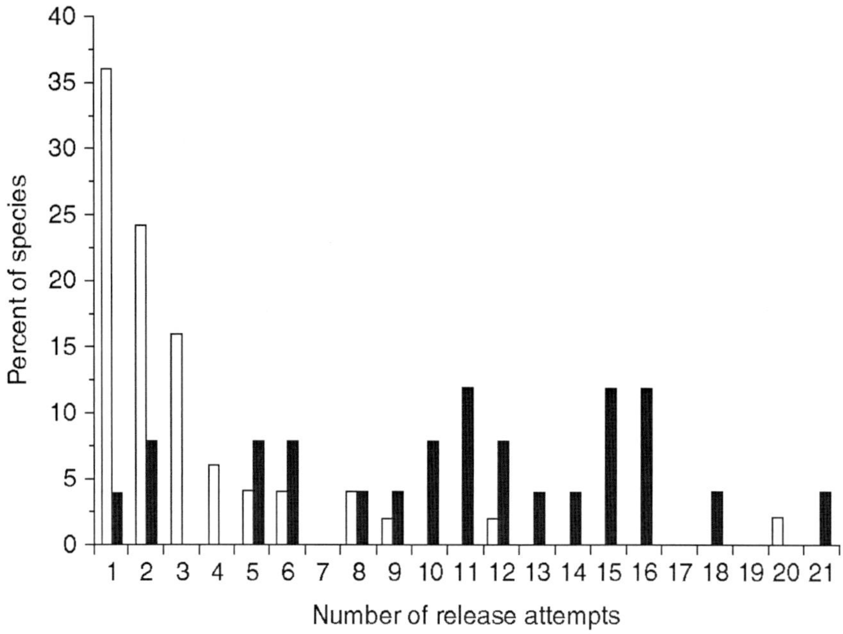

Fig. 4.2 뉴질랜드에 방출된 조류 중 성공적으로 정착된 종 (검은 막대), 그리고 성공하지 못한 종 (흰 막대)의 번식체 크기의 빈도분포. 성공하지 못한 이입의 대부분은 초기 방출된 개체들의 수가 적은 종 (즉, 매우 낮은 번식체 압력)들이 포함되어 있다.

정착에 대한 번식체 크기의 효과에 관한 3번째 예는 뉴질랜드에서 곤충 생물학적 방제 생물에 관한 매우 포괄적인 실험에서 비롯된다 (Memmott et al. 2005). 이 예에서 야외 실험은 금작화 (*Cytisus scoparius*, 뉴질랜드에 비 토착성임) 만을 먹는 유럽에 토착종인 체관 액을 먹는 나무이 (psyllid, *Arytainilla spartiophila*)의 번식체 크기를 조작하기 위해 사용되었다. 135km의 직선 트랜섹트를 따라 55번의 곤충 방출이 이루어졌다. 각 지소에서 방출된 개체들의 수 (번식체 크기)는 다음과 같은 방법으로 반복되었는데, 2, 4, 10, 30, 그리고 90 개체들을 10번 방출, 그리고 270 개체들을 5번 방출하였다 (55개의 전체 초기 개체군). 이들 초기 개체군들은 모두 처음 방출된 후 6년 동안의 분석을 거쳤다. 처음의 55개의 개체군 중에서 22개 개체군은 처음 이입된 후 6년 후에 여전히 존재하였다. 연구자들은 대수 회귀 모델을 사용하여 정착의 확률이 번식체 크기와 유의하게 그리고 정의 관계가 있음을 보여주었지만, 야외에서는 오직 첫해 동안에만 이러한 관계가 나타났다. 첫해 이후에 생존하고 있는 개체군들은 초기 번식체 크기와 유의한 관계가 없었다. 비록 초기에 생존 가능성이 적지만 일부 성공적인 개체군들은 매우 적은 번식체 크기 (2 그리고 4 개체들, Fig. 4.3)로부터 정착하였다. 첫해에 생존한 개체군들은 6번째 해에 생존할 기회가 96%이었으며, 최종 개체군 성장은 초기 번식체 크기와 유의하게 관련되어 있지는 않았다.

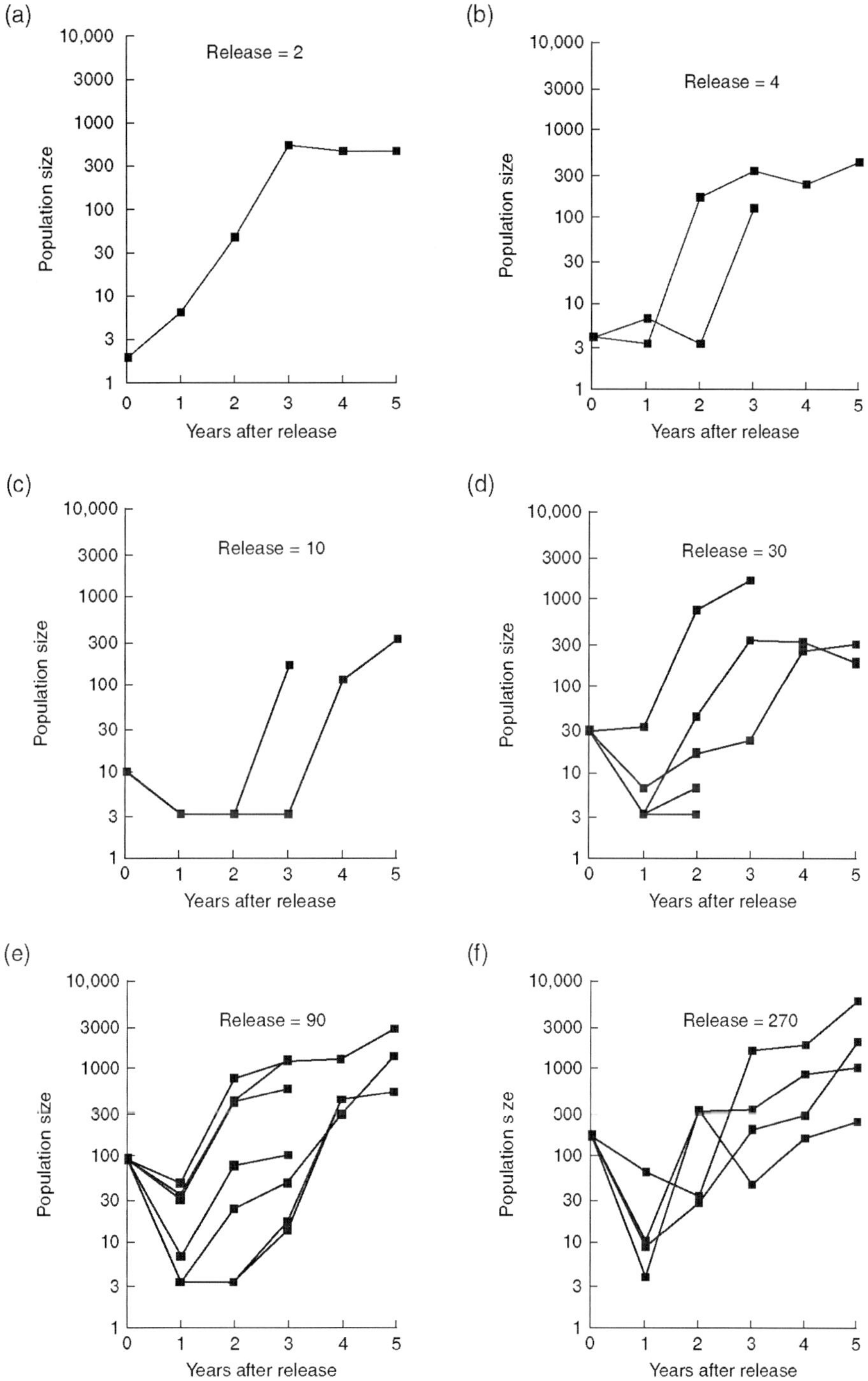

Fig. 4.3 다양한 번식체 크기로 방출된 생물학적 방제용 곤충의 개체군 성장률. 3개의 매우 적은 초기 개체군들이 정착되었음을 주목하기 바란다.

이들 결과들은 두 가지 이유에서 흥미롭다. 첫째, 번식체 크기가 매우 적을 때 정착에 성공한 기록은 드물다 (Memmott et al. 2005). 그러나 이 실험에서, 두 개체가 방출된 경우의 20%, 그리고 4개체가 방출된 경우의 40%가 성공적으로 개체군이 정착되었다. 비록 이 결과는 종의 생활사 특성에 의존적일 수 있지만, 이것은 적은 번식체 크기가 예상했던 것보다 정착의 확률이 더 높을 수 있음을 제시하는 것이다 (Lockwood et al. 2005). 둘째, 주어진 자연적인 조건 하에서 적은 번식체 크기를 가진 종의 반복된 침입은 많은 개체들이 한번 이입되는 것보다 정착할 확률이 더 높을 수 있으며 (Memmott et al. 2005), 그리고 이러한 소규모 방출의 성공 확률이 비교적 더 높을 수 있다는 사실은 이들을 운반하는 매체들이 정착의 중요한 원천이 될 수 있기 때문에 침입종 생태학자들이 소수의 번식체를 운반하는 매체들을 간과하지 말아야 한다.

Table 4.1 전 세계적으로 방출된 조류 정보를 사용하여 생물학적 특성과 번식체 크기 사이의 상관관계. 대부분의 특성들은 어느 정도까지는 번식체 크기와 상관이 있었는데, 특성들과 정착 성공 사이의 관계를 보여주는 연구들의 해석을 불확실하게 만들고 있다.

	종 비교			계통학적 관련성을 조절하는		
	추정치	s.e	X^2	추정치	s.e	X^2
체중	0.17	0.06	9.46**	−0.12	0.06	4.66
지리적 범위	0.30	0.08	14.18***	0.19	0.06	10.91***
연간 생식력	1.48	0.16	90.15***	0.44	0.14	10.39**
먹이 일반성	0.18	0.04	25.60***	0.03	0.03	1.22
서식처 일반성	0.06	0.04	1.85	0.06	0.03	3.49
2색성(혼인색)	0.23	0.08	8.22**	0.01	0.07	0.01
이주 경향성	−0.19	0.04	23.70***	0.06	0.03	4.42*
위도상 차이	−0.42	0.06	42.11***	−0.14	0.03	20.17**
섬 혹은 본토	−0.79	0.08	109.56***	−0.30	0.04	67.88***

주 X^2 결과의 유의성 검증은 통계학적으로 유의 수준이 $*p < 0.05$, $**p < 0.01$, $***p < 0.001$ 이다.

4.4 번식체 압력의 숨겨진 영향

1회의 침입 시도에서 방출된 개체들의 상태와 수는 규명하기가 매우 어렵기 때문에 우리는 최근에야 번식체 압력이 다른 생태학적인 기작들과 정착 성공에 영향을 주기 위해 어떻게 상호작용을 하는지를 심각하게 고려하기 시작하였다. 이 절에서 우리는 번식체 압력이 종 특이적인 성질들과 군집 상호작용 (제 6장)과 같은 정착 성공을 결정하는 다른 요인들과 강하게 상호작용을 한다는 이용 가능한 증거들을 살펴본다.

4.1.1 번식체 압력과 생활사

번식체 크기가 어떻게 정착 성공에 영향을 주는지를 좀더 완전히 파악하기 위한 노력으로, Cassey 등 (2004c)은 조류 이입의 번식체 크기에 관한 이용 가능한 모든 정보를 수집하여 이것을 정착 성공을 증가시키는 것으로 알려진 몇 가지 다른 변수들과 결합시켰다 (Table 4.1). 그들은 가능한 가장 적은 예측 변수들을 사용하여 정착 결과 (즉, 성공 혹은 실패)에서 대부분의 변이를 설명하는 다변량 통계모델을 만들었다. 뉴질랜드의 조류 하나에서 얻은 결과에서처럼, 수용지역의 지리적인 위치 혹은 조류들이 속한 분류학적 그룹과는 관계없이 성공적인 정착의 주요 결정자는 번식체 크기이었다. 흥미롭게도 Cassey 등 (2004c)은 또한 번식체 크기가 거의 모든 고려된 변수들과 높은 상관이 있음을 알았으며, 여기에는 번식체 크기와 (i) 높은 체중, (ii) 높은 연간 생식력, (iii) 넓은 지리적 범위, 그리고 (iv) 섬에 방출되는 것 사이에 정의 관계가 포함되어 있다. Cassey 등 (2004c)의 결과는 이들 변수들과 정착 성공 사이의 상관관계를 보여준 모든 연구들은 단순히 변수 자체의 효과가 아닌 번식체 크기의 숨겨진 효과를 반영할 수 있음을 제시하고 있다. 왜 이러한 상관관계가 존재하는지는 논쟁이 되고 있다. 그러나 방출되는 생물과 장소의 선택에서 인간의 편견이 Cassey 등 (2004c)에 의해 규명된 상관관계를 유발시킨 것으로 보인다. 예를 들어, 섬 국가들에 형성되어 있는 순화 협회들은 그들의 노력이 특히 계획적인 것으로 보이며, 따라서 그들의 본토에 있는 대응종들 보다 비교적 더 많은 개체들을 방출할 수 있다. 이밖에, 몇몇 정부 기관들 (예를 들어, 뉴질랜드와 호주)은 일부 몸집이 큰 대단히 많은 개체수의 수렵 조류를 이입시키는데 대하여 의견의 일치를 보이고 있는데, 특히 때때로 방출되는 종자를 먹는 작은 연작류들의 이입과 비교할 때 그렇다. 이와 유사한 패턴을 캘리포니아 어류에서 볼 수 있는데, 캘리포니아에서는 다른 이입된 종들보다 상이한 서식처와 정착 성공을 가진 어류 종들을 계획적으로 방류한다 (Moyle 2002; Marchetti et al. 2004c). 방출 패턴에 대한 이러한 영향은 전 분류군에 걸쳐 볼 수 있다. 그러나 이러한 영향은 번식체 크기에 관한 정보가 없기 때문에 효과적으로 은폐된다.

4.5 번식체 압력과 생물적 저항

번식체 압력은 또한 생물적 그리고 비 생물적 저항과 상호작용을 하여 군집 유형들 전체에서 발견되는 비 토착성 종의 수에서 혼란을 야기하는 차이를 유발시킨다. 생태학자들은 왜 이러한 차이가 존재하는지에 관하여 교란 수준의 차이 (제 5장)와 토착성 종의 풍부도 (제 6장)를 포함하여 몇 가지 이유를 제시하고 있다. 그러나, 최근에 생태학자들은 이러한 차이가 번식체 압력의 변이의 산물이라고 주장한 바 있다 (예를 들어, Tilman 1997; Levine 2000; Blackburn & Duncan 2001a, b). 이 경우, 많은 침입종들을 가진 군집들은 단순히 방출된 몇 종의 개체들을 더 많이 가진 군집들이다. D'Antonio 등 (2001a)이 지적한 것처럼, 번식체 압력 혹은 군집내의 요인들이 군집 구조를 결정하는지에 관한 논쟁은 생태학 내에서는 전혀 새로운 것이 아니다. 식물생태학자들은 군집들이 종자공급 혹은 안전 지소들의 이용도에 의해 제한되는지의 여부에 관하여 수년 동안 논쟁을 해왔다. 이와 유사하게 해양 생태학자들은 해양군집들이 대부분 종간 상호작용에 의해 (즉, 경쟁 혹은 포식) 혹은 군집들 사이의 분산 (즉, 공급지역의 조합)에 의해 형성되는지에 관하여 논쟁하고 있다. 그러나 D'Antonio 등 (2001a)은 이러한 현실을 한 단계 넘어 번식체 압력과 군집 수준의 상호작용들이 연합하여 지소들 전역에 걸쳐 침입종들의 수를 결정할 수 있다는 개념적인 모델을 기술하고 있다.

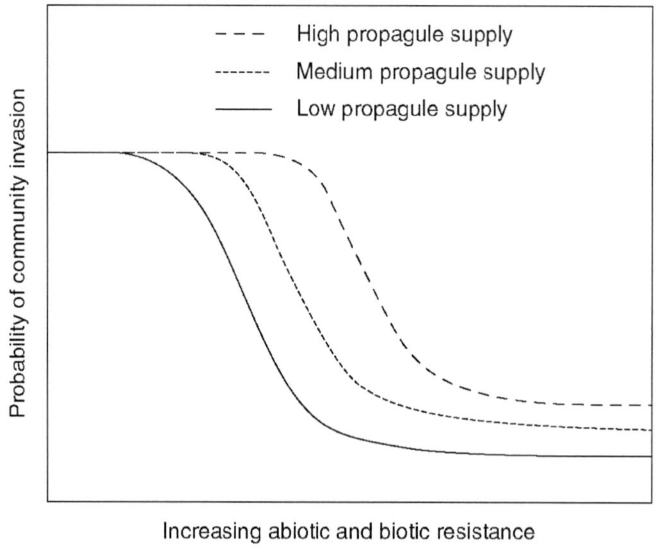

Fig. 4.4 침입 (x축)에 대한 번식체 공급(그림 내의 상이한 선들)과 생물적 저항의 상호작용. 저항이 적은 군집들 내에서 성공적으로 정착하기 위해서는 낮은 번식체 압력이 요구된다.

군집들을 침입에 대한 저항의 유무 하나만으로 묘사하는 대신에 D'Antonio 등 (2001a)은 저항을 연속체로 기술하고 있다 (Fig. 4.4). 따라서 일부 군집들은 교란 그리고 종 상호작용과 같은 일단의 생물적 그리고 비 생물적 요소들을 기초로 다른 군집들보다 침입에 더 저항적이다. 더구나 군집들은 기상 패턴, 관리, 혹은 기타 외적인 힘에 따라 시간에 따른 저항 상태가 군집들 사이에 다소 차이가 있을 수 있다 (Fig. 4.5). 이러한 연속체 상의 어디에 군집이 위치하는지가 자체 지속되는 개체군의 정착에 필요한 방출된 개체들의 수를 결정한다. 저항이 큰 지역에서는 비 토착성 개체군이 정착하기 위해 비교적 많은 수의 개체들이 방출되어야 한다. 어느 군집이든 주어진 정확한 시기와 충분한 번식체 압력으로 침입이 일어날 수 있다. 더구나 비 토착성 개체군이 일단 정착되면 저항이 약해질 수 있어 (제 6, 9, 10장) 그들의 정착에 필요한 번식체 크기의 역치를 낮추어 미래의 침입종들이 군집으로 들어오는 것을 용이하게 한다.

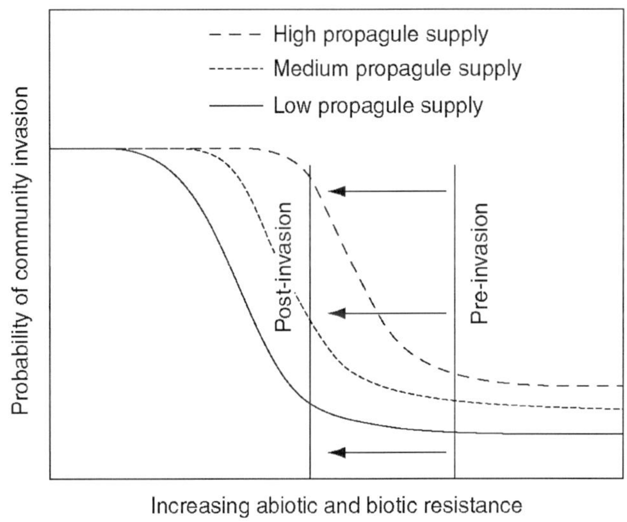

Fig. 4.5 생물적 저항은 이전의 성공적인 침입종들 (혹은 다른 힘들)에 의해 영향을 받을 수 있으며, 이것은 후에 도착하는 종들이 정착하기 위해 필요한 번식체 공급을 감소시킬 것이다. 이것은 초기에 그리고 후에 도착하는 종들 사이에 정착에 필요한 번식체 크기를 낮추는 상호 의존적인 (촉진) 상호작용의 예이다.

D'Antonio 등 (2001a)의 개념적인 모델은 그것이 독자적으로 개발된 몇 개의 침입 모델들과 일치하기 때문에 흥미가 있으며, 이것은 또한 처음에는 혼돈스럽고 색다르게 보였던 몇 가지 실험적인 결과들과도 일치한다. 예를 들어, Cassey 등 (2004c)은 동일한 번식체 크기에서 찌르레깃과 (Sturnidae)의 조류에서는 (찌르레기와 구관조) 70%의 성공적인 정착이 일어났으나 딱새과 (Muscicapidae)의 조류 (개똥지빠귀)에서는 불과 30%의 정착 성공이 일어남을 보여주었다. 이와 유사하게 동일한 번식체 크기가 하와이에 방출된 조류에서는 56%

의 정착 성공이 일어났으나 뉴질랜드에 방출된 조류에서는 35% 만이 성공하였다. Beirne (1975)은 생물학적 방제를 위해 삼림으로 방출된 종들의 개체들의 전체 수 중앙값은 31,500 이었으며, 이들 종 중 23%가 성공적이었다고 보고하였다. 그러나 장식용식물 관목지로 방출된 개체들의 전체 수 중앙값은 6,600이었으며, 이들 종 중 43%가 성공적이었다. 이러한 패턴들은 침입에 대한 이들 군집들의 저항의 기본적인 차이를 반영한다고 볼 수 있으며, 일단 번식체 압력이 조절되면, 우리는 군집 수준의 힘의 역할에서 좀더 기본적인 패턴을 밝힐 수 있다.

4.6 요약

이 장에서는 한 장소에 비 토착성 개체들 (번식체들)이 운반되고 방출되는지가 침입 과정의 정착단계와 어떻게 상호작용 하는지를 알아보고 있다. 번식체들은 공급지역으로부터 도착하는데, 이것은 그 자체가 정착 확률에 중요한 역할을 수행할 수 있다. 모든 개체들이 동일한 생리적인 상태로 수용 장소에 도착하는 것은 아닌데, 이것은 잠재적으로 공급지역에서의 조건에 의해 영향을 받는다. 이와 마찬가지로 운반되는 번식체의 수는 그들이 운반 매체에 편승하는 특정한 지리적 장소에 의해 영향을 받을 수 있다. 운반된 전체 개체수는 (번식체 크기 그리고 수) 정착 성공에 중요하며, 그리고 정착 성공에 정의 효과를 가지고 있다는 생각을 지지하는 좋은 자료들이 있다. 그러나 특별한 경우에 개체군 역치 (Allee 효과)가 정착에 제약을 가할 수 있다. 번식체 압력의 영향은 정착 성공을 설명하기 위해 사용된 다른 변수들과 혼동될 수 있고, 그리고 실제로 혼동되어 왔는데, 이것은 번식체 압력 그 자체만으로는 왜 일부 종들은 정착에 성공하고 다른 종들은 정착에 실패하는지에 대한 유일한 해답이 아니다. 사실 계획적 혹은 고의적인 이입의 경우에서처럼, 번식체 압력은 단순한 인간의 흥미 혹은 방출 활동들의 지속성과 혼동되어질 수 있다. 번식체 압력은 또한 생물적 저항 그리고 비 생물적 저항의 힘과 상호작용을 할 수 있으며, 이들 요소들의 조합은 우리가 정착 과정에서 보는 일부 상반되는 패턴을 설명하는데 도움을 줄 수 있다.

더 읽을 거리

D'Antonio, C., J. Levine, and M. Thomsen. 2001a. Ecosystem resistance to invasion and the role of propagule supply: A California perspective. Journal ofMediterranean Ecology 2: 233 - 235.

Veltman, C. J., S. Nee, and M. J. Crawley. 1996. Correlates of introduction success in exotic New Zealand birds. American Naturalist 147: 542 - 557.

Levine, J. M. 2000. Species diversity and biological invasions: Relating local process to community pattern. Science 288: 852 - 854.

이 단원과 관련된 논문

Beirne, B. P. 1975. Biological control attempts by introductions against pest insects in the field in Canada. The Canadian Entomologist 107: 225 - 236.

Memmott, J., P. G. Craze, H. M. Harman, P. Syrett, and S. V. Fowler. 2005. The effect of propagule size on the invasion of an alien insect. Journal of Animal Ecology 74:50-62.

Cassey, P., T. M. Blackburn, R. P. Duncan, and J. L. Lockwood. 2005. Lessons from the establishment of exotic species: A meta-analytical case study using birds. Journal of Animal Ecology 74: 250 - 258.

Marchetti, M. P., P. B. Moyle, and R. Levine. 2004a. Alien fishes in California watersheds: Characteristics of successful and failed invaders. Ecological Applications 14: 587 - 596.

Lockwood, J.L., P. Cassey, and T.M. Blackburn. 2005. The role of propagule pressure in explaining species invasions. Trends in Ecology and Evolution 20: 223 - 228.

CHAPTER

5

교란

개관

교란은 외래종의 침입을 용이하게 한다. 이 말은 아마도 침입종 생태학 분야에서 가장 일반적으로 수용되고 있는 명백한 내용 중의 하나이다. 군집 구조와 종 다양성 유지에서 교란의 역할은 현대 생태 이론의 기본적인 학설 중의 하나이다 (Connell 1979). Elton (1958)은 비 토착성 종들의 대부분이 인간이 교란시킨 지역에서 발견되었다고 주장하면서 이 관계를 언급하였다. 언뜻 보면 이것은 완전히 타당한 주장으로 보인다. 교란은 그것의 특성상 비 토착성 종이 점유할 수 있는 공터 혹은 "침입 영역"을 형성한다 (Johnstone 1986). 교란이 공터를 형성하고, 자원을 방출시키며, 종의 상호작용 변화를 유발하기 때문에 생태학자들은 흔히 교란을 많은 비 토착성 종들의 정착에 필요한 전 단계로 여겼다. 실제로 이러한 현상의 예를 보여주는 문헌들은, 특히 식물계의 경우, 매우 많다 (Hobbs & Huenneke 1992의 종설 참조). 그럼에도 불구하고 더 많은 생태학자들이 교란과 비 토착성 종의 정착 사이의 관계를 조사할수록 그 관계가 더 복잡하게 된다는 것을 인식하고 있다.

우리는 이 장에서 먼저 생태학 분야에서 교란의 역할의 역사적인 관점, 그리고 교란의 구성원들이 무엇인지에 대한 설명을 이들의 정의 그리고 원인과 함께 알아본다. 교란이 서로 어떻게 다른지를 설명하는 동안 교란에 대한 정의에서 몇 가지 제약을 파악하게 된다. 생태학의 기초가 튼튼한 독자들은 이 첫 번째 절에서 약간의 비평을 발견할 것이다. 이 장의 핵심 부분은 비 토착성 종이 정착하도록 허용하고 혹은 그들의 성취도를 증가시키도록 허용하는 교란이 발생한 후 변화하는 생물적 그리고 비 생물적 요인들을 자세히 알아보는 것이다. 앞에서 제시한 "교란이 침입을 촉진시킨다"는 일반화를 점검함으로써 우리는 교란-침입 관계의 복잡성을 설명하려고 한다. 이 장의 나머지 부분은 교란, 침입에 관한 연구와 복원 생태학 사이의 상호작용, 비 토착성 종의 풍부도에 대한 도시화와 농업의 영향, 침입 그 자체가 어떻게 교란으로 작용할 수 있는지, 그리고 마지막으로 지구의 기후변화가 비 토착성 종의 확산에 어떻게 영향을 줄 수 있는지에 초점을 맞추었다.

5.1 교란의 역사와 정의

5.1.1 생태학에서 교란의 약사

교란과 그것의 효과에 관한 생각은 생태학 분야에서 오래된 다양한 역사를 가지고 있다. 1832년에 영국의 지질학자였던 Lyell, 그리고 1859년에 Darwin을 포함하여 초기 생태학자들은 교란이 군집의 구성을 변화시키는 방법들을 언급한 바 있다 (Wilkinson 2002). 20세기에 들어와 교란 동태는 군집과 생태계의 발달에서 일시적으로 발생하는 문제로 생각하였다. 예를 들어, Clements (1936)는 교란이 삼림 천이의 진행을 느리게 하거나 혹은 변화시킬 수 있다는 것을 알았지만, 그는 교란의 효과를 삼림군집의 구성에 변화가 없는 극상림으로 가는 피할 수 없는 과정에서 발생하는 일시적인 단계로 단순히 처리하였다. 교란의 효과를 무시하는 이 같은 태도는 20세기의 초반에는 일반적이었으며, 1930년대에서 1970년대를 거치면서 개발된 평형상태를 기초로 한 개체군과 군집 모델에 의해 더욱 강화되었다. 이들 모델에 의하면 모든 변이는 상호작용을 하고 있는 분류군들이 안정된 평형 수도를 갖는 방향으로 진행되는 방향성을 가지고 있다. Andrewartha와 Birch (1954)의 곤충 수도의 변이성에 관한 자세한 연구와 같은 실험적 증거에도 불구하고, 비 평형 견해가 수용되고, 군집 동태에서 교란의 중요성이 인정받는 데에는 수 십년이 소요되었다 (McIntosh 1985). 지난 수십년 동안을 주도해온 정적이고 안정적인 사상들에 대한 반작용으로, 1980년대에 출판된 많은 생태학 교과서들은 비 평형 이론과 모델들, 패치 동태, 그리고 교란 체제를 강조하였다. 그 결과 교란의 역할에 대하여 우리가 알고 있는 대부분의 내용들은 비교적 최근의 연구에서 비롯된 것이다.

5.1.2 교란의 정의

교란과 같은 일반적인 주제가 안고 있는 어려움들 중의 하나는 실행 가능하면서 포괄적인 정의를 찾아내는 일이다. 가장 일반적으로 인용되고 있는 교란의 정의는 "생태계, 군집 혹은 개체군의 구조를 파괴하고, 자원, 기질 이용도, 혹은 물리적 환경을 변화시키는 비교적 불연속적인 사건"이다 (White & Pickett 1985). 이러한 교란에 대한 정의는 서식처와 자원 이용도 변화를 포함하고 있는 모든 정의처럼 우리의 목적에도 부합한다. 이 정의 내에는 이러한 변화를 유발하는 사건과 과정들의 광범위한 범위가 존재하고 있다. 이 범위는 특정한 교란 체제의 강도, 빈도, 지속기간, 예측성, 분포, 그리고 상승효과에 의해 기술되어 질 수 있다 (Sousa 1984; White & Pickett 1985; Petraitis et al. 1989). 교란의 강도는 그것의 크기와 가혹한 정도를 설명한다. 교란의 빈도는 단위 시간에 발생하는 교란 횟수의 평균이다. 교란의 지속기간은 교란의 시간적 범위를 나타낸다. 교란들 사이의 하나의 중요한 차이는 일부 인위적인 교란은 장기간 지속되고, 반면에 자연적인 교란은 지속기간이 짧다는 인식에서 나온다. 교란의 예측성은 교란 발생의 규칙성을 의미하며, 생물이 어떻게 교란에 적응할 수 있는지에 대한 통찰력을 제공한다. 교란의 분포는 침입종 생물학에서 중요한데, 그 이유는 이것이 교란의 크기와 공간적 범위를 설명하기 때문이며, 이것은 제 7장과 8장에서 설명되어 있는 지리적 범위 확장에 중요하다. 마지막으로, 상승작용은 하나의 교란이 더 이상의 교란을 약화시키는지 혹은 악화시키는지의 여부를 설명하고 있다.

이들 교란의 특성들을 기초로, 생태학자들은 교란을 분류하기 위한 몇 가지 이분법들을 고안하였다. 교란은 자연적 혹은 인위적, 생물적 혹은 비 생물적, 그리고 외적인 기원 혹은 내적인 기원일 수 있다 (Sousa 1984; Pickett et al. 1989). 자연적 교란은 인위적인 근거가 없는 교란으로 허리케인, 홍수, 그리고 일부 초식과 포식의 형태와 같은 것이 포함되어 있다. 인위적인 교란은 자연적인 교란과는 명백하게 다른 것으로 보이며, 토지이용 변화, 독성물질의 방류, 그리고 홍수 체제의 변화 등이 포함되어 있다. 비록 우리는 자연적인 교란들에 비해 인위적인 교란에 차등적으로 반응하지만, 뒤에서 살펴보겠지만 이들이 비 토착성 종의 정착에 기본적으로 상이한 효과 (촉진 혹은 저해)를 가지는 지는 분명하지 않다. 인위적인 교란은 자연적인 교란에 비해 모든 수준에서 (강도, 빈도, 지속기간, 예측성, 분포, 그리고 상승작용) 효과가 더 큰 것으로 기록될 가능성이 있지만, 그러나 이에 관한 확고한 증거는 없다.

생물적 교란과 비 생물적 교란 이분법은 교란의 물리적 그리고 생물학적 형태 사이를 구분하고 있다. 비 생물적 교란은 생물계의 외부로부터 작용하는 힘으로, 예를 들어, 바람, 화산폭발, 가뭄, 소행성, 그리고 허리케인 등이다. 반면에 생물학적 교란은 살아있는 생물에 의해 중재되는 것으로, 포식, 초식 등이 포함되며, 여기에 위에서 언급된 모든 인위적인 힘이 포함된다.

마지막 이분법은 교란을 내생적인 것과 외생적인 것으로 구분하는 것인데, 이것은 교란이 교란된 시스템의 내부로부터 기원하느냐 아니면 외부로부터 기원하느냐를 의미한다 (White & Pickett 1985; Simberloff & Von Holle 1999). 내생적인 교란들은 시스템에서 역사적 혹은 진화적 실체를 가지고 있으며, 시스템 내부로부터 변화가 유발된다 (천이를 유발시키는 힘, 혹은 포식과 같은). 이와는 대조적으로 외생적 교란은 시스템이 경험하는 진화적 범위 외부에서 기인하는 것이다 (소행성의 영향 혹은 화산 폭발). 교란의 이러한 특성은 침입에서 매우 중요할 수 있는데, 특히, 만약 외생적 교란이 비 토착성 종의 진화적 역사 내에 있지만 토착 군집을 형성하게 한 선택적 힘의 밖에 있는 힘을 모방한다면 더욱 그렇다.

불행하게도 후자의 이분법은 자연 시스템의 경우 평가하기가 어렵고 (White & Pickett 1985), 그리고 우리가 비 토착성 종을 고려할 때 훨씬 더 문제가 되고 있다. 예를 들어, 포식자의 이입은 내생적 교란인가 (포식 때문에) 혹은 외생적 교란인가 (포식자가 시스템의 외부로부터 이입되었기 때문에)? 아마 이 이분법은 양 끝점에 내생적 교란과 외생적 교란이 위치한 연속체로 접근하는 것이 더 바람직할 수 있으며 (White & Pickett 1985), 이것은 우리가 교란을 분류하는 과정에서 곤경에 처하는 것을 피할 수 있게 하면서, 비 토착성 종의 정착에 대한 교란들의 효과가 모두 동일하지 않다는 유용한 관찰을 유지할 수 있게 할 수 있다.

교란을 정의하는 방법에 관한 논의는 시간적인 규모의 인식이 포함되어야 한다. 우리는 흔히 교란을 별개의 불연속적인 사건으로 생각하지만 이러한 불연속성은 수명에 의존적이다. 예를 들어, 교란에 대한 일부 정의는 교란을 별개의 사건이라기보다는 하나의 과정이라고 주장하고 있다 (Grime 1979; Petraitis et al. 1989). 사건과 과정은 시간 규모에서 근본적으로 다르다. 예를 들어, 허리케인은 하나의 사건인가 아니면 하나의 과정인가? 이에 대한 대답은 관점과 수명에 따라 다르다. 삼림생태계 내에서, 허리케인은 일부 나무들을 제거하고, 어린 나무들 혹은 새롭게 그곳에 이입되는 나무들이 정착하기 위한 기질을 만들어 내고, 햇빛을 증가시키는 하나의 사건이다. 허리케인에 의해 형성된 공터에 정착한 나무들은 서식처 패치들 사이의 종자은행과 종자 분산 빈도에 의존적일 수 있다. 따라서 삼림을 구성하는 나무들의 전체 군집에서 허리케인은 하나의 사건이다. 허리케인의 바람과 빗물을 통해 새로 형성된 공터 패치로 이동된 종자들의 경우, 허리케인은 아마 하나의 과정에 더 가깝다. 홍수 혹은 식물체의 잎을 먹는 초식의 과정은 어떠한가? 이것들은 사건들인가, 아니면 과정들인가?

요점은, 하나의 교란은 그 규모에 관계없이 군집 내에서 어떤 유형의 개방된 기회 혹은 비어있는 공간을 제공하는 생태적 파괴라는 것이다 (Box 5.1). 비 토착성 종의 정착에 대한 교란의 효과를 결정하는데 중요한 것은 교란의 이러한 특성들과 교란 체제이다. 분명한 것은 잠재적으로 교란의 유형과 같은 수의 교란과 상호작용을 하는 생물들이 있다는 것이다.

더욱 복잡하게 만드는 것은 시스템의 교란이 현존하는 교란의 제거 혹은 변화로부터 비롯될 수 있다는 것이다. 예를 들어, 흐르는 수계에서는(유수생태계) 모든 지리적 지역에 특징적인 흐름 체제가 있다 (자연적인 수문학적 체제라고 함. Poff 등 1997 참조). 흐름 체제는 흔히 계절적인 홍수 기간을 포함하고 있다. 이들 시스템에서 정상적인 홍수들은 개울 군집들 내에서 교란으로 작용한다. 그러나 만약 흐름 체제가 변하여 정상적인 홍수가 변형되거나 혹은 제거되면, 이러한 변화는 그 시스템에 또한 교란으로 작용할 수 있다 (Michener & Haeuber 1998). 이러한 부수적인 수준의 복잡성은 흔한 현상이며, 많은 계절적인 교란의 힘과 함께 관찰되어질 수 있다.

교란의 이러한 다양한 속성들 때문에, 교란이 어떻게 생태계 과정들 혹은 군집 구조에 영향을 주는지를 설명할 수 있는 단 하나의 수식어는 없다. 그러나 위에서 열거한 교란의 정의들은 생태학적 교란의 매력적인 그리고 복잡한 성질을 강조하고 있으며, 침입 동태에서 교란의 역할에 관한 일반화와 예측을 하는것이 본래 어렵다는 것을 일깨워주고 있다. 이러한 어려움에도 불구하고, 우리는 교란이 비 토착종의 침입을 촉진한다는 증거를 살펴보려고 한다.

5.2 교란은 종의 침입을 촉진시키는가?

복잡하게 얽혀 있는 이러한 주제에 대한 우리의 접근 방법은 이 책의 다른 장에서의 접근방법과는 약간 다르다. 교란과 침입에 관한 일반화된 목록들을 제공하거나 혹은 과다한 사례연구들 속에 여러분을 빠져들게 하는 대신에, 우리는 교란-침입에 관하여 "위증을 하는 증인"으로써 이 장의 첫 문장을 제시하기로 결정하였다. Webster 백과사전에서 정의한 것처럼, "위증을 하는 증인"은 쉽게 반박되기 위한 목적으로 제안된 얄팍한 논증이다. 우리의 경우에서, 교란이 침입을 촉진하지만 하나의 생태학적인 공리로써 우리는 위의 진술이 너무 단순화시킨 것임을 보여줄 것이다. 교란에 관한 우리의 정의에서 이러한 복잡성은 분명하다. 그러나 침입종 생태학 분야는 선의의 격언들로 넘쳐나고 있으며, 이것은 불행하게도 분류군과 환경 전역에서 적용되는 것은 아니다. 이들 격언의 출처, 효용성, 그 다음 제한점을 보여주는 것이 중요하다.

Box 5.1 조만간

교란에 관한 대부분의 정의들은 그 구성원 중 하나로 자원의 변동이 포함되어 있다. Mark Davis와 그의 동료들은 적어도 식물군집의 경우 이러한 자원의 변동은 식물이 왜 그리고 언제 침입하는지를 이해하는데 핵심 사항이라고 주장하고 있다 (Davis et al. 2000). '변동하는 자원 가설'이라고 불리는 그들의 이론에서는 "군집들은 사용되지 않은 자원의 양이 증가할 때는 언제나 침입을 당하기 쉽다"고 말하고 있다 (Davis et al. 2000). 이 이론은 생태학자들의 식생 천이에 대한 이해에 그 기원을 두고 있으며, 이용가능한 자원에 대한 경쟁은 군집 내에서 새롭게 도착한 종이 자체 지속되는 개체군으로 정착하는 것을 제한하는 첫 번째 요인이라는 가정에 의존하고 있다. 만약 햇빛, 영양염류, 물 그리고 공간과 같은 자원이 이용 가능하다면, 새롭게 도착한 종은 정착할 수 있다. 만약 이들 자원이 이용가능하지 않으면 그곳에 새롭게 도착하는 종은 정착할 수 없다.

자원 이용도의 증가는 두 가지 방법으로 일어날 수 있다 (Fig. 5.1). 첫째, 군집 내에 존재하는 종들이 자원을 이용할 수 있는 능력을 초과하여 자원의 이입이 일어날 수 있다. 이것은 예년과는 달리 비가 많이 온다든지 혹은 태풍이나 초식동물들이 짓밟아 숲 틈이 형성되는 것 등을 포함하여 다양한 자연적인 원인에 의해 일어날 수 있다. 또한 사람이 시스템 내에 비교적 높은 율로 자원을 첨가시켜서 일어날 수 있다. 이러한 예로는 경작지로부터 수로 혹은 저지대 지역으로 질소 혹은 기타 영양염류의 유입, 토양에 비료 첨가, 쓰레기 투기, 혹은 삼림의 완전 벌목 등이 포함된다. 자원이 이용 가능하게 되는 두 번째 방법은 식물군집 구성원들의 자원 이용의 감소를 통해 비롯된다. 군집 내에 개체들의 건강상태 혹은 개체수가 감소되면 이용 가능한 자원이 증가된다. 질병, 초식, 혹은 사람의 활동을 통한 식물체의 물리적인 제거는 군집 구성원들에 의한 자원 흡수를 감소시킬 것이다. 물론 이러한 활동들은 자원의 증가를 초래할 수 있으며, 한편으로는 동시에 군집 구성원들의 자원 흡수를 감소시킨다. 따라서 이용 가능한 자원을 창출하는 이러한 유형들은 상호 배타적이지 않다. 사실, 교란은 군집 구성원들을 감소시키고, 그리고 군집으로 들어오는 생물들을 위한 이용 가능한 자원을 증가시킴으로써 두 가지 유형 모두에게 동시에 영향을 주고 있다.

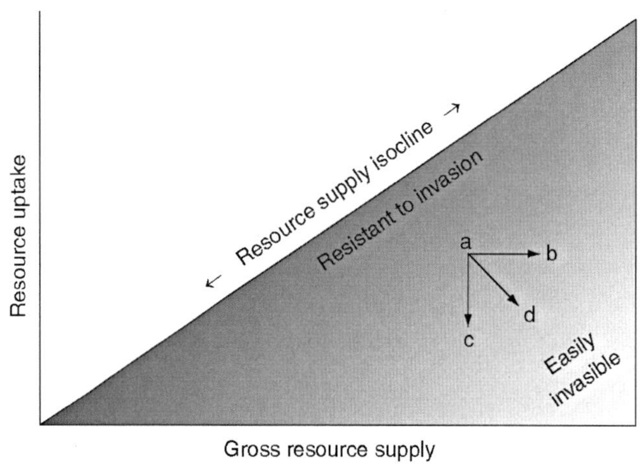

Fig. 5.1 변동하는 자원 이용도의 이론에 의하면, 침입에 대한 군집의 민감도는 자원 이용도가 증가함에 따라 증가한다고 주장하고 있다. 그림에서 자원 이용도는 (따라서 침입성) 궤적이 오른쪽으로 그리고 공급/흡수 등치선 아래로 더 이동함에 따라 증가한다. 이 모델에서 자원은 많은 이유로 인해 증가할 수 있는데, 자원 공급의 진동 (a→b), 자원 흡수의 감소 (a→c), 혹은 두 가지 모두 (a→d)에 의해 증가할 수 있다.

변동하는 자원 가설은 교란이 비 토착성 식물의 정착을 용이하게 한다는 기작을 제공하고 있다. 동시에 이것은 침입을 이해하려고 실험적 방법에 관심을 가진 생태학자들을 위한 검증할 수 있는 가설을 제공한다. 이것은 또한 침입에 대한 군집의 민감도가 정적인 성질이라고 가정하지 않는다는, 즉, 침입성은 시간과 상황에 따라 변한다는 점에서 동적인 이론이다. 대신에 이 가설은 총 자원 공급 대 그곳에 거주하는 종에 의한 자원 흡수의 비에 따라 어느 군집이든 종이 침입할 수 있고, 혹은 침입종들을 격퇴시킬 수 있다고 주장하고 있다. 이 비는 한 해 동안에도 그리고 해에 따라 변할 것인데, 이것은 어느 종이 어떤 군집들에 침입할 것인지를 예측하는 것이 왜 어려운지에 대한 또 하나의 이유를 제공하고 있다 (Davis et al. 2000). 비록 이 가설은 동물 군집들에 적용하기 위해 특별히 고안되지는 않았지만, 그래도 어느 정도까지는 식물계 이외의 분류군에 적용할 수 있다. 종과 군집들의 범위에서 이 가설의 검증은 침입 이론을 위해 매우 효과적일 수 있다.

교란이 비 토착성 종의 정착을 용이하게 한다는 많은 예들이 있다. 예를 들어, Minchinton (2002)은 간단하지만 정밀한 실험을 통해 미국 New England의 해안 습지에서 침입성 갈대 (*Phragmites australis*)의 확산에 미치는 떠밀려온 물질 (조수, 파도, 그리고 태풍에 의해 밀려온 죽은 식물체 더미)에 의한 교란의 효과를 조사하였다. 이들 북부 습지에서 해안 염습지 군집을

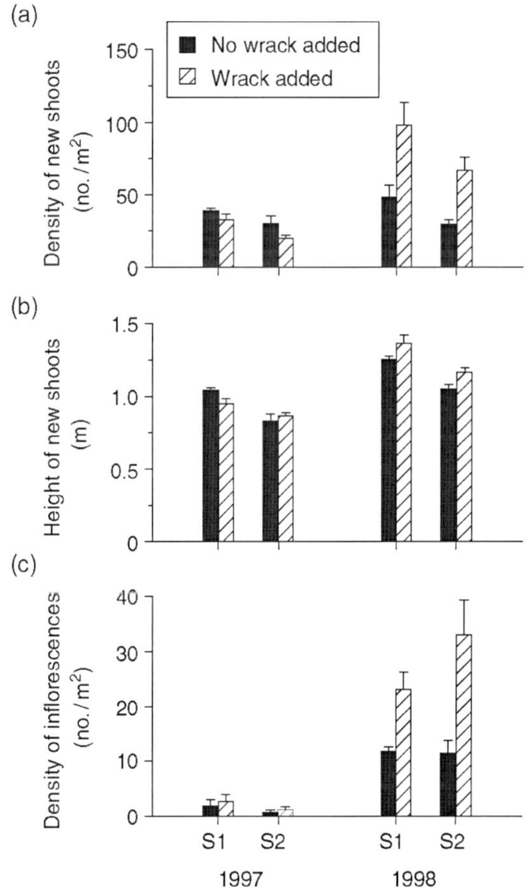

Fig. 5.2 갈대의 정착에 대한 떠밀려온 물질의 효과는 떠밀려온 물질의 퇴적 시기에 따라 상당히 달랐다. 실험적인 첨가 그 다음 제거 (빗금 친 막대), 혹은 떠밀려온 퇴적물을 조작하지 않은 (검은 막대) 상태에서 생육 계절의 말에 새로 나온 갈대 줄기의 밀도, 높이, 그리고 꽃의 수의 평균과 표준 오차.

교란시키는 주 요인들은 빙하, 퇴적물, 그리고 떠 밀려온 물질이다. Minchinton (2002)은 1997년 가을에 떠밀려온 물질을 첨가하여 떠밀려온 물질의 존재와 퇴적 시기를 조절하고, 그 다음 이듬해 봄에 실생의 줄기가 올라오기 전에 그것을 제거하였다. 떠 밀려온 물질을 가을에 첨가하는 것은 더 많은 비 토착성 실생들과 더 많은 꽃을 가진 성체를 출현하게 하였다 (Minchinton 2002, Fig. 5.2 참조). 따라서 떠밀려온 물질의 퇴적시기와 함께 이들에 의한 교란은 발아에 적당한 나지 패치를 형성하여 비 토착성 갈대의 실생 정착을 용이하게 하였다.

Table 5.1 전 세계의 식물군집에서 산불에 의한 교란이 어떻게 침입과정에서 상이한 역할을 수행할 수 있는지를 보여주는 예.

연구 지역(서식처)	침입종(통속명)	군집에서 산불의 역할
California (수변)	*Arundo donax*(giant reed)	산불이 없이 침입이 일어나지만 산불이 조밀화를 촉진한다.
California(해변의 채퍼렐)	*Carpobrotus edulis* (highway iceplant)	산불이 없이 침입이 서서히 일어남; 산불에 의해 발아가 감소하지만, 침입은 물에 의해 향상된다.
California(모하브 사막)	*Bromus tectorum* (cheatgrass)	산불이 없이 느린 침입; 산불에 의해 조밀화와 우점도가 촉진된다.
Nevada(대분지 사막)	*Bromus rubens* (red brome)	산불이 없이 침입함; 산불에 의해 침입이 향상됨
Arizona(소노라사막 초지)	*Eragrostis lehmanniana* (Lehmann's lovegrass)	산불이 없이 확산될 수 있으나 산불에 의해 확산이 향상될 수도 있다.
Hawaii(계절적 아산록 숲)	*Schizachyrium condensatum* (beard grass) & *Melinis minutiflora* (molasses grass)	산불이 없이 침입하나 *M. minutiflora*는 산불에 의해 촉진됨.
Venezuela (라노스)	*Hyparrhenia rufa* (thatching grass/ jaragua)	산불이 없이 침입하나 산불에 의해 촉진됨.
Brazil(쎄라도)	*Melinis minutiflora* (molasses grass)	산불이 없이 침입할 수 있으나 산불에 의해 촉진됨.
South Africa(산지 핀보스)	*Pinus radiata*(Monterey pine), *Pinus halepensis*	산불이 없이 침입이 서서히 일어나나 산불에 의해 촉진됨

출처 D'Antonio 2000.

유사한 결과들이 많은 다른 시스템에서 관찰되었는데, 특히 산불을 포함한 다양한 유형의 교란이 포함되어 있다 (Hobbs & Huenneke 1992; D'Antonio 2000, Table 5.1 참조). 예를 들어, Gerhardt와 Collinge (2003)는 북부 캘리포니아에 있는 봄철 연못 전역에 걸쳐 수행된 비 토착성 식물의 침입에 관한 연구에서 자연적인 연못에서 불의 역사가 비 토착성 종의 풍부도를 (특히 벼과식물과 야생화) 증가시킨 것을 발견하였다. 침입의 증가는 불이 발생한 후 비 생물적 토양의 변화 때문인 것 같은데, 그들의 결과에 의하면 비 토착성 종의 풍부도는 또한 토양 유기물, pH, 그리고 양이온 치환능의 감소에 따라 증가하는 것으로 나타났기 때문이다. 이보다 전에 수행된 연구에서 Zedler와 Scheid (1988)는 캘리포니아, Santa Barbara 근처에 있는 해안 채퍼렐 식생에서 비 토착성 종인 사철채송화 속의 식물 (*Carpobrotus edulis*)이 불이 발생한 후 3년 동안에 전체 식생 피도가 0%에서 26%로 증가하는 것을 알았다. 이러한 극적인 변화는 *C. edulis*가 자신의 토착 분포 범위인 남아프리카와 호주에서 산불과의 진화적인 역사에 기인하는 것으로 보이는 매우 성공적인 실생의 정착 (ha 당 700개의 실생이 존재하며, 70%의 생존을 보임)에 기인하였다 (Zedler & Scheid 1988).

교란에 의한 긍정적인 침입 효과의 증거는 식물 혹은 육상생태계에 국한된 것은 아니다. 예를 들어, Marchetti 등 (2004a)은 캘리포니아에 있는 모든 분수역에서 어류 침입과 연관되어 있는 경관 수준의 일반적인 요소들이 있는지의 여부를 결정하기 위해 비 토착성 어류의 정착 패턴을 조사하였다. 그들은 널리 확산되어 있는 경관 수준의 교란들, 특히 도시개발, 수로 전환, 도수관(aqueducts), 그리고 농업 등이 비 토착성 어류 정착의 가능성에 영향을 준다는 것을 알았다. 분수역이 더 많이 교란되면 존재하는 비 토착성 어류의 수가 더 많았다 (Fig. 5.3).

일반적으로, 하천 혹은 개울의 자연적인 흐름 체제를 변화시키는 것은 교란으로 볼 수 있으며, 이것은 전형적으로 댐의 존재 혹은 농업용수 공급이나 도시에서의 물 소비를 위해 수로를 변경시킨 결과에서 비롯된다 (Michener & Haeuber 1998). 이러한 유형의 교란은 수중 그리고 수변과 연관된 많은 비 토착성 종의 정착과 관련되어 있다. 예를 들어, Schreiber 등 (2003)은 호주에서 변화된 흐름 체제와 뉴질랜드의 진흙 달팽이 (*Potamopyrgus antipodarum*)의 침입 사이에 긍정적인 연관이 있음을 밝혔다. 이와 유사하게 Brown과 Ford (2002)는 미국 캘리포니아의 Tuolumne River에서 변경된 흐름 체제는 비 토착성 종에게 유리하게 하는 경향이 있음을 밝혔다. 변경된 흐름 체제는 또한 미국 남서부와 호주 모두에 있는 건조지역에서 위성류 (salt cedar, *Tamarix* spp.)의 광범위한 침입과 관련되어 있다 (Griffin et al. 1989; Busch & Smith 1995). 위성류가 일단 정착하면 그것이 신속한 증발산을 통해 다량의 물을 제거하여, 그리고 위성류가 자라는 지소의 밀도 때문에 홍수를 변화시켜 흐름 체제를 더욱 변경시킨다 (Busch & Smith 1995; Di Tomaso 1998). 비슷한 방법으로 Wilcox 등 (1985)은 미국 인디애나 주의 Cowles Bog Wetland Complex에서 인위적으로 계절적인 수위를 안정화 시킨 것과 54년의 기간에 걸쳐 부들 (*Typha* spp.) 침입의 면적 넓이와 상관이 있다는 증거를 찾았다.

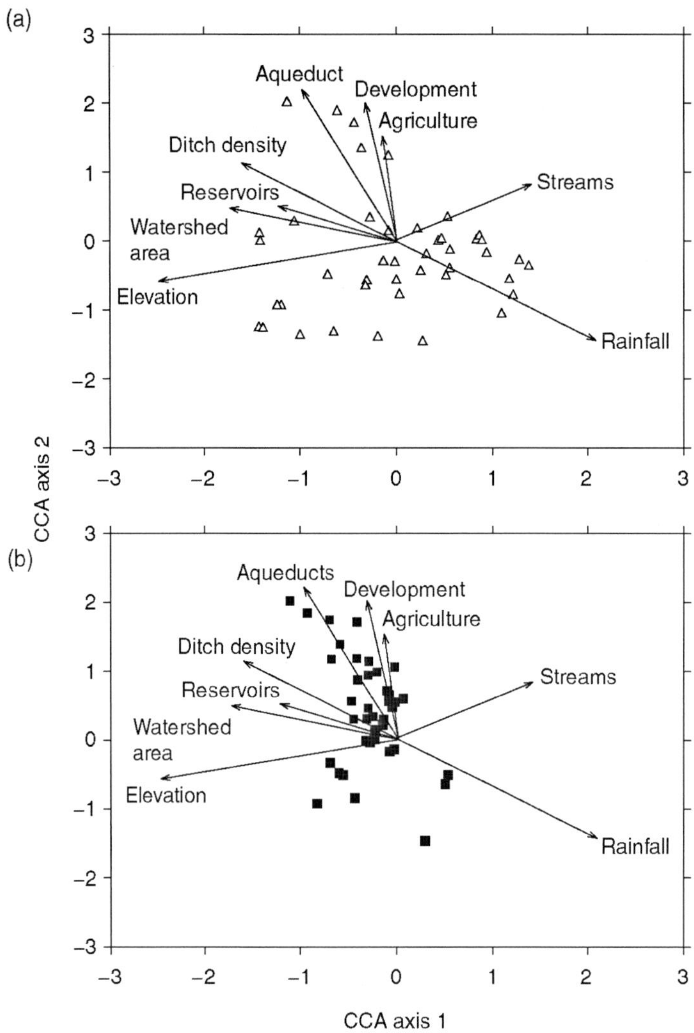

Fig. 5.3 캘리포니아 분수역 전역에서 개별 어류 종에 대한 환경 변수들과 교란의 힘들의 영향을 보여주는 정규대응분석 (canonical correspondence analysis, CCA)로부터 두 개의 표준 축을 위한 종 점수의 행렬도. 행렬도는 설명을 쉽게 하기 위해 (a) 토착종과 (b) 비 토착종으로 나누어져 있다. 화살표들은 처음 두 개의 표준 축들과 환경변수들 및 교란 변수들의 상관관계를 나타낸다. 점들은 환경 변수들 및 교란 변수들과 개별 종의 상대적인 연관을 나타낸다. 변수들과 종에 관한 완전한 설명이 필요하면 원문을 참조할 것.

위에서 고찰한 많은 증거에도 불구하고 불행하게도 "교란이 침입을 촉진시킨다."라는 말은 생태학에서 기본적인 법칙이 될것 같지는 않다. 그것은 교란이 비 토착성 종의 정착을 방해하는 경향이 있다는 것을 보여주는 많은 예들이 있기 때문이다(예를 들어, Smith & Knapp 1999). 좀더 중요한 이유들 중 하나는 대부분의 침입종 생태학 연구들의 연구 형태와 관련이 있다. 정착에 실패한 비 토착성 개체군들에 대한 정보는 수집하기가 어렵기 때문에 우리는 정착에서 교란의 역할을 설명할 때 그들을 무시하는 경향이 있다. 대신에 교란과 관련된 침입종 연구의 대다수들은 생태계에 이미 존재하고 있는 비 토착성 종에 대한 교란의 효과를 연구한다. 이 절의 시작부에서 제시한 격언과 연관된 고유한 문제들을 탐구하기 위해서 우리는 위에서 사용한 3가지 예를 다시 점검할 것이다. 첫째, 우리는 미국의 뉴잉글랜드에서 비 토착성 갈대 (*P. australis*)의 정착을 유리하게 하는 조건들에 관한 Minchinton (2002)의 연구를 다시 살펴본다. 이 연구는 떠밀려온 물질에 의한, (i) 하나의 생육계절 동안에 떠밀려온 물질을 첨가하여 자연적인 교란을 모의하고 그다음 갈대 출현을 모니터링하여 (위에서 설명하였음); (ii) 자연적으로 떠밀려온 물질을 제거하고 갈대의 정착, 생장, 그리고 종자결실을 대조구와 비교하여; 그리고 (iii) 자연적으로 떠밀려온 물질이 존재하는 곳에서 갈대의 출현 패턴을 정량화하여 교란 생태의 3가지 측면을 연구하였다.

위에서 우리가 설명한 떠밀려온 물질에 의한 교란은 갈대의 정착을 촉진하는 효과가 있었음에도 불구하고 Minchinton의 두 가지 실험에서 떠밀려온 물질은 실제로 비 토착성 갈대의 성장과 정착을 저해하였다. 갈대의 새로운 줄기가 이미 나와 있는 지소에 떠밀려온 물질을 첨가하는 것은 생육계절의 말에 생존하고 있는 갈대 줄기의 수를 감소시켰다 (Minchinton 2002). 게다가 자연적으로 쌓인 떠밀려온 물질의 존재는 새로운 갈대 줄기의 출현을 억제하였다 (Fig. 5.2, Minchinton 2002). 이러한 결과들은 떠밀려온 물질에 의한 교란의 자연적인 패턴의 모의가 침입종의 밀도, 크기, 그리고 생식 잠재력을 증가시킨다는 것을 보여준 위에 제시된 결과들과 완전히 대조를 이룬다.

어떤 것이 지배적인 결과인가? 떠밀려온 물질에 의한 교란이 일시적으로 그리고 계절적으로 변할 수 있기 때문에 상황은 더욱 복잡해진다. 계절적인 태풍은 떠밀려온 물질의 큰 더미를 형성할 수 있고, 이것은 조수와 바람에 의해 사방으로 옮겨진다. 퇴적하는 떠밀려온 물질에 갈대가 기여할 수 있기 때문에 긍정적인 피드백 기작도 있다. 전체적인 대답은 분명치 않지만, 계속된 갈대의 확산 때문에 미국의 뉴잉글랜드 주 내에서 일어나고 있는 떠밀려온 물질에 의한 저해는 과도하게 정착을 제한하지 않는 것으로 보인다.

우리는 캘리포니아에 있는 봄철 연못에서 일어나고 있는 침입으로 관심을 돌려보자 (Gerhardt & Collinge 2003). 이 시스템에서 우리는 토양 파괴가 산불의 역효과로 부수적인 교란 요인이라는 것을 알았다. 이 시스템에서 산불은 비 토착성 종의 정착을 촉진하는 경향이 있음을 상기하라. 이 연구의 목표 중 하나는 자연적 그리고 복원된 봄철 연못 모두에서 비 토착성 식물의 풍부도를 비교하는 것이었다. 복원된 봄철 연못은 토양에서 낮은 함몰지들을 정지작업하고 기존의 식생과 종자은행을 제거하여 만들어졌다 (Gerhardt & Collinge 2003). 복원된 연못들은 8종의 비 토착성 식물을 함유하고, 전체적인 비 토착성 식물의 피도가 낮은 것으로 나타났다 (Gerhardt & Collinge 2003). 연구자들은 연못의 형성이 비 토착성 식물의 종자은행뿐만 아니라 기존의 토양 자원을 감소시켰을 것이라고 주장하며, 이러한 교란 제약은 일시적인 현상일 수 있다고 주장하였다 (Gerhardt & Collinge 2003). 연구자들은 또한 비 토착성 종의 정착에 대한 교란의 이러한 상반된 효과는 (이 경우, 토양 파괴와 산불) 다른 연구결과들과 일치한다고 언급하며, 교란은 종종 침입에 예측 불가능한 효과를 갖는다는 것을 암시하고 있다 (Gerhardt & Collinge 2003). 사실 만약 우리가 침입에 대한 산불의 효과만을 조사한다면 우리는 비 토착성 종의 침입을 촉진 그리고 저해하는 많은 예들이 있음을 알게 된다 (Table 5.1; D'Antonio 2000).

마지막으로, 캘리포니아 전역에 정착한 비 토착성 어류 종의 수에 대한 교란과 도시화의 영향으로 돌아가면, Marchetti 등 (2004a)은 모든 비 토착성 어류 종들이 교란에 동일한 반응을 하는 것은 아님을 알았다 (Fig. 5.3). 사실 캘리포니아 주에서 45종의 비 토착성 어류 중 8종이 교란과 부정적인 연관을 가지고 있었다 (즉, 종들은 y축 상의 0선 이하에서 발견되었다). 이러한 부정적인 연관을 보이는 이유는 다양하지만, 일반적으로 캘리포니아 수계에 방출된 비 토착성 어류의 한 부분집합이 교란되지 않은 서식처에 더 적합하다는 것이다. 그들 중 3종은, 모두 연어과의 어류인데, 비교적 청결한 고산 서식처를 요구하며, 따라서 시에라네바다 산맥의 중간고도에서부터 높은 고도에 위치한 호소와 개울에만 성공적으로 정착하였으며, 이들 서식처들의 대부분은 이들이 방출되기 전에는 물고기가 없었으며, 현재는 교란이 거의 없는 상태이다. 교란과 부정적인 연관을 가지고 있는 나머지 5종의 비 토착성 어류는 분포가 북부 캘리포니아에 국한되었다. 이들은 이들 소수의 비교적 변화되지 않은 분수역에만 방출되었기 때문에 이들이 교란과 부의 연관을 갖는 것은 아마 역사적인 요인들의 결과일 것이다. 이러한 예는 교란과 비 토착성 종의 정착 사이의 연관의 인식에서 종종 역사의 숨겨진 역할을 드러나게 하는데 기여한다 (예를 들어, McKinney 2001).

5.2.2 위증을 하는 증인 (허수아비) 합성

이러한 일반적인 진술이 왜 종종 틀리는지를 이해하기 위한 핵심은 두 가지의 기본적이지만 상호 배타적이 아닌 원리들을 인정하는데 있는데; (i) 교란은 토착종과 비 토착종 모두에게 똑같이 기회를 만들어주며, 그리고 (ii) 교란이 비 토착종의 우세를 증가시키기 위해서는 비 토착종의 생식체의 공급원이 있어야 한다 (제 4장). 이들 원리 중 어느 것도 특별히 새로운 것은 아니다. 실제로 여러분은 이들 중 하나 이상이 여러분이 다른 곳에서, 혹은 이 책의 다른 장에서 읽은 것에 기초하고 있다는 것을 예측할 수 있을 것이다. 그럼에도 불구하고 여기에서 이 원리들을 분명하게 인식하는 것이 필요한데, 그 이유는 이들이 침입에 대한 교란의 효과를 논의하는 상황에서 종종 무시되기 때문이다.

토착종과 비 토착종 모두가 종종 교란과 관련된 자원 유출에 긍정적으로 반응한다는 첫 번째 원리는 Daehler (2003)에 의해 확장되었다. Daehler는 침입종 생태학 분야에서는 특히 교란에 직면하였을 때 비 토착종들이 토착종들보다 우세하다는 암묵적인 가정이 있음을 주목하였다. 이 가정의 일반성을 검증하기 위해 그는 토착 식물종과 비 토착 식물종의 성취도 측정치 (즉, 성장률, 경쟁능력, 그리고 생식력)를 비교한 79건의 독자적인 연구들을 대조

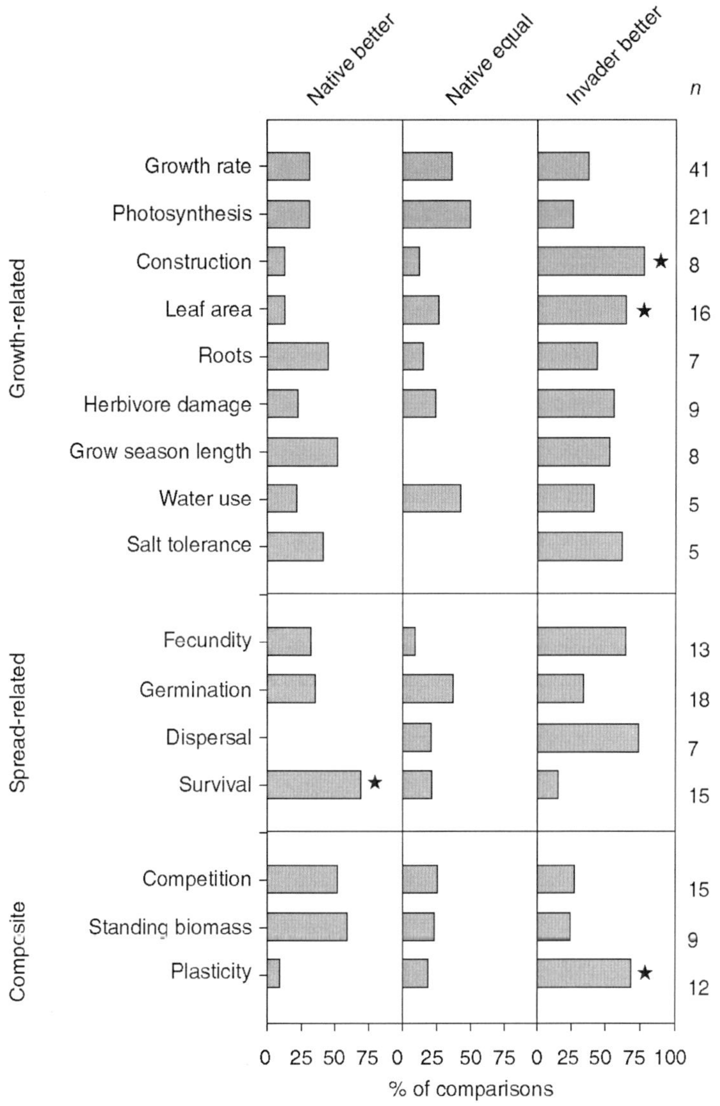

Fig. 5.4 일부 조건 하에서 토착종의 성취도가 비 토착종보다 더 좋은 경우 (첫 번째 열) 혹은 비 토착종과 동일한 경우 (두 번째 열), 혹은 비 토착 식물이 항상 토착 식물보다 성취도가 더 좋은 경우 (세 번째 열)에 따른 토착종 대 비 토착종 성취도의 종합. 별표는 X^2 검정을 사용한 유의한 차이 (P<0.05)를 나타낸다. 맨 오른쪽 열 (n)은 성취도의 각 측정치를 위한 독립 비교의 수이다. 비 토착 식물과 토착 식물의 성취도는 그들이 성장하고 있는 환경 상황에 따라 상당히 달랐다. 비 토착종이 교란 후에 성취도가 더 좋다는 일관된 증거는 없다.

하였다. 그는 비 토착종이 토착종들보다 우세하다는 통계적인 증거를 발견하지 못하였다 (Daehler 2003). 대신에, 성취도가 한 가지 이상의 생장 조건에 걸쳐 평가되었을 때 (55가지의 예), 연구의 94%가 주어진 알맞은 생장 조건에서 토착종들이 비 토착종들보다 성취도가 우수한 경향을 보였다. 비 토착종들은 토착종들보다 표현형적 가소성이 더 높았는데, 이것은 비 토착종들이 토착종들보다 더 다양한 조건에 반응할 수 있음을 보여주는 것이다 (Fig. 5.4). Daehler (2003)는 이것은 식물 침입종들의 성공적인 정착 그리고 확산에 대한 교란(자연적 혹은 인위적)의 긍정적인 효과에 관한 난제를 푸는데 더 중요한 단서가 될 수 있다고 주장하고 있다.

두 번째 원리는 최근에 발표된 몇 편의 논문에 의해 상세히 설명되었다 (예를 들어, Higgins & Richardson 1998; Daehler 2003; Lake & Leishman 2004). 성공적인 이입에는 생식체의 준비된 공급원뿐만이 아니라 올바른 종의 생식체의 준비된 공급원도 필요하다. 생태학자들은 각각의 비 토착종이 분명히 자신의 진화적인 역사를 가지고 있을 때에도 비 토착종 그룹을 하나의 동일한 집단으로 생각하는 경향이 있다. 따라서 비 토착종들 중에서 우리가 관찰하는 교란에 대한 반응은 교란의 특성들과 그 교란의 장점을 이용 가능한 종들 사이의 “적합성”에 매우 의존적이다 (Horvitz et al. 1998).

예를 들어, 남반구에서 소나무의 침입을 수학적으로 설명하기 위한 모델링 연습에서 Higgins와 Richardson (1998)은 교란 체제 (산불과 숲 틈)의 영향, 교란된 지소에 정착하기 위한 이용 가능한 비 토착성 나무의 특성들, 그리고 초지와 삼림 서식처의 환경 상황 (자연적 교란 체제에 대한 인위적인 변화)을 구분하였다. 그들은 예상한대로 교란을 증가시키면 비 토착성 소나무의 성공이 향상됨을 알았다. 그러나 이들 종의 특성들과 환경 상황은 강한 상호작용을 하는 요소들이었다. 교란은 환경 상황 그리고 비 토착종이 가지고 있는 특성들에 따라 비 토착성 개체들을 죽게 하였다 (Higgins & Richardson 1998). 기타 교란들도 환경 상황과 종의 특성에 따라 비 토착성 소나무의 성취도를 향상시켰다 (Higgins & Richardson 1998). 이들 결과들은 위에서 제시된 몇 가지 예들을 반영하는 것이다. Higgins와 Richardson (1998)은 교란의 효과는 상황 특이적이기 때문에 교란이 침입을 용이하게 하는지 혹은 방해하는지에 관한 논쟁은 쓸모없는 것이라고 결론지었다.

우리는 이미 이 장의 접근방법에서 이러한 결론에 강하게 동조하고 있다는 것을 제시한 바 있다. 그러나 사람이 도움을 주는 운반 기작들은 교란되지 않은 원시적인 서식처를 요구하는 종들보다 인위적인 교란 혹은 거친 환경에 잘 적응된 더 많은 종을 이입시키는 경향이 있다는 것을 인식하는 것이 중요하다. 이러한 선입관은 대부분의 비 토착종의 정착을 촉진한다는 것을 의미할 수 있다.

5.3 복원과 교란

인위적인 교란이 비 토착종의 정착을 저해한다는 위에서 제시된 예들은 복원생태학과 침입종 생태학 분야 사이의 중요한 분기점을 보여주는 것이다. 인위적인 교란 혹은 자연적 교란 체제의 변화는 흔히 생태계와 종들을 멸종에 직면하게 하는 피의자들로 간주된다. 복원은 교란이 끝난 후 혹은 교란 체제가 다시 형성된 후 자연 생태계를 회복시키기 위해 노력하는 직업과 과학이다. 또한 복원 사업에 종사한 사람이라면 누구나 증언할 것이지만 복원의 실행 그 자체를 하나의 교란으로 볼 수 있다 (Gerhardt & Collinge 2003). 원하지 않는 종들(그들 대부분은 비 토착종들임)을 물리적 그리고 화학적으로 제거, 농업에서 장기간 비료 사용의 영향을 상쇄시키기 위한 화학물질 혹은 무기양분의 첨가, 혹은 좀더 자연적인 수분 여과를 조성하기 위한 토양의 파괴는 교란에 관한 우리의 정의와 일치한다. 복원 전문가들은 비 토착종보다 토착종에 유리한 자연적 교란 체제를 재현시킨다. 따라서 원하는 종 쪽으로 평형을 기울게 한다. 그들이 얻은 결과는 교란 체제가 어떻게 비 토착종들의 정착을 촉진 혹은 저해하는지를 이해하는데 중요하다 (Fig. 5.5; D'Antonio & Meyerson 2002; Daehler 2003).

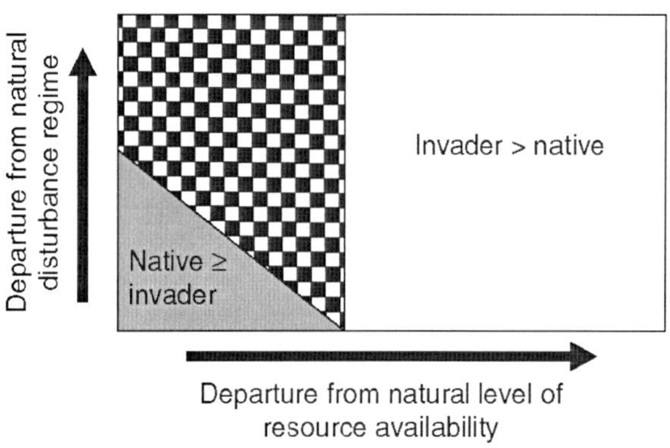

Fig. 5.5 토착종 대 비 토착종의 상대적인 성취도를 예측하는 개념적인 모델. 체커판 지역은 만약 자원 이용도가 엄청나게 높지 않다면 토착종에게 유리할 수 있는 가능한 인위적인 교란 체제를 나타낸다. 복원생태학자들은 흔히 (암암리에) 교란과 종 구성 (토착종과 비 토착종 사이에) 사이의 이러한 관계를 탐구한다. 그들의 임무는 평형상태를 토착종 쪽으로 되돌리는 교란 (혹은 교란 체제)을 촉진시키는 것으로 생각되어질 수 있다.

예를 들어, 사람이 이입시킨 초식동물 (이 경우 가축)의 효과는 적어도 특정한 환경과 상황에서는 침입을 막기 위한 긍정적인 힘일 수 있다. Marty (2005)는 캘리포니아의 Central Valley에서 봄에 형성되는 연못 내에서 비 토착식물의 풍부도에 대한 가축 방목의 영향을 조사하였다. 캘리포니아에서 봄에 형성되는 연못들은 이들이 100종 이상의 고유 관속식물 종을 포함하고 있고, 농업과 개발로 인해 이들이 신속하게 소실되고 있기 때문에 보존 노력의 우선권이 부여되고 있다. Marty (2005)는 3년의 기간에 걸쳐 72개 연못의 종 구성을 조사하였다. 그녀의 실험 디자인은 4개의 가축 방목 처리가 포함되어 있는데, (i) 방목되지 않은 구, (ii) 건조 계절에 방목되는 구, (iii) 습한 계절에 방목되는 구, 그리고 (iv) 계속 방목되는 구이다. 방목되지 않은 구들은 모든 방목구들보다 비 토착종들의 피도가 60%에서 130% 사이를 더 포함하고 있었다. 이와는 대조적으로 계속 방목되는 구들은 계절적으로 방목되는 구 혹은 방목되지 않는 구보다 토착 벼과식물의 피도가 20%에서 40% 더 포함되어 있었으며, 방목되지 않은 모든 구보다 같거나 혹은 더 많은 토착종 풍부도를 가지고 있었다 (Marty 2005).

Marty는 이러한 결과를 두 가지 주요 요인들의 탓으로 돌렸다. 첫째, 이들 시스템에서 툴리 엘크와 가지뿔 영양들에 의한 광범위한 초식의 진화적 역사는, 지금은 경관에서 사라졌지만, 이 시스템을 어린잎의 방목압력에 진화하고 이들이 존속하는데 교란이 필요할 수 있는 많은 토착식물 종을 가지도록 만들었다. 비록 가축은 이들 토착 초식동물과 방목 형태가 다르지만 토착 군집의 동태에 중요한 식물 피도를 훼손시킬 수 있다. 아마 가장 중요한 것으로 보이는 두 번째 요인은 가축이 식물을 선택적으로 뜯어먹는데, 이 경우 거의 전적으로 비 토착종들을 먹는다. 이 생태계에서 비 토착성 벼과식물들은 토착 식물들보다 생육계절의 초에 물을 흡수하며, 그로 인해 봄에 형성되는 연못들의 수문학이 변화된다. 봄에 형성되는 연못의 식생은 범람 기간에 의존적이며, 이들 물로 덮여있는 기간의 변화는 식물군집들을 근본적으로 변화시킨다. 가축의 이입은 토착식물에게 유리한 경향이 있고, 이 지역의 자연적인 수문학 변화를 촉진하여 비 토착종들에게 불리하게 만든다. (우리는 이와는 다른 방목의 예들을 이 장의 후반부에서, 그리고 6장에서 설명하고 있다.) Marty가 주장한 것처럼 방목에 대한 토착종들과 비 토착종들의 정확한 반응은 특정한 방목동물들 그리고 그들이 먹는 식물의 진화적인 역사에 의존적이다.

유사한 연구결과에서, 북미 남서부 사막에 있는 San Juan River에 있는 댐의 하류에 좀 더 자연적인 물 흐름 패턴을 모방하기 위해 봄에 물 흐름을 증가시킨 물 흐름 조작은 비 토착성 어류의 정착을 저해하는 경향이 있었다 (Fig. 5.6; Propst & Gido 2004). 봄에 물 흐름을 증가시킨 교란은 비 토착성 western mosquitofish (*Gambusia affinis*)의 수도를 감소시키며, 3종의 토착성 어류에 긍정적인 영향을 주는 것으로 나타났다 (Propst & Gido 2004). 동시에 Propst와 Gido (2004)는 여름에 산란하는 비 토착성 어류 3종의 수도가 여름의 일일 평균 방류량이 14m^3/초 보다 적은 일수와 긍정적인 관계가 있음을 알았다. 이 결과는 여름의 많은 방류량이 (자연적인 흐름 패턴을 더 많이 교란시킴) 비 토착성 어류의 수도를 감소시키는 역할을 할 수 있음을 제시하는 것이다. 이러한 상황에서, 연중 상이한 시기에 물 흐름 패턴을 변경 (교란)시키는 것은 비 토착종의 침입을 방해하는 것으로 작용할 수 있다.

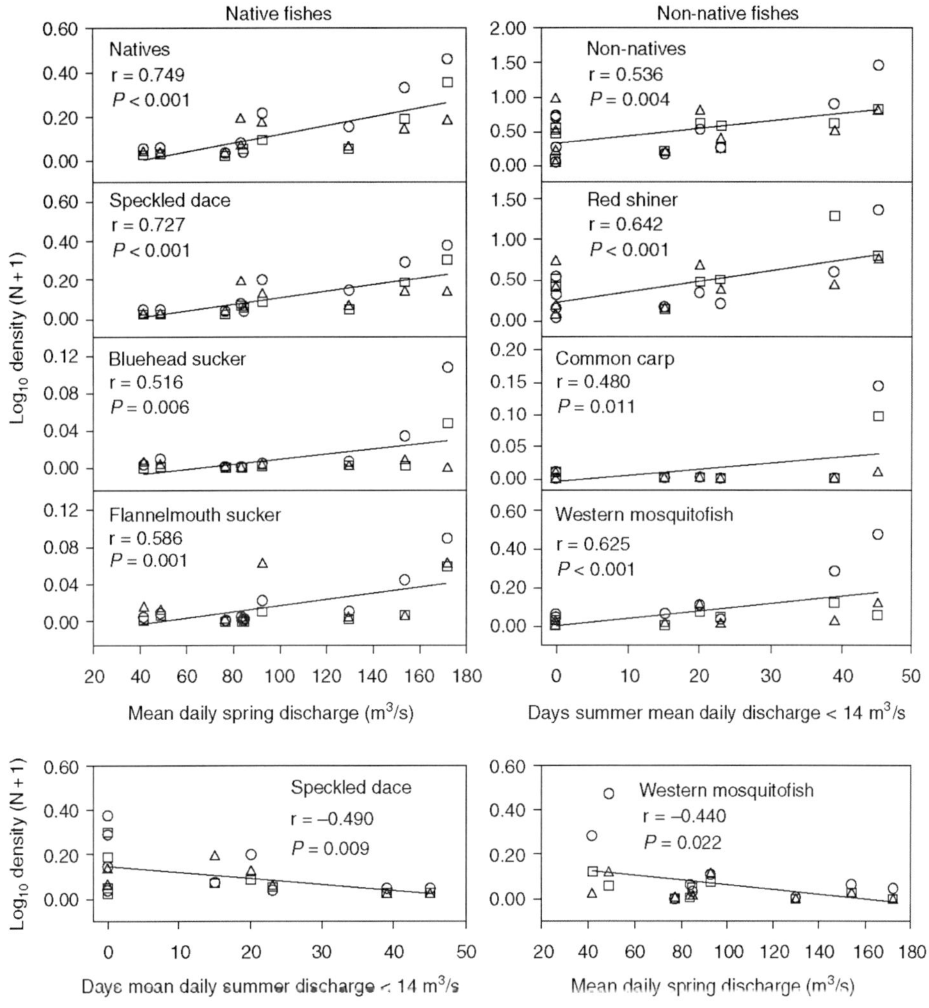

Fig. 5.6 왼쪽 그림들은 San Juan River의 모든 어류들의 연간 밀도와 평균 봄 일일 방류량을 갖는 가장 흔한 3종의 토착성 어류 사이의 상관관계를 보여주고 있다. 오른쪽 그림들은 모든 비 토착성 어류의 연간 밀도와 봄 일일 평균 방류량을 갖는 가장 흔한 비 토착성 어류 사이의 상관관계를 보여주고 있다. 아래의 두 그림은 여름의 일일 평균 방류량이 14 m^3/초 보다 적은 것과 흔한 토착종 (왼쪽) 및 비 토착종 (오른쪽)과의 상관관계이다.

실제로, 변화된 물 흐름 체제는 비 토착종들에게도 놀랄만한 영향을 줄 수 있다. Marchetti와 Moyle (2001)는 건조한 해에 캘리포니아에 있는 댐들 아래의 흐름 체제는 토착성 어류에 비해 일단의 비 토착성 어류에게 유리하다는 것을 알았다. 역으로 습한 해 그리고 댐의 방류가 우연히 자연적 흐름 체제를 더 모방할 때 토착종의 수도는 증가하고 비 토착성 어류의 수도는 이에 상응하여 감소한다 (Marchetti & Moyle 2001). 따라서 인위적인 교란은 (댐의 축조 그리고 상응하는 흐름 패턴의 변화) 실제로 특정한 기간 그리고 특정한 환경 조건 동안에 토착종에 유리하다.

5.4 교란 요인으로서의 농업과 도시화

소규모의 독성물질의 방류, 댐에서 물의 방류, 혹은 초지의 풀베기와 같은 경우에서처럼 인위적인 교란은 때로 기간이 짧고 자주 발생한다. 위에서 살펴본 바와 같이 이들 교란들은 비 토착종들의 정착에 예측 불가능한 영향을 주고 있다. 그러나 대부분의 인위적인 교란은 오래 지속되는 장기간의 영향을 주고 있다. 이러한 좋은 예로는 (i) 비료 공급 혹은 화학 살충제 사용과 같은 농업의 좀더 지속적인 구성원, (ii) 댐과 도로 건설, 그리고 (iii) 주택 혹은 건물 축조 등이 포함된다. 이러한 교란은 보통의 자연적 교란 사건들의 범주 밖에 있기 때문에 흔히 "외생적" 교란이라고 한다. 따라서 이러한 교란이 발생하는 기회에 반응하도록 진화한 자연적인 종들은 일반적으로 거의 없다. 이러한 인위적인 교란의 장기간의 영향은 생태적 현장을 충분히 변화시킬 수 있으며, 흔히 경쟁적 상호작용을 토착종에서 이러한 "광란의 새로운 환경"에서 살아남을 수 있는 비 토착종에게 유리하게 한다. 이러한 새로운 환경을 형성할 수 있는 다양한 인위적인 교란이 있다. 이중 가장 잘 연구된 두 가지는 농업의 오래 지속되는 효과와 도시화의 다차원적인 효과이다.

5.4.1 농업과 침입

Myster (2004)는 교란된 기타 토지와 방치된 경작지를 구분하는 4가지의 "작물 징후들"을 설명하였다. 첫째, 광대한 근계를 가지며, 줄기에 대한 뿌리의 비가 큰 작물은 경작이 끝난 후에도 오래 지속된다. 이것은 방치된 건초용 풀밭에서 특히 보편적인데, 건초용 벼과식물을 단순히 베어내지 않고 그대로 남겨두면 오랫동안 지속된다 (Myster & Pickett 1994). 이것은 폐기된 감귤 혹은 견과류 과수원 내에서도 흔히 볼 수 있는데, 최근에 도시화 된 지중해성 기후에 살고 있는 사람이라면 누구라도 이를 입증할 수 있다. 이 종들은 교란이 발생한 후에 정상적으로 "이용 가능한" 토양의 영양염류 함량, 토양 안정성, 그리고 기타 요인들에 강한 영향을 줄 것이다. 둘째, 작물의 뿌리로부터 나오는 삼출액은 농작물이 제거된 후에도 오랫동안 남아있을 수 있다. 이들 삼출액은 낙엽의 화학적 특성을 변화시키고, 균류, 토양 미생물, 분해자, 그리고 종자 포식자 군집 구성을 변화시킨다. 셋째, 대부분의 농경지 잡초는 농부들이 토지를 방치한 후에도 지속될 것이다. 전부는 아니지만 이들 잡초들의 대부분은 비 토착종들이다. 따라서 폐기된 농경지는 이미 잘 정착되어 있는 비 토착성 식물들을 종류별로 구비하고 있게 된다. 넷째, 비료와 제초제를 꾸준히 사용하는 것은 부수적인 비 생물적 그리고 생물적 영향을 발생시킨다. 비 생물적 영향에는 비교적 높은 수준의 인과 질소가 포함된다. 생물적 영향은 일부 미생물과 곤충의 수도가 낮아진다는 것이다.

농작물에 의한 이러한 징후들은 대부분의 토착종들이 이용할 수 없는 환경 변화를 충분히 유발할 수 있다. 많은 넓은 지역이 농업생산을 위해 농경지로 전환되었고, 현재는 이들 농경지가 폐기되어 있다면, 비 토착성 종의 정착에 대한 농업의 긍정적인 영향은 흔히 경관 전역에 걸쳐 관찰된다. 예를 들어, 푸에르토리코의 섬은 1492년에 유럽인들에 의해 식민지화가 될 당시에 거의 완전히 삼림으로 덮여있었다 (Lugo 2004). 유럽의 식민지가 된 이후 광범위한 벌목이 이루어졌고, 벌목된 지역의 많은 부분이 농경지로 전환되었다. 1940년대에는 원래 삼림의 6%만이 남게 되었다. 20세기 후반부에 이들 농경지의 대부분이 폐기되었다 (Fig. 5.7). 이들 토지들은 단단하게 다져진 토양과 낮은 비옥도를 가진 덥고 건조한 지소들로 특징 지워졌다 (Lugo, 2004). 비록 푸에르토리코에 토착성인 교목 종들이 허리케인, 홍수, 그리고 산불에 의해 생산된 자원 유입을 이용하도록 적응되었지만 이들 중 어느 종도

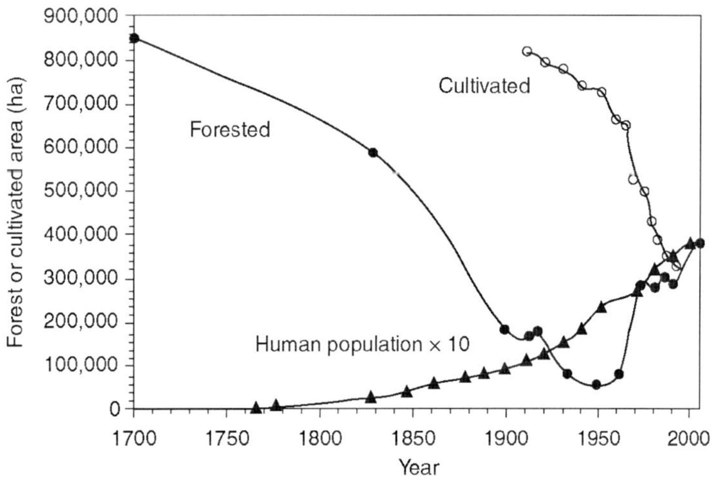

Fig. 5.7 1700년에서 2000년 사이에 푸에르토리코에서 삼림 피도와 사용 중인 농경지의 변화. 삼림 피도는 섬에서 농업이 성장함에 따라 급격히 감소하였다. 1900년대 후에 인구가 급증함에 따라 농업은 서서히 감소되었다. 폐기된 농경지에는 삼림이 다시 형성되었는데, 이들 삼림들은 비 토착성 교목들에 의해 우점되었다.

이전의 농경지 내에 형성된 조건에서 생존할 수 없었다. 수입된 비 토착성 교목은 농업이 쇠퇴함에 따라 이들 경작지에 정착할 수 있는 다양한 비 토착성 종의 공급원 역할을 하였다. 시간이 지남에 따라 천이 과정이 이들 지소들의 구성을 변화시켰지만 이들 비 토착성 교목들은 지속되어 오늘날 우점종으로 남아있다. 흥미로운 것은 이들 삼림이 많은 토착성 초본식물로 구성된 건강한 하층식생을 가지고 있다는 점이다. 따라서, 푸에르토리코에서 폐기된 농경지를 이용할 수 있는 비 토착성 종의 능력은 삼림의 하층을 구성하는 일부 토착성 종들을 보존하는 역할을 하고 있다.

이러한 현상은 다른 유사한 조건을 가진 지역에서는 사실이 아닐 수 있으며, 푸에르토리코의 경우도 마찬가지이다. 비 토착성인 cayeput tree (*Melaleuca quinquenerva*, Australian paperbark로도 불림)는 홍수가 발생하거나 불에 탄 폐기된 농경지에 이입될 수 있다. 사실, 푸에르토리코에서 이러한 조건에 견딜 수 있는 것은 토착종 혹은 비 토착종을 막론하고 이것이 유일한 교목 종이다. 따라서 이 종은 이들 3가지 교란들이 상호작용을 하는 곳에서는 순림을 형성하는 경향이 있다. 미국의 플로리다 남부에서도 같은 일이 일어나고 있다 (Serbesoff-King 2003). 플로리다에 비 토착성 침입 교목인 브라질 후추나무 (*Schinus terebinthifolius*)도 생태학적으로 탁월한 습지생태계인 에버글레이즈의 폐기된 농경지 내에서 밀집된 순림을 형성한다. 20세기 초반에 그곳의 토심을 증가시키기 위해 석회암 암반을 파쇄한 것을 토양에 첨가한 농부들에 의해, 그 다음 채소 생장을 돕기 위해 지속적인 비료 사용에 의해 에버글레이즈의 생태 현장은 변화되었다. 암반을 파쇄한 물질을 첨가한 토지의 토양에서 이용 가능한 영양염류는 경작이 되지 않은 토양에 비해 토양의 인산 농도를 3배로, 아연을 6배로, 그리고 구리를 10배로 증가시켰다 (Li & Norland 2001). 이러한 조건들은 그러한 영양염류 혜택을 신속하게 이용할 수 있는 종들에게 크게 유리하였다. 그러나 브라질 후추나무는 이러한 영양염류가 풍부한 환경에서 다른 종들과의 경쟁에서 이긴다 (Li & Norland 2001). 최종 결과는 에버글레이즈 내의 이들 폐기된 농경지에서 거의 순림에 가까운 브라질 후추나무림이 형성된다.

5.4.2 도시화와 침입

도시화는 비 토착종에 대한 효과 측면에서 농업과 유사한 징후를 가지고 있다. 비 토착종의 풍부도가 도시화의 수준에 따라 증가한다는 것을, 혹은 인구밀도와 상관이 있다는 것을 보여주는 많은 문헌들이 있다 (예를 들어, Holway 1995; Vila & Pujadas 2001; Kennard et al. 2002). 예를 들어, Fig. 5.2에 나와 있는 결과들은 캘리포니아에서 비 토착성 어류가 도시화와 연관되어 있음을 강력하게 제시하고 있다 (Marchetti et al. 2004a). 좀더 광범위한 수준에서, McKinney (2001)는 비 토착성 식물과 어류 다양성이 비교적 인구가 더 밀집된 미국의 주에서 더 높다는 것을 알았다. 상관관계는 어류에 비해 식물에서 훨씬 강하였는데, 이것은 비 토착성 어류가 흔히 스포츠 혹은 낚시의 질을 증가시키기 위해 미국의 수계에 운반되고 방출되었다는 사실을 반영하는 것이다. 이러한 어류의 방류는 인구가 밀집된 주에서 필연적으로 일어날 필요는 없었다. 그러나 많은 식물 종들의 운반과 방출은 인구의 크기와 그 다음 주택이나 건물 주변에 원예 혹은 장식용 조경(녹화)의 선호도 증가에 따라 증가한다. 더구나 McKinney (2001)는 대개 같은 이유로 미국의 주 내에서 유럽인들의 정착 기간이 비 토착성 식물의 풍부도와 상관관계가 있지만 어류 풍부도와는 상관이 없음을 알았다. 비 토착종 수의 생물지리적 패턴에서 McKinney (2001)는 미국에서 면적이 작은 주들은 큰 주들에 비해 비 토착성 식물을 더 많이 보유하는 경향이 있음을 알았다 (즉, 주의 면적은 비 토착성 식물의 풍부도와 상관이 없었다.). 미국에서 작은 주들은 사람들의 정착 역사가 더 길고, 비 토착종의 풍부도에 대한 정착 시간의 영향이 면적의 효과보다 더 중요하다 (McKinney 2001).

McKinney (2001)의 결과는 인구밀도와 비 토착종 풍부도 사이에 자주 발견되는 상관관계에 중요한 경고를 제기하고 있다. 사람의 정착은 분명히 새로운 교란 체제를 형성하는데, 흔히 토양을 다져지게 하고 비옥하게 하며, 수문학적 체제를 변화시킨다. 이들 조건들은 모두 교란으로 정의될 수 있으며, 비 토착종의 정착을 용이하게 할 수 있다. 그러나 사람은 교란 체제를 변화시키는 것과 동시에 생식체 압력 (제 4장)을 증가시킨다. 이들 힘 중 어느 것이 인구밀도와 비 토착종의 정착 사이의 상관관계를 유발시키는지를 밝히는 것은 어려운 일이다. 동일한 문제가 도로, 철도, 오솔길, 그리고 기타 형태의 서식처 분획이 어떻게 비 토착종의 풍부도를 증가시키는지를 이해하는데 우리를 어렵게 만든다 (예를 들어, Forman & Deblinger 2000; Jesson et al. 2000; Gelbard & Belnap 2003). 이러한 동일한 동태가 농업에 의한 교란에서와 마찬가지로 강력한 역할을 하고 있다. 제 2, 3, 그리고 4장에서 설명한 것처럼, 확산된 많은 침입성 식물들은 작물 종자 속에 오염물질로 전 세계로부터 운반되어 진다. 이와 유사하게, 많은 곤충 침입종들은 농작물의 해충으로 도착한 다음 토착 생태계에 확산된다. 이러한 모든 경우에서 사람에 의한 교란은 침입 성공을 증가시키기 위해 생식체 압력과 상호작용을 한다.

5.5 생물적 교란

교란과 침입 사이의 상호작용에 관한 또 하나의 시각은 비 토착종 그 자체를 "교란"으로 간주하거나 혹은 교란 체제를 변화시키는 인자로 간주하는 것이다. 이러한 시각은 침입종 생태학 연구에서 다소 간과되어 왔는데, 그 이유는 비 토착종의 정착이 교란을 유발시키는지 (혹은 교란 체제의 변화), 혹은 교란에 대한 하나의 반응인지 (혹은 변화)를 구분하기가 어렵기 때문이다 (Mack & D'ntonio 1998). 이러한 문제는 비 토착종들이 생태계에서 일어나는 변화의 "운전자(주도자)"냐 혹은 "승객"이냐를 묻는 MacDougall과 Turkington (2005)에 의해 적절히 요약되어 있다. 위 부분에서는 비 토착종들은 일반적으로 버스의 승객들로 간주되었다. 여기에서 우리는 비 토착성 종들을 버스의 운전자(주도자)로 간주한다.

이러한 관점은 우리들로 하여금 생태계 시각에서 비 토착종의 영향에 대하여 생각하도록 한다. 일부 종들은 일반적으로 군집 혹은 생태계 성질들에 특별히 강력한 혹은 조절하는 영향력을 발휘하는 것으로 간주되고 있다 (Power et al. 1996). 이러한 영향력이 시스템에서 그 종의 생물량과 균형을 이루지 않을 때 생태학자들은 이들 영향력 있는 종들을 "핵심종"이라고 분류하는데 (비록 이 용어는 보존생태학에서 모호하게 사용되기 때문에 일부 논쟁을 불러일으키지만), 그 이유는 이들이 전체 종들을 유지시키는 중요한 역할을 하기 때문이다 (D'Antonio & Vitousek 1992; Power et al. 1996). 영향력이 그 종의 수도 혹은 생물량과 균형을 이루지만 생태계 혹은 군집의 특성들을 근본적으로 변화시키면, 이들 종들을 흔히 생태계 공학자 (생태계 조절자)들 이라고 부른다 (Jones et al. 1994; Brown 1995b; Jones et al. 1997). 우리는 흔히 침입종들을 변화의 함축성 때문에 생태계 조절자로 생각하지만, 이러한 유형의 종들이 군집에 종을 첨가하거나 혹은 군집으로부터 종을 제거할 때 그 결과는 종 구성에서 근본적인 변화를 유발하는 것이다. 이러한 유형의 침입은 자연 생태계에 심각한 위협이다 (D'Antonio & Vitousek 1992). 실제로, 만약 비 토착종들 그 자체가 교란으로 작용할 수 있다면, 그들은 양의 피드백 고리를 가진 자체 영속적인 시스템에서 다른 비 토착종들의 침입을 잠재적으로 용이하게 할 수 있다. 이와같은 침입종들 사이의 긍적적인 상호작용은 다른 침입종들의 정착, 확산, 혹은 영향력을 향상시키는 침입성 용융 시나리오 (invasional meltdown scenario)를 초래할 수 있다 (제 6, 8, & 9장 참조).

Mack와 D'Antonio (1998)는 비 토착종들을 생태적 변화의 "주도자"로 분명하게 분류한 58개의 연구들을 찾아냈다. 이들 연구들은 세계 전역에서 수행되었고, 식물과 동물, 그리고 수중과 육상생태계를 포함하고 있다. 이들 문헌으로부터 저자들은 비 토착종들의 영향을 두 가지 그룹으로 구분하였는데, (i) 교란의 물리적 혹은 생물학적 측면을 변화시킨 것들,

그리고 (ii) 교란에 대한 생물상의 반응을 변화시킨 것이다. 우리는 아래에서 이들 각각을 간단하게 살펴보도록 한다.

5.5.1 교란 체제를 변화시키는 비 토착종

일부 침입종들은 교란의 물리적인 힘 혹은 물리적 요인들을 변화시킬 수 있다. 예를 들어, 벼과식물의 침입은 산불의 강도, 산불의 빈도, 혹은 이들 모두를 변화시켜 그 지역의 산불 체제를 심각하게 변화시킬 수 있다 (Box 5.2 참조). 앞에서 언급한 것처럼 위성류 (*Tamarix* spp.)는 물의 이용도와 토양 염분도를 변화시킬 수 있지만 수로를 건조시켜 (Vitousek 1990), 혹은 제방에 밀집되어 물의 확산을 감소시켜 홍수를 변화시킬 수도 있다 (Busch & Smith 1995; Di Tomaso 1998). 물리적 교란 힘의 변화는 지형학적인 과정들을 통해 발생할 수도 있다. 남아프리카에서 침입성 수변림 교목인 *Acacia mearnsii*는 물 흐름이 많은 동안에 뿌리채 뽑혀 하천 제방의 침식을 증가시킨다. 이러한 교란은 노출된 하천 제방에 다른 비 토착종의 신속한 정착을 유도한다 (Mack & D'Antonio 1998). 비 토착종들은 지형학적 과정들을 안정화 시킬 수 있으며, 교란의 정상적인 경로를 방해한다. 광대한 근계를 가진 벼과식물들은 산록, 채광 지소, 교란된 지역, 그리고 사구를 안정화 시킬 수 있다. 예를 들어, 침입성인 유럽의 비치 그라스(beach grass, *Ammophila arenaria*)는 호주, 뉴질랜드, 그리고 북미에서 사구 형성을 변화시키는 것으로 알려져 있다 (Mack & D'Antonio 1998).

Box 5.2 산불 현장

교란과 침입 사이의 상호작용에 관한 좀더 잘 연구된 것 중의 하나는 특정한 비 토착성 식물과 변화된 산불 체제 사이의 연관이다 (D'Antonio & Vitousek 1992). 벼과식물은 목본성 조직에 비해 부피에 대한 표면적의 비가 매우 높다. 이들의 생활형은 불에 잘 타는 죽은 물질이 서 있도록 하며, 그 결과 목본성 조직에 비해 광범위한 조건 하에서 불에 탈 수 있다 (D'Antonio & Vitousek 1992). 불이 나기 쉬운 지역에 비 토착성 벼과식물이 정착하는 것은 자연적 산불 체제의 빈도를 증가시킬 수 있는 벼과식물/산불 순환을 시작하게 할 수 있으며, 따라서 이들 산불의 강도를 감소시킨다. 흔히 비 토착성 벼과식물은 토착종들에 비해 산불 후 더 신속하게 회복될 수 있으며, 그 결과 이러한 순환을 더욱 강화시킨다 (D'Antonio &Vitousek 1992; Mack & D'Antonio 1998). 이러한 효과는 하와이, 북서아메리카, 중앙아메리카와 남아메리카, 호주, 그리고 남아프리카에서 입증되었다 (D'Antonio & Vitousek 1992).

Brooks 등 (2004)은 산불 체제에 대한 비 토착성 종의 영향에 관한 최근의 광범위한 고찰에서 산불의 빈도, 강도, 공간적 규모, 그리고 계절성을 변화시키는 비 토착종의 많은 예들을 제시하고 있다 (Table 5.2). 산불 체제에 큰 영향력을 가지고 있는 비 토착종들은 그들이 이입되는 생태계에

CHAPTER 5

게 새로운 요소들이다. 산불과 관련하여 특히 중요한 성질들은 식물 조직의 수분 함량과 화학적 구성이다 (Brooks et al. 2004). 이들 두 가지 요소들은 흔히 산불 연료물질의 성질들을 증가시키는데 기여하고 산불의 빈도, 강도 혹은 계절성을 변화시킨다. 비 토착성 식물이 성장하는 방법은 또한 연료의 성질들을 변화시킬 수 있다. 식생의 수관층 내부로 수직으로 성장하는 비 토착성 식물은 (즉, 덩굴성 식물) 흔히 이전에 존재하지 않던 산불이 타 올라가는 "사다리" 역할을 한다. 수관층 사이의 이러한 연결은 자연 조건 하에서는 불이 거의 옮겨갈 수 없는 수관층으로 불이 확산되는데 기여한다. 유사한 방법으로, 서식처의 넓은 공간을 점유하고 동일한 밀도로 자라는 비 토착성 식물들은 산불의 공간적 범위를 현저히 증가시킬 것이다. 이들 요인들 각각은 연료물질의 부하를 감소시키고 혹은 연료물질의 연속성을 감소시켜 반대로도 작용할 수 있다 (Fig. 5.8). 산불의 빈도, 강도, 그리고 공간적 범위의 감소는 마찬가지로 토착종들에게 지대한 영향을 줄 수 있다 (Brooks et al. 2004).

Table 5.2 비 토착성 식물이 연료물질과 산불 체제 성질을 변화시키는 방법들

변화된 연료물질 성질	산불체제 성질	예
내적인 연료물질 성질		
식물조직의 가연성 증가	산불빈도와 강도 증가, 그리고 산불활동의 연간 관찰기회 증가	북미의 *Eucalyptus* spp.
식물조직의 가연성 감소	산불빈도와 강도 감소, 그리고 산불활동의 연간 관찰기회 감소	유럽의 *Opuntia* spp., 아프리카의 *Acacia saligna*
외적인 연료물질 성질		
연료물질 부하량 증가	산불 강도 증가	남태평양의 *Andropogon virginicus*, 북미의 *Melaleuca quinquenervia*
수평적 연속성 증가	산불 빈도와 범위 증가	호주의 *Cenchrus ciliaris* 남미의 *Hyparrhenia rufa*
수평적 연속성 감소	산불 빈도와 범위 감소	호주의 *Mimosa pigra*, 북미의 *Schinus terebinthifolius*
수직적 연속성 증가	지표화에서 수관화로	호주의 *Cryptostegia grandiflora*, 아프리카의 *Chromolaena odorata*
수직적 연속성 감소	수관화에서 지표화로	북미의 *Bromus* spp. & *Avena* spp.
충전물 비의 변화	산불 빈도, 강도의 변화, 그리고 산불활동의 연간 관찰기회 변화	아프리카의 *Acacia saligna* & *Hakea sericea*, 북미의 *Sapium sebiferum*

출처 Brooks et al. 2004.

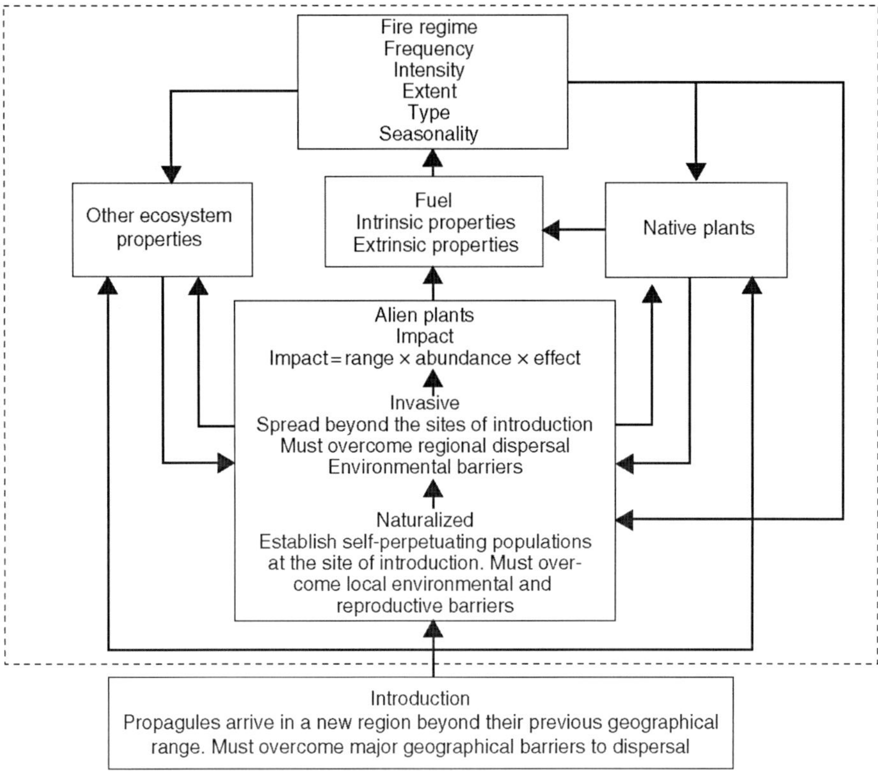

Fig. 5.8 비 토착성 식물-산불 체제 순환. 이 책에서 사용된 침입 과정 모델이 어떻게 순환에 작용하는지를 주목하라. 산불에 대한 반응과 관련하여 새로운 성질들을 첨가하는 경향이 있는 비 토착종들은 산불 체제가 변화할 수 있기 전에 시스템 내로 이입되어져야 한다. 일단 이입되면, 이러한 종들은 다양한 기작을 통해 산불 순환에 영향을 준다.

산불의 빈도, 범위, 혹은 강도를 증가시키는 비 토착성 식물들에 초점을 맞추는 것이 더 일반적이지만, 이들 변수들을 감소시키는 침입종들도 있다. 산불 체제에서 이러한 변화는 토착식물들에게는 불리하고, 산불로 인해 억제되는 침입종들의 재생 혹은 정착에 유리할 수 있다. 생태계에 대한 이러한 변화와 함께 침입종에 의해 조절되는 산불 순환은 다른 비 토착종들의 정착에 유리할 수 있고, 따라서 침입과 산불의 순환을 유도한다 (Brooks et al. 2004). 이러한 순환을 깨는 문제가 토지 관리자들의 고민거리이다. 어디에서부터 시작할 것인가? 식물을 제거해야 하는가? 산불을 관리해야 하는가? 아니면 이 둘을 모두 해야 하는가?

Brooks 등 (2004)은 3가지 기준을 근거로 상황을 평가하는 것을 제안하였다. 첫째, 정착한 비 토착성 식물 (혹은 식물들)이 산불을 촉진시키는 것인지 아니면 산불을 억제시키는 것인지를 평가한다. 둘째, 침입성 식물-산불 순환을 파괴하여 보호될 수 있는 토착 서식처가 아직도 존재하는 지를 결정한다. 셋째, 여전히 존재하는 토착종 풀(pool)의 범위를 결정한다. 이러한 토착종 풀은 자연적 산불 체제를 포함하여 자연 식물군집의 복원 혹은 재생을 위한 공급원으로 개발되어 질 수 있다. 그 다음 연료물질의 구조를 변화시키는 비 토착성 식물들의 박멸 혹은 감소를 시작하고, 연료물질을 억제 혹은 증가시킬 수 있으며 비 토착종과 성공적으로 경쟁할 수 있는 종을 정착시키고, 기계적으로 연료물질의 연속성을 파괴하거나 연료물질의 가연성을 증가시켜 연료물질의 부하를 변화시키는 활동을 통한 관리가 진행된다. 흔히 이 방법들은 처방된 불의 사용과 협동으로 사용되어질 필요가 있다. 예를 들어, 인력으로 (혹은 화학적으로) 산불 억제자들을 제거하고, 가연성 증가를 위해 연료물질 부하를 관리하고, 그리고 식물군집을 좀더 자연적인 구성으로 돌려놓기 위해 주기적으로 생태계에 산불을 재 이입시키는 것들이 일반적으로 필요하다.

일부의 경우에, 침입성 식물–산불 순환이 식물군집을 너무 크게 변화시켜 침입 이전의 상태로 돌아오는 것이 불가능한 경우도 있다. D'Antonio 등 (2000)은 하와이의 토착성 열대 건조림이 침입성 벼과식물–산불에 의해 변화되어 일부 지역에서는 삼림 종들이 완전히 사라져버렸다는 것을 알았다. 이들 경우에서는 두 가지 선택이 있다. 첫째, 관리자들은 비 토착종들이 지속될 것이며, 토착종들의 조합이 매우 새로울 수 있음을 받아들이면서 가능한 많은 토착종들이 존재하는 식물군집을 형성할 수 있다 (Brooks et al. 2004). 둘째, 관리자들은 연료물질의 연속성 혹은 가연성과 같은 침입성 식물–산불 순환의 일부 측면들을 상쇄시키는 또 다른 비 토착성 식물을 이입시킬 수 있다 (Brooks et al. 2004). 분명히 이 마지막 선택은 선의의 관리가 하나의 침입성 식물의 문제를 다른 침입성 식물의 문제로 교체할 수 있기 때문에 조심스럽게 접근해야 한다.

침입성 식물–산불 순환의 악영향을 처리하기 위한 아마도 가장 효율적인 방법은, 첫 번째로 산불 체제를 변화시킬 수 있는 종의 이입을 막는 것이다. 비 토착성 식물의 비용 그리고 관리가 성공적일 확률은 침입 과정이 종의 운반으로부터 정착 그리고 확산으로 진행됨에 따라 극적으로 변한다 (Fig. 5.8). 우리는 제 12장에서 운반과 방출 단계에서 비 토착종의 문제를 확인하기 위한 몇 가지 방법들을 살펴보겠지만, 여기에서는 이들 방법들의 대부분이 비 토착성 식물이 산불 체제를 변화시킬 가능성을 특별히 고려하지 않는다고만 말해두자. 만약 이입을 막는 것이 답이 되지 않을 수 있다면, 그러면 확실히 비 토착성 식물이 갖는 알려진 문제들을 조기 탐지하고 박멸하는 것이 토지 관리자들을 위해 비용이 적게 들고 더 성공적임을 입증할 것이다. 그러나 토지 관리자들이 접근할 수 있고 기여할 수 있는 정보 망의 발달이 아직은 초기단계에 머물러 있다.

5.5.2 그 자체가 교란이 되는 비 토착종

침입종 자체가 때로 교란의 강력한 요인으로 작용할 수 있다. 이것은 흔히 방목 혹은 주둥이로 땅을 헤집는 포유동물로 인해 발생한다. 예를 들어, 야생 동물의 대형 개체군들 (염소, 양, 가축, 물소)은 토양 교란, 강력한 초식 기간, 그리고 변화된 산불 순환에 기여할 수 있다 (Mack & D'Antonio 1998). 이러한 효과들은 동물의 침입을 막기 위해 울타리로 둘러막은 지소를 이용하여 비교적 쉽게 볼 수 있다. Kotanen (1995)은 캘리포니아 초지에서 야생 돼지 (*Sus scrofa*)의 영향을 조사하기 위해 이 방법을 사용하였다. 야생 돼지는 유럽의 식민지 개척자들에 의해 북미에 이입되었고, 토양을 뒤집고 뿌리를 파내어 캘리포니아 초지와 해안 관목군집들을 변화시켰다. Kotanen (1995)은 돼지들이 연간 토양의 약 8%를 뒤엎어 구덩이와 흙무덤의 모자이크를 생성한다는 것을 알았다. Kotanen (1997)이 자연적 그리고 실험적으로 돼지의 식물뿌리 뽑기의 효과를 조사할 때, 그는 이들 교란들이 토양 온도를 변화시키고, 토양 영양염류의 이용도를 증가시키는 것을 주목하였다. 교란된 지소에 정착하는 종들은 토양의 질 그리고 자원 이용도에 대한 효과 때문에 교란 유형에 따라 달랐다. 전체적으로 교란은 토착종과 비 토착종 모두에서 일년생 종의 수도와 다양성을 증가시켰는데, 비 토착성 1년생 벼과식물 쪽으로 치우치는 경향이 있었다.

비 토착종의 첨가에 의해 새로운 교란 요인이 발생되는 매우 일반적인 시나리오는 방목이다. 방목 체제의 변화는 여러 가지 방법으로 나타날 수 있다. (i) 이전에 방목되지 않았던 지역에 초식동물을 이입시켜, (ii) 생태계에 새로운 방목 동물을 이입시켜, 그리고 (iii) 방목압의 수준을 변화시켜, 혹은 장기간의 방목 역사를 가진 생태계로부터 방목활동을 제거하여 변화시킬 수 있다 (Hobbs & Huenneke 1992). 예를 들어, 방목하는 동물들은 많은 초지 생태계에서 중요한 구성원이다. 그러나 초지에서 가축의 방목은 자연적인 방목 체제를 변화시키고, 토착 식물종의 소실뿐만 아니라 비 토착성 식물의 풍부도를 증가시키는 것과 연루되어 있는 것으로 여겨지고 있다 (Hobbs & Huenneke 1992).

Kimball과 Schiffman (2003)은 캘리포니아의 Carrizo Plain의 초지에서 수행된 최근의 연구에서 이 과정을 조사하였다. 연구자들은 방목된 지역과 방목이 되지 않은 지역에서 식물의 피도치 (토착식물과 비 토착식물)를 비교하였고, 현장과 실험실에서 풀을 절단하여 방목을 모의하는 실험구들을 만들었다. 방목된 지역과 방목이 되지 않은 지역에서 식물 피도의 비교는 방목된 지역 (각각 57%에서 79%)에서 토착종 다양성의 감소뿐만 아니라 비 토착종의 피도가 현저히 증가하는 것으로 나타났다 (Kimball & Schiffman 2003). 방목을 모의한 그들의 실험 결과에 의하면 토착종들은 절단에 의해 부정적인 영향을 받았고 반면에 비 토착종들은 (주로 유럽의 벼과식물인 *Erodium cicutarium*과 *Bromus madritensis*) 대부분 영향을 받지 않는 것으로 나타났다. 이러한 상황에서 방목이 토착종들을 희생시키고 비 토착종들에게 유리하다는 사실은 군집의 최근 진화적 역사에서 토착성인 방목동물의 떼가 사라진 때문이라고 믿어지고 있다 (Kimball & Schiffman 2003). 이러한 결과와 설명은 복원과 교란에 관한 부분의 방목에 관한 설명에서 우리가 이전에 언급한 예들과는 사실상 다르다는 것을 주목해야 한다 (Marty 2005). 이러한 차이는 쌍자엽식물의 새순을 먹는 초식동물 (browsers)과 벼과식물의 잎을 먹는 초식동물(grazers)에 의한 초식으로 인한 상이한 진화적 압력으로부터 나올 수 있다.

5.6 지구의 기후변화와 비 토착성 종

대부분의 생태학자들은 대기 중에 온실기체의 첨가에 대한 반응, 특히 이산화탄소의 증가 때문에 기후가 따뜻해지고 있다는 데에 의심의 여지가 없다 (Hansen et al. 2005; Root et al. 2005). 대기 중의 이산화탄소의 양은 산업혁명 전의 약 280 ppm에서 1997년에 370 ppm으로 시간에 따라 지수 함수적으로 증가하였다 (Fig 5.9; Weltzin et al. 2003a). 대기 중의 이산화탄소 양은 앞으로도 계속 증가할 것으로 예측되며, 일부 예측치들은 21세기 말경에 이산화탄소 농도가 540~570 ppm에 이를 것으로 추정하고 있다 (Weltzin et al. 2003a).

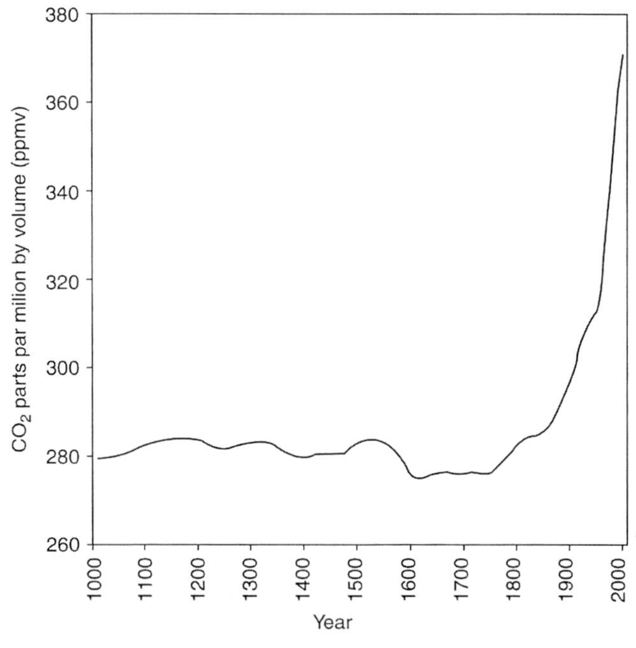

Fig. 5.9 남극대륙의 빙하에서 뽑아낸 얼음 채취 샘플에 들어 있는 공기방울의 이산화탄소 측정으로부터 나온, 그리고 하와이, Mauna Loa에서 1958년 이후 대기 중 이산화탄소 실측치로부터 나온 지난 1,000년 동안의 대기 중 이산화탄소 수준.

비록 생태학자들이 기후 변화와 침입종에 관한 연구를 대개 독립적으로 수행하였지만 (Weltzin et al. 2003a), 그 결과들은 침입종 생태에서 교란의 역할에 관하여 우리가 설명한 내용과 뚜렷하게 일치하고 있다. 우리가 위에서 설명한 것처럼 교란은 종들이 성장하고 생식하는 환경 조건을 변화시킨다. 기후변화도 비 토착종들의 환경 조건을 변화시킨다. 농업 활동이 토양을 비옥하게 만드는 것과 같은 방식으로 대기 중 이산화탄소와 질소 증가는 탄소와 질소의 이용도를 근본적으로 증가시키며, 온도와 식물의 수분 이용도를 변화시킨다 (Dukes & Mooney 1999; Dukes 2000). 이러한 모든 요소들은 물론 식물의 생장에 중요하며, 식물군집들의 변화는 그것에 의존하는 동물과 균류와 같은 다른 종들을 변화시킬 것이다.

대기 중의 이산화탄소는 육상식물의 중요한 탄소원이며, 광합성 과정을 통해 고정된다. Weltzin 등 (2003a)은 모든 식물들은 증가된 이산화탄소에 반응하여야 하지만 모든 식물들이 같은 방식으로 반응하는 것은 아니라고 주장하고 있다. 대기 중의 이산화탄소가 육상식물의 중요한 탄소원이고, 광합성을 통해 고정되기 때문에 증가된 이산화탄소에 대한 식물의 반응은 그들의 광합성 경로와 광합성 생리에 의해 중재되어야 한다 (Weltzin et al. 2003a). 일반적으로 C_3 광합성 경로는 육상식물들 사이에 더 일반적이며, 이러한 C_3 광합성 경로를 갖는 식물들은 증가된 탄소 이용도에 대하여 긍정적으로 반응하는 경향이 있다. C_4 광합성 경로에 의해 탄소를 고정하는 식물들은 이산화탄소 증가에 대하여 좀더 다양하고 예측 불가능한 반응을 보이는 경향이 있다 (Reynolds 1996). 이것은 C_4 광합성 경로가 이산화탄소를 포집하는데 더 효율적이기 때문이며, 따라서 이들 종들의 광합성이 현재 이용 가능한 탄소의 부족에 의해 제한을 받는지는 분명하지 않다. 증가된 이산화탄소 조건 하에서 성장한 토착식물과 비 토착식물의 성취도 (평균 무게)를 직접 비교한 연구들 중 하나에서 Dukes (2000)는 두 그룹이 모두 긍정적으로 반응한다는 것을 알았고, 토착식물과 비 토착식물들 사이에 생장률의 증가 크기 사이에 통계적으로 유의한 차이는 없었다. Daehler (2003)의 연구 결과를 반복하여 Dukes (2000)는 비 토착성 식물 그룹이 증가된 이산화탄소에 필연적으로 더 강력하게 반응할 것이라고 주장할 아무런 증거가 없음을 알았으며, 모든 식물들은 우리가 그들에게 부여하는 "침입" 상태와 무관하게 이산화탄소 증가에 반응할 것이다.

증가된 대기 중의 이산화탄소는 지구의 기온과 수온을 변화시키는 간접적인 효과를 가지고 있다 (즉, 지구 온난화). 그러나 예측된 온도 변화는 증가된 이용 가능한 탄소와 질소의 직접적인 효과에 비해 공간적으로 훨씬 더 다양하다. 비 토착종의 확산에 대한 온난화의 영향은 대부분 장기적인 자료의 조시를 통해 이루어 졌고, 그 결과들은 따뜻해진 기후가 이미 비 토착종의 분포에 변화를 촉진시켰음을 보여주고 있다. 예를 들어, 미국 뉴잉글랜드의 난바다의 해수는 지난 25년에 걸쳐 평균 온도가 증가하였다. 중요한 것은 연간 최고온도와 최저온도도 변하였다. Stachowicz 등 (2002b)은 1년의 전 기간 동안 미국 뉴잉글랜드 해안에서 물에 잠겨있는 4각형의 판 위에 붙는 고착성 해양 무척추동물의 종 구성을 조사하였다. 그들은 이 과정을 10년 동안 반복하였고, 여기에서 얻은 정보를 같은 기간 동안의 평균 수온 및 수온 범위와 비교하였다. 최저온도 증가의 효과는 이들 물에서 어떤 종이 (토착종 그리고 비 토착종) 생존할 수 있는 지를 결정하는데 더 중요한 요소가 되는 것으로 보였다 (Stachowicz et al. 2002b). 뉴잉글랜드 난바다의 겨울 온도는 -1℃ 이하로 내려갈 수 있으며, 이러한 극단의 온도는 4각형의 판 위에 생존할 수 있는 종을 결정하는 강력한 생물학적 여과장치이다.

Stachowicz 등 (2002b)은 더 따뜻한 기간 동안에 토착종들보다 일찍 3종의 비 토착성 멍게 (ascidians) 그룹이 4각형의 판에 부착하는 경향이 있음을 보고하였다 (Fig. 5.10). 연구자들은 몇 가지 요인들이 이들 종들이 보충되는 초기 시기를 넘어 이들 종들의 보충에 영향을 줄 수 있다고 지적하였다. 수온의 장기간의 영향을 조사하기 위해 그들은 토착종과 비 토착종의 연간 전체 보충 (즉, 매년 4각형의 판 위에 정착한 각 종의 전체 수도)을 계산하였다. 연간 전체 보충은 비 토착종의 경우 겨울의 평균 온도와 양의 상관이 있었다. 그러나 토착종의 경우 음의 상관을 보였다 (Fig. 5.11). 이러한 결과는, 뉴잉글랜드의 해양 군집들이 만약 연간 겨울의 최저 수온이 계속 증가한다면 비 토착종들이 우점하는 쪽으로 변할 수 있음을 제시하는 것이다.

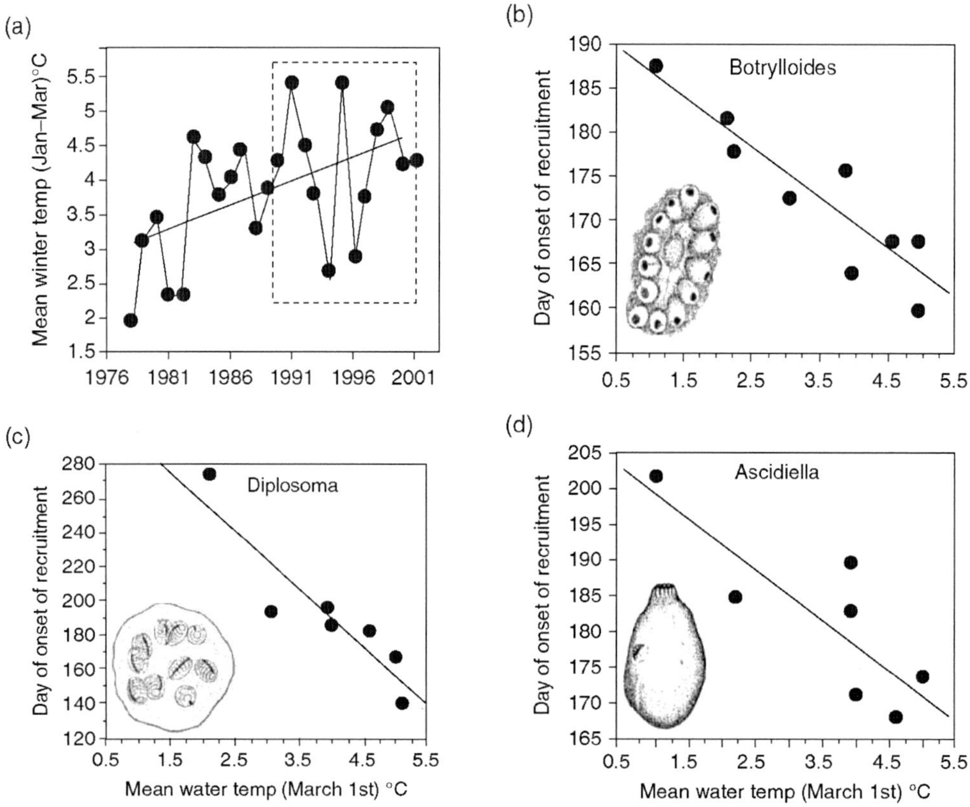

Fig. 5.10 그림 (a)는 미국 뉴잉글랜드의 난바다 지역에서 지난 30년 동안 측정된 평균 겨울 수온을 보여주고 있다. 연간 최저수온은 시간이 지남에 따라 꾸준히 증가하였다. 그림 (b-d)는 3월 1일의 수온이 3종의 비 토착성 멍게의 초기 보충의 시기와 강한 부의 상관이 있음을 보여주고 있다. 그림 (a)의 점선으로 된 상자는 그림 (b-d)에 사용된 자료에 포함된 시간을 나타낸다.

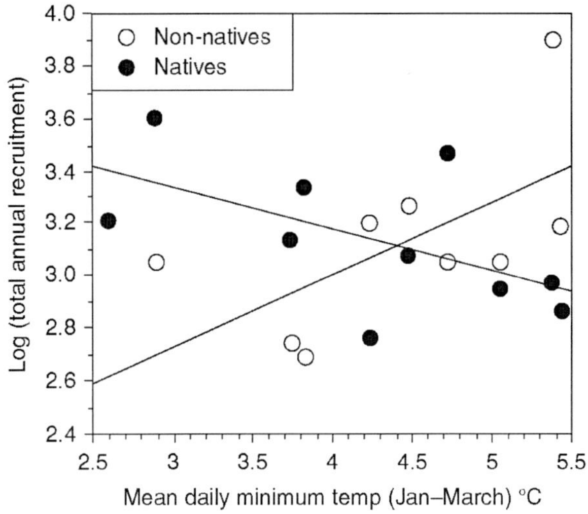

Fig. 5.11 비 토착성 멍게의 연간 전체 보충은 바로 전의 겨울 동안에 평균 겨울 온도와 양의 상관이 있으나, 반면에 토착종의 보충은 겨울 온도와 음의 상관이 있었다. 이것은 만약 수온이 계속 증가한다면 뉴잉글랜드(USA)의 해양 군집들이 비 토착종이 우점하는 쪽으로 변할 수 있음을 보여주는 것이다.

똑같은 효과를 남극대륙에서도 볼 수 있다 (Frenot et al. 2005). 지난 2세기에 걸쳐 비 토착성 미생물, 균류, 식물, 그리고 동물이 남극대륙에 정착하였다. 이들 종의 대부분은 산업활동, 과학활동, 그리고 여행활동을 위한 인원과 장비의 이동을 통해 매개되었다. 이곳에 있는 비 토착종들의 대부분은 유럽의 토착종들이며, 이 종들은 남극대륙의 토착종과 생태계에 중요한 영향을 주고 있다. Frenot 등 (2005)은 이처럼 매우 춥고 황량한 지역에서, 분명히 진행되고 있는 신속한 기후 온난화와 더불어 자체 유지되는 개체군들을 정착시킬 수 있는 더 많은 비 토착종들이 이곳에 존재할 가능성이 있다고 주장하고 있다. 이러한 현상이 발생하기 위해서는 현재 비 토착생물들을 운반하는 매체들이 변하지 않을 필요가 있다. 현재의 운반 매체들은 아마도 현재 그곳에 정착할 수 있는 것보다 더 많은 비 토착종의 생식체들을 그곳에 가져올 수 있는데, 그것은 세계의 대부분의 종들이 남극대륙의 춥고 음산한 기후에 적응하지 못하기 때문이다. 그러나 비 토착종의 정착에서 이러한 균형 상태는 오래 지속될 것 같지 않다. 따라서 남극대륙으로 운반되는 화물과 일용품에 대한 강력한 통제를 강화할 필요가 제기되고 있다. 만약 이 지역의 기온이 앞으로 증가하고, 동시에 비 토착종들의 운반이 증가하면, 이 생태계의 구조와 기능이 심각하게 변화할 잠재력이 있다 (Frenot et al. 2005).

이들 두 연구들은 만약 지구 온난화가 계속된다면 위도가 매우 높거나 낮은 지역의 군집들은 특히 따뜻한 지역으로부터 오는 침입종들에게 민감할 수 있다고 주장하고 있다. 자신들의 분포 범위를 더 따뜻한 기후 쪽 보다는 더 추운 기후 쪽으로 변화시킬 수 있는 더 많은 종들이 존재하기 때문에 이러한 현상은 이들 지소들에서 매우 압도적으로 입증될 수 있다. 북쪽 혹은 남쪽으로 멀리 떨어져 있는 군집들은 종 수에서 비교적 빈약하며, 여러 가지 면에서 매우 고립된 해양 섬들의 상황과 흡사하다. 기후가 따뜻해짐에 따라 이전에 극단적인 환경을 가진 지역들은 그들의 종 풍부도가 몇 배 증가하리라는 것을 상상하는 것은 어려운 일이 아니다 (예를 들어, Sax et al. 2002).

변화된 기후가 어떻게 비 토착종들의 분포에 영향을 주는지를 연구하기 위한 또 하나의 방법은 종들의 현재 분포범위 경계들에 관한 환경요인들의 표준을 모델화 하고, 그 다음 미래의 변화된 기후 시나리오에서 이들 경계들이 어떻게 변할 것인지를 예측하는 것이다. 지금까지의 대부분의 노력은 Peterson 등 (2003)(이 방법의 자세한 설명이 필요하면 제 12장 참조)의 생태적 지위 모델링 방법에 기초하고 있다. 밑바탕에 내재되어 있는 개념은 그 종의 토착 분포범위에서 측정된 일련의 기후 변수들을 사용하여 종의 생태적 지위를 모델화 하는 것이다. 분포범위 한계와 강한 상관을 보이는 일단의 변수들은 그 다음 미래의 기후조건 혹은 종이 정기적으로 이입된 지역의 조건들을 나타낸 지도에 투영시킨다. 결과는 이 종이 미래에 발견되어질 수 있는 지역의 시각적인 그림을 볼 수 있다. 예를 들어, Roura-Pascual 등 (2004)은 침입성이 매우 강한 남미 토착종인 아르헨티나 개미 (*Linepithema humile*)의 전 세계적인 분포를 예측하였다. 연구자들이 개발한 모델은 개미의 토착 분포범위와 현재 비 토착성 분포범위를 기술하는데 탁월하였다. 미래의 변화된 기후조건 하에서 (2050년대) 개미의 지리적 분포범위가 예측되었을 때 Roura-Pascual 등 (2004)은 아르헨티나 개미가 더 북쪽 위도에서 더 많은 비 토착성 개체군들을 형성할 가능성이 가장 높다는 것을 알았다. 그러나 그것의 토착 분포범위를 포함하여 열대지역에서는 분포범위가 축소된다는 것을 알았다.

비 토착종에 대한 기후 변화의 역할에 관한 연구에서 두 가지 빠진 부분들이 있다. 첫째, 지금까지 수행된 대부분의 연구는 현재 유해한 침입종이 미래의 변화된 기후 하에서 그것의 분포 범위를 충분히 확장시켜 현재 그 종이 침입하지 않은 장소에서 생태적 혹은 경제적 문제를 야기할 것인지의 여부를 예측하는데 촛점을 두었다. 이 방법은 이들 유해한 침입종들의 관리를 위한 매우 실용적인 관련성을 가지고 있기 때문에 현명한 입장이다 (제 12장). 그러나 변화된 기후가 비 토착종에 부과하는 모든 영향들을 충분히 이해하기 위해서, 우리는 그 생태계에서 아직 문제가 되지 않았거나 아직 정착하지 않은 비 토착종에 대한 기후변화의 영향을 조사하여야 한다 (예를 들어, Weltzin et al. 2003a). 둘째, 군집 내에 섞여있는 종에 대한 변화된 이산화탄소, 질소, 그리고 온도의 역할을 조사할 명백한 필요가 있다 (Dukes & Mooney 1999; Weltzin et al. 2003a). 변화된 기후의 영향에 관한 대부분의 실험에서는 단일식물 재배 혹은 개별적으로 식물의 생장을 조사하고 있다. 그러나 이러한 조절된 조건 하에서의 생장은 야외 조건에서 그 식물이 보이는 반응에 관해서는 우리에게 알려주는 것이 거의 없을 수 있다 (Dukes & Mooney 1999; Dukes 2002).

5.7 요약

교란과 침입이 강한 연관성을 가질 수 있다는 것은 분명하지만, 이 연관성을 연역적으로 밝히는 것이 항상 쉽지는 않다. 실제로 교란이 특정한 일단의 비 토착종의 운명에 미치는 영향에 대하여 예측을 하기 전에 관심 있는 생태계와 잠재적 침입종에 대한 많은 믿을만한 자연사 연구들의 타당성 여부를 평가할 필요가 있다. 환경에 대한 의존성 때문에 교란과 침입 사이의 상호작용을 일반화 시키는 데에는 어려움이 있다. 교란 후에 비 토착종들이 토착종들 보다 유리하다는 것을 주장하기 위한 증거들은 매우 적다. 대신에 비 토착종들이 우점하는 생태계들의 특성은 토착종들의 진화적 역사를 넘어서는 교란을 경험하는 생태계들이다. 도시화와 농업의 광범위하고 다차원적인 영향을 고려할 때 이것은 보편적이다. 비 토착종들은 그 자체가 교란을 유발시키거나 혹은 교란 체제를 변화시켜 생태계 변화를 유발시키는 인자일 수 있다. 이러한 관점에서 볼 때, 우리는 이들 비 토착종들이 가지는 영향력은 그들의 타고난 성질들이 어떻게 토착종들의 군집 그리고 생태계의 물리적 성질들과 상호작용 하는지에 의존적이라는 강력한 증거를 보게 된다. 마지막으로, 지구수준의 기후변화가 어떻게 비 토착종들에게 영향을 주는지를 이해하기 위해 우리가 다루어야 할 많은 분야가 있기 때문에, 우리의 고찰은 강력하지만 너무 일반적이어서 거의 항상 사실인 것으로 인식되는 점성술을 예언하는 것 같다. 우리는 이 책의 독자들이 다음과 같은 것들에 관심을 가지면서 기후변화와 교란의 다른 측면들을 탐구할 것을 권장한다. (i) 교란되었지만 현재 비 토착종의 침입이 이루어지지 않은 지소들을 포함하고, (ii) 교란된 환경에 침입한 비 토착종이 실패한 연구 정보를 찾아내어 이용하며, (iii) 현재는 잘 정착이 이루어지지 않은 것으로 보이는, 혹은 교란에 선천적으로 반응할 것으로 기대되지 않는 종들을 포함한 다양한 비 토착종들을 포함시켜, 그리고 (iv) 군집생태학 틀 내에서 지구의 기후변화를 포함하여 교란의 효과를 고려하기를 바란다.

더 읽을 거리

Brooks, M. L., C. M. D'ntonio, D. M. Richardson, J. B. Grace, J. E. Keeley, J. M. DiTomaso, R. J. Hobbs, M. Pellant, and D. Pyke. 2004. Effects of invasive alien plants on fire regimes. BioScience 54: 677 - 88.

Daehler, C. C. 2003. Performance comparisons of co-occurring native and alien invasive plants: implications for conservation and restoration. Annual Review of Ecology and Systematics 34: 183 - 11.

Frenot, Y., S. L. Chown, J.Whinam, P. M. Selkirk, P. Convey, M. Skotnicki, and D. M. Bergstrom. 2005. Biological invasions in the Antarctic: extent, impacts and implications. Biological Reviews 80: 45 - 72.

Hobbs, R. J., and L. F. Huenneke. 1992. Disturbance, diversity, and invasion: implications for conservation. Conservation Biology 6: 324 - 337.

D'Antonio, C. M., and L. A. Meyerson. 2002. Problems and solutions in ecological restoration: a synthesis. Restoration Ecology 10: 703 - 713.

이 단원과 관련된 논문

Higgins, S. I., and D. M. Richardson. 1998. Pine invasions in the southern hemisphere: modeling interactions between organism, environment and disturbance. Plant Ecology 135: 79 - 93.

Lake, J. C., and M. R. Leishman. 2004. Invasion success of exotic plants in natural ecosystems: the role of disturbance, plant attributes and freedom from herbivores. Biological Conservation 117: 215 - 226.

Stachowicz, J. J., J. R. Terwin, R. B. Whitlach, and R. W. Osman. 2002. Linking climate change and biological invasions: ocean warming facilitates nonindigenous species invasions. Proceedings of the National Academy of Sciences 99: 15497 - 15500.

Lugo, A. E. 2004. The outcome of alien tree invasions in Puerto Rico. Frontiers in Ecology and the Environment 2: 265 - 273.

Weltzin, J. F., R. T. Belote, and N. J. Sanders. 2003. Biological invaders in a greenhouse world: will elevated CO2 fuel plant invasions? Frontiers in Ecology and the Environment 1: 146 - 153.

CHAPTER

6

정착 성공: 생물학적 상호작용의 영향

개관

침입종 생태학 분야에서 좀더 지속적인 개념적 패러다임 중 하나는 생물학적 저항의 개념이다 (Elton 1958; Simberloff 1986). 이 패러다임에서는, 이용 가능한 자원을 마음대로 쓸 수 있는 충분한 토착종들이 충분히 존재한다면, 이 토착종들이 비 토착종들의 정착을 방해할 수 있다고 주장하고 있다. 침입 저항과 종 다양성 사이의 관계를 위한 가장 일반적으로 연구된 기작은 경쟁 배타로, 이를 통해 두 종은 이중 어느 한 종이 결국 소멸되지 않고는 동일한 생태적 지위(예를 들어, 먹이 자원)를 공유할 수 없다 (Hutchinson 1959). 우리는 이 장에서 이러한 가능성을 어느 정도 심도 있게 살펴볼 것이다. 그러나 비 토착종들의 성공적인 정착에 관하여 우리는 포식, 기생, 혹은 초식과 같은 부정적인 상호작용들이 많은 역할을 할 수 있을 것이라고 상상할 수 있다. 이밖에 긍정적인 상리공생도 비 토착종이 정착에 성공할지의 여부를 결정할 수 있을 것이다 (Bertness & Calloway 1994; Bronstein 1994; Stachowicz 2001). 많은 종들은 단순히 생장을 통해 그늘을 제공하고, 다른 개체들이 번성하도록 해주는 기질을 제공하여 지소의 환경을 변화시킨다 (Bertness & Hacker 1994).

우리는 이러한 생태학적 동전의 양면을 탐구할 것이다. 우리는 먼저 비 토착종의 정착을 방해하는 상호작용을 살펴보고, 그 다음 이들의 정착을 용이하게 하는 상호작용을 알아볼 것이다. 각각의 절 내에서 우리는 관례에 따라 먼저 부의 상호작용을, 그 다음에 정의 상호작용을 살펴볼 것이다. 생물적 상호작용의 + 혹은 - 부호를 정착 결과에서 그것의 역할과 혼동하지 않는 것이 중요하다. 예를 들어, 상리공생은 상호작용에서 양쪽에 이익을 주지만 비 토착종의 정착에 대해서는 촉진 혹은 저해의 영향을 줄 수 있다. 토착종 혹은 비 토착종을 막론하고 일반적인 종과 성공적인 상리공생 관계를 형성하는 것은 분명히 정착을 용이하게 할 수 있지만 (Table 6.1), 상리공생은 또한 정착을 방해할 수도 있다. 토착종과 상리공생 관계 형성에 실패하면 비 토착종의 정착이 방해받을 수 있고, 토착종들 사이의 상리공생은 토착종들이 비 토착종들을 경쟁에서 이기고 특정한 환경으로부터 비 토착종들을 배제하도록 하는 중요한 강점을 제공할 수 있다. 포식과 경쟁의 경우에도 마찬가지이다 (Table 6.1). Table 6.1은 이 장의 개요를 보여주고 있는 것이기 때문에 우리는 학생들이 이 장을 읽기 전에 먼저 Table 6.1을 살펴보길 권장한다.

6.1 개념적 문제들

우리가 정착에 관한 설명을 계속하기 전에 일부 주의를 기울여야 할 3가지 복잡한 요인들이 있다. 첫째, 자연 상태에서 정착을 직접 관찰하기가 매우 어렵다. 주어진 환경에 이입될 새로운 비 토착종이 언제 그리고 어디에 이입될 것인지를 예측하기 위한 우리의 능력이 부족하여 자연적인 공평한 자료를 수집하는데 어려움을 주고, 윤리적인 문제가 대규모의 실험적 이입을 수행하는 것을 어렵게 하고 있다. 둘째, 이 장에서 제시된 주제들을 고려할 때 정착과 확산 사이의 차이를 명심하는 것이 중요하다. 정착과 확산을 촉진하는 상이한 요소들은 개체군 생장에서는 미묘한 차이를 보이지만 생물학에서는 근본적인 차이를 포함하고 있다. 정착은 개체군이 특정한 장소에서 생존할 수 있는지의 여부에 의해 결정된다. 확산은 양의 개체군 생장과 평형상태 사이의 훨씬 다양한 차이에 의해 지배되며, 확산은 항상 적어도 하나 이상의 새로운 장소로 개체들의 이동이 포함되어야 한다. 이러한 차이는 이론상으로는 미묘하게 보일 수 있지만, 그럼에도 불구하고 그것은 비 토착종의 광범위한 분포와 영향력에 심각하게 영향을 주는 분명한 개념적 차이이다. 이러한 이유로 우리는 여기에서 설명된 것과 동일한 많은 주제들을 확산의 경우 7장과 8장에서, 그리고 영향력은 9장과 10장에서 다시 살펴볼 것이다.

셋째, 문헌에서 "생물적 저항"이란 용어에 일부 혼란이 있다. 일부 연구자들은 저항의 근본적인 구성원으로 정착에 대한 부정적인 영향을 연구하지만, 다른 연구자들은 저항을 비 토착종들을 완전히 배척하는 것을 기술하는 용어로 국한시켜 좀더 엄격하게 설명하고 있다. 우리는 부분적으로는 용어의 의미에 관한 논쟁을 피하기 위해 이 장에서 본질적으로 "생물적 저항"을 자주 사용하지 않지만, 한편으로는 이러한 구분이 잘못된 이분법을 낳는다고 느끼기 때문이다. 일반적으로, 우리는 정착 확률의 감소를 나타내기 위해 "저항"이란 용어를 광범위하게 사용한다. 비록 이러한 저항이 장소와 시간에 의존적일 수 있다는 것을 인정하고, 그리고 정착을 제한하기 위한 무능력이 개체군 성장을 제한하기 위한 무능력 혹은 종이 정착한 후 확산을 제한하기 위한 무능력이라고는 생각하지 않지만, 이 장에서 우리는 정착을 직접 저해하는 상호작용에 가장 많은 관심을 두고 있다.

Table 6.1 토착종, 그리고 이전에 정착한 비 토착종들은 그 지역에 새롭게 도착하는 비 토착종의 성공적인 정착을 저해 혹은 촉진시킬 수 있다. 각 경우에 포함된 생물적 상호작용에는 정의 관계와 부의 관계 모두가 포함된다. 이 표는 이 장의 개요를 나타내며, 여러분이 상호작용의 부호와 비 토착종 정착의 확률에 대한 상호작용의 효과 사이를 구분하도록 도와줄 것이다.

정착에 대한 영향	생물적 상호작용	예
저항	경쟁	아르헨티나의 Isla Victoria에서 토착종 소나무가 비 토착성 소나무를 격퇴한다.
	포식	미국 오리건 주의 난바다에서 토착성 붉은 바위게가 비 토착성 녹색게를 포식한다.
	상리공생	미국 플로리다에서 절대적 공생관계에 있는 무화과나무 장수말벌이 없는 상황에서 비 토착성 무화과나무가 정착에 실패.
촉진	경쟁	호주에서 비 토착성 1년생 벼과식물이 토착 관목의 하층에 정착.
	포식	미국 오리건 주의 연못에서 황소개구리가 그들의 포식자의 포식자가 존재할 때 정착에 성공.
	상리공생	비 토착성 식물과 연합을 형성하는 토착 균근이 비 토착식물을 생존하게 함.

6.2 침입에 대한 저항

6.3.1 경쟁

지난 반세기에 걸쳐 생태학 연구들은 대부분 경쟁적 상호작용에 초점을 두어 왔으며, Elton (1958)은 경쟁적 상호작용이 침입에 대한 방어의 제 1선으로 작용한다고 예상하였다. 토착종들을 더 많이 가진 군집에서는 토착종들에 의해 이미 점유된 환경(즉, 생태적 지위)에서 역할들이 더 많이 있다. 따라서 침입종은 서식처와 자원 이용에서 토착종과 더 많이 중복될 수 있으며, 정착의 발판을 얻을 기회가 더 적을 수 있다. 단순한 Lotka - Volterra 방정식은 우세한 경쟁자들이 (혹은 이미 존재하고 있는 동등한 경쟁자들) 그곳에 새로 도착하는 비 토착종을 배제할 것이라고 제시함으로써 이 가설의 이면에 있는 이론을 지지하고 있다. 우리는 소수의 종을 가진 서식처에서는 정착하지만 다수의 종을 가진 서식처에서는 정착에 실패하는 비 토착종의 많은 실험연구의 예에서 이러한 종류의 상호작용을 바로 볼 수 있다.

경쟁적 저항의 가장 일반적인 예들은 식물군집들의 연구에서 볼 수 있는데, 이들 상호작용이 다른 부분에서는 존재하지 않아서가 아니라 식물들 사이의 상호작용이 동물들 사이의 상호작용에 비해 포식 혹은 기생과 덜 중복되기 때문이다. 경쟁적 저항에 관한 하나의 좋은 예는 아르헨티나, Patagonia의 Isla Victoria에 있는 삼림을 조사한 Simberloff 등 (2002)의 연구에서 볼 수 있다. 이들 생태학자들은 토착림 그리고 소나무 경쟁자들이 없는 인근 목야지에서 비 토착성 소나무 종을 찾았다. Isla Victoria는 Nahuel Huapi 국립공원의 Lake Nahuel Huapi에 있는 하나의 섬이다. 이 공원은 1934년에 설립되었으나 섬에 있는 식물 묘목장은 1960년대까지 존속되었으며, 섬의 중앙부에 다수의 비 토착성 교목이 심어져 있었다. 2000년과 2001년에 Simberloff와 그의 동료들은 9종의 비 토착성 소나무 종들이 근처에 있는 토착림에 정착한 징후를 찾아냈다. 그들은 이들 특정한 종들이 세계적으로 가장 보편적인 소나무 침입종들 중 일부라는 것을 지적한 Rejmanek과 Richardson (1996)의 연구를 바탕으로 이들 9종을 연구 대상으로 선택하였다. 그들은 이들 소나무들이 섬의 황량한 기후에서 생식할 수 있다는 많은 증거가 있음에도 불구하고 처녀림 내에서 이들 9종의 비 토착성 소나무의 성목을 거의 발견할 수 없었다 (즉, 섬에서 벌목되었거나 혹은 경작된 목야지에서는 이들 소나무의 다수의 실생과 정착한 성목들이 있다.).

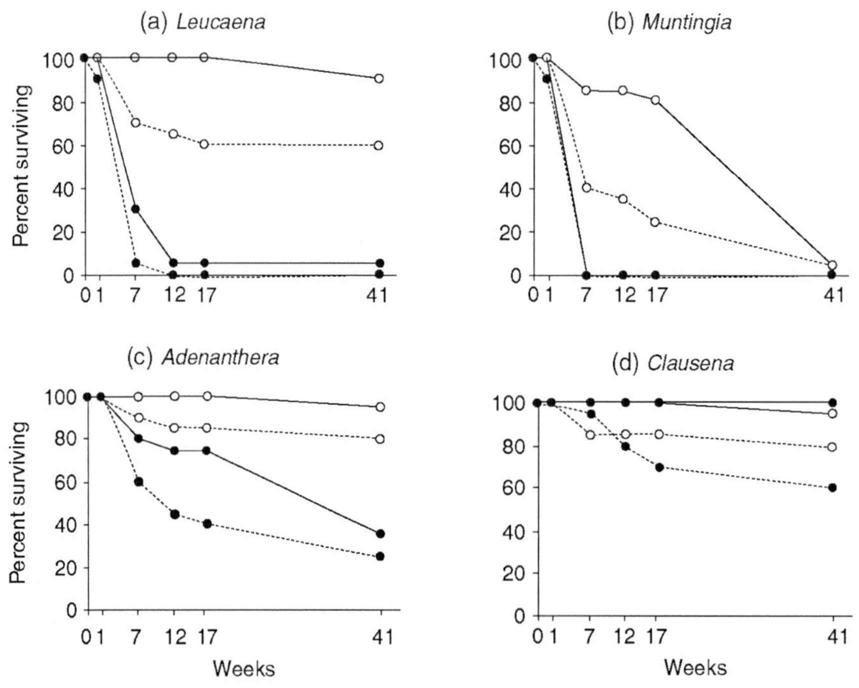

Fig. 6.1 크리스마스섬의 숲 가장자리(빈 원)와 삼림 내부 (검은 원)에서 모두 비 토착성인 (a) *Leucaena*, (b) *Muntingia*, (c) *Adenanthera*, 그리고 (d) *Clausena*의 생존 %. 각 서식처 내에서 일부 실생들은 붉은 육상 게에 의한 초식으로부터 이들을 보호하기 위해 우리를 쳐 두었다 (실선) (점선은 우리로 보호되지 않은 실생을 나타낸다). 숲 내부에서는 *Leucaena*와 *Muntingia*의 거의 모든 실생들이 토착종들과의 햇빛에 대한 경쟁 때문에 죽었다. 붉은 육상 게에 의한 초식은 모든 종의 실생의 생존을 감소시켰는데, 이러한 효과는 숲 가장자리 서식처에서 더 강하였다.

교란되지 않은 초지 (Petryna et al. 2002), 관목림 (Keeley et al. 2003), 그리고 기타 삼림 군집에서 비슷한 결과들이 밝혀졌다. 예를 들어, Green 등 (2004)은 인도양의 크리스마스섬에 있는 열대림에서 동일한 결과를 밝혔다. 그들은 4개의 상이한 비 토착성 소나무 종들 (*Leucaena leucocephela, Muntingia calabura, Adenanthera pavonia,* 그리고 *Clausena excavata*)의 실생들을 도로, 숲 가장자리, 그리고 처녀림 내부에 우리를 쳐 (실생을 초식동물로부터 보호하기 위해) 두었으며, 이들 종 중 2종 (*M. L. leucocephela*)의 경우 경쟁자가 많은 숲 내부에 둔 개체들 모두가 생존하지 못한 것을 발견하였다 (Fig. 6.1, Green et al. 2004).

삼림군집에서 생물량의 대부분은 자신의 실생들로 자신을 교체하기 위한 여러 번의 기회를 가진 수명이 긴 종으로부터 유래되며, 이들 실생들이 수관층 단계로 보충되는 데에는 많은 시간이 소요될 수 있다. 이러한 느린 변화 과정을 때로 "생물적 타성"이라고 부르는데, 이것은 침입에 대한 저항으로 작용할 수 있다 (Von Holle et al. 2003). 반면에 Simberloff 등 (2002) 그리고 Green 등 (2004)에 의한 자료들은 거의 반세기의 잠재적인 침입 시간을 반영하며, 처녀림 내에서 토착종들과의 경쟁이 비 토착종들의 정착을 막는데 도움이 된다는 것을 제시하고 있다. 아래에서 살펴보겠지만 다른 요인들도 이러한 저항에서 역할을 할 수도 있다.

일반적으로, 거의 모든 나지를 토착종들이 점유하고 있거나 혹은 토양 표면에서 거의 모든 햇빛을 토착종들이 받는 식물군집들은 비 토착종들의 정착 성공을 제한한다 (Hobbs & Huenneke 1992). 이러한 결과는 너무 분명하여, 많은 연구자들은 토착 식물군집들의 교란이 정착을 저지하는 토착 경쟁자들의 제거와 함께 비 토착종들의 정칙에 가장 중요한 요인들 중 하나라고 주장하고 있다 (Hobbs & Huenneke 1992; Parker et al. 1993; Rejmanek 1996). 그러나 제 5장에서 설명한 것처럼 이러한 일반화는 너무 단순화 된 것일 수 있는데, 그 이유는 비 토착성 종들이 교란되지 않은 서식처에서 정착했다는 많은 연구 결과들이 있기 때문이다 (Almasi 2000; Fine 2002; Ellsworth et al. 2004).

Elton의 원래의 추론은 종들이 더 많으면 그곳에 있는 자원의 더 많은 부분을 사용하는 경향이 있다는 것이었다. 이것은 필연적으로 비 토착종이 그 군집에 있는 특정한 한 종과 자원 사용이 완전히 중복될 것이고, 따라서 정착에 실패할 것임을 의미하는 것은 아니다. 토착 군집의 몇몇 구성원이 각각 비 토착종들이 정착하는데 필요한 자원의 일부를 사용할 것임은 가능하다 (Davis et al. 2000). 이와 유사하게, 군집에 있는 많은 종들은 다수의 기능적인 그룹에 비해 비 토착종들의 정착을 억제하는데, 혹은 자원을 이용하는 방법에서, 덜 중요할 수 있다 (Cowling et al. 1994; Prieur-Richard et al. 2000; Symstad 2000). 침입성에 대한 종 풍부도, 종의 기능, 그리고 자원 사용의 역할에 많은 논쟁들이 집중되었다 (Tilman 1997; Levine & D''Antonio 1999; Naeem 2002). 우리는 Box 6.1에서 이러한 논쟁을 좀더 자세히 살펴본다.

분명히, 다양성이 비 토착성 종의 정착에 영향을 줄 수 있는 방법들에 관한 야외 검증이 충분히 존재한다. 그러나 이러한 조사들은 그것을 시도한 생태학자들에게 터무니없이 귀찮은 일이라는 것이 입증되었다. 대신에 경험주의자들은 실험실 군집에서 정착에 대한 다양성의 효과를 조사하였다 (Drake 1991; Holyoak & Lawler 1996b, 1996a). 이들 "실험실 실험들 (bottle experiments)"은 새로운 비 토착종을 이입시키지 않고 침입 이론을 확장시키기 위한 좋은 방법을 제공하지만, 그 결과를 일반화시키기가 어려웠다. 그 이유는 부분적으로 이들 "실험실 실험"들이 실제로 자연 생태군집들에 포함되어 있는 중요한 특성에 의존하지 않고 특정한 실험실 조건에 의존하기 때문이다. 침입종 생태학에서 "실험실 실험"의 중요성은, 군집에 이입되는 생물의 순서가 최종 군집의 구조 그리고 경쟁적 상호작용의 강도를 결정할 수 있다는 것을 이들이 보여준다는 것이다 (Drake 1991; Price & Morin 2004). 이러한 결과는, 생물적 저항이 중요할 수 있지만 보편적이지는 않으며, 종의 실체에 의존적이며, 필연적으로 종 풍부도에 의존적이지 않다는 것을 보여주는 것이다.

수학적인 모델링도 비 토착종을 실제로 원래의 서식처에 이입시키지 않고 그리고 실험실의 혼잡스러운 영향 없이 침입의 생태적 결과에 관한 다양성을 탐구하는 방법을 제공한다. 많은 이론학자들은 더 많은 종을 가진 군집들이 더 적은 종을 가진 군집들 보다 새로 도착하는 비 토착종을 쫒아낼 가능성이 더 많은지를 알아보기 위해 Elton의 가설을 조사하였다 (May 1972; Goodman 1975; Pimm 1979). 이들 모델의 대부분은 군집들을 조립한 다음 비 토착종의 첨가가 어떻게 전체적으로 그 군집의 안정성에 영향을 주는지를 조사하는 것이었다. 즉, 비 토착종이 자체 유지되는 개체군을 형성할 수 있는지의 여부 보다 토착종과 비 토착종의 수도에 어떤 일이 발생하는 지를 조사하였다. 일반적으로, 이 모델들은 Elton의 가설에 부합되지 않았는데, 아마도 그들이 또 하나의 구성원이 이입되기 전에도 안정적으로 상호작용을 하지 못하는 무작위적으로 조립된 군집들을 가지고 시작하였기 때문이다. 실제 군집들은 종들 사이에 존재하는 다수의 피드백 싸이클의 결과이며, 시간이 지남에 따라 그들은 안정된 상호작용은 아닐지라도 지속적인 상태로 발달한다. 따라서 완전히 무작위적인 수학적 군집들은 실제 군집들이 비 토착종을 얼마나 잘 쫒아낼 수 있을지를 검증하지는 않는다 (Doak et al. 1998).

Ted Case (1990)는 이미 안정적으로 상호작용을 하고 있는 다양한 종들로 구성된 "군집들"에 또 하나의 구성원을 얼마나 성공적으로 첨가시킬 수 있는지를 조사하여 이 문제를 처리하였다. 그의 방정식들은 공동의 경쟁자들을 통해 확산되는 간접적인 상호작용들과 짝을 이룬 부정적인 상호작용을 묘사하였다. 그는 거주하는 "토착종"이 사용하는 자원의 일부를 사용하는 "비 토착종"은 종 풍부도가 높을 때 정착할 가능성이 낮다는 것을 알았다. 좀더 다양한 군집들에서는, 토착종이 비 토착종보다 우세한 경쟁자가 아니라 단순히 군집에 원래부터 존재한다는 것에 의해 이익을 얻는다는 우선권 효과 (priority effects)의 예들을 더 많이 볼 수 있다. Case (1990)는 또한 종 구성원이 많은 군집들에서는 간접적인 상호작용이 증가하며, 그로 인해 일부 토착종들이 제휴하여 하나의 비 토착종을 배제하는데 책임이 있다는 것을 알았다.

Box 6.1 혼란의 지역

'동물과 식물의 침입종 생태학'이란 저서에서 Charles Elton이 주장한 것 중 하나는 많은 토착종들을 가진 장소는 토착종을 적게 가지고 있는 지역들 보다 비 토착종을 더 잘 쫓아낼 수 있다는 것이다. Elton의 가설은 잠재적으로 두 가지의 이유를 포함하고 있다. 첫째, 이 가설은 경쟁자들이 더 많으면 자원 공간을 더 많이 써버려 비어있는 생태적 지위를 적게 남긴다는 기본적인 경쟁모델에 잘 부합한다. 둘째, 토착종 생물다양성의 위험지소(hotspot)들은 토착종들이 적은 생물다양성의 위험지역이 아닌 지역(coldspots) 보다 침입에 덜 민감할 것이라고 생각하는 것은 보존생물학자들에게 위안이 된다 (Kennedy et al. 2002). 반면에, 토착종의 종 다양성이 높은 지역들은 비 토착종의 종 다양성이 높을 수 없다는 생각에는 본질적으로 모순이 있다. 토착종들의 종 다양성을 증가시키는 요인들은 마찬가지로 비 토착종들의 종 다양성을 증가시킬 수 있다는 것이 더 타당하다. 이 주제는 두 가지 모두 지지를 받고 있다. 식물군집들에서 실시된 많은 소규모의 실험들 (예를 들어, Tilman 1999; Naeem et al. 2000; Kennedy et al. 2002), 그리고 소수의 수학적인 모델들 (예를 들어, Post & Pimm 1983; Case 1990)은 Elton의 가설을 지지하고 있지만, 몇몇 대규모의 관찰 연구들 그리고 더 많은 수학적인 모델들은 완전히 반대되는 관계를 보이고 있다 (Fig. 6.2, Lonsdale 1999; Stohlgren et al. 1999, 2003). 이러한 상반되는 결과 때문에 이 주제는 침입종 생태학의 어떤 다른 측면보다 더 많은 논쟁을 유발시켰다. 여기에서 우리는 이러한 논쟁 그리고 상이한 결과들이 나온 이면에 내재하고 있는 추진력들을 살펴보고, 침입 생태학에 관한 우리의 이해를 증가시키기 위해 일단의 실험상 문제점들을 설명할 것이다.

이러한 상이한 결과가 나온 데에는 많은 잠재적인 이유들이 있지만, 우선 먼저 각 수준에서 혼란을 야기하는 요소들에 초점을 맞추어보자. 예를 들어, 다양성-침입성 가설의 주창자들은 관찰에서 나온 패턴들이 다양한 요인들에 의해 영향을 받을 수 있고, 반면에 조질된 실험들은 관심있는 관계를 확실히 입증한다고 지적하고 있다. 관찰 연구들은 아마 조절된 실험들이 하지 못하는 방식으로 생식체 압력의 효과를 풍부도의 효과와 연합시킬 수 있다는 것은 사실이다. 게다가 관찰 연구들에서는 환경 변화와 서식처 이질성이 역할을 수행할 수 있지만 실험 연구에서는 그렇지 않다. 그러나 이들 중 어느 방법도 완전하지 않다. 비록 소규모의 연구들에 의하면, 일반적으로 다양성이 높은 지소들은 다양성이 낮은 실험구에 비해 침입종이 들어올 가능성이 낮지만 몇몇 연구자들은 이 결과가 종 풍부도 그 자체보다는 다양성이 높거나 낮은 지소에 있는 특정한 종에 의해 발생될 수 있음을 지적하고 있다. 무엇보다도, 다양성이 높은 지소들이 더 많은 종을 포함하고 있어 비 토착종에 대해 상당한 긍정적 혹은 부정적 효과를 가지는 종을 포함할 가능성이 더 높다 (Huston 1997). David Wardle (2001)은 종 풍부도와 비 토착종의 정착 저항 사이의 긍정적인 관계를 밝힌 최근의 실험 연구들을 조사하였다. 그는 각각의 실험에서 결과가 "표본추출 효과"에 의해 비롯되었음을 알았는데, 즉, 낮은 다양성 처리구들에 비해 높은 다양성 처리구에 가장 경쟁적인 종 혹은 종 조합이 포함될 가능성이 더 높다. 이들 우세한 경쟁종들이 없으면, 결과들은 달랐을 수도 있을 것이다. Melinda Smith와 그녀의 공동연구자들은 (2004b) 성공적으로 정착한 비 토착종들의 수가 초기에 종 풍부도와 관련되어 있는 것으로 보이는 (Smith & Knapp 2001) 장경초지 생태계에서, 그것은 실제로는 정착의 성공 혹은 실패에서 가장 중요한 요인이었던 하나의 우점 경쟁종이 존재하였기 때문이라는 것을 알았다. 몇몇 연구자들은, 만약 생태적 지위의 선점이 실제로 비 토착종의 정착을 방해하는 것이라면, 기능적 그룹의 종 다양성은 종의 수보다 비 토착종의 정착에 더 중요할 수 있다고 주장하였다 (Cowling et al. 1994; Prieur-Richard et

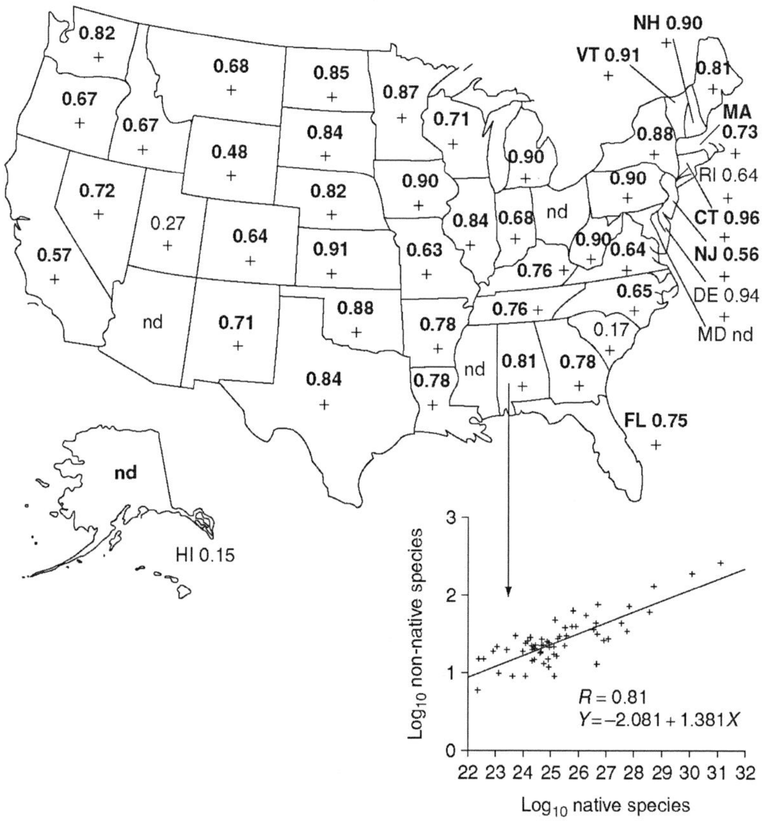

Fig. 6.2 관계가 긍정적(+) 혹은 부정적(-)인지의 여부, 그리고 각 주의 카운티에서 비 토착성 식물종의 풍부도에 대한 토착종의 상관 계수(r)를 보여주는 지도. 지도 아래에 있는 그림은 하나의 예로 Alabama에서의 상관을 보여주고 있다. 굵은 글씨로 된 주들은 유의성 있는 긍정적인 관계를, 그렇지 않은 주들은 유의한 관계가 없음을 보여주고 있다. 하와이는 유일하게 부의 관계 (유의성은 없음)를 보이고 있다.

al. 2000; Symstad 2000). 마지막으로, 하나의 우세한 종이 잘 할 수 있는 것은 다수의 열세한 개체들도 잘 할 수 있다. 결과적으로 경쟁자들의 밀도가 비 토착종들의 정착 성공을 제한하는데 역할을 할 수 있다 (Weltzin et al. 2003b). 여기에서의 논제는 기본적으로 이용 가능한 자원의 획득과 독점이 정착을 제한한다는 것이다.

위에서 제시된 내용은 수 십년 동안 지속되어온 논쟁을 두 가지로 압축시키는데, (i) 대규모 연구들과 관련된 문제들, 그리고 (ii) 소규모 수준에서 결과를 발생시키는 요인들을 분리하는 소수의 연구들이다. 비록 이러한 논의는 비 토착종의 정착과 다양성과의 관계 그리고 실험 설계의 이해를 증진시키기는 하지만, 이것은 대규모 그리고 소규모 실험에서 나온 결과들의 차이를 만족스럽게 설명하지 못하고 있다. 최근에, 상이한 규모의 연구에서 나타나는 대조적인 패턴을 설명하기 위한 몇 가지 시도가 있었다 (예를 들어, Levine & D'Antonio 1999; Shea & Chesson 2002). 모순을 해결하는 주요 실마리는 조건과 경쟁의 역할이 공간적인 규모에 따라 어떻게 변하는지를 분명히 인식하는 것이다 (Huston 1999). 소규모 실험에서는 경쟁과 같은 종간 상호작용이 군집 구성원을 결정하는데 강력한 역할을 수행한다. 이와같이 "종들이 서로 근접한" 규모에서, 각 식물은 물, 햇빛, 그리고 영양염류와 같은 자원을 위해 직접 경쟁한다. 더 넓은 공간적 규모에서는, 이들 자원을 위한 경쟁의 중요성이 감소되며, 그 대신에 종 다양성에 대한 생식체 압력, 1차 생산력, 혹은 자원의 이질성과 같은 외적인 힘들의 압도적인 영향력이 그 자리를 대신한다. 이러한 설명은, 토착종과 비 토착종의 풍부도 패턴에서 볼 수 있는 대규모의 상관관계가 두 그룹 모두의 다양성을 촉진하는 것과 유사한 요인들로부터 비롯된다는 주장과 부합된다.

Kendi Davies와 그녀의 공동 연구자들 (2005)은 캘리포니아 초지에서 상이한 규모들 간에 모순을 발생시키는 문제에 공간적 이질성이 중요한 역할을 한다는 것을 지적하였다. 작은 공간 규모에서는 토양 깊이, 사면, 그리고 토양 질소함량과 같은 물리적 변수들이 변하지 않는다. 이들은 일반적으로 지소에 어떤 식물종이 정착할지를 결정하는 변수들이기 때문에 상응하는 베타(β) 종 다양성이 결여되어 있다. 이러한 조건 하에서는, 각 식물들은 이들 자원에 대하여 심하게 경쟁할 가능성이 있고, 따라서 토착종과 비 토착종의 풍부도 사이에 부의 상관관계가 있다. 그러나 비교적 넓은 공간적 규모에서는 이들 물리적 조건들이 많은 공간적인 변이성을 가질 수 있다. Davies 등 (2005)은 적어도 캘리포니아 초지에서 물리적 조건들의 변이가 높은 수준의 베타 다양성을 형성할 수 있으며, 그들의 연구에서 높은 수준의 베타 다양성은 토착종과 비 토착종의 풍부도 사이에 정의 상관관계가 있음을 보여주고 있다. 이들 넓은 공간 규모에서 공존하고 있는 종들은 균질한 자원들을 이용하기 위해 경쟁하지 않는다. 대신에 그들은 자원 구배 상에서 자신들을 분리시키며, 지소들 사이에 차이가 클수록 더 많은 토착종과 비 토착종들이 공존할 수 있었다.

Davies와 그녀의 공동연구자들의 연구는 모순을 설명하는데 있어서 규모의 역할을 이해하는데 미세한 점에 초점을 두고 있다. 이용 가능한 영양염류 혹은 다른 자원의 평균 수준을 증가시키면 모순이 발생되지 않지만 이러한 자원들의 변이를 증가시키면 모순이 발생한다. 더구나 자원 변동 가설 (Davis et al. 2000)이 주장하는 것처럼 자원의 시간적 변이를 증가시키면 모순이 발생하지 않지만 자원의 공간적 변이를 증가시키면 모순이 발생한다. 우리는 이전에 정착 단계에서 시간과 공간의 변이의 유사한 영향을 설명한 바 있고, 침입종들의 확산을 다룬 장 (제 7장과 8장)

에서 이들을 좀더 논의할 것이다. 군집생태학 이론과 경쟁종의 공존 이론을 이해하고 있는 독자들은 자원 변동 가설에서 시간적 수용력 효과 (temporal storage effect, Chesson &Warner 1981;Warner & Chesson 1985), 그리고 자원 이용도에서 공간적 변이의 역할을 강조한 Davies 등 (2005)의 연구에서 공간적 수용력 효과 (spatial storage effect, Chesson 1985)를 인정할 것이다. 이 결과는 다른 생태계들 내에서의 검증이 남아있지만, 시간적 그리고 공간적 수용력 효과들이 생태적 군집들에서 종의 공존에 영향을 주는 것으로 나타난 것과 똑같이 지지를 받을 가능성이 있다. 이러한 공간적 변이에 대한 강조로부터 비롯되는 흥미로운 예측 중 하나는 지역적인 수준에서 (즉, 비교적 큰 규모에서) 균질한 조건들은 토착종과 비 토착종 풍부도 사이의 부정적인 상관을 보여야 한다는 것을 암시하는 것이다.

6.2.2 포식

"포식"이란 주제는 포식자-피식자, 숙주-기생자, 식물-초식동물, 그리고 한 종이 다른 종을 먹는 모든 상호작용들을 의미한다. 이러한 형태의 모든 포식은 비 토착종들의 정착에 대한 토착군집의 저항에서 경쟁과 같이 강한 역할을 수행할 수 있다. 포식자들은 (초식과 일부 기생관계를 제외하고) 흔히 경쟁자들보다 비 토착종의 생존에 훨씬 강한 영향을 주기 때문에 비 토착종의 정착을 저해하는 포식자들의 역할은 좀더 쉽게 관찰할 수 있다.

유럽의 녹색게(*Carcinus maenas*)

붉은바위게(*Cancer productus*)

하나의 좋은 예는 세계 전역의 해양 서식처에서 유럽의 녹색게 (*Carcinus maenas*)의 정착에 관한 것이다. 1900년경에 녹색게는 북미의 동해안인 대서양 서부에 정착하였는데, 그곳에서 이 녹색게는 토착성 홍합, 성게, 그리고 따개비에게 큰 영향을 주었다 (Leonard et al. 1999). 좀더 최근에 이 종은 남 아프리카의 난바다, Tasmania, 북미 서부에 정착하였다 (LeRoux et al. 1990; Cohen et al. 1995; Grosholz & Ruiz 1996). 그러나 유럽산 녹색게는 북미 태평양 연안을 따라 좀더 다양한 서식처의 일부, 특히 대형 갑각류인 토착성 붉은바위게 (red rock crab, *Cancer productus*)가 점유하고 있는 북부 지소들에서는 정착에 실패하였다

(Hunt & Behrens Yamada 2003). Hunt와 Behrens Yamada (2003)는 어획 기록을 살펴보고 미국의 캘리포니아와 오리건 두 주에서 토착성 게들이 점유하고 있는 서늘하고 염분이 더 높은 지역에서는 유럽산 녹색게의 포획기록이 없음을 알았다. 그들이 오리건 주에서 하구의 입구 근처에 침입종인 녹색게를 우리에 넣어서 두었을 때 게들은 생존할 수 있었는데, 이것은 비 생물적 요인들이 (예를 들어, 수온 혹은 염분도) 이 종의 정착 실패를 설명하지 못한다는 것을 제시하는 것이다. 그들은 그 다음 유럽의 녹색게와 붉은바위게들의 소형, 중형, 그리고 대형 개체들을 채집한 후 소형 개체들이 어떻게 자기 자신의 종과, 그리고 다른 종과 함께 짝을 이룰 때 어떻게 살아가는지를 보기 위해 짝을 이루게 하였다. 두 종 모두의 소형 그리고 중형 개체들은 대형 유럽산 녹색게와 짝을 이룰 때 포식으로 인한 사망률이 약 14%이었다. 토착성 게의 경우 동종의 대형 개체들과 짝을 이루면 포식율은 동일하거나 혹은 약간 더 낮았으나, 유럽의 녹색게의 경우 포식율은 한 마리의 대형 토착성 붉은바위게의 존재에서 포식으로 인한 사망률이 52~76% 사이로 증가하였다 (Fig. 6.3). 따라서 토착성 게는 북미의 태평양 연안을 따라 유럽산 녹색게의 정착을 심한 포식을 통해 방해할 가능성이 크다.

포식자들은 육상 생태계에서도 유사한 효과를 가진다. 사실 육상의 붉은 게(red land crab, *Gecarcoidea natalis*)는 이입된 아프리카의 대형 달팽이 (*Achatina fulica*)를 위에서 설명된 크리스마스 섬의 열대림에서 이들이 지소적인 멸종에 이르도록 우선적으로 잡아먹어 격퇴시킨다 (Lake & O''Dowd 1991). 아프리카 대형 달팽이는 열대의 섬 생태계의 넓은 범위에서 비 토착성 개체군들을 성공적으로 정착시켰으며 (제 9장 참조), 따라서 이러한 정착 저항의 예는 잠재적으로 중요하다.

붉은 육지 게는 잡식성 종이며, 따라서 이 종은 포식자로 작용할 뿐만 아니라 초식동물 역할도 한다. 비록 초식동물들은 피식자의 일부만을 먹을 수 있지만 새로운 환경에서 비 토착종을 제외시키는데 강력한 역할을 수행할 수 있다. 실생을 이용하여 크리스마스 섬에서 수행된 실험에서, 연구자들은 열대림에서 4종의 비 토착성 교목의 실생을 도로의 숲 가장자리를 따라 심었는데, 식물들을 붉은 육지 게로부터 보호하기 위해 우리를 쳐 두었다 (Green et al. 2004). 두 종의 비 토착종의 보호된 실생들은 밀폐된 삼림에서는 경쟁이 햇빛을 감소시켰기 때문에 죽었으며, 우리로 보호되지 않은 4종 모두의 실생들은 붉은 육지 게에 의한 초식 때문에 도로를 포함하여 모든 환경에서 잘 자라지 못하였다 (Green et al. 2004, Fig. 6.1).

토착종들만이 비 토착종들의 정착을 방해할 수 있는 것은 아니다. Simberloff와 그의 동료들 (2002)은 아르헨티나의 Isla Victoria에서 이전의 묘목장 근처에서 소나무 실생의 정착을 조사하였는데, 그들은 이입된 사슴이 비 토착성 소나무 종의 실생에 큰 영향을 준다는 것을 알았다. 사슴은 삼림의 가장자리에서, 사슴이 잎을 더 선호하는 목야지, 그리고 비 토착성 수종에 대한 경쟁적 효과가 최소인 곳에서 비 토착성 교목의 존재를 감소시켰다.

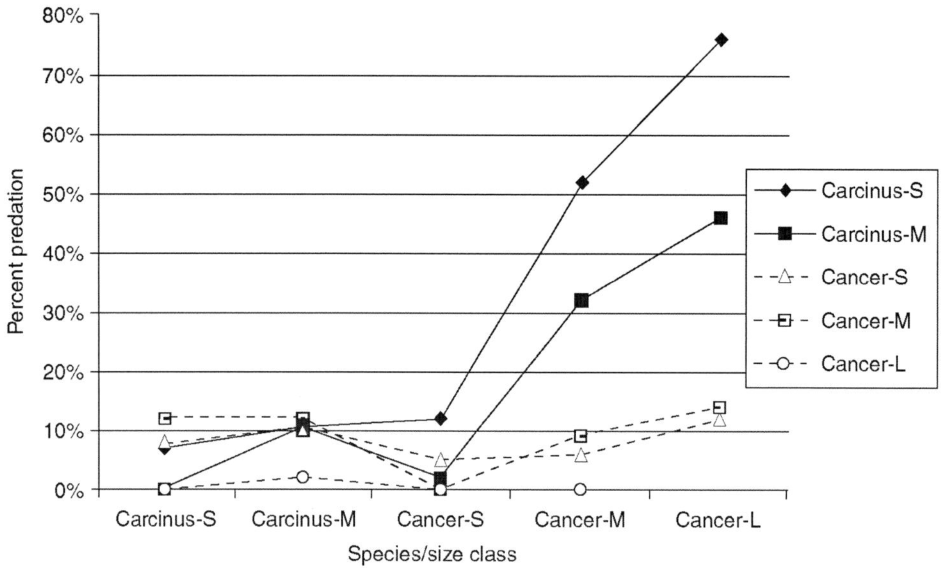

Fig. 6.3 유럽산 녹색게 (*Carcinus maenas*)를 다양한 크기의 (S=소형, M= 중형, L= 대형) 다른 녹색게 개체들, 그리고 토착성 붉은바위게 (*Cancer productus*)와 짝을 지었을 때 녹색게에 의한 포식 %. 자신보다 더 큰 개체들과 짝을 이룰 때 모든 게들은 일부 포식을 경험하였다. 그러나 녹색게들은 대형 붉은바위게와 짝을 이루었을 때 포식이 매우 높았다.

6.2.3 상리공생

상리공생은 일반적으로 종을 돕는 촉진형 상호작용이기 때문에 토착성 상리공생자들의 존재가 어떻게 비 토착종들의 정착을 방해할 수 있는지를 상상하기가 어렵다. 대신에 상리공생자 파트너가 없는 것이 비 토착종이 시스템으로 들어오는 것을 막을 수 있다. 사실 여러분에게 가장 효율적으로 비 토착종의 정착을 방해할 수 있는 하나의 생물적 상호작용을 선택하라고 하면 절대적인 상리공생자가 없다는 것을 선택할 것이다. 정의에 의하면 절대적 상리공생이란 한 종의 존재가 다른 종의 지속성을 위해 반드시 필요한 공진화된 두 종이 포함되어 있다. 따라서 만약 비 토착종이 그의 토착 서식처 범위로부터 절대적인 상리공생자가 없이 이입되었다면 그 종아 자체적으로 지속되는 개체군을 정착시키지 못할 확률이 높다.

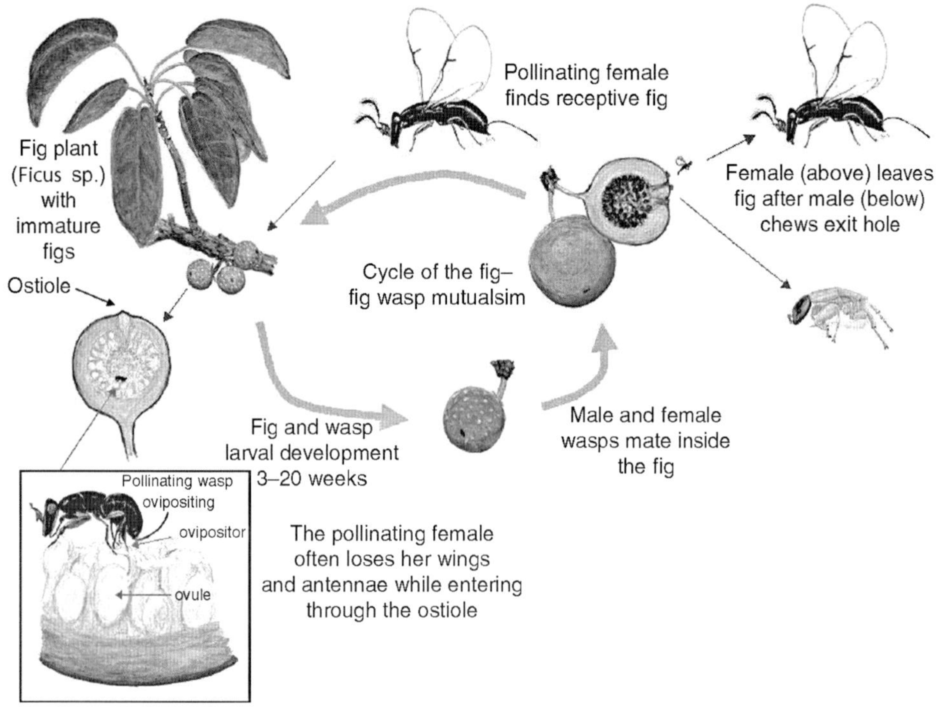

Fig. 6.4 이 그림은 무화과나무와 무화과나무 장수말벌 사이의 상리공생의 일반화된 생활사를 보여주고 있다 (http://www.figweb.org).

자주 인용되고 있는 하나의 예는 무화과나무와 무화과나무 장수말벌 사이의 절대적인 상리공생이다. 뽕나무과의 무화과나무 속에 속하는 나무는 열대와 아열대 전역에 분포하고 있는 약 750종으로 구성되어 있다. 소수의 예외를 제외하고 각 무화과종은 막시류(Agaonidae, Hymenoptera) 과에 속하는 장수말벌에 의해 수분이 이루어진다. 무화과나무는 거의 전적으로 종자를 통해 생식하며, 따라서 화분을 가진 장수말벌이 꽃을 방문하는 것에 전적으로 의존하고 있다. 무화과나무 장수말벌은 그 다음 자신의 알을 전적으로 무화과나무 꽃 속에 산란한다. 무화과나무 장수말벌은 무화과나무 꽃의 암술에 충영을 형성하며, 그 속에서 어린 장수말벌이 발육하게 되는데, 부화된 후 즉시 서로 짝짓기를 한다 (Fig. 6.4). 따라서 무화과나무 혹은 장수말벌 어느 쪽의 성공적인 생식은 완전히 그들의 상호작용에 의존적이다 (Nadel et al. 1992).

주어진 이들 두 종 사이의 긴밀한 연관에서, 특정한 무화과나무가 그것의 상리공생자인 무화과나무 장수말벌의 서식 범위 밖에서 이입되면 성공적으로 생식할 수 없을 것이며, 따라서 자체 지속가능한 비 토착성 개체군을 정착시키지 못할 것으로 가정할 수 있다. 이것은 플로리다에서 수 십년 동안 원예사와 경관 설계자들의 가정이다. 60종 이상의 무화과나무가 플로리다에 수입되었다. 무화과나무는 삽목으로 쉽게 번식할 수 있기 때문에 인기 있는 장식용 나무이다. 플로리다는 두 종의 토착 무화과나무 그리고 이와 연관된 두 종의 무화과나무 장수말벌의 변종을 보유하고 있었다. 그러나 이들 토착성 무화과나무 장수말벌이 60종 이상의 비 토착성 무화과나무에서 생식할 수 있는지에 대한 증거는 없다. 따라서, 플로리다에서 비 토착성 무화과나무 중 어느 것도 이입된 후 수 십년 동안 성공적으로 생식하지 못한 것은 놀랄만한 일이 아니다. 그러나 여러분이 상상할 수 있는 것처럼, 그리고 다음 절에서 논의할 것이지만, 정착에 대한 장벽은 비 토착성 무화과나무 장수말벌의 부재에 의존적이기 때문에, 이러한 상황이 지속되어야 할 필요는 없다.

무화과나무와 무화과나무 장수말벌에서처럼 절대적인 상리공생에서 관찰된 종 사이의 긴밀한 연관은 비교적 특수한 것이다. 그러나 서로에게 이익이 되도록 상호작용을 하는 일반적인 종들이 포함되어 있는 기회적 상리공생은 훨씬 보편적이다. 이들 상호작용에서는 상리공생 관계에 있는 어느 한쪽이 소실되면 자동적으로 다른 파트너가 소멸되게 하는 것은 아니다. 기회적 상리공생자들은 그들 생활사의 일부를 완결시키기 위해 파트너의 서비스가 필요할 수 있지만, 그 역할은 많은 다른 종들에 의해 이루어 질 수 있을 것이다. 일반적인 기회적 상리공생은 꽃의 꽃가루받이, 그리고 균근성 곰팡이 혹은 박테리아와이 연계로 인한 식물의 영양염류 흡수의 증가가 포함되어 있다. 이들 두 가지 예에서 식물뿐만 아니라 다른 한쪽도 이익을 받는다. 수분 매개자들은 보상으로 꿀 혹은 먹을 수 있는 꽃가루를 얻으며, 균근은 식물로부터 당을 얻고, 인과 기타 영양염류를 식물에게 제공한다. 비록 기회적 상리공생이 어떻게 정착에 중요할 수 있는지를 상상하기는 쉽지만 기회적 상리공생자가 없어 비 토착종이 정착에 실패한다는 것을 결정적으로 간파하기는 어렵다 (Richardson et al. 2000a; Levine et al. 2004).

이처럼 실험적인 증거가 부족하지만 생태학자들은 좀더 성공적으로 정착할 가능성이 있는 비 토착종들의 유형에 관한 이론들을 개발하였다. 일반적으로 이 이론들은 상리공생자들이 필요한 종들은 정착에 성공할 가능성이 낮고, 그리고 다른 종과 연관 없이 독립적으로 생활사를 완결할 수 있는 종들은 정착에 성공적인 경향이 있을 것이라고 주장하고 있다. 이러한 논리를 기초로 침입종을 연구하는 많은 생태학자들은 수분매개 서비스의 제약이 식물의 정착 가능성을 확인하는데 중요한 면이라고 주장하고 있다 (Baker 1965). 동물에 의해 수분이 매개되는 식물이 자체 지속적인 개체군을 정착시키기 위해서는 그 지역에 있는 토착성 수분 매개자들을 이용하거나, 혹은 이입될 때 자신의 수분 매개자들을 동반해야 한다. 따라서 전적으로 혹은 대부분 자가수분을 하고, 일반적인 수분 서비스를 필요로 하는 식물들은 비 토착성 개체군들을 정착시킬 가능성이 더 높을 수 있다 (Baker 1965; Marshall & Brown 1981). 북미에서 마늘겨자 (*Alliaria petiolata*)와 털뱁새귀리 (*Bromus tectorum*)의 극심할 정도의 성공적인 정착을 포함하여 풍매화 그리고 자가수분을 하는 비 토착성 식물들이 현저히 높은 정착 성공을 보이는 예들이 많이 있지만 (Richardson et al. 2000a), 수분 매개 곤충을 필요로 하는 비 토착종들의 성공적인 정착도 있다. 북미에서 자주색 부처꽃 (Purple loosestrife, *Lythrum salicaria*)이 하나의 좋은 예이다.

사실, 수분매개자 상리공생이 비 토착종들의 정착을 제한한다는 증거들은 매우 적다. 이러한 결과를 보이는 일부 원인은 이 장의 처음 부분에서 우리가 설명한 바 있는 정착과 확산 사이의 차이 때문이다. 정착을 중지시키기 위해서는 특정한 지역에서 그 종을 전혀 생존하지 못하게 하거나 생식하는 것을 막을 필요가 있다. 수분매개 서비스와 같은 기회적 상리공생은 비 토착종이 일단 정착한 다음 그 종이 얼마나 잘 생존하는지에 훨씬 큰 역할을 할 가능성이 있다.

이러한 패턴은 식물과 균근 혹은 박테리아와의 연관에서도 볼 수 있다. Richardson과 동료들 (2000a)은 비 토착성 식물들이 토양의 곰팡이 공생자들과의 관계 형성에 실패하여도 생존에 거의 저해를 받지 않는다는 것을 알았다. 이들 상호작용들은 매우 가소성이 클 수 있으며 (반응이 조건에 따라 달라질 수 있음을 의미함), 비 토착성 식물은 흔히 균근 그리고 박테리아와 꽤 신속하게 관계를 형성할 것이다. 비 토착성 식물이 이입된 후 즉시 이러한 관계를 형성하지 않을 때에도, 비록 그것이 포식자들 혹은 경쟁자들로부터 오는 압력으로 인하여 생존 능력이 감소될 수 있지만 (아래 내용 참조), 토양의 공생자가 없다는 하나의 이유만으로는 환경에서 그들의 생존 능력을 제한할 가능성은 없다. 그러나 이 이론에 대한 하나의 재미있는 것은 현재의 원예활동 관행에서 비 토착성 식물을 맨 처음 식재하였을 때 미소 공생자들의 현탁액을 비 토착종 주변에 뿌려주고 있다는 것이다 (Richardson et al. 2000a). 이들 현탁액은 그 지역에 토착성이 아닌 종들로 구성되어 있을 가능성이 매우 높다. 따라서 이런 측면에서 인간의 행동은 비 토착성 식물이 원예용 혹은 장식용으로 이용되는 곳은 어디에서나 고의적으로 이입된 전 세계적으로 분포하는 동류의 식물이 정착하는데 필요한 공생자들을 만들 수 있다.

6.2.4 간접적인 효과

두 사람으로 구성된 어느 모임에 3번째 회원이 가입되면 인생은 좀더 재미있지만 분명히 회원들 사이의 관계는 더 복잡해진다. 생태학자들이 두 종 이상의 더 많은 종들 사이의 상호작용을 고려할 때도 마찬가지이다. 이러한 경우에서 한 종이 다른 종에 미치는 긍정적 혹은 부정적인 영향은 제 3의 종을 통해 중재되어질 수 있다. 여기에서 우리는 비 토착종의 정착을 저해하는 이러한 간접적인 효과의 영향을 살펴본다. 비 토착종의 정착을 촉진하는 종에 관한 대부분의 예들은 직접적인 효과라기 보다는 간접적인 효과임을 주목해야 한다. 우리는 비 토착종의 정착을 촉진하는 이러한 예를 이 장의 뒷 부분 (정착의 촉진 부분)에서 살펴볼 것이다.

기회적인 상리공생 하나만으로는 비 토착종의 정착을 방해하지 못하는 것 같다는 사실에도 불구하고, 이들 상리공생은 정착 실패를 돕는 종들 사이의 힘의 균형을 변화시킬 수 있다. 하나의 예는 토착 식물을 위해 영양염류 흡수와 경쟁 능력을 증가시키지만 비 토착종을 위해서는 작용하지 않는 균근 연합이다. 일부 균류-식물 연합체는 매우 특이적이며, 따라서 비 토착종들이 단순히 토착 균근 군집을 이용할 수 없을 가능성이 있다 (Smith & Read 1997). 이것은 이들 비 토착성 식물들이 토착성 식물들보다 영양염류의 흡수를 훨씬 낮게하기 때문에 비 토착성 식물들이 매우 불리한 상태에 처하게 한다 (Richardson et al. 2000a). Simberloff와 그의 동료들 (2002)은 이러한 과정은 아르헨티나, Isla Victoria에 있는 토착 삼림에서 소나무가 정착하는데 실패하는 수단이 될 수 있다고 가정하였는데, 그 이유는 토착 소나무 종들은 비 토착종에게는 이용 가능하지 않은 특이한 균근과 연합을 형성하는 경향이 있었기 때문이다.

경쟁과 포식도 상리공생과 연합없이 작용할 수 있다. 여러분은 포식을 설명한 부분에서 경쟁과 초식이 모두 크리스마스 섬과 Isla Victoria에서 교목의 정착 성공을 제한하는데 역할을 한다는 두 가지 예를 살펴보았을 것이다. 두 경우에서 비 토착종들은 토착종들에 비해 초식을 당하기 쉽고, 그리고 초식동물들은 토착종들이 경쟁에 훨씬 더 유리하게 하는데 도움을 주었다 (Simberloff et al. 2002; Green et al. 2004). 흔히 이들 두 가지 생물적 상호작용은 토착종과 비 토착종들 사이의 경쟁의 균형을 변화시키는 초식동물들과 연합하여 작용한다. 예를 들어, Case와 Crawley (2000)는 영국에 새로 이입된 비 토착성인 국화과의 큰망초 (*Conyza sumatrensis*)가 교란되지 않은 초지에서 쉽게 정착하지 못하는 것을 알았다. 그들은 곤충, 달팽이, 그리고 토끼에 의한 초식뿐만 아니라 경쟁의 효과도 조사하였다. 그들은 경쟁이 보통 정착을 방해하기 때문에 곤충에 의한 초식은 영향이 적거나 없었고, 달팽이에 의한 초식은 교란되지 않은 초지에서는 비교적 중요하지 않다는 것을 알았다. 그러나 토착 경쟁자들을 제거하였을 때 달팽이들은 강력한 부정적인 영향을 주어 큰망초(*C. sumatrensis*)의 정착을 방해할 수 있었다. 그러나 교란되지 않은 토착 식생에서 항상 침입종을 배척시키는 단일 조합은 토끼에 의한 초식이었다 (Fig. 6.5).

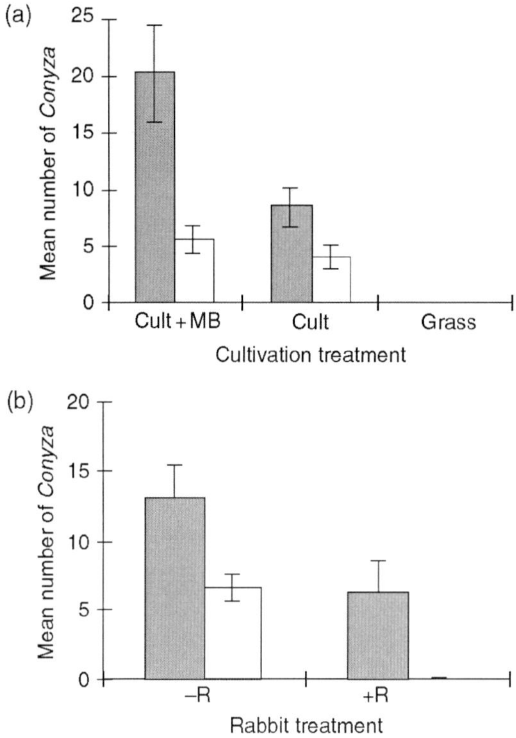

Fig. 6.5 영국에 비 토착성 식물인 정착된 큰망초(*Conyza sumatrensis*)의 수에서 (a) 경쟁과 (b) 초식 사이의 상호작용. Cult+MB는 낮은 경쟁 처리구이다. Cult는 중간정도의 경쟁 처리구이며, Grass는 높은 경쟁 처리구이다. -R은 토끼를 제외시킨 처리구를 나타내며, +R은 토끼가 식물에게 자유롭게 접근하도록 허용한 처리구를 나타낸다. 상이하게 음영처리된 막대그림은 1996년(진한 막대그림)과 1997년(밝은 막대그림)의 결과를 나타낸다. 경쟁은 토끼에 의한 초식이 한 것처럼 존재하는 큰망초의 수를 감소시켰다. 그러나 큰망초의 정착을 막은 처리구는 토끼에 의한 초식과 높은 경쟁이 결합된 것이었다.

6.2.5 저항 종합

이들 상호작용들 중 어느 것이 비 토착종의 정착을 제한하는데 가장 우세한 역할을 하는가? Levine 등 (2004)은 비 토착종의 정착, 그리고 일단 정착한 다음의 성취도 (즉, 생존, 생장, 그리고 생식)에 대한 경쟁, 초식, 종 다양성, 그리고 토양의 균류 군집들의 역할에 관한 발표된 연구들을 대조하여 이 문제를 설명하였다. 그들은 각 형태의 저항의 중요성을 평가하기 위해 메타분석 통계방법을 사용하였다 (Gurevitch & Hedges 1999). 그들의 분석 결과들은 경쟁, 초식, 그리고 종 풍부도는 각각 정착한 비 토착종의 성취도에 강한 저해 효과를 가지고 있음을 보여주고 있다. 그러나 Levine 등 (2004)은 이들 요인들 단독으로는 어느 것도 비 토착종의 정착을 방해할 수 없었다고 주장하였다.

메타분석

통계학에서 메타분석은 서로 다른 연구들로부터 나온 결과들을 서로 대조하고 결합시키는 통계 방법으로, 이를 통해 연구 결과들 사이의 불일치의 원인들, 혹은 많은 연구들의 전후관계에서 예기치 못한 흥미있는 관계들이 드러나길 기대하고 있다.

일반적으로, Levine 등 (2004)의 결론은 위에서 우리가 살펴본 내용과 일치한다. 그들이 밝힌 내용은 특히 학생들이 제 7장과 8장에 제시된 정보와 관련하여 어떻게 이 장을 보아야 할 것인지와 관련이 있다. 이들 연구자들은 생물적 상호작용들이 침입의 확산 단계에서 강한 영향력을 미칠 수 있지만 단독으로는 새롭게 도착하는 비 토착종의 생존 혹은 생식을 못하게 하는 데에는 책임이 없다고 주장하고 있다. 그들은 경쟁자들, 초식동물들, 그리고 종 풍부도는 연합하여 초기의 비 토착종 개체군의 크기를 0이 되도록 하는 지속적이고 그리고 만연된 것이 아니라고 주장하였다. 이러한 조합은 토착종들이 비 토착종의 정착을 완전히 방지하는데 필요할 수는 있다. 이 주제는 분명히 더 많은 관심을 받을만 하지만 비 토착종들의 정착과 그들의 그 다음 지리적인 확산 사이의 차이 쪽에 좀더 주의를 기울여야 한다.

6.3 정착의 촉진

이 절에서 우리는 위에서 언급된 상호작용의 이면을 살펴보고, 우리가 설명한 몇 가지 동일한 예들도 살펴볼 것이다. 이 절에서, 이들 각각의 상호작용은 정착을 촉진시키며, 적어도 경쟁과 포식 부분은 간접적인 효과들이 필요하다는 것을 주목하기 바란다. 이들 모든 상호작용에서 촉진자들의 주요 역할은 스트레스의 효과를 완화시키는 것인데, 이것은 생물적 스트레스일 수도 있고 아닐 수도 있다. 정착을 촉진시키는 경쟁자들과 포식자들은 일반적으로 직접적인 상호작용에서 생리공생자와 유사하게 행동한다. 그들의 촉진 효과는 흔히 우연적인 것이다. 이러한 행동의 동기는 그들 자신의 이익을 위해서이다. 침입하는 종들은 흔히 촉진시키는 종들에게 어떤 것을 희생당하지만, 이러한 희생은 다른 스트레스의 저감에 의해 상쇄된다. 여기에서 우리가 알 수 있는 것은, 우리 적군의 적은 우리의 친구라는 오래된 격언이 생태학에서도 적용된다는 것이다.

6.3.1 경쟁

특히 식물과 관련된 문헌에서 비록 경쟁자들이 비 토착종의 생활사의 일부분에서 비 생물적 스트레스를 완화시킨다는 많은 예들이 있지만, 비 토착종의 정착을 촉진시키는 문제에서 경쟁자들의 주 역할은 비 토착종의 포식을 감소시키는 것이다 (Box 6.2). 포식 감소는 일반적으로 포식자들이 비 토착종보다 토착 경쟁종들을 더 선호하기 때문은 아니고 (이것은 포식자들의 밀도를 증가시키는데 기여할 뿐임), 경쟁자들이 초식동물로부터 실제로 물리적인 피난처를 제공하기 때문이다. 식물의 경우, 성숙한 관목 하층에서는 초식활동이 낮을 수 있는데, 관목들이 가시로 그들의 방목자를 쫓아버리거나, 혹은 실제로 방목자들이 낮은 밀도로 존재하기 때문이다. 예를 들어, Facelli와 Temby (2002)는 남 호주의 아카시아 (*Acacia*) 숲에서 우점종이 된 비 토착성 십자화과 1년생 식물인 *Carrichtera annua*의 정착에 영향을 주는 요인들을 조사하였다. 하층은 토착성 명아주 속 관목에 의해 우점하는데, 이 관목들은 그 지역의 건조한 기후에 작 적응되어 있고, 초식을 막기 위한 많은 구조적 방어기작을 가지고 있다. 그들은 좀더 개방된 하층 지역보다는 이들 토착성 관목들 아래에서 비 토착성인 *C. annua*의 초식이 더 낮아 비 토착종이 그 관목들 밑에서 공급 개체군들을 형성하도록 한다는 것을 발견하였다. 비 토착종은 또한 토착성 관목 밑에서 발아가 더 잘 되었는데, 그 이유는 관목의 심근성인 뿌리가 수압 승강기 (hydraulic lift) 역할을 통해 물과 영양염류를 토양 표면으로 이동시켜 비 토착종이 발아하고 생장하는데 덜 건조하고, 더 쾌적한 미기후를 형성하기 때문이다. 그러나 이러한 토착성 관목들의 호의는 보답 받지 못한다. 그 이유는 비 토착성 1년생 식물은 토착성 관목 주변으로부터 영양염류와 물을 제거하여 관목과 경쟁하기 때문이다.

Box 6.2 천적으로부터의 도피

비 토착종의 성공적인 정착과 확산을 위한 가장 널리 인용되고 있는 설명 중 하나는 천적으로부터의 도피 가설인데, 포식, 기생, 그리고 초식으로부터의 해방은 비 토착종이 그들의 원 서식처 분포범위에서보다 생존, 생장 혹은 생식률이 더 높게 허용한다는 주장이다 (Elton 1958; Blossey & Notzold 1995; Maron & Vila 2001). 이러한 생각은 침입종 생태학에서 새로운 것은 아니며, Darwin의 종의 기원에 관한 독창적인 생각의 기초적인 부분이었다. 새로운 관점은 천적으로부터 도피가 어떻게 비 토착종에게 장점을 제공하는지에 관한 특정한 가설로부터 비롯된다. 침입종들은 실제로 그들의 토착 분포 범위에서보다 비 토착 분포범위에서 천적이 더 적은가? 이러한 천적이 없는 조건이 방어 혹은 저항 쪽으로 적응된 비 토착종의 성질들을 소실하게 하는가? 천적이 없는 상황에서 침입종들은 방어에 필요한 에너지를 생장이나 생식을 위한 쪽으로 재분배 하는가? 만약 그렇다면 이러한 재분배는 어떻게 경쟁에 영향을 주는가?

퍼즐을 맞추기 위한 첫 번째 조각은, 비 토착종들은 그들의 토착 분포범위에서와 비교할 때 비 토착 분포 범위에서 대체로 포식자들, 초식동물들, 그리고 기생자들로부터 더 낮은 압력을 받는지의 여부를 확립하는 것이다. 천적으로부터의 도피에 유리한 증거는 애매모호하지만 (예를 들어, Agrawal & Kotanen 2003), 그러나 비 토착종이 그들의 토착 분포범위로부터 온 천적이 정착하기 전에, 혹은 이입된 지역에 분포하고 있는 숙주나 포식자들에 의해 발견되기 전에 흔히 일시적으로 포식 압력으로부터 해방을 경험한다 (예를 들어, Di Tomaso 1998; Maron & Vila 2001; Vila et al. 2005). 이러한 해방은 비록 일시적일 경우에도 왜 어떤 종은 정착하고 반면에 어떤 종은 정착하지 못하는 것을 설명하는데 충분할 수 있다.

최적 방어 이론 (Optimal defense theory)은 정착 후에 그 역할을 하기 시작한다. 이 이론은 천적이 없으면 비 토착종들은 방어에 필요한 에너지를 자신의 적합도를 증가시키는 쪽으로 재분배할 것이라고 주장하고 있다 (Coley et al. 1985; Bazzaz et al. 1987). 이러한 재분배는 경쟁적 환경에 따라 생장의 증가, 혹은 더 높은 생식의 형태로 나타날 수 있다. Blossey와 Nötzold (1995)는 이러한 생각을 증가된 EICA (evolution of increased competitive ability) 가설로 명확하게 제시하였는데, 이것은 비 토착종이 그들의 천적이 없는 상황에서 더 잘 경쟁하도록 진화한다고 주장하고 있다. 그들은 자신들의 가설을 유럽에 토착식물이지만 북미 대부분의 지역에 침입한 습지식물인 부처꽃 (purple loosestrife, *Lythrum salicaria*)을 이용하여 검증하였다. 부처꽃은 자신의 토착 분포범위에서는 잎과 뿌리를 먹는 곤충으로부터 피해를 당하는 흔한 습지식물이다. 이와 같은 초식이 부처꽃의 밀도를 조절하고, 이 종이 자신의 토착 습지 군집 내에서 우점하는 것을 막는다. 북미에서 부처꽃은 토착종들에 의한 초식으로부터 거의 피해를 당하지 않아 습지 지역을 점유하여 수 세대에 걸쳐 지속되는 순군락을 형성한다. Blossey와 Nötzold (1995)는 미국, 뉴욕의 Ithaca에서 (비 토착 분포범위이며, 초식이 없다), 그리고 스위스의 Lucelle에서 (토착 분포범위이며, 초식이 있다) 채집된 종자를 동일포장에서 생장시켜 생물량과 초식활동을 조사하였다. 그들은 Ithaca에서 가져온 식물이 Lucelle에서 가져온 식물에 비해 현저히 높은 생물량을 달성하였고, 뿌리를 먹는 초식동물들도 Lucelle에서 가져온 식물에 비해 Ithaca에서 가져온 식물에서 더 잘 생존하였다는 점에서 EICA 가설을 지지한다는 것을 알았다. 이 결과들은 Ithaca에 있는 비 토착성 부처꽃 개체군들은 초식동물에 대한 저항이 소실되었고, 따라서 저항에 사용되던 에너지를 신속한 생장률 쪽으로 재분배하였음을 제시하는 것이다. 그러나 이 결과들은 보편적이지는 않다. 다른 연구자들은 비 토착성 식물들이 초식이 없음에도 불구하고 토착 분포범위에서보다 그들의 이입된 분포범위에서 더 경쟁적이지 못하다는 것을 밝혔다 (Maron & Vila 2001; Vila et al. 2003).

이러한 다양한 결과들을 설명하기 위해 Müller-Schärer 등 (2004)은 식물이 초식으로부터 자신들을 방어하는 방법을 탐구하였다. 그들은 정성적인 방어들 (즉, 낮은 농도에서 일어나며, 보통 일반적인 천적에 효과적인 방어) 그리고 정량적인 방어들 (즉, 높은 농도에서 일어나며, 소화를 감소시키는 화합물에 기초하고, 보통 특수한 천적에 효과적인 방어)은 정착 후에 일어나는 개체군 동태에 서로 다르게 영향을 준다고 주장하였다. 특수화된 초식으로부터 도피한 비 토착성 식물들은 그들의 정성적인 방어 능력은 소실하지 않고 정량적인 방어 능력을 소실할 수 있다. 따라서

부처꽃(purple loosestrife, *Lythrum salicaria*)

Müller-Schärer 등 (2004)은 만약 비 토착성 식물이 그들의 이입된 분포범위에서 특수화된 초식이 없고, 낮은 일반적인 초식을 경험할 때에만 EICA 가설이 수용될 것이라고 가정하였다. 반면에 그들의 전문적인 천적을 피한 비 토착성 식물들은 그들이 이입된 분포 범위에서 만약 높은 수준의 일반적 초식을 경험한다면 그곳에서 더 높은 수준의 정성적인 방어를 진화시킬 수 있다. 이 경우 "저장된" 자원은 생장 혹은 생식에 재분배되지 않고 대신에 알카로이드 그리고 글루코시놀레이트(glucosinolates)와 같은 독성물질을 생산하는 쪽으로 분배가 일어날 것이다.

Leger와 Forister (2005)는 캘리포니아 양귀비 (California poppy, *Eschscholzia californica*)를 이용하여 미국 캘리포니아의 토착 분포범위에서, 그리고 이 종이 이입된 칠레에서의 분포 범위에서의 연구를 통해 이 가설의 일부를 지지하는 결과를 얻었다. 그들은 보편적인 초식동물은 칠레에서 가져온 종자로부터 자란 식물체보다 캘리포니아 (토착 분포범위)에서 온 식물에서 더 잘 자라고 생존한다는 것을 알았는데, 이것은 비 토착성 개체군들이 더 많은 방어적 화합물을 갖도록 진화되었음을 제시하는 것이다. 그러나 그들은 경쟁적 능력과 방어적 성질들 사이의 완전한 교환(trade-off)은 발견하지 못하였다. 이입된 분포범위에서 온 식물들은 토착 분포범위에서 온 식물보다 더 크게 자랐는데 (Leger & Rice 2003), 이것은 식물들이 전문적인 초식동물의 방어로부터 생장 그리고 증가된 보편적인 초식동물의 방어에 여분의 자원을 배분할 수 있음을 제시하는 것이다.

유사한 효과가 캘리포니아의 센트럴 계곡 (Central Valley)에 있는 초지생태계에서도 밝혀졌는데, 그곳에서는 수명이 긴 토착성 다년생 벼과식물들이 토양을 변화시키고 비 토착성인 지중해성 1년생 벼과식물의 발아와 생존을 촉진시키고 있다 (Hoopes 1999; Hoopes & Hall 2002). 캘리포니아의 초지생태계는 유럽의 지중해성 지역으로부터 이입된 비 토착성 겨울 1년생 종에 의해 우점하지만, 그곳에는 비 토착종들의 정착 수준이 낮은 소규모의 고립된 토착성 다년생 초지 잔여지들이 존재하고 있다. 센트럴 계곡 (Central Valley)의 남쪽 부분에서 토착성 다년생인 다발을 이루는 C_4 벼과식물인 *Sporobolus airoides*가 봄에 형성되는 연못의 기질 그리고 1년생 벼과식물들이 우점하고 있는 고지대에 존재하며, *S. airoides*가 우점하는 염분이 있는 곳 (saline sears)에 존재한다. 염분이 있는 곳은 염 농도가 매우 높은 지역으로 자연적 그리고 인위적으로 형성된 염이 겨울에 물이 고였다가 마르는 과정을 통해 축적된다. 비 토착성 1년생 벼과식물들은 토착성인 다발을 형성하는 벼과식물의 낙엽 위 혹은 이들 벼과식물 수관의 바로 아래의 염분이 있는 지역에서만 정착할 수 있다. 토착성인 다발성 벼과식물인 *S. airoides*는 자신의 조직으로 염을 흡수하여 자신의 영양조직과 생식조직으로 염을 삼출시켜 그로인해 자신의 바로 인접한 곳에 있는 토양에서 염분도를 감소시킨다는 점에서 약한 염생식물이다. 이것이 내염성이 없는 비 토착성 1년생 식물이 그곳에 정착하도록 허용한다. 비 토착성 1년생 식물의 정착을 촉진시키는 호주의 토착성 관목의 경우와 똑같이, 토착성 *S. airoides*에 대한 장기적인 효과는 좋지 않다. 다발을 형성하는 토착성 벼과식물 주변에 정착하는 비 토착성 1년생 벼과식물들은 토착종의 영양기관 생장, 종자형성, 그리고 실생 보충을 감소시킨다 (Hoopes 1999).

얼룩무늬 홍합 (Zebra mussels, *Dreissena polymorpha*)은 많은 수중 생태계에 비슷한 영향을 준다 (Simberloff & Von Holle 1999). 비록 얼룩무늬 홍합은 북미 북동부에 위치한 Great Lake의 토착 군집들에 강한 부정적인 영향을 주지만 (Ricciardi et al. 1998), 이 종은 또한 토착성 여과식자들보다 더 많은 부유생물을 여과하고, 매우 신속하게 생식을 한다 (Leppäkoski 1984). 이러한 특성들은 다른 저서성 대형 무척추동물을 위한 유기물질과 기질의 침전을 증가시켜 토착성 그리고 비 토착성 대형 무척추동물의 밀도를 증가시킨다. 따라서 비 토착성 경쟁종들의 정착과 보충을 촉진시킨다 (Ricciardi et al. 1997). 그러나 얼룩무늬 홍합은 부유생물을 감소시키고 물의 투명도를 증가시켜 서식처의 질을 변화시키고 유라시아 물수세미류 (*Myriophyllum spicatum*)를 포함하여 몇몇 비 토착성 수중식물 종들의 정착과 생장을 촉진시키기 때문에 훨씬 넓은 범위의 영향력을 가진다 (MacIsaac 1996).

위에서 제시된 모든 예에서, 경쟁자는 환경을 변화시켜 그렇지 않았으면 비 토착종의 정착이 어려운 환경에 이들의 정착을 허용하도록 한다. 이러한 변화의 대부분은 종의 정착을 제한하는 근본적인 비 생물적 조건의 변화인데, 때로는 촉진종들 자체가 비 토착종이기도 한다. 그 다음 이어지는 촉진자들에 대한 부정적인 효과는 부정적인 피드백을 유도할 수 있어 촉진을 제한시킬 수 있지만 이러한 제한은 정착의 틀 속에서 중요하지 않다. 만약 촉진자가 뒤이은 경쟁에도 불구하고 비 토착종이 정착하도록 허용한다면 부정적인 피드백은 그 생태계를 원래의 군집 상태로 가져올 수 없지만 대신에 그 군집을 침입종이 포함된 새로운 상태가 되게 한다.

6.3.2 포식

포식자들이 비 토착종의 정착을 촉진시키는 가장 보편적인 방법은 비 토착종의 정착에 강한 부정적인 영향을 주는 종을 제거하는 것이다. 이러한 유형의 동태는 세계 전역의 방목되는 생태계에서 보편적인데, 특히 토착성 다발형성 벼과식물들을 가진 초지에서 그렇다 (Kimball & Schiffman 2003). 유럽지역의 경관들은 수 천년 동안 가축 방목으로 관리되어 왔기 때문에 이와 연관된 초지 식물종의 구조적 그리고 생리적인 적응을 유발시켰다 (Mack & Thompson 1982). 유럽을 제외한 지역에서는 많은 초지가 집단적인 방목동물들과 공진화가 이루어지지 않았고, 따라서 방목동물들이 이입되었을 때 유럽에서 온 비 토착성 식물이 번창하는 경향이 있다 (Mack & Thompson 1982; Wagner 1989). 예를 들어, 호주, 남미, 그리고 북미에서 초지 내의 가축 방목은, 방목에 적응된 유럽 식물종들의 종자가 이입되는 가축의 피부와 발굽에 묻어 함께 들어오게 되었다 (Mack 1981, 1986). 그 다음 가축은 그들의 발굽으로 식생 내에 식물이 없는 나지를 만들어 이들 비 토착성 벼과식물들이 발아할 수 있는 장소를 만든다. 가축들은 또한 토양 표면을 파괴하여 토착성 상리공생 관계를 교란시킨다 (Mack 1986, 그리고 Chapter 4와 Box 7.2 참조).

아시아 물소는 호주의 범람원에 동일한 영향을 주었으며 (Braithwaite et al. 1989), 태즈메이니아에 이입된 양은 그곳 초지에 비슷한 영향을 주었고 (Leonard & Kirkpatrick 2004), 그리고 북미의 습지에서는 다양한 초식동물들이 부처꽃의 정착을 증가시켰다 (Rachich & Reader 1999). 일반적으로 토착 식생을 제거하는 비 토착성 초식동물 혹은 포식자는 여분의 침입자들의 정착을 촉진시키는 2중의 강한 효과를 가진다. 그들은 비 토착종들이 노출된 흙에 도달하여 이용 가능한 영양염류를 얻도록 허용하는 교란 혹은 나지를 형성한다. 그리고 방목을 통해 토착종에 생리적인 피해를 주어 비 토착종들과 경쟁하기 위한 토착 식물들의 경쟁 능력을 감소시킨다.

이러한 촉진 효과들은 또한 상위 영양단계에서도 가능하다. 잘 규명된 하나의 예는 미국 오리건 주에서 비 토착성 어류에 의한 비 토착성 개구리의 정착 촉진인데, 이것은 토착성 잠자리의 포식 효과를 통해 중재된다. 황소개구리 (*Rana catesbeiana*)는 북미 동부의 토착종이지만 양식 매체들을 통해 북미 서부, 멕시코, 하와이, 일본, 그리고 다른 지역에 침입되었다. 황소개구리는 흔히 다른 양서류도 잡아먹는 폭식하는 포식자들이다 (Moyle 1973). 황소개구리는 그들의 토착 서식처에서 개복치 (centrarchid sunfish)와 간접적인 긍정적 상호작용을 하고 있다 (Werner & McPeek 1994). 개복치는 황소개구리 올챙이의 주 포식자들인 잠자리 유충과 기타 포식성 곤충들을 잡아먹는다. 잠자리 유충은 특히 황소개구리 올챙이를 좋아한다. 북미 동부의 서너 종의 개복치가 북미 서부, 그리고 다른 지역으로 이입되었다. Adams 등 (2003)은 만약 오리건 주 내에서 이러한 간접적인 촉진적 상호작용이 (그곳에서는 개복치와 황소개구리가 비 토착종들이다) 충분히 기능적이며, 그곳에 비 토착성인 황소개구리의 성공에 기여하는지를 알아보려고 했다.

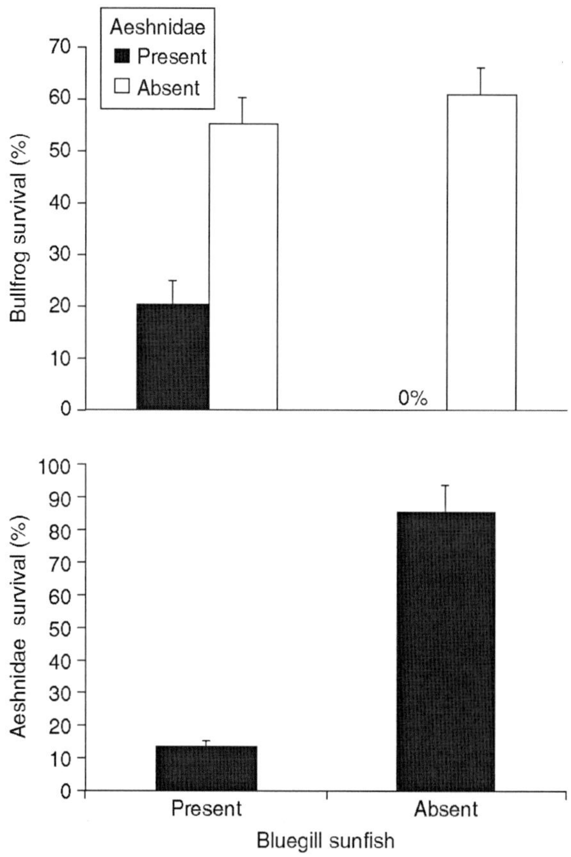

Fig. 6.6 개복치 (Bluegill sunfish, *Lepomis macrochirus*)가 포함된(왼쪽) 그리고 포함되지 않은 (오른쪽) 실험 연못 내에서 황소개구리(*Rana catesbeiana*) 올챙이와 잠자리 (*Aeshnid* sp.) 유충의 생존 %. 잠자리 유충을 제외시키면 (흰색 막대그림) 대부분의 황소개구리 올챙이가 생존하였다. 그러나 잠자리 유충이 존재하면 (검은색 막대그림) 황소개구리 올챙이의 생존은 훨씬 불량하였다. 우리에 개복치를 첨가하면 이들이 잠자리 유충을 잡아먹어 황소개구리 올챙이의 생존이 잠자리를 제외시킬 때와 같은 %가 되게 하였다.

일련의 야외 관찰 그리고 우리에 가두는 실험을 통해 Adams 등 (2003)은 개복치가 황소개구리 올챙이의 포식자인 잠자리 유층의 개체군 크기를 감소시켜 황소개구리 올챙이의 생존을 증가시킨다는 것을 알았다. 황소개구리 올챙이의 생존은 잠자리 유충이 없는 우리에서 57%이었는데, 잠자리 유충이 있는 우리의 경우 10%로 감소되었다. 잠자리 유충의 생존은 개복치가 없는 우리에서 85%이었으나 개복치가 있는 우리에서는 13%로 감소되었다. 잠자리 유층과 개복치가 모두 있는 우리에서 황소개구리 올챙이의 생존은 두 종 중 어느 것도 없는 우리에서 만큼 높았다 (Fig. 6.6). 이러한 결과들은 황소개구리의 비 토착 범위 내에서, 그것이 개복치의 한 종과 공존하는 연못에서는 황소개구리가 높은 생존을 보여 높은 수도에 이를 것임을 제시하는 것이다. 개복치가 없는 연못에서는 황소개구리 올챙이는 토착 잠자리 유충의 포식 압력 때문에 정착에 방해를 받을 수 있다.

마지막으로, 우리는 지구상에서 가장 파괴적인 침입자 중 하나인 비 토착성 개미에 의한 포식을 통해 정착이 촉진되는 것을 알아본다 (Holway et al. 2002a). 이들 사회적 곤충은 그 수가 엄청나게 많아질 수 있으며, 식물(초본성 물질과 종자), 절지동물, 그리고 때로는 척추동물 까지도 포함한 다양한 토착종들을 잡아먹는다. 개미들은 또한 종자 분산자로 활동하며, 지속적인 자원 공급을 유지하기 위해 흔히 다른 종들을 재배하기도 한다. 개미의 이러한 활동들은 토착 군집의 구성과 기능을 본질적으로 변화시키며, 다른 비 토착종에게 다양한 촉진적인 효과를 유도할 수 있다. 앞에서 우리가 살펴본 크리스마스 섬 생태계에서, 침입한 노랑 미친개미 (*Anoplolepis gracilipes*)는 토착 초식성인 붉은 육상 게 (*Gecarcoidea natalis*)를 공격한다 (O'Dowd et al. 2003). 이 토착성 갑각류는 비 토착성 식물들 (Green et al. 2004), 그리고 달팽이 (Lake & O"Dowd 1991)를 크리스마스 섬의 삼림생태계로부터 제거시키는 수단이 되기 때문에, 노랑 미친개미는 이들 비 토착종들의 주요 포식자를 제거시켜 이들 모두의 정착을 촉진한다. 부수적으로 이 노랑 미친개미는 삼림 서식처 내에서 자신이 돌보는 꿀을 생산하는 개각충과 연관되어 있다 (O"Dowd et al. 2003). 개미의 정착에 뒤이어 꿀을 생산하는 개각충의 증가는 또한 수관층의 가지마름병을 유발시키는 거무스름한 곰팡이를 증가시키는데, 그 결과 임상에 햇빛의 투과를 증가시켜 이전에 비 토착성 교목의 정착을 감소시키는데 기여한 경쟁적 효과를 제거시킨다 (O"Dowd et al. 2003). 따라서, 다양한 경로를 통헤 이 노랑 미친개미는 크리스마스 섬에서 비 토착종 침입을 돕고 있다.

뒤에 이어지는 장에서 살펴보겠지만, 포식자들은 그들이 침입하는 군집에서 토착종들에게 큰 영향을 줄 수 있다. 그들의 간접적인 잠재적 촉진 효과들도 클 수 있다는 것은 놀랄만한 것이 아니다. 경쟁자들이 부과할 수 있는 완만한 증가를 보이는 변화 보다는 포식자들은 단일 세대의 전체 개체군을 제거할 수 있다. 특히 보편적 포식자들은 널리 확산되는 광범위한 효과를 가질 수 있다. 피식자 종이 크리스마스 섬에 있는 육상 게와 같은 핵심종일

CHAPTER 6

때 생태계는 대부분이 토착종 상태의 구성에서 비 토착종으로 구성되는 신속하고 파괴적인 전환을 겪을 수 있다.

6.3.3 상리공생

마지막으로 상리공생을 살펴보려고 하는데, 이것은 우리가 비 토착종의 정착에 촉진 효과를 줄 것으로 가장 기대하는 상호작용이다. 만약 우리가 절대적인 상리공생 관계를 먼저 살펴본다면, 우리는 정착을 촉진하는 절대적 상리공생적 파트너의 존재를 예상할 것이다. 그러나 현대의 교통량, 종묘원, 농업, 애완동물, 그리고 여행자들의 짐에 편승하는 비 토착종들의 끊임없는 유입으로 상리공생적 파트너들이 개별적이지만 성공적인 관계를 형성하여 지소에 도착할 수 있다는 것은 놀랄만한 것이 아니다. 적어도 한 파트너가 수명이 길고, 상리공생이 생활사의 단 하나의 짧은 단계에 작용할 때 정착이 가장 잘 일어날 수 있다. 이러한 방법으로 하나의 상리공생자는 오랫동안 생식을 하지 않고 생존할 수 있으며, 자신의 파트너가 도착하기를 기다린다. 이 시나리오는 플로리다에서 전부는 아니지만 몇몇 비 토착성 무화과나무가 생식을 시작하도록 만들었다. 이들의 성공적인 생식은 그 다음 무화과나무를 수분시키는 장수말벌의 더 많은 세대들이 생산되게 만들었다. 플로리다에서 무화과나무와 무화과나무 장수말벌 사이의 "운 좋은" 재결합은 수입된 무화과나무 열매에 들어있는 장수말벌의 이입의 결과이며, 무화과나무가 수입된 후 보통 몇 십년이 지나 일어난 일이다. 무화과나무 장수말벌은 크기가 매우 작고 몸을 잘 숨기기 때문에 수입된 무화과 생산물로부터 이들을 탐지하여 제거하기가 어렵다 (Fig. 6.4).

앞에서 지적한 것처럼 기회적인 상리공생이 없는 것이 비 토착종의 자체 지속적인 개체군의 정착을 못하게 한다는 것을 보여주기는 매우 어렵지만, 성공적인 상리공생이 어떻게 정착을 촉진하는지를 보여주는 것은 훨씬 간단하다. Richardson 등 (2000a)의 고찰은 비 토착종이 흔히 그들의 새로운 분포범위에서 상주하는 토착종과 기회적 상리공생 관계를 형성하는 것을 보여주고 있다. 실제로 몇 가지 상리공생 예들은 비 토착종만을 포함하고 있고, 각각은 서로 다른 장소에서 온 것이다. 이들 종들은 그들의 토착 분포범위에서 있었던 상리공생적 관계를 재조립하지 않는다. 대신에 그들은 자신의 군집 구성과 관계들을 새로 만든다.

많은 개미 침입종들 중의 하나인 아프리카 개미 (*Pheidole megacephala*)에서 흥미있는 하나의 예를 볼 수 있는데, 이 종은 하와이에서 인디안 개망초(Indian fleabane, *Pluchea indica*)에 살고 있는 브라질 녹색 개각충 (*Coccus viridis*)을 돌본다 (Bach 1991). 전에 언급한 바와 같이 개미들은 동시류의 곤충을 돌보는 것으로 알려져 있는데, 이들 곤충이 분비하는 단물을 개미들이 먹기 때문이다. 곤충은 이러한 상호작용으로부터 개미들이 이 곤충의 잠재적인 포식자 곤충들을 먹을 때 포식과 경쟁 감소를 통해 이익을 얻는다. 꿀물을 제거하는 것은 식물에게 이익이 되는데, 그 이유는 꿀물이 존재하면 그곳에 몰려드는 다양한 거무스름한 곰팡이에 대한 감염도가 감소되기 때문이다. (위에서 제시한 크리스마스 섬의 예와 같이, 만약 침입 이전에 그러한 거무스름한 곰팡이가 없는 시스템에서는 이러한 이익은 다소 크게 유리하지도 혹은 불리하지도 않은 일임을 주목하라.) 이러한 상호작용은 거의 1세기 동안 생태학자들의 관심을 끌었는데, 그 이유는 그러한 상호작용이 매우 색다르고 복잡한 공진화에 의존하기 때문이다. 그럼에도 불구하고, 우리는 이전에 서로 공진화 역사를 갖지 않은 종들이 수용 군집에서 (하와이와 크리스마스 섬) 새롭게 정리된 복잡한 촉진적인 두 가지 예를 제시하였다.

비 토착종들 사이에 이러한 촉진적인 상호작용은 얼마나 보편적인가? Simberloff와 Von Holle (1999)는 비 토착종들의 침입을 다룬 이미 발표된 254편의 논문들을 검토하였다. 그들이 검토한 연구의 대부분은 (156개) 비 토착종들 사이에 포식자-피식자, 혹은 식물을 먹는 곤충-식물 상호작용을 설명하고 있었다. 정착에 대한 고찰에서는, 비록 생태학 연구에서는 경쟁이 우세함에도 불구하고, 촉진이 경쟁보다 거의 두 배나 더 중요하였다 (위의 내용 참조). 그들의 고찰은 비 토착종들 사이의 상호작용에 초점을 맞추었지만 토착종들이 비 토착종의 정착을 촉진한다는 많은 예들도 있다.

마지막으로, Richardson 등 (2000a)이 지적한 바와 같이, 모든 비 토착종들은 사람이 그들의 분산을 돕고, 일단 방출되면 그들의 기본적인 요구조건들 (예를 들어, 물, 먹이, 피난처)을 제공한다는 의미에서 사람과의 관계로부터 이익을 얻는다. 우리는 사람과 비 토착종들 사이의 촉진 관계를 무시하였는데, 그 이유는 제 5장에서 어느 정도 까지는 사람에 의한 교란이 정착에 미치는 역할을 설명함으로써 비 토착종의 정착에 대한 사람의 간접적인 촉진을 다루었기 때문이다.

6.4 요약

특히 많은 토착종들이 존재할 경우 토착종들이 비 토착종들의 정착에 상당한 저항을 보여줄 것으로 예상됨에도 불구하고, 이러한 저항에 관한 증거는 다소 애매모호하다. 포식자, 초식동물 그리고 경쟁자들이 비 토착종에 해로운 영향을 준다는 것을 보여주는 일부 강력한 야외 연구의 예들이 있지만, 이들이 단독으로 비 토착종의 정착을 방해할 정도로 충분히 강력하고 일관된 영향을 준다는 예는 거의 없다. 또한 비록 모든 다른 요인들 (생식체 압력, 자원 이용도, 교란 체제 등)이 동일하다면 종 풍부도와 비 토착종 정착 사이에 부정적인 관계를 보여주는 패턴이 작은 공간적 수준에서 작용한다는 것을 제시하지만, 종 풍부도와 비 토착종 정착 사이에 부정적인 관계를 보여주는 분명한 패턴도 없다 (Hooper et al. 2005). 이와 유사하게, 상리공생적 상호작용의 형성 실패는 비 토착종의 정착을 막는 것은 아니다.

그러면 비 토착종의 정착을 막는 것은 무엇인가? 아마도 비 토착종들이 정착을 못하도록 하는 두 가지 이상의 부정적인 타격이 필요하다. 이것은 경쟁, 포식, 초식, 기생, 혹은 상리공생 결여의 조합으로부터 나온다. 여기에는 또한 이들 생물적 상호작용 중 하나와 비 토착종에게 불리한 일단의 비 생물적 그리고 기후적 변수들 사이의 상호작용이 포함될 수 있다. 비 토착종의 수가 신속하게 증가하고 있다는 사실에도 불구하고 (제 3장), 생태학자들은 무엇이 이들의 정착을 방해하는지를 밝히기 위한 실험을 계획하는데 어려움을 겪었다. 비 토착종이 정착단계에서 실패한 경우를 관찰하기가 매우 어렵기 때문이다.

생태학적인 반대 입장에서, 직접적인 긍정적 상호작용과 간접적인 부정적 상호작용들이 어떻게 비 토착종의 정착을 촉진시키는지에 관한 일부 흥미로운 예들이 있다. 아마 생태학자들은 이들 상호작용들이 정착에 미치는 영향에 관한 더 강력한 증거를 가지고 있을 수 있는데, 그 이유는 이것들이 관찰하기가 더 쉽기 때문이다. 최근의 생물다양성 조사들에 의하면, 많은 장소들이 가속화된 침입율에 직면하여 종 풍부도가 급격히 증가하였음을 보여주는 것은 주목할 만하다 (Sax et al. 2002). 이러한 결과는 침입 후에 토착종 혹은 비 토착종의 소실을 살펴볼 시간이 없었기 때문일 수 있지만, 그것은 또한 비 토착종들을 수용하기 위한 자원이 존재한다는 것을 제시하는 것일 수도 있다. 아마도 이것은 비 토착종이 환경을 이용하는 새로운 방법들을 쉽게 찾아낸다는 것을 주장하는 것일 수 있다. Davis 등 (2000)이 주장한 것처럼, 모든 생물계에는 비 토차종들이 침입할 수 있는데, 일부 생태계는 다른 생태계들 보다 더 신속하게 비 토착종들을 자신의 구성원으로 포함시킬 뿐이다. 생물적 저항과 관련하여 실제 생태학적 활동은 확산단계에서만 실현될 수 있다 (Levine et al. 2004).

더 읽을 거리

Davis, M. A., J. P. Grime, and K. Thompson. 2000. Fluctuating resources in plant communities: a general theory of invasibility. Journal of Ecology 88: 528 - 534.

Hooper, D. U., F. S. Chapin, J. J. Ewel, A. Hector, P. Inchausti, S. Lavorel, J. H. Lawton, D. M. Lodge, M. Loreau, S. Naeem, B. Schmid, H. Setala, A. J. Symstad, J. Vandermeer, and D. A. Wardle. 2005. Effects of biodiversity on ecosystem functioning: a consensus of current knowledge. Ecological Monographs 75: 3 - 35.

Levine, J. M., and C. M. D'Antonio. 1999. Elton revisited: a review of evidence linking diversity and invasibility. Oikos 87: 15 - 26.

Rejmanek, M. 2000. Invasive plants: some generalisations. Australian Journal of Ecology 25: 497 - 506.

Richardson, D. M., N. J. Allsopp, C. M. D'Antonio, S. J. Milton, and M. Rejmanek. 2000. Plant invasions - the role of mutualisms. Biological Reviews 75: 65 - 93.

이 단원과 관련된 논문

Adams, M. J., C. A. Pearl, and R. B. Bury. 2003. Indirect facilitation of an anuran invasion by non-native fishes. Ecology Letters 6: 343 - 351.

Levine, J. M., P. B. Adler, and S. G. Yelenik. 2004. A meta-analysis of biotic resistance to exotic plant invasions. Ecology Letters 7: 975 - 989.

O'Dowd, D. J., P. T. Green, and P. S. Lake. 2003. Invasional "meltdown" on an oceanic island. Ecology Letters 6: 812 - 817.

Simberloff, D., and B. VonHolle. 1999. Positive interactions of nonindigenous species: invasional meltdown? Biological Invasions 1: 21 - 32.

Stohlgren, T. J., D. T. Barnett, and J. Kartesz. 2003. The rich get richer: patterns of plant invasions in the United States. Frontiers in Ecology and the Environment 1: 11 - 14.

CHAPTER

7

침입종의 지리적 확산 모델

개관

비 토착종이 일단 자체 지속적인 개체군을 형성하고 나면 처음 이입된 지점을 넘어 자신의 분포 범위를 확장하기 시작할 수 있다. 따라서 자체 지속적인 개체군은 자연적으로 우리의 관심을 개체군 생장 영역으로 돌리게 한다. 이 장과 그 다음 장은 이러한 지리적인 확산, 즉 분포 범위 확산과정에 초점을 두고 있다. 비 토착성 개체군들이 나쁜 영향을 유발하거나, 넓은 지리적인 분포범위에 이르렀을 때 사람들의 이목을 집중시키기 때문에 비 토착종의 확산은 많은 생태학자들의 관심을 끄는 단계이다. Elton (1958)은 자신의 책의 거의 절반에 가까운 분량을 분포범위 확산 그리고 대륙과 섬에 대한 비 토착종의 영향을 설명하는데 할애하였다. 아래 부분에서 알게 되겠지만 침입종에 관한 초기 연구들 중 일부는 비 토착종들의 확산을 모델화 하는데 집중되었다.

비 토착종의 지리적인 확산에 관한 생태는 너무 광범위하기 때문에 우리는 이 주제를 두 개의 장으로 나누었다. 이 첫 번째 장에서 우리는 확산의 수학적인 모델과, 침입 과정에 이 모델들을 적용하는 것을 고찰할 것이다. 그 다음 장에서 우리는 분포범위 확장의 생태적 특성을 알아보고, 확산에 영향을 주는 요인들 그리고 확산으로 인해 나타나는 패턴들을 설명할 것이다. 비 토착종들이 광범위하게 확산되었을 때 대부분의 생태적 혹은 경제적 피해를 주기 때문에 (즉, 어느 정도까지 그들의 분포범위를 확장시켰을 때), 우리는 이들 종들의 악영향에 관한 자세한 설명은 제 9장과 10장에서 하기로 한다.

7.1 지리적 확산이란 정확히 무엇인가?

비 토착종들이 갑자기 새로운 장소에 출현하고 토착종들과 더 많은 상호작용을 하기 때문에, 지리적 확산은 침입 과정에서 가장 두드러진 단계들 중 하나이다. 비록 운반과정에 의해 종이 그들의 토착 분포범위 밖으로 이동되지만, 확산은 비 토착성 개체군들이 확장되도록 허용하며, 비 토착성 분포범위 내에서 새로운 개체군들을 형성하게 한다 (Fig. 7.1). 확산에 대한 인식의 가장 단순한 방법 중의 하나는 초기의 이입점을 동심원들에 의해 둘러싸인 중심점으로 상상하는 것이다. 여기에서 각각의 연속적인 동심원들은 비 토착종들이 정해진 시간 동안에 확산되는 공간의 양을 나타낸다 (Fig. 7.2). 시간이 지남에 따라 원들은 밖으로 계속 확장되는데, 1950년대 공포영화인 "The Blob"에 나오는 마치 젤리 모양의 끈적거리는 작은 방울이 터져 밖으로 흘러나와 공포 때문에 비명을 지르는 희생자들을 집어삼키는 것과 똑같이, 서서히 적당한 모든 서식처들을 점유하게 된다. 놀랍게도 분포범위 확산 과정의 이러한 극히 단순화된 상상은 자연계에서 우리가 실제로 관찰하는 것과 크게 다르지 않다.

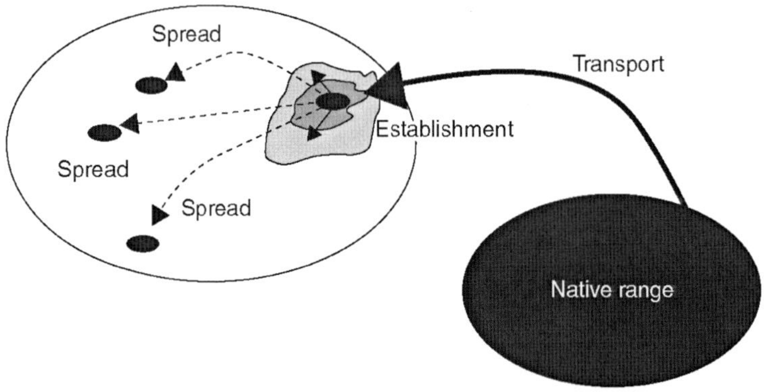

Fig. 7.1 확산은 운반과 정착단계로부터 나오는 요소들을 포함하고 있다. 검은 원은 고밀도 개체군들을 나타내며, 밝은 부분은 저밀도 개체군들을 나타낸다. 비 토착종은 초기 정착 지소로부터 확산적인 방법 (정착된 개체군으로부터 나오는 실선)으로 초기 밀도가 낮은 가장자리로 확산될 수 있다. 비 토착종은 또한 중간지역에 정착하지 않고 새로운 먼 곳으로 확산될 수 있다 (점선들). 이러한 건너뛰기 식 분산은 바람, 물, 혹은 비 토착종을 먹거나 운반하는 생물들과 같은 분산 매체들 때문에 발생한다. 또한 비 토착성 분포범위 내에서 작용하는 인간 매체들을 통해 일어날 수도 있다.

이러한 분포 범위 동태의 고전적인 예로는 1909년에서부터 1937년에 걸쳐 유럽 중앙에서 발생한 사향뒤쥐 (*Ondatra zibethica*)의 확산이 있다 (Fig. 7.3 & Box 7.1). Fig. 7.3은 침입종들의 분포범위 동태에 관한 거의 모든 책에 실렸으며, 왜 사회가 침입종들에 관심을 가져야 하는지에 대하여 Elton (1958)이 자신의 주장을 예시하기 위해 사용된 7가지 예들 중 하나이었다. Elton은 자신의 원래 그림을 Ulbrich (1930)에 의해 최초로 출판된 자료를 이용하여 작성하였다. Skellam (1951)도 종의 분포범위 확산의 수학적인 형태에 관한 그의 연구에서 사향뒤쥐의 예를 사용하였다. 그림으로부터 알 수 있는 것처럼, 확장되어 유럽 중앙부의 많은 부분을 집어삼키는 무정형의 물방울 (즉, 사향뒤쥐 침입)의 아이디어는 문제의 핵심에서 크게 벗어나지 않은 것이다.

7.2 우리는 왜 지리적인 확산을 모델링 하기를 원하는가?

침입종들의 분포범위 확장에 관한 수학적인 모델링을 시작하기 전에 우리는 왜 그러한 일이 필요한지를 살펴볼 가치가 있다. 지리적인 확산 모델링과 관련된 수학은 생물학적 침입에 관심이 있는 대부분의 학생들뿐만 아니라 우리 자신들도 어려운 내용이다. 따라서 지리적 분포범위 확장을 수학적인 표현 혹은 컴퓨터 연산과 같은 공식화된 과정들로부터 생태학자들이 얻는 것이 무엇인지를 먼저 알아보는 것이 도움이 된다.

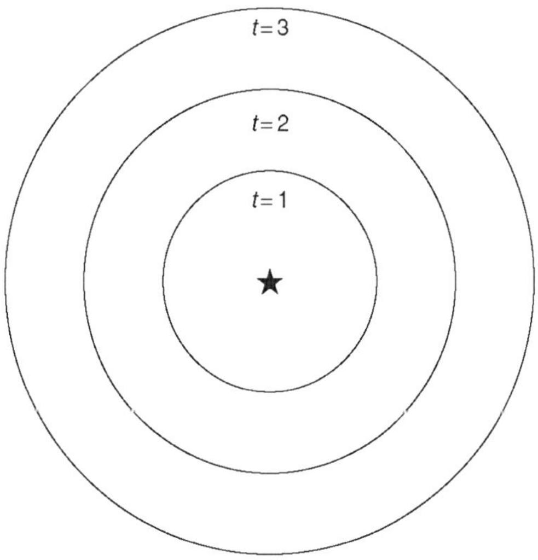

Fig. 7.2 비 토착종의 지리적 확산에 관한 개념적인 모델. 비 토착종이 처음 방출된 지점은 중앙에 별모양으로 나타내었다. 동신원적 선들은 시간 (t)에 따른 종 분포 범위의 한계이다. 분포범위 확산에 관한 이 지도는 3차례 시간 단계 (t=1, 2, 3)를 위한 분포범위 한계들을 포함하고 있다.

여러 가지 면에서 모델은 관심이 있는 시스템에 관한 우리의 지식을 검증하는데 기여한다. 생태학적인 추측들을 거짓을 입증할 수 있는 가설로 공식화 하는 과정처럼 모델을 만드는 과정도 관찰들을 하나의 생태학적인 패턴이 어떻게 형성되는지를 논리적 표현으로 연결시키는 것이 필요하다. 모델을 만든 사람이면 누구나 입증할 수 있는 것처럼, 여러분이 모델에 더 많은 현실을 포함하도록 노력하면 그 모델은 더 비현실적인 것이 된다. 따라서, 침입종의 분포범위 확산의 이해와 관련하여 모델은 그것을 만드는 사람이 한 개체군이 주어진 지역을 얼마나 빨리 점유할 것인지를 결정하는데 어떤 생물학적 과정들이 가장 중요한지를 선택하는 일종의 여과장치로 작용한다. 이것은 그 자체로 유용한 실습이지만, 그러나 이것은 단지 시작일 뿐이다.

모델의 1차적인 효용성은 모델을 까다롭게 만드는 모델의 구성원에 관심의 초점을 맞추게 하는 능력에 있으며, 일반적으로 모든 모델들은 어느 정도는 다루기 어렵다. 특히 다루기 어려운 것들은 미래의 "상태"를 잘 예측하지 못하는 모델들인데, 이 경우 모델은 비토착종들이 자신의 분포 범위를 확장시키는 속도를 설명하는데 실패하였다는 것을 의미할 수 있다. 다루기 힘든 모델의 구성원들은 일반적으로 우리가 관심을 두고 있는 시스템을 완전히 이해하기 위해 필요한 핵심 지식에 관한 것들이다. 대신에 이들 다루기 힘든 조각들이 너무 단순하여 실제 세계의 동태를 나타내지 못할 수도 있다. 이 경우 우리는 모델의 미래의 구체화 된 모습에서 이들 동태의 핵심부분을 파악할 필요가 있다. 마지막으로, 다루기 힘든 구성원들은 우리가 모델을 완전히 파라미터로 표시하는데 필요한 충분한 현장 자료들을 수집하는데 어려움을 겪는 부분일 수 있다 (즉, 하나의 변수를 위한 실수를 제공하는 것). 이 경우에 우리는 야외 관찰로부터 더 쉽게 얻을 수 있는 자료들을 더 많이 의존하는 새로운 모델을 만들려고 시도할 수 있다.

일부 경우에서, 모델들이 너무 다루기 어려워 모델을 폐기할 수도 있지만, 그러나 우리가 시스템 상태의 미래를 잘 예측할 수 있는 단순하고 쉽게 파라미터로 표시한 모델을 만들었을 때, 우리는 다양한 관리 선택들의 결과를 명시화 하는데 도움을 주도록 그것을 사용할 수 있다. 침입종과 관련하여, 지리적 확산율을 예측하는 모델들은 다음과 같은 많은 목표를 달성하도록 해주는데, (i) 어떤 비 토착종이 상당한 면적에 걸쳐 신속하게 확산되고, 어떤 종이 그렇게 하지 않을 지를 예상하고, (ii) 신속한 분포범위 확장을 허용하는데 가장 중요한 생활사 혹은 생태적 조건들의 정확한 결정, (iii) 침입종의 조절 노력의 우선순위를 부여하고, 그리고 (iv) 효율적이고 효과적인 방법으로 확산율을 멈추게 하거나 느리게 하는 쪽으로 관리 노력의 목표를 정하게 해준다. 이러한 목표를 마음속에 두고 우리는 이제 침입종의 확산을 모델화 하는데 포함되어 있는 자세한 부분을 살펴볼 것이다.

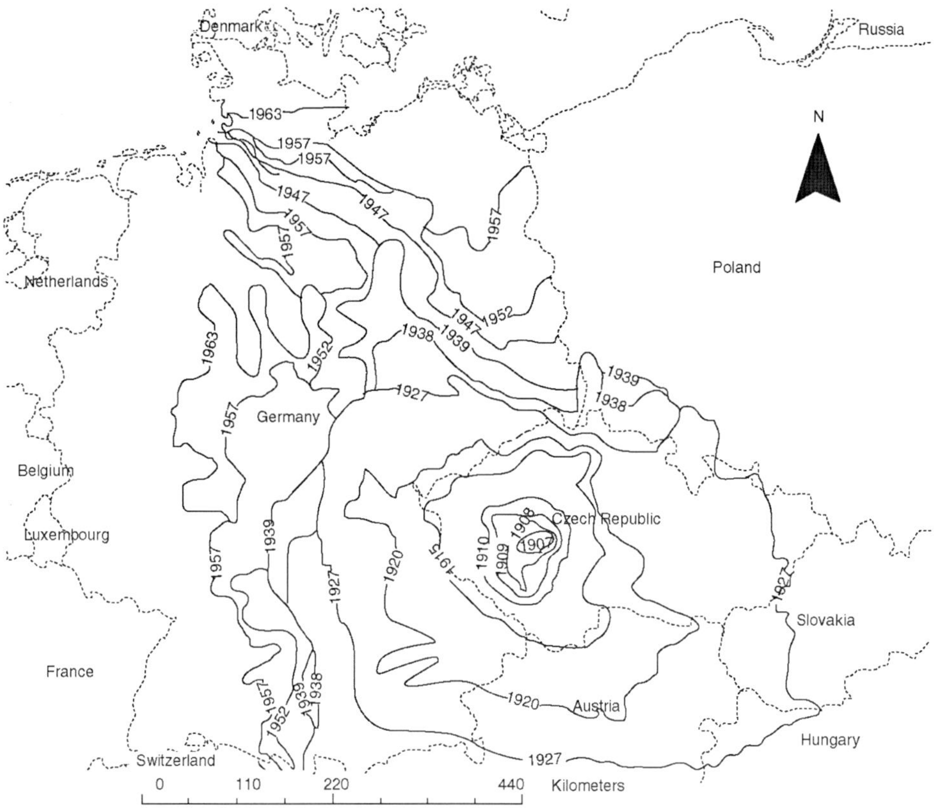

Fig. 7.3 1907년에서 1963년에 걸쳐 처음 이입된 지소 (체코의 프라하 시)로부터 사향뒤쥐의 확산을 보여주는 지도.

7.3 반응 - 확산 모델

비 토착종의 분포범위의 확장은 가장 단순하게 분산과 생식의 연결로 볼 수 있다. 개체들은 생식을 할 것이고, 그 다음 어린 개체들 중 일부가 부모로부터 벗어나 분산될 것이다. 만약 그 생물이 이동성이 있다면 분산하는 개체들 그룹은 소수의 성숙한 개체들이 포함될 수 있다. 만약 그 생물이 성체 단계에서 고착성이라면 (기질에 부착되어 있는 생물), 보통 수동적으로 이동하는 생활사 단계를 가진다. 예를 들어, 식물의 종자는 바람과 물 혹은 동물 매체에 의해 운반되고, 그리고 모래 속에 묻혀 있거나 성체의 형태로 바위 위에 부착되어 있는 많은 해양 무척추동물들은 해류를 타고 장거리를 이동할 수 있는 유생 단계를 가지고 있다. 이동성이 있는 생물의 경우, 만약 개체군이 증가하고 있고, 자원이 제한된다면 우리는 일반적으로 분산하는 개체들만을 보게 된다. 이것은 기본적인 생태학 강의를 통해 여러분의 머리에 두 가지 개념을 떠올리게 하는데, 개체군의 내적인 증가율과 밀도 의존성이다. 생장하고 있는 개체군은 새로운 자원을 얻기 위해 분산하는데, 그로 인해 밀도 의존성을 피하게 된다. 다른 하나의 필요한 구성원은 그들의 원래의 장소로부터 개체들이 얼마나 멀리 그리고 빠르게 분산되는가에 관한 생각이다. 우리는 이러한 구성요소를 그들이 자신들 개체군의 원 장소와 관련하여 어디에 정착하는지, 그리고 그들이 그곳에 도착하는 속도로 종합할 수 있다.

Box 7.1 사향뒤쥐 애호

사향뒤쥐는 북미 원산인 크고, 몸집이 뚱뚱한 반 수생 설치류로, 일생의 거의 전부를 물속 혹은 물 근처에 살고 있다. 이들은 늪, 유속이 느린 강, 그리고 습지의 제방을 따라 굴을 파고 생활한다. 사향뒤쥐의 털가죽은 두껍고 방수성이 있는데, 이들의 털가죽으로 훌륭한 전천후 코트를 만들 수 있기 때문에 털가죽을 위한 사냥 동물로 관심을 받게 되었다. 이러한 이유 때문에 사향뒤쥐는 유럽으로 이입되었고, 19세기로의 전환기 초기에 털가죽 농장에서 엄청나게 그 개체수가 증가되었다. 일부 사향뒤쥐는 필연적으로 농장 우리를 벗어났고, 일부는 사냥꾼들 혹은 털가죽 애호가들에 의해 고의적으로 방류되었다 (Hengeveld 1989). 사향뒤쥐는 처음 유럽에 이입된 후 50년 이내에 유럽대륙 전역에 서식하게 되었다 (사향뒤쥐는 영국과 스코틀랜드에서는 성공적으로 절멸되었다).

1909년에 체코 공화국의 프라하 근처에 위치하고 있는 한 농장으로부터 5마리의 사향뒤쥐가 달아났을 때 유럽에 사향뒤쥐 침입이 시작되었다. 사향뒤쥐는 1년에 4번, 그리고 한번에 4~6마리의 새끼를 낳는다. 사향뒤쥐는 수컷 한 마리가 다수의 암컷들과 짝짓기를 할 수 있는 일부다처제 짝짓기 방식을 가지고 있다. 이밖에 사향뒤쥐는 잡식성으로 물속에 살고 있는 식물과 많은 종류의 작은 수중 동물들을 먹는다. 이러한 생활사 특성들을 가지고 있기 때문에 달아난 5마리의 사향뒤쥐 개체군이 신속하게 수 백 마리의 개체들로 생장한 것은 그리 놀랄만한 일이 아니다.

사향뒤쥐들은 굴을 파는 습성을 통해 도로와 제방을 파괴하였기 때문에, 유럽에서는 신속하게 침입성 위해종으로 간주되게 되었다. 사향뒤쥐가 체코 공화국에서 그들의 분포범위를 확장하기 시작한 후 비교적 신속하게 이들의 박멸 운동이 시작되었다 (Ulbrich 1930). 박멸에 책임이 있는 많은 부서들이 지역 당 포획된 사향뒤쥐의 수를 추적 조사하였다 (Ulbrich 1930). 이들 정량적인 자료들은 Fig. 7.3에 나와 있는 것과 같은 지도를 작성하는데 기여하였고, Skellam (1951)은 이들 자료를 이용하여 사향뒤쥐가 프라하 외부로 확산되는 율을 수학적으로 설명하였다.

Skellam (1951)은 Fig. 7.3에 나와 있는 지도를 기초로 매년 사향뒤쥐가 서식하는 면적 (그것의 분포범위 한계)을 계산하였다. 그 다음 그는 이들 면적의 제곱근을 계산한 다음 해당되는 해에 이 값들을 도시하여 Fig. 7.4를 작성하였다. Fig. 7.4에서 가장 두드러진 점은 자료들이 거의 완전한 직선을 보인다는 것이다. 이것은 분포 면적의 제곱근 ($\sqrt{}$면적)이 사향뒤쥐의 연간 지리적 한계를 설명하는 확장되는 원들의 반지름에 해당됨을 제시하는 것이다. Fig. 7.4에서 설명된 관계는 직선적이기 때문에, 즉, 그것은 시간에 따라 일정한 율로 증가하기 때문에, Skellam은 또한 사향뒤쥐 개체군이 신속하게 수 백 마리의 개체들로 생장한 것은 그리 놀랄만한 일이 아니다.

사향뒤쥐들은 굴을 파는 습성을 통해 도로와 제방을 파괴하였기 때문에, 유럽에서는 신속하게 침입성 위해종으로 간주되게 되었다. 사향뒤쥐가 체코 공화국에서 그들의 분포범위를 확장하기 시작한 후 비교적 신속하게 이들의 박멸 운동이 시작되었다 (Ulbrich 1930). 박멸에 책임이 있는 많은 부서들이 지역 당 포획된 사향뒤쥐의 수를 추적 조사하였다 (Ulbrich 1930). 이들 정량적인 자료들은 Fig. 7.3에 나와 있는 것과 같은 지도를 작성하는데 기여하였고, Skellam (1951)은 이들 자료를 이용하여 사향뒤쥐가 프라하 외부로 확산되는 율을 수학적으로 설명하였다.

Skellam (1951)은 Fig. 7.3에 나와 있는 지도를 기초로 매년 사향뒤쥐가 서식하는 면적 (그것의 분포범위 한계)을 계산하였다. 그 다음 그는 이들 면적의 제곱근을 계산한 다음 해당되는 해에 이 값들을 도시하여 Fig. 7.4를 작성하였다. Fig. 7.4에서 가장 두드러진 점은 자료들이 거의 완전한 직선을 보인다는 것이다. 이것은 분포 면적의 제곱근 ($\sqrt{}$면적)이 사향뒤쥐의 연간 지리적 한계를 설명하는 확장되는 원들의 반지름에 해당됨을 제시하는 것이다. Fig. 7.4에서 설명된 관계는 직선적이기 때문에, 즉, 그것은 시간에 따라 일정한 율로 증가하기 때문에, Skellam은 또한 사향뒤쥐 그리고 아마 다른 침입성 종의 분포범위 확장의 속도는 시간에 따라 일정하다고 주장하였다. 우리는 7장의 나머지 부분에서 그의 이러한 생각의 타당성을 살펴볼 것이다.

Fig. 7.3을 자세히 살펴보면, Skellam이 Fig. 7.4를 그리기 위해 만든 확장하는 동심원들이 너무 단순화되었음을 알 수 있다. 대신에, 사향뒤쥐가 수중 서식처에 의존성이 높다는 것을 고려하면 사향뒤쥐 개체군은 수로를 따라 그리고 습한 계절에 신속하게 확장되었을 것으로 예상할 수 있다 (Hengeveld 1989). Fig. 7.3은 약간 북서쪽과 남동쪽으로 길게 늘어져 있는데, 이들 지역은 물이 더 많은 곳이다. Andow 등 (1990)은 남동쪽으로의 개체군 확장률이 다른 방향보다 약 4배 빠른 것으로 추정하였다. 분명히 Fig. 7.3의 동심원들은 실제 생물을 위한 확산의 이상적인 버전일 수 있다. 그럼에도 불구하고 우리는 Skellam (1951)이 사향뒤쥐의 확산을 설명하기 위해 만든 수학적인 모델이 비록 확장되는 점유된 서식처의 정확한 차원을 완전히 예측하지는 못하지만 다양한 조건 하에서 분포범위의 평균 확산율을 예측하는데 매우 알맞다는 것을 알게 될 것이다. 이러한 이유 때문에 Skellam의 연구는 생태적 분포범위 확장의 연구를 위한 기초가 되었다.

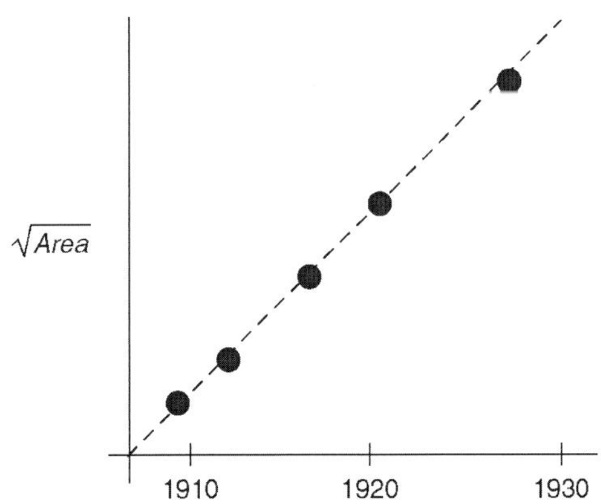

Fig. 7.4 체코 공화국의 프라하에서, 1909년 사향뒤쥐가 처음 방류된 지소로부터 이 동물의 지리적 분포범위 확장. 사향뒤쥐 분포범위의 면적의 제곱근은 시간이 지남에 따라 일정한 율로 증가한다.

주어진 어느 지점에서 밀도 변화를 조사하는 가장 일반적인 형태의 반응-확산 방정식은 다음과 같은데,

$$\frac{\partial N}{\partial t} = f(N)N + D\left(\frac{\partial^2 N}{\partial x^2} + \frac{\partial^2 N}{\partial y^2}\right) \quad (7.1)$$

여기에서 x와 y는 공간에서 한 점 (x, y)을 나타내며, N은 그 지점에서 개체군의 밀도이다. t는 시간이고, $f(N)$은 N의 1개체 당 생장률을 설명하는 함수이며, D는 확산 계수이다. 밀도는 처음 방출 지점으로부터 얼마나 멀리 있느냐에 의존하기 때문에 우리는 항상 특정한 점인 $N(x, y)$에서 밀도를 조사해야 한다. 방정식 7.1에서 혼란을 줄이기 위해 우리는 N항에서 (x, y)표기를 제거하였다. 방정식의 왼쪽 항은 무한히 짧은 시간 기간 동안에 점 (x, y)에서 개체군 밀도의 변화 혹은 개체군 밀도에서 변화율을 설명한다. 방정식의 오른쪽 항은 두 부분으로 나눌 수 있는데, 하나는 개체군 생장(한 개체 당 생장 시간 밀도)을 설명하고, 두 번째는 이동을 설명한다. 첫 번째 항은 개체군 크기에 대한 반응이고, 두 번째 항은 확산이다. 지금부터 우리는 반응-확산 모델로 방정식 7.1을 사용할 것이다.

반응-확산 모델의 개체군 생장 부분은 여러분이 기초생태학 강의를 수강하였다면 이해하기가 상당히 쉽다. 한 가지 다른 것은 한 개체 당 개체군 생장을 위한 함수를 나타내기 위해 우리는 $f(N)$을 사용하였다는 점이다. 기하급수적 생장에서 $f(N)$은 일정할 것이며 (r과 동일함), 그리고 로지스틱 생장에서 $f(N)$은 $r(1-N/K)$가 될 것이다. 생장률은 각 시간 단계에서 개체군 내에 있는 개체들의 밀도인 N에 의존적임을 주목하기 바란다. 밀도 의존성이 없으며, 특정한 지소에서 생식을 하기 위한 더 많은 개체들이 존재하면 개체군은 더 빨리 생장할 것이다. 방정식 7.1의 이러한 측면은 대부분의 생태학자들에게 잘 알려진 기하급수적 그리고 지수함수적 개체군 생장의 단순한 표현을 반영시키고 있다.

반응-확산 모델에서 우리에게 새로운 측면은 확산 항인 $D(\partial^2 N/\partial x^2 + \partial^2 N/\partial y^2)$이다. 여기에서 D는 확산계수로 단위 시간 당 평균 제곱된 이동의 측정치 혹은 주어진 시간 기간 동안에 개체들이 얼마나 멀리 확산되는지를 측정하는 것이다. 방정식 7.1의 나머지 부분은 $(\partial^2 N/\partial x^2 + \partial^2 N/\partial y^2)$ 확산 식(Diffusion Expression) (2차원적인 x, y 공간에서 표현된)인데, 이것은 원래 방류 지점으로부터 특정한 거리에서 이동이 어떻게 밀도에 영향을 주는지를 설명하고 있다. 확산 식은 분자의 브라운 운동, 혼합이 되고 있는 동안 액체의 거친 흐름, 그리고 "난보 이론, random walks"과 같은 것을 설명하기 위해 다양한 다른 분야에서도 사용되어 왔다 (Okubo 1980). 이 식은 또한 "분산 핵심, dispersal kernel," 즉, 분산 거리의 분포를 설명하는 방정식의 부분으로도 알려져 있다. 확산은 개체들이 그들의 원래 장소로부터 임의의 방향으로 분산되어 원래 장소로부터 임의의 거리에 정착하는 것을 가정하고 있으

며, 이러한 모든 무작위가 정규분포에 의해 설명되어질 수 있다는 것을 가정하고 있다. 이것은 방정식 7.1의 해법, 즉, 어느 지점에서 밀도의 설명은 다음 식과 같음을 의미한다.

$$N = \frac{N_0}{4\pi Dt} e^{-((x^2+y^2)/4Dt)} \tag{7.2}$$

여기에서 N_0는 원래 지점에서 초기 방출 밀도이다. 비록 방정식이 복잡하고 어렵게 보일 수 있지만 생태학자들은 실제로 이것을 항상 사용하고 있다. 이것은 2차원적인 정규분포를 설명하고 있다. 비 토착종의 분포범위 확장과 관련하여, 이 방정식은 종의 지리적 분포범위는 방류된 원 지소로부터 퍼져나가는 완전한 동심원 상태로 확장되고 있음을 말해주고 있다. 분산의 기초가 되는 확률은 2차원적 정규분포이기 때문에 (그것이 그 지소로 분산되는 개체들의 비율을 설명하는 곡선상의 어느 점에서든 가장 높은 값을 갖는 종 모양을 갖는다는 뜻), 우리는 지리적 공간에서 개체들을 위한 신뢰구간의 동치를 계산할 수 있다. 한정된 시간 틀 (*t*) 내에 있는 방정식 7.1의 분산 핵심으로부터, 모든 개체들의 68%가 반경이 $\sqrt{4Dt}$와 동일한 원 내에 존재할 것이며, 그리고 모든 개체들의 95%가 반경이 $2\sqrt{4Dt}$인 원 내에서 발견될 수 있다 (Shigesada & Kawasaki 1997). 따라서 개체군 밀도를 명시하는 확산 식은 원래 지점으로부터 멀어짐에 따라 줄어든다. 그러나 확산의 중요한 성질은 그것이 연속적이며 끝이 없다는 것이다. 이것은 확산이 개체들을 일정한 방식으로 분포시키며, 분산자들 중 적은 부분이 어느 시간 동안에 원 지점으로부터 끝없이 멀리 정착한다는 것을 의미한다. 이러한 대단히 먼 거리 분산의 확률은 매우 낮지만 그 값이 0은 아니다. 이것은 무한히 (혹은 매우 멀리) 분산하는 실제 세계의 확률과 근본적으로 다르다. 우리는 이것이 중요한 가정으로 드러났기 때문에 아래 부분에서 이 확산 모델을 다시 살펴볼 것이다.

확산 모델에서 우리가 탐구해야 할 남은 부분은 확산 계수 D이다. 이 매개변수와 내적인 증가율 $f(N)$은 확산 모델에서 야외 관찰자료를 이용하여 추정되어야 하는 두 개의 항이다. 내적인 증가율 $f(N)$은 개체군 통계학적 혹은 개체군 조사 정보를 사용하여 직접적인 방법으로 계산되어질 수 있다 (Gotelli 2004, 그리고 다른 일반생태학 교과서에 자세한 설명이 나와 있다). 일반적으로 분산계수 (D)는 포획-재 포획 자료로부터 결정되는데, 이러한 방법에 의한 자료 수집은 Sutherland (1996), Begon (1979)에 자세히 설명되어 있다. 기본적인 포획-재포획 방법은 (i) 개체들을 포획하고, (ii) 비교적 오래 지속되고 각 개체에 혹은 처음 포획된 지소에 독특한 방법을 사용하여 표식을 한다. 그 다음 (iii) 처음 포획이 이루어진 장소에 이들을 방류한 다음, (iv) 처음 포획된 장소로부터 특정한 거리와 시간에서 개체들을 재 포획한다. 이러한 정보가 주어지면, D는 다음과 같은 식을 이용하여 추정되어질 수 있다.

$$D = \frac{\left(\sum_{n=1}^{M} x \,/\, M\right)^2}{\pi t} \tag{7.3}$$

여기에서 M은 포획되어 표식된 전체 개체들의 수이고, x는 처음 포획된 장소로부터의 거리, 그리고 t는 처음 포획된 이후의 시간이다. Kareiva (1983)는 D가 종 사이에서, 그리고 동일종의 개체들 사이에서도 그들이 점유하고 있는 서식처에 따라 다양한 값을 보일 수 있다는 것을 주목하였다. 이것은 특히 다양한 장소에서 방류된 비 토착종들의 분포범위 확장률을 예측할 때 고려해야 할 적절한 점으로 보인다. 불행하게도, 이들 각각의 지리적 장소들을 위한 D를 추정할 필요가 있을 수 있는데, 이것은 잠재적으로 시간 집약적이고 노동 집약적인 방법이다. 혹은 D는 동일 종 혹은 밀접하게 연관된 종의 이전의 침입으로부터 나온 정보를 이용하여 일부 확신을 가지고 그것을 추정하도록 허용하는 내재적인 생활사 제약들을 반영할 수 있다. 다양한 형태의 분산이 흔히 경관을 넘어 종의 확산을 특징짓기 때문에 한 종을 위한 하나의 D측정치가 모든 환경에서 그 종의 확산을 설명할 수 있도록 해 주지는 않을 것이다 (Andow et al. 1990; van den Bosch et al. 1992; Holmes 1993). 우리는 아래 부분에서 분산 거리에서의 변이를 처리하기 위한 몇 가지 방법들을 설명할 것이다.

우리는 직관적으로 D값이 비 토착성 개체군이 그것의 분포범위를 확장시키는 율을 적어도 부분적으로 결정할 것이라는 것을 이해하고 있다. 만약 D값이 크면, 비 토착종은 그것의 분포범위를 신속하게 확장시킬 것이고, 만약 그 값이 작다면 분포범위가 서서히 확장될 것이다. 침입의 속도를 평가할 때 고려해야 할 다른 매개변수는 개체군의 내적 증가율인 $f(N)$이다. $f(N)$ 값이 높을 때, 분산에 이용가능한 더 많은 개체들이 존재하며, 그 값이 낮을 때 분산에 이용 가능한 개체들이 적다. 우리는 D와 $f(N)$을 결합시켜 침입의 최종적인 속도를 설명하는 새로운 항인 c를 정의할 수 있다. 종내 경쟁이 없는 것으로 가정하면 (즉, $f(N) = r$), 우리는 방정식 7.1로부터 $c = 2\sqrt{rD}$ 으로 c를 추정할 수 있다 (Shigesada & Kawasaki 1997). 이것은 침입의 "점근선, asymptotic" 속도인데, 결코 그것에 도달할 수 없지만 그것에 접근하는 속도이다. 대부분의 분포범위 확산에는 흔히 지연시간이 있으며, c는 이 지연시간이 더 이상 분명하지 않게 된 후에 분포범위의 확산율을 설명하는 것이다. 우리는 다음 장에서 비 토착종의 분포범위 확장에서 지연 단계를 자세히 알아볼 것인데, 지연 단계는 몇 가지 독립적인 생물학적 기작들에 의해 설명되어질 수 있다.

만약에 우리가 종내 경쟁을 가정할 경우에도 (즉, 밀도 의존성), c는 여전히 분포범위의 가장자리에서 확장률을 정확히 설명할 수 있다. 이것은 분포범위의 전면 (가장자리)에서는 비교적 개체수가 적기 때문에 종내 경쟁이 낮고, 가장자리에 있는 개체들 그룹은 지수함수적인 개체군 생장을 하기 때문이다. 이러한 성질은 반응-확산 모델들, 그리고 분포범위 확산의 많은 다른 수학적 표현의 특징이며, 현실을 설명하는데 이 모델이 실제로 얼마나 좋은지를 평가하기 전에 분포범위 확산에 대한 우리의 최종 통찰력을 유도한다.

우리는 시간 t 그리고 공간의 한 점$(x,\ y)$에서 개체들의 밀도 N을 $N(x,\ y,\ t)$로 설명할 수 있다. 만약 우리가 최초 지소와 각 점 사이의 거리를 단일 매개변수인 d로 표현한다면, 우리는 원 지소로부터 주어진 거리에 있는 생물의 밀도로 $N(d,\ t)$을 대체할 수 있다. 만약 우리가 특정한 시간 (t)에 개체들의 수 (N)를 알고 있는 일련의 장소들 (d 값들)을 가지고 있다면, 우리는 공간을 가로질러 개체들의 분포를 그래프로 나타낼 수 있다. 이러한 분포를 확률 밀도함수 (probability density function)라고 부른다. 우리는 앞에서 특정한 시간에 원래 장소로부터 $\sqrt{4Dt}$ 이내에 존재하는 개체들의 68%, 혹은 원래 장소로부터 $2\sqrt{4Dt}$ 이내에 존재하는 개체들의 95%를 설명하기 위해 확률 밀도 함수를 사용한 바 있다. 우리가 이러한 분포를 매우 깔끔하게 설명할 수 있다는 사실은 그들에게 어떤 불변성이 있어야 함을 제시하는 것이며, 실제로 그러한 것이 존재한다. 만약 우리가 반응-확산 모델을 이용하여 확률 밀도 함수를 도시하고, 초기 방류 이후의 시간이 짧아 종내 경쟁이 없었다고 가정하면, 그래프는 Fig. 7.5(a)와 유사할 것이고, $N(d, t)$와 d 사이에 대부분의 개체들이 원래의 장소에 근접해 있고 일부가 좀더 멀리 떨어져 있는 시그모이드 관계를 보일 것이다. 이 그래프는 반응-확산 모델 하에서 분포범위 확장 동태에 대해 우리가 이미 알고 있는 것을 단순히 다시 설명하는 것이다. 즉, 밀도는 처음 방류된 장소에서 높고 원래 장소로부터 멀어짐에 따라 낮아진다 (그래프에서 처음 방류된 지점은 편의상 원 방류 장소이다). 만약 우리가 분포범위 가장자리에서 종내 경쟁의 효과가 없다고 가정하면, 가장자리 근처에서 개체들의 분포는 시간에 따라 Fig. 7.5(a)의 것과 매우 유사해야 한다. 사실, 우리가 확산 모델을 미래로 여러 번 돌릴 때, 그리고 그 다음 각 시간 단계의 분포범위 전면에서 확률 밀도 함수를 도시하면, 우리는 시간에 따라 이러한 시그모이드 관계가 반복되는 것을 볼 수 있다 (Fig. 7.5(b)). 또한 시그모이드 선들 사이의 거리는 Fig. 7.5(b)에서 일정하다는 것을 주목해야 하는데, 이것은 침입의 전면은 일정한 속도로 전진하고 있음을 나타내는 것이며, 이것은 c (즉, 침입의 속도)와 동일하다. 일정한 속도로 전진하고 일정한 모양을 유지하는 이러한 패턴은 “이동하는 파도 전면, traveling wave front”으로 불린다. 이것은 반응-확산 모델 그리고 유사한 방정식의 특성이다 (Kot et al. 1996).

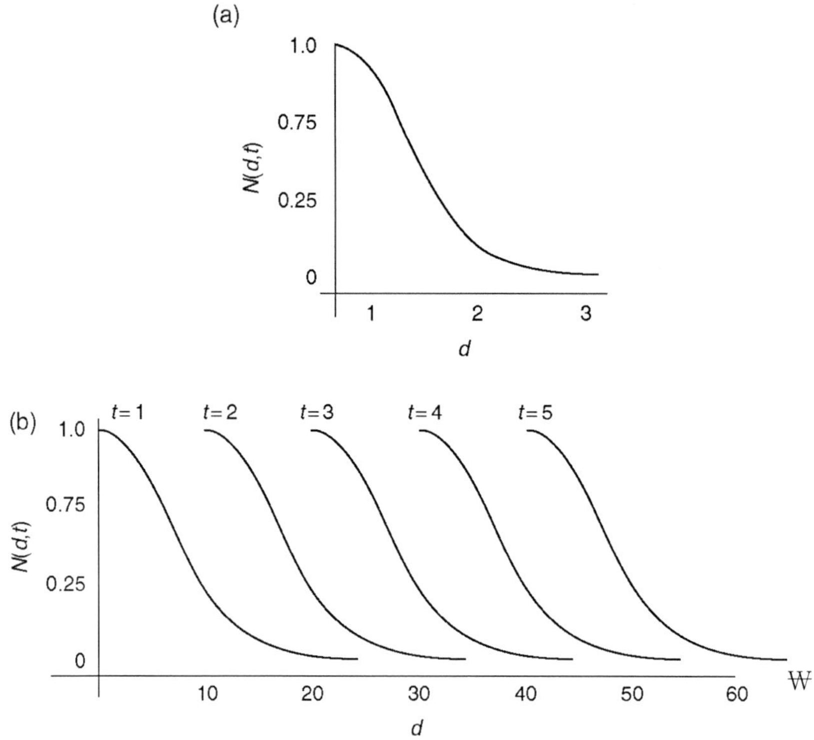

Fig. 7.5 공간 (d)를 통해 개체의 수 (N)를 위한 확률 밀도 함수. (a) 초기 시간 단계 (t)에서 밀도 함수, 그리고 (b) 그것이 확장됨에 따라 분포범위 가장자리에서 취한 시간에 따른 밀도 함수. 이 패턴은 "이동하는 파도 전면"이라고 불리며, 확산 모델 그리고 기타 유사한 방정식의 특성이다.

7.3.1 사향뒤쥐 복귀

이제 우리는 반응-확산 모델을 실제 검증에 적용해 보고, 그것이 사향뒤쥐의 분포범위 확장율 그리고 유사한 비 토착종의 분포범위 확장의 실제 예들을 잘 설명해 주는지를 살펴본다. Skellam (1951)은 사향뒤쥐 확산 지도를 가지고 (Fig. 7.3), 사향뒤쥐에 의해 점유된 전체 면적을 계산하였다. Skellam이 해에 따른 분포면적의 제곱근을 도시하였을 때 직선적인 관계를 발견하였는데, 그는 이것을 분포범위 확산률이 일정함을 나타내는 것이라고 주장하였다 (Box 7.1). 그는 방정식 7.1이 이러한 관계를 재현할 수 있는지를 수학적으로 보여주기 위해 계속 연구를 진행시켜 반응-확산 모델이 일부 이용성이 있는 충분한 생물학적 실체를 가지고 있다고 주장하였다. 그러나 Skellam (1951)은 D 혹은 $f(N)$을 추정하지 않았고, 따라서 우리는 방정식 7.1을 사용하여 c를 유도해 낼 수 없다. 지리적 분포범위 확장율을 예측하는데 반응-확산 모델의 유용성을 실제로 검증하기 위해 우리는 $c = 2\sqrt{rD}$ 로부터 나온 c의 값을 Fig. 7.3에 나와 있는 것과 같은 실제 야외 자료로부터 나온 값과 비교하기를 원한다. 만약 모델 추정치와 관찰된 추정치가 일치하면, 우리는 분포범위 확장의 미래의 확산률을 예측하기 위해 반응–확산 모델을 사용하는 것에 더 많은 확신을 가질 수 있다.

유럽에서 야외에서 얻은 사향뒤쥐의 생존과 생식력에 관한 정보를 사용하여, Williamson과 Brown (1986)은 $f(N)$이 1.39 개체/년이 됨을 알았고, Andow 등 (1990)은 그 값이 0.2~1.1개체/년이 될 것으로 추정하였다. Andow 등 (1990)은 D를 51 km^2/년에서 230 km^2/년으로 추정하기 위해 핀란드와 덴마크에서 사향뒤쥐의 포획–재포획 정보를 사용하였다. 이 방법은 (즉, 야외에서 얻은 자료로부터 분산과 중요한 율들을 추정하는) 우리가 생장률과 D가 서식처와 지형에 따라 달라질 수 있다는 것을 알고 있기 때문에, 위에서 언급한 바와 같이 한 지소로부터 얻은 자료를 다른 지소에서 분산을 매개변수화 하는데 사용하는 데에는 문제가 있다는 것을 알아야 한다. 그럼에도 불구하고, $c = 2\sqrt{rD}$를 계산하기 위해 우리가 야외에서 얻은 D와 $f(N)$ 값들의 범위를 사용한다면 우리는 사향뒤쥐의 분포범위 확장 속도를 6~32 km/년으로 추정할 수 있다. 이 식에서 r은 밀도 독립적 개체군에서 내적인 증가율임을 기억해야 한다. Fig. 7.3에 나와 있는 지도로부터 직접 추정된 분포범위 확장 속도는 c = 1~5 km/년을 제시하고 있다. 이것은 반응–확산 모델을 사용하여 예측된 분포범위 확장과 1900년대에 관찰된 확산 사이에 잘 어울리지 않는 것은 아니지만, 그러나 우리는 이 모델이 다양한 상황 하에서 다양한 종을 위해 얼마나 잘 부합되는지를 알고 싶어 한다.

반응–확산 모델을 사용하여 비 토착종의 분포범위 확장률을 추정하기 위한 몇 가지 노력들이 있어왔다 (Equation 7.1). Shigesada와 Kawasaki (1997)는 우리가 Table 7.1에 나타낸 것과 같은 하나의 표를 만들었는데, 이 표는 반응–확산 모델이 다른 개체군 분포범위 확장을 예측하는데 어떻게 실행되었는지를 요약한 것이다. Table 7.1의 핵심적인 것은 우리가 관찰된 확산률 c를 야외에서 얻은 자료로부터 나온 분포범위 지도로부터 나온 것과 비교한 마지막 두 개의 열이다. 비록 반응–확산 모델이 때로 관찰된 지리적인 분포 범위 확장율을 과소평가하고, 때로는 큰 가장자리에 의해 그렇게 되지만, 두 개의 c 추정치들은 잘 조화를 이룬다 (예를 들어, Table 7.1의 cereal leaf beetle).

우리는 반응–확산 모델이 실제 세계에서 관찰되는 율의 10배 이내에서 분포범위 확장률의 추정치를 제공한다면, 그것이 실체의 적절한 설명을 제공한다고 결론지을 수 있다. 반응–확산 모델은 지리적 분포범위 확장에 포함되어 있는 적절한 요인들을 요약하며, 이들 부분들을 비 토착종 확산의 이러한 측면을 충분히 파악하는 논리적인 방법으로 종합한다. Andow 등 (1990)이 밝힌 높은 범위에도 불구하고 (Table 7.1) 반응–확산 모델이 실제 확산율을 모의하는데 실패하면, 그것은 일반적으로 육상환경에서는 확산율을 과소평가한다 (c.f. Grosholz 1996). 이러한 일관된 치우침은 때로 확산의 모델링에서 어떤 중요한 것을 빠뜨린다는 것을 강하게 시사하는 것이다. 이 빠뜨리는 어떤 것은 무엇인가? 최근의 연구들은 그것을 장거리 분산 사건들의 우세라고 지적하였다.

Table 7.1 확산모델 (방정식 7.1)과 야외에서 얻은 분포범위 확장 지도로부터 추정된 확산률 c의 비교 (Shigesada & Kawasaki (1997)

종	내적 증가율/년	확산계수 D(km²/년)	확산율, c (km/년)	
			이론치	관찰치
사향뒤쥐*	0.2–1.1	51–230	6–32	1–25
양배추나비*	9–32	2.4–64	9.3–90	15–170
Cereal leaf beetle*	1.6–1.9	0.4	1.6–1.7	27–90
짚시나방†	4.6	<0.34	<2.5	3–20
해달(북쪽으로 확장)‡	0.056	13.5	1.74	1.4
흑사병§	19	25000	720	320–650
광견병‖	66	40–50	70	30–60

* Andow et al. (1990). † Liebhold et al. (1992). ‡ Lubina & Levin (1988).
§ Nobel (1974). ‖ Yachi et al. (1989).

7.4 장거리 분산

생태학자들은 다양한 종들의 분산 패턴을 발표하였고, 분산하는 개체들의 분포가 반응-확산 모델에 의해 가정된 것처럼 정규분포에 의해 잘 설명되어지지 않는다는 것을 알았다 (Lonsdale 1993; Weber 1998; Buchan & Padilla 1999). 대신에 분산은 흔히 첨용(leptokurtic)으로 설명되는 패턴을 따르는데, 이것은 실제 분산이 정규 분포에 의해 예측된 것보다 더 먼 거리를 비뚤어진다는 것을 의미한다. 첨용 분산곡선은 우리가 반응-확산 모델을 기초로 예상할 수 있는 것 보다 더 극단적인 이동 사건들, 혹은 장거리 분산 사건들이 있음을 제시하는 것이다. 두 가지 유형의 첨용 분산 곡선들이 있다. 첫 번째는 우리들의 대부분의 가정들과 잘 부합되는데, 그 이유는 그것이 여전히 일정한 침입 속도인 c에 접근하기 때문이다. 그러나 만약에 분포가 음의 지수에 비해 분포곡선의 꼬리 부분에서 더 천천히 0에 근접하는 충분한 장거리 분산이 있다면, 그러면 분산곡선은 "뚱뚱한 꼬리“를 갖는 것으로 설명된다 (Kot et al. 1996, Fig. 7.6). 이들 뚱뚱한 꼬리를 가진 분포는 극단적인 첨용이며, 침입속도를 가속화 시킬 수 있다. Mark Kot와 동료들 (1996)은 분산에 관하여 발표된 대부분의 예들에서 이들 첨용 그리고 뚱뚱한 꼬리를 가진 분산 사건들은 드물지 않다고 주장하는데, 이것은 왜 반응-확산 모델이 때로 분포범위 확장 속도를 현저히 과소평가 하는지를 설명할 수 있다. Clark (1998)은 정상적인 분산 핵심, 첨용 분산, 그리고 극단적인 첨용 혹은 뚱뚱한

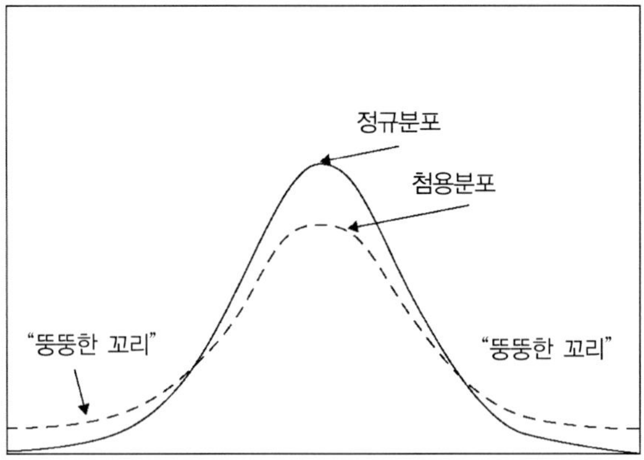

Fig. 7.6 동일한 그래프에 정규분포와 첨용분포를 도시한 그림. 첨용분포는 정규분포에 비해 더 많은 희귀한 관찰을 가지고 있는 것이다. 이들 희귀한 사건들은 분포곡선의 꼬리 부분에서 나타나며, 따라서 꼬리부분이 정규분포 곡선의 꼬리부분에 비해 뚱뚱하게 보인다. 비 토착종의 분포범위 확장과 관련하여, 뚱뚱한 꼬리는 비교적 많은 개체들이 장거리 분산을 하기 때문에 나타난다.

꼬리를 가진 분산 핵심이 어떻게 공간적 확산의 추정치를 변화시킬 수 있는지에 관한 훌륭한 설명을 제시한 바 있다.

일부 연구자들은 다양한 모델에서 장거리 분산의 역할을 조사하였다. 가장 단순한 방법은 두 가지 유형의 분산, 즉 장거리 분산과 단거리 분산이 있다고 가정하는 것이다. Hengeveld (1989)는 그러한 분산을 "층화 분산, stratified dispersal."이라고 하였다. 우리는 그러한 분산이 방향성 편차 (예를 들어, 바람 혹은 개울 흐름), 혹은 두 개의 확산 식이 필요한 두 개의 상이한 분산 방법 (예를 들어, 바람 혹은 동물을 통한 종자 분산)으로부터 비롯될 수 있다고 상상할 수 있다. 우리는 또한 우리의 정규성의 가정들 (즉, 뚱뚱한 꼬리를 야기할 수 있는)과 맞지 않는 분산을 상상할 수 있다. 예를 들어, 많은 종자 그늘 (모수로부터 멀어짐에 따른 종자의 밀도)은 Weibull 분포 (Fig. 7.7)에 의해 가장 잘 설명되는데, 이것은 정규분포보다 훨씬 더 휘어질 수 있다. 이러한 유형의 장거리 분산을 포함시키기 위해서는, 반응-확산 모델에서 정상적으로 분포된 확산 항 보다는 상이한 분산 핵심의 사용이 필요할 수 있다. 아래 부분에서 우리는 방향성 편차, 층화 확산, 그리고 또 하나의 분산 핵심을 포함하기 위한 연속적 그리고 불연속적인 시간 방법들을 자세히 살펴볼 것이다.

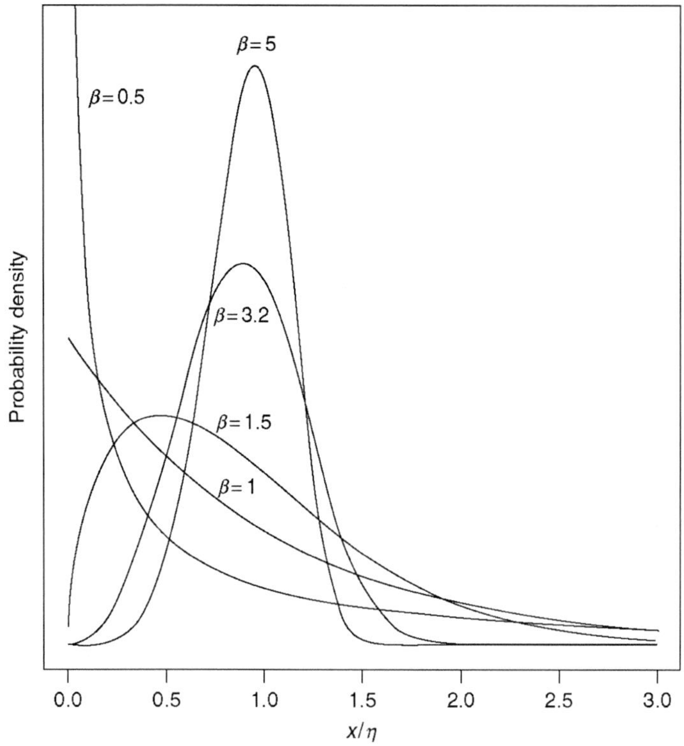

Fig. 7.7 Weibull 분포는 상당한 유연성을 제공하는데, 특히 치우친 분포를 생산한다. 매개 변수 β만을 변화시키는 것은 넓은 범위의 분포를 제공함을 주목하라.
http://www.statisticalengineering.com/extreme_value.htm

7.5 방향성 분산

반응-확산 모델의 핵심적인 가정은 분산이 등방성 (isotropic)이라는 것인데, 등방성이란 모든 방향으로 동일한 속도와 거리로 분산 (이론적으로)이 이루어진다는 것이다. 이것은 물의 흐름을 통해 분산되는 담수와 해양 종들, 그리고 바람에 의해 종자가 분산되는 식물들을 포함하여 많은 유형의 종에서 분명히 맞지 않는다. 이들 생물들의 경우는 바람 혹은 물 흐름의 방향과 속도가 분산되는 방향, 거리 그리고 속도를 결정한다. 이 경우 분포범위 확장의 속도는 바람이나 물 흐름에 의해 도움을 받는 방향에서 훨씬 높을 것이며, 이러한 힘들과 반대되는 방향에서는 분산이 훨씬 낮을 것이다. 예를 들어, 사향뒤쥐는 (Box 7.1) 다른 어떤 방향보다도 수로를 따라 더 빨리 이동하였다.

Shigesada와 Kawasaki (1997)는 Skellam (1951)의 반응-확산 모델에 수평류 항인 υ를 첨가하여 이 문제를 해결하는 간단한 수학적 해결책을 제시하였다. 따라서 바람 혹은 물 흐름의 방향에서 최대 분포범위 확산율은 $2\sqrt{rD}+\upsilon$, 그리고 흐름의 반대 방향에서 분포범위 확장의 최소 속도는 $2\sqrt{rD}+\upsilon$이다. Okubo와 Levin (1989), 그리고 van den Bosch 등 (1990)은 이 과정의 좀더 정교한 모델들을 유도해 냈다. 이들 정교한 모델들이 분포범위 확장률을 얼마나 잘 예측하느냐의 핵심은 이 모델들이 개개의 종자, 유생, 혹은 어린 것들의 분산과 관련될 때 바람과 물의 물리적 동태를 파악하는 그들의 능력에 달려있다. 예를 들어, 바람이 나무로부터 종자를 운반하는 거리는 종자가 방출되는 높이, 바람의 속도와 난류상태, 그리고 종자가 지면에 정착할 때 바람의 속도에 의존적이다.

Grosholz (1996)는 육상과 해양 종 사이의 지리적 확산율의 비교에서 우리가 방향성 분산에 대하여 어떻게 생각해야하는 지에 관한 몇 가지 중요한 차이를 관찰하였다. 그는 반응-확산 모델을 이용하여 10종의 해양 침입종들 (예를 들어, 따개비, 게, 그리고 달팽이류) 대 10종의 육상 침입종들 (예를 들어, 집시나방, 양배추나비, 그리고 사향뒤쥐)의 분포범위 확산율인 c를 비교하였다. 그는 분포범위 확장의 속도는 육상 종들과 비교하였을 때 해양 종들에서 일관되게 더 느렸으며, 반응-확산 모델은 해양 종의 분포범위 확장율을 일관되게 과대평가한다는 것을 알았다. 이것을 위에서 우리가 내린 결론, 즉 반응-확산 모델이 흔히 육상생물의 분포범위 확장의 속도를 과소평가한다는 것과 비교하기 바랍니다.

해양 종들은 그들의 유생들이 해류를 통해 매우 먼 거리로 운반될 수 있어 비교적 높은 분포범위 확장률을 가질 것으로 기대되기 때문에 이 결과는 그 자체로서 흥미롭다. 그러나 Grosholz (1996)는 해양 종과 육상 종들 사이에 분산 방법에서 분명한 차이가 있다는 것을 알았다. 해양 종들은 모두 바다 표면의 수평류를 통해 유생단계 동안에 분산하며, 반면에 모든 육상생물의 예들은 비 방향적인 방법 (예를 들어, 어린 시기에 부모로부터 벗어남, 인간과의 접촉 혹은 동물 운반체들)을 통해 분산된다. Grosholz (1996)은 해류는 속도가 다양하고 계절 그리고 10년간의 기상 패턴에 따른 방향도 다양하기 때문에 해양생물의 분산에 더 광범위한 영향을 준다고 주장하였다. 따라서 어느 해에는 해양생물의 유생이 먼 거리에 걸쳐 분산되지만 다른 해에는 전혀 분산하지 않는다. 오랜 기간에 걸쳐, 그리고 충분히 드문 분산 기회들을 고려하면, 분포범위 확장은 매우 느릴 것이다. 반응-확산 모델은 해에 따른 분산 거리에서 이러한 변이의 유형을 명백히 포함하고 있지 않기 때문에, 따라서 그것은 방향성 해류를 통해 분산되는 해양 종들의 분포범위 확장률을 과대평가하는 경향이 있다. 해류 혹은 바람의 흐름에 의존하는 분산 기작들을 포함하고 있는 몇 가지 다른 예들이 있지만, 현재 이 주제는 비교적 연구가 많이 되어있지 않다 (분산 계수 D에 확률론적인 변이를 포함하고 있는 모델의 예를 알아보기 위해서는 Caswell et al. (2003)을 참조하기 바람).

7.6 층화된 분산

분산을 두 가지의 분산거리 그룹인 짧고 긴 것으로 구분하는 것은 "층화된“ 분산을 유발한다 (Hengeveld 1989). 이들 모델에서 분포범위 확장의 속도는 시간이 지남에 따라 가속화될 수 있지만 (두 가지 분산 거리 중 긴 것에 의해 예측되는 속도까지), 그러나 층화된 분산 방법들은 두 가지 분산 방법들이 공동으로 어떻게 행동하느냐에 따라 분포범위 확장의 일정한 속도를 유발할 수 있다 (Hengeveld 1989).

층화된 분산을 이해하기 위해 우리는 반응-확산 모델에 따라 분포범위를 일정한 율 c로 확장시키고 있는 비 토착종의 최초의 집단으로부터 살펴보도록 한다 (Fig. 7.8). 이 최초의 집단으로부터 소수의 개체들이 현재의 분포범위 밖으로 잘 분산하여 자신들의 위성 집단을 형성한다. 초기 집단처럼 이들 위성집단은 반응-확산 모델에 따라 일정한 율 c로 자신의 지리적 분포범위를 확장시킨다. 이 위성집단은 초기 집단으로부터 충분한 거리에 위치하고 있어 두 집단은 서로 독자적으로 생장하고 확장된다. 결국, 두 집단은 서로 만날 것이고, 그 시점에서 우리는 이 둘이 포함되도록 이 융합된 집단의 경계를 단순히 다시 그린다. 층화된 확산 모델의 이러한 특성들은 그것을 “공간적 접촉 모델, spatial contact model”로 만들며, 여기에서는 상이한 이동 수준에 있는 과정들을 연결시킨다 (Mollison 1977). 합병된 집단은 일정한 속도로 계속 확장하고, 충분한 시간과 적당한 조건이 주어지면 또 하나의 위성 집단을 형성할 것이다. 비 토착종의 분포범위 확장의 이러한 모델은 만약 (1) 위성 집단들이 초기 집단으로부터 충분히 멀리 위치하고 있어 합병이 일어나기 전에 충분히 생장할 수 있다면, 혹은 (2) 시간이 지남에 따라 많은 수의 위성 집단들이 나타난다면 분포범위 확장의 속도를 가속화 시킬 것이다 (Shigesada & Kawasaki 1997). 만약 이들 조건들이 충족되지 않으면, 비 토착종의 분포범위는 일정한 율인 c로 확장될 것이다. 층화된 분산의 몇 가지 예들 속에는 분명히 다른 두 가지 분산 방법들이 포함되며, 거의 모든 예들이 가속회된 분포범위 확장율을 보이고 있다. 예를 들어, Mack (1981)은 털뱁새귀리 (*Bromus tectorum*)에서 두 가지의 분산 방법을 설명하였다. 일반적으로 털뱁새귀리는 종자들이 떨어지는 장소 근처를 밟고 지나가는 동물들의 털에 종자를 부착시켜 분산한다. 북미에서는 (특히 20세기 초반에) 이들 종자를 운반하는 많은 동물들이 가축을 실어 나르는 기차와 트럭에 실려 수 백 마일 떨어진 곳으로 이동되었다. 기차 여행의 종착지에 떨어진 종자들은 분명히 장거리 분산자들이었다. 이처럼 멀리 떨어진 장소에서 생존한 생식체들은 털뱁새귀리의 위성 개체군들을 형성하였다. Shigesada와 Kawasaki (1997)는 그러한 층화된 분산이 북미 털뱁새귀리에서 관찰된 분포범위 확장의 가속화된 율을 유발시켰다고 주장하고 있다 (Fig. 7.9, Box 7.2).

Box 7.2 화려한 변장

우리는 흔히 비 토착종들의 현재의 분포를 개체들이 1회의 초기 방출의 결과인 것으로 가정하거나, 혹은 한 지방에 국한된 일련의 방출들의 결과로 가정한다. 보통 이러한 초기 방출 지소는 비 토착성 분포범위에서 그 종이 처음 기록된 장소일 것으로 간주되고 있다. 우리가 지리적인 분포범위 확장률의 계산에 입력하는 것은 비로 이러한 정보 (초기 방출 지소와 시간에 따른 분포범위 경계들)이다. 그러나 현재 널리 확산되어 있는 비 토착종의 경우 초기 방출 지소가 하나 이상이란 것을 상상하는 것은 어렵지 않다. 만약 이들 방출 지소들이 충분히 멀리 떨어져 있으면, 분포범위 확장의 계산은 핵심을 벗어날 수 있다. 본질적으로, 우리는 2차적인 방출 지점들을 독특한 침입 중점들로 보다는 "확산"으로 묶어버릴 수 있다. 이러한 오류는 분포범위 확장률을 심하게 과대평가하는 결과를 초래할 것이다. 최근까지는, 확산과 방출을 구분하는 유일한 방법은 가능한 많은 역사적인 기록된 정보를 발견해 내는 것이었다. 흔히 이러한 기록된 보고들은 사실을 더욱 혼란스럽게 하는데, 그 이유는 이들 보고서의 저자들이 이러한 정보를 오류없이 중계했는지를 확신할 수 없기 때문이다.

그러나 유전적 분석 방법의 출현과 더불어 우리는 널리 확산된 비 토착종 개체군들의 토착 분포범위 공급지역을 결정할 수 있는 강력한 도구를 갖게 되었다. 종들은 그들의 토착분포 범위에서 흔히 개체군들 사이에 어느 정도 유전적 분기를 보일 것이기 때문에 비 토착성 분포범위에서 채집된 개체를 그것의 토착지 공급 개체군과 비교가 가능하다. 비 토착성 분포범위 전역에서 개체들을 채집하여 토착 공급지역의 장소 혹은 개체군과 비교함으로써 우리는 침입의 역사를 짜 맞추기 시작할 수 있다.

이와 관련하여 좋은 예들 중 하나는 Stephen Novak과 Richard Mack에 의해 수행된 북미에서 털뱁새귀리 (*Bromus tectorum*)의 침입에 관한 연구이다. 털뱁새귀리는 유라시아와 북아프리카를 포함하는 넓은 토착 분포를 하는 1년생 벼과식물이다. 이 종은 북미 이외에 서너 곳의 지역에 이입되었는데, 아르헨티나, 뉴질랜드, 그리고 하와이가 포함되어 있다. 털뱁새귀리는 현재 북미 전역에 분포하고 있다 (Fig. 7.10). 이 종이 어떻게 북미 전역에 확산되었으며, 확산율은 어떠했는가? 이러한 질문에 대답을 얻기 위해 Novak과 Mack (1993, 2001)은 토착 분포범위와 비 토착 분포범위 전역에서 개체들의 유전적 샘플들을 채집하였다. 다 유전자좌 유전자형을 근거로, 그들은 현재 북미에 살고 있는 개체들은 전적으로 중앙 유럽과 서부 지중해지역으로부터 이입되었다는 것을 알았다. 미국은 1900년대 까지 정기적으로 대부분의 농작물 종자들을 이들 지역으로부터 수입하였고, 판매하는 종자의 무게를 늘려 여분이 이익을 얻으려고 "쓸모없는 종자" (예를 들어, 털뱁새귀리 종자)를 고의적으로 이들 귀중한 농작물 종자들과 함께 포장하였기 때문에 이러한 결과는 놀랄만한 일은 아니다 (Novak & Mack 2005).

더욱 주목할 만한 발견은 북미 서부에 털뱁새귀리의 침입은 적어도 6번의 독자적인 이입 사건들로부터 비롯되었다는 것이다 (Novak & Mack 1993, 2001). 그러나 북미 동부에서, 유전적 마커들은 아마 두 번의 독자적인 이입만이 일어났음을 보여주고 있다. 북미 서부에 있는 개체들은 오랫동안 동부 개체군들로부터 이입된 것으로 여겨져 왔으며, 어느 정도는 Novak과 Mack (2001)의 유전적 분석 결과가 이를 뒷받침하였다. 그러나 그들은 북미 서부에 분포하는 대부분의 개체들은 유럽과 지중해로부터 직접적인 이입으로부터 비롯되었다는 많은 증거를 찾아냈다. 전체적으로 보아 Novak과 Mack의 연구는 북미에서 털뱁새귀리의 분포범위 확장의 역사가 이전에 생각했던 것보다 훨씬 더 복잡하고 동적이라는 것을 보여주고 있다. 우리가 그러한 복잡한 침입 역사를 볼 수 있는지의 예측은 분명하지 않다. 그러나 침입 생태학에서 유전적 분석 방법을 계속 사용함으로서 우리는 조만간 그것을 예측할 수 있을 것이다.

Fig. 7.10 Fig. 7.10 북미 전역에서 털뱁새귀리 (*Bromus tectorum*)의 대립유전자들 변이를 보여주는 지도. 빈 원은 b 대립유전자를 위해 고정된 개체군들이며, 빈 삼각형은 대립유전자 c를 위해 고정된 개체군들이다. 빈 사각형은 대립유전자 b의 높은 빈도를 가진 다형적 개체군들이며, 채워진 사각형은 대립유전자 c의 높은 빈도를 가진 다형적 개체군들이다.

장거리 분산이 인간의 활동에 의해 야기되고, 정상적인 분산 기작들에 의해 단거리 분산이 야기되는 층화된 확산의 다른 예들은 zebra mussel (Bossenbroek et al. 2001), 아르헨티나 개미 (Suarez et al. 2001), 그리고 멕시코 양진이 (Veit & Lewis 1996)가 포함된다. 사실 만약 우리가 희귀하지만 토착 분포범위로부터 운반되어 비 토착 지소로 방출되는 것을 포함하도록 분산의 정의를 확장시키면, 우리는 모든 비 토착종들이 적어도 분산을 위한 두 층 혹은 두 가지 방법을 가지는 것으로 생각할 수 있다 (예를 들어, Suarez et al. 2001). 그러나 그러한 정의는 운반과 확산 단계들을 융합시킬 수 있다. 많은 상이한 지리적 분산 규모들을 확장의 모델로 포함시키는 방법을 찾는 것은 생태학자들이 지속적으로 해결해야 할 과제이다.

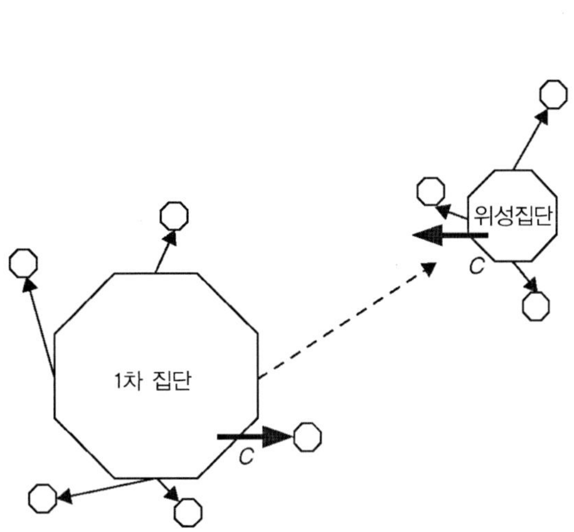

Fig. 7.8 비 토착성 종의 1차 집단 (즉, 최초 방출로부터 달성된 분포범위 한계)과 위성 집단 (즉, 장거리 분산 후에 2차 확장에 의해 달성된 분포범위 한계) 사이의 관계를 보여주는 층화된 분산의 그림. 분산은 단거리 (실선 화살표) 그리고 장거리 (점선 화살표)의 두 가지 방법으로 분류될 수 있는데, 때를 맞춰 동시에 일어난다. 1차집단과 위성집단들은 확산 모델에 따라 일정한 율 c로 그들의 분포범위를 확장시킨다. 두 개의 집단이 만날 때 그들이 합병되어 하나의 매우 큰 집단을 형성할 것이다.

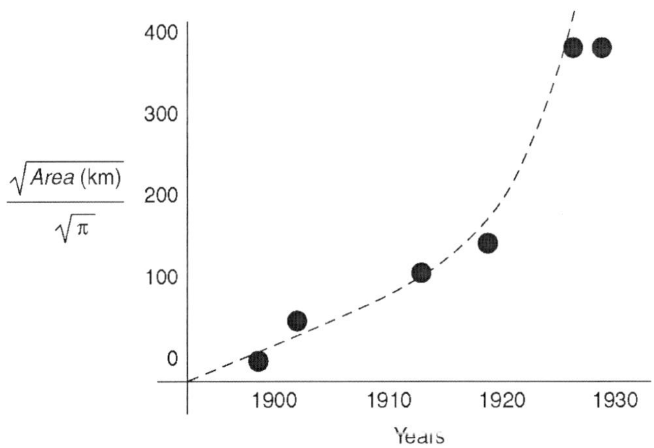

Fig. 7.9 북미 전역에서 털뱁새귀리의 지리적 분포범위의 가속화된 확장. Shigesada와 Kawasaki (1997)는 인간 활동에 의해 중재되는 장거리 분산과 정상적인 생태학적 과정에 따라 일어나는 단거리 분산이 관찰된 관계를 유발시켰다고 주장하였다.

7.6.1 가변적인 분산 핵심

우리는 일정한 분산 그리고 두 가지의 분명히 다른 분산 방법을 설명하였지만, 두 가지의 별개의 "층화된" 방법들보다 더 많은 변이가 있는 분산을 어떻게 처리해야 하는가? 분산은 기상 패턴에 따라, 다른 종들과의 상이한 상호작용에 따라, 혹은 다양한 다른 요인들에 따라

서식처 전역에 걸쳐 다를 수 있다. 이들 광범위한 분산 유형들을 위해 우리는 분산거리가 몇 가지 다른 요인들에 기초하여 변하도록 허용하는 가변적인 분산 핵심들이 필요하다. 반응-확산 모델에서, 유일하게 포함되는 요인들은 분산하는 생물의 밀도 그리고 방출 지점으로부터의 거리이었다. 가변적인 분산 핵심을 가지고 우리는 우리가 선택하는 다른 요인을 포함시킬 수 있다. 가변적인 분산 핵심들은 일반적으로 미적분 방정식(연속적인 시간) 그리고 미적분 (불연속적인 시간) 방정식에 의존하고 있다 (Lee et al. 2001). 대부분의 생태학 전공 학생들은 무한히 짧은 시간 단계들에 걸친 밀도의 작은 변화를 보려고 하는 미분 방정식에 익숙한데, 예를 들어, $dN/dt = rN$같은 것이다. 지금까지 우리가 설명한 반응-확산 모델들은 미분 방정식들이다. 미적분 방정식들은 모든 분산 거리를 합치기 위해 분산 핵심에 적분을 삽입시킨다. 1차원적 공간 (즉, 직선적인 시스템)에서 매우 일반적인 방정식은

$$\frac{\partial N(x_1, t)}{dt} = \int g[N_t(x_2)]k(x_1, x_2)dx_2 - g[N_t(x_1)]\int k(x_2, x_1)dx_2 \qquad (7.5)$$

이 될 것이다. 여기에서 $Nt(x_i)$는 특정한 지점과 특별한 시간에서 생물의 밀도이며, k는 분산 핵심이고, 그리고 g는 개체군 생장을 위한 식이다. 이것을 말로 표현하면, 이 방정식은 공간의 한 점에서 그리고 한 순간에서 개체군 변화는 $k(x_1, x_2)$로 설명된 재 분포, 그리고 $g[N_t(x_i)]$로 설명되는 개체군 생장에서 비롯되며, 이 둘은 공간에 걸쳐 합계된다. 이 방정식은 개체군 분포에서 변화만을 설명하기 때문에, 우리는 다른 모든 지소들로부터 현재의 지소로 생장과 이동을 합계하고, 그리고 점 x_1으로부터 이동해 나간 것을 뺀다.

이 방정식들은 실제 야외 자료로부터 비롯되는 분산을 포함하여 어떠한 분산 확률 분포라도 처리하기에 충분한 유연성을 갖는다는 점에서 분산을 설명하는 좀더 정확한 방법을 제공한다. 미적분 방정식들 내에서 합계는 매우 단순하거나 혹은 복잡할 수 있다. 모든 핵심들이 분석적으로 다루기 쉬운 시스템을 유도하지는 않는다 (즉, 때로 방정식들은 단순한 해답들을 내어 놓지 않는다). 일반적으로 다루기 쉬운 방정식들은 실제 시작점과 종점이 중요하지 않은 균질한 환경을 가정한다. 대신에 이들 점들 사이의 거리만이 점 a로부터 점 b로 도달할 가능성에 영향을 준다. 확산식은 시작점이 한 개체가 실제로 어디에서 끝날지의 확률에 영향을 주지 않는 그러한 핵심의 예이다. 방정식 7.4에서 $x - y$ 좌표 보다는 점 x_1으로 점을 단순하게 표현함으로써 우리가 식을 단순화 시킨 것을 주목하라. 일반적으로 이 방정식들은 1차원에서 공식화되었는데, 이것은 생물들이 오직 한 개의 축을 따라 이동할 수 있다는 것을 의미한다. 방정식들은 다차원이 없이 충분히 복잡하며, 1차원에서의 결과는 이동이 대칭적인 경우 생물들이 2차원에서 이동할 수 있는 실제 세계로 외삽하기가 쉽다. 특정한 점들을 지정하는 유일한 이유는 (점들 사이의 거리, 즉 $x_1 - x_2$는 이동 확률을 결정하는데 중요한 요인이기 때문에) 주어진 점에서 이동을 생물의 밀도와 관련시키려는

것임을 기억하라. 분명히, 이들 방정식은 이전에 설명한 단순한 반응-확산 방정식들보다 훨씬 더 복잡할 수 있다.

van den Bosch 등 (1992)은 분포범위 확장률에서 가변적인 분산 핵심들의 영향을 조사하기 위해 연속적인 시간 미적분 방정식들을 사용하였다. van den Bosch와 그의 동료들이 조사한 특정한 모델은 또한 그들로 하여금 연령 구조를 살펴보도록 허용하였는데, 분산과 생식이 생물의 생활사의 특정한 단계들에서 일어날 수 있었다. 따라서 그들의 결과는 그들이 선택한 분산 핵심과 같은 정도의 연령 구조의 효과를 반영하고 있다. 그들은 염주비둘기(collared doves, *Streptopelia decaocto*), 찌르레기 (*Sturnus vulgaris*), 그리고 황로(cattle egrets, *Bubulcus ibis*)의 분포범위 확장을 알아보기 위해 이 방법을 사용하였는데, 이 종들은 모두 주로 어린 시기, 혹은 생후 첫 해에 분산한다. 그들은 또한 사향뒤쥐의 자료들을 재분석 하였는데, 사향뒤쥐가 그들의 첫 해 그리고 성체가 되었을 때 상이한 분산율로 분산한다는 사실을 자신들의 모델에 포함시켰다. 그들은 분산에서의 변이가 분산이 되는 나이에서의 변이보다 확산에 더 많은 영향을 준다는 것을 알았고, 좀더 장거리 분산을 하는 분산 핵심들은 더 신속한 확산율을 유도하였다.

Kot 등 (1996)은 이 문제를 일반적 형태의 불연속적인 시간 미적분 방정식을 이용하여 좀더 일반적으로 탐구하였다.

$$N_{t+1}(x_1) = \int k[x_1,\ x_2]g[N_t(x_2)]dx_2 \tag{7.5}$$

여기에서 $N_t(x_i)$는 특정한 지점과 특정한 시간에 생물의 밀도이고, k는 분산 핵심, 그리고 g는 개체군 생장을 위한 식이다. 이 방정식을 말로 표현하면, 시간과 공간상의 특정한 점에서 개체군은 이전의 시간 간격에서의 개체군 생장과 재 분포에 의해 결정되며, 이것을 모든 공간에 걸쳐 합산한다. 이것은 방정식 7.4와 유사하다는 것을 주목하기 바란다. 기본적으로 불연속적인 시간 모델은 방정식 7.4의 전반부만을 고찰한다. 특정한 점에서 이동해 나가는 것을 뺄 필요는 없는데, 그 이유는 첫 번째 적분식이 모든 공간에 걸친 분포를 제공하기 때문이다 (분포에서 변화가 아닌 실제 분포). 기본적으로 방정식 7.4는 미래의 분포로부터 현재의 분포를 뺀 것이다. 일반적으로 생태학자들은 방정식 7.4와 같은 연속적인 시간 공식들보다 방정식 7.5와 같은 불연속적인 시간 공식들을 더 많이 사용한다. 불연속적인 시간 방정식들은 분산이 더 가능한 해에 생식을 하는 생물들에게 특히 잘 맞는다.

Kot와 그의 동료들 (1996)은 뭉툭한 꼬리부분을 유발하는 분산 핵심들을 포함하는 것이 (즉, 음의 지수함수적 분산 핵심을 가진 것 보다 더 많은 개체들이 장거리 분산을 하는) 층화된 분산이 한 것과 똑같이 분포범위 확장의 가속화된 율을 유발하였다 (Fig. 7.11). 따라서 반응-확산 모델과는 달리 미적분 모델들은 흔히 침입의 속도가 시간에 따라 일정하지 않다

CHAPTER 7

는 것을 예측한다. 대신에 침입의 속도는 시간이 지남에 따라 증가한다. Higgins와 Richardson (1999)은 반응-확산 모델에 의해 제시된 것보다 비록 소량이지만, 장거리 분산 사건들이 일어날 확률의 증가는 분포범위 확장율을 심하게 과소평가할 수 있음을 보여주었다.

비록 이들 가변적인 분산 핵심 모델들이 분산 가정에서 더 많은 폭(정도)을 허용하지만, 분석적으로 다루기 쉽게 하기 위해서는 이 모델들은 다른 가정들을 단순화 시켜야만 한다. 이들 가정들로부터 많은 문제들이 발생한다. 첫째, 이 모델들은 때로 마지막에 감속 혹은 안정화가 없이 계속적으로 가속화되는 확산율을 예측한다. 개체군들이 영구적으로 지수 함수적으로 증가한다는 것이 불가능한 것과 똑같이, 분명히 확산률의 가속화가 무한히 계속된다는 것은 현실적이지 않다. 조만간 어떤 요인이 개체군의 생장과 지리적 확산을 느리게 해야 한다. 미적분 방정식들의 좀더 최근의 모습은 최대 분산거리를 살펴봄으로써 확산율의 한계를 정하고 있으며 (예를 들어, Clark et al. 2001), 우리는 이 부분에 관심 있는 독자들이 좀더 자세히 알고 싶으면 이 연구를 참조하기를 권장한다. 그러나 침입 생태학자들이 관심을 가지는 시간적인 틀 내에서, 확산이 가속화 될 가능성이 있음을 지적하는 것이 중요하다 (Hastings et al. 2004). 침입하는 생물은 하나의 서식처로 들어와 그 종이 전체 대륙에 혹은 그 종의 서식처 내성에 맞는 전체 지리적 지역에 퍼질 때까지 가속화된 속도로 확산될 수 있다.

두 번째 문제는 장거리 분산 핵심들을 파라미터로 표시하는데 필요한 현장 자료들을 모으는데 있다. 분산 사건에 관한 현장 자료들을 얻는 것이 매우 어려울뿐만 아니라, 비교적 희귀한 장거리 분산에 관한 좋은 정보는 얻기가 거의 불가능하다. 이 문제는 설명하기가 훨씬 어렵다. Clark 등 (2003)은 분산 자료들의 질은 장거리 분산이 흔할 때 분포범위 확장의 속도를 예측하기 위한 능력을 제한할 수 있다고 주장하고 있다.

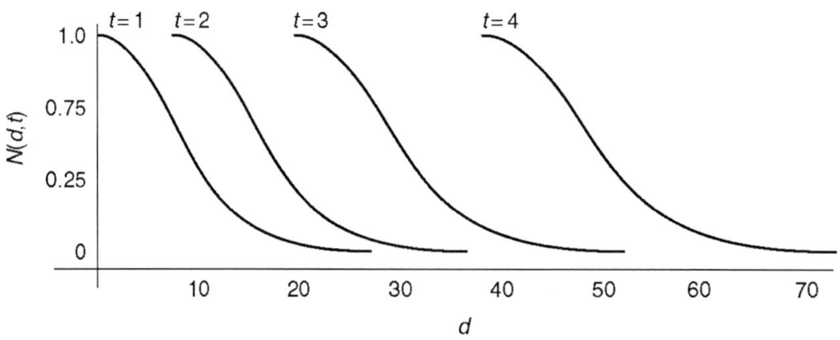

Fig. 7.11 미적분 방정식 내에 첨용분포 분산 패턴들이 포함될 때, 비 토착종의 지리적 분포범위는 시간에 따라 가속화된 율로 확장한다. 여기에서 이것은 확률 밀도 함수를 이용하여 표현되어 있다. 이 그래프에서 선들 사이의 거리는 분포 범위 확장 속도가 일정한 상황에 비교할 때 시간이 지남에 따라 증가한다.

7.7 기타 유형의 이질성

비 토착종이 자신의 지리적 분포범위를 확장시키는 율에 영향을 줄 수 있는 다른 몇 가지 요인들이 있다. 침입하는 종의 생장 혹은 분산에 분명히 영향을 주는 다른 종의 존재는 지리적 확산율에 영향을 줄 것이다. 생태학자들은 확산에서 이러한 종류의 생물적 상호작용들을 모델화하기 시작하였다. 공간 전역에서 종 상호작용들을 조사하기가 어렵기 때문에 이를 일반화시키는데 어려움이 있다 (Holt & Hoopes 2005; Hoopes et al. 2005). 종간경쟁의 모델들을 이용하여 일부 진전이 이루어졌다. Yuzo Hosono (1998, 2003)는 확산 모델에 Lotka - Volterra의 경쟁을 포함시켰다. 그는 방정식 7.1의 형태의 두 개의 방정식들을 이용하였는데, $f(N)N$ 대신에 그는 Lotka - Volterra의 표준 경쟁 방정식들로 대체하였다. 그는 경쟁이 일반적으로 확산율을 느리게 하지만 그것은 또한 확산율에 비 직선성을 유도할 수 있어 두 종의 밀도가 변함에 따라 확산율이 증가와 감소 사이에 교체되는 것을 알았다 (Hosono 1998). 이 결과는 경쟁을 포함시키는 다른 방법들에게 적용된다.

Hart와 Gardner (1997)는 미적분 모델을 사용하여 경쟁력이 매우 약한 종도 침입종이 이입되기 전에 그것이 정착하면 침입종의 확산율을 감소시킬 수 있다는 것을 알았다. 정착 이전의 조건은 침입종이 얼마나 빨리 확산되느냐와는 무관하게 토착성 경쟁종이 항상 존재한다는 것을 의미하기 때문에 이것은 직관적으로 이해가 된다. 이 시나리오에서 침입종은 항상 토착성 경쟁종을 만날 것이고, 그리고 항상 개체군 생장이 감소될 것이다. 불행하게도, 이들 결과들은 모델들로부터 나온 것이고, 실험적으로 입증되지 않았으며, 실험 자료에 적용되지도 않았다. 모든 장소에 오직 하나의 토착성 경쟁종만이 존재하지는 않으며, 경쟁 계수가 공간 전역에서 일정하게 유지되지는 않을 것으로 보인다. 이러한 종류의 모델을 실험적으로 입증하는 것은 확산을 예측하는 우리의 능력뿐만 아니라 침입종과 자주 경쟁할 특성한 토착종에 대한 영향을 예측하는 능력도 크게 향상시킬 수 있다.

7.7.1 공간적 이질성

일부 공간적 포식자-피식자 모델들도 침입종의 확산을 조사하였다. Fagan 등 (2002)은 침입하는 종에 대한 전문적 포식자들(specialists)과 일반적 포식자(generalists)들의 효과를 조사하기 위해 반응-확산 모델을 사용하였다. 포식자들은 유해종의 확산을 통제하기 위해 흔히 생물학적 방제용으로 방출되기 때문에 이 시나리오는 유용성이 있다. Fagan 등 (2002)은, 전문적 포식자들은 침입종의 밀도를 감소시킬 수는 있지만 확산을 감소시키지는 못하며, 반면에 일반적 포식자들은 실제로 확산율을 느리게 할 수 있다는 것을 알았다. 이러한 결과

CHAPTER 7

들은 정 반대인 것으로 보인다. 그러나 전문적 포식자들은 그것이 포식하는 침입종이 없으면 생존할 수 없으며, 따라서 일반적 포식자들이 할 수 있는 방법처럼 높은 밀도를 가진 포식자들의 침입을 대처하기 위해 자신의 숙주를 바꾸어서 살아갈 수 없다. 반면에 전문적 포식자들은 밀도를 감소시키지만, Fagan 등 (2002)이 밀도 의존적 시나리오 만을 조사하였기 때문에, 밀도의 감소가 개체군을 최대 생식 능력으로 유지시켜, 따라서 확산이 느려지지 않는다. 포식자들이 침입종들의 지리적 분포범위를 성공적으로 감소시킬 수 있다는 유일한 시나리오는, 만약 낮은 밀도에서 Allee 동태를 가진 침입종을 전문적 포식자가 공격했을 때이다 (Fagan et al. 2002). 이들 결과들은 특히 침입종 관리를 위한 생물학적 방제 노력의 견지에서 보았을 때 흥미롭다. 이들 결과들의 검증은 현재 진행 중에 있지만 더 많은 연구들이 토착종들과 비 토착종들 사이의 상호작용, 그리고 이들 상호작용들이 어떻게 침입종들의 확산에 영향을 주는지에 관한 이해를 향상시킬 수 있다.

7.7.2 시간적 이질성

시간적 이질성도 확산율을 변화시킬 수 있다. van den Bosch 등 (1992)이 연령구조의 효과를 조사하기 위해 사용한 미적분 모델은 연령에 따라 변화하는 분산 혹은 생식이 일반적으로 확산율을 감소시킨다는 것을 보여주고 있다. 만약 우리가 생식과 분산 잠재력이 전 생애를 통해 일정하지 않고, 대신에 생식과 분산 잠재력이 집중된 기간이 있다는 것을 생각한다면 이러한 결과는 이해가 된다. 시간이 지남에 따라 생식 혹은 분산에서 변이성이 증가하기 때문에 실제 개체군 생장은 감소한다 (Hastings et al. 2004). 시간적 변이성이 증가함에 따라 확산율이 감소하는 미적분 방정식들의 사용에서도 유사한 결과들이 밝혀졌다 (Neubert et al. 2000; Clark et al. 2001). Clark 등 (2001)은 꼬리가 뭉툭한 분산 핵심을 가진 생물의 확산에서 변이성이 가장 큰 차이를 유발하는 것을 알았는데, 이것은 역설적으로 그러한 분산이 어떻게 짧은 기간에 걸쳐 가속화될 수 있는지를 설명하는데 도움을 준다. 일단 시간적 이질성이 적으면, 침입은 현저히 그 속도가 빨라진다.

공간적 변이를 가진 결과들은 변이를 어떻게 가장 흔하게 만나는 서식처 혹은 표본조사가 이루어진 서식처와 비교하느냐에 어느 정도 의존적이다. 장거리 분산은 표본조사 하기가 더 어렵기 때문에 위에서 설명한 것처럼 우리는 잠재적 분산율을 과소평가하는 경향이 있다. 따라서, 환경에서의 변이는 실제 자료에 적합성을 조사하는 모델에서 흔히 확산율을 증가시킨다 (Shigesada & Kawasaki 1997; Bossenbroek et al. 2001; Hastings et al. 2004). 아쉽게도 침입 생물의 분포범위 확장에 대한 공간적 변이의 역할에 관해서는 아직 일반화를 유도하기가 어려운데, 아직도 이에 관한 더 많은 연구가 수행되어야 하기 때문이다.

7.7.3 함축적인 공간을 가진 모델들

지금까지 우리는 침입 동태에서 공간적 확산 모델에 가장 자주 사용된 방법들에 초점을 두었고, 이 모델들은 초급 생태학 강의에서 다루는 내용들이 아니기 때문에 이 부분에 관하여 일부는 자세히 설명하였다. 좀더 낯익은 모델들 중 일부도 침입에 적용되었는데, 특히 이질성을 조사할 때 그렇다. 생태학에서 가장 보편적인 공간적 모델은 메타개체군 모델이다 (Levins 1969). 이 장에서 우리가 설명한 모델들의 대부분은 공간이 함축적이지 않고 명백한 단순한 모델들이다. Levins의 메타 개체군 모델과 같은 패치 모델들은 함축적인 공간을 가진 모델인데, 패치들의 배열에 정량화가 없이 서식처 패치들 사이에 분리가 존재하는 것으로 가정하고 있다. 이 모델들은 현실적인 특성이 결여되었음에도 불구하고, 매우 기본적인 기작들을 뽑아내는데 도움을 주는 방식으로 현실세계를 단순화 시킨다. 이 모델들은 상이한 서식처 질, 상이한 포식자-피식자 동태, 혹은 경쟁자들의 공존이 있는 몇 개의 패치에서 단일 종을 조사하는데 유용하다. 기본적으로 모델들은 이동 그리고 경관 전역에서 종의 유지에 도움을 주는 생태적 상호작용들 사이에 교환(trade-offs)이 일어나는 어떠한 상황에서도 유용하다.

침입종과 일단의 토착종들 사이의 상호작용과 같은 만약 우리가 조사하기를 원하는 특정한 상호작용들이 있다면, 이 모델들은 침입종 생태학과 관련되어 있다. 그러나 이 모델들은 확산을 조사하는 데에는 유용성이 낮은데, 그 이유는 이 모델들이 모든 생물들이 모든 패치에 도달할 수 있고, 따라서 침입이 이미 일어났고 확산은 보편적이라고 가정하기 때문이다. 한 가지 예외는 침입을 위한 역치 그리고 시간적 변이성이 어떻게 그러한 역치들을 변화시킬 수 있는지를 조사하는 것이다. 예를 들어, 질병을 일으키는 생물은 새로운 숙주들에게는 침입종들이다. 질병 모델들은 일반적으로 "패치들" 혹은 숙주들의 비율을 민감한 것, 감염된 것, 혹은 회복된/면역력이 있는 것으로 설명하는 패치 모델들이다. 무엇이 숙주들을 민감하게 혹은 면역력이 있게 만드는 지를 이해하는 것은 서식처를 침입에 민감하게 혹은 저항성이 있게 만드는 역치를 이해하는 것과 유사하다. 이 역치는 정착을 설명한 부분에서 기술된 많은 요인들에 의존적일 수 있는데, 이들 요인들은, 예를 들어, 특정한 비 토착종 생존의 절대적인 한계를 정하는 전문적 포식자 혹은 자원의 존재 여부, 최고 혹은 최저 온도, 물의 이용도, 독성물질, 혹은 다양한 기타 자원 혹은 조건들이다. 뚜렷한 공간적 차원에서 정착과 분산의 우발성을 지적하여 좀더 분명하게 공간을 언급하고 있는 Hanski의 발생률 함수 모델 (Hanski 1994, 2004; Hanski et al. 1996)은 공간적 확산에 관한 우리의 일부 설명에 더 잘 부합한다. 이들 함축적인 공간 모델들을 점검하는 메타개체군 그리고 메타군집 동태에 관한 훌륭한 몇 권의 책이 출간된 바 있다 (예를 들어, Hanski & Gilpin 1997; Hanski 1999; Holyoak et al. 2005). 따라서 우리는 여기에서 이 부분에 관하여 좀더 자세히 설명하지는 않겠다.

7.7.4 명백한 별개의 공간을 가진 모델들

실제 경관 전역에서 실제 서식처로 비 토착성 생물의 확산을 조사하고 이동을 예측하기 위해서는 서식처들 사이의 실제 거리를 인정하고, 이 거리를 횡단하는 문제들을 인식하는 모델링 틀을 가지는 것이 중요하다. 지점들 사이 혹은 서식처들 사이의 공간적 관계를 정량화하는 모델들은 모두 공간적으로 뚜렷하다. 위에서 우리가 설명한 바 있는 모든 연속적인 공간 모델들은 뚜렷한 공간을 가진 모델들이다. 그들은 또한 계산적 측면에서 극히 일사불란하다.

이들 계산적으로 일사불란한 연속적인 공간 모델들의 하나의 대안은 경관을 셀로 나누고 이들 셀들을 가로지르는 이동을 조사하는 별개의 공간을 기초로 하는 모델들을 만드는 것이다. 격자 모델들 그리고 셀의 자동장치 (cellular automata)는 여러분이 우연히 만날 수 있는 이러한 두 가지 방법들이다. 이들은 흔히 두 종 상호작용의 이론적인 조사에 사용되는데, 특히 상이한 개체군들에서 뚜렷한 행동들이 일어날 수 있고, 새로운 생물들의 이주로 변할 수 있는 포식자-피식자 동태 혹은 다른 종류의 동태를 조사하기 위해 사용된다. 개체를 기준한 모델들 (Individual based models, IBMs)은 이러한 방법의 또 하나의 예이다. 격자 모델들, 셀의 자동장치 (cellular automata), 그리고 IBMs는 모두 비 토착종의 확산을 예측하는데 적용되는 것보다는 이론적인 연구에 더 많이 사용된다.

예측을 위한 적용을 위해서는 지리정보시스템(GIS) 모델들이 침입종 생태학자들로 하여금 분산과 개체군 생장 정보를 특정한 서식처 특성들과 비교할 수 있게 해준다. 이들 경관 규모의 모델들은 생태적 상호작용에 비교적 의존도가 낮으며, 이전의 실험에 의해 정해진 역치에 더 의존적이다. 하나의 예는, hemlock woolly adelgid (*Adelges tsugae*)의 확산을 조사한 연구인데, 아시아에 토착성인 이 곤충은 현재 미국 북동부에서 솔송나무 (*Tsuga canadensis*와 *Tsuga caroliniana*)의 대규모 사망을 초래하고 있다. 솔송나무 분포 지도는 침입종의 잠재적 분포범위를 나타내고 있다. 연구자들은 잠재적 분포범위와 실제 분포범위에 다른 요인들을 겹쳐놓고 조사하여 확산을 저지할 수 있는 요인들을 찾아낼 수 있었다. 지금까지는 여러 요인들 중 최저 온도만이 중요한 것으로 보인다.

hemlock woolly adelgid (*Adelges tsugae*)

서식처 특성들을 기초로 한 확률에 따라 분산과 정착이 진행되도록 허용함으로써 이 모델들은 우리로 하여금 더 많은 통계적 위험 평가를 조사하도록 해주고 있다. 이 모델들은 종 특이적이며, 이동 확률을 확립하기 위해 사용된 결정 규칙들에 의해 제한되어 있지만, 잠재적인 확산을 조사하거나 혹은 빠른 확산과 서식처 특성들 사이의 상관을 조사하는데 유용한 방법이다. 이 모델들은 매우 자료-집약적이며, 대규모 경제적 영향력을 가진 종에 1차적으로 사용된다. 이들 종류의 모델로부터 나온 일반화는 실제 지리적 장소에서 이들 종의 관리와 관련되어 있다. 이 모델들은 일반화시킬 수 있는 확산 모델은 아니지만 가장 현실적인 모델들이다. 따라서 이 모델들은 자료의 편차로 인하여 오해의 소지가 가장 많은 것들이다. 모델을 만드는 모든 노력들은 그들을 만들기 위해 사용된 자료와 가정들에 의해 제한됨을 기억하기 바란다. 비록 광범위하고 극단적으로 단순화시킨 모델들은 확산을 저해하거나 혹은 촉진하는 특정한 서식처 특성을 지적할 수 없으며, 정확한 확산 율을 예측할 수 없으며, 또한 이들은 이러한 정보를 제공하려고 하지도 않는다.

7.8 요약

비 토착종의 분포범위 확장에 관한 연구는 대부분 수학적인 모델에 의존하고 있다. 그 이유는 확산의 생물학적 과정들을 자연 환경에서 관찰하거나 조작하기가 어렵기 때문이다. 우리는 여러분에게 이러한 모델들의 기초를 소개하였으며, 반응-확산 모델로부터 시작하여 분산 유형의 광범위한 범위를 탐구하는 좀더 최근에 발전된 부분을 강조하였는데, 여기에는 층화된 분산과 방향성 분산, 그리고 미적분 방정식들의 사용이 포함되어 있다 (즉, 장거리 분산 사건들의 보편성을 고려하여). 우리는 좀더 최근의 모델들이 사용하고 있는 수학을 자세하게 제시하지 않았는데, 이를 위해서는 상당히 많은 지면이 필요할 뿐만 아니라 이 책의 많은 독자들이 수학적인 기초를 가지고 있지 않을 수 있으며, 혹은 적극적으로 모델들의 유도에 매달리지 않을 수 있기 때문이다. 이 장에서 제시된 내용의 수준이 너무 약하다고 느끼는 독자들에게 우리는 이 장의 마지막에 제시되어 있는 비 토착종의 분포범위 확장에 관한 최근에 발표된 몇 편의 논문들, 그리고 Shigesada와 Kawasaki (1997)의 재미있는 연구를 참고하도록 권한다. 다음 장에서는 수학적인 설명이 끝난 것을 기뻐하고 대신에 분산과 분포범위 확장의 이면에 있는 개념과 생태학에 더 깊이 빠져들고 싶어하는 독자들을 만족시켜야 한다.

더 읽을 거리

Clark, J. S., M. Lewis, and L. Horvath. 2001. Invasion by extremes: population spread with variation in dispersal and reproduction. American Naturalist 157: 537 - 554.

Clark, J. S., M. Lewis, J. S. McLachlan, and J. HilleRisLambers. 2003. Estimating population spread: What can we forecast and how well? Ecology 84: 1979 - 1988.

Fagan, W. F., M. A. Lewis, M. G. Neubert, and P. van den Driessche. 2002. Invasion theory and biological control. Ecology Letters 5: 148 - 157.

Hosono, Y. 1998. The minimal speed of traveling fronts for a diffusive Lotka - Volterra competition model. Bulletin of Mathematical Biology 60: 435 - 448.

Weinberger, H. F., M. A. Lewis, and B. T. Li. 2002. Analysis of linear determinacy for spread in cooperative models. Journal of Mathematical Biology 45: 183 - 218.

이 단원과 관련된 논문

Andow, D., P. Kareiva, S. Levin, and A. Okubo. 1990. Spread of invading organisms. Landscape Ecology 4: 177 - 188.

Clark, J. S. 1998. Why trees migrate so fast: confronting theory with dispersal biology and the paleorecord. The American Naturalist 152: 204 - 224.

Hastings, A., K. Cuddington, K. F. Davies, C. J. Dugaw, S. Elmendorf, A. Freestone, S. Harrison, M. Holland, J. Lambrinos, U. Malvadkar, B. A. Melbourne, K. Moore, C. Taylor, and D. Thomson. 2004. The spatial spread of invasions: new developments in theory and evidence. Ecology Letters 8: 91 - 101.

Holmes, E. E. 1993. Are diffusion models too simple? A comparison with telegraph models of invasion. American Naturalist 142: 779 - 795.

Lonsdale, W. M. 1993. Rates of spread of an invading species:Mimosa pigra in northern Australia. Journal of Ecology 81: 513 - 521.

Skellam, J. G. 1951. Random dispersal in theoretical populations. Biometrika 38: 196 - 218.

CHAPTER

8

비 토착종의 생태적 과정과 확산

개관

비 토착종의 확산은 침입의 초기 단계에 포함되어 있는 많은 동일한 기작들을 수반하고 있다. 비 토착종의 개체들은 새로운 서식처로 분산되어야 하는데, 이것은 운반 단계와 유사하다. 그리고 이들 분산된 개체들은 이러한 새로운 서식처에서 자체 유지되는 개체군을 정착시켜야 하는데, 이것은 정착 단계와 유사하다. 따라서 확산은 전체 침입 과정의 축소판이다. 우리는 비 토착성 생물의 확산에서 개체군 생장, 분산, 생물적 상호작용들, 그리고 시간적 혹은 환경적 이질성의 역할들을 설명하였다. 여러분은 이러한 모든 주제들이 제 7장의 지리적인 확산의 모델에서 중요한 고려사항들로 언급되었음을 주목하였을 수 있다. 비록 우리가 제시한 많은 참고문헌들과 증거들이 여전히 모델링으로부터 나온 것이지만, 이 장에서 우리는 그것들을 수학식 보다는 그들의 생태학적 표현들로 살펴볼 것이다. 실험 패턴과 모델 결과들 모두를 조사함으로써 우리는 생태적 요인들이 어떻게 정착과 확산 그리고 개체군 동태 사이의 장기간 지연 시간과 같은 복잡한 확산 패턴들을 유발시키는지를 살펴본다.

8.1 개체군 생장

개체군 생장은 침입종이 확산되기 위한 가장 기초적인 요구사항 중 하나이다. 사실 매우 기본적인 사항이기 때문에 지리적인 분포범위 확장을 촉진시키는 부분에서 우리는 흔히 개체군 생장의 중요성을 빠뜨리기 쉽다. 제 7장에서 논의된 모든 모델들은 개체군 생장을 생물들의 이동을 위한 상이한 식과 결합시킨 것이다. 대부분의 모델에서 개체군 생장은 지수함수적 증가 패턴을 보이는 밀도 독립적으로 묘사되어 있다. 그러한 시나리오에서 개체들의 수는 처음에 서서히 증가하고, 어떤 시점 이후에는 개체군의 생장 모멘트가 개체수의 갑작스런 "폭발적 증가"를 유도한다. 그러한 폭발적 증가는 눈에 잘 띄지 않던 종을 감지의 역치 이상으로 되게 하여 (Carey 1996), 새로운 장소에서 그 종이 불시에 나타나는 것으로 보이게 한다. 이러한 개체군 생장의 폭발적 증가가 없으면, 그 종은 이들 장소에서 우리가 실제로 그것을 보게 될 때까지 단지 개체수가 서서히 증가하게 될 것이다.

비록 이러한 역치 이상의 개체군 생장은 확산이 아니지만 확산으로부터 그것을 구분하기는 보통 쉽지 않다. 따라서 침입성 종으로 알려진 초기의 개체군을 조절 혹은 박멸을 시도하기 전에 종의 생활사 특성, 개체군 생장률, 그리고 소규모 개체군들의 모든 탐지 방법에 내재하고 있는 오류에 대하여 고려하는 것이 중요하다. 박멸(eradication)이란 동종의 다른 개체군들과 연결되지 않은 별개의 개체군의 모든 개체들을 완전히 제거하는 것을 말한다. 예를 들어, 지중해성 과일 파리 (medfly)는 캘리포니아의 많은 장소에서 특히 온화한 계절 이후에 출현하였다 (Fig. 8.1). 비록 이들 지역에 살고 있는 많은 사람들이 불시에 나타난 이들 개체군들이 최근에 이입된 것으로 주장하고 있지만, Carey (1996)는 이같은 새롭게 관찰된 설명으로 개체군의 갑작스런 생장이란 탁월한 주장을 제기하였다. Carey (1996)는 과일 파리가 1970년대에 기록된 최초의 "대발생, outbreak" 후에 자체 유지되는 개체군을 성공적으로 정착시켰다고 주장하고 있다. 그 다음 과일파리는 자신의 분포범위를 로스앤젤레스 분지의 대부분의 지역으로 확장시켰으나 아무도 그들을 탐지하지 못한 낮은 개체군 크기로 유지되는 동안 이러한 확산이 일어났다. 지중해성 과일 파리의 생장에 적당한 해 (즉, 온화한 기후를 가진 해)에 이들 개체군들은 갑자기 눈에 띄는 크기로 증가하였다. 그러나 확산 그 자체는 이보다 몇 년 전에 일어났다. 개체 당 생존 혹은 생식이 밀도가 증가함에 따라 변화하는 밀도 의존적 개체군 생장은 개체군의 확산에 매우 큰 영향을 줄 수 있다. 제 7장에 나와 있는 가장 단순한 반응-확산 모델로부터

$$\frac{\partial N}{\partial t} = f(N) + D\left(\frac{\partial^2 N}{\partial x_2} + \frac{\partial^2 N}{\partial y^2}\right) \tag{8.1}$$

침입종에 의해 점유된 면적의 제곱근은 정착 지소의 지점으로부터 초기 확장 이후에 걸리는 시간에 직선적으로 관련이 있다는 것을 기억하기 바란다 (즉, 면적의 제곱근은 시간에 비례한다). 방정식에서 제곱근 부분은 단위 시간 당 이동한 일정한 거리로부터 나오는데, 여기에는 변화할 수 있는 것보다는 일정한 생장률이 필요하다. 만약 개체군의 크기에 따라 생장률이 감소된다면, 확산율 또한 감소할 것이다. 반면에 개체군 크기에 따라 개체군 생장률이 증가하는 밀도 의존성의 역, 즉 밀도 독립성은 가속화 된 확산을 야기할 것이다.

이러한 종류의 동태는 많은 모델에서 조사되었다 (Lewis & Kareiva 1993; Keitt et al. 2001). 낮은 밀도에서 개체군 생장이 감소된다는 Allee 효과 때문에 (제 4장 참조), 소규모 개체군에서 개체들은 그들의 자손을 분산시키는 것은 고사하고 생식에 어려움을 겪을 수 있다. Allee 효과는 소규모 개체군의 경우 확산률을 감소시키는데, 이것은 개체군이 그것의 원래 정착 지소를 벗어나 확산되는 것을 억제할 수 있다. 개체군들이 Allee 효과를 극복하면, 확산률은 갑자기 가속화 될 수 있다 (Lewis & Kareiva 1993; Keitt et al. 2001). Veit와 Lewis (1996)는 Allee 효과를 모델의 개체군 생장 부분에 삽입시킨 미적분 모델 (제 7장 참조)이 북미 동부 전역에서 되샛과의 새 (*Carpodacus mexicanus*)의 확산에 적합하다는 것을 알았는데, 그곳에서 *Carpodacus mexicanus*는 비 토착종이다.

만약 이 예가 7장에서 언급된 수학과 매우 유사하게 들린다면, 수학적 모델들을 특정한 요인들의 효과를 탐구하는 방식의 실험으로 생각하도록 기억해라. 직관적으로, 동종의 역치 개체수를 잘 유지시키는 종들은 그 역치를 능가했다면 더 잘 확산될 수 있을 것임은 이해가 간다. 또한 그 종이 일단 확산을 시도하면 각각의 새로운 지소에서 그 역치를 능가할 필요가 있을 것이라는 것도 이해가 된다. 역치를 능가해야 한다는 이러한 장애요인은 개체군의 분포범위 확장을 제한할 것이다.

이러한 단순한 개체군 통계학적 혹은 행동적 제약을 생리 혹은 생물적 상호작용에 의해 부과되는 제한으로 잘못 이해하기 쉬울 수 있다. 따라서 Allee 효과를 가진 비 토착종이 되샛과의 새처럼 그들이 충분한 개체군 크기를 달성하여 갑자기 서식치 전역에 폭발적으로 나타나기 전 까지는 가끔 이들이 확산 경향성이 거의 없고 토착종에 대한 해로운 영향이 적은 귀화된 무해한 종으로 인정될 수 있다. Keitt와 그의 동료들 (2001)은 개체군 역치를 극복하기 위한 능력이 없어 특정한 지소에 분포가 제한된 종을 설명하기 위해 "침입 고정, invasion pinning" 혹은 "분포범위 고정, range pinning"이란 용어를 사용하였다 (Fig. 8.2). 이러한 종류의 동태는 환경의 경계선들을 따라 더 보편적인데, 경계의 양 쪽에서 환경의 질의 변화가 개체군 생장에서 분명한 차이를 유도하기 때문이다. 경계를 넘는 확산은 균일한 환경에서 가능한 좀더 점진적인 생장과 반대되는 생장 파동이 요구된다.

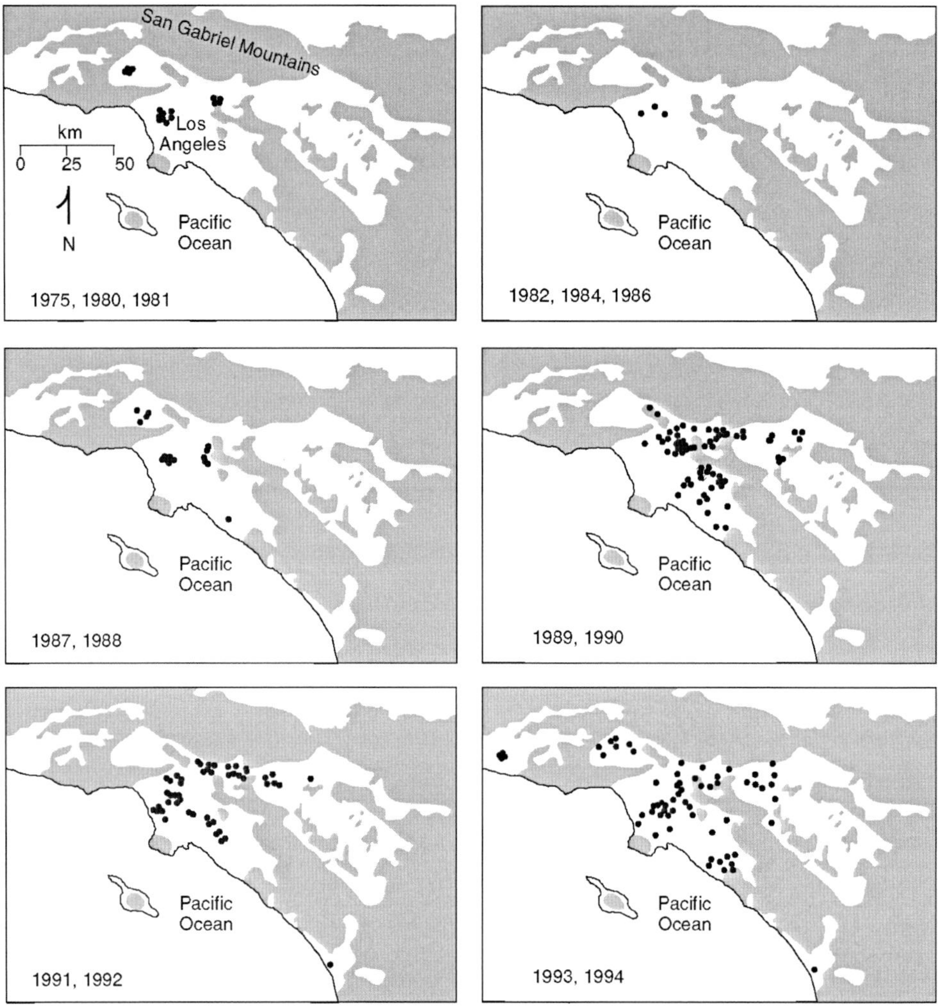

Fig. 8.1 1975년부터 1994년 까지 로스앤젤레스 분지 (USA)에서 지중해성 과일 파리(*Ceratitis capitata*)의 출현 기록. 지중해성 과일 파리가 발견될 때마다 그것은 독립적인 이입 사건으로 여겨졌었다. 그러나 Carey는 이러한 발견이 지중해성 과일 파리에게 유리한 해 다음에 일어나며, 따라서 지소 개체군들이 단순히 감지 가능한 역치 이상으로 증가하여 카운트 된다는 것을 설득력 있게 주장하였다. 지중해성 과일 파리는 1970년대 초에 처음 목격된 후에 정착되었으며, 발견되지 않은 채 분지 전역에 확산되었다.

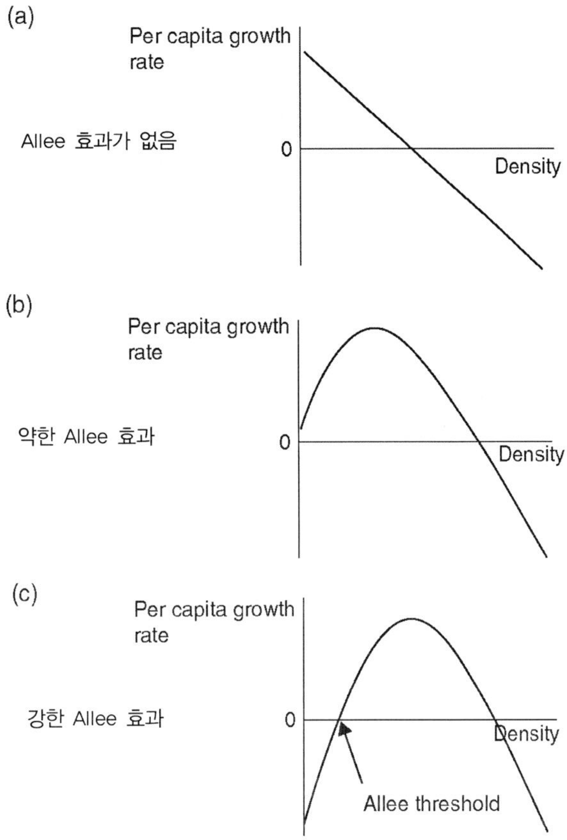

Fig. 8.2 그림들은 개체군 밀도에서 변화가 있는 개체 당 생장률의 변화를 보여주고 있다. 첫 번째 그림은 (a) Allee 효과가 없고, 두 번째 그림은 (b) 약한 Allee 효과가 있다. 그 이하에서는 개체군이 0으로 감소되는 임계 역치는 Allee 효과가 강할 때 (c)에만 가능하다. 환경 경계선에서 이 임계 역치는 "분포범위 고정", 즉 비 토착종을 하나의 환경에 국한시키는 것을 유도할 수 있는데, 그 이유는 그 종이 새로운 환경에서 생존하기 위한 충분히 큰 분산개체들을 갖는 개체군을 형성할 수 없기 때문이다. 약한 Allee 효과는 침입종의 확산에서 지연 시간에 기여할 수 있다.

개체군 생장은 비 토착종이 초기 정착 지소로부터 이동할지의 여부를 결정하기 때문에 침입생물의 확산에 중요하다. 일단 개체군의 크기와 생장률이 분산을 허용하도록 충분하면 개체군 생장과 분산의 상대적 중요성은 특정한 종에 의존적이다. 일반적으로 장거리 분산은 생장률이 충분히 높아 분산하는 개체들을 일정하게 공급하는 것을 보장하는 한 분포범위 확장의 속도를 결정하는 가장 중요한 요인이 될 것이다. 만약 생장률이 많은 변이성을 보이면서 평형 근처에 머무르면 (즉, 생장이 없거나 혹은 감소), 분산거리보다는 생장률이 침입종의 확산에 가장 큰 영향을 줄 것이다. Caswell과 그의 동료들 (2003)은 3종의 상이한 조류 (얼룩덜룩한 딱새 *Ficedula hypoleuca*, 찌르레기 *Sturnus vulgaris*, 그리고 새매 *Accipiter nisus*)를 새로운 지역에 이입시킨 후 이들의 확산 과정에서 개체군 생장과 분산의 상대적인 중요성을 조사하기 위해 민감도 분석을 이용하였다. 네덜란드에 이입시킨 얼룩덜룩한 딱새, 그리고 미국에 이입시킨 찌르레기의 경우 비록 분산이 더 중요하였지만 개체군 통계와 개체군 생장이 3종 모두에게 중요하였다. 사실 영국과 네덜란드에 이입시킨 새매의 경우 개체군 생장과 개체군 통계학이 관찰된 확산율의 86%를 설명하였다 (Caswell et al. 2003).

얼룩덜룩한 딱새, *Ficedula hypoleuca*

찌르레기, *Sturnus vulgaris*

새매, *Accipiter nisus*

8.2 분산

분산은 침입종의 확산에 중요하고, 개체군의 구성원들 사이에 분산 거리의 분포는 침입하는 종의 확산율에 크게 영향을 줄 수 있다는 것은 직관적으로 이해가 된다. 이 주제는 제 7장에서 자세히 설명되어 있고, 따라서 우리는 이전에 제시한 설명을 요약만 할 것이다. 우리는 설명의 대부분을 분산에 기여하는 생태적 요인들뿐만 아니라 비 토착종의 확산을 예측하기 위해 분산 자료를 이용하는 실용성에 초점을 맞출 것이다.

분산에서 가장 중요한 요인은 장거리 부분이다. 만약 우리가 단순히 장거리 혹은 단거리 양자택일로 불연속적인 분산 거리를 조사한다면, 모델들은 도약 분산 (즉, 장거리 분산)의 증가가 종의 확산을 증가시키는 것을 보여주고 있다 (Holmes 1993; Shigesada et al. 1995; Shigesada & Kawasaki 1997). 분산 거리에서 변이가 더 크면, 더 멀리 이동하는 개체군의 비율이 증가하는 것은 침입 전면에서의 속도를 변화시킨다 (van den Bosch et al. 1992; Kot et al. 1996). 만약 더 많은 개체들이 음의 지수함수 분포에서보다 원점으로부터 더 멀리 분산하도록 비율이 변한다면, 그러면 파도의 전면은 실제로 가속화 된다 (Kot et al. 1996). Caswell과 그의 동료들 (2003)은 가장 멀리 이동한 개체들의 10%가 위의 개체군 생장에서 언급한 3종의 조류의 확산에서 개체군 생장 혹은 분산의 상대적인 중요성과는 무관하게 가장 큰 단일 효과를 갖는다는 것을 알았다.

침입종 생태학자들 입장에서는 아쉽게도, 우리가 분포범위 확장의 정확한 예측을 하기 위해 제 7장에 있는 확산의 모델을 가진 분산 자료를 사용하는 것이 매우 어렵다. 그 이유는 우리가 장거리 분산에 관한 정확한 측정치를 거의 가지고 있지 않기 때문이다 (Andow et al. 1990; Liebhold et al. 1992; Lonsdale 1993). 우리가 장거리 분산 측정치를 가지고 있을 때, 우리는 정확한 단거리 분산 자료를 가지지 않는 경향이 있다. 이것은 또한 밀도를 변화시켜 방정식의 개체군 생장 부분을 변화시킴으로써 우리의 추정치를 쓸모없게 만들 수 있다 (Clark et al. 1999).

분산을 측정하는 방법들은 관련된 분류군에 따라 다양하며, 우리는 일부 분류군들의 경우 다른 분류군들보다 좀더 믿을만한 방법들을 가지고 있다. 식물 종들의 경우 종자 수거가 도움이 되며, 동물 종의 경우 무선 목걸이, 털 수거 혹은 트랙패드 (track pads)가 분산하는 어린 개체들을 식별하는데 도움이 된다. 그러나 단거리에서처럼 자료의 신뢰성 정도를 동일하게 유지하기 위해 표본추출 노력은 공급원 개체군으로부터 거리에 따라 증가되어야 한다. 이러한 노력의 증가는 엄청난 경비가 소요될 수 있다. 반면에 거리가 증가되면 또한 관할권과 재산권의 경계를 넘어가기 때문에 높은 수준의 협동을 필요로 할 수 있다. 새로운 통계학적 방법들뿐만 아니라 (Clark et al. 2003) 새로운 유전적 기술들은 (Cain et al. 2000) 상이한 거리를 이동한 개체들의 비율을 결정하는 능력을 향상시키고 있다. 그러나 장거리 표본추출을 증가시키는 것은 침입종들이 어떻게 새로운 서식처로 확산되는지를 이해하는 데 도움이 될 것이다.

분산을 측정할 때 자연적 분산 매체들의 상이한 유형들을 고려하는 것이 중요하다. 상이한 종자 포식자 혹은 과일 섭식자들은 종자를 그들의 모개체로부터 상이한 거리로 이동시킬 수 있다. 먹을 수 있는 많은 과일들은 다양한 잡식동물들에 의해 먹히고, 서식처에서 상이한 동물 종의 수도에 따라 많은 변이성을 가진 종자 그늘 (seed shadow)을 가질 수 있다. 종자 그늘이란 바람에 의해 분산되는 종자들이 적게 떨어지는 장소로, 그 이유는 지소의 표면이 식생에 의해 잘 피복되어 있거나, 혹은 항풍으로부터 잘 보호된 곳이기 때문이다. 동물들이 과일의 종자를 섭식하지 않을 경우에도 그들은 흔히 먹기 위해 과일을 옮길 수 있으며 (그리고 과일 속에 들어 있는 종자도 함께 옮김), 따라서 바람 혹은 중력에 의해 과일이 떨어지는 것보다 모수로부터 더 먼 곳에 자손을 이동시킬 수 있다.

바람이나 물에 의한 분산은 분산 거리에서 개체 변이를 필연적으로 감소시키지 않는다. 예를 들어, 종자들은 건조한 평원을 가로지르는 것보다 늪지대 혹은 하천을 따라 더 멀리 이동할 수 있다. 이러한 동태는 높이가 4~5 m에 이르는 지날 수 없는 가시덤불을 형성하는 침입성인 목본성 관목인 고양이 발톱 미모사 (*Mimosa pigra*)의 개체들 사이에 볼 수 있는 분산 거리의 변이성의 일부를 설명한다 (Lonsdale 1993). 생장이 빠른 이 관목이 침입한 지역은 동물과 사람이 접근할 수 없게 만들며, 줄기 급수(stock watering), 관개 그리고 수로의 오락적인 이용을 방해한다. 이 식물의 종자는 물에 뜨고, 물에 의해 운반되기 때문에 열대 지역과 아열대 지역에 있는 수로와 계절적으로 범람하는 습지에 침입한다. 단일 습지를 가로지르는 확산, 그리고 호주의 Northern Territory의 전체 서부지역에서의 확산을 비교한 연구에서 Lonsdale (1993)은 이 식물이 주로 수로를 따라 확산되며, 확산율에서 개체 변이성이 Skellam (1951)의 모델에 의해 가정된 정상적인 가우스 분포 보다 더 높았기 때문에 반응–확산 모델에 의해 예측된 것보다 더 멀리 확산된다는 것을 알았다 (7장 참조, Fig. 8.3). 주로 강우량과 물 이용도에서 일시적인 변이성은 또한 이 목본성 관목의 확산율에 강한 영향을 주었다 (Lonsdale 1993).

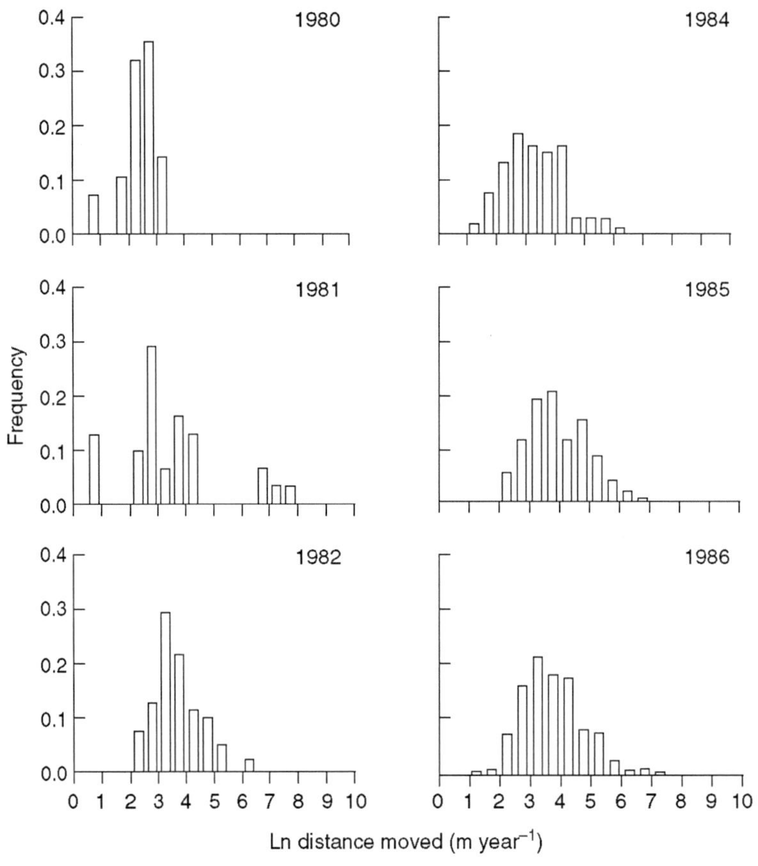

Fig. 8.3 호주에서 1980년부터 1986년까지 찍은 항공사진으로부터 나온 고양이 발톱 미모사 (*Mimosa pigra*)의 분산 분포. 분산 거리의 분포는 몇 개의 장거리 이동을 포함하고 있는데, 이것은 반응–확산 방정식이 확산율을 저평가하게 만든다. 이들 장거리 분산은 바람에 의한 종자 이동이 아닌 물에 의해 중재되었다.

해양생물들은 이와 유사한 수동적 분산을 경험할 수 있다. 많은 해양동물과 식물들은 해류에 부유하는 외양성 유생 (pelagic larvae)을 가지며, 따라서 개체들은 해류의 변이에 따라 분산되는 거리가 달라진다. 해양 생물의 외양성 분산 단계는 보통 몇 주 동안 지속되는데, 대부분의 종이 5주 이내에 정착하지만 (Hedgpeth 1994), 일부 종들은 12주까지도 생존할 수 있다 (Leppäkoski & Olenin 2000). 비록 해류를 통한 외양성 개체들의 이동이 꽤 일정한 해류를 따라 장거리 분산을 유도하는 것으로 보이지만, 이러한 장거리 분산 사건들이 흔한지에 관해서는 일부 논쟁이 되고 있다. Grosholz (1996)는 반응-확산 모델이 비록 해양생물의 분산을 과대평가 함에도 불구하고, 실제로는 그것이 육상의 분산 패턴에서 한 것보다 해양에서의 분산 패턴에 더 적합하다는 것을 알았다. 반응-확산 모델은 육상의 분산을 시종일관 과소평가 한다 (Fig. 8.4). 그는 해류의 불변성으로 인해 유생들이 꽤 예측 가능한 방법으로 해류로부터 정착하는 예상치 못한 사건들을 더 적게 한다고 가정하였다 (Grosholz 1996). 그러나 이것은 단지 하나의 연구일 뿐이며, 해양생물의 침입에 관한 더 많은 연구들은 이와는 다른 결과를 나타낼 수도 있다. 예를 들어, Leppäkoski와 Olenin (2000)은 발틱해에서 7종의 비 토착종의 확산을 조사한 후 Grosholz (1996)의 결과와 비교할 만한 평균 확산율을 보고하였지만, 그러나 또한 이입 지소로부터 평균 확산율이 9배 이상인 분산을 보고하기도 하였다.

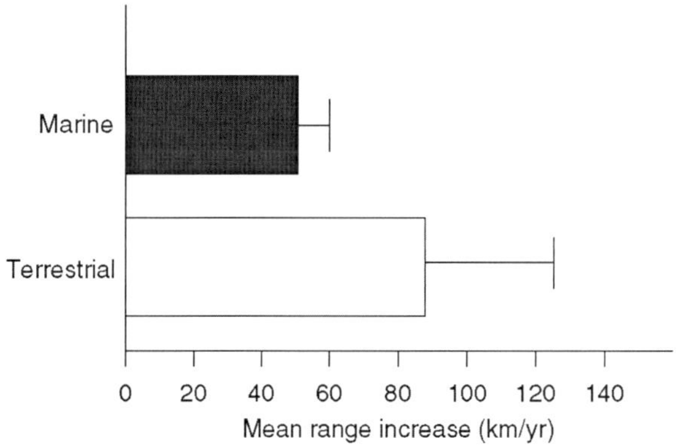

Fig. 8.4 Grosholz에 의해 계산된 해양종과 육상종 사이의 확산률 차이. 둘 사이의 차이는 실제 장거리 분산 사건들을 거의 포함하지 않는 해양의 분산 벡터의 일관성 때문이다. 육상에서의 침입에서 그러한 장거리 분산 사건은 때에 따라 가능하다.

분산을 위해 자연적인 매체가 필요하지 않는 생물들은 그들의 생활사의 일부 단계에서 편승하거나 혹은 기상이나 서식처 변수들 때문에 분산을 변화시킬 수 있다. 병원성 생물과 기생자들은 그들의 숙주가 이동할 때 먼 장소로 확산되는데, 두 가지 이상의 분산 곡선들을 유도한다. 하나는 그들 자신의 힘에 의한 분산, 다른 하나는 그들의 숙주들 내에서 편승자로 확산하는 것이다. 많은 병원성 생물과 대부분의 기생자들은 한 종 이상의 숙주에 정착할 수 있는데, 이것은 분산 거리에서 더 많은 개체변이를 야기한다. 이와 유사하게, 가변적인 개체 분산 거리는 조류와 곤충에서 발생할 수 있다. 이상 기후는 이주 패턴을 변화시킬 수 있으며, 조류와 곤충을 이동 경로에서 벗어나게 한다. 비록 조류는 생식을 위해 서식처에 정착하기 전에 그들의 경로를 벗어나지 않지만 그들이 정착한 지역의 외부에 둥지를 만드는 조류의 예를 많이 볼 수 있다. 바람에 의해 새로운 지역으로 날아온 곤충들은 그곳에 정착하는 경향이 있으며, 서식처가 그들을 부양하는 한 새로운 집단을 형성한다.

정착한 지소로부터 자연적인 분산은 확산의 유일한 방법일 수 있다. 인간에 의한 비 토착종의 운반은 일단 정착이 일어나면 거의 멈추지 않는다. 대신에 초기의 운반 매체들은 일반적으로 그 장소에 남아있고, 정착된 개체군으로부터 개체들의 부수적인 이동은 새로운 국내 운반 경로들을 첨가시킬 수 있다. 우리는 특정한 거래에 사용된 많은 동물들(예를 들어, 털가죽과 애완동물 거래; Box 7.1 참조)의 확산뿐만 아니라 화훼산업에서 고의적으로 운반된 종에서 이러한 것이 일어나는 것을 볼 수 있다. 인간은 또한 비 토착종의 확산을 무의식적으로 돕는다 (Box 8.1). 이러한 종류의 이동은 농산물 내에 포함된 비 토착성 식물종의 분산 (Mack 1981; Mack & Erneberg 2002), 사람의 신발이나 자동차 타이어에 붙은 비 토착성 식물의 종자 (Lonsdale & Lane 1994), 그리고 미끼로 사용하는, 그리고 오락용 보트의 바닥에 붙은 수생생물의 이동에서 발견된다 (Buchan & Padilla 1999; Leppäkoski & Olenin 2000).

불행하게도 분산 능력도 생물이 경관 상에서 얼마나 신속하게 확장되는지에 강한 영향을 준다. 장거리를 이동할 수 있는 개체들은 평균 분산 거리를 증가시킬뿐만 아니라 위성 개체군들을 형성할 수 있으며, 이들 위성 개체군들은 새로운 정착자들의 공급원을 형성하여 확산율을 크게 증가시킨다. 대규모 개체군들의 확장하고 있는 가장자리, 혹은 좀더 쉽게 조절된 작은 규모의 초기의 개체군들의 제거 효과를 대비하는 모의는 일반적으로 이들 위성 개체군들을 조절하는 것이 침입종의 확산을 관리하기 위한 훨씬 좋은 방법임을 보여주고 있다 (Moody & Mack 1988; Shigesada & Kawasaki 1997; Taylor & Hastings 2004). Allee 효과는 이러한 결과를 변화시킬 수 있지만 기본적인 취지는 소규모의 새로운 개체군들이 위험할 수 있다는 것이다.

Box 8.1 나에게 만약 보트가 있다면

흐르는 수중 생태계에 살고 있는 비 토착종들의 경우 어떻게 그리고 어디로 이들 개체군들이 확산될 것인지를 결정하려 할 때 특별한 문제를 제시한다. 개울과 하천은 뚜렷한 경계 그리고 연결성을 가지고 있다 (예를 들어, 수로, 강의 합류점; Johnson & Carlton 1996). 따라서 육상의 침입종들과는 달리 개울 혹은 하천에 살고 있는 비 토착성 생물들은 만약 그들 자신의 분산 방법에 맡겨두면 단일 방향으로 그들의 분포범위를 확장시킬 것이다. 이러한 종의 개체들은 물 흐름을 통해 혹은 분수역에서 하류로 이동하는 물체 혹은 다른 종에 부착되어 수동적으로 분산한다. 매우 이례적인 경우에만 개체들은 물 흐름에 역행하여 분산할 수 있는 기회를 갖으며, 이웃하고 있지만 연결되어 있지 않은 분수역의 육지로는 거의 분산되지 않는다. 비록 침입종 생물학에서는 단일 방향 확산의 모델에 별로 관심을 두지 않았지만, 이들 모델들은 육상 침입종들의 확산을 설명하고 있는 모델들보다 더 단순하다 (제 7장 참조). 이들 모델들이 가지고 있는 재미있는 면은 확산을 예측하는데 실패한다는 점인데, 이러한 실패 때문에 생활사 제약 그리고 분산의 방법들에 관하여 우리가 제시한 가정들을 다시 점검하게 만들고 있다.

분포범위 확장의 패턴을 복잡하게 하는 수중 침입종 중 잘 규명된 예로는 북미 내에 있는 zebra mussel (*Dreissena polymorpha*)이 있다 (Johnson & Carlton 1996). 유라시아 수계의 토착종인 zebra mussel은 1980년대 중반에 북미 5대호 내에 있는 Lake St. Clair에 최초로 출현하였다. 초기의 개체들은 배의 바닥짐 속에 실려 수송된 것으로 여겨졌다 (바닥짐에 대한 좀더 자세한 내용은 Box 2.1 참조). Zebra mussel 개체군은 하류로 확산되었고, 허드슨 강과 St. Lawrence 강의 대부분의 지역을 신속하게 점유하였다 (Fig. 8.5). 이들 분수역의 거의 모든 지역은 1990년대 중반 경에 zebra mussel을 가지고 있었기 때문에 대부분의 확산은 자연적인 과정을 통해 일어난 것으로 믿어지며, 이 경우에는 zebra mussel 유생이 물의 흐름을 통해 수동적으로 이동되었다. 그러나 이 초기의 이입 지점으로부터 매우 멀리 떨어진 분수역, 예를 들어, 미국 5대호에서 남쪽으로 멀리 떨어진 장소인 루이지애나 해안 (멕시코 만 근처), 그리고 5개호를 둘러싸고 있는 고립된 빙하호들에서 zebra mussels의 출현에 대한 보고가 계속되었다 (Fig. 8.5). Zebra mussels이 그들 자신의 힘만으로 이들 장소에 정착할 수 있는 방법은 하나도 없었다.

Ladd Johnson과 그의 동료들 (Johnson & Carlton 1996; Johnson & Padilla 1996)은 생태학적 추적 조사를 통해 zebra mussels이 보트놀이를 하는 사람들, 특히 낚시꾼들을 통해 분수역의 위와 아래 그리고 분수역 사이에 많은 숫자가 운반되었다는 것을 밝혔다. 미국 미시간 주 근처에 있는 오락용 보트 출발지에서 수행된 조사로부터 Johnson과 그의 동료들은 보트들이 zebra mussels을 육로로 운반할 수 있는 7가지의 상이한 기작들을 확인하였다. (1) 성체들은 보트 혹은 모터의 겉에 부착할 수 있다. (2) 성체는 닻 혹은 닻에 걸린 물체에 부착할 수 있다.
흐르는 수중 생태계에 살고 있는 비 토착종들의 경우 어떻게 그리고 어디로 이들 개체군들이 확산될 것인지를 결정하려 할 때 특별한 문제를 제시한다. 개울과 하천은 뚜렷한 경계 그리고 연결성을 가지고 있다 (예를 들어, 수로, 강의 합류점; Johnson & Carlton 1996). 따라서 육상의 침입종들과는 달리 개울 혹은 하천에 살고 있는 비 토착성 생물들은 만약 그들 자신의 분산 방법에 맡겨두면 단일 방향으로 그들의 분포범위를 확장시킬 것이다. 이러한 종의 개체들은 물 흐름을 통해 혹은 분수역에서 하류로 이동하는 물체 혹은 다른 종에 부착되어 수동적으로 분산한다. 매우 이례적인 경우에만 개체들은 물 흐름에 역행하여 분산할 수 있는 기회를 갖으며, 이웃하고 있지만 연결되어 있지 않은 분수역의 육지로는 거의 분산되지 않는다. 비록 침입종 생물학에서는 단일방향 확산의 모델에 별로 관심을 두지 않았지만, 이들 모델들은 육상 침입종들의 확산을 설명하고 있는 모델들보다 더 단순하다 (제 7장 참조). 이들 모델들이 가지고 있는 재미있는 면은 확산을 예측하는데 실패한다는 점인데, 이러한 실패 때문에 생활사 제약 그리고 분산의 방법들에 관하여 우리가 제시한 가정들을 다시 점검하게 만들고 있다.

분포범위 확장의 패턴을 복잡하게 하는 수중 침입종 중 잘 규명된 예로는 북미 내에 있는 zebra mussel (*Dreissena polymorpha*)이 있다 (Johnson & Carlton 1996). 유라시아 수계의 토착종인 zebra mussel은 1980년대 중반에 북미 5대호 내에 있는 Lake St. Clair에 최초로 출현하였다. 초기의 개체들은 배의 바닥짐 속에 실려 수송된 것으로 여겨졌다 (바닥짐에 대한 좀더 자세한 내용은 Box 2.1 참조). Zebra mussel 개체군은 하류로 확산되었고, 허드슨 강과 St. Lawrence 강의 대부분의 지역을 신속하게 점유하였다 (Fig. 8.5). 이들 분수역의 거의 모든 지역은 1990년대 중반 경에 zebra mussel을 가지고 있었기 때문에 대부분의 확산은 자연적인 과정을 통해 일어난 것으로 믿어지며, 이 경우에는 zebra mussel 유생이 물의 흐름을 통해 수동적으로 이동되었다. 그러나 이 초기의 이입 지점으로부터 매우 멀리 떨어진 분수역, 예를 들어, 미국 5대호에서 남쪽으로 멀리 떨어진 장소인 루이지애나 해안 (멕시코 만 근처), 그리고 5개호를 둘러싸고 있는 고립된 빙하호들에서 zebra mussels의 출현에 대한 보고가 계속되었다 (Fig. 8.5). Zebra mussels이 그들 자신의 힘만으로 이들 장소에 정착할 수 있는 방법은 하나도 없었다.

Ladd Johnson과 그의 동료들 (Johnson & Carlton 1996; Johnson & Padilla 1996)은 생태학적 추적 조사를 통해 zebra mussels이 보트놀이를 하는 사람들, 특히 낚시꾼들을 통해 분수역의 위와 아래 그리고 분수역 사이에 많은 숫자가 운반되었다는 것을 밝혔다. 미국 미시간 주 근처에 있는 오락용 보트 출발지에서 수행된 조사로부터 Johnson과 그의 동료들은 보트들이 zebra mussels을 육로로 운반할 수 있는 7가지의 상이한 기작들을 확인하였다. (i) 성체들은 보트 혹은 모터의 겉에 부착할 수 있다. (ii) 성체는 닻 혹은 닻에 걸린 물체에 부착할 수 있다. (iii) 성체는 보트 트레일러에 얽혀 붙은 수중식물과 조류에 부착할 수 있다. (iv) 유생은 배 밑 부분의 만곡부에 있는 물에 수동적으로 유입될 수 있거나, 혹은 (v) 엔진 냉각수에 유입될 수 있다. 그리고 (vi) 유생은 미끼 통 안에 유입될 수 있거나, 혹은 (vii) 배 안의 활어조에 살 수 있다 (Johnson & Carlton 1996; Johnson & Padilla 1996). 이들 기작들 중 성체는 트레일러에 얽혀있는 식생을 통해, 그리고 유생은 활어조에 있는 물을 통해 가장 잘 이동되어질 수 있다. 감염된 하나의 보트에서 발견되는 zebra mussels의 개체수는 때로 몇 천 개에 달한다 (Johnson & Carlton 1996; Johnson & Padilla 1996). 오락용 보트는 비록 보트 당 zebra mussels로 감염될 확률이 매우 낮을 경우에도 분명히 많은 수의 zebra mussels을 이동시킬 잠재성을 가지고 있다.

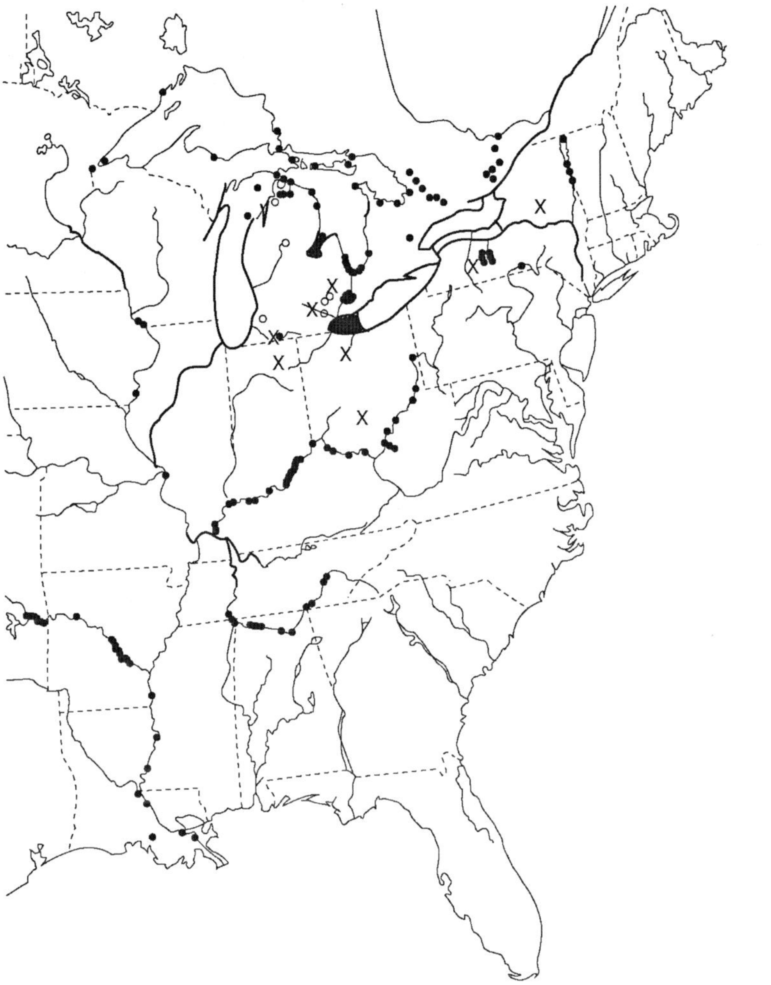

Fig. 8.5 1993년 12월 31일 북미에서 zebra mussel (*Dreissena polymorpha)*의 밝혀진 분포를 보여주는 지도. X들은 육상으로의 분산에 의해 정착된 것으로 여겨지는 성체 개체군들을 나타낸다. 빈 원들은 미시간 주에서 탐지 프로그램이 진행되는 동안에 관찰된 유생 혹은 성체를 나타낸다. 검은 원 그리고 두꺼운 선들은 5대호 그리고 연결된 수로에서 발견된 것을 나타낸다.

Zebra mussels의 자연적인 분산과 보트의 도움을 받은 분산 모두를 포함하는 모델을 만드는 것은 각 기작이 특정한 공간적 수준에서 작동하기 때문에 어렵다. 그러나 Bossenbroek 등 (2001) 그리고 Leung 등 (2004)은 각각 중력과 최대 가능성 모델들을 사용하여 상당한 발전을 이루었다. 이들 모델들도 zebra mussel의 생활사와 양의 개체군 생장에 요구되는 조건들을 고려하였다. 예를 들어, zebra mussels은 체외 수정을 하는 자웅이체이다. 따라서 zebra mussels이 생식을 하기 위해서는 정자가 비교적 쉽게 난자를 찾을 수 있도록 수컷과 암컷이 가까이 있어야 한다. 이것은 zebra mussels이 Allee 효과의 영향을 받기 쉬우며, 그로 인해 개체의 수가 적으면 생식이 낮거나 거의 일어나지 않을 정도로, 그들이 충분히 떨어져 있는 한 생장하는 개체군을 볼 수 없을 것이다 (Leung et al. 2004). 하나의 오락용 보트를 통해 수 천 개의 zebra mussels이 수송되는 것은 어느 정도까지는 이러한 생식이 없는 일이 일어나지 않도록 보장한다. 그러나 Allee 효과를 포함시키는 것은 지리적인 확산율과 확산 장소를 예측하는데 매우 중요하다.

훨씬 넓은 공간적 수준에서, 북미에서 zebra mussel의 분포에 또 하나의 어려운 문제가 있다. 일단 개체군이 북미를 가로질러 경도 100° 근처에 이르면 그것의 지리적인 확산이 엄청나게 느려진다. 이것이 단지 이상한 운명의 꼬임 현상인가? 혹은 zebra mussel이 자신의 분포범위를 북미의 비교적 습한 부분 (즉, 경도 100°의 동쪽 모든 지역에)에 국한시키는 생활사 특성을 가지고 있는 것일까? Drake와 Bossenbroek (2004)는 zebra mussel의 분포의 한계를 결정하기 위해 법칙 생성을 위한 유전적 연산 (genetic algorithms for rule production, GARP; 제 12장 참조)을 사용하였다. 그들의 연구는 zebra mussel이 태평양 연안을 따라 오른쪽을 제외하고 북미 서부에는 잘 정착하지 않는다는 것을 확인하였다. 미래의 분포범위 확장에 더 다루기 힘든 지역은 수백 종의 고유종 석패과 민물조개(unionid mussels)가 존재하는 남동부 분수역 내이다. 석패과 민물조개들은 zebra mussels이 이용할 수 있는 매력적인 기질이며. 따라서 zebra mussels로부터 받는 부정적인 영향을 매우 받기 쉽다. 이러한 모델링 활용의 결과들은 박멸과 조절 노력을 지도, 감독하는 강력한 도구를 제공하고 있으며, 이것은 많은 다른 수중 침입성 종들을 위해 유용하다는 것이 입증되고 있다.

8.3 생물학적 상호작용

제 6장에서 우리는 생물학적 상호작용들이 비 토착종의 정착을 용이하게 하거나 혹은 방해할 수 있는 많은 방법들을 설명하였다. 6장에서 우리는 개체군의 생존 역치 이상 (혹은 이하)으로 비 토착종을 이동시킨 상호작용에 대해서만 설명하였다. 여기에서 우리는 비 토착종 개체들의 분산을 증가시키는 생물학적 상호작용에 관한 것뿐만 아니라 개체군 생장을 증가 (혹은 감소) 시켜, 그로 인해 침입종의 지리적 확산율을 변화시키는 상호작용에도 초점을 맞춘다.

8.3.1 포식

포식자들은 침입하는 생물의 확산을 감소 혹은 증가시킬 수 있다. 많은 포식자들은 분산자로 작용하여 생식체를 새로운 장소로 운반한다. 이것은 특히 다람쥐나 새들과 같이 종자를 저장하는 종자 포식자들의 경우 특히 뚜렷하지만, 전체 식물체를 소비하거나, 혹은 먹는 종자들의 생존능력에 손상을 주지 않고 종자를 먹는 포식자들의 경우에도 사실이다. 사실, 많은 종자들은 발아가 되기 전에 내장 혹은 모이주머니를 통과하여 생성되는 것과 같은 일종의 난절(scarification)이 필요하다. 반면에 포식은 보통 개체군 생장을 감소시켜 그로인해 분산에 이용 가능한 개체들의 수를 감소시키는 부의 상호작용이다. 이밖에 분산하고 있는 개체들은 정착한 지역에 거주하는 개체들보다 포식에 훨씬 덜 민감하다. 포식은 그저 개체들을 제거해서가 아니라, 포식이 없었으면 분산할 수 있던 개체들을 제거함으로써 확산에 영향을 줄 수 있다.

포식이 확산을 감소시키는 가장 분명한 예 중 하나는 생물학적 방제 노력이다. 생물학적 방제 인자들은 개체군 생장을 감소시켜 종의 확산을 감소시킨다. 병원성 혹은 포식기생성 생물학적 방제 인자들은 흔히 그들의 숙주와 같이 이동하며, 따라서 생물학적 방제 인자가 숙주 자체가 확산됨에 따라 새로운 숙주 개체군으로 확산된다. 그로 인해 이들 새로운 개체군들이 정착할 기회를 감소시킨다. 이러한 종류의 영향은 병원성 곰팡이인 *Entomophaga maimaiga*에서 볼 수 있는데, 이 종은 습하고 서늘한 환경에서 집시나방(*Lymantria dispar*)을 공격한다 (Dwyer et al. 1998; Weseloh 2003). 집시나방은 때로 Allee 효과를 경험하기 때문에 (Liebhold & Bascompte 2003), 분산하고 있는 소규모의 개체군에서 개체군 크기와 생장을 감소시키는 것이 그 종의 확산을 감소시키는 좋은 방법이다 (Fig. 8.6).

많은 포식자들은 또한 그들의 피식자들보다 더 먼 거리를 분산하는데, 이것은 피식자가 풍부한 곳에 포식자들을 모이게 해주는 하나의 적응현상이다. 이러한 먼 거리 분산은 토착종과 비 토착종 모두 포식자들이 침입종의 확산을 감소시키는데 도움을 줄 수 있다. 그 이유는 침입종은 포식자의 분포범위를 벗어날 수 없기 때문이다. 포식자들에 의한 더 나은 분산도 포식자와 피식자 모두의 수도를 안정시킬 수 있어 지역 피식자의 밀도가 감소할 때 현존하는 포식자 종을 유지시키는데 도움이 된다 (Murdoch & Briggs 1996; Briggs & Hoopes 2004; Hoopes et al. 2005). 이러한 안정성과 지속성의 이면은 침입성 피식자 종들도 포식자들의 관심을 끌지 않을 정도의 낮은 밀도를 갖는 패치로 생존한다는 것이다. 침입종을 박멸하기 위해 생물학적 방제 인자를 사용하는 것을 거의 불가능하게 만드는 것이 바로 이러한 동태이다. 제 7장에서 설명한 것처럼 낮은 밀도에서 Allee 동태를 가진 침입종을 공격하는 전문적 포식자만이 침입종의 분포범위를 감소시킬 수 있었다 (Fagan et al. 2002). 생물학적 방제 도입을 유발시키는 것은 이러한 이론적인 생각에 기초를 두고 있다.

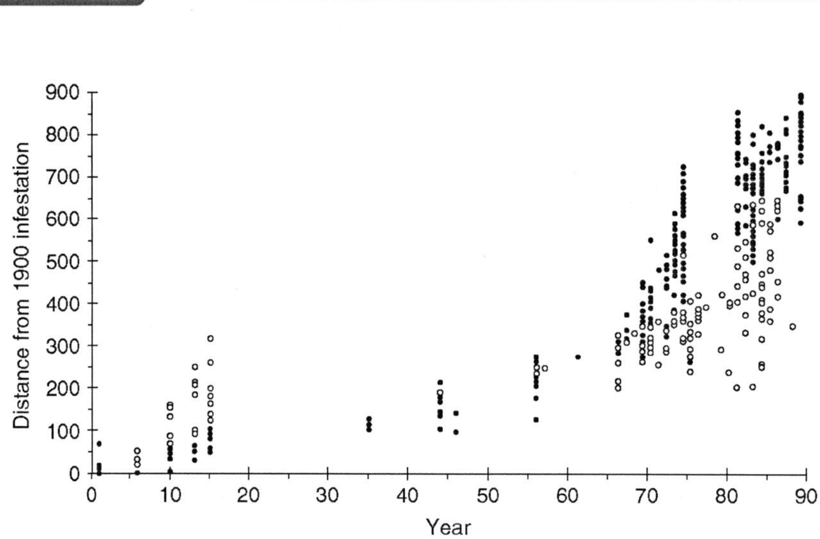

Fig. 8.6 집시나방의 확산율과 1900년 침입한 초기 장소 사이의 관계. 각 원은 한 지역 혹은 한 차례의 조사를 나타낸다. 채워진 원들은 평균 최저기온이 7.0℃ 이상인 지역들이고, 빈 원들은 최소 평균기온이 7.0℃ 이하인 지역들을 나타낸다. 낮은 평균 온도에서 확산율이 낮음을 주목하라.

제 6장에서 언급된 바 있는, 포식자들이 비 토착종들이 정착할 수 있는 지역을 제한한 몇 가지 예를 상기해 보라. 특정한 서식처로부터 이러한 비 토착종들을 배제 시키는 것은 개체들이 이동하는 이용 가능한 서식처를 감소시킴으로써 확산에 강한 영향을 줄 수 있다. 포식자가 하나의 비 토착종을 한 서식처에 들어오지 못하게 할 때, 그것은 더 이상의 침입을 위한 공급 서식처들을 감소시킨다. 이것은 어느 정도 고립된 개체군들이 서로를 찾을 수 없어 섞일 수 없게 되어 그렇지 않았을 때보다 지리적인 분포범위가 신속하게 확장되지 못하는 경관 수준의 Allee 효과와 유사하다. 이 절에서 우리가 제시한 많은 예들은 생물학적 방제에 의존하고 있는데, 여기에는 흔히 침입종을 조절하기 위해 이입시킨 비 토착종이 포함되어 있다. 토착성 포식자들도 새로운 장소에서 침입종의 정착을 제한함으로써 이들의 확산을 제한할 수 있다. 이러한 저항에 관한 좀더 많은 설명이 필요하면 6장을 참고하고, 혹은 생물학적 방제에 관한 내용은 Box 4.2와 Box 6.2를 참조하기 바란다.

마지막으로, 포식자가 만약 해당 피식자 뿐만 아니라 그 피식자의 주요 경쟁자들도 죽인다면, 피식자에게 긍정적인 효과를 줄 수 있다. 이러한 시나리오는, 만약 포식자가 생물학적 방제 인자이고 주 경쟁자들이 토착종들, 특히 희귀한 토착종일 때 비참한 결과를 초래할 수 있다. 미국 중서부에서는 사향 냄새가 나는 비 토착성인 식물 (*Carduus nutans*)과 캐나다 엉겅퀴 (*Cirsium arvense*) 개체군들을 조절하기 위한 생물학적 방제 인자로 바구밋과의 곤충인 *Rhinocyllus conicus*가 이입되었다. 네브래스카 주의 사구지역에서 이 바구미는 잡종을 형성하여 흔하지 않은 Platte thistle (*Cirsium canescens*)을 포함한 몇 종의 토착성 엉겅퀴들을 먹게 되었는데, 그 결과 Platte thistle이 현저히 감소하였다 (Louda et al. 1997; Rose et al. 2005). 엉겅퀴들은 유사한 서식처와 자원을 이용하기 때문에 토착성 엉겅퀴의 감소는 침입성 엉겅퀴가 이용할 수 있는 서식처와 자원을 증가시킬 수 있다. 이밖에도, Platte thistle (*C. canescens*)에 바구미 (*R. conicus*)의 존재는 근연관계에 있는 Pitcher"s thistle (*Cirsium pitcheri*)에 대한 바구미의 잠재적인 영향 때문에 연구자들을 걱정하게 만들었는데, 이 종은 연방정부에 의해 미국에서 멸종 위기종으로 등록되어 있으며, 캐나다에서는 절멸위기종으로 등록되어 있다. 실험실과 정원에서 실시된 예비실험을 통해 바구미는 *C. canescens*과 *C. pitcheri*에게 비슷한 영향을 준다는 것, 그리고 바구미의 활동적인 기간이 희귀종인 *C. pitcheri*의 개화와 현저히 겹친다는 것도 밝혀졌다 (Louda et al. 2005). 논문이 발표된 때에 바구미는 희귀종 엉겅퀴의 자연 개체군들 지역에는 아직 분산되지 않았다. 그러나 생물학적 방제 인자로 바구미를 이입시킨 것은 침입종의 확산에 관한 생태학자들의 우려를 감소시키기 보다는 오히려 증가시켰다.

8.3.2 **경쟁**

경쟁자들도 침입종의 분포범위 확장율을 느리게 할 수 있다. 경쟁자들은 침입종들이 자원에 접근하는 것을 감소시켜 개체군 생장률을 느리게 하고, 특히 그들의 경쟁자들 사이에서 생식을 감소시킨다. 어린 개체들은 확산이 가장 잘 일어날 단계이기 때문에 (예를 들어, 종자, 부유성 유생, 그리고 어린 새), 감소된 생식은, 만약 그것이 개체군 크기 혹은 생장에서 큰 감소가 수반되지 않을 경우에도, 지리적 분포 범위 확장률을 더 느리게 할 수 있다. 경쟁적 효과는 특히 이동성 생물의 경우 증명하기가 어려울 수 있는데, 그 이유는 경쟁자들의 영향을 특정한 환경 혹은 장소의 영향으로부터 분리하기가 어렵기 때문이다. 따라서 대부분의 보고된 경쟁 결과들은 경쟁자들의 존재가 명백하게 비 토착종의 발아, 생장, 생존, 혹은 생식을 감소시키는 식물 종의 연구로부터 나온 것이다. 이들 요인들은 모두 확산율의 감소에 기여한다.

제 6장에서 우리는 한 지소에서 경쟁자들의 존재가 비 토착종을 배제시키는 예들을 설명한 바 있다. 우리는 아르헨티나, Isla Victoria에 있는 처녀림에서 햇빛을 위한 경쟁과 연관되어 있는 수관층의 존재는 소나무 종을 배제시킨다는 예 (Simberloff et al. 2002), 그리고 크리스마스 섬에서는 삼림으로부터 덩굴성 식물이 배제된 예 (Green et al. 2004)를 제시하였다. 이러한 예들은 침입종들의 정착을 막는 것보다는 확산율을 감소시킬 경향이 크기 때문에 약간 색다르다. 식생을 제거하는 교란은 흔히 침입종들이 그 서식처로 이입되게 하며, 그 다음 하나의 이입 지점으로부터 확산하도록 허용한다. 예를 들어, Kama Almasi (2000)는 하와이 제도에 침입하고 있는 남미의 작은 관목인 *Tibouchina herbacea*의 확산을 조사하였다. 하와이의 Big Island에서 그녀는 *T. herbacea*가 교란된 서식처인 공터에서는 매우 잘 정

착하였지만 처녀림을 포함하여 거의 모든 종류의 서식처에서 정착할 수 있다는 것을 알았다 (Fig. 8.7). 그러나 이 식물의 생장, 생식, 그리고 분산은 처녀림에서 모두 감소되었으며, 따라서 삼림 군집들은 확산을 가장 느리게 하였다 (Almasi 2000).

경쟁은 항상 토착종들과만 하는 것은 아니다. Hoopes와 Hall (2002)은 캘리포니아 초지에서 식물 생장과 생식을 조사하여, 유럽의 지중해 지역으로부터 온 1년생 벼과식물인 여우꼬리 (*Hordeum marinum gussoneanum*)의 수도가 두 번째 지중해성 지역 1년생 벼과식물 종인 *Bromus diandrus*의 생장, 생존, 생식, 그리고 확산을 감소시킴을 알았다. 이와 유사하게, Holway와 Case (2001)는 서로 경쟁하는 비 토착성 개미 종들이 각 종의 새로운 집단 형성뿐만 아니라 서로의 채식 성공도 감소시킨다는 것을 알았다. 그리고 마지막으로, 위스콘신 주의 호수에 이입시킨 가재는 토착성 가재의 존재에 반응할 뿐만 아니라 다른 비 토착성 가재의 존재에도 반응하였다 (Garvey et al. 2003).

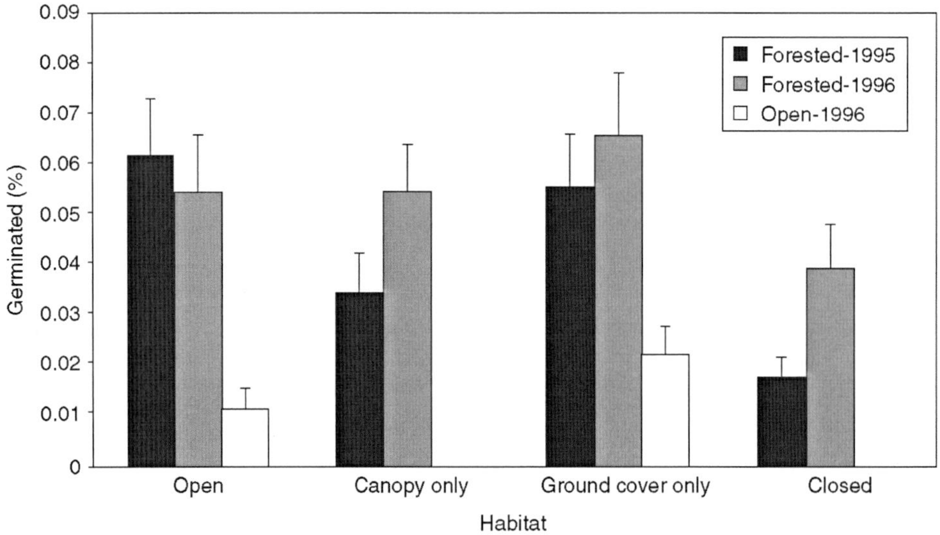

Fig. 8.7 하와이의 섬에서 *Tibouchina herbacea*의 발아율. 이 비 토착종은 밀폐된 처녀림을 포함한 모든 서식처에서 발아할 수 있다. 검은 막대그림은 1995년 처녀림에서 얻은 정보를 나타내며, 회색 막대는 1996년 처녀림에서 얻은 정보, 그리고 흰 막대는 1996년 공터에서 얻은 정보를 나타낸다. 그러나 이 종은 다른 지소에서와는 달리 처녀림에서는 잘 발아되지 않았으며, 이것이 섬 전역에서 비 토착종의 확산을 느리게 한다.

8.3.3 상리공생

제 6장에서 살펴본 바와 같이, 상리공생은 생존, 생식, 혹은 분산의 증가로 상호작용을 하는 양쪽이 모두 이익을 얻는 두 종 사이의 관계임을 상기하라. 상리공생은 두 종의 비 토착종 사이에, 혹은 토착종과 비 토착종 사이에 형성될 수 있다. 상리공생 관계에 있는 종들과는

상관없이, 상리공생의 형성은 많은 기작들을 통해 비 토착종의 분포범위 확장율을 증가시킬 수 있다. 한 상리공생자가 비 토착종의 어느 생활사 단계의 수도를 증가시킬 때, 그들은 분산에 이용 가능한 개체들의 수를 증가시키게 된다. 그러나 이러한 효과는 상리공생자가 분산 가능성이 더 높은 어린 개체들의 생산을 증가시킬 때 가장 두드러진다. 상리공생자들은 또한 특정한 환경에서 비 토착성 개체들이 이용할 수 있는 영양염류를 증가시킬 수 있어, 그렇지 않았더라면 살 수 없는 지역에 위성 개체군들의 정착을 허용하고, 따라서 비 토착성 개체들이 부적당한 환경을 넘어 이동하는데 도움을 준다. 그러나 현재 우리의 논의 주제에서 가장 중요한 것은 상리공생자들이 침입성 생물들의 분산을 도와 능동적으로 침입성 생물, 특히 식물 침입종을 확산시킬 수 있다는 것이다.

Richardson 등 (2000a)은 침입 후에 매개된 종자 분산의 역할을 고찰하였다. 그들의 결과에 의하면, 대부분의 비 토착성 식물들은 종자분산 기작의 결여에 의해 그들의 초기 정착에서 제한을 받지 않음을 보여주고 있다. 때로 종자들은 토착종 (박쥐, 조류, 혹은 개미)에 의해 분산되며, 그리고 때로는 종자분산이 대부분 비 토착성 동물에 책임이 있는 것으로 나타난다. 분산을 돕는 상리공생자들의 이용도는 일반적으로 긴밀하게 공진화 된 종자분산 관계가 없음을 반영하는 것일 수 있으며, 혹은 이 첫 번째 고찰의 결과들은 촉진 관계와 같은 좀더 자세한 연구로 역전될 수 있다. 그러나 귀화된 침입종들 중에는 정착되었지만 특별히 효율적인 비 토착성 분산자들의 이입이 있기 전까지 확산하지 않고 영향도 적은 예들이 몇 가지 있다. 예를 들어, 인도에 토착종인 부리 주변에 붉은색 깃털이 있는 명금류 (*Pycnonotus jocosus*)는 인도양에 있는 섬에서 몇 종의 침입성 식물의 종자를 분산시킨다 (Macdonald et al. 1991). 또한 *P. jocosus*가 정착하고 있는 플로리다에서도, 이 새가 열매를 먹어 종자를 확산시키는 24종 이상의 비 토착성 식물종이 있다 (Simberloff & Von Holle 1999). 이들 중에는 브라질 후추나무 (*Schinus terebinthifolius*)와 몇 종의 덩굴식물들이 포함되어 있다 (Simberloff & Von Holle 1999). 이와 유사하게, 일본 동박새류 (*Zosterops japonicus*)는 유일하게 Hawaiian fire tree (*Morella faya*)를 분산시켜 강력한 영향을 주는데, 이 식물은 하와이 제도 전역에서 식물군집의 구조와 생태계 과정들을 변화시키는, 질소를 고정하는 나무이다 (Woodward et al. 1990). 일반적으로 과육이 많은 열매, 특히 늦게까지 나무에 달려있는 장과를 생산하는 비 토착성 식물들은 이 열매를 먹는 동물들이 많아 높은 분산율을 가지며 확산도 빠르다. 일본 매자나무 (*Berberis thunbergii*)와 유럽 쥐똥나무 (*Ligustrum vulgare*)는 미국의 동부 해안에서 이러한 비 토착성 식물의 좋은 예이다.

비록 수분 기작들이 어느 정도 더 분화되었을 수 있지만, 침입종들의 대다수는 일반적인 수분 매개자들에 의해 수분된다. 북미에서 가장 보편적인 일반적 수분 매개자들은 꿀벌 (*Apis mellifera*) 그리고 몇 종의 토착성 뒝벌과 유럽의 뒝벌 (*Bombus* spp.)이다. 비 토착성 벌들은 과수원이나 기타 농업 분야에서 믿을만한 수분 서비스를 원하는 사람들에 의해 확산되었지만, 벌들은 또한 대개 그들 먹이가 일반적이기 때문에 독자적으로 확산을 하였다. 이밖에, 벌들은 북미에서 노랑 수레국화 (*Centaurea solstitialis*) 그리고 자주색 부처꽃 (*Lythrum salicaria*)과 같은 많은 비 토착종들에게 대부분의 수분을 제공하였다 (Simberloff & Von Holle 1999). 비록 일반적 수분 매개자들을 공유하는 것이 비 토착종들 사이에 제한된 수분 매개자들을 위한 경쟁을 유발할 수 있지만, 꽃가루 부족은 다른 비 토착성 식물 종들의 존재에 의해 심하게 악화되지 않는 것으로 보인다 (Richardson et al. 2000a; Parker & Haubensak 2002). 대신에 대규모의 현화식물들의 풀(pool)이 더 많은 수분 매개자들을 끌어들이기 때문에 화려한 꽃을 가진 식물들은 실제로 그들의 이웃에 있는 식물들의 수분을 용이하게 할 수 있다(Groom 1998).

마지막으로, 이들 모든 생물학적 상호작용들은 제 6장에서 살펴본 것처럼 상호작용을 할 수 있다. 포식자의 존재는 비 토착성 식물 종들 사이의 경쟁의 결과를 변화시킬 수 있고, 두 종 모두가 한 지역에 침입하게 만들 수 있다. 이와 유사하게, 포식자는 토착종의 종자가 맺기 전에 그것의 열매 부분을 제거하면서 두 종의 종자를 확산시킬 수 있다. 이들 모든 결과들은 매우 특정한 상호작용들과 시기에 의존하지만 이러한 상승작용적 효과는 비 토착종들의 정착률, 확산률, 그리고 영향을 증가시킬 수 있다 (Box 8.2).

Box 8.2 Melt with you

대부분의 침입종 생태학자들은 지난 반세기에 걸쳐 생태학에서 탁월한 주제들과 함께, 비 토착종과 토착종들 사이에 경쟁 그리고 포식과 같은 부정적인 상호작용들에 초점을 맞추어 왔다. 비 토착종에 관한 관심은 대부분 이들이 토착종들을 소멸시킬 가능성에 대한 우려에서 비롯된 것이기 때문에 이것은 상당한 실용적 의미를 가지고 있다. 이러한 초점은 침입종 생태학에서 두 가지의 우세한 주제들을 낳게 하였다. 첫째, 자원에 대한 경쟁이 강하고 토착종의 풍부도가 높은 한 (즉, 생물적 저항 가설, Box 6.1 참조) 토착종들은 비 토착종들을 배척할 수 있어야 한다. 둘째, 비 토착종들은 토착종들과의 경쟁을 통해 혹은 토착종을 먹어치워 흔히 토착종들을 멸종으로 내몰 수 있다.

1980년대 후반에 긍정적인 종 상호작용들 (즉, 상리공생, 촉진, 편리공생)이 관련된 생태학 연구과정에 출현하기 시작함에 따라 (Bronstein 1994), 침입종 생물학자들도 침입종 생태학에서 이들 상호작용의 역할을 고려하기 시작하였다. Simberloff와 Von Holle (1999)은 생물학적 침입에서 긍정적인 상호작용의 영향을 최초로 포괄적으로 논의하였다. 침입종 생태학에 관한 그들의 문헌 조사는 비 토착종과 다른 종들 (토착성 그리고 비 토착성) 사이의 긍정적인 생물학적 상호작용들이 적어도 경쟁적 상호작용만큼 보편적이라는 것을 보여주었다. 그들은 긍정적인 상호작용들이 두 가지의 별개의 패턴들을 유발할 수 있다고 주장하였는데, (1) 비 토착종들은 서로 간에 직접적 혹은 간접적으로 정착 혹은 지리적 확산을 용이하게 할 수 있으며, 그것을 통해 어느 한 지소에서 침입율을 가속화 시킨다. (2) 토착종에 대한 몇 가지 긍정적으로 상호작용을 하는 비 토착종들의 누적적인 영향은 각각의 비 토착종의 개체에 의한 영향보다 더 클 수 있다. Simberloff와 Von Holle (1999)는 이러한 유형의 상호작용들은 실용적인 생각을 가진 침입종 생태학자들에게는 중요한데, 그 이유는 이들 상호작용들이 "침입에 의한 붕괴, invasional meltdowns"를 유발할 수 있기 때문이다. 침입에 의한 붕괴란 생물학적으로 통합된 일단의 침입종들의 증가되고 있는 압박 때문에 전체 토착 생태계가 붕괴될 수 있다는 것이다.

이 논문이 발표된 이후 붕괴현상 혹은 붕괴 시나리오의 구성원들에 관한 좀더 자세한 예들이 발표되었다. 예를 들어, Ricciardi (2001)는 북미 5대호에서 비 토착성 수중 종의 축적률이 시간이 지남에 따라 가속화 된 것을 보여주었다. 이러한 패턴은 비 토착종들의 운반과 방출의 가속화에 의해서도 야기될 수 있기 때문에 Ricciardi는 비 토착종들 사이에 관찰된 상호작용의 유형을 분류하면서 문헌들을 체계적으로 조사하였다. Simberloff와 Von Holle (1999)처럼 Ricciardi (2001)는 직접적인 부정적 상호작용들 (경쟁) 보다는 직접적인 긍정적 상호작용들 (촉진)이 더 보편적임을 알았고, 따라서 적어도 침입율이 가속화 되는 이유 중 일부는 비 토착종들 사이의 촉진 때문이라고 주장하였다. 간접적인 상호작용들이 비 토착종의 성공에 똑같이 중요한 영향을 줄 수 있다는 것을 보여주는 것으로, Grosholz (2005)는 캘리포니아 주의 Bodega Bay에서, 침입한 유럽의 녹색게 (*Carcinus maenas*)가 이전에는 무해했던 대합 (Gemmagemma)의 신속한 분포범위 확장을 유발시킴을 밝혔는데, 녹색게들은 이들 대합의 주요 경쟁자인 토착성 대합 (*Nutricola* spp.)을 우선적으로 잡아먹어 이같은 결과를 초래하였다.

마지막으로 Floerl 등 (2004)은 긍정적인 생물학적 상호작용들이 어떻게 배의 선체에 붙어 운반된 비 토착종의 개체수 증가를 유도하였는지를 상세히 설명하고 있다. 태형동물인 이끼벌레류인 *Watersipora subtorquata*는 배의 표면에 일반적으로 사용하는 몇 가지 오염방지용 도료에 내성이 있다. 이들 오염방지용 도료는 배의 표면에 생물들이 달라붙지 않도록 깨끗하게 유지시켜 배가 물에서 좀더 효율적으로 이동하게 한다. 배에 부착하는 대부분의 종은 비 토착종이기 때문에 오염방지용 도료는 배가 비 토착종을 한 수체에서 다른 수체로 무심코 확산시킬 가능성을 감소시킨다. 이끼벌레는 군체를 형성하기 때문에 Floerl 등 (2004)은 이들의 존재가 오염방지용 도료에 내성이 없는 다른 비 토착성 생물을 위한 피난처를 제공하지 않을까 의심하였다. 그들은 22개의 분류군이 오염방지용 도료를 칠한 실험용 타일에 정착한 이끼벌레 군체에서만 발견된다는 것을 알았다. 이들 비 토착종들 중 일부는 이끼벌레가 정착하지 않은 표면보다 이끼벌레 위에서 248배나 더 풍부하였다. 따라서 독성물질에 저항성이 있는 이 한 종의 비 토착성 부착생물이 배의 선체에 달라붙는 비 토착종들의 전체 군집을 위한 기초 종으로 봉사하고 있다. 이것은 표면에 이끼벌레가 부착된 배는 몇 배나 증가된 비 토착종들을 새로운 항구로 운반할 수 있다는 것을 의미한다.

8.4 이질성의 역할

시간적 그리고 공간적 이질성 모두는 침입성 생물의 확산에 큰 영향을 줄 수 있다. 제 7장의 많은 부분에서, 그리고 이 장의 앞 절에서 반복하여 언급한 것처럼 분산 거리에서 이질성은 분포범위 확장 모델들에서 확산율을 느리게 혹은 빠르게 할 수 있다. 우리는 또한 이들 모델들이 침입종들이 얼마나 빨리 확산할 것인지 혹은 그들이 그 다음 어디에 도착할지를 예측하는 정확한 도구로써 보다는 일종의 "실험"으로 가장 쓸모가 있음을 주목하였다. 확산 모델에서 이와 같이 정확성이 결여된 것은 1차적으로 생물들이 불리한 경관을 가로질러 이동하는 것을 빠르게 하거나 혹은 방해하는 요인들에 내재하고 있는 시간적인 변이뿐만 아니라, 경관 상에서 생물적 그리고 비 생물적 요인들의 변이에 대하여 생물이 반응하는 방법에서 비롯된다. 그것은 분산 거리의 분포 그리고 확산의 방향에 편차를 유발시키는 이러한 공간적 그리고 시간적 변이에 대한 반응이다. 이들 변이원들의 대부분은 모델에서 점검된 바 있다. Table 8.1은 확산 모델들에 포함되어 있는 특정한 변이 유형으로부터 비롯된 확산 동태를 요약하기 위해 Hastings 등 (2004)에 따라 작성된 것이다.

모델의 틀이 없는 상태에서 이질성에 대하여 생각하기 위해 단순히 다양한 식물과 동물 종들을 부양하고 있는 패치들을 가진 경관을 생각해 보자. 이러한 유형의 공간적 이질성은 비 토착종들의 확산에 영향을 주는 생물학적 촉진자 혹은 저해자의 존재에 변이를 초래할 것이다. 비 토착종들이 서식처 경계와 만날 때 그것은 위에서 열거된 모든 방법으로 분산을 방해하거나, 혹은 촉진할 수 있는 새로운 종집단과 접하게 된다. 그러나 위에서 우리가 언급하지 않은 것은 이러한 변이를 도울 수 있는 서식처에 내재하고 있는 비 생물적 이질성이다. 특정한 서식처들은 침입의 여지가 더 큰데, 특히 만약 그 서식처들이 심각한 교란 혹은 교란 체제에 변화를 경험했다면 더욱 그렇다 (제 5장). 예를 들어, 캘리포니아의 Central Valley에 있는 초지에서 Hoopes와 Hall (2002)은 지중해성 1년생 벼과식물인 *B. diandrus* 개체군들이 경쟁자들과는 무관하게 영양염류 함량이 높은 환경에서 신속하게 확산할 수 있다는 것을 알았다. 그러나 이 종들은 영양염류 함량이 낮거나 혹은 염분이 있는 환경에서는 잘 자리지 못하였으며, 따라서 이들 지역으로는 확산되지 않았다 (Hoopes &Hall 2002). 이와 유사하게, Marchetti 등 (2004b)은 비 토착성 어류 확산에서 가장 좋은 지표들은 우리가 예상할 수 있는 것처럼 생식체의 수와 생리적인 내성이라는 것을 알았다. 같은 유형의 결과가 아르헨티나 개미 (*Linepithema humile*)에서 밝혀졌는데, 캘리포니아에서 이들 개미들의 이동은 건조하고 더운 환경을 가로지르는 것보다 습하고 서늘한 환경을 가로지를 때 훨씬 빨랐다 (Holway et al. 2002b). 비록 이러한 조건들은 토착 개미들이 번창하는 환경 조건과는 정확히 반대이지만, 아르헨티나 개미는 생물적 조건들 보다는 비 생물적 조건들에 명확히 반응하고 있었다. 그 이유는 아르헨티나 개미가 두 환경조건 모두에서 토착성 개미의 존재에 활동의 변화를 보이지 않았기 때문이다.

확산율을 예측하는 것은 다양한 변이원들이 분산거리, 개체군 생장, 그리고 개체군 상호작용들을 변화시킬 때 매우 어려워진다. 이들 요인들 중 대부분이 상호작용을 할 수 있기 때문에, 새로운 환경을 가로질러 비 토착종의 지리적 확장을 빠르게 혹은 느리게 할 수 있는 예기치 않은 비 직선적 그리고 간접적인 영향이 있다. 다음에 이어지는 두 개의 절은 지리적인 확산에서 이러한 예기치 않은 패턴 두 가지를 자세히 설명할 것인데, 그것은 지연시간 그리고 혼란스러운 상황 (boom and burst) 동태이다.

Table 8.1 확산 모델에 포함되어 있는 특정한 변이 유형들로부터 비롯된 확산 동태. Hastings et al. (2004).

이질성의 원인	확산 동태 결과	주요 문헌
밀도 의존성이 없는 결정론적인 확산	직선적인 확산율	Skellam 1951
밀도 의존성을 가진 결정론적인 확산	대부분의 조건 하에서 직선적인 확산율	Fisher 1937
확률론적 확산	결정론적인 확산으로 동일한 확산율	Mollison 1977
구축된 생식 혹은 분산 단계	일반적으로 느린 확산율	van den Bosch 등 1992
개체군 생장률에서 Allee 효과	개체군이 임계 역치 밀도를 통과함에 따라 증가된 확산율	Lewis & Kareiva 1993
층별 혹은 도약 분산(즉, 때때로 장거리 분산)	도약 분산이 확산율을 증가시킨다.	Shigesada 등 1995
분산거리와 생식 기작이 가변적이고 결정론적인 분포를 하는 불연속적인 시간	두꺼운 꼬리 분산 핵심이 가속화된 확산율을 유도함	Kot 등 1996
경쟁	비 직선적, 흔히 느린 확산율	Hosono 1998
확률론적인 생식 그리고 분산 거리	가변적 생식 대 일정한 생식을 위한 가장 먼 거리 분산과 감소된 확산율을 기초로 한 파도 전면의 위치를 위한 한정된 기대값	Clark 등 2001
일정치 않은 분산과 생식 중심	직선적 그리고 비 직선적 확산율을 위한 조건들	Weinberger 등 2002

8.5 지연시간

경관 상에서 침입종의 확산을 측정하는데 혼동을 주는 중요한 원인 중의 하나는 흔히 비 토착종 개체군이 정착하는 때와 그것이 신속하게 자신의 분포범위를 확장시키기 시작하는 때 사이의 기간이 길다는 것이다. 초기 정착으로부터 다음 확산까지의 시간을 "지연시간, lag time"이라고 부른다. 때로 지연시간은 매우 짧아 불과 서너 세대 동안만 지속되지만, 그래도 그 종이 눈에 띄기에 충분한 시간이다. 지연 시간이 100년 이상인 예들도 있다. Kowarik (1995)은 독일의 목본성 침입 식물을 조사하였는데, 이들 중 184종의 지연시간을 계산하였다. 그는 목본성 관목의 경우 평균 지연시간이 131년 이었으며, 교목의 경우 170년 임을 알았다. 만약 비 토착종들이 그들의 새로운 분포범위에서 자체 유지되는 개체군을 정착시키기에 충분한 적당한 조건을 찾아낸다면, 그러면 왜 그들이 확산을 시작하는데 이렇게 긴 시간이 소요되는가? 이들 지연시간은 다양한 원인에서 비롯될 수 있는데, 이 원인들 중 많은 것들이 우리가 위에서 요약한 생각들과 관련되어 있으며, 그렇지 않으면 뒷부분에 있는 11장에 설명되어 있는 내용과 관련되어 있다. 여기에서 우리는 지연시간을 유발시키는 가능한 생태적 기작들을 간단히 고찰해 볼 것이다. 그리고 다음에 이어지는 절들을 이미 여러분에게 제시한 일부 기초지식과 동일한 주제에 따라 구분하였다. 그러나 생태학자들은 실제로 이들 기작들이 지연시간을 유발시키는데 가장 중요하다는 생각을 가지고 있지 않으며, 우리는 보편적인 지연시간을 어떻게 실제 시스템에 잘 적용할지를 알지 못한다는 점을 주목해야 한다. 비 토착종이 실제로는 중요한 문제를 야기할 수 있게 되도록 생장하는 도중일 때에, 지연시간 때문에 우리가 비 토착종을 무해한 (혹은 근절된) 것으로 생각하도록 오인하게 하기 때문에 지연시간은 일종의 딜레마이다.

8.5.1 개체군 생장

개체군 생장 과정 내에 지연시간을 유발시키는 3개의 잠재적인 원인들이 있는데, (i) 개체군 생장 경로들의 성질, (ii) 개체군을 감지하기 위한 역치, 그리고 (iii) Allee 효과이다. 앞의 두 가지 설명들은 많은 요인들을 공유하지만 완전히 중복되지는 않는다. 지연시간에 관한 첫 번째 그리고 가장 단순한 설명은 개체들의 수의 영향 그리고 기하학적 혹은 지수 함수적으로 생장하고 있는 개체군에서 개체들의 수가 축적되는 방식이다. 개체군 생장률이 높을 경우에도 만약 초기에 매우 작은 개체군에서부터 출발한다면 한 해에서 다음 해까지 개체군의 크기에서 절대적인 변화는 매우 적게 된다. 이러한 동일한 빠른 생장률은 결국 개체군 크기에서 매우 큰 절대적인 변화를 유발할 것이다. 그러나 개체군 크기에서 이러한 전환은 오랜 시간이 소요될 수 있으며, 비 토착종은 이용 가능한 자원에 부담을 줄 정도로 개체군이 충분히 크게 되기 전 까지는 확산하지 않을 것이다.

두 번째, 비 토착종의 정착 시간과 그 다음 이어지는 그 종의 확산 사이에는 단순히 이 비 토착종의 개체들이 자원 관리자들과 생태학자들의 눈에 띄지 않는 기간이 있을 수 있다 (위에서 제시한 Medfly 예를 참조). 우리가 비 토착종 개체들을 일정하게 만나거나 탐지되는 수준 이상의 개체군 크기를 "탐지 역치, detection threshold"라고 부른다 (Fig. 8.8). 탐지 역치의 존재는 분산 단계의 은밀한 특성 때문에 비롯될 수도 있다. 은밀한 분산 단계들은 특히 동물에 의해 분산되는 종에서 흔한데, 동물 은신처에 있는 종자들, 그리고 곤충 숙주 내에 있는 포식기생자의 알과 같은 것들이다. 경관에 있는 교목들은 토양 속에 있는 종자들보다 훨씬 눈에 잘 띄며, 출현한 포식기생자들은 다른 곤충의 몸 내부에 숨어 있는 유생들보다 훨씬 눈에 잘 띈다. 분산의 이러한 은밀한 단계와 최종 지리적 확산 사이에 나타나는 생태적인 변화가 필연적으로 존재하지는 않지만, 만약 개체군 생장률이 동일한 경우에도 낮은 밀도에서의 개체군 생장은 높은 밀도에서의 생장에 비해 뚜렷하지 않다.

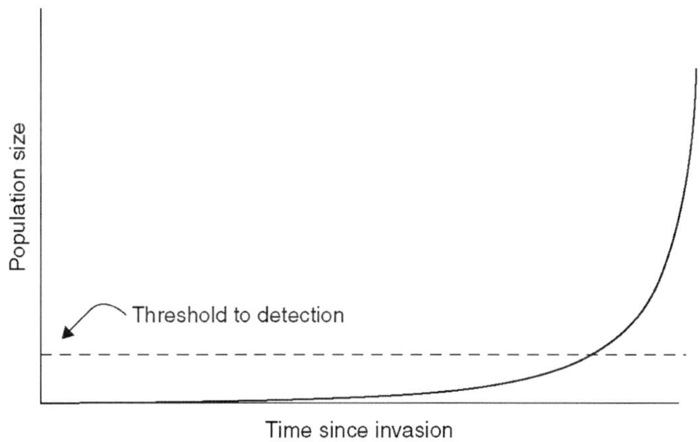

Fig. 8.8 기하학적/지수 함수적 개체군 생장이 어떻게 지연시간을 유도할 수 있는지를 보여주는 그림. 도착과 탐지 역치를 능가하게 되는 사이의 시간은 지연이다. 개체 당 일정한 증가율이 눈에 띌 수 있는 부분 (역치 개체군 크기)에 도달하는 데에는 긴 시간이 소요될 수 있으며, 그 다음 폭발적으로 증가하는 것으로 나타난다. 이러한 동태는 모든 점에서 동일하지만, 생물의 수도는 개체 당 생장을 수 년 후에 훨씬 더 눈에 띌 수 있게 만든다.

지연시간을 유발시키는 3번째 잠재적 원인은 낮은 밀도에서 볼 수 있는 Allee 효과이다. 우리는 Allee 효과를 정착을 설명한 제 4장 부분에서 제시하였으며, 특히 그 이상에서는 개체군이 생장하고 그 아래에서는 개체군이 감소하는 임계 역치 개체군 밀도의 역할에서 Allee 효과를 설명한 바 있다. 침입이 성공하기 위해서는 최초의 개체군 크기가 이 임계 밀도 이상이어야 한다. 그러나 Allee 효과는 이처럼 강할 필요는 없다. Allee 효과는 단순히 감소된 개체군 밀도에서 개체 당 개체군 생장이 감소되는 것이다. Allee 효과가 매우 강해서 낮은 밀도에서 개체 당 개체군 생장이 실제로 음의 값을 가져야 할 이유는 없다 (Fig 8.2). 약한 Allee 효과는 높은 밀도에서 훨씬 빠른 개체군 생장을 하는 개체군이 낮은 밀도에서도 생장을 허용할 수 있다. 이들 약한 효과들은 침입종의 확산율을 느리게 하지만 그러나 이 효과들은 또한 확산에서 지연시간에 기여한다.

이장의 앞부분에서 우리가 언급한 바와 같이, Veit와 Lewis (1996)는 북미에서 되샛과의 새 (house finch)의 갑작스런 확산이 부분적으로 Allee 효과로 설명될 수 있다는 것을 알았다. 마찬가지로 북미 서부 해안에서 매끈한 코드그래스 (*Spartina alterniflora*)의 초기의 느린 확산은 부분적으로 낮은 밀도에서 감소된 수분(꽃가루받이)에 의해 설명되어질 수 있는데, 감소된 수분은 종자형성이 적어지게 한다 (Davis et al. 2004; Taylor et al. 2004). 일단 개체군들이 높은 밀도에 도달하고 나면 개체군 생장과 확산이 모두 증가한다. 매끈한 코드그래스 (*S. alterniflora*)의 경우 클론 생장, 유전학, 그리고 초식동물들 때문에 이야기는 좀더 복잡해 지지만, 그러나 Allee 효과는 최적 관리정책들에서 분명한 차이를 만들기에 충분한 역할을 수행한다 (Taylor & Hastings 2004). Taylor와 Hastings (2005)은 약한 Allee 효과는 감지하기가 매우 어려울 수 있다는 것을 지적하였으며, 따라서 어떤 비 토착종이 높은 밀도에 도달하면 경관에서 갑자기 폭발적으로 증가할지를 예측하는 것을 매우 어렵게 만들고 있다. 만약 Allee 효과가 환경조건들과 상호작용을 한다면, 그러면 환경의 경계선의 양 쪽에서 변화된 개체군 생장률이 비 토착성 개체군들로 하여금 좀더 좋은 서식처에서 충분히 많은 생식체들이 생장하여 생장이 불량한 환경으로 이입될 때까지, 이들을 작은 분포범위로 제한시킬 수 있다 (Keitt et al. 2001). 이러한 "분포범위 고정, range pinning"은 또한 침입성 종의 확산에서 지연시간을 유도할 수 있다.

8.5.2 분산

약간 직관에 반한 방법이지만, 지리적 분포범위 확장의 초기 단계들은 확산의 감지를 더 어렵게 만든다. 비 토착성 개체군이 정착할 때, 개체군은 성공적인 생식을 통해 개체들을 축적하기 시작한다. 일정한 개체수의 축적이 된 후에 감지 역치를 넘을 수 있어, 우리는 갑자기 비 토착종 개체군이 존재한다는 것을 알아챈다. 만약 분산이 밀도와 관련되어 있다면 (예를 들어, 육상 조류), 개체군은 특정한 밀도에 도달하였을 때만 분산을 통해 개체들의 "감소, lose"가 시작될 것이다. 잠시 동안 분산은 공급 개체군으로부터 충분한 개체들을 제거할 수 있어 개체군을 감지 역치 이하로 감소시키게 된다 (Fig. 8.9). 개체군 크기에서 이러한 증가 그리고 그 다음 감소는 공급 개체군이 자체 유지를 위한 충분한 자손을 생산하지 못하는 것으로 우리에게 비쳐지게 만들 수 있다 (Kean & Barlow 2000). 이것은 이어지는 침입의 파도를 더 놀랄만한 것으로 만드는 환상(illusion)이다. 개체군 확산의 초기 단계에서 개체수의 유출은 공급 개체군을 Allee 효과를 유발하는 수준으로 유지하게 할 수 있으며, 이것은 지연 기간을 더 길어지게 만들 것이다.

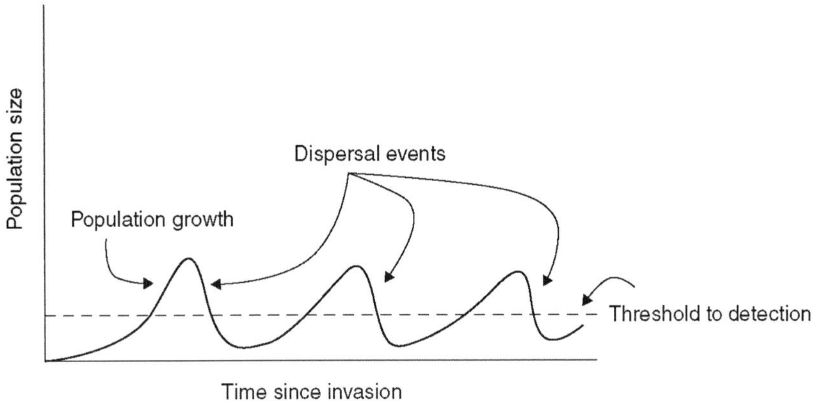

Fig. 8.9 분산이 초기의 개체군을 감지 역치 이하의 수준으로 되돌려 지연 시간을 유발시킬 수 있다. 이것은 그림에 나타난 바와 같이 여러 번 일어날 수 있다. Allee 효과를 위한 역치 이하로의 유사한 급강하는 개체군 생장을 중단 혹은 느리게 할 수 있으며, 반면에 감지 역치 이하로의 급강하는 개체군들을 감지하기 위한 우리의 능력에만 영향을 줄 것이다.

8.5.3 생물적 상호작용

수 년 동안의 정체된 개체군 생장 후에, 다른 종들과의 상호작용이 높은 개체군 생장 혹은 장거리 분산에 유리할 때 비 토착종 개체군들은 현저한 지리적 분포범위 확장을 경험하기 시작할 것이다. 개념상으로 이것이 일어나기 위한 가장 간단한 방법은 상리공생의 형성을 통해서이다. 무화과나무와 무화과나무 장수말벌들은 바로 이것의 좋은 예이다. 무화과나무들은 매우 긴 기간 동안 (수 십 년에서 수 백 년) 생존할 수 있으며, 그로 인해 만약 무화과나무 장수말벌의 적당한 생식체가 나타난다면 침입을 위한 창을 열어두고 있다. 플로리다에 무화과나무 장수말벌의 도착은 무화과나무가 비 생식적인 상태에서 생식 상태로, 그리고 공간적 개체군 확장을 보이지 않던 것이 몇 년의 기간 내에 널리 확산되는 갑작스런 전환이 일어나게 하였다. 이와 동일한 기작이 상리공생 분산에 작용할 수 있다. 비록 이러한 전환이 극단적인 것은 아닐 것이지만 (생식이 없는 상태로부터 개체군 확산으로), 경관에 대한 변화는 동등할 수 있다. 즉, 성체들의 안정한 지소 개체군은 갑자기 광범위한 확산 침입으로 전환될 것이다. 수년 동안 개체군 생장이 없은 후에 이와 같은 방법으로 확산된 많은 비 토착성 식물종들이 있다 (예를 들어, 일본 매자나무 [*B. thunbergii*], 쥐똥나무 [*L. vulgare* 그리고 동일한 속에 속하는 다른 종들], 그리고 사철나무 [*Euonymus* spp.]). 이들 종들은 무해한 것으로 보이며, 따라서 장식용으로 흔히 식재되었다. 그러나 일단 분산 상리공생이 형성되면 이들 무해한 종들은 "재배지의 울타리를 뛰어넘기" 시작하고, 재배지 근처의 외부에서 잘 자란다.

8.5.4 공간적 그리고 시간적 이질성

비 토착종의 생식체들은 운반 매체들이 그들을 운반해 놓은 장소에서 방출되고 그리고 생존해야 한다. 이 장소들은 그 개체군이 자립 상태가 되도록 하기 위한 충분한 생물적 그리고 비 생물적 조건을 제공할 수 있다. 그러나 이 장소들은 최적 서식처가 아닐 수도 있다. 최적 서식처에서 개체군은 개체수가 증가하여 매우 신속하게 공간을 통해 확산될 것이다. 덜 최적인 서식처에서 개체군은 느리게 생장하고 그 결과 확산이 느리다. 만약 이러한 두 유형의 서식처가 서로 근접하여 위치한다면, 비 토착성 개체군은 덜 최적인 서식처를 넘어 최적 서식처와 만날 때까지 서서히 확산할 것이다. 최적 서식처를 만나는 지점에서 종은 자신의 분포범위를 신속하게 확장하기 시작한다. 우리는 이러한 동태를 분포범위 고정 그리고 Allee 효과를 통해 매우 분명하게 알고 있다. 그러나 덜 극단적인 예들도 가능하다.

유사한 시나리오가 시간에 따른 서식처 적합도의 변화로 나타날 수 있다. 흔히 개체군들은 부적당한 기상 조건 기간 동안에 더 서서히 생장한다 (예를 들어, 서리, 심한 강우, 그리고 가뭄). 이들 조건들이 변할 때 개체군은 자신의 분포범위를 사실상 확장시키기 시작할 수 있다. 기상 조건에서 시간적 변이는 위에서 기술한 다른 기작들 (예를 들어, Allee 효과)과 상호작용을 할 수 있는데, 조건이 좋은 일련의 기간들이 개체군 크기를 임계 역치를 넘어 증가시키게 하여 분포범위 확장이 시종일관 빠르다.

8.5.5 진화 그리고 유전적 증가

Ellstrand와 Schierenbeck (2000)은 정착 후 진행되는 진화 혹은 유전적 이형접합의 증가에서 지연시간이 비롯될 수 있다고 주장하고 있다. 우리는 침입종 동태와 이들 요인들 사이의 상호작용을 제 11장에서 자세하게 살펴볼 것이다. 그러나 지연시간의 원인에 관한 이러한 주장들의 요지는 비 토착종이 새로운 분포범위에서의 조건들에 대처하기 위해 그들의 능력에서 근본적인 전환을 경험한다는 것이며, 이러한 전환은 분포범위 확장을 가능하게 만든다.

유전적 변이성의 영향에서도 유사한 역할을 상상할 수 있다. 흔히 질병, 기생, 혹은 초식에 대한 저항은 일단의 유전자들, 혹은 때로는 하나의 희귀 유전자에 의해 발현된다. 만약 이들 유전자들이 비 토착종 개체군에 존재하지 않거나, 혹은 유전자 복합체가 유전적 부동 (제 11장 참조)을 통해 파괴되었다면, 이 개체군은 부정적인 생물학적 상호작용의 해로운 효과에 민감해질 것이다. 만약 원래의 침입 매체가 여전히 완전한 상태로 남아있다면 새로운 개체들이 후에 도착할 수 있어 이전에 도착한 개체들과 합류할 수 있다. 뒤늦게 도착한 개체들은 해로운 생물학적 상호작용으로부터 개체군을 차단시키는데 필요한 유전자를 포함하여 필요한 유전적 다양성을 가져올 수 있다. 저항 유전자들이 개체군 내로 재이입되자마자 대부분의 개체들은 초식동물, 기생자 등의 해로운 영향을 완화시킬 수 있게 된다. 그 이후부터 개체군은 자신의 분포범위를 비교적 높은 율로 확장시킬 수 있다.

8.6 혼란스러운 상황

마지막으로 우리는 비 토착종들 사이에서 볼 수 있는 개체군 동태의 혼란스러운 상황(boom and bust)에 관한 주제를 살펴보자. 그 이름이 의미하는 것처럼, 때로 비 토착성 개체군들은 초기 정착 후에 그들의 개체수와 지리적 분포범위를 극적으로 증가시킬 것이다. 그리고 그 다음 이들 개체군들은 비록 멸종까지는 아니지만 개체수와 분포범위가 똑같이 극적으로 감소한다. Williamson (1996)은 이러한 혼란스러운 상황 동태는 생물학적 침입의 비교적 일반적인 특징이라고 주장하고 있다. 그러나 Simberloff와 Gibbons (2004)가 이러한 현상의 예들을 대조하기 위해 노력했을 때, 그들은 무지의 장벽에 직면하게 되었다. 연구자들은 비 토착성 개체군의 혼란스러운 상황 동태를 명백하게 그리고 자세히 설명한 어떤 논문도 발견할 수 없었다. 어쨌든 그들이 분석할 수 있었던 17개의 예들을 찾아내기 위해 그들은 학술적인 난관에 봉착하여야 했다. 그들이 찾아낸 예들은 곤충, 포유류, 조류, 식물, 그리고 어류를 포함하는 광범위한 종들을 망라하고 있으며, 또한 영국에서 혼란스러운 상황 동태 (물고추나무, *Elodea canadensis*), 캐나다, Vancouver의 큰 도시지역 내 (뿔쇠지르레기), 그리고 몇 개의 태평양 섬들 (거대 달팽이, *Achatina fulica*)이 포함되어 있는 광범위한 공간적 수준에 걸쳐있었다.

Simberloff와 Gibbons (2004)이 이들 혼란스러운 상황 시나리오를 위한 생태적인 이유들을 대조하려고 시도하였을 때, 그들은 이러한 싸이클을 유발시키는 이유들이 대부분 애매하다는 것을 알았다. 그들은 자신들이 자세히 조사한 17개의 예들 중 10개의 경우에서 나타난 개체군 붕괴의 이유를 찾을 수 없었다. 그들이 적어도 부분적인 설명을 부여할 수 있었던 7개의 예에서, 또 하나의 비 토착종과의 경쟁이 4가지 예에서 개체군 붕괴의 역할을 수행하였다. 포함된 다른 이유들로는 자원의 고갈, 계속해서 이입된 비 토착종에 의한 기생, 그리고 문제가 되고 있는 비 토착종을 먹을 수 있게 토착 초식동물의 적응이 포함되어 있다. 그러나 모든 예들이 개체군 붕괴를 위한 궁극적인 이유를 결정적으로 확인할 수 없었다. 따라서 가장 좋은 7개의 예들도 여전히 더 많은 조사가 필요하다. 혼란스러운 상황 동태는

CHAPTER 8

매우 보편적일 수 있지만 그것이 발생되는 생태학적 기작들은 아직 분명치 않다.

기본적인 생태학적 이론이 혼란스러운 상황 동태에 대한 가장 완전한 (그러나 여전히 만족스럽지 못한) 설명을 제공할 수 있다. 개체군 생장과 생활사 모델의 기본적인 개념은 신속한 생장률과 높은 분산을 가진 종의 경우 비 평형 동태가 다소 보편적이라는 것이다. 만약 우리가 생물을 위한 기본적인 $r-$전략과 $K-$전략에 대하여 생각한다면, 우리는 새로운 지역에 정착하는 비 토착종이 새로운 서식처로 이동하고 정착하는데 잘 적응되었지만 높은 경쟁적 환경에서 개체군을 유지하는 데는 잘 적응하지 못하는 $r-$전략생물들일 것으로 상상할 수 있다. 이러한 적응은 혼란스러운 상황 사이클을 유도할 수 있지만, 그러나 혼란스러운 상황 싸이클을 유도하는 특정한 기작들을 우리에게 제공하지는 않는다. 이 문제에 관해서는 확실히 더 많은 연구가 필요하다.

8.7 요약

개체군 생장, 분산, 생물적 상호작용, 그리고 공간적 및 시간적 이질성의 영향은 비 토착종의 확산을 설명하기 위해 우리가 만든 모든 모델들이 언제나 현실과 대략적으로 근사하다는 것을 보장하고 있다. 사실, 우리는 실제로 확산을 제한하는 특별한 원인, 혹은 확산에서 갑작스런 증가의 원인을 찾기가 매우 어렵다는 것을 자주 발견한다. 예를 들어, 생물학적 촉진자들의 역할과 약한 Allee 효과의 역할들 사이를 구분하는 것이 매우 어려울 수 있다. 비록 분산 동태에 관한 연구가 분명히 어렵지만 우리는 이에 관한 더 좋은 연구가 필요하다. 제 6장에서 제시된 바와 같이 지리적 확산율과 범위에 대한 생물학적 상호작용의 영향은 매우 크다. 비록 경쟁적 힘과 초식의 힘이 약할지라도 비 토착종의 분포범위 확장률을 충분히 느리게 할 수 있다. 확산을 저해하는 이러한 힘은 토착종과 이전에 정착한 비 토착종, 혹은 침입종들을 조절하기 위한 목적으로 방출된 종들로부터 비롯될 수 있다. 상리공생 관계의 형성도 비 토착종의 침입율을 크게 증가시킬 수 있다. 실제로, 상호작용을 하고 있는 영향들이 확산율에 영향을 줄 수 있는 많은 가능성이 있어, 우리는 비 토착성 개체군들이 이상한 개체군 동태를 보이는 것을 흔히 보게 된다. 우리는 이러한 동태의 두 가지 구성 원인 지연시간과 혼란스러운 상황 싸이클을 조사하였으며, 이러한 패턴을 유발시키는 좋은 예들을 찾아냈지만, 잠재적인 기작들이 너무 많아 현재 이를 일반화시키기는 어렵다. 침입 과정에서 이 단계가 다른 단계들과 (즉, 운반과 영향) 상호작용을 하는 많은 방법들이 주어지면, 이들 기작들에 관한 앞으로의 연구는 침입종 생태학에 관한 많은 것을 알게 할 수 있을 것으로 보인다.

더 읽을 거리

Hastings, A., K. Cuddington, K. F. Davies, C. J. Dugaw, S. Elmendorf, A. Freestone, S. Harrison, M. Holland, J. Lambrinos, U. Malvadkar, B. A. Melbourne, K. Moore, C. Taylor, and D. Thomson. 2004. The spatial spread of invasions: new developments in theory and evidence. Ecology Letters 8: 91 - 101.

Kot, M., M. A. Lewis, and P. van den Driessche. 1996. Dispersal data and the spread of invading organisms. Ecology 77: 2027 - 2042.

Mack, R. N. 1981. Invasion of Bromus tectorum L into western North-America: an ecological chronicle. Agro-Ecosystems 7: 145 - 165.

Murdoch, W. W., and C. J. Briggs. 1996. Theory for biological control: recent developments. Ecology 77: 2001 - 2013.

Shigesada, N., and K. Kawasaki. 1997. Biological invasions: theory and practice. Oxford University Press, Oxford, UK.

Weinberger, H. F., M. A. Lewis, and B. T. Li. 2002. Analysis of linear determinacy for spread in cooperative models. Journal of Mathematical Biology 45: 183 - 218.

이 단원과 관련된 논문

Andow, D., P. Kareiva, S. Levin, and A. Okubo. 1990. Spread of invading organisms. Landscape Ecology 4: 177 - 188.

Carey, J. R. 1996. The incipient Mediterranean fruit fly population in California: implications for invasion biology. Ecology 77: 1690 - 1696.

Grosholz, E. D. 1996. Contrasting rates of spread for introduced species in terrestrial and marine systems. Ecology 77: 1680 - 1686.

Liebhold, A., and J. Bascompte. 2003. The Allee effect, stochastic dynamics and the eradication of alien species. Ecology Letters 6: 133 - 140.

Louda, S. M., A. E. Arnett, T. A. Rand, and F. L. Russell. 2003. Invasiveness of some biological control insects and adequacy of their ecological risk assessment and regulation.Conservation Biology 17: 73 - 82.

Veit, R. R., and M. A. Lewis. 1996. Dispersal, population growth, and the Allee effect: dynamics of the house finch invasion of eastern North America. American Naturalist 148: 255 - 274.

CHAPTER

9

침입종의 생태학적 영향

개관

이 장에서 우리는 비 토착종이 토착종에 미치는 생태학적 영향의 범위를 살펴본다. 침입 과정 모델에 따르면, 이러한 생태학적 영향은 일반적으로 이전의 모든 단계들을 통과한 종들로부터 비롯된다. 비록 성공적이지 못한 이입의 효과도 있을 수 있지만 (Case 1995), 그러한 방출 영향은 비 토착종과 토착성 생물상 사이의 특정한 상호작용 보다는 흔히 인위적인 간섭 때문이다.

비 토착종들이 토착 생물들에게 영향을 줄 수 있는 다양한 방법들이 있다고 가정하면, 이 장은 그러한 영향들이 어디에서, 언제, 그리고 어떻게 발생하는지에 대한 종합적인 내용을 제공하기 보다는 단순히 이미 규명된 영향의 범위를 고찰하도록 노력한다. 우리는 이 고찰이 분명히 모든 가능한 생태학적인 영향을 파악하려는 것이 아님을 강조하고 있으며, 아직 완전히 연구되지는 않았지만 많은 영향을 줄 것으로 생각되는 기작들이 있다. 우리는 생물학적 구성 수준에 따라 이 영향의 범위를 구분하였지만, 모든 생태학 영역에서처럼 하나의 구성 수준에서 영향을 주는 것이 흔히 다른 수준에도 영향을 줄 것이라는 것을 기억해야 한다. 따라서, 우리는 유전자 수준에서 시작하여 개체, 개체군, 그리고 군집을 거쳐 생태계, 그리고 지구수준에서의 침입종의 영향을 살펴보도록 한다.

9.1 유전적 영향

침입종의 영향은 그들이 토착종의 유전적 특성에 영향을 줄 때 가장 은밀하게 진행된다. 이들 영향을 규명하기 위해서는 특별한 기술이 (예를 들어, 분자 유전학적 기술들) 필요하고, 혹은 자료들을 수집하기가 (예를 들어, 유전 물질) 어렵기 때문에 영향을 규명하기가 어렵다. 이것은 SCOPE 참석자들이, 혹은 Elton과 같은 권위 있는 연구자들이 왜 침입종의 유전적 영향의 설명을 건드리지 않고 남겨두었는지의 이유가 될 수 있다. 그럼에도 불구하고, 이러한 유전적인 영향이 규명되었을 때 그 영향은 흔히 심각한 수준이다 (Rhymer & Simberloff 1996).

침입종들의 유전적 효과는 보통 교잡 혹은 유전자 이입을 통한 토착종의 유전자 풀(pool)의 변화로 정의된다 (Krueger & May 1991). 교잡은 별개의 종으로부터 (혹은 때로 유전적으로 상이한 개체군으로부터) 온 개체들의 이종교배이다. 교잡을 통해 생산된 어린 개체들은 불임이거나 혹은 불임이 아닐 수 있다. 만약 그들이 불임이라면 그들은 토착종 생식체들을 쓸모없게 만들어, 그 결과 토착종의 생식을 감소시킨다. 만약 그들이 불임이 아니라면, 그들은 토착종 모개체들과 경쟁할 수 있으며, 토착종의 생존 혹은 생식을 감소시킨다. 불임성이 아닌 잡종은 또한 역교배를 할 수 있어 유전자 이입을 초래하는데, 이것은 본질적으로 종 사이에 유전자 유입을 야기한다. 가장 우려되는 영향은 잡종강세 그리고 잡종인 어린 개체가 침입성 종의 모개체와 선택적인 역교배로부터 비롯된다. 이 경우 잡종이 토착종 보다 적합도 (즉, 활력)가 증가할 뿐만 아니라, 토착종이 그럭저럭 유지하던 낮은 수준의 생식이 침입종으로부터 기인된 유전자에 의해 더욱더 악화된다. 이것은 토착종의 유전적 완전성의 소실, 그리고 때로는 한 유전자의 토착 유전자형의 절멸을 야기할 수 있다.

침입성 종 개체군과 토착종 개체군들 사이의 교잡에 관한 몇 가지 예들이 있다. 잘 규명된 예로는 청둥오리 (*Anas platyrhynchos*)와 몇 종의 한정된 분포를 하는 같은 속의 친족들 사이의 교잡이다. 청둥오리는 북반구의 대부분이 포함된 광범위한 토착 분포를 하고 있다. 청둥오리는 인간의 전통적인 식량원이고 훌륭한 사냥 조류 종으로 여겨져 왔기 때문에, 뉴질랜드, 하와이, 그리고 호주를 포함한 세계의 여러 지역에 의도적으로 운반되어 방출되었다. 이들 비 토착성 지소들 내에서 청둥오리는 뉴질랜드의 회색오리 (*A. superciliosa superciliosa*), 호주의 검은오리 (*A. superciliosa rogersi*), 그리고 하와이 오리 (*A. wyvillana*)와 같은 동일 속의 고유종 오리들과 접촉하게 되었다. 토착종 개체군들과 이입된 청둥오리는 이종 교잡하여 생식력이 있는 개체를 생산한다. 이들 F_1 (즉, 첫 번째 세대) 잡종 개체는 모 개체군들 중 어느 하나와 짝짓기를 하지만 이들 장소에서는 토착종에 비해 청둥오리의 수가 너무 많아 잡종 후손은 대부분 청둥오리와 짝짓기를 할 가능성이 있다 (Rhymer et al. 1994). 회색오리와 하와이 오리와 같이 개체수가 이미 희귀해진 경우, 청둥오리 유전자들의 느린 유입과 연관된 이러한 생식 감소는 많은 사람들로 하여금 이들 분류군들이 별개의 종으로 장기간 지속될 것인지에 대한 우려를 낳게 하고 있다.

어류 중에서, 북미에 토착종인 연어과의 무지개 송어 (*Oncorhynchus mykiss*)는 자신의 동종 어류에 청둥오리에서와 같은 유사한 영향을 보이고 있다. 무지개 송어는 남극대륙을 제외한 모든 대륙에 낚시 어종으로 의도적으로 이입되었다 (MacCrimmon 1971). 무지개 송어는 또한 북미 내에서 그들의 토착 배수 유역 외부로 널리 방출되었다. 청둥오리에서처럼 무지개 송어의 광범위한 이입은 그것의 일부 개체군들이 분포범위가 좁은 동종의 고유종들과 접촉하게 허용되었다. 예를 들어, 무지개 송어는 캘리포니아 golden trout (*O. aguabonita aguabonita*) 그리고 Paiute cutthroat trout (*O. clarki seleniris*)와 잡종을 형성한다. 이들 종 각각은 캘리포니아 내에서 특정한 분수역에만 분포하는 고유종이다. Paiute cutthroat trout는 미국에서 멸종 위기종으로 합법적인 지위를 가지고 있으며, 캘리포니아 황금 송어는 2000년 이후 미국의 멸종 위기종 목록에 실리기 위해 청원 중에 있다. 무지개송어와 동일 속에 속하는 토착성 송어에 의해 생산된 잡종 자손은 생식력이 있고, 모 개체군과 짝짓기를 할 것이고, 그 결과 상당한 정도의 유전자 유입이 초래된다. 이러한 동일한 패턴이 미국 남서부의 고립된 담수 내에서도 반복되는데, 이들 지역에서는 무지개송어가 아파치 송어 (*O. apache*) 그리고 질라 송어 (*O. gilae*)와 잡종을 형성하지만, 이 경우 F_1 잡종은 비 토착성인 모 개체군 종과 선택적으로 짝짓기를 한다. Dowling과 Childs (1992)는 현존하는 모든 아파치 송어 개체군들 중 65%가 적어도 무지개송어 대립인자의 일부를 가진 개체들을 포함하고 있다고 지적하였다. 그러나 아파치 송어의 대립인자를 가진 무지개 송어 개체들을 발견하지 못하였는데, 이것은 유전자 유입이 비 토착종의 유전적 완전성에 관한 문제가 아님을 제시하는 것이다.

유전자 이입이 문제가 아닌 경우에도, 교잡은 잡종 자손이 적합도를 감소시키거나 혹은 향상시키든 간에 토착종 개체군에게 위협을 줄 수 있다. 전자의 한 예로, 침입성 강송어 (*Salvelinus fontinalis*) 개체군들은 북미의 북서 지역에서 토착종의 분포범위 전역에서 토착성 bull trout (*S. confluentus*)를 제거하고 있다. Leary 등 (1993)은 미토콘드리아 DNA 증거를 이용하여 각 종의 수컷들이 다른 종의 암컷들과 짝짓기를 한다는 것을 알았다. 그러나 이들 짝짓기로부터 나온 잡종 F_1 자손은 이들이 번식을 한다는 증거가 거의 없기 때문에 분명히 매우 낮은 적합도를 가진다. 이것은 그들의 불임성, 낮은 생존, 혹은 낮은 짝짓기 성공의 결과일 수 있다 (Rhymer & Simberloff 1996). 잡종의 낮은 생존은 개체수가 많은 침입성 강송어의 경우 문제가 되지 않을 수 있다. 그러나 성공적이지 못한 잡종으로 인한 소모성 생식체들로 인해 앞으로 희귀한 토착성 bull trout에게 치명적일 수 있다는 것이 입증될 수 있다.

반대로 F_1 잡종 자손이 양쪽의 모 개체군들보다 적합도가 높은 가장 잘 알려진 예들 중 하나는 침입성 매끈한 코드그래스 (*Spartina alterniflora*)와 토착성 캘리포니아 코드그래스 (*S. foliosa*) 사이의 교잡이다. 매끈한 코드래스는 북미 동부 해안에 토착종이며, 수 십 년 동안 염습지 간척 프로그램과 침식 방지 노력에 유용한 구성원이었다. 이러한 성공 때문에 매끈한 코드래스는 1970년대에 샌프란시스코만의 염습지에 이입되었다. 그 결과 매끈한 코드래스가 자신과 동류의 고유종인 *S. foliosa*와 접촉하게 되었으며, 그들이 상호 교배를 하고 잡종을 생산할 수 있다는 것이 분명해 졌다 (Daehler & Strong 1997).

침입성 매끈한 코드래스의 수컷들은 그들의 토착종 상대편 보다 생식 결과가 28배나 엄청나게 증가하기 때문에 토착종들을 위협하는 충분한 유전적 유전자 이입 (genetic introgression)이 있다 (Anttila et al. 1998). 문제를 더욱 악화시키는 것은 이들 종 사이의 교배는 양측 부모 종들에 비해 생장률이 더 높고, 생식적 활력이 더 높은 "초 잡종, super hybrids"을 형성한다는 점이다 (Fig. 9.1; Ayers et al. 2004). 더구나 잡종은 부모들보다 더 넓은 범위의 염분 수준에 견딜 수 있는 능력을 가지고 있는데, 이것은 이들의 잠재적인 생태적 지위를 넓게 해준다. 그 결과 샌프란시스코 만의 개방된 갯벌은 *S. alterniflora* × *S. foliosa* 잡종에 의해 신속하게 정착되고 있는데 (순계인 매끈한 코드래스 뿐만 아니라), 그 다음 이들 정착 지점으로부터 영양체 생식을 통해 확산되고 있다 (Ayers et al. 2004). 개방된 갯벌의 소실은 이들 염습지의 물리적 동태, 그리고 토착 먹이망에 연쇄 효과를 유발시키고 있다 (예를 들어, 연안 조류 서식처의 제거).

9.2 개체에 대한 영향

이 장의 뒷부분에서 설명된 것처럼, 개체 수준에서의 영향은 개체들의 적합도 혹은 속성들을 변화시키고, 그리고 보통 측정과 상위 수준의 영향으로 외삽하기가 쉽다. 개체 수준의 영향에서 분명한 예들은 이입된 포식자들 혹은 경쟁자들에 대한 반응으로 토착종들의 형태, 행동, 혹은 개체군 통계학적 율이 변화되는 것이다 (Parker et al. 1999).

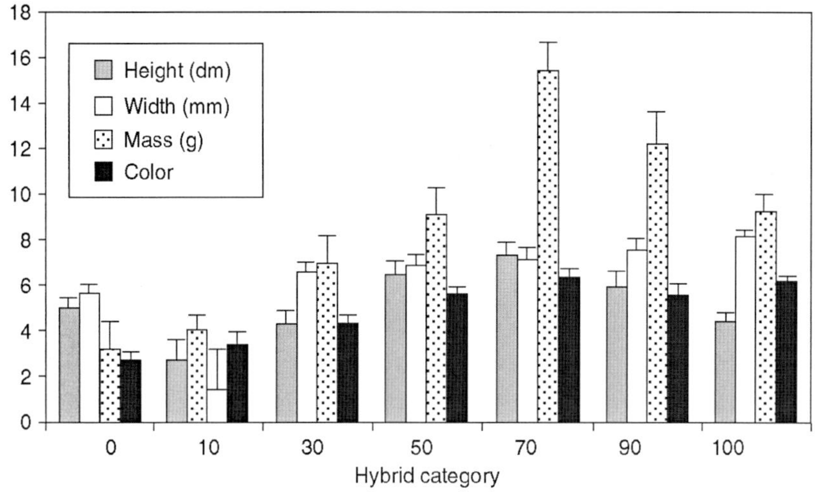

Fig. 9.1 Fig. 9.1 샌프란시스코 만에서 채집된 *Spartina* 잡종들의 적합도의 측정. 잡종 분류는 매끈한 코드래스와 일치하는 유전적 마커의 비율에 의해 규정된다 (즉, 0%=*S. foliosa*, 100%=*S. alterniflora*). 대부분의 측정치가 잡종 분류의 중간에서부터 위쪽에서 최고를 보이는 것은 *S. alterniflora* × *foliosa* 잡종이 그들의 모 분류군들보다 더 적합하다는 것을 나타낸다는 것을 인식하기 바란다.

행동변화의 좋은 예 중 하나는 제왕나비 (*Danaus plexippus*)의 대체 숙주식물 이용에 관한 것이다. 제왕나비는 북미 동부로부터 멕시코에서 생식을 하고 월동을 위해 이주하는, 혹은 북미 서부로부터 캘리포니아에서 월동을 하기 위해 이주하는 몇 가지 형태를 가진 매혹적인 곤충이다. 이들은 착란과 유충의 채식을 위해 박주가리 (*Asclepias syriaca*)를 한정적으로 이용하고 있다. 미국 중서부와 캐나다에 박주가리와 같은 과에 속하는 유럽의 덩굴식물인 비 토착종인 pale swallowort 혹은 dog-strangler vine (*Vincetoxicum rossicum*)의 이입과 함께, 침입하는 유럽 종에 착란하는 제왕나비들을 관찰할 수 있었다. Mattila와 Otis (2003)는 야외 연구에서, 각각의 숙주식물 하나만이 있을 때 그리고 다른 식물들이 존재할 때 제왕나비들이 이들을 이용하는 것을 조사한 결과 제왕나비는 숙주식물로 토착성 박주가리를 압도적으로 선호하지만 박주가리가 이용 가능하지 않을 때는 *V. rossicum*을 이용할 수 있다는 것을 알았다.

제왕나비 개체군들은 서식처에 대한 인위적인 교란, 그리고 농업에 살충제 사용으로 인한 독성 효과 때문에 지난 10년에 걸쳐 감소하고 있다. 만약 생식과 생존이 토착성 숙주식물과 비 토착성 숙주식물에서 유사하다면, 박주가리 이외의 대체 숙주식물은 제왕나비 개체군 안정화와 회복의 가능성을 제공할 수 있다. 불행하게도 유충은 비 토착성 덩굴식물은 매우 적게 먹어 그곳에 알을 낳아 부화된 어린 개체들은 1령 (첫 번째 유충 단계) 이후에는 생존하지 못하였다 (Mattila & Otis 2003). 따라서 제왕나비들이 침입종에 산란한 알들은 생식 노력의 낭비를 통해 부모의 적합도를 감소시킬 운명에 처해있다. Box 9.1은 새로운 숙주들을 변화시키는 비 토착성 병원성생물로부터 볼 수 있는 매우 상이한 효과에 대하여 설명하고 있다.

Box 9.1 지난여름 갑자기

우리가 지금까지 설명한 침입성 종들의 영향은 대부분 생태학적인 것에 관한 내용이었다. 우리의 일상생활 그리고 경제에 직접 영향을 주는 비 토착종들은 매우 적다. 생태학적인 문헌에서는 거의 논의가 이루어지지 않았지만 TV 뉴스에서 우리가 듣는 대부분의 새로 발생한 감염성 질병들은 그들이 한 대륙에서 처음 분리되었고, 그 다음 사람들의 여행 혹은 무역을 통해 전 세계로 확산되었다는 점에서 비 토착성이다. 신세계에서 최근의 예는 웨스트나일 바이러스인데, 사람의 건강과 야생생물에 대한 이 바이러스의 부정적인 영향은 신속하고 그리고 극적이었다.

웨스트나일 바이러스는 1937년에 아프리카 우간다의 West Nile 지역에 살고 있던 여성으로부터 최초로 분리되었다 (Marra et al. 2004). 웨스트나일 바이러스는 사람들에서 감기 비슷한 증상을 야기하는, 절지동물이 매개하는 플라비바이러스과이며, 때로는 치명적인 뇌수막염을 일으킨다 (Zeller & Schuffenecker 2004). 사람과 말들은 이 바이러스의 “최종” 숙주로 여겨지는데, 이들 최종 숙주들은 보통 모기 혹은 진드기와 같은 매개체 절지동물을 감염시키기에 충분한 바이러스가 은신하도록 하지 않기 때문이다 (Marra et al. 2004). 웨스트나일 바이러스는 그것이 최초로 분리된 이후에 흔히 발생하지는 않았지만, 1996년에 사람과 말에서 정기적으로 나타나기 시작하였다 (Zeller & Schuffenecker 2004). 특히 악성인 스트레인이 1998년에 이스라엘에서 이주하고 있는 죽어가는 거위로부터 확인되었고 (*Anser* spp.), 얼마 지나지 않아 1999년에 동일한 스트레인이 뉴욕에서 발견되었다. 신세계로의 이러한 도약은 처음이었고, 그리고 비록 바이러스가 어떻게 뉴욕으로 이동되었는지를 아무도 확실히 알 수 없지만, 화물과 사람들을 이동시키는데 사용된 배와 비행기 속에 들어 있던 모기 (1차 매개체)가 이스라엘과 뉴욕 사이의 이동을 용이하게 하였을 수 있다. 1999년 이후, 이 바이러스는 북미 전역으로 확산되었고, 그 아래에 위치한 카리브해, 그리고 남미로 확산되었다 (Zeller & Schuffenecker 2004). 웨스트나일 바이러스의 이 스트레인은 사람에게 치명적일 수 있다.

모기들의 매개체로서의 능력은 종 사이에 차이가 있다 (즉, 그들이 얼마나 쉽게 감염되고, 바이러스를 복제하며, 그 다음 그것을 전달하는; Marra et al. 2004). 그러나 포유동물, 조류, 그리고 파충류로부터 쉽게 혈액을 빨아먹는 기회적 채식자들인 일단의 보통 모기들 (예를 들어, *Aedes albopictus, Culex salinarius, Anopheles atropos*)이 있다. 이들 모기 종들은 바이러스의 전파에 핵심적인 역할을 할 수 있기 때문에, 그들의 생태와 행동에 관한 자세한 조사가 더 적합한 것으로 보인다 (Marra et al. 2004). 사람과 말들은 바이러스를 위한 저장소 역할을 하지 않기 때문에, 어떤 종이 이 역할을 하는지는 밝혀지지 않은 문제이다. Marra 등 (2004)은 2003년 9월 현재 적어도 208종의 조류, 29종의 포유동물, 1종의 도마뱀 (*Varanus salvadorii*), 그리고 1종의 악어 (*Alligator mississippiensis*)가 웨스트나일 바이러스 감염의 증후를 보였다고 보고하고 있다. 야생에서 살고 있는 개체들의 사망 원인을 주기적으로 결정하는 야생동물 모니터링 프로그램이 적기 때문에, 이러한 결과는 아마도 과소평가 되었을 것이다.

감염 증후를 보이는 조류 종들이 다양한 것을 감안하여 그들을 잠재적 저장소로 초점을 맞춘 연구들이 있었다. 그러나 모든 조류들이 똑같이 바이러스에 민감한 것은 아니다. 사람의 건강에 위험을 주어 괴롭히는 웨스트나일 바이러스의 개체군 수준을 유지하기 위한 조류의 능력과는 무관하게, 바이러스 자체가 야생 조류 개체군들에게 위험을 주고 있다. 미국 까마귀 (*Corvus brachyrynchus*) 개체군들은 바이러스에 의한 사망률이 30% 정도나 된다 (Marra et al. 2004). 갓 부화한 새끼 새들이 성체에 비해 바이러스에 더 민감하다는 일부 증거가 있으며, 성체들은 새끼들에게 먹이주기를 통해 바이러스를 전달할 수 있다. 현실적인 우려는 웨스트나일 바이러스가 멸종 위기종의 개체군으로 전파될 가능성인데, 이들 개체군에서 짧은 기간 동안에 개체들의 30%가 소실되면 개체군의 지속과 멸종 사이를 반복할 수 있다. 이들 바이러스가 없는 고립된 섬과 같은 환경에서 진화된 특별히 민감한 개체군들에게 이 바이러스가 감염되지 않도록 하는 것이 특히 중요하다 (예를 들어, 하와이 벌새, 갈라파고스 핀치새). 감염성 질병의 생태, 그리고 이들 질병이 어떻게 인간과 야생동물 개체군들에게 영향을 주는지에 관하여 알아야 할 것이 아직 많이 있다. 이들 질병들의 대부분이 비 토착성 기원을 가진다는 사실은 이러한 문제 해결에 침입종 생태학자들의 경험과 기술이 공개적으로 요구되고 있다.

행동의 전환에 관한 두 번째의 예는 이입된 붉은 불개미(*Solenopsis invicta*)에 관한 연구인데, 이 종은 소문에 의하면 1940년대에 아르헨티나로부터 미국 남부에 이입되었다. 다음 절에 설명되어 있는 것처럼 이들 개미들은 군집 수준에서 중요한 영향을 주지만, 이들은 또한 그들과 만나는 토착종의 행동을 변화시킬 수 있다. 연구자들은 일부 설치류들이 이입된 붉은 불개비가 존재하면 그들의 채식 행동을 변화시킨다는 것을 알았다 (Pedersen et al. 2003; Orrock & Danielson 2004). 예를 들어, 휴경지 생쥐 (*Peromyscus polionotus*)는 직접 그리고 간접적인 포식자 위험이 있는 지역을 싫어하는 것보다 이입된 붉은 불개미가 있는 지역을 더 싫어하는 것으로 나타났다 (Orrock & Danielson 2004). 간접적인 포식 위험에는 개방된 패치에서의 채식이 포함되어 있는데, 이들 지역은 소형 설치류들이 올빼미에 의한 포식 위험 때문에 피하는 지소이다. 직접적인 포식자들 위험에는 포식자 소변을 그 지역에 적용하는 것과 같은 지상에 살고 있는 포식자들의 존재 증거가 포함되어 있다 (Fig. 9.2). 달리 말하면, 휴경지 생쥐는 이입된 붉은 불개미와 접촉하는 것 보다 차라리 포식자들에 의해 포식당하는 위험을 선택할 수 있다. 또 하나의 연구에서, 거친 털을 가진 cotton rats (*Sigmodon hispidus*)는 이입된 붉은 불개미에 의해 점유된 지역을 피하기 위해 그들의 서식처 이용을 변화시켰다 (Pedersen et al. 2003).

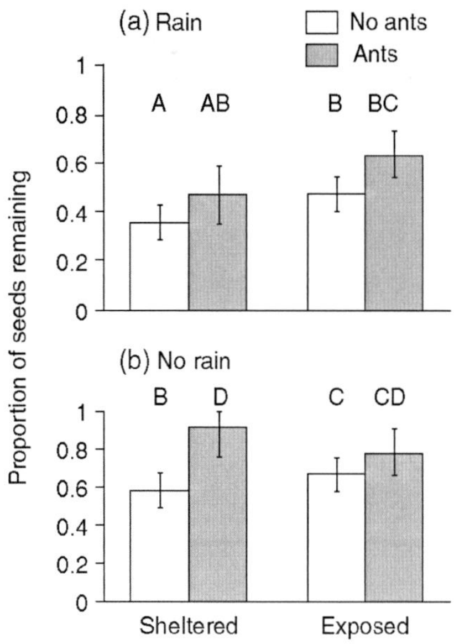

Fig. 9.2 불개미 (*Solenopsis invicta*)가 없을 때 (흰 막대) 그리고 존재할 때 (회색 막대) 비가 오는 밤 (a), 혹은 비가 오지 않는 밤 (b)에 휴경지 생쥐(*Peromyscus polionotus*)가 방문한 후 먹이 접시에 남아 있는 종자의 평균 비율. 비의 상태는 올빼미와 같은 공중의 포식자들에 대한 생쥐의 가시도의 지표이다 (비=잘 보이지 않음). 먹이 접시들은 은신처의 아래 혹은 개방지에 놓아두었다. 일반적으로 우리는 생쥐가 비가 올 때 그리고 먹이가 은신처 아래에 있을 때 더 많은 종자를 먹을 것으로 기대할 수 있다 (즉, 생쥐는 포식이 되지 않는다). 그러나 불개미가 존재하면, 불개미가 그들의 생존에 올빼미와 같은 다른 포식자들처럼 더 강하지는 않을지라도 같은 정도의 위협을 주기 때문에 생쥐는 그들의 채식율을 사실상 감소시킨다.

9.3 개체군에 대한 영향

침입성 종의 영향은 개체군 수준에서 가장 보편적으로 연구되었다 (Parker et al. 1999). 연구가 개체군 수준에 집중된 것은 생태학의 주요 단위로써 종에 대한 생태학자들의 편견을 반영하는 것일 수 있다. 그러나 그것은 또한 개체군 수, 분포, 그리고 연령 구조를 측정하기가 비교적 쉽기 때문일 수 있다. 앞에서 설명한 개체에 대한 영향은 보통 생식율과 생존률의 감소로 해석되는데, 이것은 개체군 생장에 영향을 준다. 만약 비 토착종이 토착종들의 전체 분포범위에서 수도에 부정적인 효과를 준다면 (예를 들어, 토착종이 희귀종 혹은 멸종 위기종일 때) 그리고 만약 이러한 효과들이 수 년 동안 지속된다면, 토착종은 절멸로 내몰릴 수 있다. 그러나 절멸은 가장 극단적인 개체군 수준 영향의 형태이다. 이 절에서 우리는 침입종들이 토착종의 개체군 구조 혹은 수도를 변화시키는 생태학적 기작들에 초점을 맞춘다. 그러한 영향은 두 종이 일반적으로 상호작용을 할 수 있는 다양한 방법들을 반영하지만,

우리는 침입종이 토착종과 중요한 자원에 대한 경쟁, 토착종의 포식, 혹은 토착종의 생장이나 생식을 물리적으로 저해하는 경우에 집중할 것이다.

9.3.1 경쟁 영향의 예

제 6장과 8장에서 우리는 비 토착종들의 정착과 확산에 대한 경쟁자들의 부정적인 효과를 설명하였다. 여기에서 우리는 그 역으로 비 토착종이 토착종에 대한 부정적인 경쟁적 효과를 나타내는 두 가지 예를 제시한다.

점박이 수레국화 (*Centaurea maculosa*)는 유라시아의 토착종이지만 1900년대 초에 북미에 이입된 국화과의 다년생 식물이다. 이 종은 분명히 수입하는 농작물 종자 속에 오염된 종자로 북미에 이입되었다. 현재 북미 북서부 주들과 지방에 있는 반 건조지 목야지의 수백 만 에이커에 이 종이 만연되어 있다. 점박이 수레국화는 토착종들의 생장을 지연시키고, 침입종의 자원 획득을 위한 상대적인 능력을 향상시키는 타감 화학물질을 생산한다 (Kelsey & Locken 1987).

몬타나 주에서는 점박이 수레국화가 고유종인 십자화과 식물인 Mt. Sapphire rockcress (*Arabis fecunda*)의 분포 범위를 잠식하고 있다. 이 토착성 다년생 종은 수명이 짧고, 미국 몬타나 주 남서부 록키산맥의 산록에 있는 염기성이 높은 토양에 국한되어 분포하고 있다. 점박이 수레국화와의 경쟁 이외에 *A. fecunda*는 가축에 의한 답압과 광산 활동으로 인한 위협에 직면하고 있다 (Lesica & Shelly 1996). Peter Lesica와 Stephen Shelly는 *A. fecunda*의 감소에 대한 침입종의 역할을 확인하기 위한 연구에서 1 m^2의 반복구 내에서 *A. fecunda*의 개체들 주변에서 점박이 수레국화 개체들을 손으로 제거하고, 그 다음 *A. fecunda*의 생장, 생식력, 생존, 그리고 보충 (즉, 발아된 종자의 수)을 규명한 실험을 수행하였다. 그들은 그 다음 점박이 수레국화가 어떻게 *A. fecunda*의 장기적인 개체군 동태에 영향을 주는지를 알아보기 위해 야외에서 얻은 이들 개체군 통계학적 율의 측정치들을 행렬 투영모델로 결합시켰다. 이러한 방법들은 개체 수준과 개체군 수준 모두로부터 나온 자료들을 결합시켰음을 알아야 한다.

점박이 수레국화를 제거한 후 1년 이내에 *A. fecunda*의 연 평균 개체군 생장율 (λ)은 부정적에서 긍정적으로 전환되었으며, 따라서 개체군 감소를 나타내는 값에서 증가하는 값으로 전환되었다. 이러한 변화는 대부분 점박이 수레국화를 제거한 후 *A. fecunda*의 보충이 뚜렷하게 증가된 결과에서 비롯되었으며 (Fig. 9.3), 일부는 *A. fecunda*의 개체 당 열매의 수가 증가되어 비롯되었다 (Lesica & Shelly 1996). 점박이 수레국화의 제거는 아마도 타감작용을 일으키는 독성물질을 감소 혹은 제거시키며, 다른 한편으로는 물, 영양염류, 혹은 햇빛과 같은 제한되는 자원의 이용도를 증가시킨다. Lesica와 Shelly (1996)는 점박이 수레국화

밀도의 계속된 증가는 *A. fecunda*의 개체군 크기를 감소시키고, 이 토착종의 절멸 위험을 증가시킨다고 결론지었다. 그들은 북미에서 점박이 수레국화 분포의 지리적인 범위 전역에서는 아닐지라도, 이 멸종 위기식물의 분포범위 내에서 점박이 수레국화의 조절을 시작할 필요가 있음을 강조하고 있다.

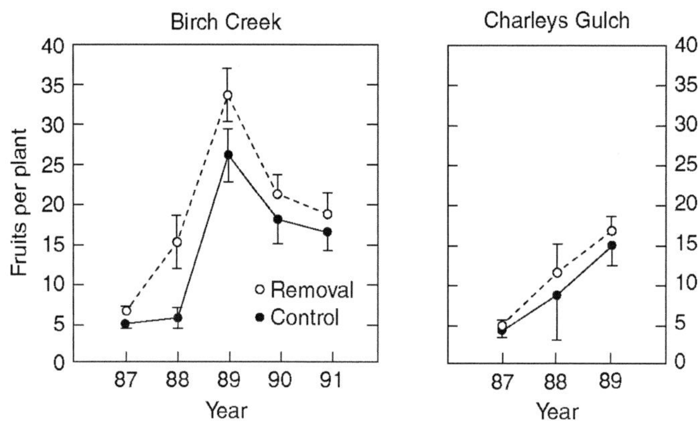

Fig. 9.3 대조구와 처리구에서 시간에 따른 *Arabis fecunda* 개체들의 생식력 (열매/식물). 처리구는 미국 북서부에 침입성 식물인 점박이 수레국화 (*Centaurea maculosa*)를 제거한 것이다. 비록 생식력은 연간 강우량에 의해 영향을 받지만 침입종의 제거는 시종일관 희귀 토착종의 더 높은 생식율을 유발시켰다. From Lesica & Shelly (1996).

우리는 호주에서 두 종의 토착성 앵무새와 그곳에 있는 두 종의 침입성 조류 사이에 이와 유사한 경쟁 효과를 볼 수 있다. 호주의 대부분의 토착 앵무새들은 둥지를 만들기 위해 노목에 형성되어 있는 구멍(동공)을 이용한다. 자연 숲을 조림지 (여기에서는 늙었거나 죽은 나무를 제거한다) 혹은 다른 토지 이용 유형 (예를 들어, 농업이나 근교 주택지)으로 전환시키는 것은 둥지 만들기에 좋은 지소들이 부족한 경관이 되게 한다. 그러한 자연적인 동공에 의존하는 대부분의 종처럼, 이용 가능한 자연적 동공의 수가 크게 줄어들어 호주의 대부분의 앵무새들이 감소하고 있다. 둥지 만들 장소의 부족을 완화시키는데 도움을 주기 위해 숲에 설치한 인공적인 둥지 상자들에 대한 경쟁뿐만 아니라 부족한 자연적인 동공을 차지하기 위해 새들은 심하게 경쟁한다. 이러한 상황은 행동이 공격적인 구관조 (*Acridotheres tristis*)와 유럽산 찌르레기 (*Sturnus vulgaris*)와 같은 침입성 조류의 존재에 의해 더 악화되는데, 이들은 둥지를 만들기 위해 둥지 상자들과 자연적인 동공을 토착성 앵무새들보다 쉽게 이용한다.

Pell과 Tidemann (1997)은 호주의 캔버라 근처에 있는 두 곳의 자연보존지에서 이 문제의 정도를 연구하려고 시도하였다. 이들 유카리나무 숲 보존지들은 동공에 둥지를 만드는 두 종의 토착성 앵무새인 장미 앵무새 (*Platycercus elegans*)와 e동부 앵무새 (*P. eximus*) 개체군들이 분포하고 있었다. 연구자들은 보존지 내에서 각 종의 밀도를 측정하고, 둥지로 사용되고 있는 둥지상자와 자연적인 동공의 수, 인공 상자를 이용하는 종, 인공 둥지상자에 산란한 부화된 새끼들의 성공, 그리고 인공 둥지상자 근처에서 공격적인 상호작용에서 이긴 종을 조사하였다.

Pell과 Tidemann (1997)의 결과는 숲 속의 깊은 곳 (즉, 보존지의 가장자리로부터 멀리 떨어진 곳)을 제외하고 모든 지역에서 침입종의 개체군 밀도가 토착종 개체군의 밀도보다 높은 것으로 나타났다. 제한된 이용 가능한 자연적 동공의 갯수 중 대부분이 구관조 혹은 찌르레기에 의해 사용되고 있었다. 비록 4종 모두가 잠재적인 둥지 장소로 인공 둥지상자들을 탐색하였지만 결국에는 구관조가 상자들의 대부분을 차지하였다. Pell과 Tidemann (1997)의 관찰에서 특히 흥미로운 것은 구관조가 둥지상자들로부터 토착성 앵무새의 생식쌍을 귀찮게 괴롭히고 흔히 그곳에서 쫓아 낸다는 것이다. 토착성 앵무새는 자신들의 알을 품기 위해 혹은 새끼들에게 먹이를 주기 위해 둥지로 들어올 수 없었다. 구관조들은 토착종 새끼들을 쪼아 그들을 직접 죽이기도 한다. 이러한 공격적인 행동은 토착성 엥무새의 생식 성공을 크게 감소시킨다. 비록 찌르레기는 그들이 이입된 다른 지소에서는 동공에 둥지를 만드는 앵무새의 감소와 연관되어 있지만, 이 연구에서 주목할 만한 것은 찌르레기는 구관조와 유사한 행동을 보이지 않았다 (Koenig 2003).

9.3.2 포식 영향의 예

토착종에 대한 침입성 포식자들의 영향은 훨씬 가장 빈번하게 설명되는 영향 범주인데, 그 이유는 아마도 침입종들의 영향에 진화적으로 경험이 없는 섬 생태계에서 침입성 포식자들로 인하여 그곳의 토착성 동물상이 황폐화 되는 효과 때문이다 (예를 들어, Box 1.2). 우리는 여기에서 멸종 위기종인 스페노돈도마뱀 (파충류, *Sphendon punctatus*)에 대한 침입성 쥐의 효과와 관련하여 하나의 사례 연구를 살펴볼 것이다. 그러나 침입성 포식자들은 토착종들 전체를 죽일 수 있기 때문에 우리는 이 주제를 군집에 대한 영향을 다룬 부분에서 다시 언급할 것이다.

스페노돈도마뱀은 뉴질랜드에 고유종인 도마뱀과 유사한 파충류이다. 지난 200년에 걸쳐 뉴질랜드 본토에 있는 스페노돈도마뱀 개체군들은 서식처 변화 그리고 인간과 침입성 포유동물에 의한 포식 때문에 사라졌다. 뉴질랜드의 북부 해안에 있는 25개의 섬에는 아직 스페노돈도마뱀이 존재하지만 이들 개체군들 중 일부는 역시 감소되고 있다. 이 섬들 중 8개의 섬들은 또한 비 토착성 Pacific rat (*Rattus exulans*)이 분포하고 있는데, 그 지역에서는 이 쥐를 kiore라고 부른다 (Atkinson & Moller 1990). Kiore가 서식하고 있는 섬에서는 스페

스페노돈도마뱀 (*Sphendon punctatus*)

Pacific rat (*Rattus exulans*)

노돈도마뱀 개체군들이 급격하게 감소되어 몇몇 보존생물학자들은 스페노돈도마뱀의 감소가 kiore의 존재와 직접적인 연관이 있는 것이 아닌지 의심하게 되었다.

Alison Cree와 그녀의 동료들 (1995)은 스페노돈도마뱀 개체군들에 대한 kiore의 영향을 규명하기 위해 야외 관찰을 이용하였다. 그들은 kiore가 서식하는 섬에서 스페노돈도마뱀 개체군들의 크기는 kiore가 없는 섬들에 있는 개체군들의 절반이라는 것을 알았다. Kiore는 제한된 먹이 자원에 대한 경쟁 그리고 직접 어린 개체들과 알을 포식하여 어린 스페노돈도마뱀의 보충을 분명히 방해하거나 혹은 크게 저해시켰다. Kiore가 없는 섬들에는 잡힌 모든 스페노돈도마뱀 개체들의 거의 24%가 어린 것들이었는데, 반면에 kiore가 서식하는 섬들에서는 이 비율이 약 8%로 감소되었다 (Fig. 9.4). kiore가 서식하며, 스페노돈도마뱀의 밀도가 가장 낮은 섬에서는 스페노돈도마뱀의 어린 개체들이 전혀 발견되지 않았다 (Cree et al. 1995). 스페노돈도마뱀은 낮은 밀도에서 Alee 효과를 경험할 수 있다. Kiore가 서식하는 섬에서, 성체 스페노돈도마뱀과 그들의 가장 가까이 있는 이웃 사이의 거리는 흔히 200~300 m로 멀었는데, 이것은 정주성 생물에게는 매우 먼 거리이다 (Cree et al. 1995). Cree와 그녀의 동료들은 이들 밀도에서 성체들 사이의 낮은 조우율은 생식을 더욱 제한할 것이라고 가정하였다. Cree와 그녀의 동료들 (1995)은 스페노돈도마뱀이 아직 존재하고 있는 섬들로부터 kiore를 박멸할 것, 그리고 다른 섬들로 kiore가 확산되는 것을 막을 강력한 방법들의 이행을 권고하였지만, 그러나 이러한 방법들이 이행되더라도 스페노돈도마뱀은 절멸에 이를 수 있다. 그 이유는 kiore로부터 보호가 될 경우에도 스페노돈도마뱀은 이들 섬에 이입된 알을 포식하는 다른 포식자들의 공격을 받기 쉽기 때문이다.

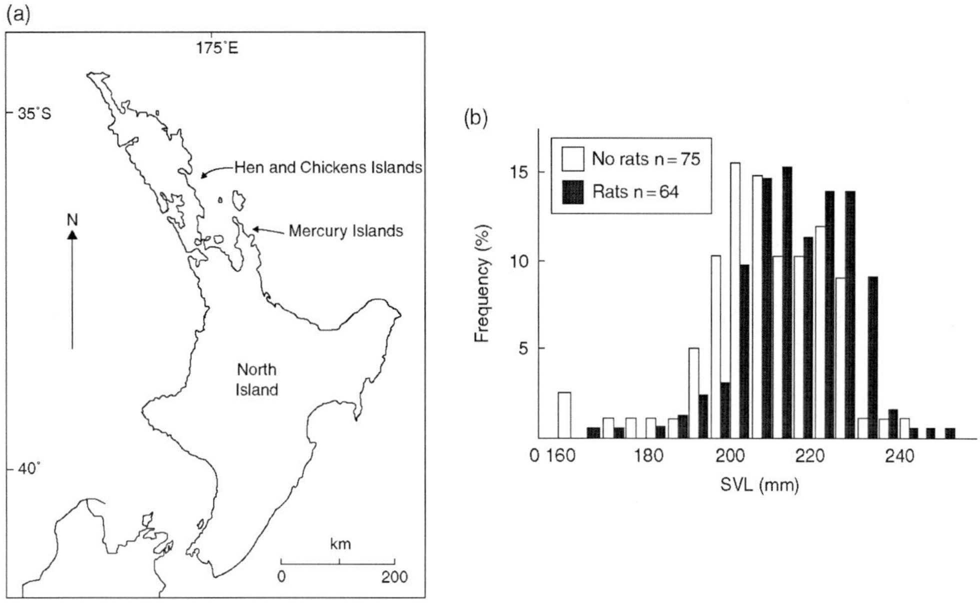

Fig. 9.4 Fig. 9.4 (a) 뉴질랜드의 Mercury Islands, Hen & Chicken Islands의 위치. 이 섬들은 아직 스페노돈도마뱀, *Sphendon punctatus* 개체군을 유지하고 있는 섬들 중 일부이다. (b) Kiore가 없는 섬과 kiore가 서식하는 섬에서 스페노돈도마뱀의 크기 계급 빈도분포 (SVL=주둥이에서 항문까지의 길이). 둘 사이의 분포는 현저히 다른데, kiore가 서식하는 섬에서는 작고 어린 스페노돈도마뱀 개체들이 눈에 띄게 없다.

9.3.3 물리적 영향의 예

개체군 수준에 작용하는 상당히 많은 영향들은 침입종의 물리적 속성으로부터 비롯될 수 있다. 예를 들어, 토착성 이매패류의 단단한 껍질을 포함하여 단단한 기질이면 무엇이든 달라붙는 홍합과 (Mytilidae)의 몇 종의 홍합들이 있다. 이들 침입성 이매패류들 중 가장 주목할 만한 것은 zebra mussel (*Dreissena polymorpha,* Box 8.1)인데, 이 종은 흑해와 카스피해의 토착종이다. 또 하나의 종인 golden mussel (*Limnoperna fortunei*)은 중국과 남동아시아 담수하천에 토착종이다. Zebra mussel은 처음에 북미의 5대호 지역에 이입되었고, 현재는 북미 중부의 많은 다른 분수역으로 확산되었다 (Ricciardi 2003). Golden mussel은 아르헨티나의 la Plata Basin으로 이입되었으며, 그 이후 우루과이, 파라과이, 그리고 브라질로 확산되었다 (Darrigran & de Drago 2000). 이들 침입종들은 모두 개체들이 무성하게 자라 토착종인 석패과 (Unionidae)에 속하는 unionid mussel의 밀도를 감소시켰다. Hebert 등 (1991)은 북미 5대호의 Lake St. Clair에서 하나의 unionid mussel 위에 zebra mussels이 부착하여 10개의 층 이상으로 자라는 것을 보고하였다. Golden mussel은 다양한 깊이에서 단단한 기질에 부착할 수 있게 해주는 족사 (byssal threads) 때문에 zebra mussels과 유사한 층 형성 능력을 가지고 있다 (Montalto & de Drago 2003). 두 종의 층 형성 효과는 그들이 토착종들의 위에 붙어 이들이 영양염류에 접근하는 것을 감소시키고, 그리고 흔히 토착성 이매패류를 질식시킨다 (Ricciardi 2003).

9.4 군집에 대한 영향

위에서 살펴본 개체군에 대한 영향은 만약 침입종이 하나 이상의 토착종에게 해로운 영향을 준다면 군집 구성에 상당한 변화를 야기할 수 있다. 일부의 경우에서, 침입종의 영향은 너무 크고 그리고 너무 도처에서 나타나 토착종들의 전체 조합이 절멸되게 된다. 우리는 먼저 하나의 침입종으로 인한 대량 절멸의 경우를 살펴보고, 그 다음 하나의 침입종의 존재로 인하여 변화되는 군집의 속성들의 좀더 보편적인 예들을 살펴볼 것이다.

9.4.12 대량 절멸의 예

침입종들에 의해 야기된 대량 절멸은 진화적으로 고립된 생태계에 새로운 포식자 혹은 초식동물이 이입되었을 때 가장 흔히 발생한다. 이들 경우에서, 하나의 계통 내에서 적응방산이 일어나도록 허용하는 장기간의 격리는 흔히 포식자들 혹은 초식동물들이 없거나, 혹은 적어도 특정한 유형의 포식자들 (즉, 대형 혹은 잡식성 종)이 없는 상황에서 발생한다. 포식은 매우 강한 선택압이며, 토착종들은 특히 새로운 포식자들의 영향을 받기 쉽다.

이에 관한 고전적인 예에는 1950년대에 영국 식민정책에 의해 아프리카의 빅토리아 호수에 물고기를 잡아먹는 나일농어 (*Lates niloticus*)가 이입되고, 그 다음 이어지는 토착성 시클리드 (cichlids, 관상용)의 소실이 포함되어 있다. 빅토리아 호수는 African Rift Lakes 근처에 위치하고 있으며, 거의 400종에 달하는 시클리드 어류 종들의 출생지이다. 이 호수는 주변의 다른 호수들과 격리되어 있고, 형태적으로 가변적인 시클리드의 턱 구조, 그리고 호수 내에 생태학적 조건들의 공간적 그리고 시간적 변이성이 시클리드의 엄청난 적응방산을 위한 여건을 제공하였다. 빅토리아 호수의 시클리드는 진화에 관한 많은 연구 대상이 되어 왔으며, 그리고 Goldsmith (1998)는 이 호수의 시클리드의 다양성을 "Darwin의 Dreampond"로 언급한 바 있다.

나일 농어는 그 지역 사람들의 식량자원을 증대시키고, 호수 주변에 거주하는 지역사회들을 위한 경제적 수입원을 제공하기 위한 노력으로 몇 종의 다른 잡식성 어류들 (농어에게 먹이를 공급하는 어류)과 함께 방류되었다. 이 물고기가 이입되기 전에, 빅토리아 호수의 어업은 주로 두 종의 토착성 시클리드 (*Oreochromus esculentus*와 *O. variabilis*)에 의존하였으나, 이들 토착종들은 어획량이 많지 않았다 (Goudswaard et al. 2002). 나일 농어는 호수에 있는 모든 시클리드 보다도 훨씬 크고, 작은 물고기들을 먹기 때문에 전체 어획량은 농어의 이입과 더불어 증가할 것으로 기대되었다.

비 토착성 어종의 이입 후에, 토착성 시클리드는 이입된 잡식성 어류와의 경쟁, 그리고 나일 농어에 의한 포식 때문에 감소되었다 (Goudswaard et al. 2002). 비록 처음에는 나일농어가 어부들의 어획량에서 큰 비중을 차지하지 않았지만 나일농어의 개체군은 1980년 경에 갑자기 폭증하였다. 지역 관리자들이 가지고 있는 장기간의 기록에 따르면, 나일농어는 1978년에 연간 어획량 (생물량)의 1% 이하이던 것이 1987년에는 어획량의 97%를 차지하게 되었다 (Witte et al. 2000). 토착성 시클리드의 생물량은 정 반대의 경향을 보였는데, 전체 어획량의 92%를 차지하던 것이 이제는 거의 잡히지 않게 되었다 (Witte et al. 2000). 1980년대 동안에 이전에 기록된 토착성 cichlid 약 200종이 완전히 사라졌다 (Witte et al. 1992). 1978년에서 1982년 사이에 그물에 잡힌 110종 중에서 1987년에는 불과 10종이 발견되었다 (Witte et al. 2000).

나일농어는 특별히 물고기를 많이 잡아먹지는 않았지만 이 종이 이입되기 전에 빅토리아 호수에서 시클리드가 만난 어떤 포식자들보다 다른 포식 행동을 가지고 있다. 나일농어는 토착성 시클리드 보다 몸집이 몇 배나 크게 자라며, 그들은 오로지 작은 물고기만을 잡아먹는다. 따라서 나일농어 각 개체는 하루에 많은 시클리드를 섭식할 수 있다. 가장 희귀한 토착성 시클리드, 그리고 나일 농어와 그들의 서식처를 더 많이 공유하는 시클리드들이 먼저 절멸되었고, 반면에 나일농어가 이용 가능하지 않은 얕은 서식처를 이용하는 시클리드 종들은 나일농어의 영향을 덜 받았다. 그러나 이러한 얕은 물에서는 토착성 시클리드들이 사람들에 의한 포식에 더 민감하여, 이들을 나일농어의 날카로운 이빨과 어부들의 날쌘 그물 사이에 놓여있게 만든다.

어업의 신중한 관리를 통해 나일농어의 평균 크기가 감소되었고 (즉, 실제로 몸집이 큰 농어를 우선적으로 포획하여), 농어 개체군의 밀도를 감소시켰다. 그 결과 지난 몇 년 동안에 소수의 토착성 시클리드 종이 회복되었다. 그럼에도 불구하고, 적어도 토착종 시클리드의 절반이 현재 절멸된 것으로 여겨진다. 또 다른 40종의 시클리드들이 국제자연보존 연맹 (IUCN)에 의해 지원되고 있는 시클리드를 포획하여 기른 후 방류하는 노력에 의해 절멸이 방지되고 있다 (Baskin 1992). 최종 결과는 지역 경제와 관련된 문제들, 그리고 이 인상적인 어류 조합의 대부분이 소실되었다는 것이다 (Baskin 1992).

처음에는 좋았던 의도가 나쁘게 변한 또 하나의 예는 생물학적 방제를 위해 태평양 제도에 이입된 포식성 rosy wolf snail (*E. rosea*)이 그 지역의 거의 모든 고유종 달팽이들 (*Partula* spp.)을 절멸시킨 것이다. 플로리다 그리고 중앙아메리카에 토착종인 *E. rosea*는 거대한 아프리카 달팽이 (*Achatina fulica*)의 생물학적 방제 생물로 1977년 3월 16일에 정부기구에 의해 고의적으로 타히티에 이입되었는데, 거대한 아프리카 달팽이는 정원용 식물과 농작물을 먹는 잘 알려진 비 토착성 농업 해충인데 (Clarke et al. 1984), 선의의 한 시민이 거대한 아프리카 달팽이를 식량자원으로 이용하기 위해 1967년에 이입시킨 것이다.

Rosy wolf snail (*E. rosea*)이 아프리카 달팽이 개체군의 조절에 어떤 역할을 한다는 증거는 거의 없다 (Civeyrel & Simberloff 1996; Gerlach 2001). 사실, 최근의 연구는 거대한 아프리카 달팽이의 감소가 질병 때문인 것으로 밝혀진 바 있다 (Civeyrel & Simberloff 1996; Gerlach 2001). 그럼에도 불구하고 거대한 아프리카 달팽이의 감소가 *E. rosea*에 의한 성공적인 생물학적 방제 때문인 것으로 발표되었다.

불행하게도, *E. rosea*가 대부분의 토착성 달팽이들, 특히 폴리네시아에 고유종인 *Partula* 종들을 쉽게 잡아먹는다는 명백한 증거가 있다 (Coote & Loeve 2003). Clarke 등 (1984)은 *E. rosea*가 타히티 섬 전역으로 분포범위를 확장시킴에 따라 *Partula* 그룹의 급격한 감소를 보고하였으며, 1988년에 *Partula*의 절멸을 보고한 연구자들이 바로 이들이었다 (Murray et al. 1988). 불행하게도, 영향은 타히티에만 국한된 것은 아니었다. *E. rosea*가 생물학적 방제 생물로 성공적인 것으로 간주된 이후 이 종은 그 다음 태평양 제도에 있는 몇 개의 다른 섬들에 이입되었는데, 이 섬들은 그들 자신의 고유종 육상 달팽이 조합을 가지고 있었다. 거의 모든 경우에서, 토착성 육상 달팽이들은 현재 크게 위험에 처한 것으로 여겨지고 있다. 사실, 타히티를 포함하고 있는 French Polynesia 군도에 속한 Society Islands에서 최근에 이루어진 조사에서는 타히티를 제외한 어떤 섬에서도 남아있는 *Partula* 종을 발견하지 못하였다 (Coote & Loeve 2003).

9.4.2 군집 변화의 예

우리는 특히 섬에서 침입성 포유류 초식동물들이 식물 군집들을 변화시키는 것을 흔히 본다. 포유류 초식동물들은 또한 우리의 주된 단백질 식품, 운송 수단, 의복 섬유의 공급원이기 때문에 이들 초식동물의 일부는 전 세계적으로 분포되어 있다. 토착 식물군집들에 상당한 영향을 주는 침입성 포유류 초식동물들의 예에는 토끼 (*Oryctolagus cuniculus*), 염소 (*Capra hircus*), 돼지 (*Sus domestica*), 말 (*Equus caballus*), 그리고 양 (*Ovis aries*)이 포함된다. 이들 비 토착성 초식동물들의 영향은 영양단계 그물의 하부 (독립영양생물)에 집중되어 있으며, 따라서 토착성 군집에 대한 이들 비 토착성 초식동물들의 효과는 광범위 할 수 있다 (Courchamp et al. 2003). 예를 들어, 야생 양은 캘리포니아 주의 Santa Cruz Island에 고유종인 토착성 관목과 벼과식물들을 선택적으로 뜯어 먹는다 (Van Vuren & Coblentz 1987). Santa Cruz Island에 있는 양은 캘리포니아 주의 본토에 있는 사육 양보다 더 일반화된 먹이를 먹고, 몇 종의 토착성 고유종 관목들의 잎을 따먹기 위해 그들의 뒷다리로 일어설 수 있다. 최종 결과는 물리적으로 단순화 된 식생 구조, 높은 비율의 개방된 나지, 그리고 대규모 야생 양 개체군들이 있는 지소들 내에 몇 종의 고유종 식물이 사라진 것이다. 이러한 효과는 상위 영양단계 그물과 접속되어 사실상 지면에 둥지를 만드는 조류를 위한 서식처를 제거시킨다 (Van Vuren & Coblentz 1987).

본토 군집들 내에서, 침입종들의 효과로 인한 절멸은 일어날 가능성이 낮고, 절멸이 일어날 때에도 소수의 종이 될 경향성이 있다. 하나의 좋은 예는 토착성 개미에 미치는 이입된 개미의 영향이다. 예를 들어, 우리가 개체에 대한 영향에서 언급한 바 있는 이입된 붉은 불개미 (*Solenopsis invicta*)는 미국 남동부에서 토착성 개미 집단들에 심한 변화를 초래하였다. 미국 앨라배마 주의 Mobile에 개미가 처음 이입된 후, 개미는 미국 남부의 성장하는 도시주변 지역에 조경공사에 사용된 뗏장에 편승하여 신속하게 확산되었다. 이입된 붉은 불개미는 사회생활을 하는 두 개의 변종들을 가지고 있는데, 하나는 하나의 여왕개미가 있는 집단을 형성하는 것이고 (monogyne), 두 번째는 다수의 여왕개미가 있는 집단을 형성하는 것이다 (polygyne). 1970년대에 미국에 처음 이입된 것은 polygyne 형인데, 토착성 개미 군집들에 가장 심한 피해를 주는 것으로 보인다 (Porter & Savignano 1990). 이입된 polygene 붉은 불개미는 monogyne 개미 군체들의 밀도의 50~100배 정도 되는 초대형 집단을 형성한다. Porter와 Savignano (1990)는 1980년에 불개미가 이입된 후, 텍사스 대학교의 Brackenridge Field Laboratory에서 개미의 수도와 다양성을 조사하였다. 그들은 이입된 불개미가 있는 지역에서 토착성 개미 종 풍부도 (16종)는 불개미가 없는 지역의 종 풍부도 (32종)의 절반이었으며, 불개미 침입 이전의 종 풍부도 (57종)의 30%에 불과하다는 것을 알았다 (Porter & Savignano 1990). 이러한 불개미의 침입은 개미 이외의 다른 토착성 절지동물에게도 영향을 미쳤다. 개미가 아닌 절지동물의 종 풍부도는 polygyne 불개미가 존재하는 곳에서 30%로 낮아졌고, 개체들의 수는 75%로 감소하였다 (Porter & Savignano 1990).

섬 생태계들은 토착종들이 지나치게 순진하고 취약하며, 은신처의 이용도, 그리고 침입성 종에 대한 잠재적인 경쟁자들 혹은 포식자들의 수에서 본토와 다를 수 있다. 예를 들어, 텍사스에서 토착성 개미 종들은 이입된 불개미의 영향으로부터 벗어나기 위한 피난처를 가지고 있는 것으로 보인다. 최근의 연구에 의하면 Brackenridge Field Laboratory 지소에서 토착성 개미 종 다양성은 잠재적으로 원상으로 회복된 것을 보여주었다 (Fig. 9.5; Morrison 2002). 이러한 회복 원인의 일부는 이입된 불개미 수도의 감소 때문이지만 (Fig. 9.6), 만약 토착성 개미들이 절멸되었다면 회복은 전혀 가능하지 않았을 것이다. 이입된 불개미의 감소에 관한 일부 가정에는 자원 수도의 감소 (Morrison 2002), 최근의 장기화 된 가뭄 (D. Holway, 개인적 연락), 이입된 기생곤충 (Mehdiabadi et al. 2004), 그리고 남미로부터 개미를 따라 들어온 병원성 생물이 포함되어 있다 (Williams et al. 1998; Oi & Williams 2002).

CHAPTER 9

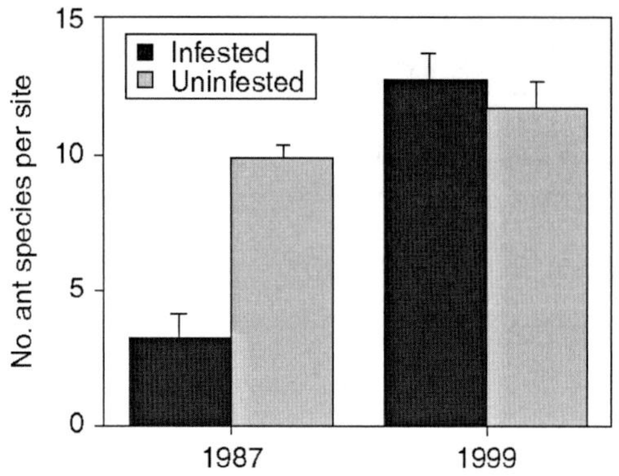

Fig. 9.5 텍사스 대학교의 Brackenridge Field Laboratory에서 이입된 불개미 (*Solenopsis invicta*)가 있고 없는 지소에서 전체 개미 종 풍부도 막대그림. 막대그림에 있는 각 세로선은 함정을 이용한 5개의 표본추출 지소들에 걸친 평균 ± 1 표준오차이다.

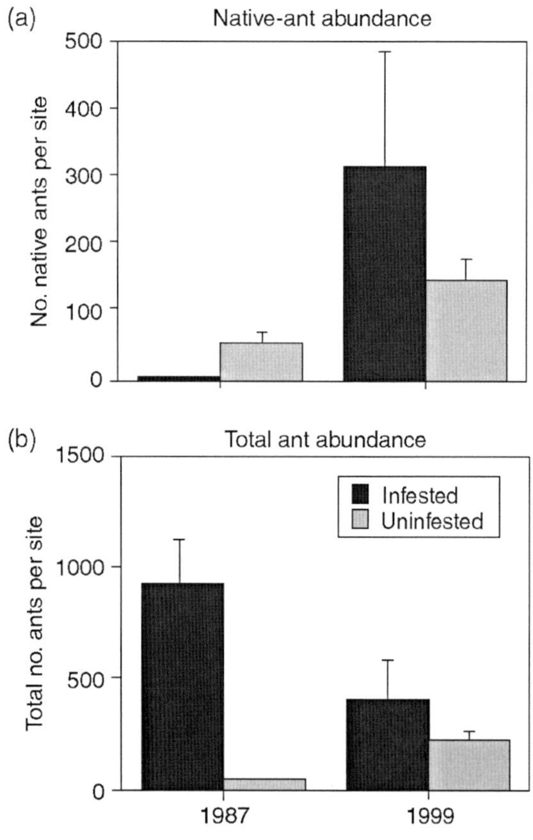

Fig. 9.6 텍사스 대학교의 Brackenridge Field Laboratory에서 이입된 불개미 (*Solenopsis invicta*)가 있고 없는 지소에서 토착성 개미 수도의 막대그림. 막대그림에 있는 각 세로선은 함정을 이용한 5개의 표본추출 지소들에서 채집한 평균 ± 1 표준오차이다.

텍사스 외 지역에 불개미의 침입의 결과로서 영양단계 전역에서 일부 토착성 종들이 감소되었다. 이입된 불개미의 존재로 인해 많은 식물 종들의 종자 분산이 감소되었으며 (Zettler et al. 2001; Ness & Bronstein 2004), 몇몇 지소에서 토착성 절지동물의 풍부도가 감소되었다 (Eubanks et al. 2002; Morrison 2002). 개체에 미치는 영향을 설명한 부분에서 언급한 바와 같이 설치류들은 채식 그리고 생식과 연관된 행동의 변화를 보였다 (Pedersen et al. 2003; Orrock & Danielson 2004). 조류 종들은 새끼 기르기 성공과 개체군 생장이 감소되었고 (Allen et al. 2001b; Smith et al. 2004a), 그리고 붉은 거북은 부화한 유생의 성공이 감소되는 것으로 나타났다 (Allen et al. 2001a). 이러한 예들로부터 침입성 생물들은 섬 뿐만 아니라 본토에서도 군집에 많은 영향을 준다는 것이 분명하다.

개체 수준과 군집 수준의 영향들이 연합할 수 있다는 것이 점점 분명해지고 있다. 그럴 경우 효과는 이입된 불개미의 경우와 같이 다양한 영양단계 수준에서 나타나며, 혹은 Box 9.2에서 설명한 것처럼 인간과 환경과의 상호작용을 변화시킨다. 예를 들어, 캘리포니아 주의 San Joaquin과 새크라멘토 분수역에 토착종인 포식성 잉어류인 새크라멘토 pikeminnow (*Ptychocheilus grandis*)가 1980년 경에 캘리포니아 주의 Eel River에 불법적으로 방류되었다 (Brown & Moyle 1981). 이입된 pikeminnow가 없었을 때, 토착 어류들은 수심이 얕은 가장자리를 제외한 개울 폭 전체에 걸쳐 분포하고 있었다. 몸집이 큰 포식성인 pikeminnow가 존재하자 Eel River에 토착성인 어류들이 개울의 깊은 곳으로부터 그들이 이전에 회피하던 얕은 곳으로 분포가 바뀌었다. 전반적으로 서식처 선택과 관련된 이러한 행동 전환은 토착종들 사이에 서식처의 공간적 사용에서 중복이 훨씬 줄어들었다. 이전에 많은 서식처 유형에서 공존하던 토착종들이 pikeminnow가 존재하자 토착종들이 특정한 서식처들에 분화하기 시작하였다 (Brown & Moyle 1991).

유사한 효과가 갈색 송어 (*Salmo trutta*)가 이입된 뉴질랜드에서도 관찰되었는데, 이 종은 아시아, 유럽 그리고 북아프리카의 일부 지역의 토착종이다. 갈색 송어는 이입된 지역에서 이류의 서식처 이용과 수도를 변화시기는 것을 넘어, 무척추 채식자들의 수도 혹은 채식 행동을 변화시켜 (직접 포식을 통한) 개울에 있는 조류 (algae)의 수도와 구성을 간접적으로 조절하고 있다 (Flecker & Townsend 1994; McIntosh & Townsend 1995).

9.5 생태계에 대한 영향

개체군 크기, 개체 행동 혹은 군집 구조에서의 변화는 생태계를 통한 물질의 흐름 그리고 토착 생태계에서 일반적인 교란 체제 모두를 변화시킬 수 있다. 예를 들어, 뉴질랜드 개울에 갈색 송어의 이입과 관련하여, Huryn (1998)은 갈색 송어의 존재는 갈색 송어가 없는 개울에 비해 있는 개울에서 6배나 높은 1차 생산과 함께 영양염류 수지를 크게 변화시켰음을 보여주었다. 유사하게, Simon과 Townsend (2003)는 갈색 송어가 있는 뉴질랜드 개울들이 갈색 송어가 없는 개울보다 더 많은 질소 화합물을 보유하고 있다고 보고하였다.

일반적으로, 다양한 자원을 이용하는 침입종은 흔히 생태계 과정들을 변화시킬 것이다 (Leavitt et al. 1994; Schindler et al. 2001). 예를 들어, zebra mussels은 그들의 소화관을 통하여 많은 양의 물을 여과하여 다른 종들에게 질소, 인, 그리고 탄소 이용도를 변화시킨다. 이것이 물에서 이용가능한 질소와 인을 증가시키고, 탄소함량이 높은 상층수로부터 하층 저서생물에게 탄소를 이동시킨다 (Gardner et al. 1995). 또 하나의 예는 우리가 6장에서 간단히 설명한 바 있는 위성류 (*Tamarix* spp.)이다. 이 관목상 교목은 뿌리를 지하수로 뻗고, 따라서 자신의 증산율을 능동적으로 조절하지 않는다. 위성류의 엄청난 물 소비, 그리고 염을 흡수하여 떨어지는 잎을 통해 방출하는 능력은 미국 남서부의 반 건조지역 수변 지역에서 토양의 건조성과 염분도를 증가시킨다 (Di Tomaso 1998). 이러한 변화들은 토착 식물종들의 감소, 그리고 절지동물과 조류 군집들의 변화를 야기하였다 (Di Tomaso 1998; Ellingson & Andersen 2002).

Box 9.2 오랜 시간이 지난 후

침입종이 문화적 그리고 사회적 체제를 크게 변화시킬 때, 침입성 종의 영향은 때로 생태학적 그리고 경제적 우려를 넘어선다. 여기에서 우리는 미국 밤나무 (*Castanea dentata*)에 대한 침입성 곰팡이인 밤나무 마름병 (*Cryphonectria parasitica*)의 영향 그리고 이들 나무에 의존하던 인간 사회에 대한 영향을 살펴보도록 한다.

미국 밤나무는 북미 동부의 낙엽수림의 우점 활엽수들 중 하나인데, 이 종은 특히 메인 주로부터 조지아 주까지 미국 동부를 관통하는 애팔래치아 산맥의 비교적 건조한 북사면에 분포하고 있다 (Smith 2000). 미국 밤나무는 비록 이들 삼림의 하층을 구성하는 주요 구성원은 아니지만, 보통 수관층을 구성하며, 높이가 100 m, 직경이 10 m에 이른다. 토착 야생동물들과 지역 농부들은 이 나무가 생산하는 다량의 도토리에 의존하고 있었다. 지역 사람들은 주기적으로 밤을 수거하여 겨울 식량 공급원으로 저장하였는데, 산업혁명 이전의 대부분의 미국 농부들의 생활의 중요한 목표이었다. 사람들은 특히 겨울에 밤을 굽기를 좋아하고, 훌륭한 성탄절 노래에 들어 있는 서정시들이 만들어 졌다. 남부 애팔래치아에 있는 지주들은 수확한 밤을 북쪽에 있는 도시 지역 (필라델피아와 뉴욕 시)에 팔았는데, 따라서 미국 밤나무는 그들의 주요 현금작물 중 하나이었다. 그들의 다른 현금작물 중 하나는 밀조주 (즉, 집에서 양조한 곡물 알코올)의 생산이었는데, 이를 제조하기 위한 보일러들은 에너지원으로 흔히 미국 밤나무 목재를 사용하였다 (Youngs 2000). 그러나 미국 밤나무의 주요 사용처는 목재의 생산이었다. 미국 밤나무는 직립하여 높게 자라고, 그것의 목재는 작업하기가 쉽고, 건조시키는 과정에서 목재가 비틀리지 않는다. 이 나무의 심재는 부패에 저항성이 매우 강했다. 밤나무 목재는 전신주, 철도 침목, 가구, 판벽널, 그리고 피아노와 같은 다양한 제품에 사용되었다 (Youngs 2000). 미국 밤나무는 그동안 내내 미국 동부 사람들의 생활에 핵심요소 이었다.

19세기와 20세기 초 미국인들의 경제에 미친 미국 밤나무의 중요성을 감안하면, 1920년대와 1930년대에 밤나무의 수도가 갑자기 감소하고, 1940년대에는 매우 희귀하게 되어 경제적으로 "절멸" 상태에 이르렀을 때 "호된 충격"으로 여겨졌었다 (Youngs 2000). 밤나무의 이러한 감소 원인은 1904년에 일어난 밤나무 마름병의 이입이었다. 밤나무 마름병은 아시아에 토착성인 곰팡이가 감염된 묘상을 통해 북미로 들어온 것이다. 마름병 곰팡이는 뉴욕 시에 있는 Bronx Zoological Park에서 처음 발견되었으며, 그후 40년 이내에 미국 밤나무가 자연적으로 분포하고 있는 모든 지역으로 확산되었다 (Griffin 2000). 밤나무 마름병은 유관속 형성층을 죽이는 암종병을 일으켜 큰 나무의 줄기 껍질을 벗기는데, 그 결과 나무들이 잎을 소실한다. 곰팡이는 바람에 의해 산포되는 포자를 통해 근처의 나무들로 전파된다. 곰팡이는 오늘날까지 북미 낙엽수림에 살아남아 잔존하고 있으며, 주기적으로 미국 밤나무 유식물이 높이 약 15 m, 직경이 약 20 cm에 도달하면 이들을 감염시켜 죽인다 (Paillet 2002). 이것은 이들 나무들이 수관층 수로 자라 꽃을 생산하기 이전에 일어난다 (미국 밤나무는 자가수정이 아니다). 따라서 미국 밤나무들이 이들 삼림에서 여전히 발견될 수 있지만 그들은 생식을 하지 않는다. 분명히 모든 "새로운" 유식물들은 실제로는 새로 나온 싹들로부터 계속 다시 자라는 매우 나이가 많은 것들인데, 이것은 나무 수관층이 교란에 의해 흔히 열리지 않는 삼림에서 살기 위한 특별한 적응이다 (Paillet 2002). 삼림 우점종으로써 미국 밤나무의 소실은 미국 동부에서 대규모의 삼림 벌채를 유발시키지는 않았다. 대신에 red oak (*Quercus rubra*), white oak (*Q. alba*)과 같은 다양한 참나무들이 큰 밤나무의 고사에 의해 생긴 공간을 채웠다. 따라서 미국 밤나무의 소실이 딱따구리가 둥지를 만드는 많은 서있는 고사목을 남기고, 다람쥐나 얼룩다람쥐와 같은 종들이 이용할 수 있는 먹이 저장고가 감소되었다는 것 외에 토착 야생동물에 미치는 영향이 무엇인지는 분명하지 않다. 임학자들이 마름병 곰팡이에 내성이 있어 삼림 내에서 그들의 위치를 회복할 수 있는 개체들을 개발하지 않는 한 우리는 결코 이들 나무들의 소실이 갖는 생태학적 영향을 알 수 없을 수 있다 (Griffin 2000). 그러나 미국 밤나무의 소실은 분명히 지역 사람들에게 강한 문화적 영향을 주었다.

위에 제시된 예들은 더 많은 자원을 사용하고 부산물을 방출하여 그들의 환경을 변화시킬 뿐만 아니라 또한 자원 이용에 다소 새로운 방법을 가진다는 것을 주목하기 바란다. 그들은 모두 많은 토착종들을 배제하는 비 생물적 스트레스에도 불구하고 자원을 획득할 수 있다. 새로운 자원을 사용하는 혹은 다른 종들이 할 수 없는 상황에서 자원을 추출할 수 있는 이러한 능력은 흡히 생태계 변화를 초래한다.

예를 들어, 천이 초기단계에서 질소고정 식물들은 토양을 형성하고 부족한 영양염류를 이입시키는데 도움을 주기 때문에 중요하다. 침입종으로써 질소고정자들은 토착 식물종과 비 토착성 식물종들 사이의 자원 이용도와 경쟁의 균형을 근본적으로 변화시킬 수 있어 군집 구조와 생태계에서 진행되는 과정들에 영향을 준다.

이것과 관련하여 자주 인용되는 예에는 fire tree (*Morella faya*, 이전에는 *Myrica faya*로 알려짐)가 있는데, 1800년대 후반에 하와이 제도에 이입되었다. *M. faya*는 방선균근(actinorrhizae)을 형성하는데, 그것의 뿌리에 공생적 질소고정자의 목본성 혹을 형성한다. Peter Vitousek과 그의 동료들은 1980년대 초반부터 Kilauea Volcano (Hawaii Island) 내에 있는 형성된지 얼마 되지 않는 화산성 기질의 1차 천이에 미치는 *M. faya*의 영향을 연구하여 왔다. 화산성 기질 위에 발달하는 생태계들은 질소가 부족하여 궁극적으로는 열대우림이 형성될 천이 과정의 초기단계에서 질소를 고정하는 종은 분명히 이로운 점을 가지게 된다. 그러나 하와이의 열대우림은 이러한 갓 형성된 화산성 기질에 정착할 수 있는 토착성 질소고정 종들을 가지고 있지 않다 (천이의 후기 단계에 출현하는 질소고정 식물들은 있다). 따라서, 침입성 *M. faya*의 존재는 천이과정에 새로운 요소를 첨가하여 궁극적으로 강우, 토착성 질소고정 생물, 그리고 토착성 분해자들을 통해 원래 그 지역에서 이입되는 질소에 비해 4배나 높은 고정된 질소의 이입이 있게 된다 (Vitousek 1990). 더욱이 이러한 질소 이입은 다른 식물들에 의해 흡수가 가능하다. 화산성 토양의 발달 초기에, 이들 식물들은 흔히 토착성 식물보다는 비 토착성 식물들이다. 결국, *M. faya*의 존재는 천이 과정을 비 토착성 종들의 우세를 야기하는 새로운 경로로 설정함으로써 하와이의 화산성 기질의 생태계 동태를 변형시킨다.

Ehrenfeld (2003)는 침입종들이 존재하는 상황에서 토양 영양염류 순환에 관한 문헌들을 포괄적으로 고찰한 후 잠정적인 패턴을 요약하여 제시하였다. 침입성 식물들은 (i) 토착종들에 비해 빠른 생장률에서 비롯되는 더 높은 현존 생물량과 순 1차 생산력을 가지며, (ii) 공존하는 토착종들에 비해 더 빨리 분해되는 낙엽을 생산하고, (iii) 하층에 있는 토양에 추출 가능한 질소를 토착종들에 비해 더 많이 남기는 경향이 있다. 그리고 (iv) 토착종들에 비해 질소무기화와 질화작용의 수준이 더 높고, (v) 만약 그들이 공생적 질소고정자들과 연합되어 있을 경우 질소 순환에 큰 영향을 주며, 그리고 (vi) 영양염류의 절대량의 변화가 없는 경우에도 영양염류 유동과 토양 저장고의 공간적 분포를 변화시키는 경향이 있다. 이외에도 자신이 질소를 고정하지 않는 침입성 비 토착성 식물들은 질소를 고정하는 토착종들과의 상호작용을 통해 질소 고정율에 영향을 줄 수 있다. 전체적으로 질소, 탄소, 그리고 물의 토양 저장고는 침입성 식물의 존재에 반응할 것이지만, 그러나 변화의 방향은 예측 가능하지 않다.

9.6 경관, 지역, 그리고 지구수준의 영향

마지막으로, 지구수준에서 침입종의 영향에 대하여 생각해보는 것이 중요하다. 비록 우리는 이 장에서 종 소실의 많은 예들을 제시하였지만, 많은 지소들은 비 토착종의 이입으로 종 풍부도가 증가하고 있다 (Sax et al. 2002; Sax & Gaines 2003). 그러나 종 풍부도에서 이러한 이득과 손실은 분류군 전체에서 균일하게 나타나지 않는다. 사람들과 공존하는 종, 그리고 사람들이 변화시킨 환경에서 번창하는 종들은 다른 지역으로 운반될 가능성이 더 높고, 새로운 서식처에서 생존할 가능성도 더 높다. 반면에 생물다양성의 다른 한편은 인간의 영향 혹은 새로운 경쟁자들, 포식자들 혹은 병원성 생물들의 영향에 민감한 고유종들은 절멸 쪽으로 감소할 수 있다. 이것이 일단의 종들을 서서히 쇠퇴하게 만들며 (패자들), 그리고 훨씬 작은 그룹들을 과거 어느 때보다도 더욱 많게 (승자들) 만든다 (McKinney & Lockwood 1999). 고유종의 소실 그리고 이미 널리 확산된 침입종의 추가는 이전에는 분명히 달랐던 지역 전역에서 식물상과 동물상의 유사성을 증가시키는데 기여하고 있는데, McKinney와 Lockwood (1999)는 이러한 현상을 균질화라고 언급하였다.

균질화는 빨리 일어나는 과정이 아니며, 따라서 이 현상이 언제나 쉽게 관찰할 수 있는 뚜렷한 것은 아니다 (Marchetti et al. 2006). 침입을 감지하기 위한 시간 규모는 절멸의 시간 규모에 비해 훨씬 빠르다. 사망률의 증가 그리고 생식의 감소는 감지하는데 몇 세대가 소요되는 느린 개체군 감소를 유도할 수 있다. 이들 변화들이 생식을 배제할 만큼 심할 경우에도, 만약 우리가 자세한 개체군 통계학적 정보보다는 단지 수도 자료만을 수집한다면, 수명이 긴 종들은 외관상 건강한 개체군으로 보일 수 있다. 따라서 이입은 순간적으로 일어날 수 있지만 절멸이 되기 위해서는 보통 몇 세대가 소요된다. 그러면, 우리는 어떤 시간 수준에서 균질화를 조사해야 하는가? 이입의 속도가 증가하면서 우리는 종 풍부도에서 순 감소를 볼 수 있을 것으로 (즉, 비 토착종으로 인한 풍부도 증가와 토착종들의 소실을 포함하여) 예상되는가? 그리고 우리가 느끼는 균질화의 위협을 떨쳐버리기 위해 종 풍부도에서 증가를 허용해야 하는가?

이러한 질문들은 상당한 논쟁을 불러 일으켰다. Julian Olden과 LeRoy Poff (2003)는 단순한 다양성 비교는 시간 규모 (침입율과 절멸률 사이의 차이 때문에), 그리고 초기 토착종의 다양성 (비교 통계와 생물학적 저항 때문에)에 매우 민감하다는 것을 지적하였다. 그들은 어느 주어진 환경에서 패자에 대한 승자의 비를 점검하기 위한 좀더 유용한 모델이 있어야 한다고 주장하였다 (Fig. 9.7; Olden et al. 2004). 그러나, 만약 우리가 시간 규모와 원래 종 풍부도의 영향을 제거할 경우에도, 우리는 분류군들의 조사만으로는 균질화에 관한 유용한 이해를 하지 못한다. 종들은 군집과 생태계 내에서 각자의 기능을 수행한다. 이입의 과정은 군집 내에서 성공적인 특성들의 분포를 변화시키는 새로운 선택 인자들을 이입시킨다. 좀더 생산적인 연구는 분류학적인 균질화 이외에 유전적 그리고 기능적 균질화를 조사하는 것일 수 있다 (Fig. 9.8; Olden et al. 2004). 예를 들어, 잡종화와 유전자 유입은 군집에서 새로운 유전자형과 표현형을 감소시킨다. 만약 그 군집에 부과된 부수적인 선택압들이 협력하여 침입종의 특성을 더 성공적이게 만든다면, 군집의 전체적인 기능적 다양성은 변할 뿐만 아니라 감소할 수 있다.

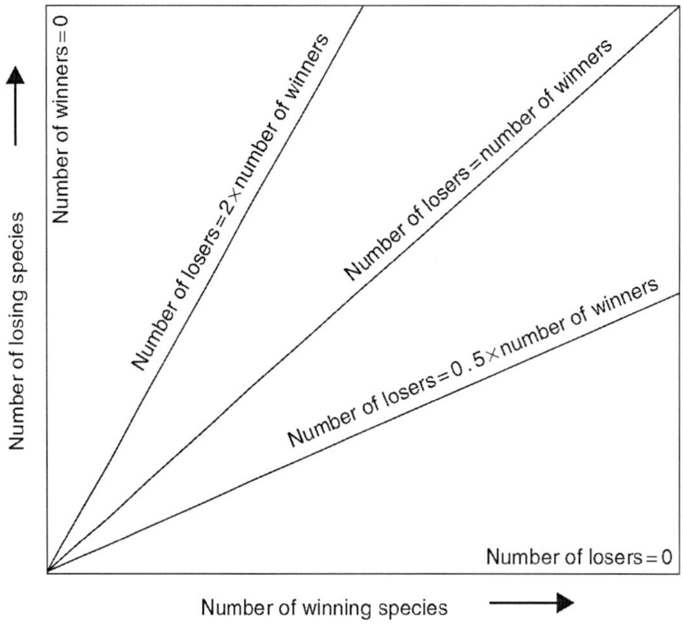

Fig. 9.7 초기 종 다양성의 차이와 무관한 균질화의 모델. 모든 상태들은 이기는 종과 패하는 종의 수와 관련되어 있으며, 따라서 좀더 즉각적인 균질화의 징후를 제시한다.

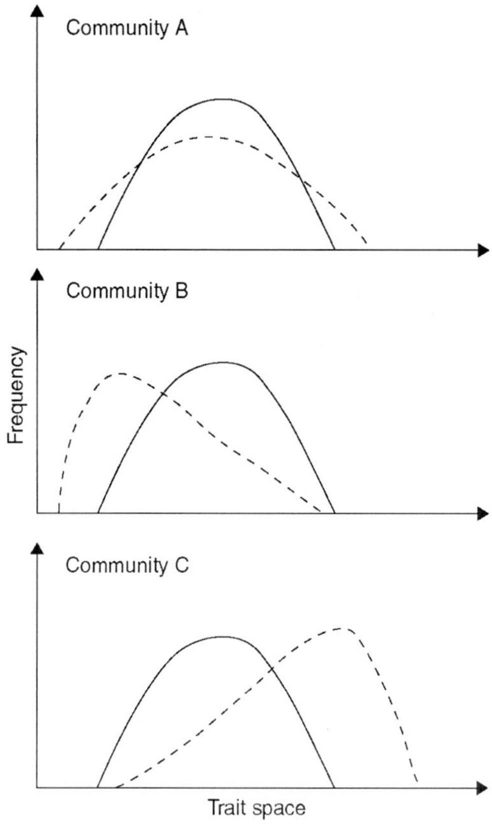

Fig. 9.8 군집들은 특성들이 서로 다른 몇 개의 초기 분포로 시작할 수 있다. 위의 각 그림에서 실선은 현재의 속성 공간분포를 나타내고, 점선은 역사적인 속성분포를 나타낸다. 3 군집들은 모두 분포의 꼬리를 제거하여 유전적 균질화를 보이고 있다. 그러나 군집 B와 C는 또한 기능적 균질화를 보이고 있다.

9.7 요약

침입성 비 토착종들의 영향의 범위는 매우 커 상상할 수 있는 거의 모든 생태적인 관계를 포함하고 있다. 그러나 생물학적 구성 수준 전체에 관한 영향에 대해 우리가 가지고 있는 정보는 매우 부족하다 (예를 들어, Vitousek 1990; Simon & Townsend 2003). 예를 들어, 유전적 유전자 이입은 어떻게 개체군 통계학적 율의 변화로 나타나고, 궁극적으로는 개체군 감소로 이어지는가? 침입성 어류의 행동은 어떻게 영양염류 순환에 영향을 주어 궁극적으로는 다른 비 토착종의 정착에 기여하는가? 비 토착종의 연구에서 이들 연관들은 분명한 것으로 보이지만 대부분 규명되지 않은 상태로 남아있다. 이러한 애매함, 그리고 우리가 여기에서 고찰한 몇 가지의 패턴들을 단순히 확인해야 할 필요성은 이 책을 읽는 학생들에게 침입성 비 토착종의 영향에 관한 상당한 연구들이 아직 남아있다는 것을 분명히 하고 있다. 비 토착종의 일부만이 모든 침입 단계를 통해 성공적으로 이동할 경우에도 침입성 비 토착종들의 영향은 꽤 클 수 있다. 그러나 이들의 영향이 언제 크게 될지 혹은 언제 영향이 없을지의 패턴이 있는가? 실제로 상황들을 비교하는데 사용될 수 있고, 그리고 우리가 부족한 관리 비용을 가장 효율적으로 사용할 수 있는 곳을 결정하는데 도움을 받기 위해 잠재적으로 사용할 수 있는 영향의 가혹성을 측정하는 단일 측정기준이 있는가? 이들 문제들은 우리가 다음 장에서 살펴 볼 주제들이다.

더 읽을 거리

Courchamp, F., J. L. Chapuis, and M. Pascal. 2003. Mammal invaders on islands: impact, control and control impact. Biological Reviews 78: 347 - 383.

D'ntonio, C. M. and P. M. Vitousek. 1992. Biological invasions by exotic grasses, the grass/fire cycle, and global change. Annual Review of Ecology and Systematics 23: 63 - 87.

Flecker, A. S., and C. R. Townsend. 1994. Community-wide consequences of trout introduction in New Zealand streams. Ecological Applications 4: 798 - 807.

Morrison, L.W. 2002. Long-termimpacts of an arthropod-community invasion by the imported fire ant, Solenopsis invicta. Ecology 83: 2337 - 2345.

Rahel, F. J. 2000. Homogenization of fish faunas across the United States. Science 288: 854 - 856.

Vitousek, P. M. 1990. Biological invasions and ecosystem processes: towards an integration of population biology and ecosystem studies. Oikos 57: 7 - 13.

이 단원과 관련된 논문

Ehrenfeld, J. 2003. Effects of exotic plant invasions on soil nutrient cycling processes. Ecosystems 6: 503 - 523.

Ness, J. H., and J. L. Bronstein. 2004. The effects of invasive ants on prospective ant mutualists. Biological Invasions 6: 445 - 461.

Olden, J. D., and N. L. Poff. 2003. Toward a mechanistic understanding and prediction of biotic homogenization. American Naturalist 162: 442 - 460.

Rhymer, J. M., and D. Simberloff. 1996. Extinction by hybridization and introgression. Annual Review of Ecology and Systematics 27: 83 - 109.

Ricciardi, A. 2003. Predicting the impacts of an introduced species from its invasion history: an empirical approach applied to zebra mussel invasions. Freshwater Biology 48: 972 - 981.

Sax, D. F., S. D. Gaines, and J. H. Brown. 2002. Species invasions exceed extinctions on islands worldwide: a comparative study of plants and birds. American Naturalist 160: 766 - 783.

CHAPTER

10

영향력 종합

개관

앞 장에서 우리는 침입성 종들의 잠재적 영향의 범위에 대하여 설명하였으며, 상이한 생물학적 구성 수준에서의 예들을 제시하였지만, 영향의 패턴들을 종합하거나 그들의 가혹성을 비교하지는 않았다. 이 장에서 우리는 과학적 그리고 사람의 인지가 어떻게 우리들의 영향 분석에 영향을 주는지를 포함하여 침입성 종들의 영향을 인지하는 것과 관련한 일반적인 문제들을 살펴본다. 이러한 논의는 침입성 종의 영향을 평가하는데 필요한 생태적, 역사적, 그리고 사회적 요인들의 범위를 강조하는 두 개의 그래프 모델들을 생성한다. 유전자로부터 군집에 이르는 계층적 수준 전역에서 침입종들의 영향을 측정하기 위해, 그리고 그러한 상이한 수준에서 영향을 비교하기 위해 우리는 공통으로 통용되는 화폐 단위가 필요하다. 우리는 이 장에서 경제적 통화 그리고 생태학적 통화를 개발하기 위한 몇 가지 상이한 방법들에 관하여 설명한다. 우리는 주어진 생태학적 상호작용의 복잡성의 범위 그리고 침입 과정이 여러 단계를 거쳐 진행된다는 특성 때문에 하나의 생태학적 통화 내에서 영향의 정도를 정량적으로 평가하는 것이 어렵다는 것을 알고 있다.

10.1 영향력의 지각과 인식

침입과정의 마지막 그리고 흔히 극적인 단계는 침입종 생태학에 대한 관심을 갖게 한 추진력이 되었지만, 침입종들의 영향에 대한 정의는 다음의 두 가지 이유에서 다소 문제가 되고 있다. 첫째, 영향력의 감지에 대한 과학적 그리고 사회적 영향이 있다. 둘째, 영향력이 감지된 후, 발생된 영향의 수준을 결정하는 다양한 생태학적 요인들이 있다. 우리는 본질적으로 군집 구조를 변화시키거나 혹은 토착종 개체군 밀도를 감소시키는 원인이 되는 종들은 영향력을 갖는다는 것을 직관적으로 이해하고 있지만, 그러나 영향력을 갖지 않은 비 토착종들을 위한 경계를 어디에 설정할 수 있는가? 실제로, 한 종이 새로운 환경으로 침입하였지만 그 환경에 영향을 주지 않을 가능성이 있는가? 비 토착종은 새로운 군집에 정착함으로써 영향력을 가진 토착종들과 상호작용을 형성한다. 그럼에도 불구하고, 토착종들에 대한 감지할만한 영향력이 거의 없이 정착하는 비 토착종들에 관한 많은 예들이 있다 (Williamson 1996; Davis 2003). 측정된 효과가 우리의 관찰력과 영향력 평가 모두에 의존적이기 때문인가? 아니면 실제로 효과가 없기 때문인가? 여기에서 우리는 침입성 종의 영향을 감지하는데 영향을 주는 요인들을 고찰하고, 그리고 다음 절에서 이러한 영향들을 침입 과정의 생태학적인 배경과 융합시킨다.

침입종들의 영향력에 관한 사람들의 감지와 평가는 침입과정 단계의 필수 부분이다 (Williamson 1996). 예를 들어, 사회는 농업, 화훼, 양어, 그리고 기타 경제적 투기사업을 통해 능동적으로 많은 비 토착종의 이입을 장려하고 있다. 사회는 이들 사업들을 위해 토지를 개척하고, 토착 군집들을 파괴하며, 이들 비 토착종들이 식량, 의약품, 의복, 노동, 그리고 일반적인 이익의 안정적인 공급원을 제공하리라 기대하고 있다. 사회는 때로 특정한 분류군들뿐만 아니라 특정한 생태학적 과정들도 도입을 장려하고 있다. 제 5장에서 살펴본 바와 같이 복원 생태학자들은 토착 식물군집들에 대한 초식동물의 긍정적인 효과를 모방하기 위해 가축을 사용하며, 산불 주기를 좀더 자연적인 체제 쪽으로 유도하기 위해 비 토착성 식물종을 심는다. 순수한 생물학적 방제 산업은 부정적인 생태학적 효과를 조절하기 위해, 특히 우리의 농업 생산량을 감소시키는 비 토착성 해충 종의 개체군 크기를 감소시키기 위해 비 토착종을 사용하려는 우리의 욕망에 기초하고 있다. 제 2장에서 설명한 바와 같이, 비 토착종의 운반과 이입을 위한 심미적, 의학적, 문화적, 그리고 경제적인 이유들이 있다. 때로 이들 종들은 긍정적인 영향을 주어, 사회는 그들이 조절되어질 수 있는 한 비 토착종들을 장려한다. 실제로, 정착하였지만 토착종들의 다양성을 감소시키지 않는 비 토착종들은 그 지소의 종 다양성을 증가시키고, 증가된 생태계 안정성과 연관된 더 많은 기능적 반복,

그리고 토착종들을 위한 더 많은 자원을 허용함으로써 실제로 생태계의 질적인 향상을 제공할 수 있다는 것이 가능하다. 이들은 모두 "영향"의 예이지만 긍정적인 것으로 간주되어 침입종 생태학 문헌에서 흔히 간과되고 있다. 그러나 사회가 비 토착종의 영향을 평가하는 방법이 시간에 따라 변화하여 처음 10년간에는 긍정적이던 영향이 그 다음 10년간에는 사회의 관심을 거의 받지 못한다는 것을 주목하는 것이 중요하다. 예를 들어, 20세기 중엽에 우리가 평가한 관상식물들의 긍정적인 정서적인 이익은 현재 이러한 이입과 수반될 수 있는 토착종 다양성의 소실보다 그 중요성이 낮다.

이밖에, 만약 우리가 현재 이입종의 영향을 감지할 수 없다면, 우리는 흔히 그 종의 영향이 앞으로도 결코 없을 것으로 가정한다. 비 토착종들의 정착이나 확산을 느리게 하는 많은 이유들이 있으며, 이들 초기 침입단계에서 볼 수 있는 저해기작들은 침입종들의 생태학적 영향의 시작에 지연시간을 초래할 수 있다. 예를 들어, 샌프란시스코 만에 이입된 비 토착성 대합 (*Gemma gemma*)은 최근에 유럽의 녹색게 (*Carcinus maenas*)가 이입된 후에야 분포범위를 확장시키기 시작하였다 (Grosholz 2005). 유럽의 녹색게들은 비 토착성 대합과 경쟁하는 토착성 대합 (*Nutricola* spp.)을 선호하기 때문에, 만에서 그들의 정착은 침입성 대합을 경쟁으로부터 벗어나게 하였다. 비 토착성 대합은 현재 샌프란시스코 만 전역에 확산되고 있으며, 50년 이상 염분이 낮은 지역에 분포가 제한되어 생태학적 영향을 거의 발휘하지 못한 상태에 있다가 이제는 토착 군집의 구조를 변화시키고 있다.

그러나 다른 경우들에서는, 실제 효과가 나타나는 것보다는 침입종들의 영향을 감지하는 것이 늦어지기 때문에 지연시간이 나타난다. 생태적인 변화를 감지하기 위한 능력이 본질적으로 제한되어 있고, 특정 종에 대한 학술적 그리고 실용적인 관심이 변하기 때문에 흔히 침입성 종들의 영향에 대한 판단력을 상실하게 한다 (Box 10.1). 예를 들어, 비 토착종이 일단 한 지소에 정착되고 새로운 지소들로 확산되면, 수명이 짧은 공존하는 토착종들에 대한 비 토착종의 생태학적 영향은 흔히 생태학자들이 그것을 감지하기 전에 수 년 동안 지속된다 (Hoopes & Hall 2002). 생태학자들이 유전적 변화 혹은 수명이 긴 토착종들의 연령 구조에서의 변화를 감지하는데 얼마나 긴 시간이 소요될지를 상상해 보라. 이러한 변화들은 개체군 수도를 매우 서서히 감소시킬 수 있으며, 감지하는데 수 십 년이 걸리는 군집 구조 (Holway & Suarez 1999)에서의 미묘한 변화를 유도할 수 있다.

Box 10.1 이제는 분명히 알 수 있다.

침입종들이 영향을 미치는 단계의 분석은 침입종과 자연 생태계의 많은 특성들, 그리고 우리가 영향을 평가할 수 있는 많은 생물학적 구성 수준들을 포함하고 있는 분명히 복잡하고 도전적인 시도이다. 이러한 복잡성을 강조하기 위해 우리는 토착성 캘리포니아 주 벼과식물 (*Sporobolus airoides*) 그리고 매우 상이한 영향력을 가진 별개의 침입성 두 종 (*Hordeum marinum gussoneanum*과 *Bromus diandrus*) 사이의 경쟁 연구를 살펴보자 (Hoopes & Hall 2002). 캘리포니아 주 초지에서 대부분의 토착종들은 비 토착성 1년생 벼과식물들로 교체되었거나 혹은 대부분 질이 낮은 보호지에 국한되어 있다. Hoopes와 Hall은 *S. airoides* 시스템에서 토착성 벼과식물이 비 토착성 종들과는 함께 발견되지 않거나 혹은 비 토착종이 존재할 때 토착성 벼과식물은 현저히 나쁜 생장을 보인다는 것을 알았다 (Fig. 10.1; Hoopes 1999).

Hoopes와 Hall은 이들 두 종의 비 토착성 벼과식물 중 어느 한 종이 우점하고 있는 지역, 혹은 토착성 다년생 벼과식물인 *S. airoides*가 우점하는 지역으로부터 토양을 채집하였다. 그 다음 그들은 3종 모두가 어떻게 상이한 토양 유형에서 생장하는지, 그리고 *S. airoides*가 비 토착성 벼과식물 종 중 어느 하나와 경쟁할 때 생장이 어떠한지를 알아보기 위해 토양 특성들을 조사하고, 야외 그리고 실험실 경쟁 실험을 수행하였다. *B. diandrus*는 영양염류 함량이 높은 토양에 침입할 수 있었고, 이들 지소들로부터 *S. airoides*를 배제할 수 있었으며, 반면에 *H. marinum gussoneanum*은 *S. airoides*가 발견된 모든 토양 유형에서 잘 생장하였으며, *S. aroides*의 가장 흔한 이웃이었다. 이러한 패턴은 처음에 *B. diandrus*가 *H. marinum gussoneanum*에 비해 *S. airoides*의 개체군 생존력에 더 큰 영향을 준다는 것을 제시하는 것이다. 그러나 비 치사효과를 살펴봄으로써, Hoopes와 Hall (2002)은 *H. marinum gussoneanum*이 토착성 다년생 벼과식물 종들에게 잠재적으로 더 강하고 더 확산된 영향을 준다는 것을 알았다. *H. marinum*

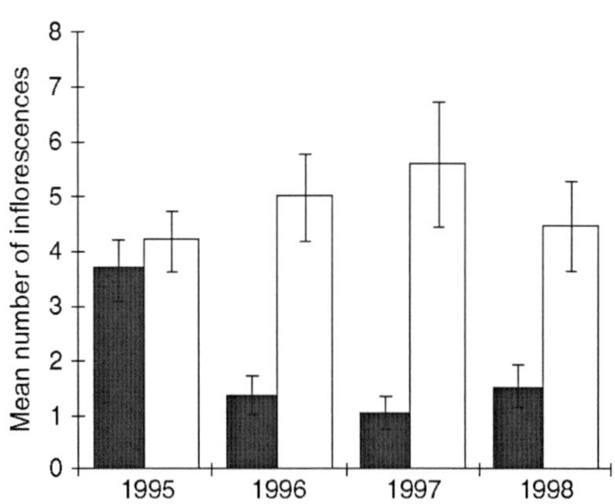

Fig. 10.1 1년생 벼과식물 경쟁자들이 있는 (검은 막대) 그리고 없는 (파상 막대) 상태에서 *Sporobolus airoides*의 생식. 실험은 1995년에 생식 후에 시작되었으며, 따라서 실험 효과는 1996년 까지는 나타나지 않아야 한다. 다년생 식물이 1년생 벼과식물로 둘러싸여 있을 때 훨씬 적은 수의 꽃을 생산함을 주목하라.

gussoneanum은 B. diandrus에 비해 훨씬 넓은 서식처 범위에 걸쳐 토착성 다년생 벼과식물 종들의 실생의 생존, 성체의 생장, 그리고 성체의 생식을 제한하였다.

이러한 결과들을 기초로 Hoopes와 Hall (2002)은 뚜렷하게 다른 비 토착종들의 두 가지 유형을 식별하였다. 그들은 첫 번째 유형을 "선택적" 침입종 (그들의 예에서 *B. diandrus*)이라고 명명하였으며, 특정한 서식처 (그들의 예에서 영양염류 함량이 높은 서식처들)에만 성공적으로 침입하지만 이들 서식처에서는 우세한 경쟁자이고, 따라서 그곳에서 토착종들을 배제시킬 수 있는 종으로 정의하였다 (Hoopes & Hall 2002; Fig. 10.2 참조). 그들은 침입종의 두 번째 유형을 "쌍둥이" 침입종 (그들의 예에서 *H. marinum gussoneanum*)으로 명명하였으며, 토착종들과 생태적 지위가 넓게 중복되는 종으로 정의하였다 (Hoopes & Hall 2002). 토착종들에 대한 이들 두 가지 유형의 비 토착종들의 영향을 조사할 때 모니터링과 연구를 통해 신속하게 확인되는 분명하고 혹은 강력한 효과를 유발시키는 것은 흔히 "선택적" 침입종이다 (Hoopes & Hall 2002). 쉽게 확인되는 "선택적" 침입종들의 영향들은, 당장은 훨씬 미약한 효과를 야기하지만 장기간의 부정적인 효과를 야기할 높은 잠재력 때문에 결국 토착 생태계와 토착종들에게 더 손해를 줄 수 있는 "쌍둥이" 침입자들을 간과하게 만들 수 있다 (Hoopes & Hall 2002). 선택적 침입종들은 교란된 지역에만 침입하는 종일 수 있으며, 반면에 쌍둥이 침입종들은 비교적 완전한 생태계에 침입하는 능력을 가지고 있다. 이들 두 가지 유형의 침입종들에 대한 정보는 비 토착종의 영향과 관련된 우리의 예측력을 증가시킬 수 있다. 이밖에 이러한 예가 보여주는 것은 비 토착종의 영향이 기본적으로 항상 분명한 것은 아니라는 것이다. 이 단계에 포함되어 있는 시간적, 공간적, 생태학적, 그리고 지각의 문제들이 있다.

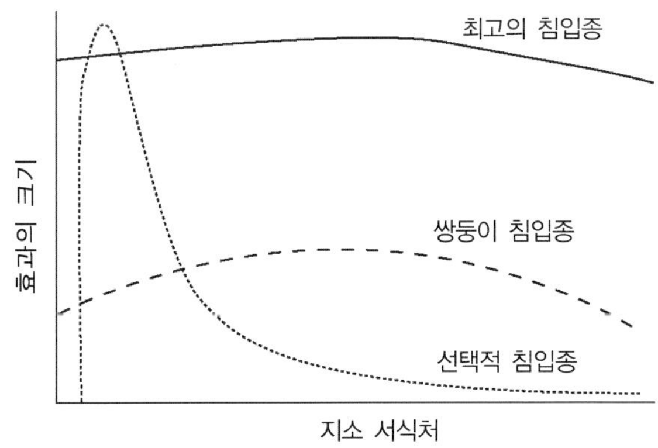

Fig. 10.2 긴 점선은 작거나 덜 분명한 효과를 갖는 널리 확산된 쌍둥이 침입종을 나타내며, 점선은 한 지소에 국한된 강한 효과를 갖는 선택적 침입종을 나타낸다. 곡선들의 아래 부분은 목표 토착종에 대한 각 침입성 종의 지역적 효과를 나타낸다. 쌍둥이 침입종은 무해한 것으로 보일 수 있지만 더 큰 지역적 효과를 갖는다. 두 침입종 중 어떤 것이 모든 서식처에서 강한 영향을 갖는 최고의 침입자 (실선)가 되는 조건을 고려하는 것이 흥미롭다 (Hoopes & Hall, 2002).

훨씬 더 기초적인 수준에서, 이들 종들의 영향을 감지하기 위해서 우리는 영향을 유발하는 생물들을 확인하고, 이들 분류군들을 비 토착종으로 인식하여야 한다. 불행하게도 대부분의 생물군 (예를 들어, 곤충류, 거미류, 바이러스 등)에 대한 우리의 분류학적 지식은 아직 불완전한 수준이다 (Wilson 1990). 비록 우리는 척추동물과 현화식물의 80% 이상을 동정하고 분류한 것으로 믿고 있지만 대부분의 다른 분류군의 경우 50% 이하를 동정하였으며, 전 세계 종의 겨우 1% 이하를 동정한 상태이다 (Heywood 1995). 어느 지역에 존재했던 혹은 존재하는 종에 관한 완전한 지식이 없이는 비 토착종 이입을 확인하기가 매우 어렵다. 새로운 유전적 기술들이 도움을 주고 있지만, 이러한 기술들의 일부 해석에 대하여 여전히 뜨거운 논쟁이 진행되고 있다.

해양성 복족류인 총알고둥(*Littorina littorea*)의 침입성 상태는 이러한 분류학적인 지식 부족의 좋은 예이다. 이 조간대 복족류는 1840년에 미국 북동부의 뉴잉글랜드에서 처음 발견되었으며, 그후 북미의 대서양 연안 전역을 따라 보편적으로 확산되었다. 이와 같은 발견의 패턴은 이 종이 19세기에 아마 그 시기 동안에 뉴잉글랜드에서 포경업과 어업의 증가를 통해 이입된 것으로 추측하게 만들었다. 최근에 나온 미토콘드리아 DNA와 핵 DNA 염기서열 자료들은 이와 같은 초기의 가정이 잘못되었으며, 총알고둥이 북미에서 8,000년 이상 존재했었다는 것을 제시하고 있다 (Wares et al. 2002). 그러나 이들 결과들은 아직도 논쟁이 되고 있다.

이와 유사하게, 대부분의 대륙 담수 생태계에서 수서곤충에 대한 종 수준에서의 완전한 기재를 확보하지 못하고 있다 (Cummins & Merritt 1996). 담수 무척추동물의 대부분도 사회가 운반한 많은 어류 분류군과 함께 이입되었을 가능성이 높지만, 우리는 토착종들에 대한 더 많은 정보가 없이는 이들 수중 침입자들을 확인할 수 없다. 따라서 우리가 모르는 중에 "침묵하는" 혹은 "숨겨진" 침입종들이 있을 수 있다.

10.2 영향의 감지를 위한 생태학적 결정요인들과 통합

위의 절에서는 영향이 감지되고 그에 따라 정의되는 다양한 방법들이 설명되어 있다. 우리는 이 모든 것들을 어떻게 우리가 알고 있는 영향의 생태학적 결정자들에 관한 지식과 통합시킬 수 있는가? 이것을 달성하기 위한 쉬운 방법은 없다. 그러나 우리는 여기에서 비 토착종이 영향력을 가지는 것으로 분류할 수 있도록 해주는 상호작용의 범위를 상상하는데 도움을 줄 두 가지의 그래픽 모델을 제시한다.

Fig. 10.3은 우리가 주제에 관한 설명을 더 쉽게 이해하게 할 수 있도록 하기 위해 사람 그리고 과학적인 감지의 더 큰 틀 내에서 영향의 수준을 결정하는 생태학적 요인들을 배치하고 있다. 겹쳐지는 원들은 침입성 종이 언제 영향을 유발시키는지를 결정하는데 관련된 지소 특성들, 침입종 특성들, 생태학적 상호작용, 그리고 역사의 역할들이 협력한다는 것을 주목해야 한다. 우리는 또한 이들 요인들의 중요성이 침입 단계들의 과정에서 어떻게 달라지는지를 고려할 필요가 있다. 예를 들어, Kolar와 Lodge (2001)는 운반과 방출 확률을 증가시키는 종 특이적 속성들이 하나의 비 토착종이 성공적으로 정착하고 확산할 가능성에 긍정적 혹은 부정적으로 영향을 줄 수 있음을 보여 주었다. 만약 우리가 Fig. 10.3에 표현된 생각에 이러한 전체 침입단계에 걸친 시각을 첨가한다면, 우리는 각 요인이 하나 이상의 침입 단계들 내에서 수행하는 역할을 가지고 있다는 것을 상상할 수 있다 (Fig. 10.4). Fig. 10.3과 10.4에 나와 있는 각 원은 이 책에서 지금까지 제시한 주제들을 나타낸다. 아래에서, 우리는 우리가 제시한 영향의 그림 모델들과 관련하여 이들 생각들을 살펴보도록 한다.

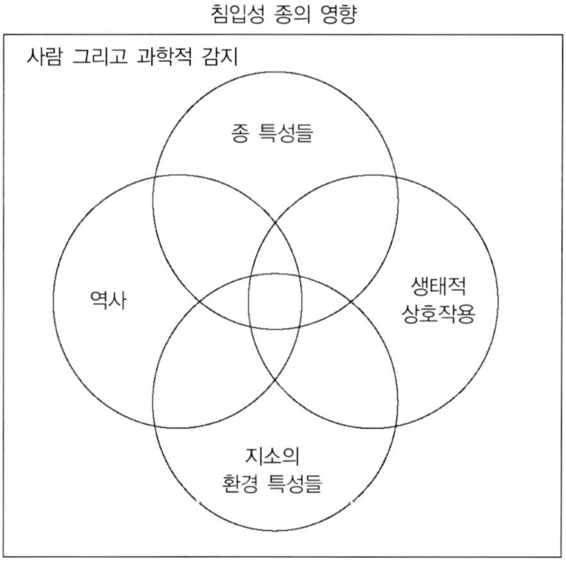

Fig. 10.3 침입성 종의 영향의 잠재적인 영역을 보여주는 벤 도식. 각 원은 잠재적 영향의 면적을 나타낸다. 모든 영향들이 사람 그리고 과학적인 감지에 의존하고 있음을 주목하라.

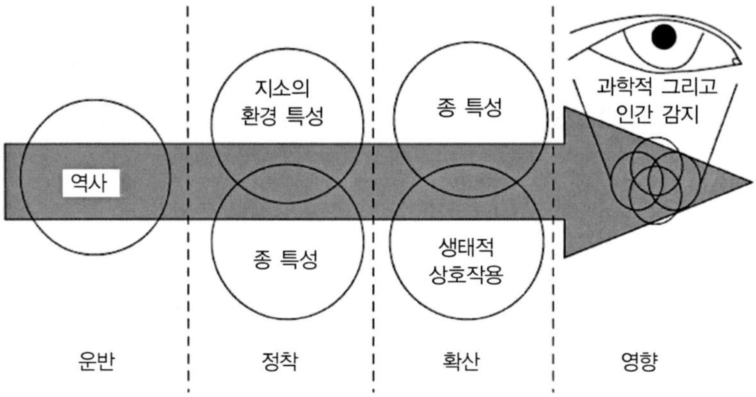

Fig. 10.4 각 단계에서의 성공은 몇 가지 유형의 요인들에 의존적일 수 있고, 이어지는 단계에 영향을 줄 수 있으며, 그리고 영향력에 영향을 줄 것이다. 최종 영향력은 또한 우리의 지각력에 의존적이다. 이 그림은 Fig. 10.1의 벤 도식과 방정식 7.3으로부터 나온 개념들을 결합시키고 있다.

10.2.1 환경적 지소 특성들

일단의 환경 특성들이 침입종을 수용하는 지소들을 이들의 영향에 다소 민감하게 만들 수 있다. 몇몇 연구자들은 생산력이 어떻게 침입성 그리고 토착성 다양성에 대한 최종적인 영향력에 영향을 주는지를 조사하였으며 (Tilman et al. 1997; Stohlgren et al. 1999; Mouquet et al. 2002), 이에 관한 다양한 결과들이 나왔다 (제 6장 참조). 제 6장, 7장, 8장에서 설명한 것처럼 공간적 그리고 시간적 변이성은 정착과 확산 모두에 영향을 주며, 이러한 효과는 영향력으로 이월된다. 예를 들어, Marchetti 등 (2001)은 캘리포니아 주 분수역 내에서 자연적 혹은 인위적인 교란 체제가 침입성 어류가 나타내는 영향력의 정도에 영향을 준다는 것을 알았다. 지소의 전체적인 생물다양성은 Box 6.2에서 살펴본 것처럼 비 토착종의 정착과 영향력에 긍정적 그리고 부정적인 영향을 줄 수 있다 (Levine et al. 2003; Wearne & Morgan 2004; MacDougall & Turkington 2005).

10.2.2 종 특성들

토착종 그리고 비 토착종 모두에서 종의 타고난 속성들은 비 토착종의 영향력에 역할을 할 수 있다. 이들 속성들은 세대 당 생산된 종자/생식체/자손의 수, 전체적인 몸의 크기, 배수성 (polyploidy)의 정도 등과 같은 생활사의 일반적인 특성들일 수 있다 (Marchetti et al. 2004a). 종 특성들에는 또한 세력권의 크기, 생리적 내성의 정도, 먹이의 폭, 영양단계 그룹, 질소를 고정하는 능력, 그리고 산불에 대한 적응과 같은 생태적 속성들이 포함될 수 있다. 토착종들의 진화적 유산도 이 단계에서 역할을 할 수 있다. 예를 들어, 만약 토착종들이 섬의 고유종이거나 혹은 장기간의 격리 역사를 가지고 있다면, 그들은 침입종들의 영향을 더 받기 쉬울 것이다 (Kitchell et al. 1997; Fritts & Rodda 1998)

10.2.3 생태학적 상호작용

비 토착종들은 토착종들과 직접적인 상호작용을 통해 토착종에 영향을 줄 수 있지만, 그들의 영향력은 직접적 상호작용에만 국한되지는 않는다. 제 6장과 8장에서 우리는 가장 보편적으로 연구된 생태학적 상호작용들 (즉, 상리공생, 경쟁, 그리고 포식)을 살펴보았다. 토착종들과 이러한 직접적인 상호작용을 가지고 있는 비 토착종들은 분명히 영향력을 가질 것이지만, 먹이그물 효과 그리고 간접적인 상호작용들은 비 토착종들의 최종적인 영향력에 강한 영향을 줄 수 있다 (Vander Zanden et al. 1999; Vander Zanden et al. 2003). 예를 들어, 비 토착종들은 그들이 이입된 분포범위 내에서 토착종들에 비해 훨씬 낮은 기생충 부담을 지닐 수 있으며, 이러한 기생자들의 영향으로부터의 해방은 침입종들을 다르게 행동하게, 자원을 좀더 공격적으로 축적시키게, 혹은 단순히 개체수가 증가되게 허용할 수 있어, 그 결과 토착종에 대하여 더 강한 직접적인 영향을 줄 수 있다 (Torchin & Mitchell 2004). 비 토착종은 질병 혹은 기생자의 매개체일 수 있는데, 이러한 현상은 그들 자신의 생장에 영향을 줄 뿐만 아니라 그들이 정착하는 토착성 군집을 변화시킬 수 있다 (Torchin & Mitchell 2004). 비 토착종은 또한 토착종들 사이의 상호작용을 변화시킴으로써 간접적인 영향을 줄 수 있다.

10.2.4 역사

역사는 침입종들이 사회에 순화, 운반 방법, 생식체 압력, 그리고 토지이용과 같은 인위적인 선행 사건들과 똑같이 기상, 기후, 강우, 지진 등과 같은 과거의 지역적인 사건들을 통해 침입종의 영향력에 영향을 줄 수 있다 (Marchetti et al. 2004a; Moffatt et al. 2004). 예를 들어, 털뱁새귀리는 북미에 몇 번의 상이한 시기에, 그리고 몇 개의 별개의 다른 지소들에 이입되었기 때문에 북미 방목지와 목장주들에게 더 높은 정도의 영향력을 나타낼 수 있었다 (Box 8.2 참조).

10.2.5 감지

영향력의 정의에서 감지 측면의 중요성은 그것이 비 토착종의 전체적인 효과를 이해하는데 중요하기 때문에 과장된 것이 아니다. 감지는 과학적인 탐지 그리고 사람의 선입관에 의해 특징지워 진다. 우리가 이용하는 도구들은, 그것이 현미경이거나 유전적 분석 혹은 종의 설명이던 간에 비 토착종과 그들의 효과를 감지하기 위한 우리의 능력을 제한한다. 비 토착종의 영향력은 또한 경제적, 심미적, 생태학적 기능, 생태계 과정들, 그리고 인간의 건강 혹은 복지와 같은 사람들의 기준에 기초를 둔 판단 가치이며, 변화하는 사회적 관행의 시각에 따라 이들 가치는 변한다.

10.3 공통 통화 발견

비 토착종의 영향력에 관한 일반화를 위해 우리는 생태군집과 생물학적 구성 수준 전체에서 영향력을 정의하고, 평가하고 그리고 비교하기 위한 방법들이 필요하다. 유전자로부터 생태계에 이르는 각 단계의 영향력 측정을 위한 하나의 공통 통화는, 무엇이 미소한 영향력 혹은 주된 영향력을 구성하는지를 일관된 방식으로 결정하는데 도움을 줄 수 있다.

10.3.1 경제적 통화

상당히 뚜렷한 하나의 공통 통화는 비 토착종의 경제적 비용일 것이다 (Pimentel et al. 2000). 예를 들어, Pimentel 등 (2000)은 미국 경제에 대한 비 토착종의 비용이 연간 거의 $1,370억에 달하는 것으로 추정하였다. 이 추정치에는 비 토착종으로 인한 재화와 용역의 손실, 그리고 침입성 종을 통제하는 비용이 포함되어 있다. 경제적 통화가 꽤 안정적이라는 사실에도 불구하고, 이들 대부분의 영향력들은 쉽게 경제적인 금액으로 전환되지 않는다. Pimentel과 그의 동료들은 비 토착종들의 악 영향에 달러 가치를 부여하기 위해 생물다양성의 변화와 같은 무형의 것에 가격을 부여하는 것을 포함하여 다양한 방법들을 사용하고 있다 (Box 10.2 참조). 그러나 많은 보존생물학자들은 이러한 방법들을 사과와 오렌지의 잘못된 비교 혹은 사과와 오랑우탄을 비교하는 것으로 비판하였다. 다른 사람들은 이러한 가치 평가를 개념적으로는 건전하지만 완전한 비용편익의 분석이 없이는 완전하지 않다고 믿고 있다. Pimentel과 그의 동료들은 비 토착종들이 때로 유발시키는 이익 (예를 들어, 농작물, 생물학적 방제, 장식용 조림을 통한)을 포함시키지 않았지만, 그들은 이러한 이익은 비 토착종들에 의해 발생하는 어마어마한 비용을 감소시키지 않는다고 지적하였다.

10.3.2 생태학적 통화

10.3.2.1 Parker 공식

경제적 가치평가가 상대적으로 쉽고 통속적임에도 불구하고, 이러한 방법은 생물학적 혹은 생태학적 문제들과 관련성이 매우 낮다. 일부 연구자들은 개체 당 효과의 크기, 수도, 그리고 다른 요인들에 기초한 생태학적인 기반을 가진 대안의 공식들을 제안하였다. 가장 유력한 것은 Parker 등 (1999)이 제안한 것인데, 그들은 다음에 주어진 간단한 1차 방정식을 제안하였다.

$$I = R * A * E \tag{10.1}$$

여기에서 I는 전체적인 영향력, R은 비 토착종의 분포 범위를 설명하며 (m^2), A는 비 토착종의 평균 수도 (m^2 당), 그리고 E는 비 토착종의 영향이다 (비 토착종의 개체 당 혹은 단위 생물량 당). 이러한 제안된 관계를 통해 우리는 분류군 전체 그리고 지리적 공간 전역에서 비 토착종의 영향력을 비교할 수 있게 되며 (Parker et al. 1999), 그리고 이것은 침입종의 영향력에서 기본적인 상호작용을 하는 구성원들의 일부를 확인하게 해주는 발견적인 도구이다.

Parker 그리고 그녀의 동료들은 많은 종들이 하와이에 있는 *Morella faya*와 같은 질소 고정자의 효과와 같은 (제 6장과 9장 참조) 그들의 특이한 "뜻밖의 행동" 혹은 특성 때문에 큰 영향력을 가진다고 지적하였다. 반면에 다른 종들은 북미 5대호에 있는 zebra mussels (*Dreissena polymorpha*)과 같이 (제 6장과 9장 참조) 그들의 많은 개체수 때문에 큰 영향력을 가지며, 또 가른 종들은 전 세계적으로 다양한 양서류 종들에게 영향을 주는 항아리 곰팡이 (chytrid fungus, *Batrachochytrium dendrobatidis*)와 같이, 매우 널리 확산되었기 때문에 큰 영향력을 갖는다. 이들 영향력 유형들 사이의 차이는 기본적으로 개별 침입종 당 효과 (E), 전체적인 수도 (A), 혹은 분포범위 (R) 중 가장 중요한 것에 대한 논쟁이다. 그러나 분명한 것은 개체 당 영향력이 강하고 널리 확산된 풍부한 종이 가장 강력한 영향력을 가질 것이다.

Parker 공식은 단순하고 호소력이 있음에도 불구하고 점검이 필요한 몇 가지 작은 문제점들을 제시하고 있다. 예를 들어, 우리가 위에서 언급한 바와 같이, 우리는 비 토착종을 단순히 확인하는데 어려움이 있고, 그들의 정확한 분포범위 (R), 그리고 수도 (A) 자료를 획득하는데 더 큰 어려움이 있다. 따라서, Parker 공식은 잘 연구된 생물의 경우에만 유용할 수 있다. 이와 유사하게, 우리가 어떻게 개체 당 효과 (E)를 측정해야 하는지, 혹은 주어진 비 토착성 생물의 개체 당 효과가 개체군 내부 그리고 개체군들 사이에 일정한지의 여부는 본질적으로 분명하지 않다. Parker와 그녀의 동료들 (1999)은 이 문제를 인식하고 우리가 제 9장에서 한 것처럼 개체 당 효과를 유전적, 개체, 개체군, 군집, 그리고 생태계 수준의 영향력으로 분류하였다. 그 다음 그들은 과거에 개체 당 효과가 어떻게 측정되었으며, 그리고 미래에 그들을 어떻게 모델화 할 것인지를 탐구하였다. 불행하게도, Parker 등 (1999)은 개체 당 효과들이 매우 다른 분류군들 사이에 비교가 가능한지의 여부를 다루지 않았고, 또한 몇 개의 생태학적 구성 수준에 걸친 효과를 계산하는 만족스러운 방법을 개발하지도 못하였다. 제 9장에서 살펴본 것처럼, 많은 비 토착종들은 유전적 수준으로부터 행동 수준을 거쳐 생태계 수준으로 이어지는 다양한 구성 수준에서 효과를 가지고 있다. 이러한 문제들이 Parker 공식을 적용하는 것을 방해하지만, 이 공식이 갖는 영향력의 가혹성을 결정하는 적절한 생태적 변수들을 인식하기 위한 가치를 감소시키지는 않는다.

Box 10.2 물질세계

우리는 Pimentel과 그의 동료들 (2000)에 의해 수행된 것과 같은 경제적 가치평가의 적정성에 관한 논쟁에 휘말리는 것을 사양한다. 우리는 생태학자들도 경제학자들이 어떻게 비용과 편익의 문제에 접근하는지를 이해하는 것이 중요하다고 믿기 때문에, 대신에 우리는 이 책의 독자들이 경제적 가치평가의 적용성을 스스로 판단하도록 하기 위해 이들 방법들에 일부 직관력을 제공한다. 다음은 Naylor (2000)에 의한 비 토착종의 경제에 관한 훌륭한 개관인데, 우리는 경제적 가치평가의 방법들, 그리고 이런 방법들이 어떻게 제 9장에서 설명한 생태적 (그리고 기타) 영향력과 관련되는지를 설명한다. 몇 가지 유형의 가치가 비 토착종과 관련하여 계산되어질 수 있으며, 이들 가치들은 문제의 경제적 그리고 생태적 차원 모두를 반영해야 한다. 비록 가치평가를 수행하기 위한 다양한 방법들이 있지만, 3가지 주요 범주들은, (i) 직접 소비성 그리고 비 소모성 사용가치, (ii) 간접적 사용가치, 그리고 (iii) 비 사용가치이다.

직접 소비성 사용은 그것이 비 토착종에 의해 영향을 받은 (긍정적으로 혹은 부정적으로) 재화와 서비스의 화폐 가치를 반영하기 때문에 아마 가치평가의 가장 쉬운 방법이다. 이들 재화와 서비스의 현재의 시장가격은, 비록 때로 이들 가격이 정부 보조금 혹은 시장 가치를 변화시키는 다른 요인들을 반영하기 위해 보정되어져야 하지만, 계산되어 비용-편익 분석에 직접 사용된다. 예를 들어, 가축, 농작물, 물 공급, 애완동물, 그리고 장식용 식물들의 시장 가치는 이들 상품들의 소매상인들 혹은 시장 거래의 조사를 통해 쉽게 계산된다. 흔히 이들 상품들은 적어도 그 종을 판매하는 회사 혹은 개인에게는 그 종의 이익을 계산하기 위한 신속한 방법을 허용하는 비 토착종들이다. 기타의 경우에서, 재화 혹은 서비스가 비 토착종에 의해 손상되었을 때, 이러한 손실은 비 토착종에 의해 손상되지 않은 생산품에 공급자가 한 것을 기초로 직접 계산되어질 수 있다.

비 소모성 직접 가치의 계산은 약간 다루기 어렵다. 비 소모성 사용의 예에는 탐조와 고래 관찰, 잡았다 놓아주는 낚시, 산호초의 스쿠버 다이빙, 그리고 생태관광 등이 포함된다. 비 소모적으로 "사용된" 종들은 직접적인 시장 가격을 가지고 있지 않기 때문에, 우리는 그들의 사용에 가치를 부여하는 간접적인 방법을 찾아내야 한다. 일반적으로, 경제학자들은 이들 활동에 가치를 부여하기 위해 여행경비를 사용하는데, 이것은 탐조활동이나 고래 관찰과 같은 활동에 참여하기를 원하는 사람들에 의해 지불되는 전체 비용이다. 따라서 탐조활동의 경우에, 우리는 망원경 구입과 야외 안내자 고용 비용, 선택한 장소로의 여행 비용, 여러분이 새들을 찾는데 도움을 주는 안내자에게 지불하는 비용, 숙박비용, 연료 비용, 그리고 기타 관련된 비용들을 합칠 필요가 있을 것이다. 비록 일반적인 경우는 아니지만, 비 토착종들은 사람들이 보기를 원하는 종일 수 있다. 따라서 비 토착종의 비 소모성 사용 이익을 계산하기 위한 방법을 제공하고 있다. 일부 경우에서, 비 토착종들은 이들 활동들을 훼손시키는 것으로 보여지며 (활동들을 말살시키는), 따라서 우리는 여행경비에서 비 토착종들의 존재로 인한 감소를 계산할 수 있다.

간접적 사용가치는 일반적으로 깨끗하고 풍부한 물의 공급, 탄소 저감, 혹은 침식 조절과 같은 생태계에 의해 제공되는 서비스로 여겨진다. 이들의 비용과 이익은 추정하기가 직접 사용가치보다 훨씬 더 어렵다. 대부분의 생태계 서비스들은 그들이 제공하는 서비스를 교체하는 비용을 추정하여 평가된다. 예를 들어, 뉴욕시는 허드슨 강 분수역을 깨끗한 물의 공급원으로 사용하고 있다. 그 분수역의 가치는 분수역이 없을 때 수백만의 시민들에게 깨끗한 물을 공급하기 위한 비용이 얼마인지를 계산하여 추정되어질 수 있다. 비 토착종의 비용에 대하여 생각할 때, 비 토착종들이 그곳에 정착한 후 허드슨 강 분수역이 뉴욕 시민들을 위해 생산하는 물이 얼마나 감소 (혹은 증가)하는지를 알아야 할 필요가 있다. 이것은 다른 방법으로도 표현될 수 있는데, 즉, 만약 비 토착종이 제거되었다면 얼마나 많은 서비스를 사회가 즐길 수 있는지를 물어보는 것과 같다. 이 경우, 우리는 비 토착종을 제거하지 않아 소실되는 기회에 가치를 부여하고 있다.

마지막으로, 우리는 가장 논쟁의 여지가 있는 가치평가의 형태와 마주하게 되었는데, 대부분의 생태학자들이 완전한 비용 편익분석에 포함시키기 위한 중요한 것으로 여길 수 있는 비 사용가치이다. 이것은 우리가 종 그리고 생태계들이 단순히 존재하기 때문에 부여하는 가치이다 (즉, 존재가치들). 이것은 또한 우리가 종에게 부여하는 가치를 포함할 수 있는데, 그 이유는 그 종이 미래에 중요할 수 있으며 (예를 들어, 암 치료약을 제공), 따라서 지금 당장은 그들을 소실하지 않는 것이 바람직하다고 생각하기 때문이다. 비 사용가치는 분명히 자연에 대한 각 개인들의 윤리적 관계, 인류가 당면하고 있는 대부분의 환경문제들에 대한 기술적인 해결책들이 가능하다는 그들의 믿음, 그리고 세계에 독특한 장소가 존재한다는 것을 단순히 알고 있다는 것을 감사하는 것을 반영하고 있다. 예를 들어, 일부 사람들은 독특한 종 조합에 고도의 가치를 부여하지만, 다른 사람들은 그렇게 생각하지 않는다. 보통 비 사용가치는 사람들을 조사하여 추정되는데, 그들에게 특정한 자연적인 쾌적한 설비를 존속하도록 하기 위해 얼마나 더 많은 돈을 지불할 용의가 있는지를 물어보아 추정된다. 이들 가격 할증은 조사에 참여한 사람들이 정기적으로 즐기는 (예를 들어, 한 잔의 커피) 특정한 재화 혹은 서비스에 부여될 수 있다. 혹은 그것은 비용의 좀더 자유로운 생각 (예를 들어, 상아색 부리를 가진 딱따구리들이 멸종되지 않게 보장되는 것을 알기 위해 여러분은 얼마나 많은 돈을 지불할 것인지를 물어보는 것) 일 수 있다. 여러분이 짐작할 수 있는 것처럼, 이러한 형태의 가치평가는 조사가 이루어지는 방법에 의해 왜곡되어질 수 있으며, 이러한 변이성 때문에 이러한 가치평가는 논쟁의 대상이 되고 있다.

경제학과 침입 생태학이 연관되는 부분이 많이 있다. 비 토착종의 비용과 이익을 평가하는 것은 단지 그중 하나일 뿐이다. 경제학자들은 흔히 기근이나 가뭄과 같은 사회적 문제에 대한 자연생태계의 영향을 고려한다. 이러한 사건들은 점점 더 비 토착종들에 의해 야기되거나 혹은 악화되고 있다. 제 12장에서 우리는 경제학이 침입 생태학과 연관되는 몇 가지 다른 방법들을 살펴볼 것이다.

10.3.2.2 Ricciardi 공식

영향력에 관한 비슷한 정의가 Anthony Ricciardi (2003)에 의해 제기되었는데, 그는 영향력은 비 토착종이 토착 군집에서 그것의 환경과 종 모두와 상호작용하는 방법으로부터 나온다고 주장하였다. Ricciardi 공식은 영향력을 다음과 같이 나타내고 있다.

$$I = A * F * C \tag{10.2}$$

여기에서 I는 영향력, A는 침입성 종의 수도, F는 침입종의 생태학적 기능을 설명하고, 그리고 C는 수용군집의 구성을 설명하고 있다. 이 방법은 Parker 공식에 있는 영향력의 상이한 구성원들을 강조하며, 침입하고 있는 군집 내에서 침입종의 생태학적 역할을 강조하고 있다. 이 방법의 가장 좋은 예는, 높은 영향력을 가진 종이 그들의 수용 군집에서 감지할 수 있는 영향력이 적거나 없는 비 토착종들보다 분류학적으로 더 새로운 종이 되는 경향이 있는지의 여부를 알아보기 위해 많은 수중 생태계에서 침입종들에 대한 메타 분석을 실시한 Ricciardi와 Atkinson (2004)의 연구이다. 분명히 이 방법은 분류학적 특이성을 기능적 특이성 (F)과 융합시키는 것이지만, 수용군집과 매우 상이한 침입종들이 더 큰 영향력을 갖는지의 여부에 대한 최초의 유용한 가정이다. 일반적으로, Ricciardi와 Atkinson은 높은 영향력을 가진 비 토착종이, 침입된 군집에서 감지할 수 있는 영향력이 없는 비 토착종들보다 새로운 속으로부터 나올 가능성이 높다는 것을 알았다 (Kolar & Lodge 2001; Lockwood et al. 2001; Shea & Chesson 2002).

Ricciardi는 침입종들의 영향력을 결정하는 과정에서 수용 군집과 환경의 속성들 (Davis et al. 2000; Kolar & Lodge 2001; Huston 2004) 뿐만 아니라 비 토착종의 생태학적 속성과 기능의 중요성 (Moller 1996; Simberloff & Von Holle 1999; Williams et al. 2001)을 강조하는 점에서 많은 다른 연구자들과 일치하고 있다. 이들 연구자들은, 비 토착성 포식자들의 경우 비 토착성 경쟁자들이 하는 것보다 토착종의 멸종을 초래할 가능성이 더 높다고 주장하였다. 이와 유사하게, 그들 자신들의 생존과 생식에 유리하도록 환경을 크게 변화시키는 비 토착종들은 흔히 더 큰 영향력을 나타내는데, 그 이유는 이들이 공존하는 토착종들의 생태학적인 활동장소를 변화시키기 때문이다. 예를 들어, Tierra del Fuego에 있는 비버 (*Castor canadensis*)는 자연적인 목질부 축적이 매우 느린 생물군계에서 삼림 동태를 신속하게 변화시켰다. 그들이 만든 댐들은 또한 물 관계를 변화시켜 그 다음 그 곳의 조류 군집들과 소형 포유동물에 파급효과를 갖는 식생 군집들을 변화시켰다.

토착 군집들과 관련된 침입종들의 행동적 그리고 사회적 구조는 영향력 정도의 중요한 결정자들일 수 있다. Moller (1996)는 사회생활을 하는 생물들은 침입종으로서의 장점을 가진다고 지적하였는데, 그 이유는 이들이 자신의 환경에 개체 수준 그리고 집단 수준 반응을 통해 토착 생물적 저항을 압도하도록 허용하고, 따라서 지리적 분포범위 확장율을 신속하게 달성하도록 허용하기 때문이다.

Ricciardi는 생태적 기능의 정량화 (*F*)와 수용 군집의 구성 (*C*)은 생태계 전역에서 비교하기가 어렵기 때문에, 침입 이론은 수도로부터 영향력을 예측하는 모델들과 비 생물적 요인들로부터 수도를 예측하는 모델들의 연합으로부터 도움을 받을 수 있다고 주장하였다. 달리 표현하면, 다양한 서식처 유형과 생태계들을 살펴보고, 환경 변이가 어떻게 침입종의 수도에 영향을 주고, 침입종이 어떻게 토착 생물상에 영향을 주는지를 조사함으로써, 우리는 침입종의 영향력을 예측하는데 환경 변수들 혹은 환경구배를 사용할 수 있다. Huston (2004)은 환경이 어떻게 종의 정착과 생식에 영향을 주는지를 살펴보고, 그 다음 이 종들이 이웃에게 영향을 주는 능력, 환경이 어떻게 상호작용을 하는지를 조사하였다. 그는 자신의 방법을 “종 다양성의 동적인 평형 모델”이라고 불렀으며 (Huston 1979), 그리고 정착과 영향력 모두를 다루기 위해 그것을 침입에 적용하고 있다. 그는 식물 침입종의 정착은 생산력이 낮고 교란되지 않은 지소들에서 가장 높을 것으로 예측하였지만 (이것은 토착종의 경우에도 사실이다), 토착종에 대한 영향력은 생산적인 환경에서 가장 높아야 한다는 것을 알았다 (Huston 2004).

Ricciardi (2003) 그리고 Parker 등 (1999)의 공식들 모두의 아마 가장 큰 문제는 영향력을 지나치게 단순화 시켰다는데 있다. 직선형 방정식은 변수들 시이에 단순한 1:1 관계를 암시하는 것인데, 연구자들이 인정한 것처럼 이것은 사실이 아닐 수 있다. 예를 들어, 분류군들 사이에 밀도 의존성은 수도 (*A*)와 개체 당 효과 (*E*) 사이에 부정적인 상관관계를 야기할 수 있어, 비 직선적인 동태를 유발시킨다 (Parker et al. 1999). 직선 방정식은 또한 비 토착종의 분포범위 (*R*)와 그것의 개체 당 효과 (*E*) 사이에 긍정적인 상관관계를 유발시킬 수 있는 매타게체군 동태를 포함하지 못할 수 있다 (Parker et al. 1999). 이와 유사하게, 상승효과를 유발시키는 종 사이의 긍정적인 상호작용들은 (Box 8.2) Ricciardi (2003)의 공식에서 비 직선성을 유발할 것이다. 이들 비 직선성의 한 가지 부작용은 더 많은 종이 이입되어 더 많은 종간 상호작용이 발생함에 따라 영향력의 가혹성을 예측하고 측정하기가 더 어렵게 된다는 것이다 (Ricciardi 2003). 그러나 이들 공식이 가지고 있는 주요 가치들 중 하나는 이들이 단순함에도 불구하고 침입성 종 영향력의 복잡성에 관한 새로운 이해를 돕는데 생태학적 군집을 개입시켰다는 것이다.

10.3.2.3 10% 법칙

이러한 복잡성은 가장 보편적인 영향력 공식인 Mark Williamson (1996; Williamson & Fitter 1996a)의 10% 법칙과 현저한 대조를 보이는데, 10% 법칙은 높은 영향력이 있는 침입종들의 빈도가 낮음을 강조하고 있다. 10% 법칙은 침입 과정의 각 단계를 통해 단지 침입종의 10% 만이 전이(transition)된다는 것이다. 다시 말하면, 우리는 이입된 종의 약 10%가 새로운 환경에 정착하는 것으로 예측하며, 정착한 비 토착종의 10%가 확산되고, 그리고 확산되고 있는 침입종의 10%만이 토착 생물상에게 영향력을 가질 수 있다고 예측해야 한다. Williamson (1996)의 전이 단계들은 우리의 것과 다소 다른데, 그 단계들은 (i) 야생에서 출현, (ii) 정착, 그리고 (iii) 침입성으로 되는 것인데, 침입성이 된다는 것은 경제적 효과를 가지거나 "해충"이 되는 것으로 정의된다. 그러나 그의 구상과 우리의 것 모두에서 영향력 단계는 종이 3개의 전이 단계를 거치는 것이 필요하다. 10% 법칙에 따르면, 이들 3개의 전이 단계를 거친 후에 이입된 1,000종 중 단지 1종만이 수용지역에서 문제를 야기해야 한다. Williamson은 영국에서 침입성 피자식물 (1993)과 소나무 (1996a), 그리고 지구상의 다양한 다른 생물 (1996b)이 10% 법칙에 부합 됨을 알았다. 많은 다른 연구자들도 유사한 결과를 밝혔다(Lonsdale 1994; Boag & Yeates 2001). 따라서 10% 법칙은 운반된 분류군 중 소수만이 큰 영향력을 가질 수 있음을 강조하고 있다.

아쉽게도, 10% 법칙은 잠재적으로 오해받기 쉽다. 각 침입 단계 사이를 전이하는 종의 실제 %는 정확히 10%가 되지 않을 수 있으며, 그리고 이러한 경험에서 얻은 원리의 오류가 영향력을 야기하는 비 토착종의 수에 관한 매우 상이한 최종적인 예측을 유도할 수 있다. 사실, Williamson과 많은 다른 사람들이 한 것처럼, 약 5%로부터 20%에 이르는 모든 것을 포함시키기 위해 오류가 발생할 여지를 10% 근처로 허용하는 것은, 각 전이 단계에서 오류가 4의 계승, 즉, 부정적인 영향력을 발생시킬 이입된 종의 최종 부분에서 64배의 차이가 날 수 있음을 의미한다 ($4 \times 4 \times 4$; Manchester & Bullock 2000).

10% 법칙의 최근 조사는 법칙이 때로 실험 자료들과 잘 맞지 않고, 그리고 우리가 침입 단계에서 영향력 단계로 이행함에 따라 이러한 적합도가 더 떨어짐을 보여주기 때문에 여기에서 설명이 되어 있다. Jeschke와 Strayer (2005)는 북미와 유럽 사이에 모든 척추동물 이입 자료를 조사하고, 정착되고 확산되는 종이 예측된 %보다 훨씬 많다는 것을 알았다. 분류군 별로 구분하여, 그들은 북미로 이입된 유럽 동물상의 전체 %, 그리고 유럽으로 이입된

북미 동물상의 %를 조사하였다. 그들은 각 대륙으로부터 분류군들의 2%에서 11% 사이가 10% 법칙에 의해 예측된 것처럼 다른 대륙으로 운반되고 방출되었다는 것을 알았다. 그러나 이들 이입의 1/3에서 3/4 사이가 성공적으로 정착하였다. 비 토착종이 일단 정착하면 그것의 확산 가능성은 유럽에서 북미 조류를 제외하고 모든 그룹에서 50% 이상의 확산 확률로 이전 단계에서 보다 10% 법칙과 훨씬 큰 차이가 있었는데, 유럽에서 북미 조류는 약 25%의 확산 기회를 가졌다. 비록 Jeschke와 Strayer (2005)는 영향력을 조사하지 않았지만 이들 초기 단계들에서 큰 성공률은 영향력을 가진 비 토착종의 수가 10% 법칙에 의해 예측되는 것보다 훨씬 높을 수 있음을 제시하는 것이다.

10% 법칙이 가지고 있는 가장 큰 두 개의 문제점은 오용으로부터 비롯된다. 일부 연구자들이 지적한 바와 같이, 10% 법칙은 예측 혹은 위험 분석을 위한 정량적인 도구로써 사용되어서는 결코 않된다 (Ehler 1998; Manchester & Bullock 2000; Williams et al. 2001). 이밖에, 이 법칙은 침입종의 크기와 특성과는 반하여 침입종의 수에 초점을 맞추고 있다. 10% 법칙을 Parker 혹은 Ricciardi 공식들처럼 중요한 침입종들을 확인하거나 영향력을 예측하는데 사용하는 것이 불가능하다. 대신에 10% 법칙이 가장 분명하게 제시하는 것은 어떤 종이 큰 영향력을 가질지를 알지 못하며, 따라서 침입의 특이한 그리고 예측 불가능한 성질을 강조한다는 것이다.

10.4 단계에 걸친 영향력 공식

우리는 Parker 등 (1999) 그리고 Ricciardi (2003)의 공식들 속에 이 책에서 제시한 우리의 방법에 함축되어 있는 몇 가지 복잡성, 특히 침입과정 단계를 기준한 특성의 인식을 추가하여 보완하려고 한다 (Lodge 1993; Kolar & Lodge 2001). 침입종이 유반, 정착 혹은 확산 단계 동안에 성공하도록 허용하는 요인들은 마찬가지로 영향력 단계에서도 영향을 줄 수 있다. 우리는 각 침입 단계 내에서 영향력에 영향을 줄 수 있는 성공 요인들 (F_i)을 생각할 수 있다. 따라서 영향력을 위한 다음과 같은 대안의 공식을 상상해 볼 수 있다.

$$I = F_t * F_e * F_s * E \tag{10.3}$$

여기에서 I는 개체 당 영향력, F_i는 침입의 i번째 단계에서 침입종의 성공을 나타낸다. 밑에 쓰인 글자들은 운반 (t), 정착 (e), 그리고 확산 (s)을 나타내며, E는 침입종 한 개체 당 측정된 효과이다. 예를 들어, 가상적인 비 토착성 식물의 최종 영향력을 생각해 보자. 이 침입하는 식물의 생식체들이 운반 (F_t) 과정에서 생존하도록 허용하고, 다양한 지소에서 그것의 정착을 향상시키는 발아 조건에서의 가변성을 가지며, 그것의 종자에 갈고리가 있어 신속한 확산 (F_s)을 용이하게 하여 높은 생식을 허용하는 장기간의 종자 단계를 가진다고 상상해보자. 영향력 단계 이전에 이들 요인들 각각은 침입종이 신속하게 전체 면적을 점유하게 하고, 높은 밀도에 이를 수 있도록 허용하는 역할을 수행하며, Parker 공식이 주장하는 것처럼, 이것들은 침입종이 발휘하는 영향력의 정도에 핵심 요소들이다.

우리는 기본적으로 침입 과정의 각 단계에서 작용하는 단일 요인을 특정한 속성들로 세분하여 Ricciardi (2003)의 생태학적 기능 요소 (F)를 확장시켰음을 주목해야 한다. 또한 방정식 10.3은 효과 (E)와 영향력 (I) 모두를 가지고 있으며, 이들 모두는 단위 개체 당 측정치이다. Parker 등 (1999)의 공식은 단일 개체의 효과 (E)를 전체 침입종의 효과 (I)로 곱하기 위한 주요 전환 요소들로 수도 (A)와 분포범위 (R)를 사용하고 있다. 우리의 효과 (E)는 다소 다르다. 대신에 그것은 각 단계에서 성공 요인들의 단위들을 관심있는 생물학적 수준에서 토착 생물상에 대한 효과로 전화시키는 전환 요소들을 포함하고 있다. 기본적으로, 우리는 특정한 단계에서 성공을 유도하는 특성들을 영향력과의 관련성으로 환언하려고 노력하고 있다. 우리는 또한 이 방정식 10.3 내에 Parker 공식으로부터 분포범위 (R)와 수도 (A)를 포함할 수 있는데, 이 경우 우리의 영향력 (I)은 종 수준의 효과를 측정한 것일 수 있다.

이 공식에서 잠재적으로 더 흥미 있는 부분은 우리로 하여금 침입 단계들에 관심을 갖게 만드는 방법, 그리고 단계들을 통한 전이를 용이하게 하는 요소들이다. 방정식 10.3은 전체 단계들에서 직선적인 효과를 갖는 매우 단순한 것이다. 침입의 후기 단계들이 얼마나 자주 초기 단계들의 상황에 의해 촉진 (혹은 저해) 되는지가 분명하지 않다. 그러나 Kolar와 Lodge (2002)의 고찰, 그리고 Cassey 등 (2004b)의 연구는 다양한 생활사 특성들의 중요성이 침입 단계 전체에서 본질적으로 다양하며, 동일한 특성이 한 단계에서 한 종에만 작용할 수 있거나, 혹은 여러 단계에서 한 종에 작용할 수 있음을 제시하고 있다. 따라서 Parker와 Ricciardi의 공식들과 관련하여 위에서 설명한 것처럼, 단계에 걸친 상호작용들이 종들 사이 혹은 메타개체군 동태들 사이의 상승적 상호작용을 넘어서는 영향력의 정도에 비 직선성을 야기한다.

이러한 단계를 넘어 선 상승효과의 예로 우리는 북미에 이입된 아르헨티나 개미 (*Linepithema humile*)를 고찰하려 한다. 아르헨티나 개미 (*L. humile*)는 남미의 토착종이며, 사람들과의 연관성 때문에 배에 싣는 짐을 통해 우연히 운반되어 전 세계에 많은 비 토착성 개체군들을 정착시켰다 (Suarez et al. 2001). 이들은 지중해성 기후에서 가장 잘 정착하였으며, 이들의 비 토착성 분포범위 내에 있는 몇 종의 토착성 식물과 동물을 감소시켰다. 아르헨티나 개미는 그들의 토착 분포범위에서 군체를 이루어 생활하며, 집단에 침입하는 모든 비 구성원들을 집단적으로 방어한다는 점에서 사회성이 높다. 몇 개의 분명히 다른 군체들이 서로 근접하여 존재할 수 있다. 그러나 이들 집단들 사이의 경계는 매우 뚜렷하다 (즉, 다 군체성). 이러한 행동은 개미 (그리고 다른 동물들)에서 개체군 밀도를 제한하는 것으로 생각되어 졌다. 그 이유는 영토 방어를 위해 소비하는 에너지가 생장 혹은 생식에 배분되지 못하기 때문이다.

캘리포니아 주에서 아르헨티나 개미들은 서로 간에 공격성이 매우 낮다. 일개미와 여왕개미는 정기적으로 군체들 사이를 이동하여 이들 개미들은 본질적으로 거대한 초군체들(supercolonies)로 살고 있다 (즉, 그들은 단일군체이다). 캘리포니아 주에 있는 아르헨티나 개미들은 그들의 토착 분포범위에서보다 훨씬 높은 밀도로 살고 있다. 이들이 캘리포니아 주에서 그들의 지리적 분포범위를 확장시키도록 허용하여 토착종들에게 강력한 영향력을 행사하도록 하는 것은 개체들의 초 경쟁적이고 포식 능력 때문이기 보다는 이러한 높은 개체군 밀도 때문이다 (Holway et al. 1998).

Tsutsui와 그의 동료들 (2000, 2001, 2003)은 캘리포니아 주 개체군 내에서 종내 공격성이 소실된 것은 이 개체군의 창시 단계에서 경험한 유전적 다양성의 심각한 소실 때문임을 확인하는 주장을 제시하였다. Tsutsui 등 (2000)은 캘리포니아 주 개체군을 토착 개체군과 비교한 후 캘리포니아 주 개체군에서 토착 대립인자의 거의 절반이 소실되었고, 이형접합이 60% 이상 감소된 것을 알았다. 유전학적인 기초를 가진 신호가 한 집단의 아르헨티나 개미들이 그들의 둥지 짝들을 알아보게 하였다. 밀접하게 연관되어 있지 않은 두 개체들 사이의 만남은 흔히 싸움을 유발하여 죽음에 이르게 한다. 공격성과 유전학 사이의 이러한 상관관계는 아르헨티나 개미의 토착 분포범위에서 상당한 정도의 유전적 구조와 변이성을 유발하였다. 이 유전적 변이성의 단지 일부분만이 창시 개체들을 통해 캘리포니아 주 개체군에서 이루어졌기 때문에 캘리포니아 주에 있는 대부분의 개미들은 비록 그들이 물리적으로 서로 멀리 떨어져 살고 있을 경우에도 서로를 둥지 짝으로 인식한다. 이로 인해 초군체의 형성, 높은 개체군 밀도의 달성, 군체 분리를 통한 신속한 지리적 확산, 그리고 토착종들에 대한 높은 수준의 영향력이 가능해졌다.

이 경우, 캘리포니아 주에서 아르헨티나 개미들의 성공적인 확산과 높은 영향력은 다음과 같은 창시 개체들의 운반과 관련된 환경의 기능이다.

$$I - F_t \times F_e \times F_s(F_t) \times E(F_t) \qquad (10.4)$$

여기에서 F_t와 F_e는 운반 성공과 정착 성공을 나타내며, 반면에 확산 (F_s)과 개체 당 효과 (E)는 모두 수송 (F_t)과 관련된 환경의 함수들이다.

우리가 강조하고 싶은 주요 포인트는 한 침입종의 생태적 혹은 질적 특성들이 부정적인 영향력을 발휘하기 위해 새로운 군집들과 상호작용을 할 수 있는 매우 광범위한 방법들이 있다는 것이다. 따라서 하나의 직선적인 관계는 침입종 영향력의 잠재적인 범위를 결코 완전히 포함하지 못할 것이다. 대신에, 우리 자신들이 영향력에 영향을 주는 잠재적 상호작용과 기능의 넓은 범위를 인정하면, 우리는 이들 영향력들에 대한 검증할 수 있는 가설을 만들 수 있을 것이다. 따라서 우리는 침입종으로부터 발생하는 생태적 영향력을 이해하고 측정하는 방법을 찾아내기 위한 연구에 단계에 걸친 요인들을 포함시킬 것을 권장한다.

10.5 요약

서로 다른 많은 방법들을 자세히 살펴본 바에 따르면, 침입성 종의 영향력을 인지하는 것은 간단한 것이 아니며, 이들 영향력들을 비교하는 것은 더욱 복잡하다. 영향력들은 매우 다양하고 여러 가지 요인들의 영향을 받기 때문에 우리가 검증할 수 있는 가설을 개발하는데 도움을 주는 분명하고 정량적인 관계를 분명하게 공식화 하는 것이 중요하다. 이것은 잠재적으로 침입종들의 연구를 위한 매우 풍부한 연구영역이지만, 영향력의 측정이 모든 설명에서 투명해야 한다는 것이 중요하다. 그 이유는 상이한 생태적 수준들이 상호작용을 하여 영향력의 정도를 증가시키고, 사실상 지연시간은 미래의 결과를 변화시킬 수 있기 때문이다. 과학적인 연구논문을 통해 침입종들의 영향력을 보고하는 것은 특정한 공간적 규모, 계층적 수준, 서식처, 영양단계 수준에서 메타 분석을 위한 충분한 정보를 축적시킬 수 있다. 이러한 유형의 모든 정보는 침입 이론을 만들고, 침입종을 관리하기 위한 우리의 능력을 향상시킬 것이다.

더 읽을 거리

Huston, M. A. 2004. Management strategies for plant invasions: manipulating productivity, disturbance, and competition. Diversity & Distributions 10: 167 - 178.

Parker, I. M., D. Simberloff, M. W. Lonsdale, K. Goodell, M. J. Wonham, P. M. Kareiva, M. H. Williamson, B. Von Holle, P. B. Moyle, J. E. Byers, and L. Goldwasser. 1999. Impact: toward a framework for understanding the ecological effects of invaders. Biological Invasions 1: 3 - 19.

Ricciardi, A. 2003. Predicting the impacts of an introduced species from its invasion history: an empirical approach applied to zebra mussel invasions. Freshwater Biology 48: 972 - 981.

이 단원과 관련된 논문

Davis, M. A. 2003. Biotic globalization: does competition from introduced species threaten biodiversity? Bioscience 53: 481 - 489.

Hoopes, M. F., and L. M. Hall. 2002. Edaphic factors and competition affect pattern formation and invasion in a California grassland. Ecological Applications 12: 24 - 39.

Levine, J. M., M. Vila, C. M. D'Antonio, J. S. Dukes, K. Grigulis, and S. Lavorel. 2003. Mechanisms underlying the impacts of exotic plant invasions. Proceedings of the Royal Society of Sciences, Series B 270: 775 - 781.

CHAPTER

11

침입종의 적응

개관

침입 과정을 규정하는 한 가지 방법은 개체들이 운반 매체에 처음 유입되고, 그 다음 이들 개체들이 비 토착 지소들로 방출되는 것이다 (제 2장). 비 토착성 분포 범위에 이들 개체들 (생식체들)의 방출 그리고 그 다음 양의 개체군 생장을 실현하기 위한 그들의 노력이 비 토착성 개체군의 창시 과정을 결정한다. 개체들이 이동되는 매체에 따라 창시 개체군은 크거나 작을 수 있으며, 그 후에 일어나는 독자적인 방출 사건들에 의해 개체들이 보충될 수 있다. 제 4장에서 살펴본 바와 같이 높은 생식체 압력은 정착 성공의 중요한 결정자이다. 그 이유는 생식체 압력이 초기의 개체군이 개체군 생장에 대한 행동적인 제약을 극복하도록 허용하며, 확률론적인 환경적 힘 (예를 들어, 혹독한 기상 사건들)의 해로운 효과를 피하도록 허용하기 때문이다. 생식체의 크기 그리고 이어지는 초기 개체군의 생장률도 비 토착성 개체군의 유전적 다양성을 결정한다. 비 토착성 개체군의 창시 시기에 발생하는 유전적 변화는 정착 성공에 영향을 줄 수 있지만, 그들은 또한 개체군 확장율, 토착종에 대한 영향력의 수준, 그리고 비 토착종들이 수용 군집의 새로운 생물적 그리고 비 생물적 환경에 대한 반응으로 진화될 확률을 결정할 수 있다. 이 장에서는 유전적 변화가 어떻게 침입 과정의 다양한 단계에 영향을 주는지에 관한 사례 연구들을 소개할 것이다. 만약 여러분이 개체군 유전학에 익숙하지 않다면, Table 11.1에 이 장에서 사용된 다양한 용어들의 정의가 나와 있으니 참고하기 바란다.

Table 11.1 이 장에서 사용된 용어의 설명

용어	정의
부가적인 유전적 변이 Additive genetic variance	하나의 속성에 영향을 주는 모든 개별 유전자의 합에서 비롯되는 유전적 변이의 비율
대립인자 Allele	한 염색체에서 주어진 유전자 좌를 점유하고 있는 동일 유전자의 많은 형태 중의 어느 하나
우성 Dominance	다른 대립인자들이 존재할 때 하나의 대립인자가 우선적으로 발현되는 상황
부동 Drift	짝짓기 그리고 자손의 생산을 통해 일어나는 대립인자들의 무작위적 소실
효과적인 개체군 크기 Effective population size	실제 개체군에서 발견되는 것처럼 유전적 교환의 동일한 양을 생산할 수 있는 무작위적으로 짝짓기하는 개체군에서개체들의 수
상위 Epistasis	두 개 이상의 상호작용하는 유전자들에 의한 표현형의 조절
적합도 Fitness	개체군에서 다른 개체들과 비교하여 높은 생존률 혹은 생식을 통해 자신의 유전자를 전파하기 위한 개체의 능력의 측정치
유전자형 Genotype	생물들을 서로 다르게 하는 하나의 대립인자의 조합, 그리고 환경과 공동으로 특정한 속성 혹은 표현형을 생산하는 대립인자의 조합
지리적 유전적 구조 Geographic genetic structure	물리적인 지역 전역에서 동일종의 개체군들 사이의 유전적 차이
이형접합성 Heterozygosity	개체군에서 특정한 유전자 좌에서 이형접합체 개체들의 부분; 이형접합체는 단일 유전자 좌에 상이한 대립인자를 가진다.
근친교배 Inbreeding	대립인자들을 공유할 가능성이 있는 가가운 친척들 사이의 교배
유전자 좌위 Locus	하나의 염색체에서 유전자의 위치
표현형 Phenotype	개체들 사이에 차이가 나는 방식으로 흔히 한 생물의 신체적 모양, 속성, 혹은 행동에서 유전자형의 표현. 선택은 유전자형보다는 표현형에 작용한다.

"정의"는 Hartl (1988)에 따랐음.

11.1 창시 과정

진화에서 창시과정의 역할은 수 십 년에 걸쳐 큰 관심을 받아왔다. 진화에서 선택 그리고 부동의 상대적인 중요성에 관한 논쟁, 그리고 부가적 상호작용 혹은 높은 차수의 유전적 상호작용에 관한 논쟁은 Sir Ronald Fisher (1930)와 Sewall Wright (1932)까지 거슬러 올라간다. Fisher는 진화란 1차적으로 자연선택에 의해 추진된다는 이론을 주장하였는데, 대부분

부가적 유전적 변이에 대한 그것의 효과를 통해 추진된다. Wright는 개체군 병목현상과 연관된 대립인자 빈도에서의 변화가 진화적 변화를 위해 중요한 기작을 제공하는 것으로 생각하였다. 그는 또한 창시 사건들이 유전적 다양성을 감소시킨다는 것을 인식하였다. 따라서 비록 진화적인 변화를 위해서는 병목현상이 필요할 경우에도 수반되는 다양성에서의 감소가 진화적 과정을 억제한다. 그 이유는 병목현상 후에 자연선택이 작용할 유전자들 그리고 유전자 조합이 더 적기 때문이다. 비록 대부분의 진화 생물학자들은 이 두 과정 모두가 진화에서 역할을 한다는 것을 인정하고 있지만, 이중 어떤 이론이 맞는지에 관한 논쟁은 오늘날까지도 지속되고 있다 (Brodie III 2000).

이중 어떤 것이 침입종 생태학과 관련이 있는가? Baker와 Stebbins (1965; 이 책의 제 1장)의 침입종에 대한 독창적인 책의 집필 동기 중의 하나는 비 토착종이 Fisher와 Wright에 의해 주장된 것과 같은 기본적인 진화적 문제에 어떻게 답을 할 수 있을까를 고려하기 위한 것이었다 (Vellend et al. 2005). 실제로 비 토착종의 연구는 진화적 이론들을 탐구하기 위한 핵심적인 것으로 간주되고 있다 (Rice & Sax 2005; Wares et al. 2005). 그러나 침입종들을 관리하는데 관심을 가진 사람들의 관점에서 보면 비 토착성 개체군의 창시 과정에 수반된 유전적 변화들은 이들의 미래의 운명과 영향력을 위한 단계를 결정한다. 이와 관련된 핵심 문제들은 (i) 초기 개체군 정착 시기에 유전적 변이성이 얼마나 자주 감소하는가? (ii) 낮은 유전적 변이성은 초기 개체군들이 자체 지속되는 (즉, 정착) 것을 저해하는가? (iii) 비 토착성 개체군들의 창시 사건들이 발생한 이후에도 표현형의 핵심 속성들이 개체군을 확산하도록 그리고 생태학적 영향력을 유발하도록 허용하는 진화를 위한 충분한 유전적 변이성이 남아 있는가?

11.2 운반 기작들을 통한 유전적 변이성의 소실과 획득

정의에 따르면, 비 토착성 개체군들은 그들의 토착 분포범위에서 새로운 비 토착성 장소로 운반되어 방출되는 일단의 개체들에 의해 창시된다는 것을 상기하자. 이들 운반된 개체들은 각각 그들의 토착 개체군에 존재하는 전체 유전자들의 독특한 부분집합을 가지고 있기 때문에, 비 토착성 개체군을 창시하는 일단의 개체들은 보통 공여 개체군의 전체 유전적 다양성 (즉, 전체 대립인자들의 집합)의 일부만을 가지고 있다 (Nei et al. 1975; Lee 2002). 따라서 각각의 비 토착성 개체군은 그들의 공급 개체군보다 희귀 대립인자들을 더 적게 가질 수 있다. 그 이유는 공급 개체군에 있는 더 많은 희귀 대립인자들이 운반된 창시 개체들의 부분집합에 포함되지 않았기 때문이다. 개체군 병목현상과 같은 것을 통해 유전적 다양성이 감소되는 정도는 생식체의 크기 (즉, 창시 개체들의 수), 생식체들의 공급 장소, 그리고 운반 매체들이 새로운 생식체들을 얼마나 자주 초기의 개체군에 공급하느냐에 달려있다. 제 2장과 3장에서 우리는 운반 매체들 전체에서 이들 속성들의 광범위한 시간적 그리고 공간적 변이가 있다는 것을 알고 있기 때문에, 창시되는 비 토착성 개체군들에 유전적 다양성의 소실이 얼마나 일반적인지를 알아볼 가치가 있다.

공급 개체군과 비교하여 비 토착성 개체군들의 유전적 다양성에 관한 몇 편의 연구들이 있다 (Cox 2004에서 고찰되었음). 그 과정을 이해하기 위해서는 유전적 변이성에서 감소를 보고한 몇 가지 연구를 먼저 검토하는 것이 가장 쉽다 (Baker & Moeed 1987; Holway et al. 1998; Bartlett et al. 2002). 예를 들어, Baker와 Moeed (1987)는 비 토착성 구관조 (common myna, *Acridotheres tristis*) 개체군들의 유전적 다양성을 남동아시아에 있는 그것의 토착 공급 개체군과 비교하였다. 구관조는 뉴질랜드, 남아프리카, 하와이, 호주, 그리고 피지에 의도적으로 이입시킨 몸집이 큰 잡식성 조류이다. 이들 개체군들은 모두 1800년대 중엽과 말엽에 이입되었으며, 남아프리카로의 이입을 제외한 모든 이입이 토착 공급개체군 분포범위로부터 직접 수집한 개체들이 포함되어 있다. 남아프리카의 개체군을 창시한 구관조 개체들은 다른 이입된 장소인 모리셔스로부터 운반되었는데, 그 자체는 남동아시아로부터 온 개체들에 의해 창시되었다. 따라서 남아프리카 개체군은 정착 전에 두 번의 개체군 병목현상을 통과했을 가능성이 크다. 구관조의 방출은 계획된 사건이었기 때문에 우리는 처음 방출된 창시 개체들의 수에 관한 좋은 기록을 가지고 있다 (Table 11.2).

Table 11.2 토착 그리고 이입된 조류 개체군들에서 유전적 변이성의 비교

종	지역	η_p	η_l	유전적 모수 A	P	H_E	이입 역사 Intro	Abun.	n	#times
Sturnus vulgaris	토착지	6	24.0	1.42	28.5	0.033	–	–	–	–
	NZ	6	24.0	1.35	33.8	0.043	1867	1878	653	13
Acridontheres tristis	토착지	7	28.4	1.43	31.5	0.060	–	–	–	–
	NZ	5	57.4	1.24	19.5	0.042	1862	1912	100	2
	AU	2	43.9	1.30	23.1	0.060	1862	1883	252	5
	HA	1	37.6	1.20	18.0	0.060	1865	1879	6	2
	FI	2	25.9	1.30	20.6	0.050	–	–	–	–
	SA	2	38.3	1.15	12.9	0.030	1888	1930	6	2
Fringilla coelebs	토착지	10	28.7	1.34	24.5	0.048	–	–	–	–
	NZ	8	26.1	1.39	28.3	0.066	1867	1870	377	13
Carpodacus mexicanus	토착지	6	40.6	1.48	27.4	0.045	–	–	–	–
	E-USA	6	38.5	1.37	23.7	0.042	1940	–	–	–
	HA	4	20.0	1.33	21.0	0.055	1860s	–	–	–
Carduelis chloris	토착지	14	33.6	1.19	14.1	0.025	–	–	–	–
	NZ	7	35.1	1.22	16.8	0.025	1862	1868	64	5
Passer montanus	토착지	2	55	1.45	33.3	0.098	–	–	–	–
	USA	3	83	1.33	23.9	0.078	1870	–	20	1
	AU	1	15	1.3	23.1	0.074	1863	–	–	–
Passer domesticus	토착지	14	60.7	1.63	36.9	0.097	–	–	–	–
	NZ	4	51.4	1.42	36.2	0.080	1859	1869	418	7
	AU	3	36.7	1.50	33.3	0.103	1863	1906	494	8

n_p = 개체군들의 수, n_i = 유전자 좌 당 기록된 개체들의 평균 수, A = 유전자 좌 당 대립인자의 평균 수, P = 다형 유전자 좌의 %, HE = 예측된 평균 이형접합성. Intro=도입년도, Abun = 증가된 년도, n = 이입된 개체들의 최소 수, # times = 이입의 최소 수, AU= 호주, E-USA = 미국 동부, F I = 피지, HA = 하와이, NZ = 뉴질랜드, SA = 남아프리카.

Baker와 Moeed (1987)는 뉴질랜드, 남아프리카, 호주, 하와이, 피지, 그리고 인도 내에 있는 몇몇 토착 장소들로부터 구관조 개체들을 채집하였다. 39개의 유전자 좌의 아이소자임(동위효소) 전기영동을 사용하여 그들은 모든 개체군들 사이에 평균 이형접합성, 유전자 좌 당 대립인자의 수, 그리고 다형의 유전자 좌들의 %를 비교하였다. 그들은 평균 이형접합성과 다형의 유전자 좌들의 %가 공급 개체군들에 비해 각각의 비 토착성 개체군들에서 더

낮다는 것을 알았다. 또한 비 토착성 개체군들은 유전자 좌 당 대립인자의 수가 18% 감소되었다. 소실된 대립인자들은 모두 토착 공급 개체군에서 희귀한 것들이었다. 예측한 것처럼, 창시 개체들의 기원에 관한 우리의 지식을 바탕으로 남아프리카 개체군은 위의 모든 계량에 따르면 유전적 다양성에서 가장 큰 감소를 보였다.

게다가 Baker와 Moeed (1987)가 비 토착성 개체군들 사이의 유전적 다양성을 비교하였을 때, 그들은 이들 사이에 상당한 분화가 있음을 발견하였다. 일부 경우에서, 두 개의 비 토착성 개체군들 사이의 유전적 구성에서의 차이는 인지된 조류의 아종들 사이에서 관찰된 유전적 차이의 정도와 필적하였다. Baker와 Moeed (1987)는 비 토착성 개체군 다양성 사이의 이러한 정도는 유전적 부동 그리고 이용 가능한 공급자 유전적 다양성의 무작위적 부분 샘플링(subsampling) 효과 때문이라고 주장하였다. 달리 말하면 각각의 비 토착성 개체군은 공급 유전자 풀에서 이용 가능한 대립인자들의 독특한 부분집합을 지니고 있는 일단의 창시 개체들을 가지고 있다. 이어지는 방출에서 이들 대립인자들의 일부가 부동 때문에 소실되었다. 최종 결과는 공급 개체군과 창시 개체군 사이에 소수의 대립인자들만을 공유하는 일단의 비 토착성 개체군들이 된다. 이것은 한 종이 몇 개의 성공적인 정착된 비 토착성 개체군들을 형성할 때 비교적 흔한 현상으로 보이며 (Merila et al. 1996; Lambrinos 2004), 그리고 이것은 미래의 엇갈리는 적응적 경로를 결정하는 단계일 수 있다 (Huey et al. 2000; Box 11.1).

조류 이입에 관한 자세한 기록이 계속 유지되었기 때문에, 유전적 다양성에서 감소의 가능성에 대하여 수행된 Baker와 Moeed (1987)의 것과 유사한 몇 가지 연구들이 있다. Merila 등 (1996)은 이 연구들을 고찰한 후 다른 비 토착성 조류 개체군들이 구관조에서 밝혀진 것과 유사한 패턴을 보인다는 것을 보여주었다 (Baker & Moeed 1987). 그러나 구관조 이입과는 대조적으로, 그리고 종래의 이론에 의해 제공된 예측들과는 대조적으로, 비 토착성 개체군들에서 유전적 다양성이 토착 공급원에서의 유전적 다양성에 비해 같거나 혹은 더 높은 몇 가지 경우들도 있다. Merila 등 (1996)은 혼합된 결과들을 창시 개체군의 크기, 이들 개체군들이 초기 방출 후 증가된 율, 그리고 보고된 방출 사건들의 수와 연관시켜 이해하고 있다. Fig. 11.1은 이들 3가지 요인들과 비 토착성 조류 개체군들의 유전적 다양성 측정치들 사이의 관계를 보여주고 있다. Nei 등 (1975)에 의해 제시된 것처럼, 창시 개체군이 작으면 작을수록 초기 방출 후에 개체군 증가율이 더 느리며, 유전적 다양성의 소실은 더 크다. 게다가, 생물학적 방제, 심미적, 혹은 유사한 이유 때문에 이입이 반복되는 경우에서처럼, 시간이 지남에 따라 개체들이 창시 개체군에 계속 이입될 때 유전적 다양성 소실은 최소가 된다.

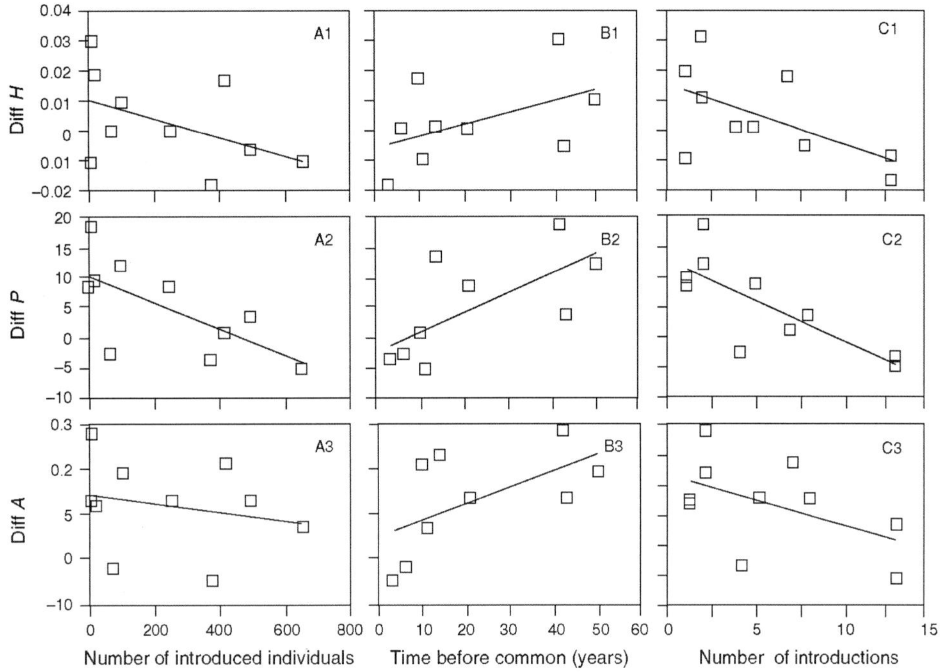

Fig. 11.1 유전적 변이에 대한 생식체의 크기, 이입 후 시간, 그리고 생식체 수의 효과. 각 그림은 토착 환경에서의 변이와 비 토착 환경에서의 변이 사이의 차이를 나타낸다. A, P, 그리고 H는 Table 11.1에서처럼 유전자 좌 당 대립인자, 다형적 유전자 좌들, 그리고 이형접합성을 나타낸다.

비 토착성 개체군들의 유전적 다양성에 관한 문헌들의 광범위한 조사 결과는 대부분의 경우에서 비 토착성 개체군들이 유전적 다양성을 매우 적게 소실한다는 것을 보여주고 있다 (Novak & Mack 2005; Wares et al. 2005). 이들 고찰을 기초로 우리는 유전적 다양성과 초기 이입 상황 사이의 관계에 관한 다음의 3가지 원칙을 제시한다. (i) 만약 운반 매체들이 시간과 공간 상에서 제한된 표본을 가진 토착성 변이의 작은 부분만을 선택한다면, 유전적 다양성은 공급 개체군들에서 보다 낮을 가능성이 있다. (ii) 만약 이입이 높은 정도의 지리적, 유전적 구조를 보이는 토착 공급 개체군들 전체에 걸친 광범위한 표본으로부터 이루어진다면, 유전적 다양성은 비 토착성 분포범위에서 더 높을 수 있다. 그리고, (iii) 만약 처음 방출 후 만나는 상황이 개체군 크기를 장기간 동안 낮게 유지한다면, 많은 개체들의 방출도 유전적 변이의 소실을 막지 못할 것이다. 우리는 아래에서 이들 일반화를 좀더 상세히 알아보기로 한다.

11.2.1 제한된 생식체 공급원에서 비롯되는 낮은 유전적 다양성

운반 매체가 시간과 공간적으로 산발적일 때 비 토착성 개체군에서 유전적 다양성은 감소될 가능성이 있다. 가장 심한 개체군 병목현상 (방출된 개체들이 <10 개체 이하)이 있을 때만, 그리고 비 토착성 개체들이 창시 개체군으로 계속 방출이 없을 때에만 비 토착성 개체군 내에서 유전적 열화 (genetic erosion)를 보게 될 것을 예상할 수 있다 (Nei et al. 1975). 비록 이 패턴에 따르는 예들을 이미 제시하였지만, 우리는 현재의 운반 매체들의 일부만이 낮은 유전적 변이가 예상될 수 있는 아주 적은 개체들을 방출시킬 것이라고 주장한다. 유전적 다양성의 소실을 유발시킬 가능성이 있는 운반 매체들의 예들은 한 사람 (혹은 소수의 사람들)에게 심미적으로 즐거움을 주는 종들의 방출, 생물학적 방제 혹은 사냥감 증가를 위해 시험적으로 (이어지는 방출이 없는) 방출된 종, 혹은 부산물로 매우 산발적으로 운반된 종들이다 (제 2장). 이들 기준들은 서로 배타적이지 않다.

Box 11.1 Superfly

비 토착종의 신속한 진화에 관한 좀더 놀랍고 유익한 예들 중 하나는 북미와 남미의 비 토착 분포범위 내에서 수행된 초파리 (*Drosophila subobscura*)의 연구에서 나온다 (Huey et al. 2000; Huey et al. 2005). 초파리는 구세계(유럽, 아시아, 아프리카)에 토착종이며, 이들은 토착 분포범위 내에서 날개 길이의 뚜렷한 연속변이를 보이는데, 추운 기후에서는 날개가 더 크다. 1970년대에 초파리는 남미에 이입되었으며, 칠레에서 처음 출현하였다. 1980년대에 이 초파리는 북미에 이입되었고, 오리건 주에서 처음 출현하였다. Huey와 동료들은 만약 날개의 연속변이가 이들 두 곳의 비 토착 지역 내에서 진화하였는지, 만약 그렇다면 전체적으로 크거나 작은 날개를 생산하기 위해 날개 형태의 어떤 특징이 변화하였는지를 알고 싶어 했다.

유전적 분석을 통해 그들은 두개의 비 토착성 개체군들이 (즉, 북미와 남미) 동일한 지중해성 모 개체군 (그들의 토착 분포범위의 남쪽 부분)으로부터 기원한 개체들에 의해 창시되었음을 알았다. 따라서 두개의 비 토착성 개체군들은 작은 날개를 가진 개체들로부터 창시되었고, 서로의 복제품으로 간주될 수 있었다 (Huey et al. 2005). Huey의 연구가 진행될 때 (2005) 각각의 비 토착성 초파리 개체군이 30년이 채 못되는 기간 동안 존재 했음에도 불구하고, 그는 북미와 남미 개체군들 모두에서 위도가 증가함에 따라 날개의 길이가 증가된 것을 알았다 (Huey et al. 2005, 그리고 그 안에 포함되어 있는 참고문헌). 더구나 날개 크기와 위도 사이의 관계의 기울기는 비 토착성 개체군들 전체에서 적어도 암컷들 중에서는 동일하였다 (Fig. 11.2).

종의 비 토착성 분포범위 내에서 진화한 형태적 연속변이에 관한 다른 예들이 있는데 (예를 들어, Johnston & Selander 1973), 그러한 대진화 패턴들이 현저히 짧은 시간 동안에 걸쳐 재현될 수 있음을 보여주는 것이다. 그러나 Huey의 연구에서 특별히 관심있는 부분은 전체적으로 큰 날개 크기가 북미와 남미 개체군들에서 날개 모양의 상이한 부분에서 일어난 변화를 통해 이루어졌다는 것이다. 예를 들어, 북미 개체군의 수컷과 암컷 사이에서 날개의 아래 부분은 위도에 따라 증가하지 않았다. 그러나 남미의 개체군과 초파리의 토착 분포범위 내에서는 날개 형태의 이러한 특징은 위도상의 구배에 따라 상당한 증가를 보였다. 북미 개체군들에서 큰 날개 크기는 날개의 다른 부분 치수의 증가를 통해 이루어졌다. 이를 통해 Huey 등 (2005)은 비록 위도 증가에 따라 더 큰 날개 크기의 진화가 대부분 예상될 수 있지만 그러한 연속변이가 발생학적으로 달성되는 방법은 확실히 예측할 수 없다고 결론지었다.

진화의 기작에 관한 이러한 관점은 한 종이 몇 개의 대륙에 비 토착성 개체군들을 정착시키는 경우와 같이 동일종이 분명히 다른 지역으로 이입되어 많은 개체군들을 형성하는 사례가 없으면 달성하기 어렵다. 그러나 진화에서 이러한 미묘한 차이들이 이들 비 토착성 개체군들 전체에서 어떻게 지리적 분포범위 확장 율의 차이 혹은 생태적 영향력의 차이로 나타나는지는 아직 대부분 알려지지 않았다. 이것은 침입종 생태학의 연구자들이 앞으로 더 기여해야 할 또 하나의 연구영역이다.

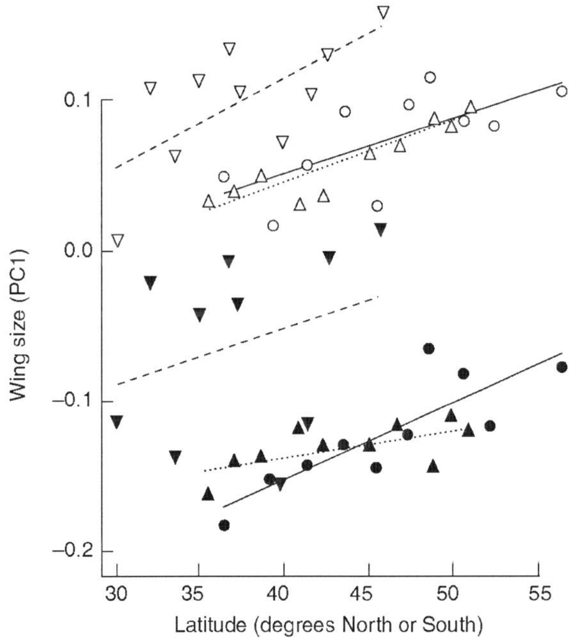

Fig. 11.2 북미와 남미로 이입된 초파리 (*Drosophila subobscura*)의 날개 크기의 변화. 구 대륙 개체군들 (원), 북미의 비 토착성 개체군들(삼각형), 그리고 남미의 비 토착성 개체군 (역 삼각형)에서 날개 크기는 위도에 따라 증가한다. 검은 것과 흰 것은 각각 암컷과 수컷을 나타낸다. PCI는 3가지 날개 치수의 첫 번째 주성분을 의미한다.

11.2.2 유전적으로 상이한 생식체들의 혼합에서 비롯되는 다양성 증가

만약 다음에 제시하는 두 조건들이 사실이라면 비 토착성 분포범위에서 유전적 변이는 낮지 않고 더 높을 것으로 예상할 수 있다. 첫째, 공급 개체군은 비교적 높은 수준의 지리적인 유전적 구조를 보여야 한다. 둘째, 운반 매체는 이들 범위의 전 범위에 걸쳐 아마도 몇 번의 독자적인 운반과 방출 사건들을 통해 개체들을 효율적으로 "채집"하여야 한다. 만약 이들 조건들이 충족된다면, 새로운 유전 물질이 비 토착성 개체군 내로 연속적으로 이입될 것이다. 본질적으로, 사람이 중재하는 비 토착성 개체들의 운반은 이전에는 별개의 혈통이던 것들을 비 토착성 분포범위 내에서 결합시킨다. 개체군 유전학의 영역 내에서, 이러한 결과로써 생기는 개체군을 "혼합물, admixture"이라고 부른다 (Wares et al. 2005). 이 결과는 종래의 개체군 유전학의 예측들과 다르기 때문에 (위의 내용 참조), 우리는 갈색 아놀도마뱀 (*Anolis sagrei*)에 관한 Kolbe 등 (2004)의 연구를 통해 하나의 혼합물의 예를 설명할 것이다.

갈색 아놀도마뱀은 카리브해 섬들에 토착종이며, 전 세계의 다른 지역뿐만 아니라 플로리다 주에 잘 정착된 비 토착성 개체군을 가지고 있다. 갈색 아놀도마뱀의 이러한 많은 비 토착성 개체군들은 개체군 성장률과 지리적 확산율이 높다. 그들은 또한 토착 도마뱀들과 경쟁하며, 그들을 잡아먹는다. 갈색 아놀도마뱀은 1800년대 말엽에 플로리다 키스 제도 (플로리다의 최 남단 끝)에서 처음 출현하였으며, 많은 비 토착종들처럼 그들은 그후 50년 동안 자신들의 분포범위를 감지할 수 있을 정도로 확장시키지 못하였다 (제 8장의 지연 시간 참조). 그러나 1940년대와 1970년대 사이에, 갈색 아놀도마뱀은 플로리다 주 전역에서 출현하였다. 이들 새로운 개체군들은 좀더 최근에 플로리다 주 북부 지역에 직접 이입된 것과 함께 어쩌면 플로리다 키스 제도로부터 북쪽으로 확산된 결과이다.

Kolbe 등 (2004)은 플로리다 주에 있는 갈색 아놀도마뱀의 유전적 변이를 토착지인 카리브해의 분포범위에서 볼 수 있는 변이와 비교하였다. 그들의 분석 목적은 플로리다 주에 있는 비 토착성 개체군의 공급 장소들을 확인하고, 유전적 변이의 소실을 평가하기 위한 것이었다. 그들은 갈색 아놀도마뱀의 토착 분포범위에서의 유전적 다양성이 지리적으로 고도로 조직화 되었다는 것을 알았다. 대부분의 변이는 각 개체군 내에서 작은 변이를 가진 개체군들 전체에 걸쳐 발생하였다. 이것은 비 토착성 개체군들을 위한 공급 장소를 지정하는 것을 비교적 쉽게 하였다. 그들은 플로리다 주의 갈색 아놀도마뱀은 8개의 토착 공급 개체군들로부터 기원하였음을 알았는데, 이것은 아마도 갈색 아놀도마뱀이 적어도 8번의 독자적인 사건들을 통해 플로리다 주로 이입되었음을 의미하는 것일 수 있다.

더구나 매우 상이한 토착 장소들로부터 기원한 갈색 아놀도마뱀 개체는 플로리다 주의 비 토착성 개체군들 내에서 정기적으로 혼합되었다. 비록 플로리다 주에 있는 개체들이 유전적으로 서로 매우 달랐음에도 불구하고, 그들은 여전히 쉽게 잡종번식을 하였다. 따라서 유전적으로 혼합된 비 토착성 개체군은 공급 개체군들에서 볼 수 있는 것보다 훨씬 많은 개체군 내 변이를 보이고 있다. 비 토착성 개체군들에서 이러한 변이 증가를 보이는 다른 예들이 있으며 (예를 들어, Novak et al. 1993; Martel et al. 2004), 이러한 예들은 공급 개체군 분포범위 전역에서 고도의 유전적 조직화를 가진 많은 토착 공급원으로부터 여러 번에 걸쳐 이입된 종에서 나오는 경향이 있다. 지리적인 유전적 조직화가 그들의 토착 분포범위에서 광범위한 종들 사이에서 꽤 보편적이고, 이들 종들로부터 기원한 개체들이 흔히 그들의 토착 분포범위 밖으로 운반되어 방출된다면 (Blackburn & Duncan 2001b), 비 토착성 분포범위 내에서 증가된 다양성을 보는 것은 이전에 예상했던 것보다 훨씬 보편적일 수 있다.

11.2.3 방출 후 조건들과 유전적 다양성

정착 후에 침입종들이 만나게 되는 조건들은 두 가지 방법을 통해 비 토착성 분포범위에서 관찰된 유전적 다양성의 양에 영향을 줄 것이다. 첫째, 많은 수의 개체들이 방출되는 경우에도 만약 이들 개체들 중 극히 일부가 성공적으로 생식하고 따라서 유전자를 다음 세대로 전달한다면 유전적 다양성의 소실은 일어날 수 있다. 짝짓기에서 이러한 치우침은 개체군의 진화적으로 중요한 부분과 실제 개체군 크기 사이에 차이를 유발한다. 실제 개체군에서 볼 수 있는 것과 같은 동일한 양의 유전적 교환을 생산할 수 있는, 무작위로 짝짓기를 하는 개체군에서 짝짓기에 참여하는 개체들의 수인 "유효한 개체군, effective population"은 실제 개체군 크기의 일부일 수 있다 (Hartl 1988). 유효한 개체군 크기는 Allee 효과 (제 4장 참조), 불균등한 성비, 혹은 소수의 개체들만이 대부분의 자손들을 기르게 하도록 허용하는 짝짓기 방식 (예를 들어, 수컷 하나에 여러 마리의 암컷 혹은 자가수정을 하는 식물, Hartl 1988)을 포함하여 다양한 요소들에 의해 결정된다. 따라서 비 토착성 종 전체에서 생활사에 따라 유전적 열화의 정도에 일부 변이를 볼 수 있다 (Novak & Mack 2005).

둘째, 만약 개체군이 장시간에 걸쳐 느리게 성장을 하거나, 혹은 개체군이 방출 후에 개체들의 수가 급격히 감소한다면 유전적 다양성의 소실이 발생할 수 있다 (Hufbauer et al. 2004). 여기에서 중요한 것은, 첫 번째 장소에서 유전적 다양성을 (잠재적으로) 제한하는 것과 동일한 과정을 통해 초기 생식체 방출 후에 유전적 다양성이 열화될 수 있다는 것을 이해하는 것이다. 즉, 단지 소수의 개체들만이 생존하여 생식하고, 이들 개체들은 모든 이용가능한 유전 정보의 부분집합을 지닌다. 몇 세대 동안 낮은 개체군 크기가 지속되면, 유전적 다양성은 동종번식과 부동을 통해 훨씬 더 열화될 것이다. 비 토착성 개체군들은 다른 종 개체들과의 경쟁 (토착성 혹은 비 토착성), 높은 포식 압력, 혹은 지소 조건들에 대한 부적응 등을 포함한 다양한 이유 때문에 개체수가 낮게 유지될 수 있다. 비 토착성 분포범위 내에서 발생하는 갑작스런 환경 재난들 (예를 들어, 홍수, 결빙, 혹은 산불)도 개체군 크기를 감소시킬 수 있다. 우리는 제 4장, 5장, 6장에서 이들 힘들의 작용 기작을 설명한 바 있다.

11.3 유전적 특성 그리고 방출 후 성공

위의 설명을 통해 우리는 비 토착성 개체군들의 유전적 다양성이 토착지의 공급 개체군의 것에 비해 필연적으로 낮을 필요는 없다고 넓게 결론지을 수 있으며, 실제로 때로는 다양성이 더 높다. 유전적 다양성의 증가 혹은 감소가 방출 후에 비 토착성 개체군의 운명에 어떤 관련이 있는가?

11.3.1 유전적 다양성 소실이 침입 성공에 영향을 준다는 증거

유전적 다양성의 소실이 비 토착성 개체군들의 운명을 결정할 것이라고 의심할 만한 많은 이유가 있다. 개체군 병목현상과 유전적 부동은 유해한 대립인자들의 고착을 유발시킬 수 있으며, 따라서 변화하는 환경 조건에 적응할 능력을 감소시킬 수 있다. 유해한 대립인자들의 고착은 비 토착성 개체군 내에서 사망률을 증가시키거나 혹은 생식력을 감소시킬 수 있으며, 이것은 그 다음 개체군 증가율의 감소를 유도한다. 많은 비 토착성 개체군들이 개체군 성장과 확산에서 지연 시간을 경험한다는 관찰을 통해 (제 8장), 많은 생태학자들은 이입된 개체군들이 진화를 통해 혹은 연이은 이입으로 나타나야 할 중요한 속성들이 결여되었을 수 있다고 의심하게 되었다 (Ellstrand & Schierenbeck 2000).

비록 멸종 위기에 있는 토착 개체군들과 관련하여, 낮은 유전적 다양성의 해로운 효과를 보여주는 예들이 있지만, 비 토착성 개체군이 자체 유지되는 개체군을 정착시키는데 실패한 것과 감소된 유전적 다양성을 연결시킨 연구들은 매우 적다 (그러나 예외적으로 Ahlroth et al. 2003을 참조). 우리가 정착을 다른 부분에서 한 것처럼 부정적인 결과들이 발생하는 원인을 지적하는 것이 매우 어렵다는 것을 지적하고 싶다. 실패한 이입에서 유전적 다양성이 역할을 하는지의 여부를 결정하는 것은 비 토착성 개체군의 정착을 방해하는 요인을 확인하는 것이기 때문에 마찬가지로 문제가 된다.

유전적 다양성의 감소가 비 토착성 개체군의 지리적인 확장을 저해할 것이라는 몇 가지 증거가 있다. 예를 들어, Goodwin 등 (1994) 그리고 Saltonstall (2002)은 새로운 유전자 변종의 이입이 어떻게 난균성 식물 병원균 (*Phytophthora infestans*, 감자역병의 유발원)과 갈대 (*Phragmites australis*)를 각자 그들의 비 토착성 분포범위에서 확장하도록 허용하였는지의 예들을 제시하였다. 두 경우 모두에서 새로운 유전자 변종은, 비 토착성 개체군이 정착하였으나 그들의 새로운 분포 범위에서 확산에 실패한 훨씬 후에 이입되었다. 이와 유사하게 이입된 붉은 불개미는 1970년대에 다 여왕개미 (polygyne) 형태가 미국에 도착하기 전까지는 널리 확산되지 못하여 생태학적으로 큰 피해를 유발하지도 않았다 (제 9장 참조). Krieger와 Ross (2002)는 다수의 여왕개미 형태와 단일 여왕개미 형태 사이의 차이는 하나의 유전자 좌에서 하나의 대립인자의 존재 때문이라는 것을 보여주었다. 일부다처를 유발시키는 대립안자는 분명히 1970년대에 일어난 개미들의 두 번째 방출이 있기 전 까지는 미국에 도착하지 않았었다. 이 예들은 다양성의 결여, 좀더 확실하게 말하면, 희귀한 대립인자의 결여는 비 토착종의 최종적인 지리적 분포범위와 영향력에 크게 영향을 줄 수 있음을 제시하는 것이다.

11.3.2 잡종화가 침입 성공에 영향을 준다는 증거

비록 침입종의 성공에서 유전적 다양성의 역할에 관한 이해가 여전히 진전되고 있지만, 우리는 잡종화가 침입종의 성공에 영향을 미친다는 많은 통찰력을 가지고 있다 (Williamson 1996). 제 9장에서 우리는 비 토착종들이 토착종들과 잡종을 형성하는 경우를 살펴보았다. 이러한 상호작용들은 흔히 적합도 감소 혹은 유전자 이입을 통해 토착종에 부정적인 영향력을 야기한다고 지적한 바 있다. 여기에서 우리는 관점을 약간 바꾸어 이전에 서로 다른 개체군들 사이 (즉, 혼합물), 혹은 종 사이의 이종교배가 비 토착성 개체군들이 침입성이 되게 하는 진화적 계기를 제공할 수 있다는 증거를 살펴본다. 이러한 진화적 계기는 유전요소들의 새로운 재조합 혹은 전반적인 유전적 혹은 표현형적 변이성의 증가에 의해 나타난다. 이러한 유전적 변화는 흔히 비 토착성 서식처 내에서 신속한 개체군 성장과 분포범위 확장을 위해 필요한 속성들을 제공한다. 혹은 다른 종들 (즉, 경쟁자들, 포식자들, 피식자, 혹은 질병)과 상호작용을 할 때 효율성을 증가시키는데 필요한 속성을 제공한다.

Ellstrand와 Schierenbeck (2000)은 침입성이 잡종화보다 선행한다는 분자적 증거가 있는 9개 식물의 과에서 18개의 예들을 찾아냈다. 이들 예들은 모두 자발적인 잡종화를 보이고 있다. 그들은 경작으로부터 빠져나온 종을 포함시키지 않았다. 그들은 또한 침입이 잡종화보다 선행한다는 것을 보여주는 부수적인 24개의 형태학적인 증거 (그러나 부수적인 증거는 없음)의 예를 밝혀냈다. 이들 식물의 대부분은 초본성, 다년생 식물, 혹은 2년생 식물들이었으며, 이들 모두는 인간에 의한 간섭이 일어난 지역에서 자랐다 (Ellstrand & Schierenbeck 2000). 다년성의 패턴은 일반적으로 자발적인 잡종화 사건들의 고찰과 일치하였으며 (즉, 침입에 상관 없이, Ellstrand et al. 1996), 다년생 식물들의 더 간 지속 시간을 반영하는 것 같고 (1년생 식물과는 대조적으로), 그리고 그들의 생식기관의 생장보다는 영양기관에 강력한 투자를 반영하는 것 같다 (Ellstrand & Schierenbeck 2000). 교란과의 관련은 인간의 활동들 대부분이 비 토착성 모 분류군들의 운반과 방출에 책임이 있다는 사실을 반영하는 것인데, 이것은 인간의 활동이 일어나는 근처에서 새로운 접촉과 잡종화가 더 가능하게 만든다. 그것은 또한 인간의 활동에 의해 조성된 매우 새로운 조건에 잡종들의 적응능력을 반영하는 것일 수 있다. 반면에 두 개의 부모 분류군들은 그러한 곳에 적응할 수 없다 (Ellstrand & Schierenbeck 2000).

잡종들은 왜 침입성이 되는가? Ellstrand와 Schierenbeck (2000)은 잡종화가 다음과 같은 과정을 통해 침입성을 자극할 수 있다고 주장하고 있는데, (i) 새로운 유전자형의 형성, (ii) 넓은 범위의 조건에서 생존하게 만드는 높은 유전적 변이, 그리고 (iii) 고정된 이형접합성, 혹은 유해한 대립인자들의 소실이나 차폐를 통한 잡종강세이다. 침입성에 대한 잡종화의 긍정적인 영향을 위한 가장 보편적인 가설은 적합도 혹은 적응능력 증가를 유도하는 새로운 유전자형의 생성이다. 잡종화는 자손에서 유전적 재조합을 유발시키는데, 그 자체가 흔히 개체군의 유전자 풀에서 증가를 유발시킨다 (예를 들어, 플로리다 주에서 갈색 아놀도마뱀). 결과로써 비롯되는 새로운 유전자형의 일부 (아마 대부분)는 지소의 조건에 잘 적응하지 못할 것이다. 그러나 그들 중 일부는 부모 분류군에서 발견되는 유전자형에 비해 지소 환경에 더 잘 맞는 속성들을 가질 수 있다. 이것은 제 9장에서 살펴본 바 있는 샌프란시스코만에 침입된 *Spartina alterniflora*와 *Spartina foliosa* 사이의 잡종 자손의 경우와 같은 것으로 보인다.

게다가, 잡종화가 현재 탁월한 적응을 보이지 않을 경우에도, 단순히 미래의 적응을 위한 더 많은 가능성을 남길 수 있다. 만약 유전적 변이가 적응을 돕는 진화의 율과 긍정적으로 연관되어 있다면, 그러면 잡종화로부터 비롯되는 유전적 변이의 증가는 그것만으로도 침입성을 유도할 수 있다. 이러한 기작의 예들은 찾기가 더 어려운데, 그 이유는 이것이 침입 과정에서 잡종화 후의 변화 그리고 두 개의 유전적 단계의 동질성 확인에 의존적이며, 잡종화와 그 다음 진행되는 진화는 잡종화에 의해 가능하기 때문이다.

마지막으로, 잡종 개체군들은 흔히 이형접합성과 연관된 잡종강세와 함께 높은 수준의 이형접합성을 보인다. 이러한 효과는 부모 분류군들 사이에 중간 정도의 분화에서 가장 가능성이 높다 (Fig. 11.3; Ellstrand & Schierenbeck 2000). 만약 부모 분류군들이 진화적으로 근연관계에 있다면, 잡종화는 침입성을 유도하는데 충분한 새로운 물질을 첨가하지 않는다. 만약 부모 분류군들이 근연 관계가 매우 멀다면, 그러면 잡종화는 중요한 유전자 복합체를 해체시킬 수 있다. Goldilocks 처럼, “가장 적당한” 중간정도는 더 높은 침입성을 유도할 수 있다.

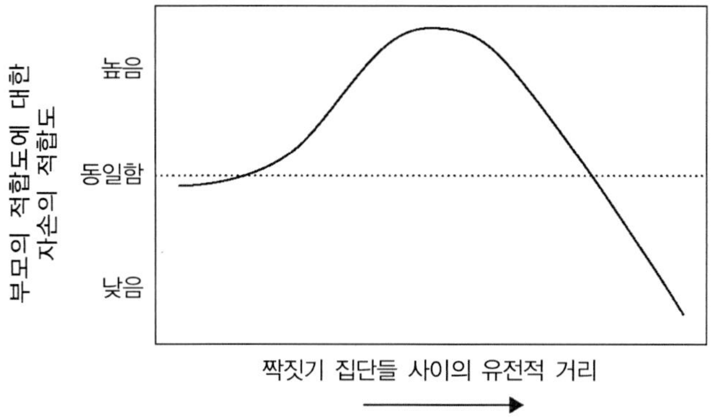

Fig. 11.3 짝짓기 하는 이주자들 사이의 유전적 거리가 증가함에 따라 어느 점 까지는 그들의 자손에서 잡종 강세도 그렇다. 그러면 외교배 감소가 중요해짐에 따라 자손의 적합도는 감소한다.

Ellstrand와 Schierenbeck (2000)에 포함되어 있는 식물에 관한 예들 이외에 병원성 생물, 어류, 양서류, 그리고 조류에서 잡종화가 침입성 증가를 보여주는 예들이 있다. Brasier (2001)는 결과적으로 비롯되는 잡종이 부모 분류군들 보다 더 많은 피해를 야기하는 식물 병원성생물들 사이의 잡종화에 관한 몇 가지 경우들을 고찰하였다. 예를 들어, 새로운 잡종인 역병균 *Phytophthora* 종은 유럽에서 오리나무를 공격하는데, 이들 부모들은 오리나무를 공격하지 않는다 (Brasier et al. 1999). 이와 유사하게, Newcombe 등 (2000)은 녹병균 잡종 *Melampsora*는 양 부모 종들의 숙주 범위 (즉, 녹병균이 공격할 일단의 종들)를 겸비하는데, 따라서 North American Pacific Northwest에서 몇 종류의 포플라나무를 공격할 수 있는 "대단히 강한 녹병균" 유형을 형성한다. 그뿐만 아니라 상업적인 목적으로 잡종 동물을 의도적으로 생산하는 것은 (예를 들어, 연어) 심한 논쟁을 불러일으키는 주제이다 (Box 11.2). 비록 어류, 가재(왕새우), 도롱뇽, 그리고 앵무새와 같은 잡종화의 예들이 있지만, 이들 잡종들이 그들의 부모 분류군들보다 더 침입성이 강한지는 분명하지 않다. 잡종화가 보고된 거의 모든 경우에서, 우리는 유전적인 변화가 적합도를 증가시켰다는 직접적인 증거를 가지고 있지 않다. 그 이유는 이러한 자연적인 실험에 대조구에 관한 자료들을 가지고 있지 않기 때문이다. 이 부분도 또 하나의 미래 연구 영역이다. 이러한 연구를 위해서는 분자유전학과 개체군 생태학 사이의 광범위한 연합이 필요할 것이다.

11.4 지소 적응 그리고 생활사 변화

비 토착성 개체군에서 개체들은 공급 개체군을 구성하는 개체들 보다 일단의 상이한 요인들에 의해 그들의 생장, 생식 그리고 생존에 제약을 받으며, 그리고 각각의 비 토착성 개체군은 서로 상이한 환경에 처할 가능성이 있다. 만약 이들 요인들 중 어느것이 비 토착성 개체군으로부터 일관되게 특정한 표현형을 선택하도록 작용한다면, 우리는 그 개체군이 원하는 표현형 상태로 진화하는 것을 보게 될 것이다. 비록 이러한 진화적 전환이 더 큰 지리적 분포범위 확장과 더 높은 생태적 영향력의 발생빈도를 야기할 것으로 쉽게 상상할 수 있지만, 현재까지는 침입종에 관심을 가진 대부분의 진화 생태학자들은 어떻게 그리고 왜 비 토착성 개체군들이 진화하였는지에 관한 문제에만 초점을 맞추어 왔다.

Box 11.2 조심스럽게 처리하자.

진화와 침입종 생태학 사이의 연합의 핵심 포인트는 유전적으로 변형된 생물들 (GMOs)의 생산에 대한 우려이다. 이 생물들은 몸의 크기, 초식 혹은 질병에 대한 저항성, 그리고 생산량을 증가시키는 다른 속성들을 증가시키기 위해 다른 종들로부터 온 유전자 (이식 유전자)를 지니고 있다. 초식에 저항성을 부여하는 유전자가 토착 초식동물들에게 해를 줄 가능성을 포함하여 유전자 변형생물의 광범위한 생산에 관한 몇 가지 우려들이 있다 (예를 들어, Losey et al. 1999). 침입종 생태학으로부터 나온 통찰력들은 이식 유전자들이 토착 (변형되지 않은) 개체군들의 "침입성"에 역할을 하게 된다. 그러한 침입성은 두 그룹의 짝짓기 성공 그리고 생존과 관련되어 있는 이식 유전자를 가진 개체들과 야생 개체들 사이의 유전자 유입이 포함되어 있다.

William Muir와 그의 동료들 (Muir & Howard 1999; Howard et al. 2004)은 일련의 연구들을 통해 유전적으로 변형된 어류가 야생 개체군들을 소멸시킬 잠재성을 가진다는 증거를 제공하고 있다. 몸집이 큰 개체들은 상업적 그리고 오락을 위한 낚시에서 그 가치가 높이 평가된다. 따라서 유전적으로 변형된 몇 종의 어류에서는 그들의 야생종보다 서너 배나 더 크게 자라는 이식 유전자를 가진 개체들이 생산되었다. 이들 이식된 유전자를 가진 개체들이 야생 개체군들에게 해를 줄 위험은 흔히 낮은 것으로 간주되었는데, 그 이유는 이식된 유전자를 가진 개체들은 "진화적 측면에서 새로운 것"으로 간주되었고, 야생에서 흔히 생존이 감소되는 것으로 나타나기 때문이다 (예를 들어, 그들은 더 느리게 헤엄을 치거나, 어릴 때 죽는다). 이들 개체들은 만약 그들의 유전자 구성이 생식과 관련된 적합도에 유리하다면 야생 개체군에게 부정적인 영향력을 줄 수 있다. 몸의 크기가 더 크게 되도록 변형된 동물들은 그러한 효과를 갖는 첫 번째 후보자가 되는데, 그 이유는 수컷의 몸 크기는 흔히 성적으로 선택된 성질이기 때문이다 (즉, 몸집이 더 큰 수컷은 암컷에 의해 짝짓기 상대로 우선적으로 선택된다).

Muir와 Howard (1999), 그리고 Hedrick (2001)은 간단한 개체군 모델을 통해 동시에 일어나는 이식유전자 개체들에 의한 짝짓기 성공 증가와 그들의 생존 감소가 신속하게 멸종으로 연결될 수 있음을 보여 주었다. 본질적으로, 암컷들은 그들 자손의 수명을 감소시키는 수컷들을 짝짓기 상대로 우선적으로 선택한다. 큰 몸집과 감소된 생존력이 유전적으로 연결되어 있는 경우 개체군은 시간이 지남에 따라 수도가 꾸준히 감소한다. Howard 등 (2004)은 일련의 실험실 실험에서 모델로 사용한 어종인 송사리 (*Oryzias latipes*)에서 몸집이 큰 수컷이 짝짓기 상대로 선호되며, 이식유전자를 가진 어린 개체의 생존력이 감소되는 것을 확인하였다. 그들은 이 효과를 "트로이 유전자 가설, trojan gene hypothesis"이라고 불렀다. 이러한 상황이 유전적으로 변형된 어류 혹은 다른 생물들 사이에 얼마나 보편적으로 존재하는지는 분명하지 않다. 그러나 경제적으로 중요한 종의 유전적 구성을 재조립하는 것은 그들의 토착 대응 종들에게 해로운 영향을 줄 수 있다는 분쟁 가능성을 유발시킨다.

침입종 생태학자들은 처음에 Johnston과 Selander (1964, 1971, 1973)의 연구를 통해 비토착성 개체군들이 매우 신속하게 진화될 수 있다는 생각을 가지게 되었다. 이들 생태학자들은, 이전의 소규모 연구들을 기초로, 북미에서 참새 (*Passer domesticus*)가 영국과 독일에 있는 그들의 토착성 공급 개체군들로부터 분기되었는지를 시험하려고 시도하였다. 그들은 북미에 있는 참새 개체군들 전체에서 깃털 색깔과 몸 크기에서 분명한 연속변이를 발견하였다. 비교적 서늘하고 습한 기후에 살고 있는 참새 개체들은 깃털이 더 검어지는 경향이 있고, 반면에 비교적 덥고 건조한 기후에 살고 있는 개체들은 깃털의 색이 더 엷어지는 경향이 있었다. 이와 유사하게, 혹독한 겨울이 있는 북방 기후에 살고 있는 참새들은 온화한 남쪽 기후에 살고 있는 참새들과 비교할 때 몸 크기가 더 컸다. 이러한 패턴들은 토착성 북미 조류 사이에서 발견되는 깃털과 몸 크기의 연속변이를 확인하는 것이고, 널리 인정되고 있는 생물지리적 패턴을 따르는 것이다 (즉, 각각 Gloger의 규칙과 Bergmann의 법칙). 각 규칙은 체온조절 기작에 기초를 두고 있으며, 그리고 비 토착성 개체군 내에서 이들 연속변이의 재현은 기후적 변수들의 선택적인 힘을 확인하는 것이다 (Johnston & Selander 1973).

Johnston과 Selander (1964, 1971)는 북미에 있는 참새 개체군들 사이에서 관찰된 진화적 분기의 정도는 인지된 토착 아종들 사이에서 관찰된 것과 같은 정도라는 것을 보여주었다. 이러한 진화적 분기 수준은 100세대를 약간 넘는 기간 내에 달성되었으며, 다른 장소들에서는 이보다 짧은 기간에 달성되었을 수 있다. 이들의 연구가 발표된 이후 비 토착성 개체군들 사이에서 지리적 연속변이가 형성되는 것을 보여주기 위한 다른 연구들이 있었다 (Baker & Moeed 1987; Huey et al. 2000). Huey 등 (2000)은 초파리들 사이에서 지리적 연속변이가 신속하게 발생된 좋은 예를 제시하였다 (Box 11.1). 이 연구는 생물 형태의 이러한 적응적 전환은 알려진 생태생리적 원리를 기초로 예측가능하다는 것을 보여주고 있지만, 이러한 연속변이를 나타내는 형태적 변화들은 역사적인 조건들에 의한 우연적인 현상일 수 있다.

비 토착성 개체군들은 또한 포식자들 그리고 경쟁자들의 존재 여부에 반응하여 진화할 수 있다는 증거들이 나오고 있다. 예를 들어, Wolfe와 그의 동료들은 유럽에 토착성인 작은 초본성 식물인 *Silene latifolia*에서 진화 과정을 조사하였는데, 이 종은 약 200년 전에 북미에 이입되었으며, 현재 보편적인 농경지 잡초이다 (Blair & Wolfe 2004; Wolfe et al. 2004). Wolfe와 동료들은 *S. latifolia*의 북미 (비 토착성) 개체군들이 토착성인 유럽 개체군들에 비해 천적이 (즉, 곰팡이, 초식동물, 그리고 질병) 더 적다는 것을 알았다. 그들은 북미에 있는 *S. latifolia* 개체군들이 EICA 가설에 의해 설명된 것처럼 방어로부터 생장과 생식을 위해 자원을 전용할 수 있을 것으로 가정하였다 (Box 6.2 참조; Blossey & Nötzold 1995). 자원 배분에서 이러한 변화는 그들을 비 토착성 분포범위에서 최상의 경쟁자가 되도록 만들 수 있었다. 동일포장과 상호 이식 실험들은 북미 식물들이 유럽에 있는 식물들보다 더 빨리 성장하고, 더 많은 꽃을 생산하며, 일찍 발아되고 그리고 높은 생존률을 보였다 (Blair & Wolfe 2004; Wolfe et al. 2004). 북미 식물들은 또한 두꺼운 열매 껍질, 그리고 방어적 화학물질 생산과 같은 방어적 성질에 더 적은 에너지를 배분하였다.

비록 비 토착성 개체군들에서 방어의 소실을 보여주는 다른 연구들이 있지만, 이러한 변화가 방어로부터 생장으로 단순한 자원의 재분배 보다 더 복잡할 수 있다는 것을 제시하는 몇 건의 연구들이 있다. 예를 들어, Siemann과 Rogers (2003)는 텍사스 주와 하와이에서 중국 오구나무(*Sapium sebiferum*)의 비 토착성 개체군들을 비교하였다. 텍사스 주 개체군들은 모든 토착성 초식동물의 영향을 받지 않고 가장 빨리 성장한다. 하와이 개체군들은 아시아의 초식동물 (*Adoratus sinecus*, the Chinese rose beetle)의 영향을 받았는데, 생장이 중간정도이다. 그리고 중국 개체군은 가장 느리게 성장하였다 (Siemann & Rogers 2003). 그러나 텍사스 개체군들은 초식으로부터 벗어나지 못하였다. 대신에 빠른 성장이 텍사스 개체군들로 하여금 뿌리 초식을 보상받도록 허용하였다 (Rogers & Siemann 2004). 중국 개체군에 속한 식물은 잎 조직을 초식으로부터 방어하지만, 그들은 절단된 뿌리의 피해로부터 회복될 수 없었다 (Rogers & Siemann 2004). 비록 침입종은 식물화학물질 (파이토케미컬)에 의한 방어를 소실하였지만, 보상 생장은 더 적합한 방어를 제공하여 적합도 증가를 유도한다.

비 토착성 개체군의 진화적 분기에 관한 이러한 예들은 식물에만 국한된 것은 아니다. 비 토착성 곤충 종들 사이의 진화적 분기는 비교적 보편적인 것으로 입증되었으며 (예를 들어, Via et al. 2000), 척추동물 종에서 형태적 그리고 행동적 전환을 보인 몇 가지 예들이 있다. 가장 흥미있는 것 중의 하나는 이입된 몽구스에서 볼 수 있는 형질 치환의 예이다

(Simberloff et al. 2000). 인도 아대륙의 토착 분포범위의 서부 지역에서 작은 인도 몽구스 (*Herpestes javanicus*)는 두 개의 큰 종류들을 가지는데, 불그스럼한 몽구스 (*H. smithii*)와 회색 몽구스 (*H. edwardsii*)이다. 이러한 동소적 분포범위 내에서, 작은 인도 몽구스는 그것의 분포범위의 동쪽에 있는 것보다 더 작고, 짧은 송곳니와 골격 치수를 가지는데, 동쪽에 분포하는 몽구스는 근연관계의 경쟁자들이 없다. 작은 인도 몽구스는 뱀을 조절하기 위해 서인도제도에 있는 몇 개의 섬에 이입되었으며, 이들 비 토착성 개체군들의 생식체들은 몸집이 더 작은 서쪽의 토착 분포범위의 동소적 부분으로부터 온 것이다. 이입이 일어난 이후 100~200 세대 동안에, 이들 비 토착성 섬 개체군들은 수컷의 크기가 커지고, 송곳니가 길어지고, 그리고 골격이 크게 전환되었는데, 그 결과 근연관계의 경쟁자가 없는 동쪽의 토착 개체군들과 더 유사하게 되었다 (Simberloff et al. 2000). 이것은 형질 치환을 보여주는 좋은 예인데, 형질 치환은 현재 경쟁을 제한하는 형질 차이가 이전 세대에서의 경쟁에 의해 추진되었을 수 있는 안정된 군집에서 인과관계의 해결이 불가능하기 때문에 입증하기가 어려운 과정이다.

생식 행동에서 전환은 더 보편적이지만 종들 사이의 상호작용 혹은 잠재적으로 종분화를 유발시키는 상호작용들을 변화시키는 데에도 효과적이다. 예를 들어, Hendry 등 (2000)은 미국 워싱턴 주의 강과 호소에 이입된 홍연어 (*Oncorhynchus nerka*)가 강에서 번식하는 유전자형들과 하구와 호소를 따라 형성된 해안가 서식처에서 번식하는 유전자형들 사이에 짝짓기를 제한하는 서식처 2형태성을 보임을 알았다. 강가의 개체들이 해안가 서식처로 빈번하게 이동함에도 불구하고 이러한 짝짓기 분리는 지속되었다. 성체의 몸 크기가 각 서식처의 번식 조건을 반영하며, 수컷의 몸 크기는 성적으로 선택된다. 해안가 서식처는 포식자들이 적고, 물 흐름이 약하며, 수심이 더 깊기 때문에, 해안가에서 번식하는 유전자형의 수컷들은 강에서 사는 수컷들에 비해 더 크다. 반면에 해안가에서 번식하는 암컷들은 강에서 살고 있는 암컷들보다 일반적으로 크기가 더 작다. 해안가 서식처는 강에 비해 홍수가 자주 발생하지 않으며, 따라서 해안가에서 번식하는 암컷들은 홍수가 발생한 동안에 교란으로부터 자신들의 어린 것들을 보호하기 위해 길고 깊은 둥지를 팔 필요가 없다. 서식처들 사이에 이러한 몸 크기의 차이는 한 서식처에서 기원한 개체들이 다른 서식처에서 번식을 시도할 때 낮은 생식 성공을 유발한다. 최종 결과는 이들 두 비 토착성 개체군들 사이에 사실상 유전적 혼합이 없다는 것이며, 따라서 서식처가 중복됨에도 불구하고 생식적 격리가 일어난다 (Hendry et al. 2000). 이러한 격리는 기껏해야 불과 56년의 기간, 혹은 불과 13세대에 걸쳐 일어났다.

비록 검증된 것은 아니지만 유사한 수준의 생식적 격리가 위에서 설명된 비 토착성 개체군들 사이의 진화적 분기를 보여주는 다른 예들에서도 발생하였는지를 알아보는 것은 재

CHAPTER 11

미있을 것이다. 총체적으로, 이들 연구들은 정착 후 진화가 보편적이라는 것, 그리고 비 토착성 개체군이 일단 정착하면 지리적 분포범위의 신속한 확장률과 침입성이 진화할 수 있을 것이라는 생각에 충분한 신빙성을 가지고 있지 못하다는 것을 보여주고 있다. 이와 관련하여 연구해야 할 것들이 많이 남아 있다.

11.5 요약

비 토착 지소에 개체들이 운반되고 방출될 때 일어나는 유전물질의 재 혼합은 매우 극단적일 수 있다. 비 토착성 개체군들을 이용하여 시험할 수 있는 많은 진화적 이론들이 있음에도 불구하고, 우리는 그러한 비 토착성 개체군의 창시로 인한 가능한 결과의 범위를 단지 어렴풋하게 제공하였다. 이러한 유전물질의 재 혼합은 더 높은 지리적 확산과 생태학적 영향력을 유발시킬 수 있다. 비 토착성 개체군들이 일단 잘 정착되면 형태와 생활사에서 서로 진화적으로 분기할 수 있다는 좋은 증거도 있다. 적어도 때때로 일어나는 일이지만, 이러한 변화는 비 토착성 분포범위에서 침입성과 생태학적 종분화를 증가시킬 수 있다. 창시 사건들, 방향성 도태(선책), 그리고 생태적 조건들 사이의 상호작용과 관련하여 비 토착성 종들로부터 알아내야 할 것들이 많이 있다. 이러한 연구들은 비 토착종의 정착 후 발생하는 진화가 경제계 그리고 생태계에 위험을 초래하는 상황을 연구목표로 하고 있는 침입종 생물학자들을 돕는다.

더 읽을 거리

Daehler, C. C., and D. R. Strong. 1997. Reduced herbivore resistance in introduced smooth cordgrass (*Spartina alterniflora*) after a century of herbivore-free growth. Oecologia 110:99-108.

Novak, S. J., and R. N.Mack. 2005. Genetic bottlenecks in alien plant species: influence of mating systems and introduction dynamics. Pages 201-228 in D. F. Sax, J. J. Stachowicz, and S. D. Gaines, editors. Species Invasions: Insights into Ecology, Evolution and Biogeography. Sinauer Associates, Sunderland, MA.

Kolbe, J. J., R. E. Glor, L. R. G. Schettino, A. C. Lara, A. Larson, and J. B. Losos. 2004. Genetic variation increases during biological invasion by a Cuban lizard. Nature 431: 177-181.

Lee, C. E. 2002. Evolutionary genetics of invasive species. Trends in Ecology and Evolution 17: 386 - 391.

Wares, J. P., A. R. Hughes, and R. K. Grosberg. 2005. Mechanisms that drive evolutionary change: insights from species introductions and invasions. Pages 229 - 258 in D. F. Sax, J. J. Stachowicz, and S. D. Gaines, editors. Species Invasions: Insights into Ecology, Evolution, and Biogeography. Sinauer Associates, Sunderland, MA.

이 단원과 관련된 논문

Anttila, C. K., C. C. Daehler, N. E. Rank, and D. R. Strong. 1998. Greater male fitness of a rare invader (*Spartina alterniflora*, Poaceae) threatens a common native (*Spartina foliosa*) with hybridization. American Journal of Botany 85: 1597-1601.

Ellstrand, N. C., and K. A. Schierenbeck. 2000. Hybridization as a stimulus for the evolution of invasiveness in plants? Proceedings of the National Academy of Sciences of the United States of America 97: 7043-7050.

Lambrinos, J. G. 2004. How interactions between ecology and evolution influence contemporary invasion dynamics. Ecology 85: 2061 - -2070.

van Klinken, R. D., and O. R. Edwards. 2002. Is host-specificity of weed biological control agents likely to evolve rapidly following establishment? Ecology Letters 5: 590-596.

Krieger, M. J. B., and K. G. Ross. 2002. Identification of a major gene regulating complex social behavior. Science 295: 328-332.

CHAPTER

12

종 침입의 예측, 위해성 평가 그리고 관리

12.1 설명, 예측, 위해성 평가

12.2 침입종들을 예측하기 위한 탐색

12.3 위해성 종의 선별

12.4 위험한 운반 매체들의 선별

12.5 조기경보시스템과 침입 중심지들의 박멸

12.6 널리 확산되어 있는 침입성 종 개체군들의 조절

12.7 요약

개관

이 책 전체에서 우리는 침입종 생태학의 좀더 큰 분야에 기초를 두려고 시도하였으며, 동시에 침입종 생태학의 주요 연구 분야의 서론을 제공하고 있다. 지금까지 우리가 소홀히 해온 두 가지의 큰 주제들은 침입성으로 될 가능성이 있는 종을 생태학자들이 예측할 수 있는지의 여부, 그리고 경제적 혹은 생태적 손상을 야기하는 종의 위해성을 적절히 평가할 수 있는지의 여부에 관한 것이다. 또한 우리는 현장에서의 침입종의 관리에 과학이 어떻게 정보를 줄 수 있는지에 관해서도 대개 소홀하였다. 우리는 여기에서 침입종에 대한 설명, 예측, 그리고 위해성 평가 사이의 차이를 조사하여 이 문제들을 설명하려고 한다. 대부분 우리가 강조한 연구들은 설명에 집중되어 있다. 다양한 연구 방법들을 이용하여, 연구자들은 침입종 생태학의 특정한 측면 속에서 우리가 보는 변이를 설명하기를 시도하고 있다 (예를 들어, 종의 정착을 제한하는 경쟁자들의 역할). 과거에는 이러한 연구의 결과들은 어떤 종이 침입성이 될 가능성이 있는지를 예측하기 위해 사용되었는데, 성공적인 경우와 실패한 경우가 있다. 위해성 평가는 침입종이 "바람직하지 않은 결과"를 보일 확률을 평가하려고 시도한다는 점에서 예측과 분명히 다른데, 침입종 생태학에서 이것은 생태적 혹은 경제적 손해를 입히는 비 토착종으로 정의된다. 건전한 예측 혹은 위해성 평가를 제공하기 위한 생태학자들의 능력과 관련된 많은 논쟁이 있다.

생태 과학은 침입의 단계에 따라 서로 다른 방법으로 정책과 관리 방법들을 제공한다. 유해한 종이 운반되고 방출되는 것을 막기 위한 노력으로, 생태학자들은 위험한 운반 매체들과 위험한 종들을 확인하려고 노력하였다. 일단 비 토착성 개체들이 방출되고 초기 개체군들이 정착되고 나면, 생태학자들은 조기 감지 체제와 현지에서의 관리에 우선순위를 부여하는 일에 초점을 맞추었다. 침입성 종이 일단 잘 정착하고 생태적 혹은 경제적 손해를 야기하면, 생태학자들은 이들 종들의 방제와 잠재적 박멸을 촉진하는 모델을 개발하였다.

12.1 설명, 예측, 위해성 평가

침입종 생태학에서 제기된 많은 의문들은 설명의 문제들이다 (Williamson 1999). 예를 들어, 우리는 과거에 일어난 사건의 분석을 통해 갈색 나무뱀이 태평양 제도에서 왜 그렇게 크게 성공적이었는지, 유럽의 찌르레기가 북미 대륙 전역에 왜 그렇게 쉽게 확산되었는지, 그리고 zebra mussel이 북미 5대호에 왜 그렇게 큰 영향을 주었는지에 관한 일단의 설명을 확인할 수 있다. 일반적으로 이러한 유형의 연구는 실험, 개체군 연구, 그리고 통계적 분석 혹은 모델링을 통해 수행되었으며, 이러한 연구를 위해서는 한 분류군과 환경의 자연적 그리고 사회적 역사에 대한 자세한 이해가 필요하다. 그러나 설명은 예측이 아니라는 것을 기억하는 것이 중요하다 (Williamson 1999). 예측은 "사건이 발생할 가능성에 대한 진술을 생성하는"이다 (NRC 2002). 이와는 대조적으로, 설명은 이전에 무엇이 일어났는지에 관한 진술을 하는 것이다.

미국 국가 연구 위원회 (US National Research Council, NRC)는 침입종 예측의 상태에 관한 포괄적인 고찰에서, 모든 예측 시스템이 지녀야 할 3가지 기준들을 열거하였다. 이들 3가지 기준은 (i) 시스템은 투명해야 하고 그리고 동료들의 재검토와 평가에 개방되어야 한다. (ii) 시스템은 침입 과정에 중요한 독자적인 요소들을 포함하는 논리적인 틀을 가져야 한다. 그리고 (iii) 이 시스템의 사용은 반복 가능해야 하며, 누가 그것을 사용하느냐는 무관하게 동일한 결과를 유도해야 한다 (NRC 2002). NRC는 현재로서는 이들 기준들을 모두 만족시키는 적절한 예측 시스템이 매우 적다는 결론에 도달하였다. 그러나 예측의 목표에 훨씬 더 기본적인 것은 생태학자들이 NRC 기준들은 차치하고라도 이들 기준들 중 어느 하나를 만족시키는 충분히 건전한 예측 시스템들을 만들 수 있는냐의 여부이다.

12.2 침입종들을 예측하기 위한 탐색

비 토착성 개체군들의 운명을 예측하려는 욕구는 인간의 필요성과 욕망을 만족시키기 위해 가장 초기에 이루어진 종의 이동으로 거슬러 올라간다 (NRC 2002). 현대적인 형태의 예측은 본질적으로 SCOPE 책들의 출판과 더불어 시작되었다 (제 1장). Drake 등 (1989)의 저서의 서문에서, 편집자들은 침입종 생태학자들을 위한 일련의 3가지 문제점들을 제시하였는데, 첫 번째는 "한 종이 침입종이 될 것인지의 여부를 결정하는 요인들은 무엇인가?" 이었다. 첫 번째 예측 시도는 본질적으로 비 토착성 종과 연관되어질 수 있다고 추론된 혹은 가정된 속성들의 목록 작성이다. 예를 들어, Paul Ehrlich (1986)는 동물에서 이러한 문제를 해결하려고 시도하였다. 그는 성공적인 침입종들과 연관된 가능한 속성들 그리고 성공적이지 못한 침입종들과 연관된 속성들을 열거하였다 (Ehrlich 1986). 그가 침입종들에게 유리한 속성들이라고 열거한 예에는 토착 분포범위에서 높은 수도, 짧은 세대 시간, 높은 유전적 변이성, 인간과의 연관성, 그리고 광범위한 생리적 내성들이 포함되어 있다. 이러한 종류의 일반적인 목록은 다른 분류군들을 위해서도 만들어 졌으며 (Baker & Stebbins 1965; Lodge 1993; Ricciardi & Rasmussen 1998), 그리고, 비록 처음 출발점으로는 유용하지만, 목록에 수록된 속성들은 흔히 너무 광범위하여 예측에 많이 사용할 수 없었으며, 그 자체로서 비평을 받았다 (Rejmanek & Richardson 1996; Kolar & Lodge 2001; Marchetti et al. 2004b).

예측에 관한 초기 연구들은 대부분 일단의 일반적인 문제들 때문에 어려움을 겪었다 (Lodge 1993; Williamson 1999; D'Antonio et al. 2001b; Marchetti et al. 2004b). 예측 특성들에 관한 연구는 사람들의 인정과 전문적인 의견이 충분하지 않았기 때문에 더 많은 정량적 분석과 엄정한 통계적 처리가 필요하였다. 이밖에 성공적인 침입종과 성공하지 못한 침입종의 속성들을 비교한 연구들도 거의 없었는데, 그 이유는 실패한 침입 시도에 관한 자료들이 없거나 혹은 그러한 자료들을 얻기가 어렵기 때문이다. 연구들은 비 토착종들 사이에 분류학적인 연관성 (따라서 선천적인 속성 유사성) (Harvey & Pagel 1991), 혹은 종들이 이입되는 부분에서 사람의 역할 (예를 들어, 선적 패턴 혹은 종에 대한 사람들의 관심)을 거의 다루지 않았다. 토착종의 분포범위 밖이지만 여전히 동일한 지리적인 지역으로 종을 의도적으로 이입시키는 것은 흔히 무시되었다. 마지막으로, 침입이란 별개의 단계들을 가진 과정이며, 그리고 이들 초기의 연구들은 흔히 상이한 생물학적 특성들 (혹은 일단의 특성들)이 각 단계에서 중요할 수 있다는 것을 인식하지 못하였다. 이 책의 전 과정에서 살펴본 바와 같이, 침입 과정의 각 단계는 독특한 생태적 그리고 사회적 요인들에 의해 영향을 받는다. 한 세트의 종 특성들이 모든 단계들의 진이를 예측할 수 있는 가능성은 거의 없다 (Kolar & Lodge 2001; Lockwood 2005). 다음에 이어지는 절에서 우리는 예측과 위해성 평가에서 이러한 제약들을 극복하기 위한 연구들을 살펴볼 것이다.

12.2.1 예측에 대한 원천적인 제한

예측과 관련되어 있는 극복하기 어렵고 방심할 수 없는 더 많은 문제들이 있다. Williamson (1999)은 예측이 왜 실패할 수 있는지에 관한 5가지의 통계적인 이유를 기술하였는데, 이들은 상호 배타적이지 않다. 첫째, 관찰된 변이에 대하여 거의 설명할 수 없는 통계적인 유의성 (즉, P < 0.05)을 얻는 것이 비교적 보편적이라는 것이다 (즉, R^2 의 값이 매우 낮다).

달리 말하면, 우리는 확실한 통계적 설명을 얻을 수 있지만 그것이 매우 형편없는 예보자라는 것이다. 둘째, 예측 조건들을 넘어선 외삽은 흔히 위험하다는 것이다. Williamson (1999)은 이러한 유형의 예측은 다변량 함수, 변형된 함수, 혹은 비 직선 함수들로부터 외삽을 할 때 특히 우려된다고 주장하고 있다. 셋째, 통계적 축소는 예보자 변수 (예를 들어, 정착 성공을 예측하는 종자 크기)가 예보자를 생산하기 위해 원래 사용된 정보 보다 경험적인 자료들에 잘 맞지 않는다는 것을 의미한다 (Copas 1983). 넷째, 예측 시스템의 생산 혹은 Williamson (1999)이 기본률 효과로 언급한 것에 부적절한 정보가 사용될 가능성이 있다. 부적절한 정보는 사건의 결과를 직접 예측하기 위한 힘이 없지만 (즉, 성공적인 정착 혹은 실패한 정착) 예측 모델에 포함되어 있는데, 그 이유는 직접적인 예측 가치를 가진 정보 속에 은연중에 포함되어 있기 때문이다. 이러한 에러는 보통 잘못된 결과를 과잉생산하는 것으로 나타나는데, 이 경우는, 실제는 그렇지 않은데 한 종을 잠재적인 침입종으로 인정하는 것이다 (Cassey et al. 2004a). 마지막으로, 비록 예측 시스템이 모든 관련된 변수들을 포함하도록 노력할 경우에도, 때로 이전에는 이입된 종으로 인정되지 않았던 종들이 중요한 관심 지역에 방출되어 정착할 수 있다. 이들 종들은 그들의 특성과 관련하여 "기준"에서 벗어나 있을 수 있지만, 예측 시스템은 이 "새로운" 침입종의 운명을 예측하는데 실패할 것이다.

침입종의 예측 시스템이 왜 실패할 수 있는지에 관한 많은 생물학적 이유들이 있다. 일부 예측 가치를 갖는 몇 가지 변수들을 가지고 생태학적 결과들을 요약하는 것이 어렵다는 것을 이해하려면 이전의 장들을 다시 읽을 필요가 있다. Mack (1996)는 이러한 불확실성에도 불구하고, 소규모 실험들을 통해 주어진 지역에서 잠재적 비 토착종이 잘 살 수 있는지의 능력을 시험할 수 있다고 주장하였다. 그러나 Kareiva 등 (1996)은, 환경적 이질성과 직면할 때, 조절된 실험과 모델링의 강력한 조합의 경우에도 비 토착성 생물이 어떻게 활동할지에 대한 정확한 예측을 제공하기에 충분치 않을 수 있다고 주장하였다. Williamson (1999)의 은유를 빌리자면, 침입은 지진과 쓰나미를 예측할 수 있는 것과 같은 수준으로만 예측이 가능하다. 각각의 성공적인 침입 사건들은 본래 임의적이지만, 분류학적 그리고 지리적으로 위해성의 일반적 패턴들은 확인되어질 수 있다. 이러한 문제들을 요약한 것으로, 우리는 예측 시스템의 개발에 필요한 정보 유형들에 관한 Fig. 12.1 안에 있는 NRC (2002)의 개요를 다시 언급한다. 생태학자들은 그들이 알고 싶어 하는 필요한 정보의 유형을 광범위하게 윤곽을 파악하기 위해 침입에 대하여 충분히 알아야 한다고 NRC는 주장하고 있다. 그러나 예측 알고리즘 내에서 이들 정보를 어떻게 서로 연관시킬지를 이해하는 것이기 때문에, 이러한 정보를 얻는 것은 더 어렵다.

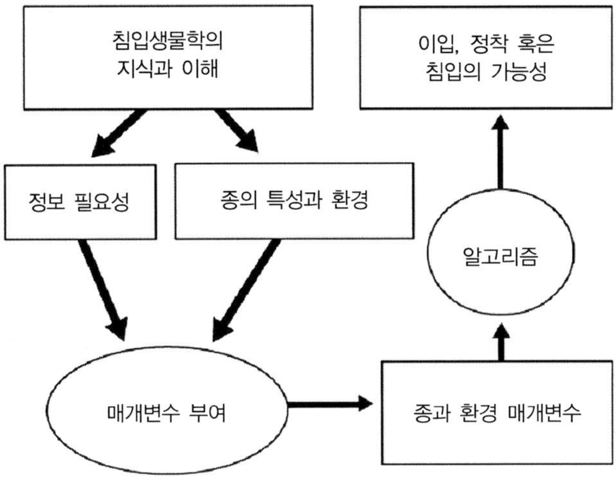

Fig. 12.1 NRC에서 나온 생물학적 칩입종들을 위한 예측시스템의 일반적인 구조. 타원형들은 시스템에서 과정들을 나타내며, 상자들은 상태 변수들을 나타낸다. 화살표의 폭은 확실성의 수준을 나타내고, 두꺼운 화살표들은 높은 수준의 신뢰도를 의미한다.

12.2.2 위해성 평가

예측 시스템을 개발 하는데 이러한 수준의 불확실성이 주어지면, 아마 그 일은 적어도 처음에는 위해성을 최소화 하는 과정으로 접근하는 것이 더 좋다. 위해성은 한 사건의 발생 가능성과 그것의 영향력의 산물이다 (NRC 2002). 이 경우 우리는 "사건"을 한 종이 특정한 침입 단계를 통과할 가능성을 의미한다. 우리는 단계들 중 어느 하나에 대하여 관심을 가질 수 있으며, 혹은 "사건"은 성공적으로 통과한 모든 단계들의 공동의 가능성일 수 있다. 즉, 종이 침입종이 되는 가능성일 수 있다. 분명히 가장 큰 위해성 시나리오들은 사건이 발생할 가능성이 있을 때, 그리고 영향력이 중요할 때 나타난다. 역으로 사건이 일어나지 않을 것 같고, 영향력이 미미할 때 낮은 위해성으로 판단된다. 좀더 정보에 근거한 조절 정책들을 만들기 이해서는 정책입안자들에게 침입의 잠재적 영향력의 범위가 필요하다. 예를 들어, 심각한 영향력의 가능성이 비교적 높으면, 사건이 실제로 발생할 것인지에 대해 확신하지 못할 경우에도, 정책 입안자들은 단속에 좀더 신중한 방법을 선택할 수 있다. 이 시점에서 독자들이 모든 것이 끝장이라는 생각에 빠지지 않도록 우리는 먼저 예측과 위해성 평가의 문제들과 관련된 최근에 수행된 많은 연구들을 고찰하는 쪽으로 관심을 돌린다. 우리의 생각으로는, 예측과 위해성 평가의 향상을 위한 핵심 이유들 중 하나는 침입 과정의 각 단계가 독특한 일단의 조절 기작들을 제시한다는 것을 인지하는 것이다 (Kolar & Lodge 2001). 문제를 침입 단계들로 세분하면 종들이 침입 경로를 따라 이동함에 따라 우리의 정책과 관리 선택이 극적으로 변한다는 것을 분명히 알 수 있다 (Fig. 12.2; Richardson & van Wilgen

2004; Simberloff et al. 2005). 따라서 우리는 초기 침입의 생태를 설명하고, 이 지식이 어떻게 이들 개체군들을 박멸하기 위한 노력과 연결되는지를 알아본다. 마지막으로, 유해한 침입종들을 조절하기 위한 현장에서의 노력에 기본적인 생태학적 지식이 어떻게 정보를 제공할 수 있는지를 살펴본다.

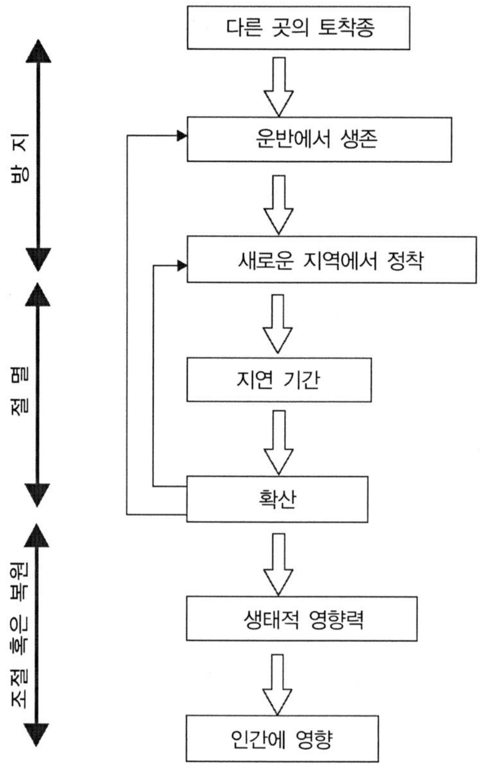

Fig. 12.2 침입이 진행됨에 따라 동적인 관계를 보여주는 침입 과정의 일반화 된 단계. 일부 단계들은 방지에 더 관련이 있고, 다른 단계들은 조절과 복원의 문제들과 더 관련이 있다. 이들 단계들 중 많은 부분에서 피드백이 발생할 수 있다.

12.3 위해성 종의 선별

12.3.1 위해성 평가 도구

많은 연구지들 사이에 일치되는 한 부분은 관리, 조절, 혹은 박멸 보다는 예방을 통해 미리 침입종의 문제와 맞싸울 필요가 있다는 것이다 (Hobbs & Humphries 1995; Reichard & White 2001). 이러한 사고방식은 예방이 치유책을 찾는 것보다 보통 훨씬 용이하고 비용이 적게 들기 때문에 이해가 된다 (Bax et al. 2001). 피해를 야기할 가능성이 높은 것으로 생각되는 종의 운반과 방출을 예방하는 것은 침입종들의 특성들을 확인하기 위한 초기의 시도들로부터 직접 나온 방법이다. 이들 징후 혹은 지표 특성들이 일단 확인되면 침입이 시작되기 전에 침입을 예방하도록 허용하는 선별 장치를 개발하는데 사용되어질 수 있다.

현재, 침입종들을 위해 정부가 지원하는 많은 위해성 평가 프로토콜들이 있다 (예를 들어, 호주의 Weed Risk Assessment, 미국의 Ecological Risk Assessment Framework, 그리고 미국의 Generic Non-indigenous Aquatic Organisms Risk Analysis Review Process). 오늘날 정부에 의해 활발하게 사용되고 있는 대부분의 위해성 평가 프로토콜들은 (때로 선별검사 프로토콜로 불림) 기본적인 구조를 공유하고 있다 (NRC 2002). 이들 프로토콜들은 종의 다양한 속성들과 환경 특성을 사용하여 한 종이 모든 침입 단계들을 통과할 가능성을 평가하고 있다. 보통 프로토콜들은 이들 종의 속성들과 환경 특성들과 관련된 일련의 질문에 대한 답으로 "예" 혹은 "아니오"를 요구하고 있다. 침입의 영향력은 그 분야 전문가들에 의해 이루어진 정성적인 판단에 의해 나온다. 만약 침입종으로 인한 몇 가지 가능한 비용이 발생할 수 있다면 영향력은 높은 것으로 간주되고, 그렇지 않다면 낮은 것으로 간주된다. 사건의 가능성과 부정적 영향력의 수준에 관한 최종 평가는 절대적인 위해성의 판결로 연결된다 (예를 들어, 높음, 중간, 낮음).

예를 들어, 잠재적 침입종들의 선별에 널리 사용된 방법은, 원하지 않는 식물의 수입을 막는데 도움을 줄 목적으로 호주의 검역소를 위해 개발된 야초 위해성 평가 (WRA) 시스템이다 (Pheloung et al. 1999). WRA는 식물 종에 대하여 알려진 속성들과 영향에 기초한 49개의 질문 문항에 답을 하는 것으로 수입하는 식물종의 위험성을 평가하도록 고안되었다. 질문 문항들에는 점수가 부여되고, 다음의 3개의 권고들 중 하나로 귀결되는데, 그 식물을 수용한다; 그 식물을 좀더 평가한다. 혹은 그 식물이 수입되는 것을 금한다. 질문 문항들은 (i) 생물지리 -분포, 기후, 순화, 그리고 비 토착성 개체군의 정착에서 이전의 성공, (ii) 바람직하지 않은 속성들 -독성, 맛이 없음 그리고 토착 식물군집들 내에서 정착할 능력, 그리고 (iii) 생물학/생태학 -식물이 호주 내에서 생식하고, 확산하고 그리고 지속되게 허용하는 속성들을 포함하는 3가지 영역에서 넓은 범위의 "잡초같이 빨리 자라는" 속성들을 포함하고 있다. 새로운 종에 대한 정보가 흔히 제한되기 때문에 권고를 제공하기 위해 WRA를 위한 모든 질문들에 대답이 이루어져야 하는 것은 아니다 (각 목록에 대답해야 할 최소의 수가 있다). 호주를 위한 WRA는 성공적으로 이입된 370종을 이용하여 3개의 그룹 중 하나 (심각한 잡초, 심각하지 않은 잡초, 그리고 잡초가 아닌 것)로 배정하여 조정되었다. 그 다음 "심각한 잡초" 그룹에 있는 식물들 중 어느 것도 수용 점수를 받지 않도록 수용과 거부 기준들이 적당한 부분에 설정되었다. 이 프로토콜은 호주와 뉴질랜드에서 널리 이용되었으며, 최근에는 하와이 같은 열대 섬들에서 이입되는 식물을 선별하기 위해 그 내용이 일부 변형되었다 (Daehler et al. 2004). 이 변형된 태평양 제도 WRA는 주요 해충의 95%와 비 해충의 85%를 정확히 확인하였으며, 따라서 하와이와 기타 지역에서 사용할 수 있는 상당한 기대를 보여주고 있다 (Daehler et al. 2004).

그러나 WRA는 결점이 전혀 없는 것은 아니다 (McDowall 2004). 이 프로토콜은 질문들에 대답하기 위해 자료를 모으는데 상당한 시간 투자를 필요로 하고 있다 (종 당 5~8 시간). 일부 종의 경우 자료를 찾기가 불가능하고, 때로 종 수준에서 식물을 동정하는데 발생하는 어려움 모두가 합리적으로 평가될 수 있는 종의 수를 심하게 제한하고 있다 (Daehler et al. 2004). 게다가 WRA 그리고 여기에서 파생된 것과 같은 위해성 평가 시스템들은 때로 사용자들이 제안된 각각의 질문에 어떻게 대답을 해야 할 지를 주관적으로 결정해야 할 때가 있다. 현재의 시스템이 가지고 있는 취약점들을 인지하고, NRC (2002)는 완전한 예측 시스템으로 가는 중간 단계로 위해성 평가 과정들을 고려하였다. 중요한 것은 이들 위해성 평가 도구들이 사회로 하여금 어느 정도의 예측 불확실성을 수용하는 동안 다양한 상업적 그리고 개인 활동들과 관련된 위험을 최소화 하도록 허용한다는 것이다. 이런 의미에서, 그들은 예측 시스템들이 판단하는 것과 똑같은 기준 목록을 유지해야 한다 (위 내용 참조). NRC (2002) 리뷰는, 현재 단속 기관들이 사용되고 있는 위해성 평가들은 이들 기준에 맞지 않는다고 결론지었다. 특히, 이들 평가 시스템들은 침입의 확률을 평가하기 위한 좀더 정량적인 도구가 요구되고 있다.

12.3.2 정량적인 도구

예측 문제에 정량적인 통계 분석을 적용하기 위한 최초의 논문들 중 하나는 Rejmanek과 Richardson (1996)에 의해 발표된 것이다. 이 연구에서 연구자들은 북반구 전역에서 소나무속에 속한 한 그룹의 침입종들을 조사하였다. 그들은 두 그룹의 소나무들을 조사하였는데, 한 그룹은 두 개 이상의 대륙에 성공적으로 이입되고 확산된 경우들이 알려져 있기 때문에 우선적으로 침입성 종으로 분류된 12종, 그리고 다른 한 그룹은 3개의 대륙에 심었는데 더 이상 확산이 보고되지 않은 것을 기초로 비 침입성으로 분류될 수 있었던 12종이다 (Rejmanek & Richardson 1996). 이들 종들 각각에 대하여 그들은 평균 높이, 최대 높이, 최소 유식물 기간, 평균 수명, 평균 종자 무게, 그리고 대량 종자 생산 사이의 간격을 포함하는 10개의 생활사 특성들에 관한 문헌들로부터 정보를 수집하였다. 그 다음 그들은 각 종에게 두 그룹 중 (침입성 혹은 비 침입성) 어느 하나에 소속을 부여하기 위한 특징들을 가진 간단한 판별함수분석(discriminant function analysis, DFA)를 사용하였다. DFA는 종의 100% (24개 중 24개)를 정확히 분류하였으며, 결과는 3가지의 중요한 특성들로 평균 종자 무게 (mg), 최소 유식물 기간 (년), 그리고 대량 종자 생산 사이의 간격 (년)을 제시하였다. 쉽게 얻을 수 있는 개체군 통계학적 모수들을 기초로 한 이러한 간단한 도구는 침입성 목본 종자식물들을 예측하기 위한 좀더 나은 생태적 기획들 중 하나를 나타낸다.

Ricciardi와 Rasmussen (1998)은 대안으로 좀더 발견적인 방법을 택하여 수중 침입종들을 위한 3 단계 "저비용 선별 개요"를 개발하였다. 첫 번째 단계는 잠재적인 지리적 공급지역을 확인하는 것이다. 잠재적인 공급지역은 3가지 방법으로 확인할 수 있는데; (i) 공급지역은 수용하는 지역의 생물상에게 불균형적인 분류학적 기여의 역사를 가질 수 있으며; (ii) 공급지역은 수용지역의 것과 유사한 기후 패턴을 가질 수 있으며; 혹은 (iii) 공급지역은 운반 패턴들에 의해 (즉, 선적 패턴들) 수용지역과 연관된 지역일 수 있다. 그들의 두 번째 단계는 생물학적 기준들을 이용하여 잠재적 침입종들을 선발하는 것이다. 그들은 이전에 합쳐졌던 침입종들의 일반적인 특성들과 속성들 (즉, 속성들 목록)을 사용하였는데, 이들 속성들은 다양한 생물들에게 적용되고, 따라서 예측을 위해 유용한 것들이다. 과정의 마지막 최종 단계는 잠재적 침입종들의 목록에 정보를 제공하고 목록을 줄이기 위해 이전의 침입 성공을 사용하는 것이다.

연구자들은 자신들의 선별 프로그램을 북미 5대호에 적용함으로써 프로그램의 효력을 보여주었다. 그들은 Ponto-Caspian 유역 (흑해, 카스피해, 그리고 Azov 해를 포함)과 5대호 사이의 광범위한 해상 운수업을 고려하여 Ponto-Caspian 유역을 가장 가능성이 높은 공급지역으로 확인하였으며, 이 유역은 이미 5대호 지역에 8종의 비 토착성 생물들을 기여하였기 때문이다. Ponto-Caspian 유역의 종 목록을 이용하여 그들은 그 종의 광염성 (즉, 기수에 내성이 있는)의 여부, 평형수 탱크 속에서 해양 운반 중에 생존할 수 있는 생활사 단계들을 가지는지의 여부, 그리고 그들의 토착 분포범위 밖에서 이전에 이입이 성공한 예가 보고되었는지의 여부를 기준으로 각 종의 침입 가능성을 평가하였다. 그들의 결과는 5대호에서 성공의 잠재력이 높은 17개의 분류군들 (14개의 무척추동물 그리고 3개의 어류)을 제시하였는데, 그들이 만든 것과 같은 단순한 발견적인 모델들이 광범위한 적응성을 가질 수 있음을 의미하는 것이다.

1990년대 후반에 수행된 몇 건의 연구들은 분류학적 관계가 침입성 종의 좋은 예측자인지의 여부를 직접 보고하였다. 분류학적 경향은 생물학적 특성들을 찾을 때 중요할 수 있는데, 그 이유는 침입성을 향상시키는 속성들을 포함한 종 특이적인 속성들이 흔히 계통발생학적 연관성에 따라 분포하기 때문이다 (Lockwood 1999). Daehler (1998)는 분류학적인 문제를 보고한 최초의 연구들 중 하나에서, 지구수준의 피자식물 자료를 이용하여 농업의 잡초와 자연 지역에 (예를 들어, 자연 공원과 자연자원 보호지역) 침입한 비 토착성 식물들 사이의 계통발생학적 패턴을 조사하였다. 그는 만약 어떤 분류군 그룹들이 성공적인 침입종들 사이에 평균 이상으로 많은 지를 결정하기 위해 resampling 통계분석을 사용하였으며, 그 다음 생태학적 (종 특이적) 특성들을 각 분류군의 지구 수준의 풍부도와 서로 관련시켰다. 그의 결과들은 농업지역 침입종들과 자연지역 침입종들을 위한 상이한 특성들을 제시하고 있다. 자연 지역에 침입하는 피자식물들의 가장 성공적인 그룹은 수중 혹은 반 수생식물 (4개의 과), 벼과식물, 질소고정 식물 (콩과식물), 덩굴성 식물, 그리고 클론을 형성하는 나무 (예를 들어, 일부 버드나무과 그리고 도금양과)들이 포함되어 있다 (Daehler 1998).

Lockwood (1999)는 전 세계의 비 토착성 조류 종들을 위한 유사한 분석을 수행하였다. 그녀는 성공적으로 이입된 396종의 조류를 조사하고, 이항 확률을 사용하여 운반과 정착 단계들에서 조류의 과 사이에 성공의 비 임의적 패턴을 찾으려고 하였다. 7개의 과는 우연에 의해 예상되는 것보다 더 성공적으로 정착하였는데, 이들은 오리/기러기(오리과), 꿩 (꿩과), 참새/핀치새/찌르레기 (참새과), 앵무새 (앵무과), 집비둘기/비둘기 (비둘기과), 아메리카타조 (레아과), 그리고 신세계 메추라기 (메추라기과)이었다. Lockwood (1999)는 또한 우연성 검사를 이용하여 조류 종, 애완 종, 그리고 사냥 혹은 오락에 이용된 야생 종들을 위한 두 가지 이입 방법들을 비교하여 운반의 확률에 관한 인간의 관심의 영향을 조사하였다. 조사 결과들은 일부 과들 (오리/기러기, 신세계 메추라기, 그리고 꿩)은 야생동물 이용을 위해 운반된 예상된 종의 수보다 그 값이 더 컸고, 반면에 다른 과들은 (찌르레기와 구관조 - 찌르레기과) 예상한 것보다 더 많은 애완종들이 운반되었다. 이들 두 개의 연구들을 합치면 (Daehler 1998; Lockwood 1999) 분류학적인 패턴들이, 특히 약간의 예측력을 가진 다른 속성들과 연합할 때, 특정한 침입 단계를 성공적으로 통과하는 종을 예측하는데, 중요할 수 있다는 주장을 지지하고 있다 (Reichard & Hamilton 1997).

Kolar와 Lodge (2001)는 많은 정량적인 연구들을 예측을 위한 종의 속성들의 유용성으로 종합하였으며, 그리고 침입 과정의 단계에 따라 중요한 속성들이 다르다는 것을 알았다. 그들은 1986년에서 1999년 사이에 발표된 정량적이며, 관찰에 의한 16개의 연구들을 조사하였고, 적어도 20종을 조사하였다 (Tables 12.1 & 12.2).

Table 12.1 적어도 두 개의 연구에서 시험된 종 특성들을 위한 방출 사건들의 특성과 침입 전이의 완결 사이의 관계

	조사된 전이									
	식물	동물 (새)								
특성들	침입성/비 침입성	정착/실패								침입성/비 침입성
방출된 개체들의 수		+	+	+	+	+	+	+	+	+
이입 시도의 수		+	+	+	+	+	NS		NS	+
이입의 연도	+	+	−	NS						NS

주 통계적으로 유의한 관계는 + (전이를 하는데 긍정적으로 관련된), − (전이를 하는데 부정적으로 관련된)로 표시되어 있다. NS = 유의성이 없음. 빈칸은 이용할 수 있는 적당한 자료들이 없음을 의미한다. 정착/실패 = 정착하는 조류를 정착에 실패하는 조류들과 비교하였다. 침입성/비 침입성 = 침입성 식물을 비 침입성 식물과 비교하였다.

그들이 수행한 메타 분석은 3가지 이유에서 흥미롭다. 첫째, 그들은 조류와 식물 연구들의 자료들만을 찾아낼 수 있었는데, 이것은 더 넓은 다양한 분류군 그룹들에서 더 많은 연구가 필요하다는 것을 강하게 지적하는 것이다. 둘째, 그들의 결과는 침입 단계들 전역에서, 특히 식물의 정착과 조류의 확산에서 우리의 지식에 큰 격차가 있음을 분명히 확인하였는데, 더 많은 연구를 위한 방향을 제시하고 있다. 그리고 아마 가장 중요한 셋째는 분류군 그룹들 전역에서 (조류와 식물 사이) 혹은 분류군 그룹들 내의 침입 단계 전역에서 보고된 자료에서 일관된 경향성들이 매우 적다는 것이다. 일부 속성들은 침입 과정의 한 단계에서는 예측에 유용하지만 다른 단계에서는 쓸모가 없다. 그들의 결과들이 관리와 예측 부분에서 더욱 실망스러운 것은 하나의 단일 속성이 한 단계에서는 그 종에 부합하지만 다른 단계에서는 부합되지 않는다는 것을 제시하고 있다는 점이다.

Table 12.2 식물 분류군과 조류 분류군들을 위한 침입 단계들 사이에 종 특성들과 전이 사이의 관계.

	조사된 전이			
	식물		동물(새)	
특성들	정착/실패	침입성/not	정착/실패	침입성/not
a. 종자 혹은 알의 수		+	+, −, NS, NS	(+/−)
b. 내화성		+, −, NS		
c. 이주성			−, −, NS, NS, NS	+
d. 체중			+, +, NS, NS, NS	−
e. 기원	*	*, *, NS	*, *	
f. 분류군	*	*, *	*, NS	
g. 침입의 역사		+, +, +, +		
h. 과 혹은 속 침입성		+, +, +, +		
i. 영양생식		+, +, +		
j. 종자생산의 변이성		−,−		
k. 분산 기작		+,+,NS,NS, NS		
l. 종자 혹은 알 무게		−, −, −, NS, NS, NS, NS		−
m. 유년기의 길이		−, −, − NS, NS		−
n. 온도/서식처 매치			+	+
o. 계절 당 한 배 새끼			+, NS	+
p. 개화 기간	+	NS, NS		
q. 1년생 (대 다년생)		NS, NS		
r. 분포범위 면적	+	+, NS	NS, NS	
s. 먹이 폭 혹은 유형			NS, NS	
t. 다양한 기후에 서식		NS	NS	
u. 높이 혹은 몸 길이	+	+, NS, NS	NS	
v. 수명		NS		+
w. 생식 체제	NS	*, NS		

주 통계적으로 유의한 상관은 + (양의 상관) 혹은 − (음의 상관)로 표시되어 있다. NS =유이성이 없다. 유의한 관계는 *로 표시하였다. Kolar & Lodge (2001).

12.3.3 단계 특이적인 접근방법

Kolar와 Lodge (2001)의 연구 결과를 진지하게 생각하고, 하나의 침입 단계 이상에서 특성들을 평가한 연구들이 늘어나고 있다 (예를 들어, Cassey et al. 2004b). 예를 들어, Marchetti 등 (2004b)은 캘리포니아 주에서 비 토착성 어류의 생물학적 속성들이 어떻게 3개의 침입 단계들 (즉, 정착, 확산, 그리고 통합/영향력)을 통과하는 과정에서 성공에 기여하는 지를 조사하였다. Marchetti와 그의 동료들 (2004b)은 캘리포니아 주 전역에서 각 분수역에 서식하고 있는 모든 비 토착성 어류종의 존재와 수도를 기록하였는데, 여기에는 그들의 토착 분포범위 밖의 분수역에서 정착한 토착성 종들이 포함되어 있다. 그들은 또한 이입을 시도했지만 실패한 이입에 관한 정보도 수집하였다. 문헌에 나와 있는 정보를 기초로 8개의 종 수준 특성들이 모든 어류에서 기록되었다. 이들 특성들은 영양단계 지위, 토착 분포범위 크기, 부모 보살핌의 유형, 성체의 최대 크기, 생리적 내성, 토착 공급지역으로부터의 거리, 이전의 침입 성공, 그리고 생식체 압력이 포함되어 있다. 저자들은 그 다음 일단의 이전 침입 가설 (priori invasion hypotheses, 회귀 모델들)을 직접 평가하기 위해 정보 이론 모델 선택 방법 (Burnham & Anderson 2002)을 이용하였으며, 침입 성공에서 8개 변수들 각각의 상대적인 중요성을 측정하였다. 조사 결과들은 침입 과정의 각 단계에서 상이한 일단의 속성들이 중요하다는 것을 제시하고 있다. 종의 정착을 위해서는 8개의 모든 속성들이 균등하게 중요하였는데, 이것은 이 단계에서 대개 확률론적인 과정을 제시하는 것이다. 확산을 위해서는 (한 종이 침입한 분수역의 수로 측정) 생리적인 내성과 생식체 압력이 중요하였고, 반면에 통합/영향력 (각 비 토착종의 평균 수도로 측정)을 위해서는 이전의 침입 성공과 생식체 압력이 중요하였다.

상이한 맥락에서, Kolar와 Lodge (2002)는 출발점으로 Rejmanek과 Richardson (1996)의 방법을 사용하여 3개의 침입 단계들 (정착, 확산, 그리고 영향력)에 걸친 북미 5대호에 있는 비 토착성 어류를 위한 꽤 정교한 위해성 평가 프로토콜을 개발하였다. 먼저 연구자들은 5대호에서 24종의 정착된 어종 그리고 이입되었으나 정착하지 못한 21종의 어류를 확인하였다. 그들은 그 다음 정착된 종들이 호수들 전역에 신속하게 확산된 어류와 부정적인 영향력 (즉, 성가신 종)을 가진 어류를 확인하였다. 이들 종 각각을 위해 그들은 24개의 종 특이적 속성들 (생활사, 서식처 요구, 그리고 침입 역사)에 관한 자료를 수집하였다. 그 다음 그들은 정착을 위한 자료로 DFA 그리고 categorical & regression tree analysis (CART)를 수행하였으며, 확산과 영향력을 위한 자료로는 DFA만을 수행하였다. Kolar와 Lodge (2002)는 그들이 DFA를 사용하였을 때 87%의 정확성으로, 그리고 CART를 사용하였을 때 94%의 정확성으로 성공적인 종과 실패한 종 사이를 구분할 수 있었기 때문에 인상적인 성공률을 확보하였다 (Fig. 12.3). 다른 침입 단계들을 (확산 그리고 영향력) 평가할 때, 연구자들은 신속하게 확산하는 어류를 94% 정확도로, 성가신 종 (높은 영향력)을 89% 정확도로 구분할 수 있었다. 그들은 그 다음 평형수의 운반을 통해 Ponto-Caspian 분수역으로부터 미래 이입의 위험성을 예측하기 위해 자신들의 모델을 이용하였다. 그들은 Ponto-Caspian 분수역으로부터 66종에 대한 충분한 자료를 확보하였고, 정착 단계를 위해 그 자료들로 DFA와 CART 모델을 수행하였다. DFA는 24종이 정착할 수 있는 것으로 예측하였고, CART는 36종이 정착할 것으로 예측하였는데, 이들 목록들 사이에 Jaccard 유사도 (중복의 유사성)는 57%이었다. 신중한 방법을 이용하여 그들은 두 과정에 의해 예측된 22종의 어류가 5대호에서 정착에 심각한 위해성을 가질 수 있을 것으로 주장하였으며, 이들 어류가 그 지역으로 운반되지 않도록 조심해야 한다고 강조하였다.

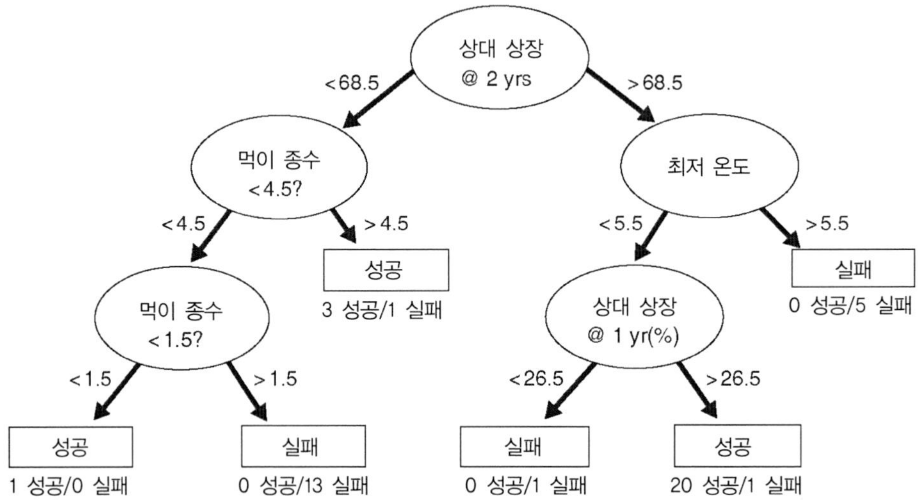

Fig. 12.3 미국 5대호에서 성공한 그리고 실패한 비 토착성 어류의 예측을 결정하는 나무(CART). 타원형들은 결정 지점들을 나타내며, 직사각형들은 침입 위험성의 분류를 유발하는 나무의 종점들이다. 각 종점으로 목록화 된 성공적인 그리고 실패한 것으로 알려진 비 토착종들의 수가 주어졌는데, 45종 중 2종이 분류가 잘못된 것을 보여주고 있다.

주어진 수용지역 내에서 어떤 종이 심각한 정착 위해성을 제기할 것인지를 예측하기 위해, 일부 연구자들은 종의 생태적 지위 혹은 그것의 생태생리적 제약들에 관한 정보를 사용하였다. 예측을 위한 이러한 방법은 공급지역의 물리적 환경과 수용지역의 물리적 환경 사이의 대응하는 짝을 찾은 다음 문제의 종이 이들 조건들에 어떻게 반응하는지를 조사한다 (예를 들어, Duncan et al. 2001). 이들 조건들 중에서 일치하는 부분이 더 많으면 생식체가 정착할 가능성이 더 크다.

예를 들어, Peterson과 Vieglais (2001)는 종의 토착 분포범위에서 모아진 정보를 기초로 종의 생태적 지위를 정량화하기 위해 복잡한 정보과학 알고리즘 (genetic algorithm for rule-set prediction, or GARP)을 이용하고 있다. 이러한 유형의 생태적 지위 모델링은 종의 토착 분포범위에서 발견되는 패턴 기록, 생물물리적 성질들 (예를 들어, 고도, 강우량, 온도)을 이용하여 이러한 분포를 정확하게 기술하는 모델의 개발, 그리고 그 다음 잠재적으로 적당한 비 토착성 서식처의 지역을 확인하기 위해 그 모델을 다른 경관에 투영하는 것이 포함되어 있다 (Peterson 2003; Fig. 12.4 참조). 이 방법의 유용성은 북미의 침입성 식물인 히말라야 싸리 (*Lespedeza cuneata,* 이전에는 *Sericea lespedeza,* Peterson et al. 2003)에 의해 예증되고 있는데, 모델들이 그 종의 토착 분포범위 (아시아)의 지리적 분포로부터 파생되었으며, 그 다음 알려진 침입과 일치하는 지역을 찾기 위해 북미에 있는 종에 투영되었다 (Fig. 12.5 (a) & (b)). 모델들은 이 종의 북미 침입 분포를 잘 예측하고 있는데, 생태적 지위 모델링이 침입의 지리적 패턴을 예측하기 위한 높은 잠재력을 가진다는 것을 제시하는 것이다. 아쉽게도 이 방법은 또한 몇 가지 결점도 가지고 있는데, 즉, 종들의 토착 분포범위 내에서 종 출현에 관한 자료의 접근성이 일반적으로 부족하다는 것뿐만 아니라 자료를 모으고 모델을 만드는데 엄청난 시간 (약 2달 이상)이 필요하다는 것이다 (Peterson et al. 2003).

12.3.4 종합

침입종들의 상태를 예측하는 개요는 모든 침입 단계들을 통해, 혹은 모든 종 그룹에서, 종의 성공적인 통과를 예측하는 "마법의 해결책" 특성 (혹은 특성들)이 없다는 것을 강력하게 제시하고 있다 (Cassey et al. 2004a). 그러나 생태학자들은 그 과정을 그것의 구성 단계들로 분류하고, 정량적인 방법들을 이용하여 많은 진척을 이루었다. 이러한 사실은 종들이 비 토착성 지역으로 도착하는 높은 이입률을 고려할 때 우리에게 어려운 문제를 남긴다. 예를 들어, 우리는 Kolar와 Lodge (2002)의 정량적인 방법에서 어떻게 이들 모든 종들을 평가할 수 있는 희망을 가질 수 있는가? 비 토착종으로 운반된 모든 종들의 침입성 여부를 정량적으로 평가하는 부담은 매우 크기 때문에 대신에 보완적인 방법들이 바람직하다. 한 가지 선택은, 한 지역으로 엄청난 수의 유해한 비 토착종들을 운반하는 것으로 보이는 운반 매체들을 폐쇄시키는 것이다. 우리는 다음에 이 방법을 설명할 것이다. 그러나 그 전에 우리는 이 점에서 도움을 줄 수 있는 표준 선별 과정에 묘안을 찾아내기를 원하는데, "무해함이 입증될 때까지 유죄"라는 조정 방법이다 (Mack et al. 2000; Holway et al. 2002a).

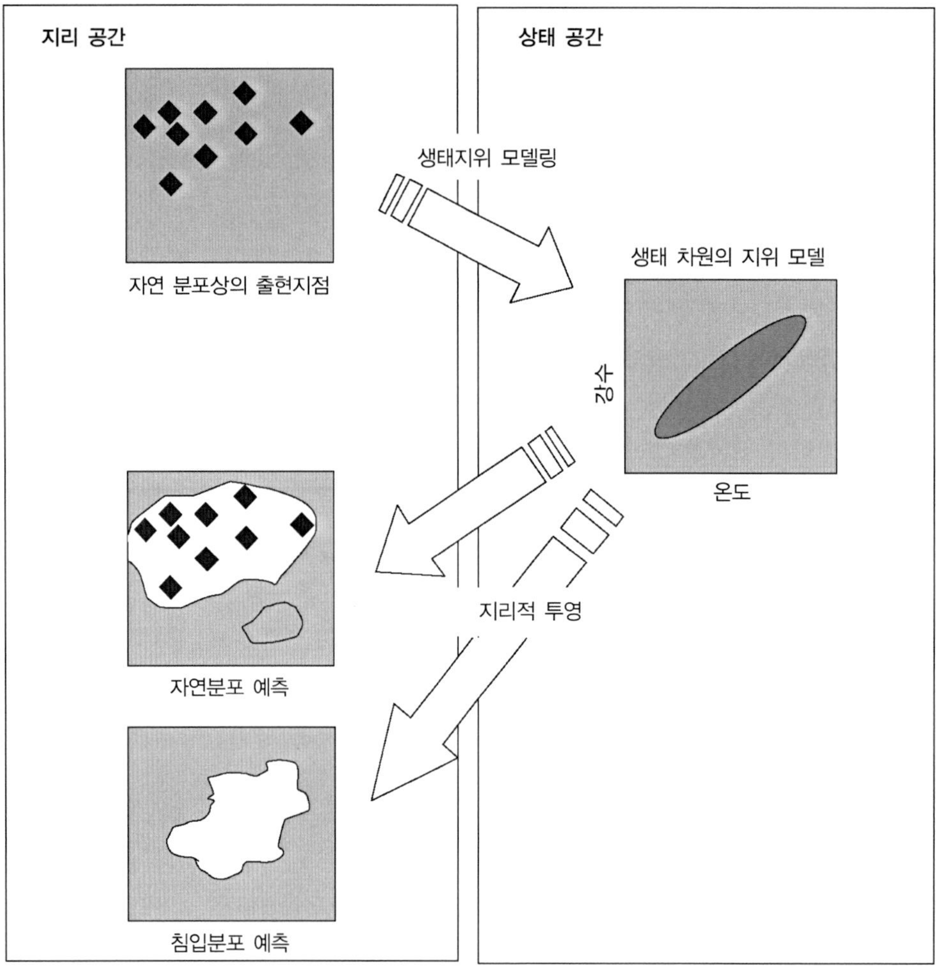

Fig. 12.4 종 침입의 지리적 분포범위를 예측하기 위해 사용된 Peterson의 생태적 지위 모델들의 개념화. 그림은 종의 토착 지리적 분포범위에서 그것의 분포를 특징짓는 과정, 이 종의 생태적 지위를 모델링하는 것, 그리고 비 토착성 분포범위에서 동일종의 예측된 지리적 분포범위를 투영하는 것을 보여주고 있다.

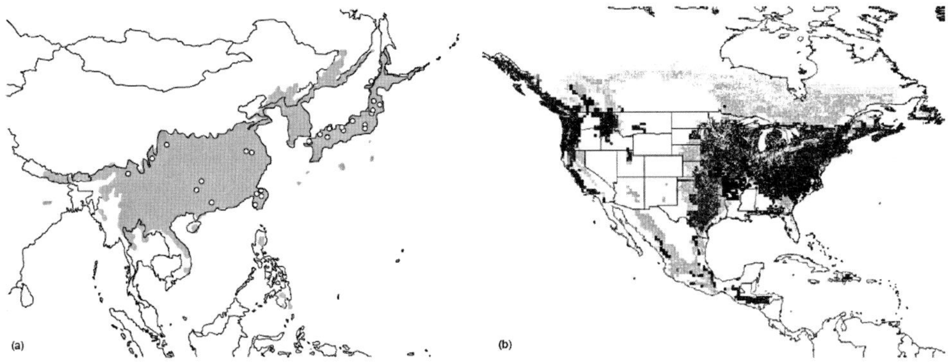

Fig. 12.5 GARP를 사용하여 히말라야 싸리 *Lespedeza cuneata*의 토착 (a) 그리고 잠재적 비 토착성 분포 (b)의 예측. 토착 분포 지도상에 나와 있는 흰색 기호들은 생태적 지위 모델들을 만들기 위해 사용된 발견 기록을 나타내고 있다. 비 토착 분포 지도상의 검은색 다각형들은 미국의 주 수준 혹은 수계 단위들에서 알려진 발견 기록을 나타내고 있다. 검은색이 점점 짙어지는 것은 비 토착성 분포범위에서 그 종의 존재 예측에 더 높은 신뢰도를 나타낸다.

오늘날 대부분의 종에 관한 위해성 평가 프로토콜이 수행되고 있는 조정 구조는 이입을 금지해야 할지의 여부를 결정하는 입증의 책임을 비 토착종을 수입하는데, 혹은 흔히 비 토착종을 지니고 있는 상품을 수입하는데 관심을 가진 당사자가 아닌 정부 기관에 부여하고 있다. 만약 정부기관이 그 종이 위험하다는 것을 입증하는데 실패하면, 그 종은 수입된다. 따라서 이 방법은 흔히 "유죄라고 인정되기 전까지는 무죄"라고 불린다. 이와는 대조적으로 "무죄라고 입증되기 전까지는 유죄"라는 방법은 모든 비 토착종들이 생태계 혹은 경제계에 충분히 높은 위해성을 제기할 수 있기 때문에 그렇지 않다는 것이 입증되기 전까지는 수입이 금지되어야 한다고 가정한다. 위해성 평가 시스템은 종의 목록을 위해성이 높은 것으로 간주되는 종들과 위해성이 낮은 것으로 간주되는 종들로 구분할 책임이 있다. 위해성이 낮은 종들은 마음대로 이입시킬 수 있으며, 높은 종들은 금지된 상태로 남아있다. "무죄가 입증되기 전까지는 유죄"라는 방법의 매력은 입증의 짐을 조정기관으로부터 수입을 주장하는 당사자 쪽으로 이전시키는 것이다. 이러한 조정 방법 하에서는, 위해성 분류의 본질적인 불확실성이 비 토착종을 수입하고 방출시키기 위한 허락을 보류하는 충분한 원인이다. 만약 수입을 주장하는 당사자들이 수입을 계속 원한다면 그들은 그러한 불확실성을 줄이는 쪽으로 연구해야 한다. "유죄로 인정되기 전까지는 무죄"라는 규정은 반대로 작용한다.

조정을 위한 "무죄가 입증되기 전까지는 유죄"라는 방법은 대부분 다음과 같은 중요한 두 가지 문제들을 내포하고 있다. 첫째, 개인들은 흔히 정원, 조경식물, 애완동물, 수족관을 위한 종과 같은 비 토착종들을 입수하기를 원하고 있다. 이러한 수요는 너무 광범위하여 이러한 유형의 비 토착종 수입을 못하게 하는 것은 사회가 이들 종들과 관련된 위해성을 어떻게 보느냐에 관한 광범위한 입장 변화가 없이는 항상 어려울 수 있다 (Simberloff

2003a). 둘째, 국제적인 협정들은 대개 국경을 넘어 생물학적 침입종들의 이동 제한을 관리하며, 이들 협정들의 시행은 흔히 환경 문제들을 대수롭지 않게 여기는 경향이 있다. 침입종의 선별과 관련된 가장 중요한 협정들 중 하나는 위생 및 검역 규제 협정 (Agreement on the Application of Sanitary & Phytosanitary Measures, SPS)이라고 부르는 세계무역기구(WTO)의 구성국가들 사이에 적용되는데, 회원국들은 사람, 동물, 혹은 식물을 위협하는 종의 운반을 제한하도록 허용하고 있다 (Mack et al. 2000). WTO에 속해 있는 한 국가가 특정 종의 수입을 금지하려고 시도할 때, 만약 WTO의 규정 부분이 금지를 불법적이라고 결정한다면, 혹은 수입 금지가 종 침입을 방지하기 위한 시도라기보다는 야생동물을 보호하려는 사람들의 무역장벽 수준의 시도라면 그 국가의 노력은 실패할 수 있다 (Mack et al. 2000). 이러한 장애에도 불구하고, 뉴질랜드는 비 토착종들의 의도적 수입을 위해 1996년에 제정된 위해성 물질과 생물의 법안(Hazardous Substances & New Organisms Act, HSNO) 하에서 "무죄가 입증되기 전까지는 유죄"라는 정책을 성공적으로 이행하였다 (Williams & West 2000). 이것은 WTO 자유무역 규정과 침입종들로부터 자국의 환경을 안전하게 유지할 필요성 사이의 관계에서 연구해야 할 많은 여지가 남아있다는 것을 보여주고 있다.

12.4 위험한 운반 매체들의 선별

운반은 생물학적 혹은 생태학적 과정이 아니다. 이것은 사회적, 경제적, 그리고 정치적 실체이며, 전적으로 인간에 의해 조성된 것이다. 우리는 생태계에 관하여 알고 있는 것보다 운반 방법에 대하여 더 잘 알고 있으며, 이런 이유 때문에 우리는 아마도 새로운 지역으로 상품, 차량, 동물 그리고 사람들의 이동을 좀더 효과적으로 제한 혹은 선별할 수 있을 것이다.

12.4.1 평형수 교환

우리는 평형수가 해양에서 종 침입의 선도적인 매체로 여겨지고 있다는 것을 살펴보았다. 그러나 평형수 규제는 규제 정책들의 채택에서 중요한 성공을 한 하나의 경우이다. 어떤 면에서 볼 때, 이러한 성공은 운반 기작 자체의 성질 때문이다. 평형수는 토양과 혼합된 종자 혹은 장식용 식물에 편승하는 종자들처럼 몸을 숨기기에 알맞은 곳은 아니다. 평형수의 경우 어디에서 그리고 어떻게 하역이 이루어지는지가 분명하다. 평형수는 배의 선체 내에 실려 있으며, 이들의 과거와 미래의 이동을 모니터링하고 추적할 수 있게 해주는 선적 기록과 항해일지 때문에 평형수에 관한 자세한 기록이 존재한다.

1990년대 초반 이후, 국제적 그리고 국가 차원의 일단의 복잡한 규제와 지침들이 평형수의 관리를 관장하였다. 1991년에 유엔 국제 해사기구는 해양에서 평형수 교환 (ballast water exchange, BWE)을 요구하는 자발적인 국제 지침들을 만들었다 (Weigle et al. 2005). 해양에서 평형수 교환 이면에 있는 생각은 해안 그리고 하구 종들은 중앙해양의 물에서는 생존할 수 없고, 중앙해양 생물들은 해안의 물에서 생존할 수 없을 것이라는 것이다. 원칙적으로 해양에서 평형수 교환 정책은 성공하는 것이 당연하였으나 많은 요인들이 그것의 효율성을 제한하였다. 일부 선박들은 이같은 방법으로 평형수를 방출하도록 설계되지 않았기 때문에 평형수 교환 기작은 흔히 평형수를 100% 제거하지 못하였다. 게다가, 해양에서 평형수 교환은 시간이 많이 소요되고, 때로는 악천후 때문에 교환이 일어나지 못했다. 해양에서 평형수 교환이 평형수를 거의 100% 교한할 경우에도, 최근 연구에 의하면 평형수 탱크에 있는 생물의 다양성이 해양에서 평형수 교환 이후에 실제로 증가한 것을 보여주고 있으며 (Box 4.1 참조), 또한 중앙 해양수는 일부 해안생물들을 치사시키지 않는다는 것이 밝혀졌다 (Wonham et al. 2001). 이러한 결과들 그리고 해양에서 평형수 교환괴 관련된 다른 문제들 때문에 평형수 처리에 관한 많은 대안들이 제안되었으며, 여기에는 강력한 여과, 열처리, 살생제 처리, 혹은 자외선을 이용한 방제 등이 포함되어 있다 (Tamburri et al. 2002). 이들 제안 중 많은 것이 높은 경제적 비용 혹은 선원들의 건강과 평형수가 방출되는 곳의 환경에 미치는 방출된 독성물질의 부정적 영향 때문에 문제가 많다. 그러나 비교적 경비가 적게 들고 완전히 비활성인 한 가지 유망한 제안은 평형수에 들어 있는 산소를 제거하기 위해 질소가스를 사용하는 것이다 (Tamburri et al. 2002).

국가 차원에서, 미국은 1990년에 북미 5대호에 zebra mussel (*Dreissena polymorpha*) 침입에 따른 비용과 어려움에 대한 반응으로 외래 수중 혐오생물방지 및 제어에 관한 법률 (Nonindigenous Aquatic Nuisance Prevention & Control Act)을 통과시켰다. 이 법령은 비 토착종의 통제를 위한 법률의 중요한 부분이지만 그것의 범위가 제한되어 있다. 이 법령은 5대호에 이입되는 배들은 그들의 평형수를 교환하거나 혹은 처리해야 한다는 것을 제시하였다. 아쉽게도 이 법안에 사용된 용어가 수중생물, 평형수 운반, 그리고 5대호에 국한되어 있다. 1996년에 미국 의회는 1990년에 제정된 법령을 다시 인정하였으며, 그 이름을 국가 침입종에 관한 법률(National Invasive Species Act, NISA)로 바꾸었다. 비록 새로운 법령의 초점은 해양에서 평형수 교환에 국한되어 있지만 그것의 범위는 약간 확장되었다. NISA는 물 처리 방법, 평형수를 위한 물리적 장벽에 관한 연구를 인정하였고, 평형수에 관한 데이터베이스 구축을 위한 연구비를 제공하였다.

다른 국가들에서도 유사한 정부 정책들이 있다 (예를 들어, Williams & West 2000). 그러나 아직 아무도 위험한 침입종 운반 매체들을 관리하기 위한 이들 규제 방법들의 비교 분석을 수행하지 않았다 (Simberloff et al. 2005). 게다가 대부분의 국가에서 비 토착종의 이동을 통제하는 권한은 몇 개의 관리 수준 (즉, 국가, 지역, 주, 시)으로 나뉘어져 있다. 이들 정책들 중 어느 것이 효과적이고, 어느 것이 비 효과적인 것으로 입증되고, 무엇이 그러한 차이를 결정하였는지를 평가하기 위해 비 토착종의 이동을 제한하는 노력이 중요한 것으로 보인다.

12.4.2 의도적 이입의 규제

대부분의 국가에서 침입성 종의 상당 부분은 고의적인 운반 매체들을 통해 시골로 이동된다 (Mack & Lonsdale 2001). 이러한 이동 매체들에는 화훼식물 거래, 수경재배 설비, 그리고 애완동물 거래 등이 포함되어 있다 (Holcik 1991; Naylor et al. 2001; Reichard & White 2001). 이들 운반 매체들로부터의 위험성을 감소시키기 위해 정치적, 경제적, 그리고 사회적 측면에서의 연구가 요구되고 있다. 예를 들어, 수경재배 설비들은 만약 그것이 분명히 필요하고 경제적으로 실용 가능한 것으로 입증된다면 그들이 기르는 개체들 (예를 들어, 연어, 송어, 새우)을 위한 좀더 안전한 설비를 선택할 수 있다. 만약 유해한 것으로 알려진 혹은 의심되는 비 토착성 식물의 일부를 시장에서 제거하려는 화훼업자들의 결정에 일반 국민이 긍정적으로 반응한다면 화훼산업은 이들 식물의 판매를 중지할 것이다. 그리고 애완동물 산업은 만약 적절한 조정 기관으로부터 요구가 있다면 애완동물 소유자들이 그들이 원하지 않는 애완동물을 자연으로 방류하는데 대한 일부의 책임을 져야 한다. 위험한 운반 매체들에 관한 가장 가능한 조절의 형태는 전문적인 단체에 의해 채택된 계획적인 최상의 관리 실행을 통한 것이다. 애완동물을 구입하고 정원을 관리하는 일반인들의 교육도 효과적일 수 있다 (Simberloff et al. 2005). 하향식 조절은 아마 대규모 시장을 가지고 있고, 상당한 재정적 이익이 있으며, 그리고 충실한 고객들을 가진 다양한 사업들에게는 작용하지 못할 것이다.

비록 제한적이지만 운반된 종의 위해성을 평가하기 위한 매력적이면서 정량적인 방법이 Bartell과 Nair (2003)로부터 나왔다. 이들 연구자들은 계속적인 운반 그리고 방출 매체들과 연관된 개체군 통계학적 모델들을 사용하여 알려진 침입성 종의 정착의 위해성을 평가하였다. 이 모델들은 단일 종의 정착의 확률에 관한 규제의 가치 혹은 조절 정책들을 평가한다는 점에서 Kolar와 Lodge (2002)의 모델들과는 다르다. Bartell과 Nair (2003)는 알락하늘소 (Asian longhorn beetle, *Anoplophora glabripennis*)가 이입된 항구에 도착한 후 미국 동부에 정착할 확률을 이용하여 그들이 만든 모델의 기작을 보여주고 있다. 그들이 제안한 방법의 중요한 혁신은 표준 개체군 투영 매트릭스를 딱정벌레 각 단계의 개체들이 정기적인 상업적 선적을 통해 도착할 확률과 연관시키는 것이다. 이 방법은 또한 이입되는 항구 근처에 있는 적절한 숙주의 보급을 포함하고 있다. 따라서 Bartell과 Nair (2003)는 생식체 압력 (제 4장)을 이미 방출된 개체들의 개체군 동태 (제 7장)와 연관시키고 있다.

결과는 "노출–반응" 함수의 생산이다. 그들의 방법론은 들어오는 항구에서 나무 포장물질을 포함하고 있는 배에 실린 짐에서 빠져나온 딱정벌레의 수를 감소시키기 위해 사용될 수 있는 다양한 조절 방법들에 관한 분명한 인식이 포함되어 있다. 이 방법들에는 포장재들의 마이크로파 처리, 살충제를 사용하여 포장재를 훈증, 혹은 딱정벌레의 치사 수준 이상의 온도로 포장재를 가열하는 것이 포함되어 있다. 그 결과는 도착 시기에 조절 기작들의 실시를 통한 생식체 감소 효과를 반영하는 변형된 노출 함수이다 (Fig. 12.6). 이러한 방법들은 다양한 관리 선택과 관련된 위해성 감소의 정량적인 분석을 허용하고 있다. 이것은 이입되는 항구 주변에 그리고 공간적으로 다양한 구조를 가진 이입되는 항구 주변에 이미 방출된 개체들의 상이한 개체군 동태를 반영하도록 쉽게 확장되어질 수 있다.

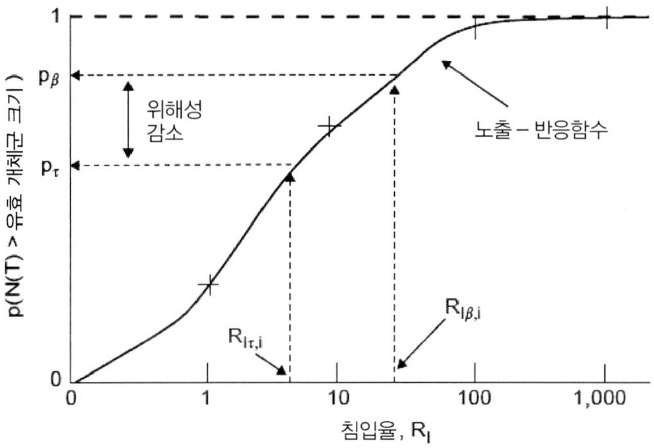

Fig. 12.6 알락하늘소 (Asian longhorn beetle)를 위해 만들어진 노출–반응 곡선. Y축은 정착 확률이다. 위해성 감소는 항구에서 끈질기게 남아있는 생식체의 크기를 조절하기 위해 처리한 후 기준선 (pβ)과 처리 (pτ) 사이의 차이로부터 나온다. 모델은 생식체 압력을 정착된 개체들의 개체군 동태와 연합시키는데, 따라서 관리를 통해 얻어질 수 있는 위험성 감소의 추정치를 제공하고 있다.

특정한 운반 매체들과 관련된 위해성을 감소시키기 위해 우리가 어떤 방법을 사용하든지 간에 종이 이입된 율 그리고 공급지역의 공간적 패턴에 대한 자세한 이해가 정책과 관리 도구들의 효율성을 향상시킬 수 있다. 예를 들어, 일시적인 침입 경향성을 보도할 수 있었던 일부 연구들은 운반 매체들의 왕래가 증가함에 따라 혹은 만약 운반 매체의 지리적 기원이 변한다면, 기록된 비 토착종의 수가 증가할 것이라고 주장하고 있다 (제 3장). 따라서 운반 매체 왕래에서 시간적 혹은 공간적 변화는 비 토착종으로부터 오는 위협의 재평가와 현재 사용되고 있는 규제 기작들의 유효성을 예측하는 일 모두를 촉발시켜야 한다.

이러한 이유 때문에 운반 루트에서 지구수준의 패턴에 관한 자세한 정보의 수집이 특히 중요하다. 그러한 "침입 지도, Invasion Atlas" (Carlton 1996b)는 기록된 모든 비 토착종들의 지리적 기원, 이들 종들이 맨 처음 기록된 대략의 연도, 그리고 이들 종들이 처음 이입을 위해 이용했을 것으로 보이는 운반 매체에 관한 정보를 포함하여야 한다. 이러한 지도로부터, 관리자들은 운반 매체 왕래에서 중요한 변화, 특히 많은 수의 위험한 비 토착종의 수출 역사와 함께 수용지역에 대한 위험성 노출의 중요한 변화를 확인할 수 있다. 아쉽게도, 이러한 목표를 실현하기에는 아직 많은 연구가 필요하다. 그때까지는, 운반 매체 왕래에서 공간적 변화가 비 토착종 이입에서 시간적 패턴에 어떻게 영향을 줄 것인지를 모델화 하는 것이 유용하다는 것이 입증되어야 한다 (예를 들어, Drake & Lodge 2004). 그러한 노력은 관리 기관들이 조정 정책들을 언제 보강해야 하는지 (집행), 새로운 정책들을 개발해야 하는지, 그리고 그들이 실패하였을 때 사회가 지불해야 할 대가에 대해 좀더 철저한 이해를 할 수 있게 할 것이다.

12.5 조기경보시스템과 침입 중심지들의 박멸

우려 지역에서 일단 비 토착성 개체군이 감지되면, 정책과 관리의 취사선택이 극적으로 변한다 (Richardson & van Wilgen 2004; Simberloff et al. 2005). 조절 취사선택은 화학적 처리, 손으로 제거, 혹은 생물학적 방제와 같은 침입종 제거를 위한 전통적인 방법으로 움직이고 있다. 그러나 다음 절에서 기술된 상황과는 다르게, 이 단계에서 전체 개체군 박멸은 여전히 적절한 실현성이 있다 (Myers et al. 2000; Simberloff 2004). 생태적 혹은 경제적 피해를 막기 위한 가장 효율적인 방법은 아마 비 토착성 개체군이 아직 소규모일 때 그것을 박멸하는 것이다. 박멸이란 다른 개체군들과 연결되어 있지 않은 별개의 개체군에 속한 모든 개체들을 완전히 제거하는 것이다. Rejmanek (2000a)는 캘리포니아 주에서 두 종의 비 토착성 식물에 관한 박멸 정보를 사용하여 이러한 점을 잘 보여주고 있다 (Fig. 12.7). 핵심은 개체군들이 시간이 지나면서 생장 추진력을 형성하는데, 때로 매우 좋은 조건 하에서 그들의 지리적 분포 범위를 급격히 확장시킨다는 것을 깨닫는 것이다. 따라서 개체군이 아직 소규모일 때 그것을 제거하려는 신속한 행동은 개체군이 확장될 때까지 기다리는 것 혹은 그 종이 어떤 영향을 야기하는지를 보려고 기다리는 것보다 경제적으로 훨씬 효율적일 수 있다. 이들 소규모 개체군들은 흔히 초기의 침입 중심으로 불리며, 그러한 중심을 감지하는 것은 이 방법의 성공 요체이다. 그러나 감지율이 높은 경우에도, 관리자들은 흔히 침입종의 조절을 위한 이용 가능한 자금조달이 현재 매우 제한되어 있고, 일관성이 없이 교부되기 때문에 어떤 중심점을 먼저 공격할지를 결정하는 문제에 직면한다 (Myers et al. 2000).

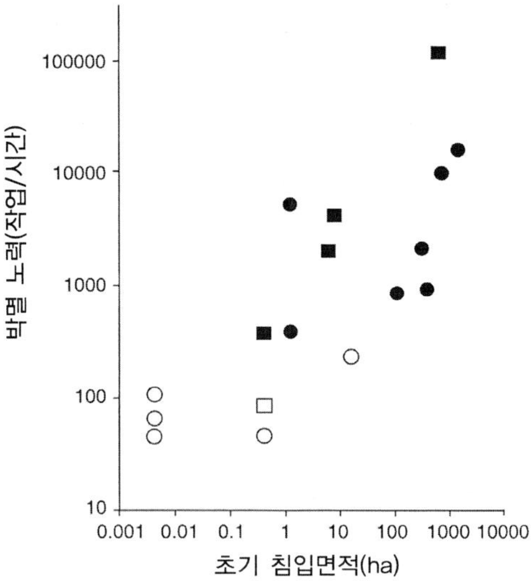

Fig. 12.7 검정말(*Hydrilla verticillata*) (흰 사각형=박멸된; 검은 사각형=진행 중) 그리고 큰지느러미엉겅퀴(*Onopordum acanthium*) (흰 원=박멸된; 검은 원=진행 중)를 위한 조절이 시작되었을 때 박멸의 용이성 (미국 달러로 측정된)과 초기 개체군 크기 사이의 관계. 침입 중심점들에 집중하는 것이 상당한 지리적 확장과 개체군이 증가한 후에 조절하는 것보다 항상 좋은 선택이다.

12.5.1 조기경보체제

항구와 철도 주변이 새로운 종을 탐색하기에 적당한 장소이기 때문에 비록 많은 초기 식물학자들이 이들 지역들을 자주 방문하였지만, 비 토착종의 존재를 확인하기 위해 이들이 이입되는 항구들을 체계적으로 채집하기 위한 포괄적인 노력들은 매우 적었다. 이러한 연구의 예들은 심각한 농업 피해 (예를 들어, Carey 1996)를 야기하는 것으로 알려진 비 토착성 곤충과 병원성 생물이 이입되는 항구에서 이들을 감지하기 위한 노력, 그리고 정기적으로 평형수가 방출되는 해안의 선박 계류장 내에서 비 토착종들을 체계적으로 조사하려는 노력이 포함되어 있다 (Mycrs ct al. 2000). 비록 우리가 알고 있는 바로는 초기의 비 토착성 개체군들이 발견된 곳의 체계적인 목록이 없지만 우리의 생각은 초기의 침입 중심점들이 감지된 대부분의 예들은 식견이 있는 생물학자들과 시민들에 의한 뜻밖의 발견에서 비롯된 것이다. 초기의 침입 중심점들을 감지하기 위한 우리의 능력이 부족한 것은 침입종 생태학자들 사이에서 잘 인식되고 있고, 이러한 사실을 기초로 Ricciardi 등 (2000)은 조기경보 시스템 네트웍의 이행을 주장하였다 (Wotton & Hewitt 2004).

주, 지방, 혹은 지역 내에서 가장 다루기 힘든 침입종들의 목록을 만들기 위한 노력은 초기 감지에서 어느 정도는 이러한 공백을 메꾸는데 기여한다. 종이 경제적 혹은 생태적 문제들을 야기할 가능성을 가장 잘 예측하는 것 중의 하나는 다른 비 토착성 지소에 이입된 후 그 종이 과거에 보인 성과이다 (Reichard & Hamilton 1997; Ricciardi 2003). 따라서 빈틈없는 관리자들은 어떤 침입종들이 이웃하고 있는 주, 지방 혹은 국가들의 침입종 목록에 들어 있는지를 보기 위해 이들 지역들을 살펴본다. 몇 개의 기구들이 (정부 기구 그리고 기타) 그러한 목록을 정기적으로 새롭게 갱신하고, 이들 기구들의 실행이 광범위하기 때문에 (예를 들어, Bossard et al. 2000), 이것이 효율적인 조기경보 시스템으로 기능하기 위해서는 단지 기관들 사이의 조정이 이루어져야 할 것이다. 현재 IPANE (Invasive Plant Atlas of New England)가 미국 북동부에서 이러한 기능을 수행하고 있으며, 잠재적 침입종들을 인지하고, 이웃하고 있는 주들에 침입성을 알려주려고 식물학자들과 자원봉사자들을 양성하고 있다 (Mehrhoff et al. 2003).

조기경보 시스템을 존재하는 침입성 종의 목록에만 의존하는 것은 뚜렷한 한계가 있다. 가장 중요한 것은 이 방법은 영향력이 알려질 수 없는 새로운 비 토착종의 도착을 무시한다. 이러한 종은 침입 역사를 가지고 있지 않으며, 지역 목록들에 나타나지 않을 것이다. 이러한 문제의 중요성은 아마 지역에 따라 다를 것이다. 그러나 문제의 범위는 충분히 우려할 만하다. 예를 들어, 뉴질랜드에서 Rejmanek (2000a)은 1950년 이후 수집된 비 토착성 식물의 20%가 이전에 뉴질랜드의 외부에서 침입종으로 보고된 일이 없다고 보고하였다. 게다가 알려진 침입종들의 목록이 지리적으로 멀리 떨어져 있는 지역들을 위한 조기경보 시스템으로 얼마나 잘 역할을 할지도 분명하지 않다. 그럼에도 불구하고 이러한 원리는 몇 개의 선별 프로토콜에 포함되어질 수 있을 정도로 충분히 잘 작용하고 있다 (Reichard & Hamilton 1997).

12.5.2 침입 중심점들의 박멸

일단 비 토착종이 감지되고, 이 종이 침입성이 될 가능성이 있으면, 다음 조처는 그것을 박멸하는 것일 수 있다. 비록 초기의 침입이 얼마나 자주 박멸되었는지에 관한 체계적인 보고는 없지만 그것이 실행 가능한 선택임을 제시하기 위한 성공적인 박멸의 예들이 많이 있다 (Simberloff 2003b). 박멸 노력은 흔히 생태학적 지식이 거의 필요치 않으며, 대신에 단속자들과 관리자들에 의한 신속한 활동을 통해서 성공적이다. 대부분의 경우에서, 박멸을 위한 단순한 "폭력적" 방법들은 (예를 들어, 화학약품 사용, 손으로 제거, 혹은 덫으로 포획) 모두 침입 후 확산이 시작되기 전에 그것을 멈추는데 필요한 것들이다 (Simberloff 2003c). 생태학적 지식이 작용하기 시작하였을 때, 그것은 좀더 효율적인 제거 전략들을 유도하는 종의 생활사 혹은 행동에 중요한 통찰력을 제공하고 있다.

Simberloff (2003b, c)에 의해 제공된 성공적인 박멸의 예들은 3가지 통찰력들을 지적하고 있다. 첫째, 초기의 비 토착성 개체군이 박멸되었는지 혹은 확장이 허용되었는지의 여부는 일련의 정치적 그리고 사회적 동태로 인해 복잡해진다. 이것은 비교적인 정책 분석이 유익하다는 것을 입증해야 할 또 하나의 영역이다. 예를 들어, 성공적인 박멸은 조절을 이행하기 위한 당국의 분명한 노선으로부터, 혹은 지역 시민들과 생물학자들이 조절 이행을 위한 연구비를 획득하는 (그리고 허용) 지속성에서 비롯될 수 있다. 둘째, 박멸 기술에 관하여 우리가 이해하고 있는 내용은 거의 전적으로 현장에서의 실험을 통해 나오는 것이지 필연적으로 생태 과학으로부터 나오는 것이 아니다. Simberloff (2003b)는 박멸의 연구를 침입 생태학의 "의붓자식“이라고 주장하기도 하였다. 관리자들이 끊임없이 “방향을 바꾸지” 않도록 하기 위해, 혹은 쉽게 피할 수 있는 실수를 하지 않도록 하기 위해 이용 가능한 성공적인 박멸 방법들을 대조해볼 필요성이 분명히 있다. 비록 성공적인 박멸을 위해서는 자세한 생태과학이 필요치 않을 수도 있지만 (그리고 실제로 비 생산적일 수 있지만), 기본적인 생태학 지식은 박멸의 효율성에서 흔히 중요한 역할을 한다. 생태학자들은 새롭게 도착한 비토착종들에 대한 신속한 평가를 위한 방법들을 고안해 낼 필요가 있으며, 이들 통찰력들이 신속하게 관리자들에게 전달되어 박멸 노력의 적합한 관리에 능동적으로 기여하여야 한다. 셋째, 생태학자들은 박멸하기 위한 폭력적인 방법에 수반되는 비 표적 피해 (부수적인 피해)를 제한하기 위한 노력에 더 많은 기여를 해야한다. 신속한 박멸의 주요 방해요인들 중 하나는 토착종 개체군과 사람에 대한 처리의 효과이다 (Simberloff 2003b). 박멸 방법들이 덜 폭력적이지만 효과적으로 작용하기 위해서는 침입 생태학자들과 생태독성학자들의 긴밀한 협력이 필요하다.

위의 설명은 초기의 침입이 하나의 작은 비 토착성 개체군으로 제한될 수 있다는 것을 가정하고 있다. 그러나 이것은 항상 그런 것은 아니다. 흔히 해로운 것으로 알려진 비 토착종은 광대한 지역 전역에 개체들을 이입시키는 매체들을 통해 도착한다. 이것은 보통 하나의 비 토착종이 상업적인 수입품에 흔한 편승자이지만 그것을 알아차리기 어려울 때 발생한다. 따라서 이 개체들은 한 나라의 전역에서 몇 개의 항구에 도착하며, 그 시점에서부터 몇 개의 침입 중심 진역에시 빅멀에 사용될 부족힌 돈을 이디에 먼지 사용힐 깃인지 우선순위를 정하는 것이 문제가 된다. 예를 들어, 북미에서 알락하늘소를 위한 생태적 지위 모델링 노력들은 이 딱정벌레가 광범위한 지역에 출현하도록 유도한 대부분의 침입 시나리오들의 시작지로 5대호 지역의 중요성을 강조하였다 (Peterson & Vieglais 2001). 태평양 연안에 있는 북미 항구들 근처에 위치한 초기의 침입 중심들은 목재 포장재 내에서 그 종이 좀더 정기적으로 발견되는 지역들인데, 전체 대륙에 이 종의 신속한 이주를 야기할 것 같지는 않은 지역들이다. 따라서 생태적 지위 모델링은 관리자들로 하여금 몇 개의 독립적인 초기 침입 중심들 전역에서 조절 노력의 우선순위를 정하도록 허용하고 있다. 이 경우에서, 모델들은 태평양 연안을 따라 위치하고 있는 항구들에 비해 침입성 딱정벌레로 감염된 선적화

물을 비교적 적게 받는 5대호 지역에 있는 항구들 주변의 침입 중심들의 방제에 더 많은 노력을 기울이는 직관에 반한 조처를 제시하고 있다. 비록 이것은 집중적인 노력의 한 자료이지만, 딱정벌레가 북미 삼림에 끼친 피해는 너무 커 모델을 만드는데 소요되는 비용이 충분한 가치가 있다.

12.6 널리 확산되어 있는 침입성 종 개체군들의 조절

관리의 마지막 단계는 잘 정착된 침입종 개체군의 조절 혹은 박멸이다. 잘 정착된 개체군들의 효율적인 관리를 이행하려고 시도할 때 사태는 훨씬 더 복잡해진다. 이들 종들은 지리적으로 널리 확산되어 있으며, 그들의 개체군 수는 많고, 그리고 이들 개체군들과 지소의 생물학적 그리고 문화적 시스템과의 통합이 완결되었을 수 있기 때문이다. 이 일은 너무 벅차기 때문에 이러한 침입종들을 겨냥한 관리는 현명하지 못하다고 주장하는 사람들도 있다. 제한된 환경 자원을 성공의 예후가 더 좋은 문제들에 적용하는 것이 더 나을 수 있기 때문이다. 그럼에도 불구하고, 이 문제를 진지하게 고려하도록 하는 잘 정착된 침입종의 성공적인 조절과 이들을 박멸한 예들이 많이 있다 (Myers et al. 2000; Simberloff et al. 2005). 사실, 잡초과학의 분야는 역사적으로 농업과 환경에 문제를 야기하는 식물의 제초제 관리 개발에 헌신하여 왔다 (Jordan 2003). 이와 유사하게, 생물학적 방제 과학은 잘 정착된 침입성 식물과 곤충들의 조절에 강한 욕구를 가지고 있다 (Hoddle 2004).

생태학자들은 좀더 최근에야 이 영역에 뛰어들었으며, 그들은 침입종 생활사의 가장 취약한 측면을 표적으로 하기 위한 정교한 방법들을 제시하였다. 하나의 좋은 예는 영국 제도에 침입성 식물인 자이언트하귀드(산형과 식물, *Heracleum mantegazzianum*)와 봉선화과의 *Impatiens glandulifera*의 조절 방법들 가운데 우선순위를 정하는데 모델링 기법을 사용한 것이다 (Wadsworth et al. 2000). 이들 두 종은 지난 세기의 말경에 (1900년) 아시아로부터 장식용 식물로 영국에 이입되었다. 두 종은 모두 영국에서 널리 확산되었고, 개울의 기능을 변화시키고 사람의 건강에 해를 주는 것을 포함하여 다양한 문제들을 야기하였다 (Wadsworth et al. 2000). 각 종은 제초제, 손으로 제거, 혹은 방목 체제를 사용하여 어느 정도 성공적으로 조절되었다. 이들 각 방법의 선택이 만약 적절한 시기에 적용되면 효과적이다. 그러나 각 방법은 각자의 결점을 가지고 있다.

Wadsworth 등 (2000)은 각 종의 확산율을 설명하는 모델들을 다양한 조절 선택들의 효율성에 관한 정보와 연합시켜 조절방법 선택의 우선순위를 정하는 문제에 접근하였다. 모델 모의는 25년 동안을 적용하였으며, 조절은 비 토착성 개체들을 죽인 공간적 범위에 의해 대표되는 다양한 강도에서 매년 적용되었다. 조절 기작들은 공간 전체에 무작위로 적용되었고, 혹은 침입종의 개체군 크기가 큰 지역, 가장 오래 점유되었던 지역, 가장 최근에 점유된 지역, 침입되지 않은 지역으로부터 상류지역에, 혹은 사람 거주지 근처에 우선적으로 적용하였다.

비록 자이언트하귀드가 더 긴 지연시간을 가지며 지리적 확산률이 더 느리지만, 결과는 조절이 없을 경우에 두 종은 모두 짧은 지연시간을 거친 후 관련된 전 지역에 확산되는 것을 보여주었다. 예측할 수 있는 것처럼, 매년 처리되는 지역이 넓을수록 각 종의 분포범위에서 감소가 더 크고, 좀더 신속하게 완전 박멸이 달성되었다. 전체 지역의 적어도 14%가 처리되지 않으면 어떤 시나리오도 봉선화과의 *I. glandulifera*의 완전 박멸을 달성하지는 못하였다. 자이언트하귀드는 훨씬 서서히 확산되어 전체 면적의 훨씬 적은 부분이 매년 처리될 수 있었으며, 따라서 개체군이 박멸될 수 있었다. 장기간 혹은 비교적 짧은 기간 동안 점유되었던 현장에 조절 노력의 우선순위를 정하는 일은 무작위로 하는 조절 노력만큼 효과적이었다. 더 효율적인 조절 방법들은 사람이 거주하는 지역, 혹은 감염되지 않은 지소들의 상류 지역을 목표지점으로 하는 것이다. 도시 중심들은 침입에 특히 민감하고, 사람 거주지 근처를 목표로 한 조절이 박멸의 집단 패턴을 유발하기 때문에 인구 밀집지역을 목표로 하는 전략은 잘된 것으로 보인다. 또한 그러한 지역들을 목표로 정하는데 필요한 정보는 인구조사 기록으로부터 쉽게 얻어지며, 반면에 각 침입종을 이미 부양하고 있는 지역을 목표로 정하는데 필요한 정보는 확보하기가 더 어렵다 (즉, 상당한 2차적인 경비가 소요된다). 이용 가능한 조절 선택들 중 어느 하나를 사용하는데 필요한 비용과 논쟁을 감안하면, Wadsworth 등 (2000)의 결과는 이들 두 유해한 침입종의 지역적인 박멸을 위한 뚜렷한 처방을 관리자들에게 제공하고 있다.

매우 광범위하게 확산된 침입종의 관리를 위한 또 하나의 실용적인 선택은 생물학적 방제이다 (Box 4.2). 예를 들어, Shea와 Kelly (1998)는 뉴질랜드에서 유해한 목야지 잡초인 사향잉겅귀 (*C. nutans*)를 곤충 천적을 이용하여 조절하는 효력을 분석하기 위해 개체군 투영 매트릭스를 이용하였다. 생물학적 방제 생물인 사향엉겅퀴 화탁 바구미 (*R. conicus*)의 공격 모의는 그것이 모든 사향엉겅퀴 종자의 약 70%를 죽여야만 효과적일 수 있음을 제시하고 있다. 생물학적 방제 생물의 현장 시험들은 40% 이상의 종자 소실을 거의 보이지 않았다. 따라서 이 천적을 이용한 생물학적 방제는 그 자체로는 아마 사향엉겅퀴를 조절하지 못할 것이다 (Box 12.1).

Box 12.1 죽은 꽃

Box 4.2에서 설명한 것처럼, 종래의 생물학적 방제는 침입종의 방제를 위한 중요한 도구이다. 비록 생물학적 방제 생물로 활용하기 위한 적절한 천적을 찾아내는 것과 관련된 가파른 학습 곡선이 있지만, 동일종이 많은 지역에서 침입종이 되는 경우에, 한 장소에서 학습한 것이 다른 지역에서 무엇을 해야 할지를 결정하는데 엄청난 도움이 될 수 있다. 그러한 침입종 중의 하나가 사향엉겅퀴 *Carduus nutans*인데, 유라시아 원산인 국화과의 식물이다. 이 종은 북미와 남미, 남아프리카, 호주, 그리고 뉴질랜드에서 성가신 목야지 잡초가 되었다. 이에 대한 반응으로, 몇 종의 곤충들이 생물학적 방제 생물로 방류되었다. 가장 두드러진 3종은 사향엉겅퀴 화탁 바구미(*Rhinocyllus conicus*), 화탁 혹벌레 (*Urophora solstitialis*), 그리고 뿌리골무 바구미 (*Trichosirocalus mortadelo*, 이전에는 *T. horridus*)이다. 처음 두 종의 바구미는 꽃 안에 알을 낳고, 따라서 종자 형성을 방해한다. 뿌리골무 바구미는 분열조직으로 파고들어 사향엉겅퀴의 생존과 생장을 감소시킨다.

별개의 침입성 개체군들로 이입된 다른 일부 생물학적 방제 요인들처럼, 이들 바구미들 (특히, *R. conicus*)은 대륙 전역에서 사향엉겅퀴 조절에서 서로 다른 수준을 보였다 (Shea & Kelly 1998). 시향엉겅퀴의 경우, 효과는 매우 달라 침입종의 한 개체군에 작용한 생물학적 방제 요인이 다른 개체군들에는 효과를 보이지 않았다. 왜 이런 형상이 나타나는지는 몇 가지 이유가 있을 수 있으며, Shea와 그녀의 동료들은 어떤 일이 진행되는지를 알아보기 위해 노력하였다. 뉴질랜드와 호주에서 사향엉겅퀴 개체군들의 개체군 통계에 관한 자세한 정보를 이용하여 그들은 뉴질랜드에서는 사향엉겅퀴 개체군 증가가, 높은 생식력을 유발시키지만 개체 당 더 짧은 수명을 유발하는 초기 생활사 전이들에 의해 추진되었다는 것을 알았다. 그러나 호주에서는 사향엉겅퀴 개체군 성장이 반대의 패턴, 즉 수명이 길지만 생식력이 더 낮은 패턴에 의해 추진되었다. 개체군들 사이에 왜 이러한 차이가 존재하는지는 아직 완전히 밝혀지지 않았다. 호주의 사향엉겅퀴는 뉴질랜드로부터 이입되었고, 따라서 그들은 공통의 진화적 역사를 공유하고 있다. Shea 등 (2005)은 행렬 모델의 사용을 통해 뉴질랜드와 호주 개체군 사이의 생활사에서 이러한 차이가 생물학적 방제로 이입된 바구미들의 효율성의 차이로 쉽게 해석된다는 것을 보여주었다.

Shea와 그녀의 동료들이 예측한 것처럼 호주에 방류된 3종의 생물학적 방제 바구미들 중 뿌리골무 바구미가 사향엉겅퀴를 가장 잘 조절하는 것으로 나타났다. 이것은 사향엉겅퀴의 생존에 강한 영향을 주는 바구미이며, 그리고 사향엉겅퀴의 호주 개체군들에서 이것은 관찰된 개체군 성장율에 가장 책임이 있는 생활사 단계이다. 그러나 뉴질랜드에서 이 종은 이 일을 하기에는 정확히 말해서 잘못된 생물학적 방제 바구미이었다. 그 이유는 뉴질랜드에 있는 사향엉겅퀴 개체군은 높은 생식력 때문에 개체군 크기가 증가하고 있기 때문이다. 생존을 감소시키는 것은 이미 어린 개체들이 죽은 개체군에는 의미가 없다. 대신에 Shea 등 (2005)은 화탁 혹벌레가 뉴질랜드에서는 사향엉겅퀴에 가장 큰 영향력을 가질 것으로 예상된다고 주장하였는데, 그 이유는 이 종이 사향엉겅퀴의 생식력에 큰 부정적 영향력을 갖기 때문이다. 뉴질랜드에 이 3종의 바구미들을 모두 방류하는 것이 너무 최근에 일어났기 때문에 이러한 예측을 확인할 수는 없다. 그럼에도 불구하고, Shea 등 (2005)의 연구는 비 토착성 분포범위 전역에서 침입종들의 조절 성과에서 미묘한 차이가 관리자들이 어떻게 조절 방법들을 이행해야 하는지에 엄청난 영향을 줄 수 있음을 제시하는 것이다. 한 장소에서 작용한 방법이 다른 장소에서는 작용하지 않을 수 있다. 비록 연구되어야 할 여지가 많이 있지만, 이러한 관점에서 Shea 등 (2005)은 뉴질랜드와 호주의 생태학적 배경 (즉, 물리적 환경, 개체수, 그리고 경쟁자들의 유형)이 사향엉겅퀴 개체군 통계에서 개체군 사이의 이러한 차이를 결정하는데 강한 요인이 될 수 있는 것으로 주장하고 있다.

마지막으로, 조절 선택의 가장 포괄적인 분석 중의 하나는 Odom 등 (2003)의 연구에서 볼 수 있다. 이들 연구자들은 호주에 있는 Barrings Top National Park에서 금작화 (Scotch broom , *Cytisus scoparius*)의 조절을 위한 선택들을 보고하였다. 이 연구의 중요한 혁신점은 조절 선택들의 금전상의 경비 그리고 조절을 하지 않을 때 발생하는 오락적 기회 소실과 생물다양성 소실들의 가치평가를 명백하게 포함시켰다는 것이다. 그들은 경제적 비용을 서술하는, 조절이 없는 상황에서 소실의 가치, 그리고 표준 개체군 방정식들 (즉, 미분 방정식들)인 일련의 방정식을 포함하고 있는 동적인 최적화 틀을 이용하고 있다. Wadsworth 등 (2000)처럼, 이들도 다양한 조절 선택들을 고려하였는데, 그들은 이것을 조절 매트릭스로 설명하였다. 그들은 또한 재정적 수입이 매우 제한되어 있는 실제 정책 시나리오들을 평가하였으며, 따라서 조절 선택들이 그들의 최대한의 잠재성으로 이용될 수 없었으며, 혹은 전 기간에 걸쳐 아무렇게나 되는대로 적용되었다 (Fig. 12.8). 결과는 침입종을 조절하지 않고 그리고 오락적 기회들을 소실하는 것에 비해 조절 방법들이 이행되고 생물다양성 보전으로 인한 간접적인 이익이 ha 당 21 달러(호주)의 한계 이익을 보이고 있다. 또한 침입종의 개체군 밀도와 종자은행의 감소를 목표로 한 조절 선택들의 조합은 효과적인 조절에 가장 중요하다. 이 모델링 활용은 매년 문제를 해결하기 위해 사용될 수 있고, 관리자들이 불규칙적인 자금조달 상황에 효율적으로 반응할 수 있게 해주는 한 세트의 조절 방법들을 만든다 (유사한 비용편익분석의 결과들을 위해서는 Box 12.2 참소).

Box 12.2 마음을 모질게 먹기

남아프리카의 Cape 식물상은 8,500종 이상의 식물을 가지고 있으며, 이중 거의 70%가 그 지역의 고유종인 전 세계의 생물다양성 핫 스팟트 (Myers 1990) 중 가장 위험한 장소이다 (Cowling et al. 1992). 이 지역의 지중해성 기후는 fynbos (독특한 남 아프리카의 지중해성 덤불 관목 식생)를 형성하지만 또한 사람들 그리고 그들과 연관된 비 토착종들을 유인하는 지역이기도 한다. Cape의 생물다양성에 주된 위협은 비 토착종의 영향이다. 비 토착성 목본식물들과 나무들이 토착 핀보스(fynbos) 식생을 제거하고 그 자리를 차지하며, 그 지역의 생물량을 50%에서 1000% 증가시킨다 (van Wilgen & Cowling 1996). 생물량의 증가는 산불의 빈도와 크기를 증가시켜 토착종들에게 훨씬 큰 손상을 준다 (Box 5.2 참조). 분수역에 호주산, 유럽산, 미국산 종들 (예를 들어, *Acacia, Eucalyptus, Pinus*, 그리고 *Prosopis*)의 침입은 또한 물 흐름을 현저히 감소시킨다. 이것은 그 지역에서 남아프리카의 가장 큰 도시들 (케이프타운과 Port Elizabeth)에 직접적인 영향을 주는데, 그 이유는 사람들이 도시 근처에 있는 집수역으로부터 흘러나오는 물에 의존하고 있기 때문이다 (van Wilgen & Cowling 1996). Le Maitre 등 (1996)은 Cape 분수역에 비 토착성 식생의 존재가 케이프타운 거주민들에게 이용 가능한 물의 양을 30% 감소시키는 것으로 추론하였다.

Box 10.2에서 설명한 경제적 가치평가 기법을 이용하여 van Wilgen과 Cowling (1996)은 대안의 물 공급 시설을 개발 (예를 들어, 염을 제거하는 공장, 댐 건설, 그리고 하수의 재사용)하는 대신에 개울의 물 흐름을 증가시키기 위해 Cape 분수역으로 부터 비 토착성 교목들을 물리적으로 제거하는데 드는 비용을 평가하였다. 결과는 분수역에서 침입성 교목들을 제거하는 것에 비해 대안의 물 공급을 개발하는 것이 1.8~6.7배 더 많은 경비가 소요되는 것으로 나왔다. 이러한 수치들을 남아프리카의 새로 선택된 정부에 제출하자 정부 관리들은 침입성 목본 식물들을 능동적으로 제거하는 분수역 관리 프로그램의 설치를 선택하였다. "물을 위한 활동"으로 불린 이 프로그램은 담수의 중요한 생산지로 우선순위가 정해진 서식처 내에서 특별히 물을 많이 흡수하는 비 토착성 교목들을 잘라내는 일꾼으로 경제적으로 불우한 시민들을 고용하였다 (van Wilgen et al. 1998). "물을 위한 활동"은 매우 성공적인 것으로 입증되었으며, 이 프로그램의 범위를 수년에 걸쳐 수행하도록 허용하는 민간 자본과 국제적인 지원을 받게 되었다 (Richardson & vanWilgen 2004).

물을 위한 활동은 아마 아프리카에서 가장 큰 생태계 관리 프로그램이다. 이 프로그램의 이익에는 독특한 종 조합의 보존, 생태계 서비스 향상, 그리고 그 지역 사람들의 생활 향상에 기여 등이 포함되어 있다. van Wilgen 등 (1998)은 철저한 비용편익분석이 물을 위한 활동 프로그램을 발진 시킨 "주요 자극"이었다고 강력하게 주장하였다. 그들은 돈에 쪼들린 개발도상국들에서 그러한 분석은 환경적으로 추진된 정책들을 이행하기 위해 절대적으로 필요하다고 주장하였다.

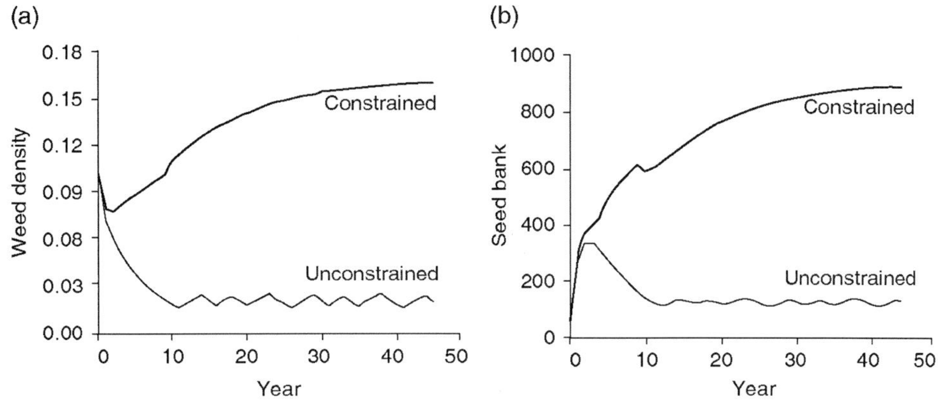

Fig. 12.8 호주의 자연공원에서 금작화 개체군 성장 투영. 개체군 모델에 포함되어 있는 것은 주어진 예산 제약에서 조절 방법들의 효율성이었다. 이것은 침입종의 감소에 대한 그러한 제약의 비용의 직접적인 측정치, 그리고 따라서 그러한 감소가 유발시키는 이익을 보여주고 있다.

우리는 생태학적인 지식을 잘 정착된 침입종의 조절 혹은 박멸과 관련된 사회적 그리고 경제적 문제들과 결합시키려는 좀더 최근의 시도들 중 몇 가지만을 강조하였다. 자세한 전문적인 화학적 적용 과정 그리고 손으로 제거하는 선택에 관한 많은 편람과 서적들이 있다 (예를 들어, Luken & Thieret 1996; Holloran 2004). Odom 등 (2003)의 예에서 강조한 것처럼 여기에는 학제간 연구를 위한 많은 여지가 있다. 일부 연구자들은 침입종의 조절 모델링과 전염성 질병의 조절 사이의 유사성을 주목하였다 (예를 들어, Drake 2005). 이들 비교적 분명히 다른 학문 영역들 사이의 효과적인 상호 협동은 각 분야를 다시 활기를 띄게 하는데 기여한다 (Shea et al. 2000). 이밖에, 지속적인 성공을 달성하기 위해 침입종을 어떻게 처리할 것인지의 설명에 경제학자들 그리고 환경 전문가들의 참여 필요성은 중요하다. 고려되어야 할 다양한 비용들이 있고, 그리고 다양한 사회적 집단들에 따라 침입의 영향들에 대한 견해가 다르다. 예를 들어, 비 토착종을 침식 조절, 영양염류 순환, 가치 있는 토착종의 숙주로써, 그리고 심하게 훼손된 생태계들의 초기 복원을 위해 유용한 것으로 간주될 수 있다 (Altieri 1995; Shapiro 2002). 침입종에 관한 이러한 상반된 견해들의 균형을 유지하는 것은, 특히 조절 선택들과 연관된 논쟁과 비용을 동시에 고려할 때, 매우 어려울 수 있다 (기대를 꺾는 것 이상일 수 있다). 따라서 침입종을 연구하는 생태학자들은 그들 자신의 학문영역 내에 있는 다양한 접근방법들을 포용하고, 그리고 다른 학문 영역에 있는 방법들과 잘 협동하는 것이 요구되고 있다.

12.7 요약

생태학자들은 침입의 패턴과 기작들을 설명하는데 전통적으로 관심을 유지하여 왔다. 비록 침입종들을 예측하려는 시도는 긴 역사를 가지고 있지만 눈에 띄는 발전이 이루어진 것은 매우 최근의 일이다. 이러한 발전은 위해성 평가와 예측을 위한 좀더 정량적인 방법의 개발, 그리고 사회적, 경제적 요인들의 통합이 이들 시스템들과 통합된 직접적인 결과이다. 침입 매체들에 대한, 그리고 침입의 위해성이 어떻게 운반 매체의 전환에 따라 변하는지에 관하여 좀더 정확히 이해할 필요가 있다. 알려진 혹은 의심되는 유해 침입종들의 초기 침입 중심점들을 확인할 수 있는 조기경보 시스템을 만들 필요가 있다. 만약 비 토착성 개체군이 규모가 작을 때 박멸 노력들이 이행된다면, 이러한 노력들은 흔히 성공적이다. 그러나 침입종에 대한 신속한 반응을 저해하는 다양한 사회적 그리고 경제적 요인들이 있다. 마지막으로, 생태학자들은 잘 정착된 침입종들의 조절 혹은 박멸에 종사하는 사람들에게 많은 것을 제공해야 한다. 표준 생태학적 모델링이 조절 행위들을 조직화하기 위한 현장에서의 노력에 어떻게 정보를 줄 수 있는지에 관한 몇 가지 좋은 예들이 있다. 그뿐 아니라 학제간 연구의지가 있는 연구자들이 이들 문제에 기여할 상당한 여지가 있다.

더 읽을 거리

Drake, J. M. 2005. Risk analysis for invasive species and emerging infectious diseases: concepts and applications. American Midland Naturalist 153: 4 - 19.

Hoddle, M. S. 2004. Restoring balance: using exotic species to control invasive exotic species. Conservation Biology 18: 38 - 49.

Kolar, C. S. and D. M. Lodge. 2001. Progress in invasion biology: predicting invaders. Trends in Ecology & Evolution 16: 199 - 204.

Louda, S. M. and C. W. O'rien. 2002. Unexpected ecological effects of distributing the exotic weevil, *Larinus planus* (F.), for the biological control of Canada thistle. Conservation Biology 16: 717 - 727.

Pheloung, P. C., P. A.Williams, and S. R. Halloy. 1999. A weed risk assessment model for use as a biosecurity tool evaluating plant introductions. Journal of Environmental Management 57: 239 - 251.

Peterson, A. T. 2003. Predicting the geography of species' invasions *via* ecological niche modeling. Quarterly Review of Biology 78: 419 - 433.

이 단원과 관련된 논문

Daehler, C. C., J. S. Denslow, S. Ansari, and H. Kuo. 2004. A risk-assessment system for screening out invasive pest plants from Hawaii and other Pacific Islands. Conservation Biology 18: 360 - 368.

Drake, J. M. and D. M. Lodge. 2004. Global hot spots of biological invasions: evaluating options for ballast-water management. Proceedings of the Royal Society of London, Series B Biological Sciences 271: 575 - 580.

Odom, D. I. S., O. J. Cacho, J. A. Sinden, and G. R. Griffith. 2003. Policies for the management of weeds in natural ecosystems: the case of scotch broom(*Cytisus scoparius*, L.) in anAustralian national park. Ecological Economics 44: 119 - 135.

Wadsworth, R. A., Y. C. Collingham, S. G.Willis, B. Huntley, and P. E. Hulme. 2000. Simulating the spread and management of alien riparian weeds: are they out of control? Journal of Applied Ecology 37: 28 - 38.

Literature Cited

Adams, M. J., C. A. Pearl, and R. B. Bury. 2003. Indirect facilitation of an anuran invasion by non-native fishes. *Ecology Letters* **6**: 343–351.

Agrawal, A. A., and P. M. Kotanen. 2003. Herbivores and the success of exotic plants: a phylogenetically controlled experiment. *Ecology Letters* **6**: 712–715.

Ahlroth, P., R. V. Alatalo, A. Holopainen, T. Kumpulainen, and J. Suhonen. 2003. Founder population size and number of source populations enhance colonization success in waterstriders. *Oecologia* **137**: 617–620.

Allee, W. C. 1931. *Animal aggregations: a study in general sociology.* University of Chicago Press, Chicago.

Allen, C. R., E. A. Forys, K. G. Rice, and D. P. Wojcik. 2001a. Effects of fire ants (Hymenoptera: Formicidae) on hatching turtles and prevalence of fire ants on sea turtle nesting beaches in Florida. *Florida Entomologist* **84**: 250–253.

Allen, C. R., R. S. Lutz, T. Lockley, S. A. Phillips, and S. Demarais. 2001b. The non-indigenous ant, *Solenopsis invicta,* reduces loggerhead shrike and native insect abundance. *Journal of Agricultural and Urban Entomology* **18**: 249–259.

Almasi, K. N. 2000. A non-native perennial invades a native forest. *Biological Invasions* **2**: 219–230.

Altieri, M. A. 1995. *Agroecology: the science of sustainable agriculture.* Academic Press, Boulder, CO.

Andow, D., P. Kareiva, S. Levin, and A. Okubo. 1990. Spread of invading organisms. *Landscape Ecology* **4**: 177–188.

Andrewartha, H. G., and L. C. Birch 1954. *The distribution and abundance of animals.* University of Chicago Press, Chicago.

Anttila, C. K., C. C. Daehler, N. E. Rank, and D. R. Strong. 1998. Greater male fitness of a rare invader (*Spartina alterniflora,* Poaceae) threatens a common native (*Spartina foliosa*) with hybridization. *American Journal of Botany* **85**: 1597–1601.

Atkinson, I. A. E., and H. Moller. 1990. Kiore. Pages 175–192 in C. M. King, editor. *The handbook of New Zealand mammals.* Oxford Univerity Press, Melbourne.

Ayers, D. R., D. L. Smith, K. Zaremba, S. Klohr, and D. R. Strong. 2004. Spread of exotic cordgrasses and hybrids (*Spartina* spp.) in tidal marshes of San Francisco Bay, California, USA. *Biological Invasions* **6**: 221–231.

Bach, C. E. 1991. Direct and indirect interactions between ants (*Pheidole megacephala*), scales (*Coccus viridis*) and plants (*Pluchea indica*). *Oecologia* **87**: 233–239.

Baker, H. G. 1965. Characteristics and modes of origin of weeds. Pages 147–172 in H. G. Baker, and G. L. Stebbins, editors. *The genetics of colonizing species.* Academic Press, New York.

Baker, A. J., and A. Moeed. 1987. Rapid genetic differentiation and founder effect in colonizing populations of common mynas (*Acridotheres tristis*). *Evolution* **41**: 525–538.

Baker, H. G., and G. L. Stebbins, editors. 1965. *The genetics of colonizing species.* Academic Press, New York.

Bartell, S. M., and S. K. Nair. 2004. Establishment risks for invasive species. *Risk Analysis* **24**: 833–845.

Bartlett, E., S. J. Novak, and R. N. Mack. 2002. Genetic variation in *Bromus tectorum* (Poaceae): differentiation in the eastern United States. *American Journal of Botany* **89**: 602–612.

Baskin, Y. 1992. Africa's troubled waters. *BioScience* **42**: 476–481.

Bax, N., J. T. Carlton, A. Mathews-Amos, R. L. Haedrich, F. G. Howarth, J. E. Purcell, A. Rieser, and A. Gray. 2001. The control of biological invasions in the world's oceans. *Conservation Biology* **15**: 1234–1246.

Bazzaz, F. A., N. R. Chiariello, P. D. Coley, and L. F. Pitelka. 1987. Allocating resources to reproduction and defense. *BioScience* **37**: 58–67.

Begon, M. 1979. *Investigating animal abundance: capture-recapture methods for biologists.* University Park Press, Baltimore, MD.

Beirne, B. P. 1975. Biological control attempts by introductions against pest insects in the field in Canada. *The Canadian Entomologist* **107**: 225–236.

Benson, A. J. 1999. Documenting over a century of aquatic introductions in the United States. Pages 1–31 in R. Claudi, and J. H. Leach, editors. *Nonindigenous freshwater organisms: vectors, biology, and impacts.* Lewis Publishers, Boca Raton, FL.

Bertness, M. D., and R. M. Calloway. 1994. Positive interactions in communities. *Trends in Ecology & Evolution* **9**: 191–193.

Bertness, M. D., and S. D. Hacker. 1994. Physical stress and positive associations among marsh plants. *The American Naturalist* **144**: 363–372.

Blackburn, T. M., and R. P. Duncan. 2001a. Determinants of establishment success in introduced birds. *Nature* **414**: 195–197.

Blackburn, T. M., and R. P. Duncan. 2001b. Establishment patterns of exotic birds are constrained by non-random patterns in introduction. *Journal of Biogeography* **28**: 927–939.

Blair, A. C., and L. M. Wolfe. 2004. The evolution of an invasive plant: an experimental study with *Silene latifolia. Ecology* **85**: 3035–3042.

Blossey, B., and R. Nötzold. 1995. Evolution of increased competitive ability in invasive nonindigenous plants: a hypothesis. *Journal of Ecology* **83**: 887–889.

Boag, B., and G. W. Yeates. 2001. The potential impact of the New Zealand flatworm, a predator of earthworms, in Western Europe. *Ecological Applications* **11**: 1276–1286.

Boland, C. R. J. 2004. Introduced cane toads *Bufo marinus* are active nest predators and competitors of rainbow bee-eaters *Merops ornatus*: observational and experimental evidence. *Biological Conservation* **120**: 53–62.

Bossard, C. C., J. M. Randall, and M. C. Hoshovsky 2000. *Invasive plants of California's wildlands.* University of California Press, Berkeley, CA.

Bossenbroek, J. M., C. E. Kraft, and J. C. Nekola. 2001. Prediction of long-distance dispersal using gravity models: zebra mussel invasion of inland lakes. *Ecological Applications* **11**: 1778–1788.

Braithwaite, R. W., W. M. Lonsdale, and J. A. Estbergs. 1989. Alien vegetation and native biota in tropical Australia: the impact of *Mimosa pigra. Biological Conservation* **48**: 189–210.

Brasier, C. M. 2001. Rapid evolution of introduced plant pathogens via interspecific hybridization. *BioScience* **51**: 123–133.

Brasier, C. M., D. E. L. Cooke, and J. M. Duncan. 1999. Origin of a new *Phytophthora* pathogen through interspecific hybridization. *Proceedings of the National Academy of Sciences of the United States of America* **96**: 5878–5883.

Briggs, C. J., and M. F. Hoopes. 2004. Stabilizing effects in spatial parasitoid-host and predator–prey models: a review. *Theoretical Population Biology* **65**: 299–315.

Brodie III, E. D. 2000. Why evolutionary genetics does not always add up. Pages 3–19 in J. B. Wolf, E. D. Brodie III, and M. J. Wade, editors. *Epistasis and the evolutionary process.* Oxford University Press, Oxford, UK.

Bronstein, J. L. 1994. Our current understanding of mutualisms. *Quarterly Review of Biology* **69**: 31–51.

Brooks, M. L., C. M. D'Antonio, D. M. Richardson, J. B. Grace, J. E. Keeley, J. M. DiTomaso, R. J. Hobbs, M. Pellant, and D. Pyke. 2004. Effects of invasive alien plants on fire regimes. *BioScience* **54**: 677–688.

Brown, J. H. 1995a. *Macroecology*. University of Chicago Press, Chicago, IL.

Brown, J. H. 1995b. Organisms as engineers: a useful framework for studying effects on ecosystems. *Trends in Ecology & Evolution* **10**: 51–52.

Brown, L. R., and T. Ford. 2002. Effects of flow on the fish communities of a regulated California river: implications for managing native fishes. *River Research and Applications* **18**: 331–342.

Brown, L. R., and P. B. Moyle. 1981. The impact of squawfish on salmonid populations: a review. *North American Journal of Fisheries Management* **1**: 104–111.

Brown, L. R., and P. B. Moyle. 1991. Changes in habitat and microhabitat partitioning within an assemblage of stream fishes in response to predation by Sacramento Squawfish (*Ptychocheilus grandis*). *Canadian Journal of Fisheries and Aquatic Sciences* **48**: 849–856.

Brown, J. H., and D. F. Sax. 2004. An essay on some topics concerning invasive species. *Austral Ecology* **29**: 530–536.

Buchan, L. A. J., and D. K. Padilla. 1999. Estimating the probability of long-distance overland dispersal of invading aquatic species. *Ecological Applications* **9**: 254–265.

Burnham, K. P., and D. R. Anderson 2002. *Model selection and inference: a practical information-theoretic approach*. Springer-Verlag, New York, NY.

Busch, D. E., and S. D. Smith. 1995. Mechanisms associated with decline of woody species in riparian ecosystems of the southwestern US. *Ecological Monographs* **65**: 347–370.

Bush, M. B. and R. J. Whittaker. 1991. Krakatau: colonization patterns and hierarchies. *Journal of Biogeography* **18**: 341–356.

Cain, M. L., B. G. Milligan, and A. E. Strand. 2000. Long-distance seed dispersal in plant populations. *American Journal of Botany* **87**: 1217–1227.

Campbell, J. E., and D. J. Gibson. 2001. The effect of seeds of exotic species transported via horse dung on vegetation along trail corridors. *Plant Ecology* **157**:23–35.

Carey, J. R. 1996. The incipient Mediterranean fruit fly population in California: implications for invasion biology. *Ecology* **77**: 1690–1696.

Carlquist, S. 1974. *Island biology*. Columbia University Press, New York, NY.

Carlton, J. T. 1987. Patterns of transoceanic marine biological invasions in the Pacific Ocean. *Bulletin of Marine Science* **41**: 452–565.

Carlton, J. T. 1996a. Biological invasions and cryptogenic species. *Ecology* **77**: 1653–1655.

Carlton, J. T. 1996b. Pattern, process, and prediction in marine invasion ecology. *Biological Conservation* **78**: 97–106.

Carlton, J. T. 1999. The scale and ecological consequences of biological invasions in the world's oceans. Pages 195–212 in O. T. Sundlund, P. J. Shei, and A. Viken, editors. *Invasive species and biodiversity management*. Kluwer Academic, Dordecht.

Carlton, J. T. 2000. Global change and biological invasions in the oceans. Pages 31–54 in H. A. Mooney, and R. J. Hobbs, editors. *Invasive species in a changing world*. Island Press, Washington, DC.

Carlton, J. T. 2001. *Introduced species in U.S. Coastal Waters: environmental impacts and management priorities*. Pew Oceans Commission, Arlington, VA.

Carlton, J. T., and J. B. Geller. 1993. Ecological roulette: the global transport of nonindigenous marine organisms. *Science* **261**: 78–82.

Carlton, J. T., and J. Hodder. 1995. Biogeography and dispersal of coastal marine organisms: experimental studies on a replica of a 16th-century sailing vessel. *Marine Biology* **121**: 721–730.

Carruthers, R. I., and J. A. Onsager. 1993. Perspective on the use of exotic natural enemies for biological-control of pest grasshoppers (Orthoptera, Acrididae). *Environmental Entomology* **22**: 885–903.
Case, T. J. 1990. Invasion resistance arises in strongly interacting species-rich model competitive communities. *Proceedings of the National Academy of Sciences of the United States of America* **87**: 9610–9614.
Case, T. J. 1995. Surprising behavior from a familiar model and implications for competition theory. *The American Naturalist* **146**: 961–966.
Case, C. M., and M. J. Crawley. 2000. Effect of interspecific competition and herbivory on recruitment of an invasive alien plant: *Conyza sumatrensi. Biological Invasions* **2**: 103–110.
Cassey, P. 2001. *Comparative analysis of successful establishment among introduced land birds.* Griffith University, Queensland.
Cassey, P. 2003. A comparative analysis of the relative success of introduced landbirds on islands. *Evolutionary Ecology Research* **5**: 1011–1021.
Cassey, P., T. M. Blackburn, R. P. Duncan, and S. L. Chown. 2005. Concerning invasive species: reply to Brown and Sax. Austral Ecology **30**: 475–480.
Cassey, P., T. M. Blackburn, K. E. Jones, and J. L. Lockwood. 2004a. Mistakes in the analysis of exotic species establishment: source pool designation and correlates of introduction success among parrots (Aves: Psittaciformes) of the world. *Journal of Biogeography* **31**: 277–284.
Cassey, P., T. M. Blackburn, G. J. Russell, K. E. Jones, and J. L. Lockwood. 2004b. Influences on the transport and establishment of exotic bird species: an analysis of the parrots (Psittaciformes) of the world. *Global Change Biology* **10**: 417–426.
Cassey, P., T. M. Blackburn, S. Sol, R. P. Duncan, and J. L. Lockwood. 2004c. Global patterns of introduction effort and establishment success in birds. *Proceedings of the Royal Society of London Series B: Biological Sciences* **271**: S405–S408.
Caswell, H., R. Lensink, and M. G. Neubert. 2003. Demography and dispersal: life table response experiments for invasion speed. *Ecology* **84**: 1968–1978.
Chesson, P. L. 1985. Coexistence of competitors in spatially and temporally varying environments: a look at the combined effects of different sorts of variability. *Theoretical Population Biology* **28**: 263–287.
Chesson, P. L., and R. R. Warner. 1981. Environmental variability promotes coexistence in lottery competitive systems. *The American Naturalist* **117**: 923–943.
Civeyrel, L., and D. Simberloff. 1996. A tale of two snails: Is the cure worse than the disease? *Biodiversity and Conservation* **5**: 1231–1252.
Clark, J. S. 1998. Why trees migrate so fast: confronting theory with dispersal biology and the paleorecord. *The American Naturalist* **152**: 204–224.
Clark, J. S., M. Lewis, and L. Horvath. 2001. Invasion by extremes: population spread with variation in dispersal and reproduction. *The American Naturalist* **157**: 537–554.
Clark, J. S., M. Lewis, J. S. McLachlan, and J. HilleRisLambers. 2003. Estimating population spread: What can we forecast and how well? *Ecology* **84**: 1979–1988.
Clark, J. S., M. Silman, R. Kern, E. Macklin, and J. HilleRisLambers. 1999. Seed dispersal near and far: patterns across temperate and tropical forests. *Ecology* **80**: 1475–1494.
Clarke, B., J. Murray, and M. S. Johnson. 1984. The extinction of endemic species by a program of biological control. *Pacific Science* **38**: 97–104.
Clements, F. E. 1936. The nature and structure of the climax. *Journal of Ecology* **24**: 252–284.
Cohen, A. N., and J. T. Carlton. 1998. Accelerating invasion rate in a highly invaded estuary. *Science* **279**: 555–558.
Cohen, A. N., J. T. Carlton, and M. C. Fountain. 1995. Introduction, dispersal and potential impacts of the European green crab *Carcinus meanas* in San Francisco Bay, California. *Marine Biology* **122**: 225–237.

Colautti, R. I., and H. J. MacIsaac. 2004. A neutral terminology to define 'invasive' species. *Diversity and Distributions* **10**: 135–141.

Coles, S. L., R. C. DeFelice, L. G. Eldredge, and J. T. Carlton. 1999. Historical and recent introductions of non-indigenous marine species into Pearl Harbor, Oahu, Hawaiian Islands. *Marine Biology* **135**: 147–158.

Coley, P. D., J. P. Bryant, and F. S. Chapin. 1985. Resource availability and plant antiherbivore defense. *Science* **230**: 895–899.

Connell, J. H. 1979. Intermediate-disturbance hypothesis. *Science* **204**: 1345–1345.

Coote, T., and E. Loeve. 2003. From 61 species to five: endemic tree snails of the Society Islands fall prey to an ill-judged biological control programme. *Oryx* **37**: 91–96.

Copas, J. B. 1983. Regression, prediction and shrinkage. *Journal of the Royal Statistical Society: Series B* **45**: 311–354.

Costello, C. J., and A. R. Solow. 2003. On the pattern of discovery of introduced species. *Proceedings of the National Academy of Sciences of the United States of America* **100**: 3321–3323.

Courchamp, F., J. L. Chapuis, and M. Pascal. 2003. Mammal invaders on islands: impact, control and control impact. *Biological Reviews* **78**: 347–383.

Courchamp, F., T. Clutton-Brock, and B. Grenfell. 1999. Inverse density dependence and the Allee effect. *Trends in Ecology & Evolution* **14**: 405–410.

Cowie, R. H. 2001. Invertebrate invasions on Pacific Islands and the replacement of unique native faunas: a synthesis of the land and freshwater snails. *Biological Invasions* **3**: 119–136.

Cowie, R. H., and D. G. Robinson. 2004. Pathways of introduction of nonindigenous land and freshwater snails and slugs. Pages 93–122 in G. M. Ruiz, and J. T. Carlton, editors. *Invasive species: vectors and management strategies.* Island Press, Washington, DC.

Cowling, R. M., P. M. Holmes, and A. V. Rebelo. 1992. Diversity and endemism. Pages 62–112 in R. M. Cowling, editor. *The ecology of fynbos: nutrients, fire, and diversity.* Oxford University Press, Cape Town, South Africa.

Cowling, R. M., P. J. Mustart, H. Laurie, and M. B. Richards. 1994. Species diversity: functional diversity and functional redundancy in fynbos communities. *South African Journal of Science* **90**: 333–337.

Cox, G.W. 1999. *Alien species in North America and Hawaii.* Island Press, Washington, D.C.

Cox, G. W. 2004. *Alien species and evolution.* Island Press, Washington, DC.

Cree, A., C. H. Daugherty, and J. M. Hay. 1995. Reproduction of a rare New Zealand reptile, the Tuatara, *Sphenodon punctatus*, on rat-free and rat-inhabited islands. *Conservation Biology* **9**:373–383.

Crosby, A. W. 1986. *Ecological imperialism: the biological expansion of Europe, 900–1900.* Cambridge University Press, Cambridge, UK.

Cummins, K. W., and R. W. Merritt. 1996. Ecology and distribution of aquatic insects. Pages 74–86 in R. W. Merritt, and K. W. Cummins, editors. *An introduction to the aquatic insects of North America.* Kendall/Hall Publishing, Dubuque, IA.

D'Antonio, C. M. 2000. Fire, plant invasions and global change. Pages 65–93 in H. A. Mooney, and R. J. Hobbs, editors. *Invasive species in a changing world.* Island Press, Washington DC.

D'Antonio, C., J. Levine, and M. Thomsen. 2001a. Ecosystem resistance to invasion and the role of propagule supply: a California perspective. *Journal of Mediterranean Ecology* **2**: 233–245.

D'Antonio, C. M., L. A. Meyerson, and J. Denslow. 2001b. Exotic species and conservation. Pages 59–80 in M. E. Soule and G. H. Orains, editors. *Conservation biology: research priorities for the next decade.* Island Press, Washington DC.

D'Antonio, C., and L. A. Meyerson. 2002. Exotic plant species as problems and solutions in ecological restoration: a synthesis. *Restoration Ecology* **10**: 703–713.

D'Antonio, C. M., and P. M. Vitousek. 1992. Biologial invasions by exotic grasses, the grass/fire cycle, and global change. *Annual Review of Ecology and Systematics* **23**: 63–87.

D'Antonio, C. M., J. T. Tunnison, and R. Loh. 2000. Variation in impact of exotic grass fueled fires on species composition across an elevational gradient in Hawaii. *Austral Ecology* **25**: 507–522.

Daehler, C. C. 1998. The taxonomic distribution of invasive angiosperm plants: ecological insights and comparison to agricultural weeds. *Biological Conservation* **84**: 167–180.

Daehler, C. C. 2001. Two ways to be an invader, but one is more suitable for ecology. *Bulletin of the Ecological Society of America* **82**: 206.

Daehler, C. C. 2003. Performance comparisons of co-occurring native and alien invasive plants: implications for conservation and restoration. *Annual Review of Ecology, Evolution, and Systematics* **34**: 183–211.

Daehler, C. C., J. S. Denslow, S. Ansari, and H. C. Kuo. 2004. A risk-assessment system for screening out invasive pest plants from Hawaii and other Pacific Islands. *Conservation Biology* **18**: 360–368.

Daehler, C. C., and D. R. Strong. 1997. Hybridization between introduced smooth cordgrass (*Spartina alterniflora*; Poaceae) and native California cordgrass (*S. foliosa*) in San Francisco Bay, California, USA. *American Journal of Botany* **84**: 607–611.

Darrigran, G., and I. E. de Drago. 2000. Invasion of the exotic freshwater mussel *Limnoperna fortunei* (Dunker, 1857) (Bivalvia: Mytilidae) in South America. *Nautilus* **114**: 69–73.

Davies, K. E., P. Chesson, S. Harrison, B. D. Inouye, B. A. Melbourne, and K. J. Rice. 2005. Spatial heterogeneity explains the scale dependence of the native-exotic diversity relationship. *Ecology* **86**: 1602–1610.

Davis, M. A. 2003. Biotic globalization: does competition from introduced species threaten biodiversity? *BioScience* **53**: 481–489.

Davis, M. A. 2006. Invasion biology 1958–2004: the pursuit of science and conservation. Pages 35–64 in M. W. Cadotte, S. M. McMahon, and T. Fukami, editors. *Conceptual ecology and invasions biology: reciprocal appraoches to nature.* Kluwer Publishers, London, UK.

Davis, M. A., J. P. Grime, and K. Thompson. 2000. Fluctuating resources in plant communities: a general theory of invasibility. *Journal of Ecology* **88**: 528–534.

Davis, H. G., C. M. Taylor, J. G. Lambrinos, and D. R. Strong. 2004. Pollen limitation causes an Allee effect in a wind-pollinated invasive grass (*Spartina alterniflora*). *Proceedings of the National Academy of Sciences of the United States of America* **101**: 13804–13807.

Davis, M. A., and K. Thompson. 2000. Eight ways to be a colonizer; two ways to be an invader: a proposed nomenclature scheme for invasion ecology. *Bulletin of the Ecological Society of America* **83**: 226–230.

Davis, M. A., K. Thompson, and J. P. Grime. 2001. Charles S. Elton and the dissociation of invasion ecology from the rest of ecology. *Diversity and Distributions* **7**: 97–102.

Dennis, B. 2002. Allee effects in stochastic populations. *Oikos* **96**: 389–401.

di Castri, F. 1989. History of biological invasions with special emphasis on the Old World. Pages 1–30 in J. A. Drake, H. A. Mooney, F. di Castri, R. H. Groves, F. J. Kruger, M. Rejmanek, and M. Williamson, editors. *Biological invasions: a global perspective.* John Wiley & Sons, New York, NY.

Di Tomaso, J. M. 1998. Impact, biology, and ecology of saltcedar (*Tamarix* spp.) in the southwestern United States. *Weed Technology* **12**: 326–336.

Doak, D. F., D. Bigger, E. K. Harding, M. A. Marvier, R. E. O'Malley, and D. Thomson. 1998. The statistical inevitability of stability–diversity relationships in community ecology. *The American Naturalist* **151**:264–276.

Dowling, T. E., and M. R. Childs. 1992. Impact of hybridization on a threatened trout of the Southwestern United States. *Conservation Biology* **6**: 355–364.

Drake, J. A. 1991. Community assembly mechanics and the structure of an experimental species ensemble. *The American Naturalist* **137**: 1–26.

Drake, J. M. 2005. Risk analysis for invasive species and emerging infectious diseases: concepts and applications. *American Midland Naturalist* **153**: 4–19.

Drake, J. M., and J. M. Bossenbroek. 2004. The potential distribution of zebra mussels in the United States. *BioScience* **54**: 931–941.

Drake, J. M., and D. M. Lodge. 2004. Global hot spots of biological invasions: evaluating options for ballast-water management. *Proceedings of the Royal Society of London Series B: Biological Sciences* **271**: 575–580.

Drake, J. A., H. A. Mooney, F. di Castri, R. H. Groves, F. J. Kruger, M. Rejmanek, and M. Williamson, editors. 1989. *Biological invasions: a global perspective.* Wiley, Chichester, UK.

Dukes, J. S. 2000. Will the increasing atmospheric CO_2 concentrations affect the success of invasive species? Pages 95–114 in R. J. Hobbs, and H. A. Mooney, editors. *Invasive species in a changing world.* Island Press, Washington, DC.

Dukes, J. S. 2002. Comparison of the effect of elevated CO_2 on an invasive species (*Centaurea solstitialis*) in monoculture and community settings. *Plant Ecology* **160**: 225–234.

Dukes, J. S., and H. A. Mooney. 1999. Does global change increase the success of biological invaders? *Trends in Ecology & Evolution* **14**: 135–139.

Duncan, R. P. 1997. The role of competition and introduction effort in the success of passeriform birds introduced to New Zealand. *The American Naturalist* **149**: 903–915.

Duncan, R. P., M. Bomford, D. M. Forsyth, and L. Conibear. 2001. High predictability in introduction outcomes and the geographical range size of introduced Australian birds: a role for climate. *Journal of Animal Ecology* **70**: 621–632.

Dwyer, G., J. S. Elkinton, and A. E. Hajek. 1998. Spatial scale and the spread of a fungal pathogen of gypsy moth. *The American Naturalist* **152**: 485–494.

Ehler, L. E. 1998. Invasion biology and biological control. *Biological Control* **13**: 127–133.

Ehrenfeld, J. 2003. Effects of exotic plant invasions on soil nutrient cycling processes. *Ecosystems* **6**: 503–523.

Ehrlich, P. R. 1986. Which animals will invade? Pages 79–95 in H. A. Mooney, and J. A. Drake, editors. *Ecology of biological invasions of North America and Hawaii.* Springer-Verlag, New York, NY.

Ellingson, A. R., and D. C. Andersen. 2002. Spatial correlations of *Diceroprocta apache* and its host plants: evidence for a negative impact from *Tamarix* invasion. *Ecological Entomology* **27**: 16–24.

Ellstrand, N. C., and K. A. Schierenbeck. 2000. Hybridization as a stimulus for the evolution of invasiveness in plants? *Proceedings of the National Academy of Sciences of the United States of America* **97**: 7043–7050.

Ellstrand, N. C., R. Whitkus, and L. H. Rieseberg. 1996. Distribution of spontaneous plant hybrids. *Proceedings of the National Academy of Sciences of the United States of America* **93**: 5090–5093.

Ellsworth, J. W., R. A. Harrington, and J. H. Fownes. 2004. Seedling emergence, growth, and allocation of Oriental bittersweet: effects of seed input, seed bank, and forest floor litter. *Forest Ecology and Management* **190**: 255–264.

Elton, C. S. 1927. *Animal ecology.* Sidgwick and Jackson, London, UK. Reprinted 1966 by Science Paperbacks and Methuen & Co, Ltd., London, UK.

Elton, C. S. 1942. *Voles, mice, and lemmings: problems in population dynamics.* Clarendon Press, Oxford, UK.

Elton, C. S. 1958. *The ecology of invasions by animals and plants.* Methuen, London, UK.

Elton, C. S. 1966. *The pattern of animal communities.* Methuen, London, UK.

Eubanks, M. D., S. A. Blackwell, C. J. Parrish, Z. D. Delamar, and H. Hull-Sanders. 2002. Intraguild predation of beneficial arthropods by red imported fire ants in cotton. *Environmental Entomology* **31**: 1168–1174.

Facelli, J. M., and A. M. Temby. 2002. Multiple effects of shrubs on annual plant communities in arid lands of South Australia. *Austral Ecology* **27**: 422–432.

Fagan, W. F., M. A. Lewis, M. G. Neubert, and P. van den Driessche. 2002. Invasion theory and biological control. *Ecology Letters* **5**:148–157.

Fine, P. V. A. 2002. The invasibility of tropical forests by exotic plants. *Journal of Tropical Ecology* **18**: 687–705.

Fisher, R. A. 1930. *The genetical theory of natural selection*. Oxford University Press, Oxford, UK.

Fisher, R. A. 1937. The wave of advance of advantageous genes. *Annals of Eugenics* **7**: 355–369.

Flecker, A. S., and C. R. Townsend. 1994. Community-wide consequences of trout introduction in New Zealand streams. *Ecological Applications* **4**: 798–807.

Floerl, O., T. K. Pool, and G. J. Inglis. 2004. Positive interactions between nonindigenous species facilitate transport by human vectors. *Ecological Applications* **14**: 1724–1736.

Fofonoff, P. W., G. M. Ruiz, B. Steves, and J. T. Carlton. 2004. In ships or on ships? Mechanisms of transfer and invasion for nonnative species to the coasts of North America. Pages 152–182 in G. M. Ruiz and J. T. Carlton, editors. *Invasive species: vectors and management strategies*. Island Press, Washington, DC.

Forman, R. T. T., and R. D. Deblinger. 2000. The ecological road-effect zone of a Massachusetts (USA) suburban highway. *Conservation Biology* **14**: 36–46.

Fosberg, F. R. 1948. Derivation of the flora of the Hawaiian Islands. Pages 107–119 in H. C. Zimmerman, editor. *Insects of Hawaii*. University of Hawaii Press, Honolulu, HI.

Frank, J. H., and E. D. McCoy. 1993. The introduction of insects into Florida. *Florida Entomologist* **76**: 2–54.

Frenot, Y., S. L. Chown, J. Whinam, P. M. Selkirk, P. Convey, M. Skotnicki, and D. M. Bergstrom. 2005. Biological invasions in the Antarctic: extent, impacts and implications. *Biological Reviews* **80**: 45–72.

Fritts, T. H., and G. H. Rodda. 1998. The role of introduced species in the degradation of island ecosystems: a case history of Guam. *Annual Review of Ecology and Systematics* **29**: 113–140.

Fuller, P. L. 2004. Freshwater aquatic vertebrate introductions in the United States: patterns and pathways. Pages 123–151 in G. M. Ruiz and J. T. Carlton, editors. *Invasive species: vectors and management strategies*. Island Press, Washington, DC.

Fuller, P. L., L. G. Nico, and J. D. Williams 1999. *Nonindigenous fishes introduced into inland waters of the United States*. American Fisheries Society, special publication 27, Bethesda, MD.

Gardner, W. S., J. F. Cavaletto, T. H. Johengen, J. R. Johnson, R. T. Heath, and J. B. Cotner. 1995. Effects of zebra mussel, *Dreissena polymorpha*, on community nitrogen dynamics in Saginaw Bay, Lake Huron. *Journal of Great Lake Research* **21**: 529–544.

Garvey, J. E., J. E. Rettig, R. A. Stein, D. M. Lodge, and S. P. Klosiewski. 2003. Scale-dependent associations among fish predation, littoral habitat, and distributions of crayfish species. *Ecology* **84**: 3339–3348.

Gaston, K. J., A. G. Jones, C. Hanel, and S. L. Chown. 2003. Rates of species introduction to a remote oceanic island. *Proceedings of the Royal Society of London Series B: Biological Sciences* **270**: 1091–1098.

Gelbard, J. L., and J. Belnap. 2003. Roads as conduits for exotic plant invasions in a semiarid landscape. *Conservation Biology* **17**: 420–432.

Gerhardt, F., and S. K. Collinge. 2003. Exotic plant invasions of vernal pools in the Central Valley of California, USA. *Journal of Biogeography* **30**: 1043–1052.

Gerlach, J. 2001. Predator, prey and pathogen interactions in introduced snail populations. *Animal Conservation* **4**: 203–209.

Goldsmith, T. 1998. *Darwin's dreampond: drama in Lake Victoria.* MIT Press, Boston, MA.

Goodman, D. 1975. Theory of diversity–stability relationships in ecology. *Quarterly Review of Biology* **50**: 237–266.

Goodwin, S. B., B. A. Cohen, and W. E. Fry. 1994. Panglobal distribution of a single clonal lineage of the Irish potato famine fungus. *Proceedings of the National Academy of Sciences of the United States of America* **91**: 11591–11595.

Gotelli, N. J. 2004. *A primer of ecology.* Sinauer Associates Inc, Sunderland, MA.

Goudswaard, P. C., F. Witte, and E. F. B. Katunzi. 2002. The tilapiine fish stock of Lake Victoria before and after the Nile perch upsurge. *Journal of Fish Biology* **60**: 838–856.

Green, R. E. 1997. The influence of numbers released on the outcome of attempts to introduce exotic bird species to New Zealand. *Journal of Animal Ecology* **66**: 25–35.

Green, P. T., P. S. Lake, and D. J. O'Dowd. 2004. Resistance of island rainforest to invasion by alien plants: influence of microhabitat and herbivory on seedling performance. *Biological Invasions* **6**: 1–9.

Griffin, G. J. 2000. Blight control and restoration of the American chestnut. *Journal of Forestry* **98**: 22–27.

Griffin, G. F., D. M. S. Smith, S. R. Morton, G. E. Allan, K. A. Masters, and N. Preece. 1989. Status and implications of the invasion of Tamarisk (*Tamarix aphylla*) on the Finke River, Northern Territory, Australia. *Journal of Environmental* Management **29**: 297–315.

Grime, J. P. 1979. *Plant strategies and vegetation processes.* John Wiley & Sons, Chichester, UK.

Groom, M. J. 1998. Allee effects limit population viability of an annual plant. *The American Naturalist* **151**: 487–496.

Grosholz, E. D. 1996. Contrasting rates of spread for introduced species in terrestrial and marine systems. *Ecology* **77**: 1680–1686.

Grosholz, E. D. 2005. Recent biological invasion may hasten invasional meltdown by accelerating historical introductions. *Proceedings of the National Academy of Sciences of the United States of America* **102**: 1088–1091.

Grosholz, E. D., and G. M. Ruiz. 1996. Predicting the impact of introduced marine species: lessons from the multiple invasions of the European green crab *Carcinus meanas. Biological Conservation* **78**: 59–66.

Gurevitch, J., and L. V. Hedges. 1999. Statistical issues in ecological meta-analysis. *Ecology* **80**: 1142–1149.

Hadfield, M. G., S. E. Miller, and A. H. Carwile. 1993. The decimation of endemic Hawaiian tree snails by alien predators. *American Zoologist* **33**: 610–622.

Hajek, A. E. 2004. *Natural enemies: an introduction to biological control.* Cambridge University Press, Cambridge, UK.

Hansen, J., L. Nazarenko, R. Ruedy, M. Sato, J. Willis, A. Del Genio, D. Koch, A. Lacis, K. Lo, S. Menon, T. Novakov, J. Perlwitz, G. Russell, G. A. Schmidt, and N. Tausnev. 2005. Earth's energy imbalance: confirmation and implications. *Science* **308**: 1431–1435.

Hanski, I. 1994. A practical model of metapopulation dynamics. *Journal of Animal Ecology* **63**: 151–162.

Hanski, I. 1999. *Metapopulation ecology.* Oxford University Press, Oxford, UK.

Hanski, I. 2004. Metapopulation theory, its use and misuse. *Basic and Applied Ecology* **5**: 225–229.

Hanski, I. A., and M. E. Gilpin 1997. *Metapopulation biology: ecology, genetics, and evolution.* Academic Press, San Diego, CA.

Hanski I., A. Moilanen, T. Pakkala, and M. Kuussaari. 1996. The quantitative incidence function model and persistence of an endangered butterfly metapopulation. *Conservation Biology* **10**: 578–590.

Hart, D. R., and R. H. Gardner. 1997. A spatial model for the spread of invading organisms subject to competition. *Journal of Mathematical Biology* **35**: 935–948.

Hartl, D. L. 1988. *A primer of population genetics.* Sinauer Associates, Sunderland, MA.

Harvey, P. H., and M. Pagel 1991. *The comparative method in evolutionary biology.* Oxford University Press, Oxford, UK.

Hastings, A., K. Cuddington, K. F. Davies, C. J. Dugaw, S. Elmendorf, A. Freestone, S. Harrison, M. Holland, J. Lambrinos, U. Malvadkar, B. A. Melbourne, K. Moore, C. Taylor, and D. Thomson. 2004. The spatial spread of invasions: new developments in theory and evidence. *Ecology Letters* **8**: 91–101.

Hebert, P. D. N., C. C. Wilson, M. H. Murdoch, and R. Lazar. 1991. Demography and ecological impacts of the invading mollusc *Dreissena polymorpha. Canadian Journal of Zoology* **69**: 405–409.

Hedgpeth, J. W. 1994. Nonanthropogenic dispersals and colonization in the sea. Pages 45–62 in *Conference Proceedings and Workshop on Nonindigenous Estuarine and Marine Organisms (NEMO).* US Department of Commerce, Seattle, WA.

Hedrick, P. W. 2001. Invasion of transgenes from salmon or other genetically modified organisms into natural populations. *Canadian Journal of Fisheries and Aquatic Sciences* **58**: 841–844.

Hendrix, P. F., and P. J. Bohlen. 2002. Exotic earthworm invasions in North America: ecological and policy implications. *BioScience* **52**: 801–811.

Hendry, A. P., J. K. Wenburg, P. Bentzen, E. C. Volk, and T. P. Quinn. 2000. Rapid evolution of reproductive isolation in the wild: evidence from introduced salmon. *Science* **290**: 516–518.

Hengeveld, R. 1989. *Dynamics of biological invasions.* Chapman and Hall, London, UK.

Heywood, V. H. 1995. *Global biodiversity assessment.* Cambridge University Press, Cambridge, UK.

Higgins, S. I., and D. M. Richardson. 1998. Pine invasions in the southern hemisphere: modelling interactions between organism, environment and disturbance. *Plant Ecology* **135**: 79–93.

Higgins, S. I., and D. M. Richardson. 1999. Predicting plant migration rates in a changing world: the role of long-distance dispersal. *The American Naturalist* **153**: 464–475.

Hobbs, R. J., and L. F. Huenneke. 1992. Disturbance, diversity, and invasion: implications for conservation. *Conservation Biology* **6**: 324–337.

Hobbs, R. J., and S. E. Humphries. 1995. An integrated approach to the ecology and management of plant invasions. *Conservation Biology* **9**: 761–770.

Hoddle, M. S. 2004. Restoring balance: using exotic species to control invasive exotic species. *Conservation Biology* **18**: 38–49.

Hodkinson, D. J., and K. Thompson. 1997. Plant dispersal: the role of man. *Journal of Applied Ecology* **34**: 1484–1496.

Holcik, J. 1991. Fish introductions in Europe with particular reference to its central and eastern part. *Canadian Journal of Fisheries and Aquatic Sciences* **48**: 13–23.

Holdenrieder, O., M. Pautasso, P. J. Weisberg, and D. Lonsdale. 2004. Tree diseases and landscape processes: the challenge of landscape pathology. *Trends in Ecology & Evolution* **19**: 446–452.

Holloran, P., A. Mackenzie, S. Farrell, and D. Johnson. 2004. *The weed workers handbook.* California Invasive Plant Council, Richmond, CA.

Holmes, E. E. 1993. Are diffusion models too simple? A comparison with telegraph models of invasion. *The American Naturalist* **142**: 779–795.

Holt, R. D., and M. F. Hoopes. 2005. Foodweb dynamics in a metacommunity context: modules and beyond. Pages 68–93 in M. Holyoak, R. D. Holt, and M. A. Leibold, editors. *Metacommunities: spatial dynamics and ecological communities.* University of Chicago Press, Chicago, IL.

Holway, D. A. 1995. Distribution of the Argentine ant (*Linepithema humile*) in northern California. *Conservation Biology* **9**: 1634–1637.

Holway, D. A., and T. J. Case. 2001. Effects of colony-level variation on competitive ability in the invasive Argentine ant. *Animal Behaviour* **61**: 1181–1192.

Holway, D. A., L. Lach, A. V. Suarez, N. D. Tsutsui, and T. J. Case. 2002a. The causes and consequences of ant invasions. *Annual Review of Ecology and Systematics* **33**: 181–233.

Holway, D. A., and A. V. Suarez. 1999. Animal behavior: an essential component of invasion biology. *Trends in Ecology & Evolution* **14**: 328–330.

Holway, D. A., A. V. Suarez, and T. J. Case. 1998. Loss of intraspecific aggression in the success of a widespread invasive social insect. *Science* **282**: 949–952.

Holway, D. A., A. V. Suarez, and T. J. Case. 2002b. Role of abiotic factors in governing susceptibility to invasion: a test with argentine ants. *Ecology* **83**: 1610–1619.

Holyoak, M., R. D. Holt, and M. A. Leibold 2005. *Metacommunities: spatial dynamics and ecological communities.* Chicago University Press, Chicago, IL.

Holyoak, M., and S. P. Lawler. 1996a. Persistence of an extinction-prone predator–prey interaction through metapopulation dynamics. *Ecology* **77**: 1867–1879.

Holyoak, M., and S. P. Lawler. 1996b. The role of dispersal in predator–prey metapopulation dynamics. *Journal of Animal Ecology* **65**: 640–652.

Hooper, D. U., F. S. Chapin, J. J. Ewel, A. Hector, P. Inchausti, S. Lavorel, J. H. Lawton, D. M. Lodge, M. Loreau, S. Naeem, B. Schmid, H. Setala, A. J. Symstad, J. Vandermeer, and D. A. Wardle. 2005. Effects of biodiversity on ecosystem functioning: a consensus of current knowledge. *Ecological Monographs* **75**: 3–35.

Hoopes, M. F. 1999. *The effects of competition, herbivory, and spatial patterning on the persistence of a California native perennial grass.* University of California, Davis, CA.

Hoopes, M. F., and L. M. Hall. 2002. Edaphic factors and competition affect pattern formation and invasion in a California grassland. *Ecological Applications* **12**: 24–39.

Hoopes, M. F., R. D. Holt, and M. Holyoak. 2005. The effects of spatial processes on two-species interactions. Pages 35–67 in M. Holyoak, R. D. Holt, and M. A. Leibold, editors. *Metacommunities: spatial dynamics and ecological communities.* University of Chicago Press, Chicago, IL.

Horvitz, C. C., J. B. Pascarella, S. McMann, A. Freedman, and R. H. Hofstetter. 1998. Functional roles of invasive non-indigenous plants in hurricane-affected subtropical hardwood forests. *Ecological Applications* **8**: 947–974.

Hosono, Y. 1998. The minimal speed of traveling fronts for a diffusive Lotka–Volterra competition model. *Bulletin of Mathematical Biology* **60**: 435–448.

Hosono, Y. 2003. Traveling waves for a diffusive Lotka–Volterra competition model I: singular perturbations. *Discrete and Continuous Dynamical Systems: Series B* **3**: 79–95.

Howard, R. D., J. A. DeWoody, and W. M. Muir. 2004. Transgenic male mating advantage provides opportunity for Trojan gene effect in a fish. *Proceedings of the National Academy of Sciences of the United States of America* **101**: 2934–2938.

Huey, R. B., G. W. Gilchrist, M. L. Carlson, D. Berrigan, and L. Serra. 2000. Rapid evolution of a geographic cline in size in an introduced fly. *Science* **287**: 308–309.

Huey, R. B., G. W. Gilchrist, and A. P. Hendry. 2005. Using invasive species to study evolution: case studies with *Drosophila* and salmon. Pages 139–164 in D. F. Sax, J. J. Stachowicz, and S. D. Gaines, editors. *Species invasions: insights into ecology, evolution, and biogeography.* Sinauer Associates, Sunderland, MA.

Hufbauer, R. A., S. M. Bogdanowicz, and R. G. Harrison. 2004. The population genetics of a biological control introduction: mitochondrial DNA and microsatellite variation in native and introduced populations of *Aphidus ervi*, a parasitoid wasp. *Molecular Ecology* **13**: 337–348.

Hunt, C. E., and S. Behrens Yamada. 2003. Biotic resistance experienced by an invasive crustacean in a temperate estuary. *Biological Invasions* **5**: 33–43.

Huryn, A. D. 1998. Ecosystem-level evidence for top-down and bottom-up control of production in a grassland stream system. *Oecologia* **115**: 173–183.

Huston, M. 1979. A general hypothesis of species diversity. *The American Naturalist* **113**: 81–101.

Huston, M. A. 1997. Hidden treatments in ecological experiments: re-evaluating the ecosystem function of biodiversity. *Oecologia* **110**: 449–460.

Huston, M. A. 1999. Local processes and regional patterns: appropriate scales for understanding variation in the diversity of plants and animals. *Oikos* **86**: 393–401.

Huston, M. A. 2004. Management strategies for plant invasions: manipulating productivity, disturbance, and competition. *Diversity and Distributions* **10**: 167–178.

Hutchinson, G. E. 1959. Homage to Santa Rosalia or why are there so many kinds of animals. *The American Naturalist* **93**: 145–159.

Jeschke, J. M., and D. L. Strayer. 2005. Invasion success of vertebrates in Europe and North America. *Proceedings of the National Academy of Sciences of the United States of America* **102**: 7198–7202.

Jesson, L., D. Kelly, and A. Sparrow. 2000. The importance of dispersal, disturbance, and competition for exotic plant invasions in Arthur's Pass National Park, New Zealand. *New Zealand Journal of Botany* **38**: 451–468.

Johnson, L. E., and J. T. Carlton. 1996. Post-establishment spread in large-scale invasions: dispersal mechanisms of the zebra mussel, *Dreissena polymorpha*. *Ecology* **77**: 1686–1690.

Johnson, L. E., and D. K. Padilla. 1996. Geographic spread of exotic species: ecological lessons and opportunities from the invasion of the zebra mussel, *Dreissena polymorpha*. *Biological Conservation* **78**: 23–33.

Johnston, R. F., and R. K. Selander. 1964. House sparrows: rapid evolution of races in North America. *Science* **144**: 548–550.

Johnston, R. E., and R. K. Selander. 1971. Evolution in house sparrow. 2. Adaptive differentiation in North American populations. *Evolution* **25**: 1–28.

Johnston, R. F., and R. K. Selander. 1973. Evolution in house sparrow. 3. Variation in size and sexual dimorphism in Europe and North and South America. *The American Naturalist* **107**: 373–390.

Johnstone, I. M. 1986. Plant invasion windows: a time-based classification of invasion potential. *Biological Reviews* **61**: 369–394.

Jones, C. G., J. H. Lawton, and M. Shachak. 1994. Organisms as ecosystem engineers. *Oikos* **69**: 373–386.

Jones, C. G., J. H. Lawton, and M. Shachak. 1997. Positive and negative effects of organisms as physical ecosystem engineers. *Ecology* **78**: 1946–1957.

Jordan, N. 2003. Knowledge networks: an avenue to ecological management of invasive weeds. *Weed Science* **51**: 271–277.

Kareiva, P. M. 1983. Local movement in herbivorous insects: applying a passive diffusion model to mark-recapture field experiments. *Oecologia* **57**: 322–327.

Kareiva, P., I. M. Parker, and M. Pascual. 1996. Can we use experiments and models in predicting the invasiveness of genetically engineered organisms? *Ecology* **77**: 1670–1675.

Kean, J. M., and N. D. Barlow. 2000. Effects of dispersal on local population increase. *Ecology Letters* **3**: 479–482.

Keeley, J. E., D. Lubin, and C. J. Fotheringham. 2003. Fire and grazing impacts on plant diversity and alien plant invasions in the southern Sierra Nevada. *Ecological Applications* **13**: 1355–1374.

Keitt, T. H., M. A. Lewis, and R. D. Holt. 2001. Allee effects, invasion pinning, and species' borders. *The American Naturalist* **157**: 203–216.

Kelsey, R. G., and L. J. Locken. 1987. Phytotoxic properties of cnicin, a sesquiterpene lactone from *Centurea maculosa* (spotted knapweed). *Journal of Chemical Ecology* **13**: 19–33.

Kennard, D. K., K. Gould, F. E. Putz, T. S. Fredericksen, and F. Morales. 2002. Effect of disturbance intensity on regeneration mechanisms in a tropical dry forest. *Forest Ecology and Management* **162**: 197–208.

Kennedy, T. A., S. Naeem, K. M. Howe, J. M. H. Knops, D. Tilman, and P. Reich. 2002. Biodiversity as a barrier to ecological invasion. *Nature* **417**: 636–638.

Kimball, S., and P. M. Schiffman. 2003. Differing effects of cattle grazing on native and alien plants. *Conservation Biology* **17**: 1681–1693.

Kitchell, J. F., D. E. Schindler, R. Ogutu-Ohwayo, and P. N. Reinthal. 1997. The Nile Perch in Lake Victoria: interactions between predation and fisheries. *Ecological Applications* **7**: 653–664.

Koenig, W. D. 2003. European Starlings and their effect on native cavity-nesting birds. *Conservation Biology* **17**: 1134–1140.

Kolar, C. S., and D. M. Lodge. 2001. Progress in invasion biology: predicting invaders. *Trends in Ecology & Evolution* **16**: 199–204.

Kolar, C. S., and D. M. Lodge. 2002. Ecological predictions and risk assessment for alien fishes in North America. *Science* **298**: 1233–1236.

Kolbe, J. J., R. E. Glor, L. R. G. Schettino, A. C. Lara, A. Larson, and J. B. Losos. 2004. Genetic variation increases during biological invasion by a Cuban lizard. *Nature* **431**: 177–181.

Kot, M., M. A. Lewis, and P. van den Driessche. 1996. Dispersal data and the spread of invading organisms. *Ecology* **77**: 2027–2042.

Kotanen, P. M. 1995. Responses of vegetation to a changing regime of disturbance: effects of feral pigs in a Californian coastal prairie. *Ecography* **18**: 190–199.

Kotanen, P. M. 1997. Effects of experimental soil disturbance on revegetation by natives and exotics in coastal Californian meadows. *Journal of Applied Ecology* **34**: 631–644.

Kowarik, I. 1995. Time lags in biological invasions with regard to the success and failure of alien species. Pages 15–38 in P. Pysek, K. Prach, M. Rejmanek, and M. Wade, editor. *Plant invasions: general aspects and special problems.* SPB Academic Publishing, Amsterdam, NE.

Kraus, F. 2004. Invasion pathways for terrestrial vertebrates. Pages 68–92 in G. M. Ruiz, and J. T. Carlton, editors. *Invasive species: vectors and management strategies.* Island Press, Washington, DC.

Krieger, M. J. B., and K. G. Ross. 2002. Identification of a major gene regulating complex social behavior. *Science* **295**: 328–332.

Krueger, C. C., and B. May. 1991. Ecological and genetic effects of salmonid introductions in North America. *Canadian Journal of Fisheries and Aquatic Sciences* **48**: 66–77.

Lake, J. C., and M. R. Leishman. 2004. Invasion success of exotic in natural ecosystems: the role of disturbance, plant attributes and freedom from herbivores. *Biological Conservation* **117**: 215–226.

Lake, P. S., and D. J. O'Dowd. 1991. Red crabs in rain forest, Christmas Island: biotic resistance to invasion by an exotic snail. *Oikos* **62**: 25–29.

Lambrinos, J. G. 2004. How interactions between ecology and evolution influence contemporary invasion dynamics. *Ecology* **85**: 2061–2070.

Lavoie, D. M., L. D. Smith, and G. M. Ruiz. 1999. The potential for intracoastal transfer of non-indigenous species in the ballast water of ships. *Estuarine, Coastal and Shelf Science* **48**: 551–564.

Le Maitre, D. C., B. W. van Wilgen, R. A. Chapman, and D. Kelly. 1996. Invasive plants and water resources in the Western Cape Province, South Africa: modeling the consequences of a lack of management. *Journal of Applied Ecology* **33**: 161–172.

Leary, R. F., F. W. Allendorf, and S. H. Forbes. 1993. Conservation genetics of bull trout in the Columbia and Klamath River drainages. *Conservation Biology* **7**: 856–865.

Leavitt, P. R., D. E. Schindler, A. J. Paul, A. K. Hardie, and D. W. Schindler. 1994. Fossil pigment records of phytoplankton in trout-stocked alpine lakes. *Canadian Journal of Fisheries and Aquatic Sciences* **51**: 2411–2423.

Lee, C. E. 2002. Evolutionary genetics of invasive species. *Trends in Ecology & Evolution* **17**: 386–391.

Lee, C. T., M. F. Hoopes, J. Diehl, W. Gilliland, G. Huxel, E. V. Leaver, K. McCann, J. Umbanhowar, and A. Mogilner. 2001. Non-local concepts and models in biology. *Journal of Theoretical Biology* **210**: 201–219.

Leger, E. A., and M. L. Forister. 2005. Increased resistance to generalist herbivores in invasive populations of the California poppy (*Eschscholzia californica*). *Diversity and Distributions* **11**: 311–317.

Leger, E. A., and K. J. Rice. 2003. Invasive California poppies (*Eschscholzia californica* Cham.) grow larger than native individuals under reduced competition. *Ecology Letters* **6**: 257–264.

Leonard, G. H., P. J. Ewanchuk, and M. D. Bertness. 1999. How recruitment, interspecific interaction, and predation control species borders in a tidal estuary. *Oecologia* **118**: 492–502.

Leonard, S. W. J., and J. B. Kirkpatrick. 2004. Effects of grazing management and environmental factors on native grassland and grassy woodland, Northern Midlands, Tasmania. *Australian Journal of Botany* **52**: 529–542.

Leppäkoski, E. 1984. Introduced species in the Baltic Sea and its coastal ecosystems. *Ophelia* **3**: 123–135.

Leppäkoski, E., and S. Olenin. 2000. Non-native species and rates of spread: lessons from the brackish Baltic Sea. *Biological Invasions* **2**: 151–163.

LeRoux, P. J., G. M. Branch, and M. A. P. Joska. 1990. On the distribution, diet and possible impact of the invasive European shore crab *Carcinus maenas* (L) along the South African coast. *South African Journal of Marine Science* **9**: 85–93.

Lesica, P., and J. S. Shelly. 1996. Competitive effects of *Centaurea maculosa* on the population dynamics of *Arabis fecunda*. *Bulletin of the Torrey Botanical Club* **123**: 111–121.

Leung, B., J. M. Drake, and D. M. Lodge. 2004. Predicting invasions: propagule pressure and the gravity of Allee effects. *Ecology* **85**: 1651–1660.

Lever, C. 1985. *Naturalized mammals of the world.* Longman Science and Technology, London, UK.

Lever, C. 1992. *They dined on eland: the story of acclimatization socieities.* Quiller Press, London, UK.

Lever, C. 1996. *Naturalized fishes of the world.* Academic Press, London, UK.

Levine, J. M. 2000. Species diversity and biological invasions: relating local process to community pattern. *Science* **288**: 852–854.

Levine, J. M., P. B. Adler, and S. G. Yelenik. 2004. A meta-analysis of biotic resistance to exotic plant invasions. *Ecology Letters* **7**: 975–989.

Levine, J. M., and C. M. D'Antonio. 1999. Elton revisited: a review of evidence linking diversity and invasibility. *Oikos* **87**: 15–26.

Levine, J. M., and C. M. D'Antonio. 2003. Forecasting biological invasions with increasing international trade. *Conservation Biology* **17**: 322–326.

Levine, J. M., M. Vila, C. M. D'Antonio, J. S. Dukes, K. Grigulis, and S. Lavorel. 2003. Mechanisms underlying the impacts of exotic plant invasions. *Proceedings of the Royal Society of London Series B: Biological Sciences* **270**: 775–781.

Levins, R. 1969. Some demographic and genetic consequences of environmental heterogeneity for biological control. *Bulletin of the Entomological Society of America* **15**: 237–240.

Lewis, M. A., and P. Kareiva. 1993. Allee dynamics and the spread of invading organisms. *Theoretical Population Biology* **43**: 141–158.

Li, Y., and M. Norland. 2001. The role of soil fertility in invasion of Brazilian pepper (*Schinus terebinthifolius*) in Everglades National Park, Florida. *Soil Science* **166**: 400–405.

Liebhold, A., and J. Bascompte. 2003. The Allee effect, stochastic dynamics and the eradication of alien species. *Ecology Letters* **6**: 133–140.

Liebhold, A. M., J. A. Halverson, and G. A. Elmes. 1992. Gypsy moth invasion in North America: a quantitative analysis. *Journal of Biogeography* **19**: 513–520.

Lindroth, C. H. 1957. *The faunal connections between Europe and North America.* Almquist and Wiksell, Stockholm.

Lockwood, J. L. 1999. Using taxonomy to predict success among introduced avifauna: relative importance of transport and establishment. *Conservation Biology* **13**: 560–567.

Lockwood, J. L. 2005. Predicting species invasions: What's taxonomy got to do with it? Pages 363–384 in A. Purvis, J. L. Gittleman, and T. M. Brooks, editors. *Phylogeny and Conservation.* Cambridge University Press, Cambridge, UK.

Lockwood, J. L., P. Cassey, and T. M. Blackburn. 2005. The role of propagule pressure in explaining species invasions. *Trends In Ecology & Evolution* **20**: 223–228.

Lockwood, J. L., D. Simberloff, M. L. McKinney, and B. Von Holle. 2001. How many, and which, plants will invade natural areas? *Biological Invasions* **3**: 1–8.

Lodge, D. M. 1993. Biological invasions: lessons for ecology. *Trends in Ecology & Evolution* **8**: 133–137.

Long, J. L. 1981. *Introduced birds of the world.* Universe Books, New York, NY.

Lonsdale, W. M. 1993. Rates of spread of an invading species: *Mimosa pigra* in northern Australia. *Journal of Ecology* **81**: 513–521.

Lonsdale, W. M. 1994. Inviting trouble: introduced pasture species in northern Australia. *Australian Journal of Ecology* **19**: 345–354.

Lonsdale, W. M. 1999. Global patterns of plant invasions and the concept of invasibility. *Ecology* **80**: 1522–1536.

Lonsdale, W. M., and A. M. Lane. 1994. Tourist vehicles as vectors of weed seeds in Kakadu National Park, northern Australia. *Biological Conservation* **69**: 277–283.

Losey, J. E., L. S. Raylor, and M. E. Carter. 1999. Transgenic pollen harms monarch larvae. *Nature* **399**: 214.

Louda, S. M., D. Kendall, J. Connor, and D. Simberloff. 1997. Ecological effects of an insect introduced for the biological control of weeds. *Science* **277**: 1088–1090.

Louda, S. M., and C. W. O'Brien. 2002. Unexpected ecological effects of distributing the exotic weevil, *Larinus planus* (F.), for the biological control of Canada thistle. *Conservation Biology* **16**: 717–727.

Louda, S. M., T. A. Rand, A. E. Arnett, A. S. McClay, K. Shea, and McEachern. 2005. Evaluation of ecological risk to populations of a threatened plant from an invasive biocontrol insect. *Ecological Applications* **15**: 234–249.

Lubina, J. A., and S. A. Levin. 1988. The spread of a reinvading species: range expansion in the California sea otter. *The American Naturalist* **131**: 526–543.

Lugo, A. E. 2004. The outcome of alien tree invasions in Puerto Rico. *Frontiers in Ecology and the Environment* **2**: 265–273.

Luken, J. O., and J. W. Thieret 1996. *Assessment and management of plants invasions.* Springer-Verlag, New York, NY.

MacCrimmon, H. R. 1971. World distribution of rainbow trout (*Salmo gairdneri*). *Journal of Fisheries Resources Board of Canada* **28**: 663–704.

Macdonald, I. A., C. Thebaud, W. A. Strahm, and D. Strasberg. 1991. Effects of alien plant invasions on native plant remnants on La Reunion (Mascarene Islands, Indian Ocean). *Environmental Conservation* **18**: 51–61.

MacDougall, A. S., and R. Turkington. 2005. Are invasive species the drivers or passengers of change in degraded ecosystems? *Ecology* **86**: 42–55.

MacIsaac, H. J. 1996. Potential abiotic and biotic impacts of zebra mussels on the inland waters of North America. *American Zoologist* **36**: 287–299.

MacIsaac, H. J., T. C. Robbins, and M. A. Lewis. 2002. Biological invasions of aquatic habitats in Europe and the Great Lakes. Modeling ships' ballast water as invasion threats to the Great Lakes. *Canadian Journal of Fisheries and Aquatic Sciences* **59**: 1245–1256.

Mack, R. N. 1981. Invasion of *Bromus tectorum* L into western North America: an ecological chronicle. *Agro-Ecosystems* **7**: 145–165.

Mack, R. N. 1986. Alien plant invasion into the intermountain west: a case history. Pages 191–213 in H. A. Mooney and J. A. Drake, editors. *Ecology of biological invasions of North America and Hawaii.* Springer-Verlag, New York, NY.

Mack, R. N. 1991. The commercial seed trade: an early disperser of weeds in the United States. *Economic Botany* **45**: 257–273.

Mack, R. N. 1996. Predicting the identity and fate of plant invaders: emergent and emerging approaches. *Biological Conservation* **78**: 107–121.

Mack, R. N. 2003. Plant naturalizations and invasions in the eastern United States: 1634–1860. *Annals of the Missouri Botanical Garden* **90**: 77–90.

Mack, R. N. 2004. Global plant dispersal, naturalization, and invasion: pathways, modes and circumstances. Pages 3–30 in G. M. Ruiz and J. T. Carlton, editors. *Invasive species: vectors and management strategies.* Island Press, Washington, DC.

Mack, M. C., and C. M. D'Antonio. 1998. Impact of biological invasions on disturbance regimes. *Trends in Ecology & Evolution* **13**: 195–198.

Mack, R. N., and M. Erneberg. 2002. The United States naturalized flora: largely the product of deliberate introductions. *Annals of the Missouri Botanical Garden* **89**: 176–189.

Mack, R. N., and W. M. Lonsdale. 2001. Humans as global plant dispersers: getting more than we bargained for. *BioScience* **51**: 95–102.

Mack, R. N., D. Simberloff, W. M. Lonsdale, H. Evans, M. Clout, and F. A. Bazzaz. 2000. Biotic invasions: causes, epidemiology, global consequences, and control. *Ecological Applications* **10**: 689–710.

Mack, R. N., and J. N. Thompson. 1982. Evolution in steppe with few large, hoofed mammals. *The American Naturalist* **119**: 757–773.

Manchester, S. J., and J. M. Bullock. 2000. The impacts of non-native species on UK biodiversity and the effectiveness of control. *Journal of Applied Ecology* **37**: 845–864.

Marchetti, M. P., T. Light, J. Feliciano, T. Armstrong, Z. Hogan, J. Viers, and P. B. Moyle. 2001. Homogenization of California's fish fauna through abiotic change. Pages 259–278 in J. L. Lockwood and M. L. McKinney, editors. *Biotic homogenization.* Kluwer Academic Publishers, New York, NY.

Marchetti, M. P., T. Light, P. B. Moyle, and J. Viers. 2004a. Fish invasions in California watersheds: testing hypotheses using landscape patterns. *Ecological Applications* **14**: 1507–1525.

Marchetti, M., J. L. Lockwood, and T. Light. 2006. Urbanization promotes invasion and extinction but not homogenization among California freshwater fishes. *Biological Conservation* **127**: 310–318.

Marchetti, M. P., and P. B. Moyle. 2001. Effects of flow regime on fish assemblages in a regulated California stream. *Ecological Applications* **11**: 530–539.

Marchetti, M. P., P. B. Moyle, and R. Levine. 2004b. Alien fishes in California watersheds: characteristics of successful and failed invaders. *Ecological* Applications **14**: 587–596.

Marchetti, M. P., P. B. Moyle, and R. Levine. 2004c. Invasive species profiling? Exploring the characteristics of non-native fishes across invasion stages in California. *Freshwater Biology* **49**: 646–661.

Maron, J. L., and M. Vila. 2001. When do herbivores affect plant invasion? Evidence for the natural enemies and biotic resistance hypotheses. *Oikos* **95**: 361–373.

Marra, P. P., S. Griffing, C. Caffrey, A. M. Kilpatrick, R. McLean, C. Brand, E. Saito, A. P. Dupuis, L. Kramer, and R. Novak. 2004. West Nile virus and wildlife. *BioScience* **54**: 393–402.

Marshall, D. R., and A. H. D. Brown. 1981. The evolution of apomixis. *Heredity* **47**: 1–15.

Marshall, L. G., S. D. Webb, J. J. Sepkoski Jr., and D. M. Raup. 1982. Mammalian evolution and the great American interchange. *Science* **215**: 1351–1357.

Martel, C., F. Viard, D. Bourguet, and P. Garcia-Meunier. 2004. Invasion by the marine gastropod *Ocinebrellus inornatus* in France I. Scenario for the source of introduction. *Journal of Experimental Marine Biology and Ecology* **305**: 155–170.

Marty, J. T. 2005. Effects of cattle grazing on diversity in ephemeral wetlands. *Conservation Biology* **19**: 1626–1632.

Matern, S. A. 2001. Using temperature and salinity tolerances to predict the success of the shimofuri goby, a recent invader into California. *Transactions of the American Fisheries Society* **130**: 592–599.

Mattila, H. R., and G. W. Otis. 2003. A comparison of the host preference of monarch butterflies (*Danaus plexippus*) for milkweed (*Asclepias syriaca*) over dog-strangler vine (*Vincetoxicum rossicum*). *Entomologia Experimentalis et Applicata* **107**: 193–199.

May, R. M. 1972. Will a large complex system be stable? *Nature* **238**: 413–414.

Mayr, E. 1963. *Animal species and evolution.* Harvard University Press, Cambridge, MA.

McCullough, D. R. 1996. *Metapopulations and wildlife conservation.* Island Press, Washington, DC.

McDowall, R. M. 2004. Shoot first, and then ask questions: a look at aquarium fish imports and invasiveness in New Zealand. *New Zealand Journal of Marine and Freshwater Research* **38**: 503–510.

McIntosh, R. P. 1985. *The background of ecology: concept and theory.* Cambridge University Press, Cambridge, UK.

McIntosh, A. R., and C. R. Townsend. 1995. Contrasting predation risks presented by introduced brown trout and native common river galaxias in New Zealand streams. *Canadian Journal of Fisheries and Aquatic Sciences* **52**: 1821–1833.

McKinney, C. L. 2001. Effects of human population, area, and time on non-native plant and fish diversity in the United States. *Biological Conservation* **100**: 243–252.

McKinney, M. L., and J. L. Lockwood. 1999. Biotic homogenization: a few winners replacing many losers in the next mass extinction. *Trends in Ecology & Evolution* **14**: 450–453.

McNeely, J. A. 2001. An introduction to human dimensions of invasive alien species. Pages 5–20 in J. A. McNeely, editor. *The great reshuffling: human dimensions of invasive alien species.* IUCN, Glans, Switzerland.

Meentemeyer, R., D. M. Rizzo, W. Mark, and E. Lotz. 2004. Mapping the risk of establishment and spread of sudden oak death in California. *Forest Ecology and Management* **200**: 195–214.

Mehdiabadi, N. J., E. A. Kawazoe, and L. E. Gilbert. 2004. Phorid fly parasitoids of invasive fire ants indirectly improve the competitive ability of a native ant. *Ecological Entomology* **29**: 621–627.

Mehrhoff, L. J., J. A. Silander, S. A. Leicht, E. S. Mosher, and N. M. Tabak. 2003. IPANE: invasive plant atlas of New England. Department of Ecology and Evolutionary Biology, University of Connecticut, Storrs, CT, URL: http://www.ipane.org.

Meinesz, A. 1999. *Killer algae: the true tale of a biological invasion.* University of Chicago Press, Chicago, IL.

Memmott, J., P. G. Craze, H. M. Harman, P. Syrett, and S. V. Fowler. 2005. The effect of propagule size on the invasion of an alien insect. *Journal of Animal Ecology* **74**: 50–62.

Merila, J., M. Bjorklund, and A. J. Baker. 1996. The successful founder: genetics of introduced *Carduelis chloris* (greenfinch) populations in New Zealand. *Heredity* **77**: 410–422.

Michener, W. K., and R. A. Haeuber. 1998. Flooding: natural and managed disturbances. *BioScience* **48**: 677–680.

Miller, J. H., and B. Edwards. 1983. Kudzu: where did it come from? And how can we stop it? *Southern Journal of Applied Forestry* **7**: 165–169.

Minchinton, T. E. 2002. Disturbance by wrack facilitates spread of *Phragmites australis* in a coastal marsh. *Journal of Experimental Marine Biology and Ecology* **281**: 89–107.

Moffatt, S. F., S. M. McLachlan, and N. C. Kenkel. 2004. Impacts of land use on riparian forest along an urban–rural gradient in southern Manitoba. *Plant Ecology* **174**: 119–135.

Moller, H. 1996. Lessons for invasion theory from social insects. *Biological Conservation* **78**: 125–142.

Mollison, D. 1977. Spatial contact models for ecological and epidemic spread. *Journal of the Royal Statistical Society: Series B* **39**: 283–326.

Montalto, L., and I. E. de Drago. 2003. Tolerance to desiccation of an invasive mussel, *Limnoperna fortunei* (Dunker, 1857) (Bivalvia, Mytilidae), under experimental conditions. *Hydrobiologia* **498**: 161–167.

Moody, M. E., and R. N. Mack. 1988. Controlling the spread of plant invasions: the importance of nascent foci. *Journal of Applied Ecology* **25**: 1009–1021.

Mooney, H. A. 2005. Invasive alien species: the nature of the problem. Pages 1–15 in H. A. Mooney, R. N. Mack, J. A. McNeely, L. E. Neville, P. J. Schei, and J. K. Waage, editors. *Invasive alien species: a new synthesis.* Island Press, Washington, DC.

Mooney, H. A., R. N. Mack, J. A. McNeely, L. E. Neville, P. J. Schei, and J. K. Waage 2005. *Invasive alien species: a new synthesis.* Island Press, Washington, DC.

Morrison, L. W. 2002. Long-term impacts of an arthropod-community invasion by the imported fire ant, *Solenopsis invicta. Ecology* **83**: 2337–2345.

Moulton, M. P., K. E. Miller, and E. A. Tillman. 2001. Patterns of success among introduced birds in the Hawaiian Islands. Pages 31–47 in J. M. Scott, S. Conant, and C. Van Riper III, editors. Evolution, ecology, conservation, and management of Hawaiian birds: a vanishing avifauna. *Studies in Avian Ecology* No. 22, Cooper Ornithological Society, Camarillo, CA.

Mouquet, N., J. L. Moore, and M. Loreau. 2002. Plant species richness and community productivity: why the mechanism that promotes coexistence matters. *Ecology Letters* **5**: 56–65.

Moyle, P. B. 1973. Effects of introduced bullfrogs, *Rana catesbeiana*, on native frogs of San Joaquin Valley, California. *Copeia* **1**: 18–22.

Moyle, P. B. 2002. *Inland fishes of California.* University of California Press, Berkeley, CA.

Muir, W. M., and R. D. Howard. 1999. Possible ecological risks of transgenic organism release when transgenes affect mating success: sexual selection and the Trojan gene hypothesis. *Proceedings of the National Academy of Sciences of the United States of America* **96**: 13853–13856.

Müller-Schärer, H., U. Schaffner, and T. Steinger. 2004. Evolution in invasive plants: implications for biological control. *Trends in Ecology & Evolution* **19**: 417–422.

Murdoch, W. W., and C. J. Briggs. 1996. Theory for biological control: recent developments. *Ecology* **77**: 2001–2013.

Murray, J., E. Murray, M. S. Johnson, and B. Clarke. 1988. The extinction of *Partula* on Moorea. *Pacific Science* **42**: 150–153.

Myers, N. 1990. The biodiversity challenge: expanded hot-spot analysis. *The Environmentalist* **10**: 243–255.

Myers, J. H., D. Simberloff, A. M. Kuris, and J. R. Carey. 2000. Eradication revisited: dealing with exotic species. *Trends in Ecology & Evolution* **15**: 316–320.

Myster, R. W. 2004. Post-agricultural invasion, establishment, and growth of neotropical trees. *Botanical Review* **70**: 381–402.

Myster, R. W., and S. T. A. Pickett. 1994. A comparison of rate of succession over 18 yr in 10 contrasting old fields. *Ecology* **75**: 387–392.

Nadel, H., J. H. Frank, and R. J. Knight. 1992. Escapees and accomplices: the naturalization of exotic *Ficus* and their associated faunas in Florida. *Florida Entomologist* **75**: 29–38.

Naeem, S. 2002. Disentangling the impacts of diversity on ecosystem functioning in combinatorial experiments. *Ecology* **83**: 2925–2935.

Naeem, S., J. M. H. Knops, D. Tilman, K. M. Howe, T. Kennedy, and S. Gale. 2000. Plant diversity increases resistance to invasion in the absence of covarying extrinsic factors. *Oikos* **91**: 97–108.

Naylor, R. L. 2000. The economics of alien species invasions. Pages 241–259 in H. A. Mooney and R. J. Hobbs, editors. *Invasive species in a changing world.* Island Press, Washington, DC.

Naylor, R. L., S. L. Williams, and D. R. Strong. 2001. Aquaculture – a gateway for exotic species. *Science* **294**: 1655–1656.

Nei, M., T. Maruyama, and R. Chakraborty. 1975. The bottleneck effect and genetic variability in populations. *Evolution* **29**: 1–10.

Ness, J. H., and J. L. Bronstein. 2004. The effects of invasive ants on prospective ant mutualists. *Biological Invasions* **6**: 445–461.

Neubert, M. G., M. Kot, and M. A. Lewis. 2000. Invasion speeds in fluctuating environments. *Proceedings of the Royal Society of London Series B: Biological Sciences* **267**: 1603–1610.

Newcombe, G., B. Stirling, S. McDonald, and H. D. Bradshaw. 2000. *Melampsora × columbiana*, a natural hybrid of *M. medusae* and *M. occidentalis. Mycological Research* **104**: 261–274.

Nobel, J. V. 1974. Geographic and temporal development of plaques. *Nature* **250**: 726–728.

Novak, R., and R. N. Mack. 1993. Genetic variation in *Bromus tectorum* (Poaceae): comparison between native and introduced populations. *Heredity* **71**: 167–176.

Novak, R., and R. N. Mack. 2001. Tracing plant introductions and spread into naturalized ranges: genetic evidence from *Bromus tectorum* (cheatgrass). *BioScience* **51**: 114–122.

Novak, S. J., and R. N. Mack. 2005. Genetic bottlenecks in alien plant species: influence of mating systems and introduction dynamics. Pages 201–228 in D. F. Sax, J. J. Stachowicz, and S. D. Gaines, editors. *Species invasions: insights into ecology, evolution, and biogeography.* Sinauer Associates, Sunderland, MA.

Novak, S. J., R. N. Mack, and P. S. Soltis. 1993. Genetic variation in *Bromus tectorum* (Poaceae): introduction dynamics in North America. *Canadian Journal of Botany* **71**: 1441–1448.

NRC, (National Research Council). 2002. *Predicting invasions of nonindigenous plants and plant pests.* National Academy Press, Washington, DC.

O'Dowd, D. J., P. T. Green, and P. S. Lake. 2003. Invasional "meltdown" on an oceanic island. *Ecology Letters* **6**: 812–817.

Odom, D. I. S., O. J. Cacho, J. A. Sinden, and G. R. Griffith. 2003. Policies for the management of weeds in natural ecosystems: the case of scotch broom (*Cytisus scoparius*, L.) in an Australian national park. *Ecological Economics* **44**: 119–135.

Oi, D. H., and D. F. Williams. 2002. Impact of *Thelohania solenopsae* (Microsporidia: Thelohaniidae) on polygyne colonies of red imported fire ants (Hymenoptera: Formicidae). *Journal of Economic Entomology* **95**: 558–562.

Okubo, A. 1980. *Diffusion and ecological problems: mathematical models.* Springer-Verlag, New York, NY.

Okubo, A., and S. A. Levin. 1989. A theoretical framework for data-analysis of wind dispersal of seeds and pollen. *Ecology* **70**: 329–338.

Olden, J. D., and N. L. Poff. 2003. Toward a mechanistic understanding and prediction of biotic homogenization. *The American Naturalist* **162**: 442–460.

Olden, J. D., N. L. Poff, M. R. Douglas, M. E. Douglas, and K. D. Fausch. 2004. Ecological and evolutionary consequences of biotic homogenization. *Trends In Ecology & Evolution* **19**: 18–24.

Orrock, J. L., and B. J. Danielson. 2004. Rodents balancing a variety of risks: invasive fire ants and indirect and direct indicators of predation risk. *Oecologia* **140**: 662–667.

Paillet, F. L. 2002. Chestnut: history and ecology of a tranformed species. *Journal of Biogeography* **29**: 1517–1530.

Palm, M. E. a. A. Y. R. 2004. Invasion pathways of terrestrial plant-inhabiting fungi. Pages 31–43 in G. M. Ruiz and J. T. Carlton, editors. *Invasive species: vectors and management strategies.* Island Press, Washington, DC.

Parker, I. M., and K. A. Haubensak. 2002. Comparative pollinator limitation of two non-native shrubs: do mutualisms influence invasions? *Oecologia* **130**: 250–258.

Parker, I. M., S. K. Mertens, and D. W. Schemske. 1993. Distribution of 7 native and 2 exotic plants in a tallgrass prairie in southeastern Wisconsin: the importance of human disturbance. *American Midland Naturalist* **130**: 43–55.

Parker, I. M., D. Simberloff, W. M. Lonsdale, K. Goodell, M. J. Wonham, P. M. Kareiva, M. H. Williamson, B. Von Holle, P. B. Moyle, J. E. Byers, and L. Goldwasser. 1999. Impact: toward a framework for understanding the ecological effects of invaders. *Biological Invasions* **1**: 3–19.

Pedersen, E. K., T. L. Bedford, W. E. Grant, S. B. Vinson, J. B. Martin, M. T. Longnecker, C. L. Barr, and B. M. Drees. 2003. Effect of red imported fire ants on habitat use by hispid cotton rats (*Sigmodon hispidus*) and northern pygmy mice (*Baiomys taylori*). *Southwestern Naturalist* **48**: 419–426.

Pell, A. S., and C. R. Tidemann. 1997. The impact of two exotic hollow-nesting birds on two native parrots in savannah and woodland in eastern Australia. *Biological Conservation* **79**: 145–153.

Peterson, A. T. 2003. Predicting the geography of species' invasions via ecological niche modeling. *Quarterly Review of Biology* **78**: 419–433.

Peterson, A. T., M. Papes, and D. A. Kluza. 2003. Predicting the potential invasive distributions of four alien plant species in North America. *Weed Science* **51**: 863–868.

Peterson, A. T., and D. A. Vieglais. 2001. Predicting species invasions using ecological niche modeling: new approaches from bioinformatics attack a pressing problem. *BioScience* **51**: 363–371.

Petraitis, P. S., R. E. Latham, and R. A. Niesenbaum. 1989. The maintenance of species diversity by disturbance. *Quarterly Review of Biology* **64**: 393–418.

Petryna, L., M. Moora, C. O. Nunes, J. J. Cantero, and M. Zobel. 2002. Are invaders disturbance-limited? Conservation of mountain grasslands in Central Argentina. *Applied Vegetation Science* **5**:195–202.

Pheloung, P. C., P. A. Williams, and S. R. Halloy. 1999. A weed risk assessment model for use as a biosecurity tool evaluating plant introductions. *Journal of Environmental Management* **57**: 239–251.

Pickett, S. T. A., J. Kolasa, J. J. Armesto, and S. L. Collins. 1989. The ecological concept of disturbance and its expression at various hierarchical levels. *Oikos* **54**: 129–136.

Pimentel, D. 1997. *Techniques for reducing pesticides: environmental and economic benefits.* John Wiley & Sons, Chichester, UK.

Pimentel, D., L. Lach, R. Zuniga, and D. Morrison. 2000. Environmental and economic costs of nonindigenous species in the United States. *BioScience* **50**: 53–65.

Pimm, S. L. 1979. Structure of food webs. *Theoretical Population Biology* **16**: 144–158.

Pimm, S. L. 1991. *The balance of nature?* University of Chicago Press, Chicago, IL.

Poff, N. L., J. D. Allan, M. B. Bain, J. R. Karr, K. L. Prestegaard, B. D. Richter, R. E. Sparks, and J. C. Stromberg. 1997. The natural flow regime. *BioScience* **47**: 769–784.

Porter, S. D., and D. A. Savignano. 1990. Invasion of polygyne fire ants decimates native ants and disrupts arthropod communities. *Ecology* **71**: 2095–2106.

Post, W. M., and S. L. Pimm. 1983. Community assembly and food web stability. *Mathematical Biosciences* **64**: 169–192.

Power, M. E., D. Tilman, J. A. Estes, B. A. Menge, W. J. Bond, L. S. Mills, G. Daily, J. C. Castilla, J. Lubchenco, and R. T. Paine. 1996. Challenges in the quest for keystones. *BioScience* **46**: 609–620.

Price, J. E. and P. J. Morin. 2004. Colonization history determines alternative community states in a food web of intraguild predators. *Ecology* **85**: 1017–1028.

Prieur-Richard, A. H., S. Lavorel, K. Grigulis, and A. Dos Santos. 2000. Plant community diversity and invasibility by exotics: invasion of Mediterranean old fields by *Conyza bonariensis* and *Conyza canadensis. Ecology Letters* **3**: 412–422.

Propst, D. L., and K. B. Gido. 2004. Responses of native and nonnative fishes to natural flow regime mimicry in the San Juan River. *Transactions of the American Fisheries Society* **133**: 922–931.

Puth, L. M., and D. M. Post. 2005. Studying invasion: have we missed the boat? *Ecology Letters* **8**: 715–721.

Pysek, P., J. Sadlo, B. Mandak, and V. Jarosik. 2003. Czech alien flora and the historical pattern of its formation: what came first to Central Europe. *Oecologia* **135**: 122–130.

Rachich, J., and R. J. Reader. 1999. An experimental study of wetland invasibility by purple loosestrife (*Lythrum salicaria*). *Canadian Journal of Botany-Revue Canadienne De Botanique* **77**: 1499–1503.

Radonski, G. C., N. S. Prosser, R. G. Martin, and R. H. Stroud. 1984. Exotic fishes and sport fishing. Pages 313–321 in W. R. Courtenay Jr., and R. Stauffer, editors. *Distribution, biology and management of exotic fishes.* Johns Hopkins University Press, Baltimore, MD.

Reichard, S. H., and C. W. Hamilton. 1997. Predicting invasions of woody plants introduced into North America. *Conservation Biology* **11**: 193–203.

Reichard, S. H., and P. White. 2001. Horticulture as a pathway of invasive plant introductions in the United States. *BioScience* **51**: 103–113.

Rejmanek, M. 1996. A theory of seed plant invasiveness: the first sketch. *Biological Conservation* **78**: 171–181.

Rejmanek, M. 2000a. Invasive plants: approaches and predictions. *Austral Ecology* **25**: 497–506.

Rejmanek, M., and D. M. Richardson. 1996. What attributes make some plant species more invasive? *Ecology* **V77**: 1655–1661.

Reynolds, H. L. 1996. Effects of CO_2 on plants grown in competition in C. Korner, and F. A. Bazzaz, editors. *Carbon dioxide, populations, and communities.* Academic Press, San Diego, CA.

Rhoades, A. F., and W. M. Klein 1993. *The vascular flora of Pennsylvania: annotated checklist and atlas.* American Philoshopical Society, Philadelphia, PA.

Rhymer, J. M., and D. Simberloff. 1996. Extinction by hybridization and introgression. *Annual Review of Ecology and Systematics* **27**: 83–109.

Rhymer, J. M., M. J. Williams, and M. J. Brau. 1994. Mitochondrial analysis of gene flow between New Zealand mallard (*Anas platyrhynchos*) and grey ducks (*A. superciliosa*). *Auk* **111**: 970–978.

Ricciardi, A. 2001. Facilitative interactions among aquatic invaders: is an "invasional meltdown" occurring in the Great Lakes? *Canadian Journal of Fisheries and Aquatic Sciences* **58**: 2513–2525.

Ricciardi, A. 2003. Predicting the impacts of an introduced species from its invasion history: an empirical approach applied to zebra mussel invasions. *Freshwater Biology* **48**: 972–981.

Ricciardi, A., and S. K. Atkinson. 2004. Distinctiveness magnifies the impact of biological invaders in aquatic ecosystems. *Ecology Letters* **7**: 781–784.

Ricciardi, A., R. J. Neves, and J. B. Rasmussen. 1998. Impending extinctions of North American freshwater mussels (Unionoida) following the zebra mussel (*Dreissena polymorpha*) invasion. *Journal of Animal Ecology* **67**: 613–619.

Ricciardi, A., and J. B. Rasmussen. 1998. Predicting the identity and impact of future biological invaders: a priority for aquatic resource management. *Canadian Journal of Fisheries and Aquatic Sciences* **55**: 1759–1765.

Ricciardi, A., W. W. M. Steiner, R. N. Mack, and D. Simberloff. 2000. Toward a global information system for invasive species. *BioScience* **50**: 239–244.

Ricciardi, A., F. G. Whoriskey, and J. B. Rasmussen. 1997. The role of the zebra mussel (*Dreissena polymorpha*) in structuring macroinvertebrate communities on hard substrata. *Canadian Journal of Fisheries and Aquatic Sciences* **54**: 2596–2608.

Rice, W. R., and D. F. Sax. 2005. Testing fundamental evolutionary questions at large spatial and demographic scales: species invasions as an underappreciated tool. Pages 291–308 in D. F. Sax, J. J. Stachowicz, and S. D. Gaines, editors. *Species invasions: insights into ecology, evolution, and biogeography*. Sinauer Associates, Sunderland, MA.

Richardson, D. M., N. J. Allsopp, C. M. D'Antonio, S. J. Milton, and M. Rejmanek. 2000a. Plant invasions – the role of mutualisms. *Biological Reviews* **75**: 65–93.

Richardson, D. M., P. Pysek, M. Rejmanek, M. G. Barbour, F. D. Panetta, and C. J. West. 2000b. Naturalization and invasion of alien plants: concepts and definitions. *Diversity and Distributions* **6**: 93–107.

Richardson, D. M., and B. W. van Wilgen. 2004. Invasive alien plants in South Africa: How well do we understand the ecological impacts? *South African Journal of Science* **100**: 45–52.

Riegel, J. A. 1959. The systematics and distribution of crayfishes in California. *California Fish and Game* **45**: 29–50.

Rizzo, D. M., and M. Garbelotto. 2003. Sudden oak death: endangering California and Oregon forest ecosystems. *Frontiers in Ecology and the Environment* **1**: 197–204.

Rogers, W. E., and E. Siemann. 2004. Invasive ecotypes tolerate herbivory more effectively than native ecotypes of the Chinese tallow tree *Sapium sebiferum*. *Journal of Applied Ecology* **41**: 561–570.

Root, T. L., D. P. MacMynowski, M. D. Mastrandrea, and S. H. Schneider. 2005. Human-modified temperatures induce species changes: joint attribution. *Proceedings of the National Academy of Sciences of the United States of America* **102**: 7465–7469.

Rose, K. E., M. Rees, and S. M. Louda. 2005. Demographic and evolutionary impacts of native and invasive insect herbivores: a case study with Platte thistle, *Cirsium canescens*. *Ecology* **86**: 453–465.

Roura-Pascual, N., A. V. Suarez, C. Gomez, P. Pons, Y. Touyama, A. L. Wild, and A. T. Peterson. 2004. Geographical potential of Argentine ants (*Linepithema humile* Mayr) in the face of global climate change. *Proceedings of the Royal Society of London Series B: Biological Sciences* **271**: 2527–2534.

Ruiz, G. M., P. W. Fofonoff, J. T. Carlton, M. J. Wonham, and A. H. Hines. 2000. Invasion of coastal marine communities in North America: apparent patterns, processes, and biases. *Annual Review of Ecology and Systematics* **31**: 481–531.

Sakai, A. K., F. W. Allendorf, J. S. Holt, D. M. Lodge, J. Molofsky, K. A. With, S. Baughman, R. J. Cabin, J. Cohen, N. C. Ellstrand, D. E. McCauley, P. O'Neil, I. M. Parket, J. N. Thompson, and S. G. Weller. 2001. The population biology of invasive species. *Annual Review of Ecology and Systematics* **32**: 305–332.

Saltonstall, K. 2002. Cryptic invasion by a non-native genotype of the common reed, *Phragmites australis*, into North America. *Proceedings of the National Academy of Sciences of the United States of America* **99**: 2445–2449.

Sax, D. F. 2001. Latitudinal gradients and geographic ranges of exotic species: implications for biogeography. *Journal of Biogeography* **28**: 139–150.

Sax, D. F., and S. D. Gaines. 2003. Species diversity: from global decreases to local increases. *Trends in Ecology & Evolution* **18**: 561–566.

Sax, D. F., S. D. Gaines, and J. H. Brown. 2002. Species invasions exceed extinctions on islands worldwide: a comparative study of plants and birds. *The American Naturalist* **160**: 766–783.

Sax, D. F., J. J. Stachowicz, and S. D. Gaines 2005. *Species invasions: insights into ecology, evolution and biogeography*. Sinauer Press, Sunderland, MA.

Schindler, D. E., R. A. Knapp, and P. R. Leavitt. 2001. Alteration of nutrient cycles and algal production resulting from fish introductions into mountain lakes. *Ecosystems* **4**: 308–321.

Schreiber, E. S. G., G. P. Quinn, and P. S. Lake. 2003. Distribution of an alien aquatic snail in relation to flow variability, human activities and water quality. *Freshwater Biology* **48**: 951–961.

Serbesoff-King, K. 2003. *Melaleuca* in Florida: a literature review on the taxonomy, distribution, biology, ecology, economic importance and control measures. *Journal of Aquatic Plant Management* **41**: 98–112.

Shapiro, A. M. 2002. The California urban butterfly fauna is dependent on alien plants. *Diversity and Distributions* **8**: 31–40.

Shea, K., and P. Chesson. 2002. Community ecology theory as a framework for biological invasions. *Trends in Ecology & Evolution* **17**: 170–176.

Shea, K., and D. Kelly. 1998. Estimating biocontrol agent impact with matrix models: *Carduus nutans* in New Zealand. *Ecological Applications* **8**: 824–832.

Shea, K., D. Kelly, and T. L. Woodburn. 2005. Context-dependent biological control of invasive thistle. *Ecology.* **86**: 3174–3181.

Shea, K., P. H. Thrall, and J. J. Burdon. 2000. An integrated approach to management in epidemiology and pest control. *Ecology Letters* **3**: 150–158.

Shigesada, N., and K. Kawasaki 1997. *Biological invasions: theory and practice.* Oxford University Press, Oxford, UK.

Shigesada, N., K. Kawasaki, and Y. Takeda. 1995. Modeling stratified diffusion in biological invasions. *The American Naturalist* **146**: 229–251.

Shrader-Frechette, K. 2001. Non-indigenous species and ecological explanation. *Biology and Philosophy* **16**: 507–519.

Siemann, E., and W. E. Rogers. 2003. Increased competitive ability of an invasive tree may be limited by an invasive beetle. *Ecological Applications* **13**: 1503–1507.

Sigler, W. F., and J. W. Sigler 1987. *Fishes of the Great Basin: a natural history.* University of Nevada Press, Reno, NV.

Siguan, M. A. R. 2004. Pathways of biological invasions of marine plants. Pages 183–226 in G. M. Ruiz and J. T. Carlton, editors. *Invasive species: vectors and management strategies.* Island Press, Washington, DC.

Simberloff, D. 1986. Introduced insects: a biogeographic and systematic perspective. Pages 3–26 in H. A. Mooney and J. A. Drake, editors. *Ecology of biological invasions of North America and Hawaii.* Springer-Verlag, New York, NY.

Simberloff, D. 2003a. Confronting introduced species: a form of xenophobia? *Biological Invasions* **5**: 179–192.

Simberloff, D. 2003b. Eradication – preventing invasions at the outset. *Weed Science* **51**: 247–253.

Simberloff, D. 2003c. How much information on population biology is needed to manage introduced species? *Conservation Biology* **17**: 83–92.

Simberloff, D. 2004. Invasion biology. Critique of a pseudoscience. *Ecological Economics* **48**: 360–362.

Simberloff, D., T. Dayan, C. Jones, and G. Ogura. 2000. Character displacement and release in the small Indian mongoose, *Herpestes javanicus. Ecology* **81**: 2086–2099.

Simberloff, D., and L. Gibbons. 2004. Now you see them, now you don't – population crashes of established introduced species. *Biological Invasions* **6**: 161–172.

Simberloff, D., I. M. Parker, and P. N. Windle. 2005. Introduced species policy, management, and future research. *Frontiers in Ecology and the Environment* **3**: 12–20.
Simberloff, D., M. A. Relva, and M. Nuñez. 2002. Gringos en el bosque: introduced tree invasion in a native *Nothofagus/Austrocedrus* forest. *Biological Invasions* **4**: 35–53.
Simberloff, D., and P. Stiling. 1996. How risky is biological control? *Ecology* **77**: 1965–1974.
Simberloff, D., and B. Von Holle. 1999. Positive interactions of nonindigenous species: invasional meltdown? *Biological Invasions* **1**: 21–32.
Simon, K. S., and C. R. Townsend. 2003. Impacts of freshwater invaders at different levels of ecological organisation, with emphasis on salmonids and ecosystem consequences. *Freshwater Biology* **48**: 982–994.
Skellam, J. G. 1951. Random dispersal in theoretical populations. *Biometrika* **38**: 196–218.
Slobodkin, L. B. 2001. The good, the bad and the reified. *Evolutionary Ecology Research* **3**: 1–13.
Smith, D. M. 2000. Ill-fated monarch of the eastern hardwood forest. *Journal of Forestry* **98**: 12–15.
Smith, J. E., S. J. Taylor, C. J. Whelan, M. L. Denight, and M. M. Stake. 2004a. Behavioral interactions between fire ants and vertebrate nest predators at two black-capped vireo nests. *Wilson Bulletin* **116**: 163–166.
Smith, L. D., M. J. Wonham, L. D. McCann, G. M. Ruiz, A. H. Hines, and J. T. Carlton. 1999. Invasion pressure to a ballast-flooded estuary and an assessment of innoculant survival. *Biological Invasions* **1**: 67–87.
Smith, M. D., and A. K. Knapp. 1999. Exotic plant species in a C_4-dominated grassland: invasibility, disturbance, and community structure. *Oecologia* **120**: 605–612.
Smith, M. D., and A. K. Knapp. 2001. Size of the local species pool determines invasibility of a C_4-dominated grassland. *Oikos* **92**: 55–61.
Smith, M. D., J. C. Wilcox, T. Kelly, and A. K. Knapp. 2004b. Dominance not richness determines invasibility of tallgrass prairie. *Oikos* **106**: 253–262.
Smith, S. E., and D. J. Read 1997. *Mycorrhizal symbiosis.* Academic Press, San Diego, CA.
Sol, D. 2000. Are islands more susceptible to be invaded than continents? Birds say no. *Ecography* **23**: 687–692.
Soltz, D. L., and R. J. Naiman 1978. *The natural history of native fishes in the Death Valley system.* Natural History Museum of Los Angeles County, Los Angeles, CA.
Sousa, W. P. 1984. The role of disturbance in natural communities. *Annual Review of Ecology and Systematics* **15**: 353–391.
Southwood, R., and J. R. Clarke. 1999. Charles Sutherland Elton (obituary). *Biographical Memoirs of Fellows of the Royal Society* **45**: 129–146.
Stachowicz, J. J. 2001. Mutualism, facilitation, and the structure of ecological communities. *BioScience* **51**: 235–246.
Stachowicz, J. J., H. Fried, R. W. Osman, and R. B. Whitlatch. 2002a. Biodiversity, invasion resistance, and marine ecosystem function: reconciling pattern and process. *Ecology* **83**: 2575–2590.
Stachowicz, J. J., J. R. Terwin, R. B. Whitlatch, and R. W. Osman. 2002b. Linking climate change and biological invasions: ocean warming facilitates nonindigenous species invasions. *Proceedings of the National Academy of Sciences of the United States of America* **99**: 15497–15500.
Staples, G. W. 2001. The understorey of human dimensions in biological invasions. Pages 171–179 in J. A. McNeely, editor. *The great reshuffling: human dimensions of invasive alien species.* IUCN, Glans, Switzerland.
Stohlgren, T. J., D. T. Barnett, and J. Kartesz. 2003. The rich get richer: patterns of plant invasions in the United States. *Frontiers in Ecology and the Environment* **1**: 11–14.

Stohlgren, T. J., D. Binkley, G. W. Chong, M. A. Kalkhan, L. D. Schell, K. A. Bull, Y. Otsuki, G. Newman, M. Bashkin, and Y. Son. 1999. Exotic plant species invade hot spots of native plant diversity. *Ecological Monographs* **69**: 25–46.

Stokstad, E. 2004. Nurseries may have shipped sudden oak death pathogen nationwide. *Science* **303**: 1959.

Suarez, A. V., D. A. Holway, and T. J. Case. 2001. Patterns of spread in biological invasions dominated by long-distance jump dispersal: insights from Argentine ants. *Proceedings of the National Academy of Sciences of the United States of America* **98**: 1095–1100.

Sutherland, W. J. 1996. *Ecological census techniques*. Cambridge University Press, Cambridge, UK.

Symstad, A. J. 2000. A test of the effects of functional group richness and composition on grassland invasibility. *Ecology* **81**: 99–109.

Tamburri, M. N., K. Wasson, and M. Matsuda. 2002. Ballast water deoxygenation can prevent aquatic introductions while reducing ship corrosion. *Biological Conservation* **103**: 331–341.

Taylor, C. M., H. G. Davis, J. C. Civille, F. S. Grevstad, and A. Hastings. 2004. Consequences of an Allee effect in the invasion of a Pacific estuary by *Spartina alterniflora*. *Ecology* **85**: 3254–3266.

Taylor, C. M., and A. Hastings. 2004. Finding optimal control strategies for invasive species: a density-structured model for *Spartina alterniflora*. *Journal of Applied Ecology* **41**: 1049–1057.

Taylor, C. M., and A. Hastings. 2005. Allee effects in biological invasions. *Ecology Letters* **8**: 895–908.

Thomas, A. G., A. M. Gill, P. H. R. Moore, and F. Forcella. 1984. Drought feeding and the dispersal of weeds. *Journal of the Australian Institute of Agricultural Science* **50**: 103–107.

Thomson, G. M. 1922. *The naturalization of animals and plants in New Zealand*. Cambridge University Press, Auckland.

Thorton, I. W. B. 1996. *Krakatau – the destruction and reassembly of an island ecosystem*. Harvard University Press, Cambridge, MA.

Tilman, D. 1997. Community invasibility, recruitment limitation, and grassland biodiversity. *Ecology* **78**: 81–92.

Tilman, D. 1999. The ecological consequences of changes in biodiversity: a search for general principles. *Ecology* **80**: 1455–1474.

Tilman, D., C. L. Lehman, and K. T. Thomson. 1997. Plant diversity and ecosystem productivity: theoretical considerations. *Proceedings of the National Academy of Sciences of the United States of America* **94**: 1857–1861.

Torchin, M. E., and C. E. Mitchell. 2004. Parasites, pathogens and invasions by plants and animals. *Frontiers in Ecology and the Environment* **2**: 183–190.

Tsutsui, N. D., and A. V. Suarez. 2003. The colony structure and population biology of invasive ants. *Conservation Biology* **17**: 48–58.

Tsutsui, N. D., A. V. Suarez, D. A. Holway, and T. J. Case. 2000. Reduced genetic variation and the success of an invasive species. *Proceedings of the National Academy of Sciences of the United States of America* **97**: 5948–5953.

Tsutsui, N. D., A. V. Suarez, D. A. Holway, and T. J. Case. 2001. Relationships among native and introduced populations of the Argentine ants (*Linepithema humile*) and the source of introduced populations. *Molecular Ecology* **10**: 2151–2161.

Ulbrich, J. 1930. *Die Bisamratte*. Heinrich, Dresden.

van den Bosch, F., R. Hengeveld, and J. A. J. Metz. 1992. Analyzing the velocity of animal range expansion. *Journal of Biogeography* **19**: 135–150.

van den Bosch, R., P. S. Messenger, and A. P. Gutierrez 1982. *An introduction to biological control*. Plenum Press, New York, NY.

van den Bosch, F., J. A. J. Metz, and O. Diekmann. 1990. The velocity of spatial population expansion. *Journal of Mathematical Biology* **28**: 529–565.

van Klinken, R. D., and O. R. Edwards. 2002. Is host-specificity of weed biological control agents likely to evolve rapidly following establishment? *Ecology Letters* **5**: 590–596.

Van Vuren, D., and B. E. Coblentz. 1987. Some ecological effects of feral sheep on Santa Cruz Island, California, USA. *Biological Conservation* **41**: 253–268.

van Wilgen, B. W., and R. M. Cowling. 1996. Valuation of ecosystem services: a case study from South African fynbos ecosystems. *BioScience* **46**: 184–190.

van Wilgen, B. W., D. C. Le Maitre, and R. M. Cowling. 1998. Ecosystem services, efficiency, sustainability and equity: South Africa's Working for Water programme. *Trends in Ecology & Evolution* **13**: 378.

Vander Zanden, M. J., J. M. Casselman, and J. B. Rasmussen. 1999. Stable isotope evidence for the food web consequences of species invasions in lakes. *Nature* **401**: 464–467.

Vander Zanden, M. J., S. Chandra, B. C. Allen, J. E. Reuter, and C. R. Goldman. 2003. Historical food web structure and restoration of native aquatic communities in the Lake Tahoe (California–Nevada) basin. *Ecosystems* **6**: 274–288.

Vazquez, D. P., and D. Simberloff. 2001. Taxonomic selectivity in surviving introduced insects in the United States. Pages 103–124 in J. L. Lockwood and M. L. McKinney, editors. *Biotic Homogenization.* Kluwer Academic Plenum Press, New York, NY.

Veit, R. R., and M. A. Lewis. 1996. Dispersal, population growth, and the Allee effect: dynamics of the house finch invasion of eastern North America. *The American Naturalist* **148**: 255–274.

Vellend, M., A. R. Hughes, R. K. Grosberg, and R. D. Holt. 2005. Insights into evolution. Pages 134–138 in D. F. Sax, J. J. Stachowicz, and S. D. Gaines, editors. *Species invasions: insights into ecology, evolution, and biogeography.* Sinauer Associates, Sunderland, MA.

Veltman, C. J., S. Nee, and M. J. Crawley. 1996. Correlates of introduction success in exotic New Zealand birds. *The American Naturalist* **147**: 542–557.

Vermeij, G. J. 2005. Invasion as expectation: a historical fact of life. Pages 315–340 in D. F. Sax, J. J. Stachowicz, and S. D. Gaines, editors. *Species invasions: insights into ecology, evolution and biogeography.* Sinauer Press, Sunderland, MA.

Via, S., A. C. Bouck, and S. Skillman. 2000. Reproductive isolation between divergent races of pea aphids on two hosts. II. Selection against migrants and hybrids in the parental environments. *Evolution* **54**: 1626–1637.

Vila, M., A. Gomez, and J. L. Maron. 2003. Are alien plants more competitive than their native conspecifics? A test using *Hypericum perforatum* L. *Oecologia* **137**: 211–215.

Vila, M., J. L. Maron, and L. Marco. 2005. Evidence for the enemy release hypothesis in *Hypericum perforatum. Oecologia* **142**: 474–479.

Vila, M., and J. Pujadas. 2001. Land-use and socio-economic correlates of plant invasions in European and North African countries. *Biological Conservation* **100**: 397–401.

Vitousek, P. M. 1990. Biological invasions and ecosystem processes: towards an integration of population biology and ecosystem studies. *Oikos* **57**: 7–13.

Vitousek, P. M., C. M. D'Antonio, L. L. Loope, and R. Westbrooks. 1996. Biological invasions as global environmental change. *American Scientist* **84**: 468–478.

Von Holle, B., H. R. Delcourt, and D. Simberloff. 2003. The importance of biological inertia in plant community resistance to invasion. *Journal of Vegetation Science* **14**: 425–432.

Wadsworth, R. A., Y. C. Collingham, S. G. Willis, B. Huntley, and P. E. Hulme. 2000. Simulating the spread and management of alien riparian weeds: are they out of control? *Journal of Applied Ecology* **37**: 28–38.

Wagner, F. H. 1989. Grazers, past and present. Pages 151–162 in L. F. Huenneke and H. A. Mooney, editors. *Grassland structure and function: California annual grassland.* Kluwer Academic Publishers, Boston, MA.

Wagner, W. L., D. R. Herbst, and S. H. Sohmer 1990. *Manual of the flowering plants of Hawaii.* Bishop Museum, Honolulu, HI.

Wardle, D. A. 2001. Experimental demonstration that plant diversity reduces invasibility: evidence of a biological mechanism or a consequence of sampling effect? *Oikos* **95**: 161–170.

Wares, J. P., D. S. Goldwater, B. Y. Kong, and C. W. Cunningham. 2002. Refuting a controversial case of a human-mediated marine species introduction. *Ecology Letters* **5**: 577–584.

Wares, J. P., A. R. Hughes, and R. K. Grosberg. 2005. Mechanims that drive evolutionary change: insights from species introductions and invasions. Pages 229–258 in D. F. Sax, J. J. Stachowicz, and S. D. Gaines, editors. *Species invasions: insights into ecology, evolution, and biogeography*. Sinauer Associates, Sunderland, MA.

Warner, R. R., and P. L. Chesson. 1985. Coexistence mediated by recruitment fluctuations: a field guide to the storage effect. *The American Naturalist* **125**: 769–787.

Wasson, K., C. J. Zabin, L. Bedinger, M. C. Diaz, and J. S. Pearse. 2001. Biological invasions of estuaries without international shipping: the importance of intraregional transport. *Biological Conservation* **102**: 143–153.

Wearne, L. J., and J. W. Morgan. 2004. Community-level changes in Australian subalpine vegetation following invasion by the non-native shrub *Cytisus scoparius*. *Journal of Vegetation Science* **15**: 595–604.

Weber, E. 1998. The dynamics of plant invasions: a case study of three exotic goldenrod species (*Solidago* L.) in Europe. *Journal of Biogeography* **25**: 147–154.

Weigle, S. M., L. D. Smith, J. T. Carlton, and J. Pederson. 2005. Assessing the risk of introducing exotic species via the live marine species trade. *Conservation Biology* **19**: 213–223.

Weinberger, H. F., M. A. Lewis, and B. T. Li. 2002. Analysis of linear determinacy for spread in cooperative models. *Journal of Mathematical Biology* **45**: 183–218.

Weltzin, J. F., R. T. Belote, and N. J. Sanders. 2003a. Biological invaders in a greenhouse world: will elevated CO_2 fuel plant invasions? *Frontiers in Ecology and the Environment* **1**: 146–153.

Weltzin, J. F., N. Z. Muth, B. Von Holle, and P. G. Cole. 2003b. Genetic diversity and invasibility: a test using a model system with a novel experimental design. *Oikos* **103**: 505–518.

Werner, E. E., and M. A. McPeek. 1994. Direct and indirect effects of predators on two anuran species along an environmental gradient. *Ecology* **75**: 1368–1382.

Weseloh, R. M. 2003. Short and long range dispersal in the gypsy moth (Lepidoptera: Lymantriidae) fungal pathogen, *Entomophaga maimaiga* (Zygomyeetes: Entomophthorales). *Environmental Entomology* **32**: 111–122.

Weste, G., and G. C. Marks. 1987. The biology of *Phytophthora cinnamomi* in Australasian forests. *Annual Review of Phytopathology* **25**: 207–229.

White, P. S., and S. T. A. Pickett. 1985. Natural disturbance and patch dynamics. Pages 3–13 in S. T. A. Pickett and P. S. White, editors. *The ecology of natural disturbance and patch dynamics*. Academic Press Inc, New York, NY.

Wilcox, D. A., S. I. Apfelbaum, and R. D. Hiebert. 1985. Cattail invasion of sedge meadows following hydrologic disturbance in the Cowles Bog wetland complex, Indiana Dunes National Lakeshore. *Wetlands* **4**: 115–128.

Wiley, C. J., and R. Claudi. 1999. The role of ships as a vector of introduction for nonindigenous freshwater organisms, with focus on the Great Lakes. Pages 201–213 in R. Claudi, and J. H. Leach, editors. *Nonindigenous freshwater organisms: vectors, biology, and impacts*. Lewis Publishers, Boca Raton, FL.

Wilkinson, D. M. 2002. Ecology before ecology: biogeography and ecology in Lyell's '*Principles*'. *Journal of Biogeography* **29**: 1109–1115.

Williams, D. F., G. J. Knue, and J. J. Becnel. 1998. Discovery of *Thelohania solenopsae* from the red imported fire ant, *Solenopsis invicta*, in the United States. *Journal of Invertebrate Pathology* **71**:175–176.

Williams, J. A., and C. J. West. 2000. Environmental weeds in Australia and New Zealand: issues and approaches to management. *Austral Ecology* **25**: 425–444.

Williams, P. A., E. Nicol, and M. Newfield. 2001. Assessing the risk to indigenous biota of plant taxa new to New Zealand. Pages 100–116 in R. H. Groves, F. D. Panetta, and J. G. Virtue, editors. *Weed Risk Assessment.* CSIRO, Collingwood, Victoria, Australia.

Williamson, M. 1993. Invaders, weeds and the risk from genetically manipulated organisms. *Experentia* **49**: 219–224.

Williamson, M. 1996. *Biological invasions.* Chapman & Hall, London, UK.

Williamson, M. 1999. Invasions. *Ecography* **22**: 5–12.

Williamson, M., and A. Fitter. 1996a. The varying success of invaders. *Ecology* **77**: 1661–1666.

Williamson, M., K. J. Gaston, and W. M. Lonsdale. 2001. The species–area relationship does not have an asymptote! *Journal of Biogeography* **28**: 827–830.

Williamson, M. H., and K. C. Brown. 1986. The analysis and modeling of British invasion. *Philosophical Transactions of the Royal Society of London, Series B* **314**: 505–522.

Williamson, M. H., and A. Fitter. 1996b. The characters of successful invaders. *Biological Conservation* **V78**: 163–170.

Wilson, E. O. 1990. *Biodiversity.* National Academy Press, Washington, DC.

Witte, F., T. Goldschmidt, J. Wanink, M. Vanoijen, K. Goudswaard, E. Wittemaas, and N. Bouton. 1992. The destruction of an endemic species flock: quantitative data on the decline of the haplochromine cichlids of Lake Victoria. *Environmental Biology of Fishes* **34**: 1–28.

Witte, F., B. S. Msuku, J. H. Wanink, O. Seehausen, E. F. B. Katunzi, P. C. Goudswaard, and T. Goldschmidt. 2000. Recovery of cichlid species in Lake Victoria: an examination of factors leading to differential extinction. *Reviews In Fish Biology And Fisheries* **10**: 233–241.

Wolfe, L. M., J. A. Elzinga, and A. Biere. 2004. Increased susceptibility to enemies following introduction in the invasive plant *Silene latifolia. Ecology Letters* **7**: 813–820.

Wonham, M. J., W. C. Walton, G. M. Ruiz, A. M. Frese, and B. S. Galil. 2001. Going to the source: role of the invasion pathway in determining potential invaders. *Marine Ecology-Progress Series* **215**: 1–12.

Woodward, S. A., P. M. Vitousek, K. Matson, F. Hughes, K. Benvenuto, and P. A. Matson. 1990. Use of the exotic tree *Myrica faya* by native and exotic birds in Hawai'i Volcanoes National Park. *Pacific Science* **44**: 88–93.

Wotton, D. M., and C. L. Hewitt. 2004. Marine biosecurity post-border management: developing incursion response systems for New Zealand. *New Zealand Journal of Marine and Freshwater Research* **38**:553–559.

Wright, S. 1932. The roles of mutation, inbreeding, crossbreeding and selection in evolution. *Proceedings of the 6th International Congress on Genetics* **1**: 356–366.

Yachi, S., J. Kawasaki, N. Shigesada, and E. Teramoto. 1989. Spatial patterns of propagating waves of fox rabies. *Forma* **4**: 3–12.

Yan, X., L. Zhenyu, W. P. Gregg, and L. Dianmo. 2001. Invasive species in China – an overview. *Biodiversity and Conservation* **10**: 1317–1341.

Youngs, R. L. 2000. "A right smart little jolt": loss of the chesnut and a way of life. *Journal of Forestry* **98**: 17–21.

Zedler, P. H., and G. A. Scheid. 1988. Invasion of *Carpobrotus edulis* and *Salix lasiolepis* after fire in a coastal chaparral site in Santa Barbara County California. *Madrono* **35**: 196–201.

Zeller, H. G., and I. Schuffenecker. 2004. West Nile virus: an overview of its spread in Europe and the Mediterranean Basin in contrast to its spread in the Americas. *European Journal of Clinical Microbiology and Infectious Disease* **23**: 147–156.

Zettler, J. A., T. P. Spira, and C. R. Allen. 2001. Ant-seed mutualisms: can red imported fire ants sour the relationship? *Biological Conservation* **101**: 249–253.

역자 소개

문형태 : 공주대학교 자연과학대학 생명과학과 교수

유영한 : 공주대학교 자연과학대학 생명과학과 교수

본 결과물은 교육부의 지방대학특성화사업비 지원으로 수행한 ECO기후환경 융합인력양성사업단의 수행결과입니다.

정가 25,000원

외래 침입종 생태학(Invasion Ecology)

2016년 1월 20일 초판 인쇄
2016년 1월 27일 초판 발행
저 자 : Lockwood · hoopes · marchetti
역 자 : 문형태 · 유영한
발행자 : 우명찬 · 송 준
발행처 : 홍릉과학출판사
주 소 : 서울시 강북구 인수봉로 50길 10
01093
등 록 : 1976년 10월 21일 제5-66호
전 화 : (02) 999-2274~5, 903-7037
팩 스 : (02) 905-6729
e-mail: hongpub@hongpub.co.kr
http://www.hongpub.co.kr
ISBN: 979-11-5600-419-6

역자와의 협의하에 인지생략